21世纪高等学校**机电类规划教材**

JIDIANLEI GUIHUA JIAOCAI

机械设计基础

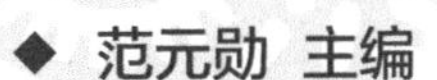

◆ 范元勋 主编

◆ 宋梅利 祖莉 梁医 副主编

人民邮电出版社

北京

图书在版编目（CIP）数据

机械设计基础 / 范元勋主编. -- 北京 : 人民邮电出版社, 2015.8
21世纪高等学校机电类规划教材
ISBN 978-7-115-39588-7

Ⅰ. ①机… Ⅱ. ①范… Ⅲ. ①机械设计－高等学校－教材 Ⅳ. ①TH122

中国版本图书馆CIP数据核字(2015)第156403号

内 容 提 要

本书是工业和信息化部“十二五”规划教材，是根据教学改革对工科近机类人才培养的需求而编写的。全书根据内容分为机械设计基础知识、机构与机械传动及机械零部件设计三篇共19章，系统地阐述现代机械工程领域常用的机构和通用零部件的基本知识、基本理论和设计选用方法等，并介绍相关的实际应用和维护方面的知识。每章包含有内容提要、重点和难点、知识介绍、例题、思考题和习题及拓展性学习指南等，便于各种层次学生的学习和掌握。

本书可作为本科院校近机类各专业和高职、高专机械类各专业机械设计基础课程教材使用，也可供有关专业师生和相关工程技术人员自学、参考和培训使用。

◆ 主　　编　范元勋
副 主 编　宋梅利　祖　莉　梁　医
责任编辑　张孟玮
执行编辑　税梦玲
责任印制　沈　蓉　彭志环

◆ 人民邮电出版社出版发行　　北京市丰台区成寿寺路 11 号
邮编　100164　　电子邮件　315@ptpress.com.cn
网址　http://www.ptpress.com.cn
北京七彩京通数码快印有限公司印刷

◆ 开本：787×1092　1/16
印张：25.5　　　　　2015 年 8 月第 1 版
字数：643 千字　　　2024 年 8 月北京第 9 次印刷

定价：59.80 元

读者服务热线：(010)81055256　印装质量热线：(010)81055316
反盗版热线：(010)81055315

前言

本书是根据教育部高等学校机械基础课程教学指导委员会2012年发布的《高等学校机械基础系列课程现状调查分析报告暨机械基础系列课程教学基本要求》中有关机械设计基础课程教学要求，结合当前工程教学改革和创新人才培养的需求，并在总结近几年机械设计基础课程教学实践的基础上编写的。本书适用于高等工科院校本科近机类、非机类各专业和高职高专机械类各专业机械设计基础课程教学。

本书根据近机类或非机类学生学习和掌握机械设计基础知识和技能的要求，既全面覆盖了机械设计相关基础知识，又注意内容上的合理取舍，着重基本原理、基本结构和工程应用的介绍，减少了冗长和复杂的理论公式推导，并注意配有适当的例题，满足少学时课程学生对机械设计知识掌握的需要；在体系结构上，本书注意将机械原理和机械设计的内容按照对机械设计基础知识认知的规律进行了融合，注意了知识点的前后衔接，并避免内容上的重复；本书注意采用最新标准和规范，并适应科技的发展编入最新的机构、零件结构和应用示例等，较好地适应了科学技术发展的需要；另外，本书每章设有内容提要、重点、难点，并配有相当数量的思考题和难度适中的习题，便于学生的自学。本书每章后面还附有阅读参考文献，便于学生课后进行拓展性的学习。

本书参考学时为64学时，各学校可根据不同专业的需求在内容上做适当删减。各章的参考教学课时见以下的课时分配表。

章　节	课　程　内　容	学时数	章　节	课　程　内　容	学时数
第1章	绪论	1	第11章	链传动	3
第2章	机械零部件设计计算概论	3	第12章	螺旋传动	2
第3章	平面机构的结构和运动分析	4	第13章	机械系统动力学	3
第4章	平面连杆机构	3	第14章	螺纹连接	4
第5章	凸轮机构	3	第15章	轴毂连接	2
第6章	齿轮传动	9	第16章	轴	4
第7章	蜗杆传动	3	第17章	轴承	7
第8章	轮系	4	第18章	联轴器、离合器和制动器	2
第9章	其他常用机构	2	第19章	其他零部件	2
第10章	带传动	3	总计		64

本书由南京理工大学机械工程学院机械设计教研室编写，参与编写工作的有范元勋（第1、2、6、8、17章）、宋梅利（第7、10、11、14、15章）、祖莉（第3、9、12、13章）、梁医（第4、5、16、18、19章）。范元勋任主编并统稿，宋梅利、祖莉、梁医任副主编。此外，教研室其他老师也对本书的编写做出了贡献。

本书承蒙南京航空航天大学朱如鹏教授和南京理工大学袁军堂教授担任主审，他们仔细地审阅了全文内容，对本书从体系结构到内容编排都提出了许多宝贵的建议，为本书质量的提高给予了极大的帮助，在此谨向他们表示衷心的感谢。

由于编写时间和经验等限制，本书难免存在不足和错漏之处，敬请读者批评指正。

编者

2015年2月

目录

第一篇

机械设计基础知识

第1章 绪论

内容提要

本章介绍机械设计基础课程的研究对象以及机器、机构、构件和零件等概念，对课程的研究内容和任务等进行了阐述，对机械设计的程序和要求、现代机械设计的理论与方法及进展进行介绍。

1-1 机械的组成

机械是机器和机构的总称。机器和机构对我们来说都并不陌生。在理论力学和机械制图课程中已涉及了一些机构（如齿轮机构、连杆机构、螺旋机构等）及应用，各种机构都是用来传递与变换运动和动力的可动装置，工程实际中常用的机构还有带传动机构、链传动机构、凸轮机构等。而机器则是根据某种使用要求设计，将一种或多种机构组合在一起，实现预定机械运动的装置，它可以用来传递和变换能量、物料和信息。如电动机和发电机用来变换能量，机床用来改变物料的状态，运输机械用来传递物料等。

在日常生活和工作中，我们接触过许多机器，从家庭用的缝纫机、洗衣机、自行车，到工业部门使用的各种机床等。机器的种类很多，用途各不相同，但它们却有着共同的特征。

图 1-1（a）所示所示单缸内燃机是由汽缸体、活塞、连杆、曲轴、齿轮、凸轮、顶杆等组成。燃气推动活塞作往复运动，经连杆转变为曲轴的连续转动。凸轮和顶杆是用来启闭进气阀和排气阀的。为了保证曲轴每转两周进、排气阀各启闭一次，利用固定在曲轴上的齿轮带动固定在凸轮轴上的齿轮转动。这样，当燃气推动活塞运动时，进、排气阀有规律地启闭，把燃气的热能转变为曲轴连续转动的机械能。其机构运动简图如图 1-1（b）所示。

图 1-2（a）所示的焊接机器人是一个典型的空间机构，其由以下几个部分组成：构件 7 为机座，作为机器人支撑的基础；构件 1 为腰部，连接大臂 2 和机座 7，作回转运动；大臂 2 与小臂 3 构成手臂机构，与腰部一起，用于确定机器人的空间作业位置；构件 4、5、6 组成腕部机构，其可以实现腕的俯仰、摆动和旋转运动，用于确定末端执行器在空间的姿态；手部，也称末端执行器，它安装于腕部机构的前端，是直接进行工作任务的装置，常见的末端执行器有夹持式、吸盘式和电磁式等。其机构运动简图如图 1-2（b）所示。

从以上的例子可以看出，虽然这些机器的构造、用途和性能各异，但是从它们的组成和运动的确定性以及与功、能的关系来看，却有着三个共同的特征：

（1）它们是一种人为的实物组合；

（2）其组成各部分之间具有确定的相对运动；

（3）能完成有用的机械功、实现能量的转换或信息的处理与传递。

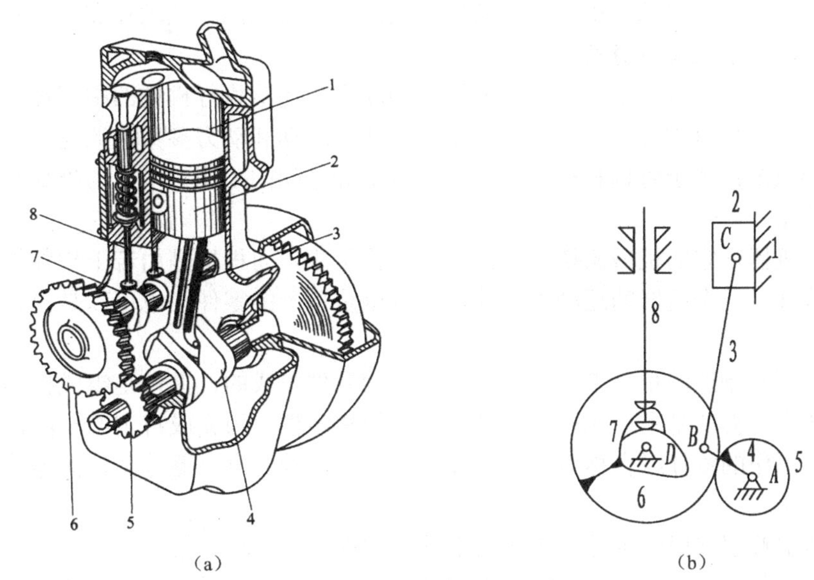

（a）　　　　　　　　　　（b）

图 1-1　单缸内燃机

1—汽缸体；2—活塞；3—连杆；4—曲轴；5、6—齿轮；7—凸轮；8—顶杆

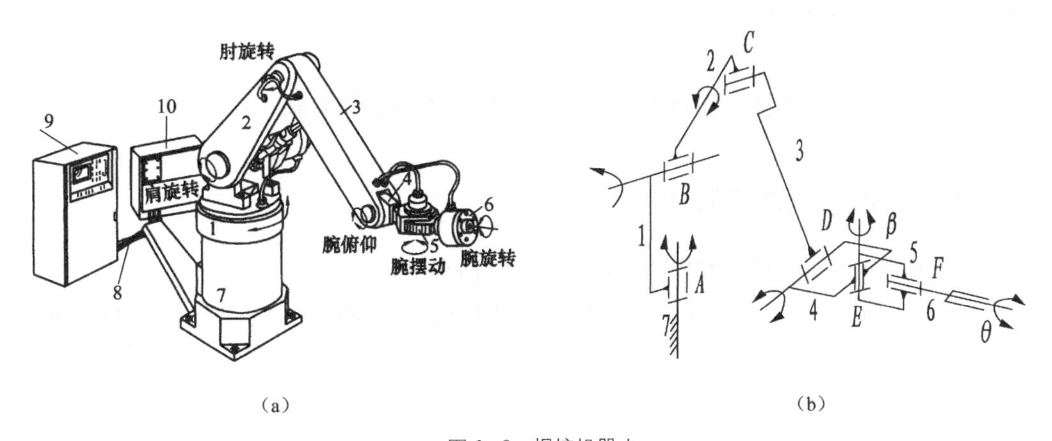

（a）　　　　　　　　　　（b）

图 1-2　焊接机器人

1—腰部；2—大臂；3—小臂；4、5、6—腕部机构；7—机座；8—电缆；9—控制装置；10—液压源

凡同时具备上述三个特征的设备便称为机器。而机构只具备机器的前两个特征，但从结构和运动的观点来看，两者之间并无区别。因此，为了简化叙述，常用“机械”一词作为“机构”和“机器”的总称。一个机器由多个或一个机构组成，如图 1-1 所示内燃机由齿轮机构、凸轮机构和连杆机构组成。

一部现代的机器往往包含有机械、电气、液压、气动、润滑、控制和监测等部分，各部分相互协调，保证机器正常工作。但就功能而言，机器主要由四大部分组成，即原动机、传动机构、执行机构和控制系统，如图 1-3 所示。

（1）原动机：是驱动机械运动的动力来源。最常见的原动机有电动机、内燃机、液压电机和空气压缩机等。

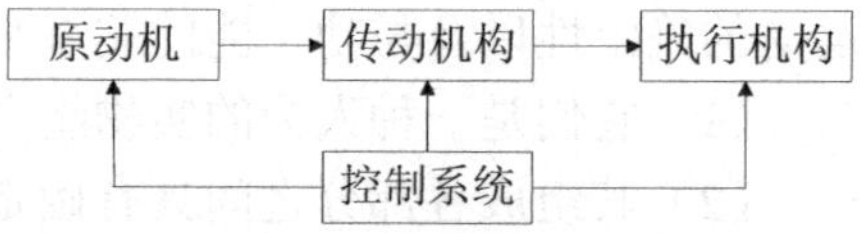

图 1-3 机器的组成

（2）执行机构：能完成机械预期的动作，实现机器的功能，如机器人的手爪、机床的刀架等。它随着所要求的工艺动作和性能不同而异，其结构形式完全取决于机械本身的用途。

（3）传动机构：是机械中把原动机的运动和动力传递给执行机构的中间环节，如齿轮机构、凸轮机构、连杆机构等，它可以实现运动形式、运动和动力参数的改变。

（4）控制系统：用于协调和控制机器各组成部分之间的工作，以及与外部其他机器或原动机之间的关系。

任何一部机器，它的机械系统总是由一些机构组成，而机构是由若干构件组成的。从运动角度看，构件是一个机器的运动单元体，它可以是单一的零件，也可以是由几个零件装配成的刚性结构。

另一方面，从制造的角度来说机器是由一系列零件组成的，零件是组成机器的制造单元体。组成机器不可拆的基本单元称为机械零件或简称零件。为完成特定的功能在结构上组合在一起并协同工作的零件组合称为部件，如联轴器、轴承、离合器等。机械零件一般泛指零件与部件。

各种机器中普遍使用的零件称为通用零件，如螺钉、齿轮、带、弹簧等；只在特定的机器上使用的零件称为专用零件，如发动机曲轴、汽轮机叶片、船用螺旋浆等都是专用零件。另外，在通用零部件中，零部件的结构形式、尺寸、材料等按规定标准生产的称为标准件，不按规定标准生产的零件和部件称为非标准件。

1-2 本课程的研究对象、内容和任务

一、本课程的研究对象和内容

本课程的研究对象是机械设计中的常用基本机构和通用零件。

在常用基本机构中，主要讨论连杆机构、凸轮机构、齿轮机构、间歇运动机构、螺旋传动机构、带和链传动机构等。分析这些机构的工作原理、结构组成和特性；研究机构的运动可能性和确定性；介绍机构和机械系统运动和动力特性的分析方法；研究按工作要求设计各种常用机构运动参数的方法等。

在通用零件中，主要讨论各种传动机构中的零件、常用的连接件、轴承零部件及其他零部件设计理论和设计方法。分析零部件的结构特点；研究零部件的失效形式和工作能力设计计算准则；介绍零部件的结构设计、材料和工艺选择；讨论零部件的设计计算原则和方法等。

二、本课程的任务

本课程的基本任务是使学生学习掌握机械设计的基本知识、基本理论、基本方法和基本技能，并为后续机械类专业课程的学习打下必要的基础。具体来说，通过本课程学习掌握关于常用机构的结构分析、运动分析和机器动力学方面的基本理论和基本知识，并具有初步的

机构分析、设计和选用能力；掌握通用机械零件的设计原理、方法和机械设计的一般规律，具有一般通用零部件和一般机器装置的设计、选用和维护能力；形成较规范的机械设计思想；具有运用标准、规范、手册和查阅有关技术资料的能力；掌握典型机械零件的实验方法及技能；了解一些机械领域的新成果和发展动向。

本课程不仅具有较强的理论性，同时具有较强的实践性。在本课程学习过程中，既要注意掌握常用机构和通用零件的基本知识和设计选用方法，更要注意各种机构和零件的特点及在机械工程中的实际应用；既要注意理论知识和方法的学习，又要注意机构和零部件实际设计、分析、选用及实验技能的培养。要在学习机械设计知识和技能的过程中注意创新意识和能力的培养。

1-3 机械设计的基本要求和程序

一、机械设计的基本要求

机械设计的基本要求包括对机器整机的设计要求和对组成机器的零部件的设计要求两个方面，两者相互联系、相互影响。对机械零部件的设计要求是以满足对机器设计的基本要求为前提的，而对机器设计基本要求的不同也就决定了对零部件的不同设计要求。

1. 对机器设计的基本要求

（1）对机器使用功能方面的要求。实现预定的使用功能是机器设计的最基本的要求，好的使用性能指标是设计的主要目标。另外，操作使用方便、体积小、质量轻、效率高、外形美观、噪声低等往往也是机器设计时所要求的。对不同用途的机器还可能提出一些特殊的要求，如巨型机器有起重运输的要求，生产食品的机器有保持清洁和不污染环境的要求等。随着社会的发展、技术的进步和人们生活质量的提高，对机器使用方面的要求也越来越多、越来越高。

（2）对机器工作可靠性的要求。机器除了要有好的性能指标外，还必须保证在规定的工作条件和工作期限内正常运行而不失效，即要求有较高的工作可靠性。机器由许多零件及部件组成，机器的可靠性取决于零部件的可靠性。机器的组成越复杂、零件越多，其工作的可靠度越低。因此，对于一个复杂的机械系统，其工作的可靠性是十分突出的问题，需要重点考虑。

（3）对机器经济性的要求。机器的经济性体现在设计、制造和使用的全过程中，在设计机器时要全面综合地进行考虑。设计的经济性体现为合理的功能定位、实现使用功能要求的最简单的技术途径和最简单合理的结构；制造的经济性体现为采用合理的加工制造工艺、尽可能采用新的制造技术和最佳的生产组织管理，从而使机器在保证设计功能的前提下有尽可能低的制造成本；使用的经济性表现为机器应有较高的生产率、高效率，较少地消耗能源、原材料和辅助材料，管理和维护保养方便、费用低。总之，机器设计的经济性要求所设计的机器应该有最佳的性能价格比。

2. 对机械零件的设计要求

机械零件是组成机器的基本单元，对机器的设计要求最终都是通过零件的设计来实现的，所以设计零件时应满足的要求是从设计机器的要求中引申出来的，即也应从保证满足机器的使用功能要求和经济性要求两方面考虑。

（1）要求在预定的工作期限内正常可靠地工作，从而保证机器的各种功能的正常实现。这就要求零件在预定的寿命期内不会产生各种可能的失效，即要求零件在强度、刚度、振动稳定性、耐磨性、温升等方面必须满足必要的条件，这些条件就是判定零件工作能力的准则。

（2）要尽量降低零件的生产制造成本。这要求从零件的设计和制造等多方面加以考虑，例如，设计时，应合理地选择材料和毛坯的形式、设计简单合理的零件结构、合理规定零件加工的公差等级以及认真考虑零件的加工工艺性和装配工艺性等。另外，要尽量采用标准化、系列化和通用化的零部件。

二、机械设计的一般程序

机械设计的程序也包括机器设计程序和零件设计程序两个方面。

1．机器设计的一般程序

狭义的机械设计过程仅是指根据设计任务书的要求提供原理设计方案，并进行具体的总体结构设计和零部件设计。而要向市场提供性能好、质量高、成本低、受用户欢迎、有市场竞争力的机械产品，则设计工作应从市场调研、可行性研究开始，并应贯穿于样机的试制、试验及产品生产制造和市场销售的全过程。一个新产品的设计是一个复杂的系统工程，要提高设计质量，必须有一个科学的设计程序。根据人们设计新的机械产品的经验，一部机器比较完整的设计程序如表 1-1 所示。

表 1-1　　机器设计的一般程序

设计阶段	工作步骤与内容	各阶段工作目标
市场调研、可行性研究	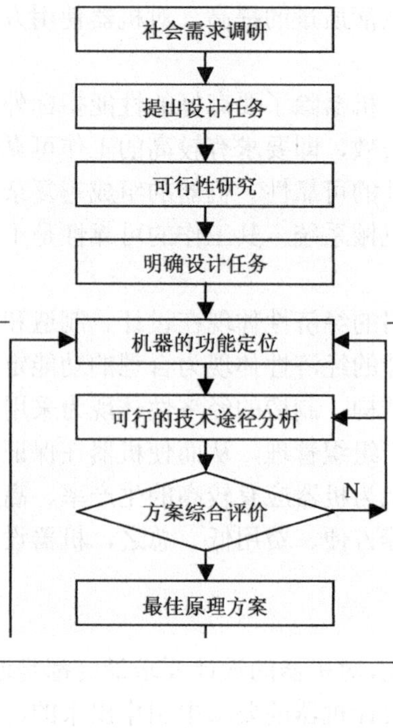 社会需求调研 → 提出设计任务 → 可行性研究 → 明确设计任务	设计任务书
原理方案设计	机器的功能定位 → 可行的技术途径分析 → 方案综合评价（N：返回） → 最佳原理方案	确定最佳原理方案

续表

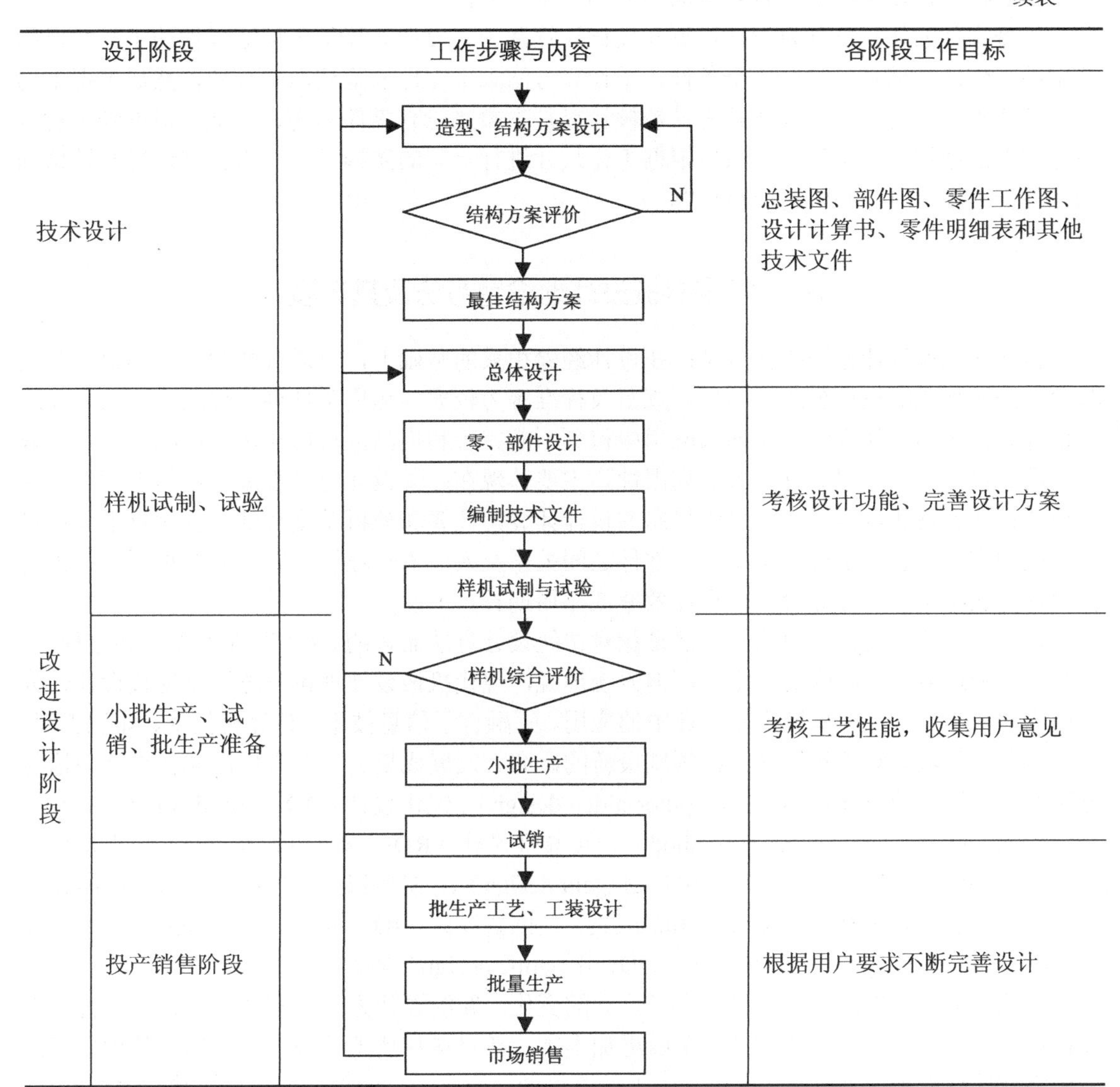

设计阶段		工作步骤与内容	各阶段工作目标
技术设计		造型、结构方案设计 → 结构方案评价（N：返回造型、结构方案设计）→ 最佳结构方案 → 总体设计	总装图、部件图、零件工作图、设计计算书、零件明细表和其他技术文件
改进设计阶段	样机试制、试验	零、部件设计 → 编制技术文件 → 样机试制与试验	考核设计功能、完善设计方案
	小批生产、试销、批生产准备	样机综合评价（N）→ 小批生产 → 试销	考核工艺性能，收集用户意见
	投产销售阶段	批生产工艺、工装设计 → 批量生产 → 市场销售	根据用户要求不断完善设计

需要注意的是，由于所设计的产品不同，设计的要求不同，机器设计的程序也不是一成不变的，应根据具体情况选择合理、可行的机器设计程序。

2. 机械零件设计的一般步骤

（1）根据机器的工作情况，按力学方法建立零件简化的力学模型，确定零件上的计算载荷。

（2）根据零件的使用要求，选择零件的类型与结构。为此，必须对各种零件的不同类型、优缺点、特性与适用范围等进行综合比较并正确选用。

（3）根据零件的工作条件和材料的力学性能等选择适当的零件材料和热处理方式。

（4）根据零件可能的失效形式确定计算准则，并根据零件的工作能力准则和零件上的计算载荷，确定零件的基本尺寸，并加以标准化和圆整。

（5）根据工艺性和标准化等原则进行零件的结构设计。

（6）绘制零件工作图，并编写计算说明书。零件工作图是制造零件的依据，故应对其进行严格的检查，以保证零件有合理的结构和加工工艺性。

机械零件的计算可分为设计计算和校核计算两种。设计计算是先根据零件的工作情况和选定的工作能力准则拟定出安全条件，用计算方法求出零件危险截面的尺寸，然后根据结构和工艺要求，确定具体的零件结构。校核计算是先参照已有零件实物、图纸或根据经验初步拟定零件的结构和基本尺寸，然后根据工作尺寸进行合理的结构设计，再根据情况对较精确的零件受力模型进行必要的校核计算。

1-4 常用机械设计理论与方法及其进展

传统的机械设计方法的特点是：在设计经验积累的基础上，以通过数学、力学建模及试验等方法所形成的设计公式、图表、规范及标准等为依据，运用条件性计算或类比的方法进行设计。传统的设计方法在长期的应用中得到不断完善和提高，目前在多数情况下仍是有效和常用的设计方法。但其有很大的局限性，主要体现在：①设计思维收敛，不易得到最优和创新的设计方案和参数；②一般为静态的设计计算，计算和分析精度较低；③侧重于零件自身功能的实现，忽略了机械系统中零部件之间关系及人—机—环境之间关系的重要性；④传统设计一般采用手工计算绘图，设计效率低，周期长。

机械产品的现代设计理论与方法是相对传统设计方法而言的。由于其在不断发展过程中，对其内涵和边界还不能确切地定义。但笼统地说，现代机械设计理论与方法是现代设计、分析技术和科学方法论在机械产品设计中的应用，它融合了信息技术、计算机技术、知识工程、管理科学等领域的知识和机械工程领域最新的研究、发展成果。目前常用的现代设计理论与方法有计算机辅助设计（CAD：computer-aided design）、优化设计（OD：optimization design）、有限元法（FEM：finite element method）、可靠性设计（RD：reliability design）、虚拟设计（VD：virtual design）、智能设计(ID：intelligent design）、并行设计（CD：concurrent design）、反求设计（工程）（RE：reverse engineering）、创新设计（ID：innovative design）、绿色设计（GD：green design）、动态设计（DD：dynamic design）等。

近几十年来，机械设计学科发生了巨大的变化。新的设计方法不断涌现，设计理论不断深化、拓展，更加完善，计算分析手段更加丰富，新材料和新工艺被广泛使用，各种新型的机械零部件性能更佳、功能更完善。由于计算机的广泛采用，使设计的速度更快、效率更高，新产品更新换代的周期更短。机械设计领域最新进展具体表现在如下几个方面。

（1）机械设计的基础理论不断深化和扩展，形成了多学科的交叉与综合，现代应用数学、现代力学、应用物理、材料学、微电子学及信息科学理论和知识极大地丰富了机械设计的基础理论，促进了机械学科的发展。

（2）从机械零、部件传统的静态设计，向以多种零件综合或整机系统为对象的动态设计方向发展，例如对发展高速机械具有重要意义的机械系统动力学问题的研究等。

（3）机械可靠性设计、优化设计、计算机辅助设计和有限元分析和设计等已经在机械设计中得到普通应用，由于有大量成熟、功能强大和实用的设计与分析商用软件提供给设计者，使机械设计变得更快捷、方便，设计效率大大提高。

（4）为使产品设计更科学、更完善、更适应时代的需要，新的设计方法不断出现，如功能设计、设计方法学、价值工程、参数化设计、模块化设计、并行设计、虚拟设计、绿色设计、创新设计等，大大丰富了机械设计理论，弥补了传统机械设计的不足。

（5）机械设计的 CAD 技术正向标准化、集成性、网络化、智能化等方面发展。除了可实现一般的数值计算和绘图等功能外，利用计算机还能进行逻辑推理、分析综合、自我学习、方案决策等工作，传统的 CAD 从单一的计算机辅助设计向 CAD/CAE（CAE：computer aided engineering）/CAM（CAM：computer aided manufacturing）集成化方向发展，以及 CAD 与快速成型制造技术（RPM：rapid prototyping manufacturing）相结合，极大地提高了机械设计的质量和效率。

（6）机电一体化已经成为当今世界机械产品发展的趋势，也是我国机械工业发展的重要目标。机电一体化的实质是机械与电子、软件与硬件、控制与信息等多种技术的有机结合，这就使机械设计的内涵得到进一步的拓宽，对机械设计人员的知识面和设计能力提出了更高的要求。

阅读参考文献

如需要深入了解机械系统组成、设计原理和过程，可参阅：（1）邹慧君编著，《机械系统设计原理》，科学出版社，2003。（2）朱龙振主编《机械系统设计》，机械工业出版社，2001。要深入了解现代机械设计理论与方法，可参阅：谢里阳主编，《现代机械设计方法》，机械工业出版社，2010。

思 考 题

1-1 什么是机械、机器和机构？各有什么特征？

1-2 机械系统的组成如何？各组成部分的功能如何？

1-3 什么是机械的运动单元和制造单元？

1-4 机械零部件设计的标准化有什么意义？标准化包括哪些方面？

1-5 机械系统和机械零件设计的基本要求分别是什么？有什么区别和联系？

1-6 机械设计的一般程序是什么？机械零件设计的一般步骤是什么？

1-7 与传统的机械设计方法相比，现代机械设计方法和技术有哪些特点和优势？

1-8 你所了解的现代机械设计理论与方法有哪些？

第2章 机械零部件设计计算概论

内容提要

本章主要论述在机械零部件设计过程中所涉及的一些共性问题，如零部件设计所依据的工作能力准则，机械零件常用的材料及特性。重点介绍作用在零件上的载荷和应力的类型，零件设计时所用到的相关强度理论，并介绍对机械正常工作有重要影响的摩擦、磨损和润滑方面的知识。

本章重点：机械零件主要失效形式及设计准则，机械零件的载荷、应力及强度，机械零件摩擦、磨损类型和特点以及润滑剂的类型与特性。

本章难点：零件的疲劳强度计算，牛顿黏性定律和流体动力润滑。

2-1 概 述

零部件的设计是机械设计的基础和重要组成部分，零部件设计的质量直接影响机械的性能和工作可靠性。零部件设计就是对零部件的结构、参数、材料、热处理及其他方面进行技术设计。零部件设计的一个最重要的内容就是零部件的工作能力设计，即要求零部件在工作期内能避免各种可能的失效，保持良好的工作能力。

机械零件的工作能力包括强度、刚度、振动稳定性、耐磨性等。其中，最重要的是强度，零件的类型和工作条件不同，所需满足的强度条件也不同，而对零件的强度要求除了与零件所用的材料和热处理方式有关外，还与零件所受到的载荷和应力有关。另外，机械运动时零件与零件之间必定有摩擦，摩擦会引起零件工作表面的磨损和工作性能的下降，而通过合理的润滑可以有效减少零件的摩擦、磨损，提高机械的工作性能和延长其工作寿命。

本章即对机械零件设计中涉及的一些基础和共性问题进行讨论。

2-2 机械零件的工作能力计算准则

一、机械零件的失效形式

机械零件丧失正常工作能力或达不到设计要求的性能时，称为失效。失效并不单纯意味着破坏。机械零件的失效形式很多，常见的有因整体强度不足而断裂，因表面强度不够而引起的表面压碎和表面点蚀，过大的弹性变形或塑性变形，摩擦表面的过度磨损、打滑或过热，连接的松动和精度丧失等。

机械零件虽然有很多种可能的失效形式，但综合起来可以归结为由于强度、刚度、耐磨性、温度对工作能力的影响以及振动稳定性、可靠性等方面的问题。

二、机械零件的工作能力计算准则

零件不发生失效时的安全工作限度称为工作能力。根据零件失效分析结果，以防止产生各种可能失效为目的，拟定的零件工作能力计算依据的基本原则，称为计算准则。机械零件常用的工作能力计算准则如下。

1. 强度准则

强度是指零件抵抗破坏的能力。强度准则要求零件中的应力不超过许用极限，其表达式为

$$\left.\begin{aligned} \sigma \leqslant [\sigma] = \frac{\sigma_{\lim}}{S_\sigma} \\ \tau \leqslant [\tau] = \frac{\tau_{\lim}}{S_\tau} \end{aligned}\right\} \tag{2-1}$$

式中，σ、τ——分别为零件危险剖面上的正应力和切应力；

$[\sigma]$、$[\tau]$——分别为零件的许用正应力与切应力；

$\sigma_{\lim}$、$\tau_{\lim}$——分别为零件的极限正应力与切应力，对于静强度下的脆性材料为强度极限 $\sigma_b(\tau_b)$，对于静强度下的塑性材料为屈服极限 $\sigma_s(\tau_s)$，对于疲劳强度而言则为疲劳极限 $\sigma_\gamma(\tau_\gamma)$；

S_σ、S_τ——分别为正应力和切应力时的许用安全系数。

2. 刚度准则

刚度是零件在载荷作用下抵抗弹性变形的能力。刚度准则要求为：零件的弹性变形 y 小于或等于许用的弹性变形量$[y]$。其表达式为

$$y \leqslant [y] \tag{2-2}$$

其变形可以是挠度、偏转角，也可以是扭转角。弹性变形量 y 可以用理论或实验的方法确定，许用弹性变形量则可以在不同的使用场合和要求下根据理论或经验来确定。很多情况下，虽然零件没有破坏，但如果其弹性变形量过大也会影响机械的工作性能，甚至使机械无法正常工作。

3. 耐磨性准则

耐磨性是指作相对运动的零件其工作表面抵抗磨损的能力。零件磨损后，将改变其尺寸与形状，削弱其强度，降低机械的精度，从而导致机械的工作性能变坏，甚至引起破坏。据统计，一般机械中由于磨损而导致失效的零件约占全部报废零件的 80%。

关于磨损的计算，目前尚无可靠、定量的计算方法，一般以限制与磨损有关的参数作为磨损的计算准则：一是限制比压 p 不超过许用比压$[p]$，以保证工作面不致产生过度磨损；二是对相对滑动速度 v 较大的零件，为防止胶合破坏，要限制单位接触表面上单位时间产生的摩擦功不能过大，即限制 pv 值不超过许用值$[pv]$。其验算式为

$$p \leqslant [p], pv \leqslant [pv] \tag{2-3}$$

4. 振动与噪声准则

随着机械向高速发展和人们对环境舒适性要求的提高，对机械的振动与噪声的要求也越来越高。如果机械或零件的固有频率 f 与激振源作用引起的强迫振动频率 f_p 相同或为其整数倍时，则将产生共振。它不仅影响机械的正常工作，甚至会造成破坏性的事故，而振动又是产生噪声的主要原因。因此对高速机械或对噪声有严格限制的机械，应进行振动分析与计算，确定机械或零件的固有频率 f 和强迫振动频率 f_p，分析其噪声源，并采取措施降低振动与噪声，一般应保证

$$f_p < 0.85f, f_p > 1.15f \tag{2-4}$$

若不满足上述条件，则可改变机械或零件的刚度，或采取减振措施。

5. 热平衡准则

工作时发生剧烈摩擦的零件，其摩擦部位将产生很大的热量。若散热不良，则零件的温升过高，破坏零件的正常润滑条件，改变零件间摩擦的性质，使零件发生胶合甚至咬死而无法正常工作。因此，对摩擦发热量大的零件应进行热平衡计算。热平衡计算的准则为：达到热平衡时机械或零件的温升不超过正常工作允许的最大温升。

6. 可靠性准则

可靠性表示系统、机器或零件在规定的条件下和规定的时间内完成规定功能的能力。满足强度要求的一批完全相同的零件，由于材料强度、外载荷和加工质量等都存在离散性，因此在规定的条件下和使用期限内，并非所有零件都能完成规定的功能，必有一定数量的零件会丧失工作能力而失效。

机械或零件在规定的工作条件下和规定的工作时间内完成规定功能的概率，称为它们的可靠度。

设有 N 个相同的零件，在相同的条件下同时工作，在规定的时间内有 N_f 个零件失效，剩下 N_t 个仍能继续工作，则可靠度为

$$R_t = \frac{N_t}{N} = \frac{N - N_f}{N} = 1 - \frac{N_f}{N} \tag{2-5}$$

不可靠度（失效概率）为

$$F_t = \frac{N_f}{N} = 1 - R_t \tag{2-6}$$

由多个零件组成的串联系统，任一个零件的失效都会引起整个系统的失效，设 $R_1, R_2, \cdots, R_n$ 分别为组成机器的 n 个零件的可靠度，则整个机器的可靠度为

$$R = R_1 R_2 \cdots R_n \tag{2-7}$$

对于可靠性要求较高的系统或机械，为保证所设计的零件、机械或系统具有所需的可靠度，就需要进行可靠性设计分析和试验。而机械零件可靠性水平的高低，直接影响到机械系统的可靠性。

2-3　机械零件常用材料及其选择

机械零件常用材料有黑色金属、有色金属、非金属材料和各种复合材料等，其中尤以属于黑色金属的钢与铸铁应用最广。

各类机械零件适用的材料牌号及机械性能将在有关各章节予以介绍，也可参考相关的机械设计手册。本节只简述各种常用材料的基本特性及选择材料的一般原则。

一、机械零件的常用材料

1. 黑色金属

机械零件中常用的黑色金属材料有灰铸铁、球墨铸铁、铸钢、普通碳素钢、优质碳素钢、合金钢等。

（1）灰铸铁。灰铸铁成本低、铸造性能好，适用于制造形状复杂的零件。灰铸铁具有良好的切削加工性能和良好的减震性能，故常用于制造机器的机座或机架。

（2）球墨铸铁。球墨铸铁的强度比灰铸铁高并和普通碳钢相近，其延伸率与耐磨性均较高，而减震性比钢好，因此广泛应用于受冲击载荷的零件，如曲轴、齿轮等。

（3）可锻铸铁。可锻铸铁也称马铁，其强度和塑性均比较高。当零件尺寸小、形状复杂，不能用铸钢或锻钢制造，而灰铸铁又不能满足零件高强度和高延伸率要求时，可采用可锻铸铁。

（4）铸钢。铸钢主要用于制造承受重载的大型零件。铸钢的强度性能和碳素结构钢相似，但组织不如轧制件和锻压件致密，因此强度值略低。按合金元素含量，可分为碳素铸钢、低合金铸钢、中合金铸钢和高合金铸钢。按用途可分为一般铸钢和特殊铸钢（耐蚀铸钢、耐热铸钢等）。铸钢的强度、弹性模量、延伸率等均高于铸铁，但铸钢的铸造性能比灰铸铁差。

（5）碳素钢。碳素钢产量大、价格较低，是机械制造中应用最广泛的材料。碳素钢分为普通碳素钢和优质碳素钢，普通碳素钢和优质碳素钢的区别是，优质碳素钢中硫、磷等有害元素控制得较严。对于受力不大，而且基本上承受静载荷的一般零件，均可选用普通碳素钢。当零件受力较大，而且受变应力或受冲击载荷时，可选用优质碳素钢，最常用的优质碳素钢为 45 钢。

（6）合金钢。当零件受力较大，工作情况复杂，热处理要求较高，用优质碳素钢不能满足要求时，可选用合金钢。合金钢是在优质碳素钢中，根据不同的要求加入各种合金元素（如铬、镍、钼、锰、钨等）而形成的钢种。加入不同的合金元素后可以改善机械性能，例如提高耐磨性、耐腐蚀性、抗疲劳性、硬度、冲击韧性、高温强度等。合金元素低于 5%者称低合金钢；合金元素介于 5%与 10%之间者称中合金钢；合金元素高于 10%者称高合金钢。

优质碳素钢和合金钢均可用热处理的方法来改善机械性能，这样便能满足各种零件对不同机械性能的要求。常用的热处理方法有正火、调质、淬火、表面淬火、渗碳淬火、氰化、氮化等。

2. 有色金属

有色金属及其合金具有许多可贵的特性，如减摩性、抗腐蚀性、耐热性、电磁性等。在有色金属中，除铝、镁、钛合金具有比较高的强度，可用于制造承载零件外，其他有色金属主要作为耐磨材料、减摩材料、耐腐蚀材料、装饰材料等使用。

（1）铝合金。铝合金的质量轻，导热导电性好，塑性高。变形铝合金的强度与普通碳素钢相近，铸造铝合金的强度低于变形铝合金。铝合金硬度低，抗压强度低，因此不能承受较大的表面载荷。铝合金不耐磨，但可以通过镀铬、阳极氧化等表面处理方法提高耐磨能力。铝合金的切削性能好，但铸造性能差，因此在铸件的形状上要特别注意它的结构工艺性。由于铝合金质量轻，所以在汽车、飞机及其他行走类机械上，采用铝合金有较大的意义。但铝合金的价格比钢贵得多。

（2）铜合金。铜和锌及其他元素的合金称为黄铜；铜和锡及其他元素的合金称为青铜；铜和铝、镍、锰、硅（二元或多元）的合金统称为无锡青铜。铜合金具有耐磨、耐腐蚀和自润滑的性能，在机械中铜合金常因其良好的耐磨和减摩性能而被用来制造轴瓦、蜗轮等零件。

其他常用的有色金属材料有镁合金、钛合金和轴承合金等。

3. 非金属材料

（1）橡胶。橡胶除具有良好的弹性和绝缘性能外，还具有耐磨、耐化学腐蚀、耐放射性等性能和良好的减震性。橡胶在机械中应用很广，常被用来制造轮胎、胶管、密封垫、皮碗、垫圈、胶带、电缆、胶辊、同步齿形带、减震元件等。

（2）塑料。塑料是以天然树脂或人造树脂为基础，加入填充剂、增塑剂和润滑剂等而制成的高分子有机物。塑料的优点是质量极轻、容易加工，可用注射成型方法制成各种形状复杂、尺寸精确的零件。塑料的抗拉强度低，延伸率大，抗冲击能力差，减摩性好，导热能力差。塑料分热固性塑料（如酚醛）和热塑性塑料（如尼龙），两者均可用作减摩材料，也可用于制造一般的机械零件、绝缘件、装饰件、密封件、传动带和家电及仪器的机壳等。

4. 复合材料

复合材料是由两种或两种以上性质不同的金属或非金属材料，按设计要求进行定向处理或复合得到的一种新型材料。复合材料有良好的综合机械性能和使用性能。复合材料分纤维复合材料、层叠复合材料、细粒复合材料、骨架复合材料等。机械工业中，用得最多的是纤维复合材料。例如在普通碳素钢板外面贴附塑料或不锈钢，可以得到强度高而耐腐蚀性能好的塑料复合钢板和金属复合钢板。

二、机械零件材料的选用原则

选择材料和热处理方法是机械设计的一个重要问题。不同材料制造的零件不但机械性能不同，而且加工工艺和结构形状也有很大差别。

选择材料主要应考虑三个方面的问题：使用要求、工艺要求和经济性要求。

1. 使用要求

使用要求一般包括：①零件的受载情况和工作状况；②对零件尺寸和质量的限制；③零件的重要程度等。

若零件尺寸取决于强度，且尺寸和质量又受到某些限制时，应选用强度较高的材料。静应力下工作的零件，应力分布均匀的（拉伸、压缩、剪切），宜选用组织均匀，屈服极限较高的材料；应力分布不均匀的（弯曲、扭转），宜采用热处理后在应力较大部位具有较高强度的材料。在变应力下工作的零件，应选用疲劳强度较高的材料。零件尺寸取决于接触强度的，应选用可以进行表面强化处理的材料，如调质钢、渗碳钢、氮化钢。以齿轮传动为例，经渗碳、渗氮和碳氮共渗等处理后，其接触强度要比正火或调质的高很多。

若零件尺寸取决于刚度的，则应选用弹性模量较大的材料。碳素钢与合金钢的弹性模量相差很小，故选用优质合金钢对提高零件的刚度没有意义。截面积相同的情况下，通过改变零件的形状与结构可使刚度有较大的提高。

滑动摩擦下工作的零件应选用减摩性能好的材料；在高温下工作的零件应选用耐热材料；在腐蚀介质中工作的零件应选用耐腐蚀材料等。

2. 工艺要求

材料的工艺要求有三个方面内容。

（1）毛坯制造。大型零件且大批量生产时应用铸造毛坯。形状复杂的零件只有用铸造毛坯才易制造，但铸造应选用铸造性能好的材料，如铸钢、灰铸铁或球墨铸铁等。大型零件只少量生产，可用焊接件毛坯，但焊接要考虑材料的可焊性和产生裂纹的倾向等，选用焊接性能好的材料。只有中小零件才用锻造毛坯，大规模生产的锻件可用模锻，少量生产时可用自由锻。锻造毛坯主要应考虑材料的延展性、热膨胀性和变形能力等，应选用锻造性能好的材料。

（2）机械加工。大批量生产的零件可用自动机床加工，以提高产量和产品质量，应考虑零件材料的易切削性能、切削后能达到的表面粗糙度和表面性质的变化等，应选用切削性能好（如易断屑、加工表面光洁、刀具磨损小等）的材料。

（3）热处理。热处理是提高材料性能的有效措施，主要应考虑材料的可淬性、淬透性及热处理后的变形开裂倾向和脆性等，应选用与热处理工艺相适应的材料。

3. 经济性要求

（1）经济性首先表现为材料的相对价格。当用价格低廉的材料能满足使用要求时，就不应选择价格高的材料。这对于大批制造的零件尤为重要。

（2）当零件的质量不大而加工量很大，加工费用在零件总成本中要占很大的比例时，选择材料所考虑的因素将不是相对价格，而是其加工性能和加工费用。

（3）要充分考虑材料的利用率。例如采用无切屑或少切屑毛坯（如精铸、模锻、冷拉毛坯等），可以提高材料的利用率。此外，在结构设计时也应设法提高材料利用率。

（4）采用局部品质原则。在不同的部位上采用不同的材料或采用不同的热处理工艺，使各局部的要求分别得到满足。例如蜗轮的轮齿必须具有优良的耐磨性和较高的抗胶合能力，其他部分只需具有一般强度即可，故在铸铁轮芯外套以青铜齿圈，以满足这些要求。

（5）尽量用性能相近的廉价材料来代替价格相对昂贵的稀有材料。

另外，选择材料时应尽量考虑当时当地的材料供应情况，尽可能就地取材，减少采购和管理费用。对于小批制造的零件，应尽可能地减少同一部机器上使用的材料品种和规格。

2-4　作用在零件上的载荷与应力

一、载荷的分类

机械零件所受的载荷分为静载荷与变载荷两类。载荷的大小和方向不随时间变化或变化缓慢的称为静载荷，如锅炉所受的压力、匀速转动零件的离心力和自重等。载荷的大小和方向随时间变化的称为变载荷。载荷循环变化时称为循环变载荷。若每个工作循环内的载荷不变，各循环周期又是相同的，称为稳定循环载荷。例如内燃机等往复式动力机械的曲轴所受的载荷。若每一个工作循环内的载荷是变动的，称为不稳定循环载荷。很多机械，例如汽车、飞机、农业机械等，由于受工作阻力、动载荷、剧烈振动等偶然因素的影响，其载荷随时间按随机曲线变化，这种频率和幅值随机变化的载荷，称为随机变载荷。随机变载荷可用统计规律表征。

在设计计算中，常把载荷分为名义载荷 F 和计算载荷 F_c，计算载荷一般用载荷系数 K 考虑载荷波动的影响，$F_c=KF$。

二、应力分类

按应力随时间变化的特性不同，可分为静应力和变应力。不随时间变化或变化缓慢的应力称为静应力，如图 2-1 所示。随时间变化的应力称为变应力。变应力中，如果每次应力变化的周期、应力幅 σ_a 及平均应力 σ_m 三者之一不为常数，称为不稳定变应力。不稳定变应力中，有明显变化规律的称为规律性变应力，如图 2-2（a）所示；变化不呈周期性，而是随机的变应力，称为随机变应力，如图 2-2（b）所示。变应力中，如果每次应力变化的周期、应力幅及平均应力都相等时，称为稳定循环变应力，稳定循环变应力是机械零件中较为常见的应力类型。

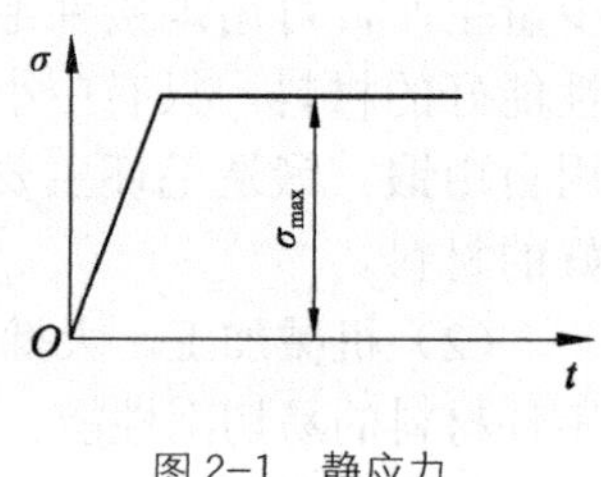

图 2-1　静应力

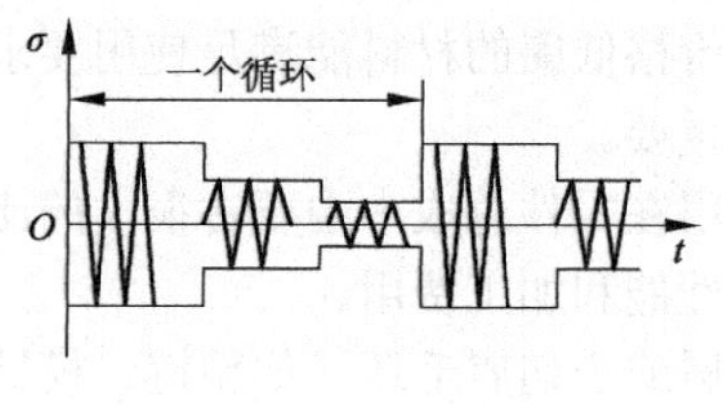

（a）规律性变应力

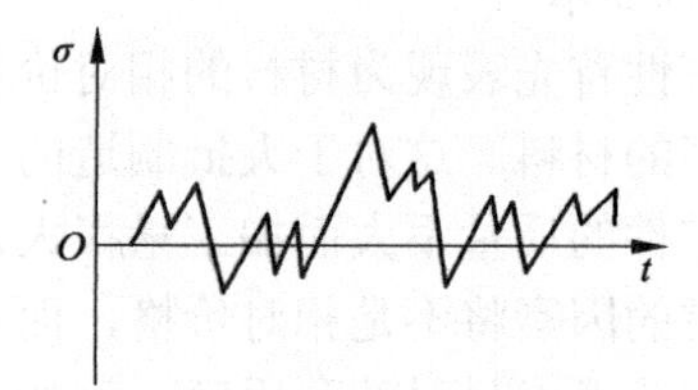

（b）随机变应力

图 2-2　不稳定变应力

稳定循环变应力可分为非对称循环变应力、脉动循环变应力和对称循环变应力三种基本类型，如图 2-3 所示。

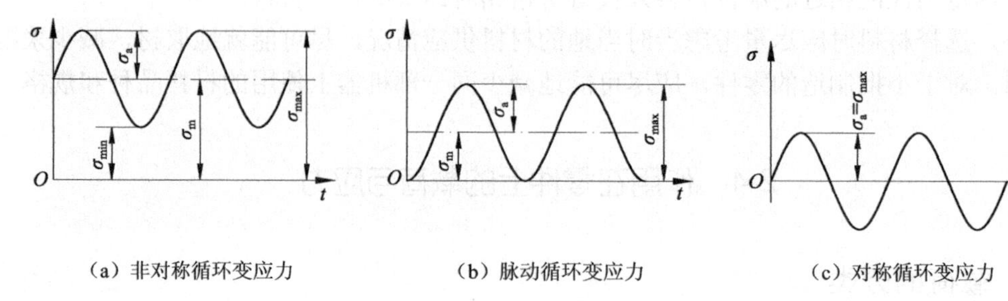

（a）非对称循环变应力　（b）脉动循环变应力　（c）对称循环变应力

图 2-3　稳定循环变应力

稳定循环变应力的基本参数有最大应力 σ_{max}、最小应力 σ_{min}、平均应力 σ_m、应力幅 σ_a 和应力循环特性 γ，其相互关系为

$$\left.\begin{aligned}\sigma_{m}&=\frac{\sigma_{max}+\sigma_{min}}{2}\\ \sigma_{a}&=\frac{\sigma_{max}-\sigma_{min}}{2}\end{aligned}\right\} \tag{2-8}$$

$$\gamma=\frac{\sigma_{min}}{\sigma_{max}} \tag{2-9}$$

一般绝对值最大的应力为 σ_{max}，所以 σ_{min} 和 σ_{max} 在横坐标轴同侧时，γ 取正号；在异侧时 γ 取负号。γ 值在-1 和+1 之间变化。

根据名义载荷求得的应力称为名义应力 σ，根据计算载荷求得的应力称为计算应力 σ_{ca}，计算应力中有时还要计入应力集中等因素影响。零件的尺寸常取决于危险截面处的最大计算应力。

2-5 机械零件的强度

一、静应力时机械零件的强度

在静应力时工作的零件，其强度失效形式将是塑性变形或断裂。

1. 单向应力下的塑性材料零件

按照不发生塑性变形的条件进行强度计算，这时零件危险剖面上的工作应力即为计算应力 σ_{ca}，其强度条件为

$$\left.\begin{aligned}\sigma_{ca}&\leqslant[\sigma]=\frac{\sigma_{s}}{[S]_{\sigma}}\\ \tau_{ca}&\leqslant[\tau]=\frac{\tau_{s}}{[S]_{\tau}}\end{aligned}\right\} \tag{2-10}$$

或

$$\left.\begin{aligned}S_{\sigma}&=\frac{\sigma_{s}}{\sigma_{ca}}\geqslant[S]_{\sigma}\\ S_{\tau}&=\frac{\tau_{s}}{\tau_{ca}}\geqslant[S]_{\tau}\end{aligned}\right\} \tag{2-11}$$

式中，σ_{s}、τ_{s}——分别为正应力和切应力时材料的屈服极限；

S_{σ}、S_{τ}——分别为正应力和切应力的计算安全系数；

$[S]_{\sigma}$、$[S]_{\tau}$——分别为正应力和切应力时的许用安全系数。

2. 复合应力时的塑性材料零件

根据第三或第四强度理论确定其强度条件，对于弯扭复合应力用第三或第四强度理论计算时的强度条件分别为

$$\left.\begin{aligned}\sigma_{ca}&=\sqrt{\sigma^{2}+4\tau^{2}}\leqslant[\sigma]=\frac{\sigma_{s}}{[S]}\\ \sigma_{ca}&=\sqrt{\sigma^{2}+3\tau^{2}}\leqslant[\sigma]=\frac{\sigma_{s}}{[S]}\end{aligned}\right\} \tag{2-12}$$

按第三强度理论计算时近似取 $\frac{\sigma_s}{\tau_s}=2$，按第四强度理论计算时近似取 $\frac{\sigma_s}{\tau_s}=\sqrt{3}$，可得复合应力计算时安全系数为

$$S_{ca}=\frac{\sigma_s}{\sqrt{\sigma^2+\left(\frac{\sigma_s}{\tau_s}\right)^2\tau^2}}\geqslant[S] \tag{2-13}$$

或

$$S_{ca}=\frac{S_\sigma S_\tau}{\sqrt{S_\sigma^2+S_\tau^2}}\geqslant[S] \tag{2-14}$$

式中，S_σ、S_τ——分别为单向正应力和切应力时的安全系数，可由式（2-11）求得。

3．脆性材料和低塑性材料的零件

这时零件的极限应力为材料的强度极限 σ_b 或 τ_b。

（1）单向应力状态下的零件，应按不发生断裂作为强度计算的条件。强度条件为将式（2-10）和式（2-11）中 σ_s、τ_s 分别改为 σ_b 和 τ_b 即可。

（2）复合应力下工作的零件，其强度条件应按第一强度理论确定，即

$$\left.\begin{aligned}\sigma_{ca}&=\frac{1}{2}\left(\sigma+\sqrt{\sigma^2+4\tau^2}\right)\leqslant[\sigma]=\frac{\sigma_b}{[S]}\\ S_{ca}&=\frac{2\sigma_b}{\sigma+\sqrt{\sigma^2+4\tau}}\geqslant[S]\end{aligned}\right\} \tag{2-15}$$

二、机械零件的疲劳强度计算

（一）变应力作用下机械零件的失效特征

在变应力作用下，机械零件的主要失效形式是疲劳断裂。据统计，在机械零件的断裂事故中，有80%属于疲劳破坏。

表面无缺陷的金属材料其在变应力作用下的疲劳断裂与静应力下的断裂比较有如下特征：①疲劳断裂过程可分为两个阶段，即首先在零件表面应力较大处产生初始裂纹，形成疲劳源，而后裂纹尖端在切应力的作用下，反复发生塑性变形，使裂纹扩展直至发生疲劳断裂；②疲劳断裂截面是由表面光滑的疲劳发展区和表面粗糙的脆性断裂区组成，如图2-4所示；③不论塑性还是脆性材料制成的零件，疲劳破坏均为无明显塑性变形的脆性突然断裂；④疲劳破坏断面上的最大应力即疲劳极限远低于材料的屈服极限。

疲劳破坏的机理是损伤的累积。对于常见的受循环变应力的机械零件来说，虽然每次循环应力中的最大应力远小于材料的屈服极限，在此应力作用下零件不会立即破坏，但每次应力循环对零件仍会造成轻微损伤，随着应力循环次数的增加，当损伤累积到一定程度时，在零件表面或内部出现裂纹扩展直至断裂。

循环变应力作用下的零件的疲劳强度不仅与材料的性能有关，变应力的循环特性 γ、应力循环次数 N 和应力幅 σ_a 对零件的疲劳强度都有很大的影响。零件在同一应力水平作用下，γ 值越大、σ_a 越小或应力循环次数 N 越小，其疲劳强度越高。

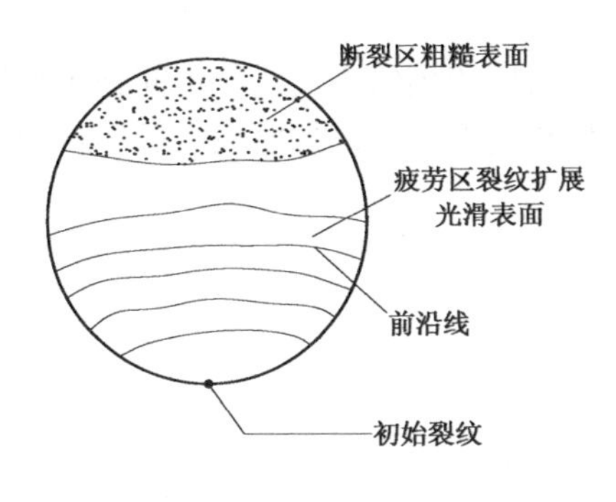

图 2-4 疲劳破坏断面特征图

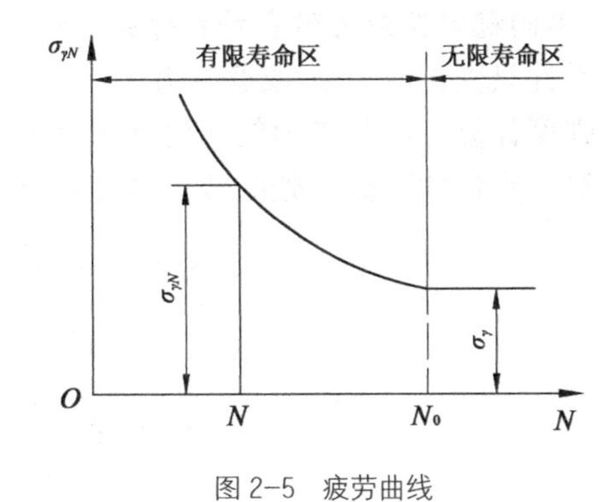

图 2-5 疲劳曲线

（二）材料的疲劳曲线和疲劳根限

在应力循环特性 γ 的循环变应力的作用下，应力循环 N 次后，材料不发生疲劳破坏时的最大应力称为材料的疲劳极限 $\sigma_{\gamma N}$ 或 $\tau_{\gamma N}$。材料疲劳失效前所经历的应力循环次数称为疲劳寿命。不同应力循环特性 γ 和不同循环次数 N 下所对应的疲劳极限 $\sigma_{\gamma N}$ 不同。在疲劳强度设计中，就以疲劳极限作为极限应力。

1. 疲劳曲线（σ-N 曲线）

在应力循环特性 γ 一定时，用某种材料的标准试件进行疲劳试验，得到的表示疲劳极限 $\sigma_{\gamma N}$ 与应力循环次数 N 之间关系的曲线即为该材料的疲劳曲线（σ-N 或 τ-N 曲线）。典型的疲劳曲线如图 2-5 所示。

由图 2-5 可以看出，疲劳曲线可以分为两个区域：$N<N_0$ 为有限寿命区；$N\geqslant N_0$ 为无限寿命区。N_0 为循环基数，对于硬度≤350HBS 的钢，$N_0=10^7$；对硬度＞350HBS 的钢，$N_0=10\times10^7\sim25\times10^7$。

2. 疲劳极限

$N\geqslant N_0$ 时，疲劳曲线为水平线，即疲劳极限不再随循环次数 N 的增加而降低，称为无限寿命区。N_0 次循环时材料的疲劳极限称为持久极限或称为材料的疲劳极限，记为 σ_γ 或 τ_γ，对称循环时为 σ_{-1}、τ_{-1}，脉动循环时为 σ_0、τ_0。

在有限寿命区 $10^3(10^4)\leqslant N<N_0$ 范围内的疲劳曲线方程式为

$$\sigma_{\gamma N}^m N=\sigma_\gamma^m N_0=C \tag{2-16}$$

式中，m——随材料和应力状态而定的指数；

C——与材料有关的常数。

若已知 N_0 和疲劳极限 σ_γ，则由式（2-16）可求得 N 次循环时的疲劳极限，即

$$\sigma_{\gamma N}=\sqrt[m]{\frac{N_0}{N}}\sigma_\gamma=K_N\sigma_\gamma \tag{2-17}$$

式中，$K_N=\sqrt[m]{\dfrac{N_0}{N}}$ 为寿命系数。

（三）变应力时机械零件的疲劳强度

变应力时机械零件的疲劳强度计算理论目前只有在稳定变应力情况下比较成熟。

1. 单向稳定变应力时零件疲劳强度计算

当零件只受正应力 σ 或剪应力 τ，且应力循环、周期和幅值不变时称单向稳定变应力。其疲劳强度计算方法与应力的变化规律有关，但多数情况下，可以按照应力循环特性 γ 为常数来计算。零件危险截面处的疲劳强度安全系数为

$$S_\sigma = \frac{\sigma_{-1}}{\frac{k_\sigma}{\varepsilon_\sigma \beta_\sigma}\sigma_a + \psi_\sigma \sigma_m} \geqslant [S_\sigma] \tag{2-18}$$

$$S_\tau = \frac{\tau_{-1}}{\frac{k_\tau}{\varepsilon_\tau \beta_\tau}\tau_a + \psi_\tau \tau_m} \geqslant [S_\tau] \tag{2-19}$$

式中，S_σ、S_τ——分别为弯曲（拉、压）应力和扭转（剪切）应力作用下零件的工作安全系数；

$[S_\sigma]$、$[S_\tau]$——分别为弯曲（拉、压）应力和扭转（剪切）应力作用下零件的许用疲劳安全系数；

σ_{-1}、τ_{-1}——分别为零件材料的弯曲（拉、压）疲劳极限应力和扭转（剪切）疲劳极限应力；

k_σ、k_τ——零件的有效应力集中系数；

ε_σ、ε_τ——零件的尺寸系数；

ψ_σ、ψ_τ——将平均应力折算为应力幅的等效系数，其值与材料有关；

β_σ、β_τ——零件的表面质量系数。

以上参数的选取可参考相关机械设计手册。

对塑性材料，为安全起见，一般还应根据屈服极限 σ_s 计算其屈服强度（静强度）安全系数，即

$$S_\sigma = \frac{\sigma_s}{\sigma_{max}} = \frac{\sigma_s}{\sigma_a + \sigma_m} \geqslant [S_\sigma] \tag{2-20}$$

$$S_\tau = \frac{\tau_s}{\tau_{max}} = \frac{\tau_s}{\tau_a + \tau_m} \geqslant [S_\tau] \tag{2-21}$$

式中，S_σ、S_τ——屈服强度安全系数；

$[S_\sigma]$、$[S_\tau]$——许用屈服强度安全系数。

上述计算是针对要求无限寿命零件，如果零件要求有限寿命，则安全系数计算时，公式中 σ_{-1} 和 τ_{-1} 应用 σ_{-1N} 和 τ_{-1N} 代替。

2. 双向稳定变应力时零件疲劳强度计算

在零件弯、扭复合应力状态时，当正应力和剪应力的周期和相位一致时，疲劳强度条件为

$$S = \frac{S_\sigma S_\tau}{\sqrt{S_\sigma^2 + S_\tau^2}} \geqslant [S] \tag{2-22}$$

其中，S_σ、S_τ 分别按式（2-18）和式（2-19）计算。

对塑性材料，还应按第三或第四强度理论分别计算其屈服强度安全系数。

三、机械零件的接触强度

高副零件工作时，理论上载荷是通过线接触（如渐开线齿廓的接触）或点接触（如滚动轴承的滚动体（球）与内、外圈的接触）来传递的。而实际上零件受载后在接触部分要产生局部的弹性变形而形成面接触。这种接触面积很小，但表层产生的局部应力却很大。该应力称为接触应力。在表面接触应力作用下的零件强度称为接触强度。

1. 两圆柱体接触

两圆柱体和两球体接触时的接触应力可按赫兹公式计算。两圆柱体接触，接触面为矩形（$2a\times b$），最大接触应力 σ_{Hmax} 位于接触面宽中线处，如图 2-6 所示。

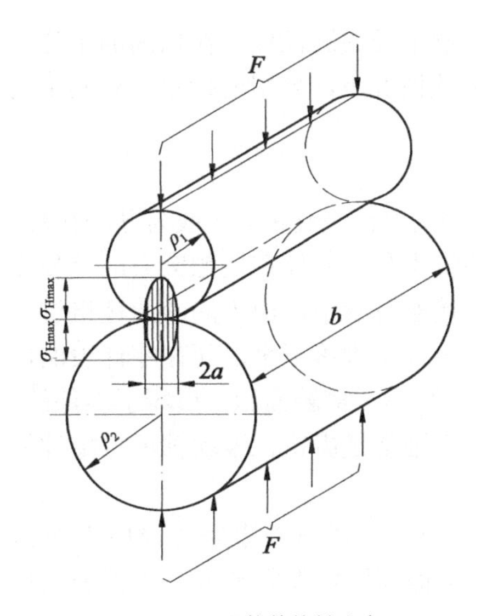

图 2-6 两圆柱体接触应力

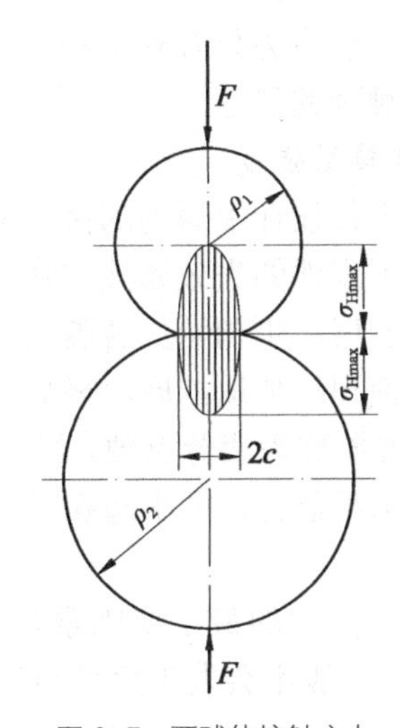

图 2-7 两球体接触应力

最大接触应力为

$$\sigma_{\text{Hmax}}=\sqrt{\frac{F\dfrac{1}{\rho_{\Sigma}}}{\pi b\left(\dfrac{1-\mu_1^2}{E_1}+\dfrac{1-\mu_2^2}{E_2}\right)}} \tag{2-23}$$

式中，ρ_{Σ}——综合曲率半径，$\dfrac{1}{\rho_{\Sigma}}=\dfrac{1}{\rho_1}\pm\dfrac{1}{\rho_2}$，正号用于外接触，负号用于内接触；平面与圆柱体或球接触，取平面曲率半径 $\rho_2=\infty$；

E_1、E_2——两接触体材料的弹性模量；

μ_1、μ_2——两接触体材料的泊松比。

2. 两球体接触

两球体接触时接触面为圆（半径为 c），最大接触应力 σ_{Hmax} 位于圆的中心，如图 2-7 所示，最大的接触应力为

$$\sigma_{\text{Hmax}} = \frac{1}{\pi}\sqrt[3]{6F\left(\frac{\frac{1}{\rho_\Sigma}}{\frac{1-\mu_1^2}{E_1}+\frac{1-\mu_2^2}{E_2}}\right)^2} \tag{2-24}$$

由式（2-23）和式（2-24）可见，最大接触应力 σ_{Hmax} 与载荷 F 不呈线性关系。另外，两接触体的综合曲率半径 ρ_Σ 增加，则最大接触应力 σ_{Hmax} 下降，其关系为：圆柱体接触 $\sigma_{\text{Hmax}} \propto \frac{1}{\rho_\Sigma^{1/2}}$；球体接触 $\sigma_{\text{Hmax}} \propto \frac{1}{\rho_\Sigma^{2/3}}$；由于内接触的综合曲率半径 ρ_Σ 小于外接触时的情况，所以接触时的最大接触应力较小，例如两相同接触半径的圆柱体，在相同的工作条件下，内接触的最大接触应力只有外接触的 48%。故在重载情况下，采用内接触，有利于提高承载能力或降低接触副的尺寸。

3. *零件接触强度*

在机械零件设计中遇到的接触应力，大多数是随时间变化的，一般为脉动循环的变应力，在这种情况下零件的失效属接触疲劳破坏。它的特点是：零件在接触应力的反复作用下，首先在表面和表层产生初始疲劳裂纹，然后在滚动接触过程中，由于润滑油被挤进裂纹内而造成高的压力使裂纹加速扩展，最后使表层金属呈小片状剥落下来，而在零件表面形成一个个小坑，这种现象称为疲劳点蚀。发生疲劳点蚀后，减小了接触面积，损坏了零件的光滑表面，因而降低了承载能力，并引起振动和噪声。疲劳点蚀常是齿轮、滚动轴承等零件的主要失效形式。

影响疲劳点蚀的最主要因素是接触应力的大小，所以只要限制接触应力不超过许用值 $\sigma_{\text{Hmax}} \leqslant [\sigma_{\text{H}}]$，一般不会发生疲劳点蚀破坏。另外，提高接触表面硬度、改善表面加工质量、增大接触综合曲率半径、改外接触为内接触、改点接触为线接触及采用黏度较高的润滑油，均能提高接触疲劳强度。

2-6 摩擦、磨损及润滑简介

摩擦、磨损和润滑是机械设计中最为重要的共性基础问题之一，其对机械的工作寿命、效率、精度、工作可靠性、振动和噪声等均有重要的影响。

两相互接触的物体，在外力作用下发生相对滑动或具有相对滑动趋势时，在接触表面间将产生阻碍其发生相对滑动的切向阻力，这个阻力称为摩擦力，这种现象称为摩擦。摩擦是一种不可逆过程，其结果必然有摩擦能耗和导致表面材料不断产生损耗或转移，即形成磨损。据统计，世界上总的能源约有 30%为摩擦损耗，一般机械中因磨损失效的零部件约占全部报废零部件的 80%。磨损使零件的表面形状及尺寸遭到缓慢而连续的破坏，使机器的效率及可靠性逐渐降低，机器的精度逐渐丧失，从而失去原有的工作性能，最终还可能导致零件的突然破坏。润滑是减少摩擦、降低磨损的一种有效手段。例如，滑动大的重载齿轮传动，采用极压添加剂的润滑油润滑，可使齿轮寿命成倍增加。专门研究摩擦、磨损及润滑问题的学科叫摩擦学。

一、摩擦

摩擦从总体上可分为两大类：一类是发生在物质内部，阻碍分子间相对运动的内摩擦；另一类是当相互接触的两个表面发生相对滑动或具有相对滑动趋势时，在接触表面上产生的阻碍相对滑动的外摩擦。按运动的状态分，仅有相对滑动趋势时的摩擦叫作静摩擦；相对滑动进行中的摩擦叫作动摩擦。按运动的形式不同，动摩擦又可分为滑动摩擦和滚动摩擦。根据摩擦面间存在润滑剂的状况，滑动摩擦又分为干摩擦、边界摩擦（边界润滑）、流体摩擦（流体润滑）及混合摩擦（混合润滑），如图 2-8 所示。相对流体摩擦，又常将其他三种摩擦通称为非全流体摩擦。

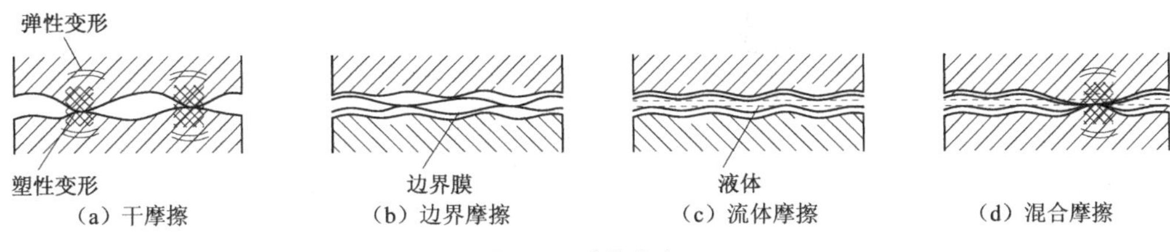

图 2-8　摩擦状态

两摩擦表面直接接触，不加入任何润滑剂的摩擦称为干摩擦。两摩擦表面被一流体层（液体或气体）隔开，摩擦性质取决于流体内部分子间黏性阻力的，称为流体摩擦。两摩擦表面被吸附在其表面的边界膜隔开，摩擦性质不取决于流体黏度，而是与边界膜的特性和摩擦副表面材料的吸附性质有关，称为边界摩擦。当摩擦副表面处于干摩擦、边界摩擦和流体摩擦的混合状态，称为混合摩擦。

一般说来，干摩擦的摩擦阻力最大，磨损最严重，零件使用寿命最短，应力求避免。流体摩擦阻力最小，磨损极少，零件使用寿命最长，是理想的摩擦状态，但必须在一定载荷、速度和流体黏度的条件下才能实现。对于要求低摩擦的摩擦副，维持边界摩擦或混合摩擦应为最低要求。

各种摩擦状态下的摩擦因数见表 2-1。

表 2-1　不同摩擦润滑状态下的摩擦因数（概略值）

摩擦状况	摩擦因数	摩擦状况	摩擦因数
干摩擦（干净表面，无润滑）		边界润滑	
相同金属：		矿物油湿润金属表面	0.15～0.3
黄铜—黄铜；青铜—青铜	0.8～1.5	加油性添加剂的油润滑：	
异种金属：		钢—钢；尼龙—钢	0.05～0.10
铜铅合金—钢	0.15～0.3	尼龙—尼龙	0.10～0.20
巴氏合金—钢	0.15～0.3	流体润滑	
非金属：		液体动力润滑	0.01～0.001
橡胶—其他材料	0.6～0.9	液体静力润滑（与设计参数有关）	＜0.001～极小
聚四氟乙烯—其他材料	0.04～0.12		
固体润滑		滚动摩擦	
石墨、二硫化钼润滑	0.6～0.20	滚动摩擦因数与接触面材料的硬度、粗糙度、湿度等有关。球和圆柱滚子轴承的摩擦因数大体与液体动力润滑相近，其他滚子轴承则稍大	
铅膜润滑	0.08～0.20		

图 2-9 所示为摩擦特性曲线，摩擦因数随特性系数 $\lambda=\eta v/p$（η 为流体黏度；v 为滑动速度；p 为单位接触面上的压力）而变化，摩擦副分别处于边界润滑、混合润滑和流体润滑状态，相应的间隙变化如图 2-9 所示。

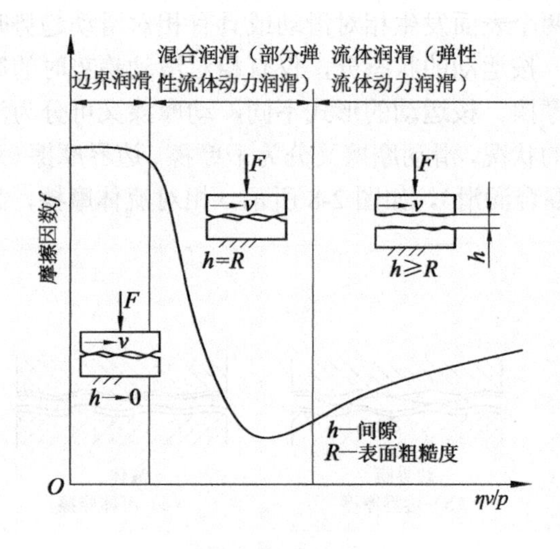

图 2-9 摩擦特性曲线

二、磨损

运动副之间的摩擦将导致相互接触零件表面材料的逐渐丧失或迁移，即形成磨损。磨损使材料连续损耗，影响机器的效率与工作精度，降低机器的可靠性，甚至使机器报废。另外，材料的损耗最终将反映到能源损耗上。所以，在设计时应预先考虑如何避免或减轻磨损，以保证机器达到足够的设计寿命并在寿命期内保证足够的工作精度，尽可能节省能量消耗。另外应说明的是，工程上也有不少利用磨损作用的场合，如精加工中的磨削与抛光，机器的"跑合"过程等都是对磨损的合理利用。

（一）典型的磨损过程

试验结果表明，机械零部件的正常磨损过程一般分为三个阶段，即磨合磨损阶段、稳定磨损阶段和剧烈磨损阶段，如图 2-10 所示。

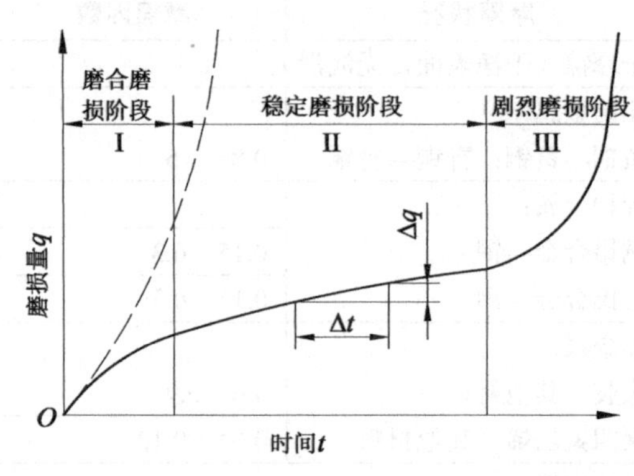

图 2-10 磨损过程

1\. 磨合磨损阶段

在一定载荷作用下的新摩擦副表面具有一定的粗糙度，真实接触面积较小，接触面上真实接触应力很大，使接触轮廓凸峰压碎和塑性变形，同时薄的表层被冷作硬化，原有的轮廓峰逐渐局部或完全消失，产生出形状与尺寸均不同于原样的新轮廓凸峰，真实接触面积逐渐加大，磨损速度开始较快，然后减慢。实验证明，各种摩擦副在不同条件下磨合之后，相应于给定摩擦条件下形成稳定的表面粗糙度，在以后的摩擦过程中，此粗糙度不会继续改变。磨合是磨损的不稳定阶段，在整个工作时间内所占的比率很小。

2. 稳定磨损阶段

经过磨合的摩擦表面加工硬化，并形成了稳定的表面粗糙度。这段时期内摩擦条件保持相对恒定，零件在平稳和缓慢的速度下磨损。这个阶段的长短就代表零件使用寿命的长短。

3. 急剧磨损阶段

经过稳定磨损阶段后，零件的表面遭到破坏，运动副中间隙增大，引起额外的动载荷，出现噪声和振动。这样就不能保证良好的润滑状态，摩擦副的温升急剧增大，磨损速度也急剧增大，使机械精度丧失、效率和可靠性下降，最终导致零件失效。

实际机械零件使用过程中，这三个过程并无明显界限，若不经跑合，或压力过大、速度过高、润滑不良等，则跑合阶段后很快进入剧烈磨损阶段，如图 2-10 中的虚线所示。

为了提高机械零件的使用寿命，应力求缩短磨合期，延长稳定磨损期，推迟剧烈磨损的到来。

（二）磨损的类型

按磨损的机理不同，磨损主要有四种基本类型：黏着磨损、磨粒磨损、表面疲劳磨损和腐蚀磨损。而且磨损还常以复合形式出现。

1. 黏着磨损

当摩擦表面的轮廓峰处在载荷作用下使吸附膜破裂而直接接触产生冷焊结点，两接触表面相对滑动时，由于黏着作用使材料由一表面转移至另一表面，便形成了黏着磨损。载荷越大、温度越高，黏着现象越严重。

黏着磨损按破坏程度不同分为五级（由轻至重）。

（1）轻微磨损：剪切破坏发生在界面上，表面材料的转移极为轻微。

（2）涂抹：剪切发生在软金属浅层，并转移到硬金属表面。

（3）划伤：剪切发生在软金属表面，硬表面可能被划伤。

（4）撕脱：剪切发生在摩擦副一方或双方基体金属较深的地方。

（5）咬死：黏着严重，运动停止。

黏着比较严重的后两种磨损，常称为胶合。胶合是高速重载接触副常见的失效形式。

2. 磨粒磨损

外部进入摩擦面间的硬质颗粒或摩擦表面上的硬质突出物，在较软的材料表面上犁刨出很多沟纹时被移去的材料，一部分流动到沟纹的两旁，一部分则形成一连串的碎片脱落下来成为新的游离颗粒，这样的微切削过程叫作磨粒磨损。

磨粒磨损和摩擦材料的硬度、磨粒的硬度有关，硬度越大的材料，磨损量越小。为保证摩擦表面有一定的使用寿命，金属材料的硬度应至少比磨粒的硬度大 30%。

3. 表面疲劳磨损

受交变接触应力的摩擦副表面微体积材料在重复变形时疲劳破坏而从摩擦副表面剥落下来，这种现象称为表面疲劳磨损或疲劳点蚀。例如，滚动轴承和齿轮传动高副接触处的接触应力超过材料的接触疲劳极限时，就会造成表面疲劳磨损或疲劳点蚀。

4. 腐蚀磨损

在摩擦过程中，金属与周围介质发生化学反应或电化学反应而引起的磨损称为腐蚀磨损。例如，摩擦副受到空气中的酸或润滑油、燃烧中残存的少量无机酸及水分的化学作用或电化学作用，在相对运动中造成表面材料的损失而形成的磨损。氧化磨损是最常见的腐蚀磨损，氧化磨损一般比较缓慢，但在高温潮湿环境中，有时也很严重。摩擦副与酸、碱、盐等特殊介质起化学作用而引起的金属磨损称为特殊介质腐蚀磨损。如某些滑动轴承材料就很容易与润滑油里的酸性物质起反应，生成腐蚀性的酸性化合物，在轴瓦表面形成黑点，并逐渐扩展成海绵状空洞，在摩擦过程中发生小块金属剥落。

5. 其他磨损

除了以上四种基本磨损类型外，还存在一些派生和复合的磨损类型。

(1) 侵蚀磨损。流体与零件接触并相对运动时，形成气泡，气泡运动到高压区时会溃灭，瞬间产生极大的冲击力和高温。气泡的形成与溃灭的反复作用，使零件表面产生疲劳破坏，出现麻点并扩展为海绵状空穴，这种磨损称气蚀磨损。如柴油机缸套外壁、水泵零件、水轮机叶片等常能见到气蚀磨损。

流体夹带尘埃、砂粒等硬质颗粒，以一定的角度和速度冲击固体表面引起的磨损叫冲蚀磨损。例如水泵零件、水轮机、气力输送管道、火箭尾部喷管等产生的磨损。

气蚀和冲蚀磨损统称为侵蚀磨损，是疲劳磨损的派生形式。

(2) 微动磨损。微动磨损是由黏着磨损、磨粒磨损、腐蚀磨损和疲劳磨损共同形成的一种较隐蔽的复合磨损。它发生在名义上相对静止、实际上存在循环的微幅相对滑动的两个紧密接触的表面上（如轴与孔的过盈配合面、滚动轴承套圈的配合面、螺纹等连接件的接合面等）。微动磨损使工作表面变粗糙，造成微观疲劳裂纹，从而降低零件的疲劳强度。

三、润滑

在作相对运动的两摩擦表面间加入润滑剂，形成润滑膜，不仅可以降低摩擦、减轻磨损，还可以起到冷却降温、减缓侵蚀、缓冲减振、清除污垢和密封防漏等作用，从而确保机器正常工作，延长使用寿命。

（一）润滑剂及主要性能

凡能降低摩擦阻力的介质，都可用作润滑材料。润滑剂可分为液体（如水、油）、半固体（如润滑脂）、固体（如石墨、二硫化钼）和气体（如空气）四种基本类型。其中，固体和气体润滑剂多在高温、高速及要求防止污染等特殊场合应用。对于橡胶、塑料制成的零件，宜用水润滑。而绝大多数场合则采用润滑油或润滑脂润滑。

1. 润滑油

用作润滑剂的油类大致可分为三类：一类为有机油，通常是动植物油；二类是矿物油，主要为石油产品；三类是化学合成油。其中矿物油来源充足、成本低廉、适用范围广而稳定性好，故应用最多。不论是哪一类润滑油，若从润滑观点来考虑，主要通过下面几个指标评价其性能。

(1) 黏度。黏度是表示润滑油黏性的指标。它表征润滑油油层内摩擦阻力的大小。黏度越高，润滑油流动性越差，越黏稠。它是润滑油最重要的性能之一。

(2) 油性（润滑性）。油性是指润滑油的极性分子与金属表面吸附形成一层边界油膜，以减小摩擦和磨损的性能。油性越好，油膜与金属表面的吸附能力越强，且油膜不易破裂。对于低速、重载或润滑不充分的场合，油性具有特别重要的意义。

(3) 凝点。润滑油冷到不能流动时的温度称为凝点。当工作温度低于凝点时，油的性能明显变差。所以，在低温下工作的机械，应选凝点低的润滑油。

（4）闪点。当油在标准仪器中加热所蒸发出的油气，一遇火焰即能发出闪光时的最低温度，称为油的闪点。闪点时间长达 5s 的油温称为燃点。这是衡量油的易燃性的一个指标。在高温下工作的机械应选闪点高于工作温度的润滑油。

（5）极压性能。极压性能是润滑油中加入含硫、氯、磷的有机极性化合物后，油中极性分子在金属表面生成抗磨、耐高压的化学反应边界膜的性能。极压性能对高负荷条件下的齿轮传动、滚动轴承等的润滑具有重要意义。

（6）氧化稳定性。从化学性能上讲，矿物油是很不活泼的，但当它们在高温气体中时，也会发生氧化，并生成硫、磷、氯等酸性化合物，这是一些胶状沉积物，不但腐蚀金属，而且加剧零件的磨损。

2. 润滑脂

润滑脂是润滑油与稠化剂（如钙、锂、钠的金属皂）的膏状混合物。有时，为了改善某些性能，还加入一些添加剂。根据调制润滑脂所用皂基的不同，润滑脂主要有以下几类。

（1）钙基润滑脂。这种润滑脂具有良好的抗水性，但耐热能力差，工作温度不宜超过 55～65℃。钙基润滑脂价格比较便宜。

（2）钠基润滑脂。这种润滑脂具有较高的耐热性，工作温度可达 120℃，比钙基润滑脂有较好的防腐性，但抗水性差。

（3）锂基润滑脂。这种润滑脂既能抗水，又能耐高温，其最高工作温度可达 145℃，在 100℃条件下可长期工作，而且有较好的机械安定性，是一种多用途的润滑脂，有取代钠基润滑脂的趋势。

（4）铝基润滑脂。这种润滑脂有良好的抗水性，对金属表面有较高的吸附能力，有一定的防锈作用。在 70℃时开始软化，故只适用于 50℃以下工作。

除了上述四种润滑脂外，还有复合基润滑脂和专门用途的特种润滑脂。

润滑脂的主要性能指标有以下几个。

（1）锥（针）入度。它是表征润滑脂稀稠度的指标。这是指一个重 1.5N 的标准锥体，于 25℃恒温下，由润滑脂表面经 5s 后沉入润滑脂的深度（以 0.1mm 为单位计）。它标志着润滑脂内阻力的大小和流动性的强弱。锥入度是润滑脂的一项主要指标，润滑脂的稠度（锥入度）分为 9 个等级，等级号越大，稠度越大，锥入度越小。

（2）滴点。在规定的加热条件下，润滑脂从标准测量杯的孔口滴下第一滴时的温度叫润滑脂的滴点。润滑脂能够使用的工作温度应低于滴点 20～30℃，甚至 40～60℃。

（3）安定性。它反映润滑脂在储存和使用过程中维持润滑性能的能力，包括抗水性、抗氧化性和机械安定性。

3. 固体润滑剂

用固体粉末代替润滑油膜的润滑，称为固体润滑。作为固体润滑剂的材料有：无机化合物，如石墨、二硫化钼、氮化硼等；有机化合物，如蜡、聚四氟乙烯、酚醛树脂等；还有金属（如 Pb、Zn、Sn 等）以及金属化合物。其中，尤以石墨和二硫化钼应用最广。

4. 润滑剂的添加剂

为了改善润滑剂的性能，加进润滑剂中的某些物质称为添加剂。添加剂的种类很多，有极压添加剂、油性剂、黏度指数改进剂、抗蚀添加剂、消泡添加剂、降凝剂、防锈剂等。使用添加剂是改善润滑性能的重要手段。

（二）黏性定律与润滑油的黏度

1. 黏性定律

流体的黏度是流体抵抗变形的能力，它标志着流体内摩擦阻力的大小。如图 2-11 所示，在两个平行平板间充满具有一定黏度不可压缩的润滑油，施加力 F 拖动 A 板（移动件）以速度 v 移动，另一板 B 静止不动，则由于油分子与平板表面的吸附作用，将使贴近板 A 的油以同样的速度 $u=v$ 随板移动，而贴近板 B 的油层则静止不动（$u=0$）。沿 y 坐标方向各流层将以不同的速度 u 作相对滑移，在各层的界面上就存在相应的切应力。当油层作层流运动时，油层间的切应力 τ 与该处流体的速度梯度 $\dfrac{\partial u}{\partial y}$ 成正比，用数学形式表示，即为

$$\tau=-\eta\frac{\partial u}{\partial y} \tag{2-25}$$

式中，τ——流体单位面积上的剪切阻力，即切应力；

$\dfrac{\partial u}{\partial y}$——流体沿垂直于运动方向的速度梯度，“-”号表示 u 随 y 增大而减小；

η——比例常数，即流体的动力黏度。

式（2-25）称为牛顿流体黏性定律，满足该定律的流体称为牛顿流体。

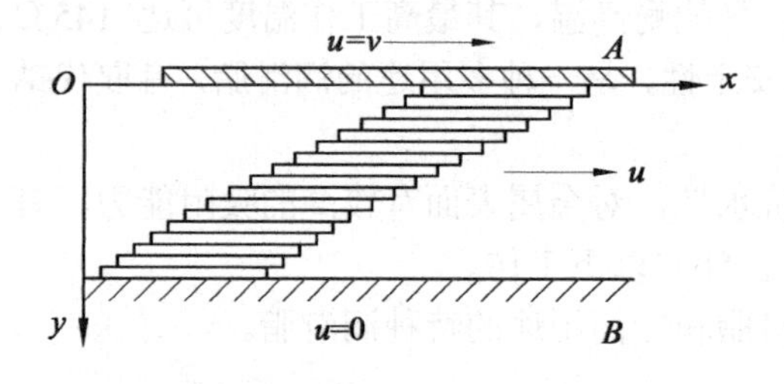

图 2-11　平行板间液体的层流流动

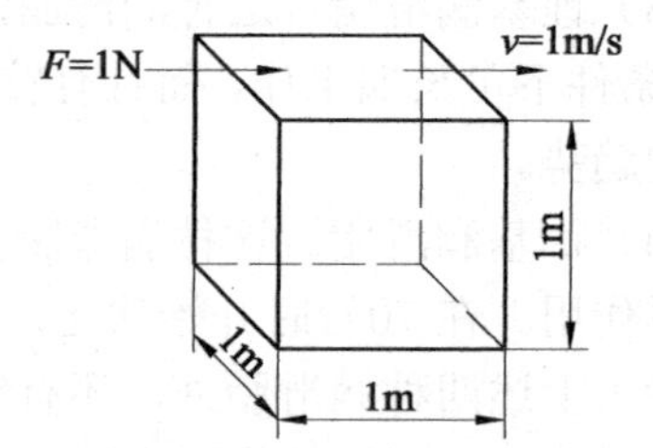

图 2-12　液体的动力黏度示意图

2. 黏度的常用单位

（1）动力黏度 η。如图 2-12 所示，长、宽、高各为 1m 的液体，如果使上、下平面发生 1m/s 的相对滑动速度，所需施加的力 F 为 1N 时，该液体的黏度为 1N·s/m^2 或 1Pa·s（帕·秒）。Pa·s 是国际单位制的黏度单位。动力黏度又称绝对黏度。动力黏度的物理单位定为 1dyn·s/cm^2，称 1P（泊），$\dfrac{1}{100}$P 称为 cP（厘泊），即 1P=100cP。

P、cP 和 Pa·s 的换算关系为

$$1\text{Pa·s}=10\text{P}=1000\text{cP}$$

（2）运动黏度。工业上常用动力黏度 η 与同温度下该液体的密度 ρ 的比值表示黏度，称之为运动黏度 v，即

$$v=\frac{\eta(\text{Pa}\cdot\text{s})}{\rho(\text{kg/m}^3)}(\text{m}^2/\text{s}) \tag{2-26}$$

对于矿物油，密度 ρ=850～900kg/m^3。。

在物理单位制中，运动黏度的单位是 cm^2/s，1cm^2/s 称为 1St（斯），$\dfrac{1}{100}$St 称为 cSt（厘斯）。其换算关系为

$$1\text{m}^2/\text{s}=10^4\text{St}=10^6\text{cSt}，\ 1\text{cSt}=1\text{mm}^2/\text{s}$$

国标 GB/T 3141—1994 规定采用润滑油在 40℃时的运动黏度的平均值为其牌号，例如 N46 号机械油在 40℃时的黏度为 41.4～50.6cSt，与它相对应的旧标准为 30 号机械油。

（3）条件黏度（相对黏度）。除了运动黏度外，还经常用比较法测定黏度。我国用恩氏黏度作为相对黏度单位，即把 200cm^3 试油在规定温度下（一般为 20℃、50℃、100℃）流过恩氏黏度计的小孔所需的时间（s）与同体积蒸馏水在 20℃时流过同一小孔所需时间（s）的比值，以符号$°E_t$表示，其中脚注 t 表示测定时的温度。美国习惯用赛氏通用秒（SUS）,英国习惯用雷氏秒作为条件黏度单位。

运动黏度与条件黏度的换算关系为

$$\left.\begin{array}{ll} \text{当 } 1.35 < {}^{\circ}E_t \leqslant 3.2 \text{ 时} & \nu_t = 8.0{}^{\circ}E_t - \dfrac{8.64}{{}^{\circ}E_t}\text{cSt} \\ \text{当 } 3.2 < {}^{\circ}E_t \leqslant 16.2 \text{ 时} & \nu_t = 7.6{}^{\circ}E_t - \dfrac{4.0}{{}^{\circ}E_t}\text{cSt} \\ \text{当 } {}^{\circ}E_t > 16.2 \text{ 时} & \nu_t = 7.41{}^{\circ}E_t \end{array}\right\} \tag{2-27}$$

3．影响润滑油黏度的主要因素

（1）黏度与温度的关系。温度对黏度的影响十分显著，润滑油的黏度是随着温度的升高而降低。几种常用润滑油在不同温度下的黏度—温度曲线如图 2-13 所示。衡量润滑油受温度变化时对黏度的影响程度的参数为黏度指数（VI）。黏度指数值越大，表明黏度随温度的变化越小，表示油的黏温特性越好。VI≤35 为低黏度指数；35＜VI≤85 为中黏度指数；85＜VI≤110 为高黏度指数；VI＞110 为很高黏度指数。

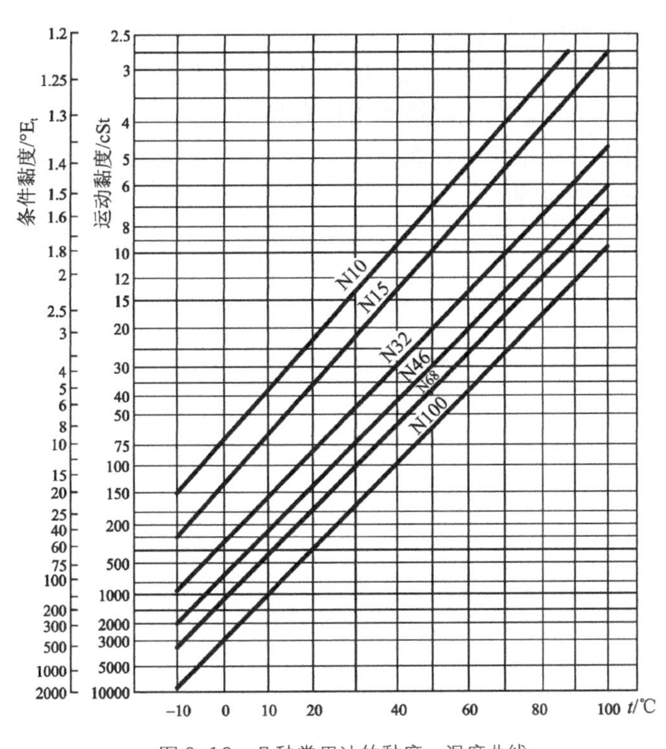

图 2-13　几种常用油的黏度—温度曲线

（2）黏度与压力的关系。压力对润滑油黏度的影响，只有在压力超过 10 MPa 时才会体现，即黏度随着压力的增高而加大，高压时则更为显著。因此在一般润滑条件下可不予考虑。

阅读参考文献

需要了解更多有关现代疲劳强度理论与设计方面的知识，可参阅：（1）徐灏主编，《疲劳强度设计》，高等教育出版社，2000.（2）机械设计手册编委会编，《机械设计手册》单行本《疲劳强度设计》分册，机械工业出版社，2007。要深入了解摩擦学的基本原理与设计应用，可参阅：（1）温诗铸、黄平著，《摩擦学原理》，清华大学出版社，2008.（2）刘佐民著，《摩擦学理论与设计》，武汉理工大学出版社，2009。

思 考 题

2-1 机械零件的失效与破坏有什么区别？常见的失效形式有哪些？

2-2 常用的机械零件设计准则有哪些？

2-3 机械零件材料选用应遵循哪些原则？

2-4 什么是静应力？什么是变应力？

2-5 稳定循环变应力有几种类型？其应力特征常用哪几个参数表示？它们之间的关系如何？

2-6 什么是疲劳曲线？什么是疲劳极限与持久极限及它们之间的关系？

2-7 单向稳定变应力下零件的疲劳强度如何计算？

2-8 滑动摩擦有哪些类型？

2-9 摩擦特性曲线分哪几个部分？

2-10 典型的磨损分哪几个阶段？常见的磨损类型有哪些？

2-11 润滑剂有哪些类型？其主要性能指标有哪些？

2-12 什么是黏度？常用单位是什么？

2-13 什么是牛顿黏性定律？

第二篇

机构与机械传动

第3章 平面机构的结构和运动分析

内容提要

本章主要阐述了机构的组成以及机构运动简图绘制的方法，对平面机构自由度计算和机构具有确定性运动进行了研究，介绍了利用速度瞬心求解构件上研究点速度的方法。

本章重点：机构运动简图的绘制和平面机构自由度的计算。

本章难点：自由度计算中需要注意的问题。

3-1 机构的组成

一、构件

各种机械的形式、构造及用途虽然各不相同，但它们的主要部分却都是由一些机构所组成。例如，图 1-1 所示的单缸内燃机由连杆机构、齿轮机构和凸轮机构组成。机构中每一个运动单元体就称为一个构件。从运动的观点分析机械时，构件是组成机械的基本单元体。它可以是由若干个零件刚性地连接在一起组成，也可以是一个独立运动的零件。

例 3-1 图 3-1 所示的内燃机连杆，在内燃机中是作为一个整体而运动的，所以它是一个构件。它是由连杆体、连杆头、轴套、轴瓦、螺栓、螺母这些零件组成的。

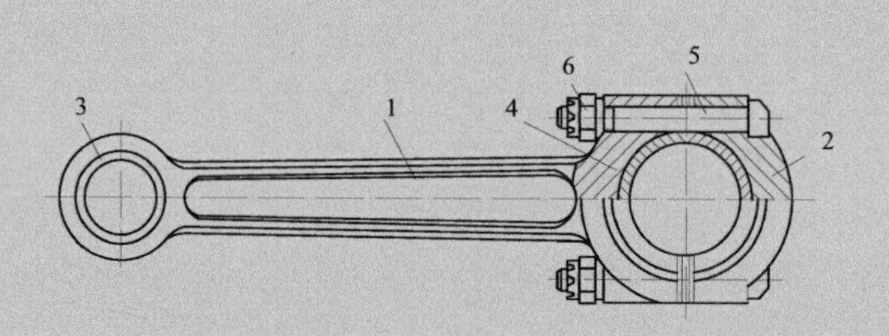

图 3-1 内燃机连杆

1—连杆体；2—连杆头；3—轴套；4—轴瓦；5—螺栓；6—螺母

二、运动副

凡两构件直接接触，而又能容许一定的相对运动的连接，称为运动副。运动副的接触形式不同，所允许的相对运动也不一样。两构件间用销轴和孔构成的连接称为转动副，如图 3-2（a）所示；两构件间用滑块与导路构成的连接为移动副，如图 3-2（b）所示；两构件间用齿轮齿廓构成的连接称为齿轮副，如图 3-2（c）所示；两构件间用凸轮与从动件构成的连接称为凸轮副，如图 3-2（d）所示。按照接触的特性，运动副又分为高副和低副。面接触的运动副称为低副，点、线接触的运动副称为高副。图 3-2 所示转动副和移动副为低副，而齿轮副和凸轮副为高副。

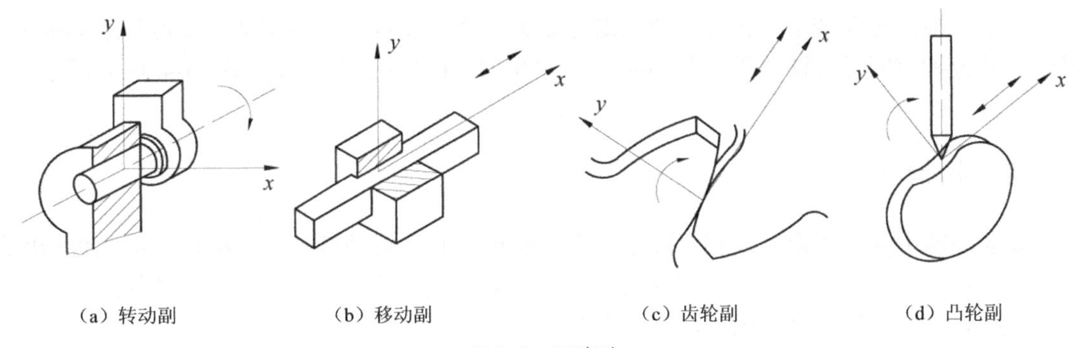

图 3–2　运动副

如图 3-3 所示，一个构件在没有任何约束的条件下相对于另一构件（例如固定构件）作任意平面运动，可以看成 x 方向和 y 方向的移动与在该平面的转动这 3 个独立运动所组成，这种独立运动的数目称为构件的自由度。因此，在平面内自由运动的构件有 3 个自由度。

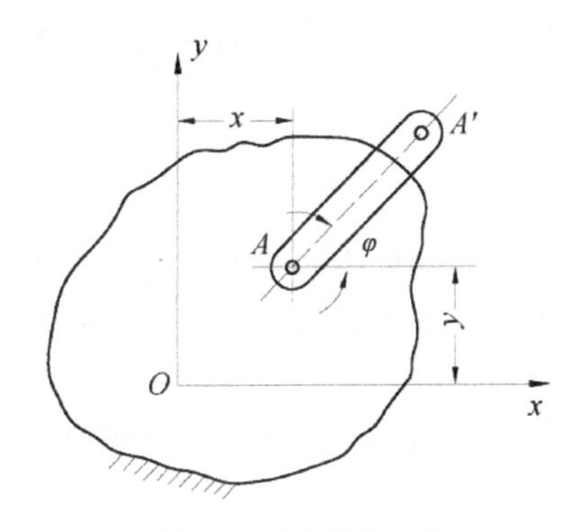

图 3–3　构件的自由度

当两构件组成运动副后，由于相对运动受到限制，故自由度减少，这种对独立运动的限制称为约束。如图 3-2（a）所示，两构件组成转动副后，相对运动只能是转动，即失去了 x、y 两个方向的移动自由，故约束数为 2；如图 3-2（b）所示，两构件组成移动副后，相对运动只能是沿 x 方向的移动，即失去了 y 方向移动和转动的自由，故约束数为 2；如图 3-2（c）、（d）所示，两构件组成齿轮副和凸轮副后，瞬时相对运动都可以沿切线 x 方向移动和在 xy 平面内转动，即失去了沿法线 y 方向移动的自由，故约束数均为 1。

三、运动链

两个以上构件由运动副连接而成的系统称为运动链。如果组成运动链的各个构件形成封闭系统，如图 3-4（a）所示，这种运动链称为闭链；反之，如果运动链中有的构件不能形成封闭系统，如图 3-4（b）所示，便称为开链。由图 3-4（a）可见，对于闭链，动其一杆（或少数杆）即可牵动其余各杆，便于传递运动，故广泛应用于各种机械。开链主要应用于机械手、挖掘机等多自由度的机械之中。

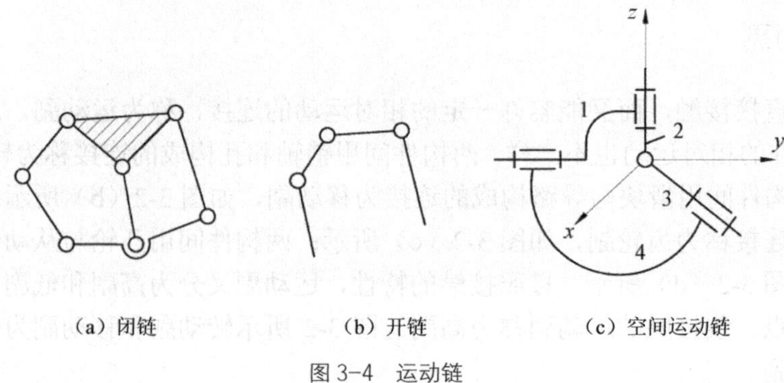

（a）闭链　（b）开链　（c）空间运动链

图 3-4　运动链

此外，根据运动链中各构件间的相对运动为平面运动还是空间运动，又可将运动链分为平面运动链和空间运动链两类。图 3-4（a）、（b）所示为平面运动链，图 3-4（c）所示为空间运动链。

四、机构

如运动链中含有固定（或相对固定）不动的机架时，运动链被称为机构，但此机构的运动尚未确定。当它的一个或几个构件具有独立运动，成为原动件时，其余从动件随之做确定运动，此时机构的运动也就确定，便能有效地传递运动和力。

依据形成机构的运动链是平面的还是空间的，亦可把相应的机构分为平面机构和空间机构两类。由于常用的机构大多数为平面机构，所以本章主要讨论平面机构的问题。

3-2　平面机构的运动简图

实际机构的外形与具体构造往往非常复杂。在分析已有机构时，总是将机构加以科学抽象，即不考虑那些与运动无关的因素（如组成构件的零件数目和刚性连接的方式、运动副的具体构造等），仅用简单的线条和符号来代表构件和运动副。按一定比例画出各运动副的相对位置的图形称为机构运动简图。图 3-5 所示为冲床机构及其机构运动简图。

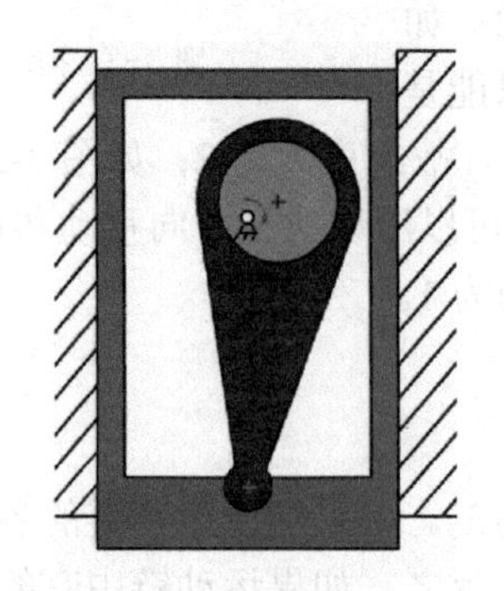

图 3-5　冲床机构及其机构运动简图

应该指出，实际使用的机器在构造和功用上虽有千差万别，但从机构运动简图来看，往往有许多共同之处。例如冲床、活塞式内燃机以及空气压缩机，尽管它们的外形、具体构造及功用各不相同，但它们主要机构的机构简图都是一样的，因而可以用类似的方法进行运动分析和受力分析。

一、平面运动副的表示方法

两构件组成转动副时，其表示方法如图 3-6 所示。图面垂直于相对转动轴线时按图 3-6（a）表示；图面与相对转动轴线平行时按图 3-6（b）表示。若组成转动副之一的构件为机架，就把代表机架的构件画上斜线。表示转动副时，关键是要画出相对转动中心（轴线）的正确位置。

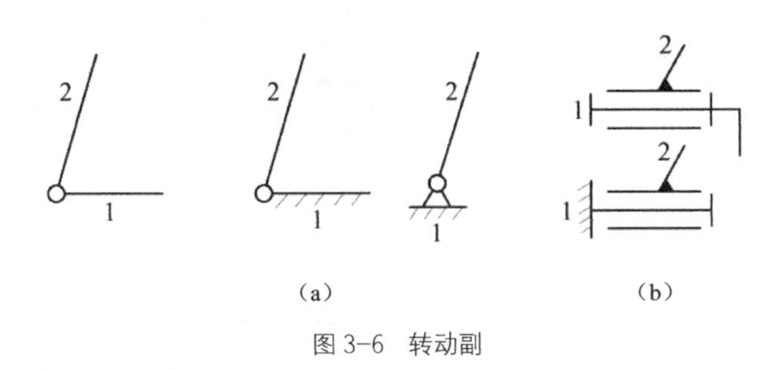

图 3-6 转动副

两构件组成移动副时，其表示方法如图 3-7 所示。同样，画有斜线的构件代表机架。表示移动副时，最关键的是要正确画出相对移动的方向。

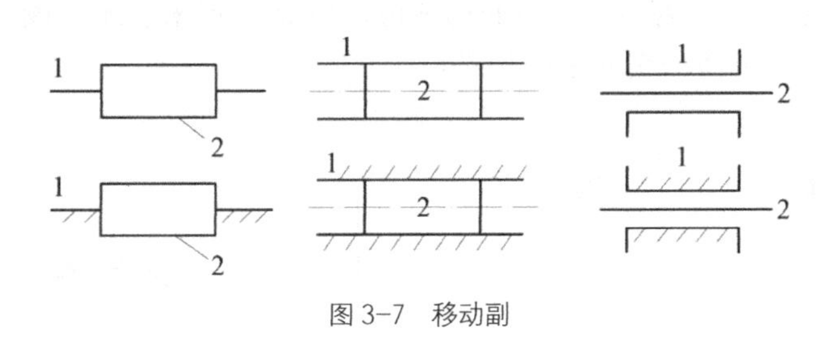

图 3-7 移动副

欲表示两构件组成的平面高副，那么应该画出两构件用于相互接触的曲线轮廓，其表示方法如图 3-8 所示。

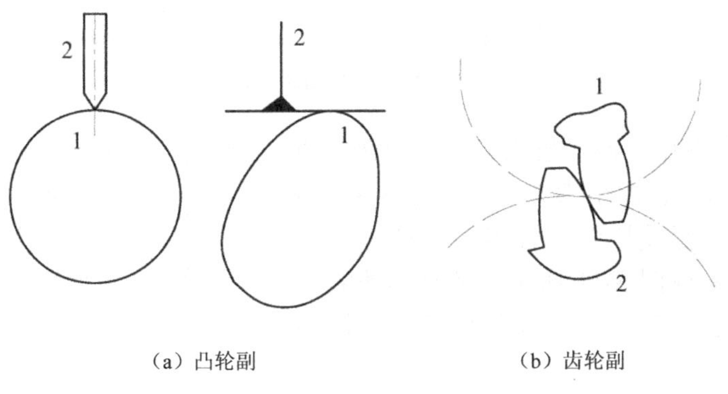

（a）凸轮副 （b）齿轮副

图 3-8 平面高副

二、构件的表示方法

具有两个运动副元素的构件，可以用一根线段连接运动副元素表示一个构件，如图 3-9 所示。表示移动副的导杆、导槽以及滑块，其导路应该与相对移动方位相一致；表示平面高副的运动副元素也应该与组成高副的对应构件上的曲线相一致。

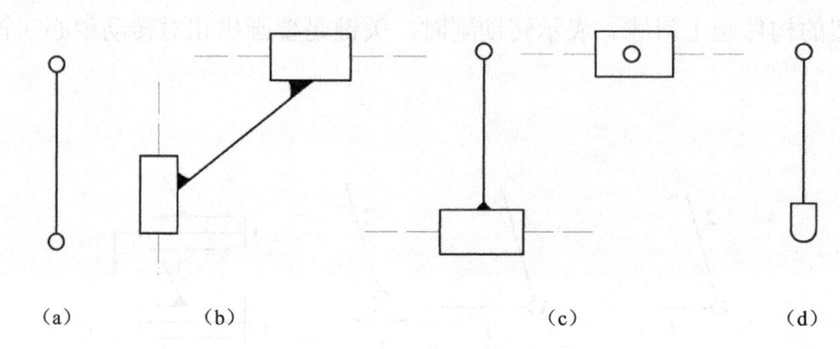

图 3-9　两个运动副的构件

具有 3 个运动副元素的构件，也是先在相应的位置上找出运动副元素，而后用线条将其连接，以此表示一个构件，如图 3-10 所示。为了说明这 3 个转动副元素同属于一个构体，应将每两条线段相交部位涂上焊死的记号，如图 3-10（a）所示，或在三角形中画上斜线，如图 3-10（b）所示。如果 3 个转动副的中心处于一条直线上，为了不引起误会，可用图 3-10（c）表示。依此类推，具有 n 个运动副元素的构件可以用 n 边形来表示，图 3-10（d）是代表具有 3 个转动副元素和 1 个移动副元素的构件。

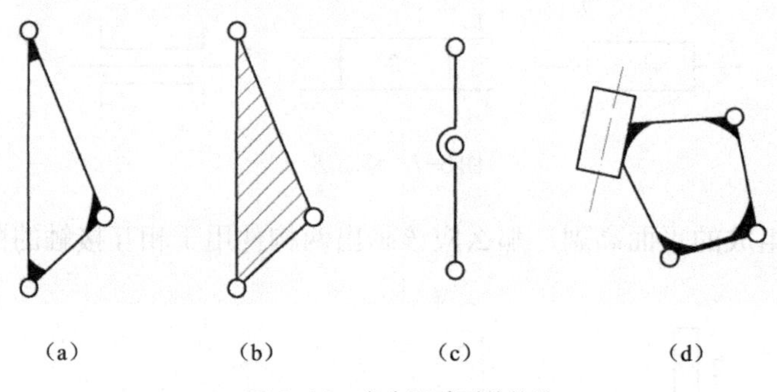

图 3-10　多个运动副的构件

在机构运动简图中，凸轮机构中的凸轮和从动件端部，一般是画出它的全部轮廓，如图 3-8（a）所示。而机构中广泛使用的圆柱齿轮传动，表示方法如图 3-8（b）或图 3-11 所示。还有其他的一些零件、构件已有专门规定画法，请参考国家标准《机械制图》中的“机构运动简图符号”。

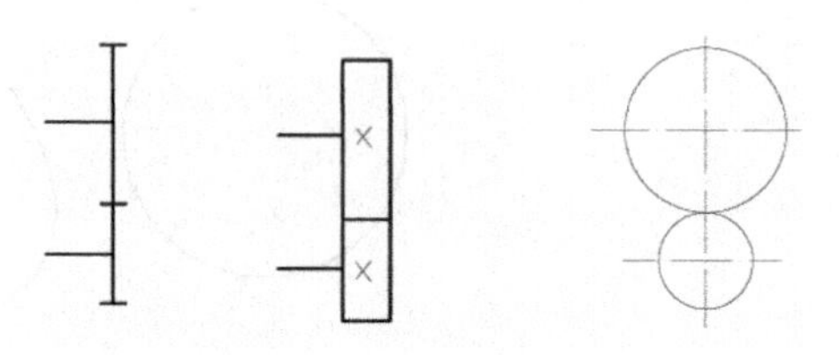

图 3-11　圆柱齿轮传动

三、机构运动简图绘制

从实际机器绘制机构运动简图，其步骤与方法通常如下。

（1）仔细分析机构的实际结构和运动，分清有几个运动构件，从而确定构件的数目。

（2）找出每个构件上所有的运动副，用简单的线条连接该构件上的所有运动副元素，以表示每一个构件。

（3）按一定长度比例尺将每个构件“装配”成机构运动简图。

绘制机构运动简图时，需要准确地按长度比例尺画图，并标注出那些与运动有关的尺寸。长度比例尺用μ_1表示

$$\mu_1 = \frac{实际长度(m)}{图示长度(mm)}$$

绘制机构运动简图时，应根据机构的实际尺寸大小以及图面的大小与安排，选择恰当的长度比例尺。为了具体说明机构运动简图的绘制方法，请看以下实例。

例 3-2 图 3-12（a）所示为一用于小型压力机的凸轮连杆组合机构。当原动件曲轴 1 连续转动时，一方面通过齿轮传动使凸轮 6 转动，另一方面通过连杆 2 使构件 3 往复移动，从而使压杆 8 按预期的运动规律上下往复运动。试绘制其机构运动简图。

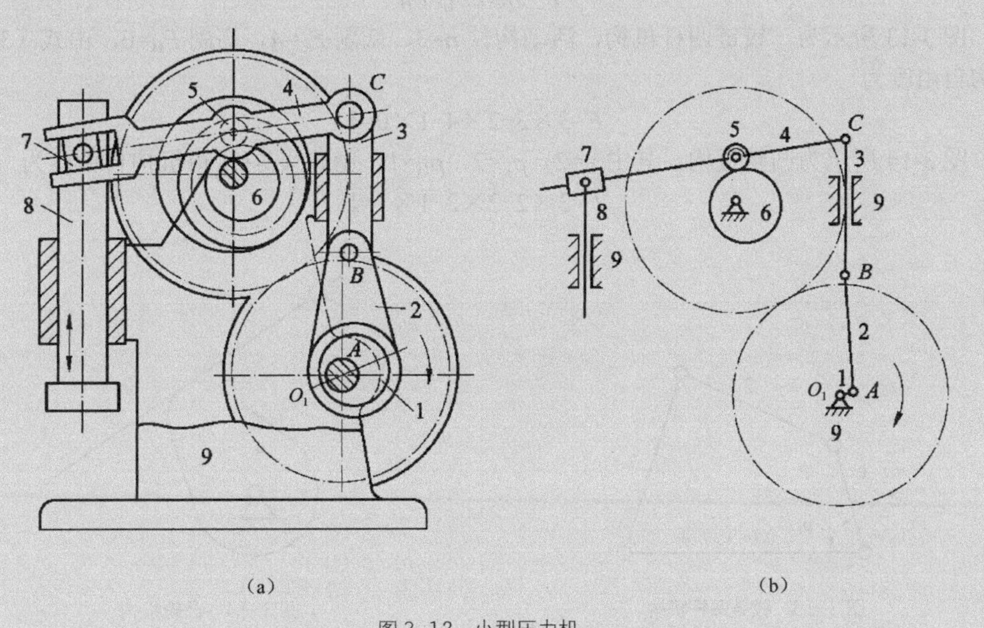

图 3-12 小型压力机

解：根据前述绘制机构运动简图的步骤，找出其原动部分曲轴 1 和执行部分压杆 8，然后循着运动传递的路线分析其传动部分。如题所述，此机构原动部分的运动分两路传出：一路由曲轴 1 经过连杆 2 传至构件 3，另一路由齿轮啮合传至凸轮 6；最后，两路运动汇集到压杆 8 上。经过分析可见，此机构系由曲轴 1、连杆 2、构件 3 和 4、滚子 5、凸轮 6、滑块 7、压杆 8 及机架 9 所组成，而曲轴 1 和凸轮 6 的运动又通过一对齿轮的啮合封闭起来（曲轴 1

及轴上所装齿轮，凸轮 6 及凸轮轴上所装齿轮，均应各作为一个构件）。各构件之间构成的运动副为：曲轴 1 与机架 9 及连杆 2 分别在 O_1 点及 A 点构成转动副；构件 3 与构件 4 及连杆 2 分别在 C、B 两点构成转动副，还与机架 9 构成移动副；构件 4 还与滚子 5 构成转动副，与滑块 7 构成移动副；压杆 8 与滑块 7 构成转动副，又与机架 9 构成移动副；凸轮 6 与机架 9 构成转动副，又与滚子 5 构成平面高副；两齿轮也构成平面高副。

以构件的运动平面为投影面，再确定适当的比例尺，可画出其机构运动简图，如图 3-12（b）所示。

3-3 机构的自由度计算

一、机构的自由度计算

由前所述，一个构件在没有任何约束条件下，相对于固定构件作平面运动时有 3 个自由度。若组成机构的平面运动链有 n 个活动构件和一个固定构件，活动构件相对于固定构件有 $3n$ 个自由度。如果这些构件用运动副连接而组成运动链以后，由于受运动副约束条件的限制，自由度将减少。我们把机构中各构件相对于机架的独立运动数目称为机构自由度。设运动链中共有 P_L 个低副和 P_H 个高副，平面机构的自由度为

$$F=3n-2P_L-P_H \tag{3-1}$$

图 3-13 所示为一铰链四杆机构，活动构件 n=3，低副 P_L=4，高副 P_H=0，由式（3-1）得机构自由度为

$$F=3\times3-2\times4-1\times0=1$$

图 3-14 所示为凸轮机构，其中 n=2，p_L=2，p_H=1，由式（3-1）得机构自由度为

$$F=3\times2-2\times2-1\times1=1$$

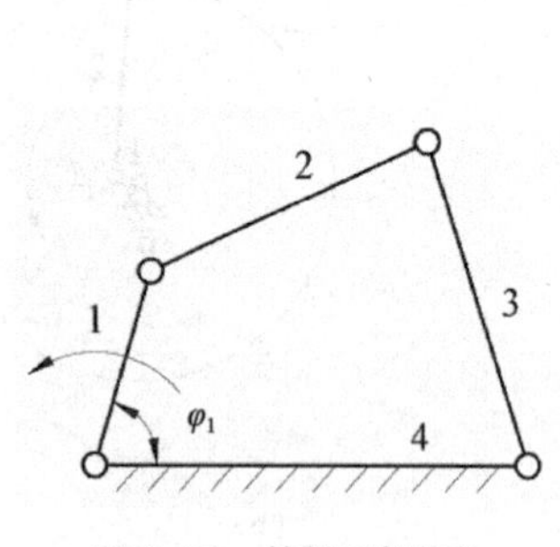

图 3-13 铰链四杆机构

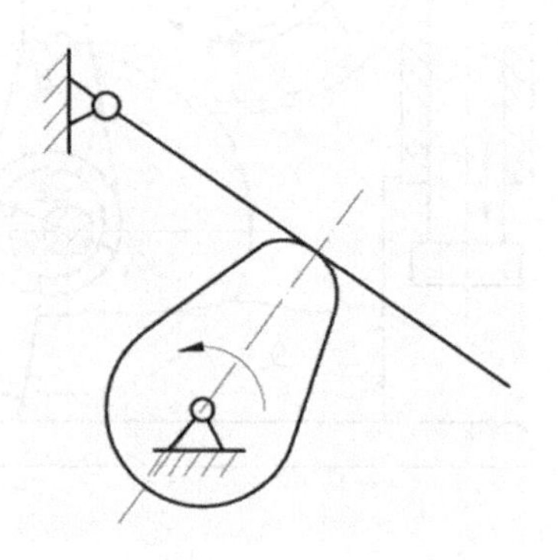
图 3-14 凸轮机构

图 3-15 为铰链五杆机构，n=4，p_L=5，p_H=0，机构自由度为

$$F=3\times4-2\times5-1\times0=2$$

图 3-16 所示为桁架机构，n=4，p_L=6，p_H=0，由式（3-1）得

$$F=3\times4-2\times6-1\times0=0$$

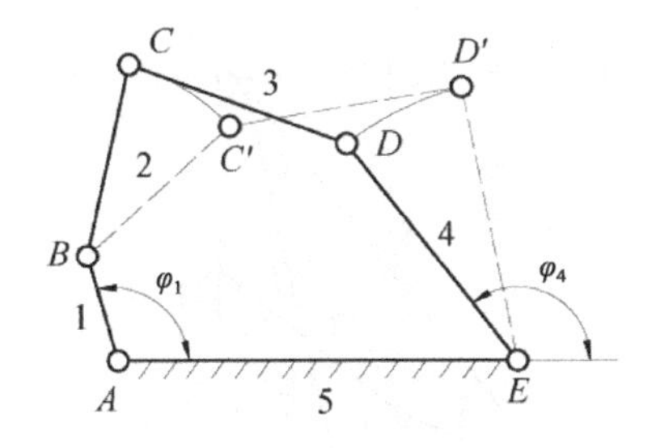

图 3-15 铰链五杆机构

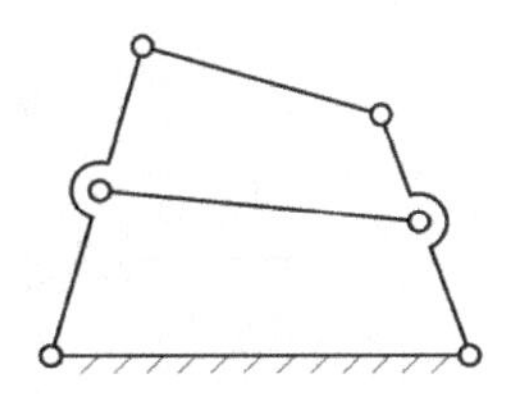

图 3-16 桁架机构

由上面计算可见，图 3-13、图 3-14 所示机构的自由度均为 1，如果在这些机构中指定一个构件，使它按给定的运动规律运动（通常是指定一个与机架相连的构件，以等角速转动或等速直线运动），这时机构中的其他构件能做确定不变的运动，并且是这一运动规律的函数。图 3-15 所示的五杆机构，它的自由度为 2，如果指定构件 1 和 4 按给定的运动规律运动时，机构中其他构件也有确定不变的运动。图 3-16 所示桁架机构的自由度为零，说明它是不能产生相对运动的刚性桁架。

在机构运动分析时，给定运动规律的构件称为原动件，它一般与机架相连，在机构运动简图中附有箭头，以区别于其他构件。由上述分析可以得出结论：为使机构有完全确定的运动，则必须使机构中的原动件数与机构自由度数相等。这就是机构具有确定运动的条件。

例 3-3 试计算图 3-12 所示小型压力机的机构自由度。

解：此机构中滚子 5 绕其自身轴线转动为一局部自由度，设想将滚子 5 与构件 4 固联成一个构件，这样机构的活动构件数 n=7，低副 p_L=9，高副 p_H=2，代入式（3-1）得

$$F = 3\times7-2\times9-1\times2=1$$

此机构应具有一个原动件，从而可以具有确定的运动。

二、计算机构自由度时应注意的事项

应用式（3-1）计算平面机构的自由度时，必须注意下述几种情况，否则会得到错误的结果。

1. 复合铰链

两个以上的构件在同一轴线上用转动副连接便形成复合铰链。图 3-17 所示是三个构件组成的复合铰链，图 3-17（a）是它的主视图。从图 3-17（b）中可以看出，这三个构件共组成两个，而不是一个转动副。因此在计算机构自由度时忽略了这种复合铰链就会漏算转动副的个数。

例 3-4 试计算图 3-18 中的圆盘锯机构（直线机构）的自由度。

解：机构中共有 7 个活动构件（即 n=7）；在 B、C、D、E 四处都是由 3 个构件组成的复合铰链，故各有 2 个转动副，整体机构共有 10 个转动副（即 p_L=10）。由式（3-1）可得机构的自由度为

$$F=3n-2p_L-p_H=3\times7-2\times10-1\times0=1$$

即此机构的自由度为 1。原动件为杆 2，当它摆动时，圆盘锯中心 F 将确定地沿直线 mm' 移动。

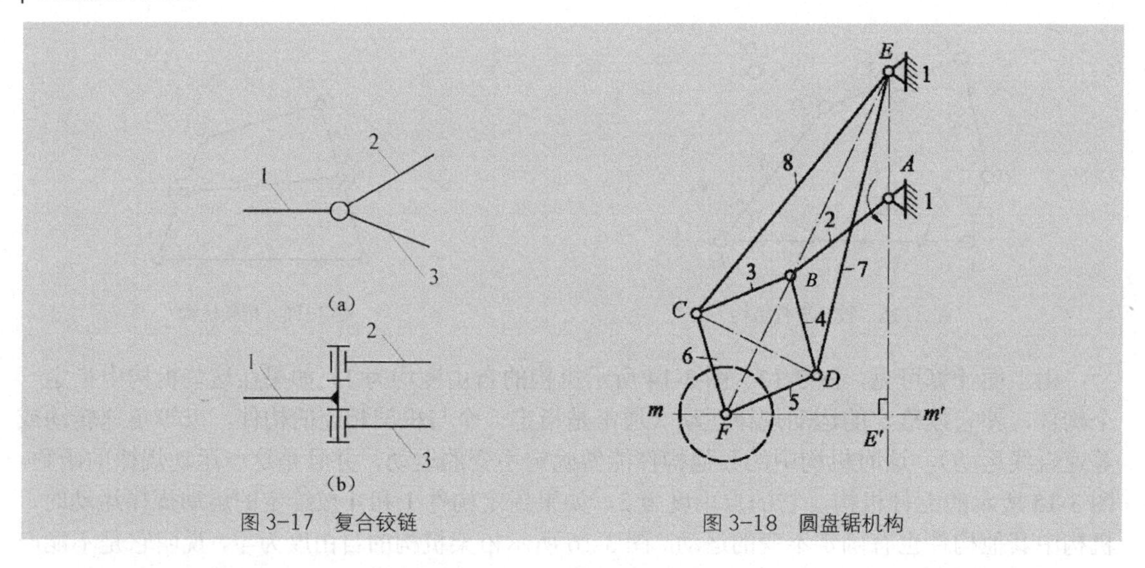

图 3-17 复合铰链　　图 3-18 圆盘锯机构

2. *局部自由度*

机构中有时会出现这样一类自由度，它的存在与否都不影响整个机构的运动规律。这类自由度称局部自由度，在计算机构自由度时应予排除，然后进行计算。

例 3-5　试计算图 3-19（a）所示滚子从动件凸轮机构的自由度。

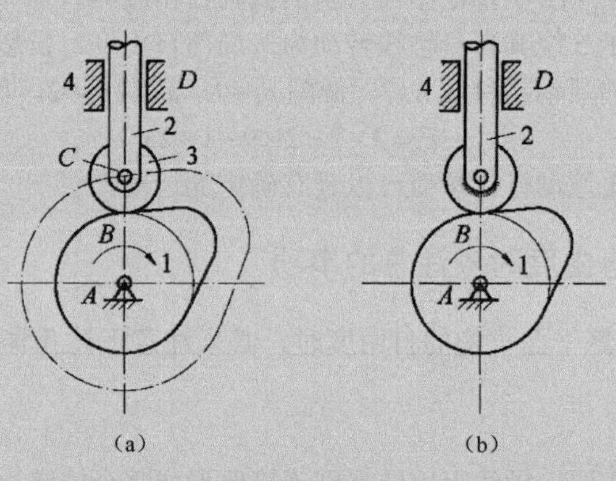

图 3-19 凸轮机构

解：图 3-19（a）中凸轮 1 为原动件，当凸轮转动时，通过滚子 3 驱使从动件 2 以一定运动规律在机架 4 中往复移动。不难看出，无论滚子 3 存在与否都不影响从动件 2 的运动。因此滚子绕其中心的转动是一个局部自由度。在计算机构自由度时，可设想将滚子与从动件焊成一体，如图 3-19（b）所示，这样转动副 C 便不存在。这时机构具有 2 个活动构件，1 个转动副、1 个移动副和 1 个高副。由式（3-1）可得机构自由度为

$$F=3n-2p_L-p_H=3\times2-2\times2-1=1$$

局部自由度虽然与整体机构的运动无关，但滚子可使高副接触处变滑动摩擦为滚动摩擦，从而减少磨损和延长凸轮的工作寿命。

3. *虚约束*

在运动副中，有些约束对机构自由度影响是重复的。这些重复的约束为虚约束，在计算

机构自由度时应除去不计。

图 3-20（a）所示的平行四边形机构中，连杆 2 作平面运动，其上各点的轨迹均为圆心在 O_1O_3 线上半径等于 AO_1 的圆弧。根据式（3-1），该机构的自由度为

$$F=3n-2p_L-p_H=3\times3-2\times4=1$$

现如图 3-20（b）所示，如果在该机构中再加上一个构件 MN，与构件 1、3 平行而且长度相等，显然这对该机构的运动并不会发生任何影响，但此时机构的自由度却变为

$$F=3\times4-2\times6=0$$

这是因为加上构件 MN 后，虽然多了 3 个自由度，但由于构成了转动副 M 及 N，却各引入了两个约束，所以结果相当于对机构多引入了一个约束。而这个约束，对机构的运动并没有约束作用，所以它是一个虚约束。在计算机构的自由度时，应将虚约束除去不计，故该机构的自由度实际上仍为 1。

图 3-20　平行四边形机构

机构中的虚约束常发生在下述情况。

（1）如果两构件上的两点之间的距离始终保持不变，在这两点间加一个构件，并用运动副相连接。例如图 3-20（b）所示。

（2）两构件同时在几处接触而构成几个移动副，且各移动副的导路互相平行，如图 3-21（a）所示；或者两构件同时在几处配合而构成几个转动副，且各转动副的轴线互相重合，如图 3-21（b）所示。

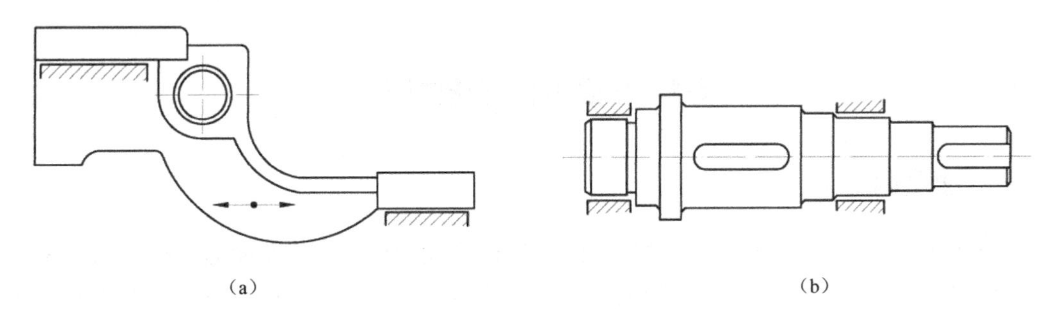

图 3-21　虚约束

（3）在输入与输出之间通过多组完全相同的运动链来传递运动时，只有一组起独立传递运动的作用，其余各组常引入虚约束。例如图 3-22 所示行星轮系，为了受力均衡而采用 3 个行星轮对称布置，实际上只需 1 个行星轮便能满足运动要求。在这里，每添加一个行星轮（包括两个高副和一个低副）便引入一个虚约束。

虚约束不影响机构的运动，而引入虚约束往往可以增加构件的刚性，并改善其受力状况，提高机构的承载能力，因此在机构设计中常被广泛采用。但必须指出，虚约束是在特定几何

条件下的产物，如若特定的几何条件未能得到满足（如两构件构成多个转动副，而它们的相对转动轴线并未重合，或者两构件组成多个移动副而相对移动方位并不一致），那么这种情况下引入的约束就会成为实际的约束，而不是虚约束了，由此将导致自由度减少，甚至造成不能相对运动。因此，在机构设计中有意利用虚约束时，应该严格控制加工制造的误差，以确保满足虚约束存在的条件。

综上所述，计算机构自由度时，应注意到是否存在复合铰链以及复合铰链所含的转动副数目，对具有局部自由度和虚约束的机构，可先画出去除局部自由度和虚约束的机构简图，然后再用式（3-1）计算。

例 3-6 计算图 3-23 所示机构的自由度并确定其应有的原动件。

解：图中滚子 2 处有局部自由度，F 及 F'为构件 5 的公共导路的移动副，其中之一为虚约束，将局部自由度、虚约束去除。由于 n=4，p_L=5，p_H=1，则机构自由度为

$$F=3\times4-2\times6-1\times1=1$$

该机构应有一个原动件，取为凸轮 1。

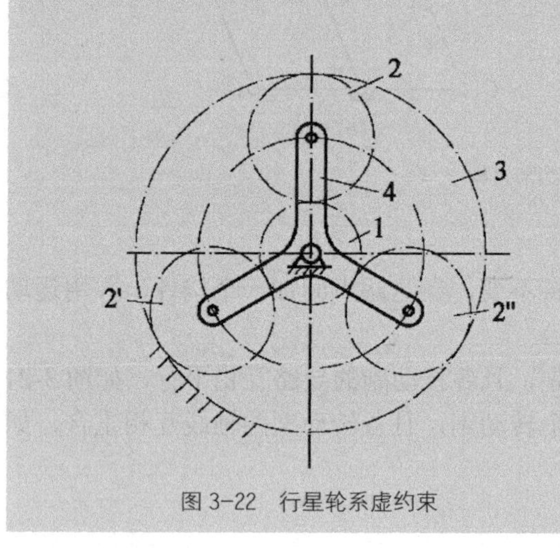

图 3-22　行星轮系虚约束

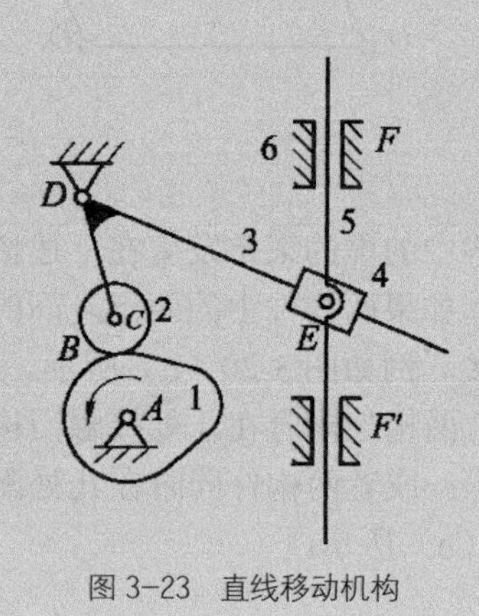

图 3-23　直线移动机构

3-4　平面机构的速度瞬心

一、速度瞬心

由理论力学可知：一个刚体相对另一固定坐标系或静止刚体作平面运动时（见图 3-24），在任一瞬时，该平面运动都可看做绕某一相对静止点的转动。该点称为瞬时速度中心，简称瞬心。由于瞬心是两个刚体 1 和 2 上无相对速度的瞬时重合点，故可用 P_{12} 表示。在图 3-24 中，v_{A1A2} 为刚体 1 上的 A_1 点相对于刚体 2 上的重合点 A_2 的速度，v_{B1B2} 的含义也相仿。

图 3-24 所示的瞬心概念，不仅直接适用于机构中运动构件与固定构件的运动关系，也可运用于一运动构件与另一运动构件的运动关系。在机构中，运动构件相对固定构件，由于绝对速度为零而无相对速度的瞬心，称为绝对瞬心；一个运动构件相对另一运动构件，由于绝对速度相同而无相对速度的瞬心，称为相对瞬心。

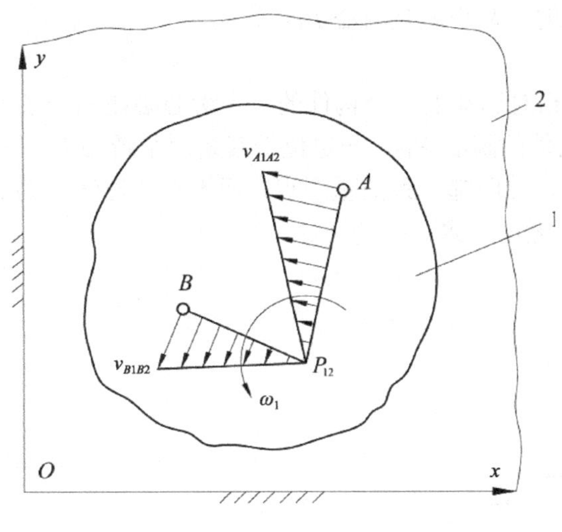

图 3-24　瞬心

二、瞬心的求法

由于每两构件之间有一个瞬心，故对于含有 k 个构件的机构，所有瞬心的总数应等于在 k 个构件中每次任取两件的组合数，即

$$N = C_k^2 = \frac{k(k-1)}{2} \tag{3-2}$$

例如，平面四杆机构共有六个瞬心等。至于瞬心的求法，则有直接观察法和三心定理法。

1. 直接观察法

当两构件直接以转动副相连时，如图 3-25（a）所示，铰链中心即为瞬心 P_{12}。

当两构件以移动副相连时，如图 3-25（b）所示，构件 1 上各点相对于构件 2 的移动速度都平行于导路方向，因此瞬心 P_{12} 位于垂直于移动副导路的无穷远处。

当两构件组成纯滚动的高副时，接触点的相对速度为零，所以接触点就是相对瞬心，如图 3-25（c）所示。

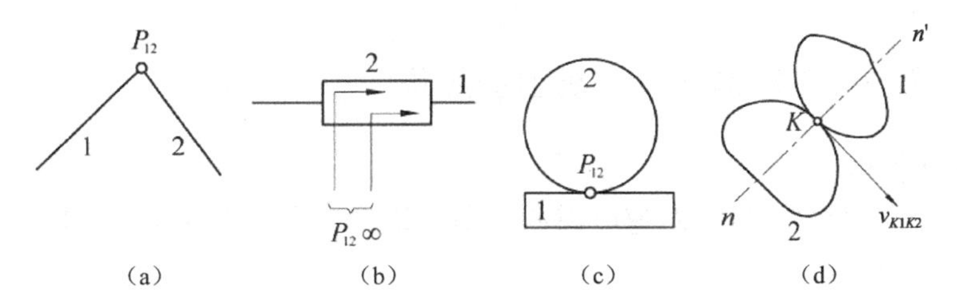

图 3-25　相对运动时的瞬心

当两构件组成高副时（图 3-25（d）），由于高副构件一般具有两个相对运动自由度，不能事先确定构件 1 上某两点对构件 2 的相对速度方向，因而不能得出瞬心 P_{12} 的确定位置。但是，从两构件必须保持接触出发，可知构件 1 上 K 点（与构件 2 的接触点）的相对速度必定沿着高副公切线的方向，故瞬心 P_{12} 虽不能完全确定，但必位于高副接触点的公法线 nn'

上。当两构件作纯滚动时，K 点就是瞬心 P_{12}。

2. 三心定理法

三心定理法，即作相对运动的三个构件的三个瞬心必在同一条直线上。以图 3-26 所示三个构件为例，1、2 两构件的瞬心 P_{12}，一定位于其余两个瞬心 P_{13} 与 P_{23} 的连线上，因为瞬心应是两构件上速度大小、方向都一致的重合点，而不在该连线上的任何重合点，如 K 点，速度 v_{K1} 和 v_{K2} 在方向上都无法一致。

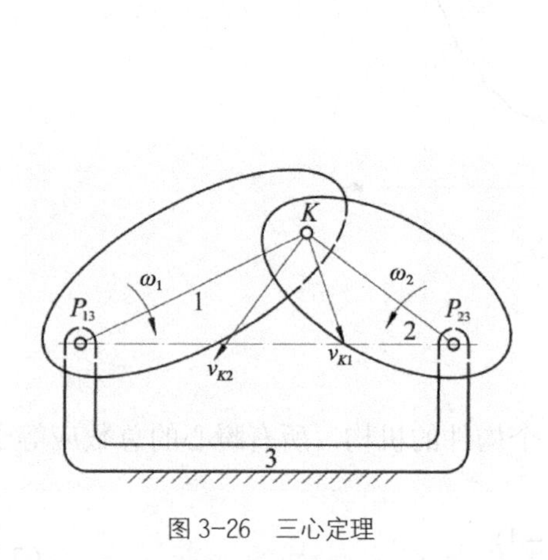

图 3-26 三心定理

图 3-27 铰链四杆机构的瞬心

例 3-7 求图 3-27 所示的铰链四杆机构的瞬心。

解：该机构的相对瞬心数目为 $N=\dfrac{4\times(4-1)}{2}=6$，由图 3-27 可知，该机构的转动副 A、B、C 及 D 分别为瞬心 P_{14}、P_{12}、P_{23} 及 P_{34}。由三心定理可知，构件 4、2、1 的三个瞬心 P_{14}、P_{12} 及 P_{24} 应位于同一直线上，构件 4、3、2 的三个瞬心 P_{34}、P_{23} 及 P_{24} 也应位于同一直线上。因此，该两直线 $\overline{P_{14}P_{12}}$、$\overline{P_{34}P_{23}}$ 的交点就是瞬心 P_{24}。

同理，直线 $\overline{P_{34}P_{14}}$ 和直线 $\overline{P_{23}P_{12}}$ 的交点就是瞬心 P_{13}。

因为构件 4 是机架，所以瞬心 P_{14}、P_{24} 和 P_{34} 是绝对速度瞬心；而瞬心 P_{13}、P_{12} 和 P_{23} 则是相对速度瞬心。

三、速度瞬心法在机构速度分析上的应用

1. 铰链四杆机构

如图 3-27 所示，因 P_{13} 是相对速度瞬心，即是构件 1 和构件 3 上具有同一绝对速度的重合点，所以其速度大小为

$$v_{P13}=\omega_1 l_{P14P13}=\omega_3 l_{P13P34}$$

则

$$\frac{\omega_1}{\omega_3}=l_{P13P34}/l_{P14P13}=\overline{P_{13}P_{34}}/\overline{P_{14}P_{13}} \tag{3-3}$$

式（3-3）中，$\dfrac{\omega_1}{\omega_3}$为该机构的原动件1与从动件3的瞬时角速度之比。

式（3-3）表示两构件的角速度与其绝对速度瞬心至相对速度瞬心的距离成反比。如图3-27所示，P_{13}在P_{34}和P_{14}的同一侧，因此ω_1和ω_3的方向相同；如果P_{13}在P_{34}和P_{14}之间，则ω_1与ω_3的方向相反。

应用相同的方法也可以求得该机构其他任意两构件的角速度比的大小和角速度的方向。

2. 曲柄滑块机构

如图3-28所示，已知各构件的长度、位置及构件1的角速度ω_1，求滑块C的速度。为求v_C，可先根据三心定理求构件1、3的相对速度瞬心P_{13}。滑块3作直线移动，其上各点速度相等，将P_{13}看成是滑块上的一点，根据瞬心定义$v_C=v_{P13}$，所以

$$v_C = l_{AP13}\omega_1 = \mu_1 \overline{AP_{13}}\omega_1$$

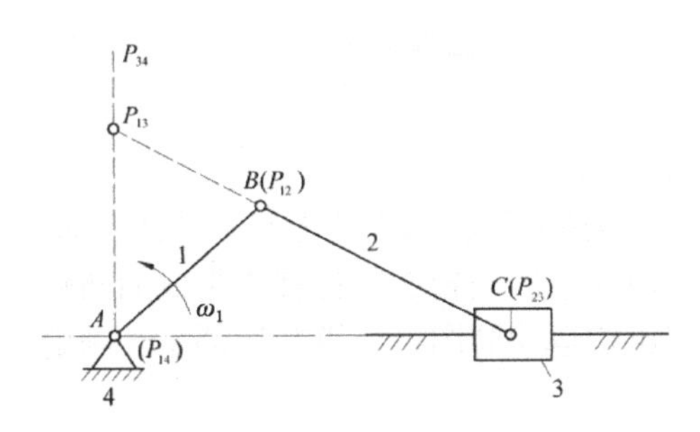

图3-28　曲柄滑块机构的瞬心

阅读参考文献

计算平面机构自由度是设计工作中十分重要的一步。本章着重讨论了平面机构自由度计算时需要注意的问题。对简单平面机构进行速度分析可采用速度瞬心法，如需了解平面机构运动分析的其他方法，可参阅：范元勋、张庆主编，机械原理与机械设计（上册），北京：清华大学出版社，2014。

思　考　题

3-1　运动副在机构中起何作用？

3-2　什么是闭链？什么是开链？运动链和机构的关系是什么？

3-3　什么是复合铰链？什么是虚约束？

3-4　平面高副与平面低副有何区别？

3-5　机构自由度为零是否意味着机构中每一构件的自由度均为零？

3-6　机构具有确定运动的条件是什么？

3-7　什么是机构运动简图？绘制机构运动简图的目的是什么？如何绘制？

3-8　在计算平面机构的自由度时，应注意哪些事项？

3-9　瞬心有几种？各有何不同？

3-10　利用速度瞬心，在机构运动分析中可以求哪些运动参数？

习 题

3-1 图 3-29 所示为一自动倾卸机构，试绘制其机构运动简图，并计算其自由度。

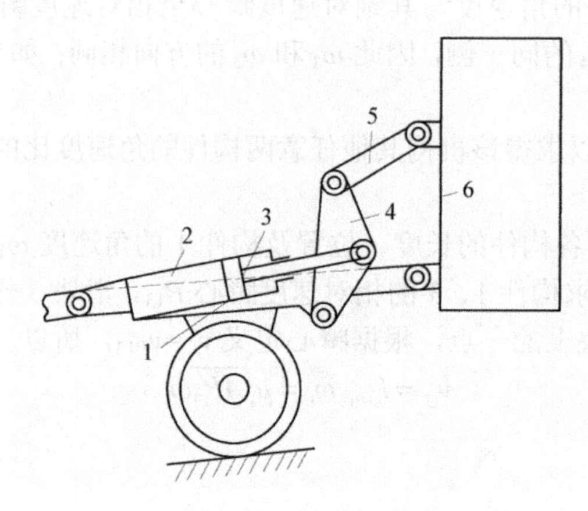

图 3-29 自动倾卸机构

3-2 图 3-30 所示为一简易冲床的初拟设计方案。设计者的思路是：动力由齿轮 1 输入，使轴 A 连续回转；而固装在轴 A 上的凸轮 2 与杠杆 3 组成的凸轮机构将使冲头 4 上下运动以达到冲压的目的。试绘出其机构运动简图，分析其运动是否确定，并提出修改措施。

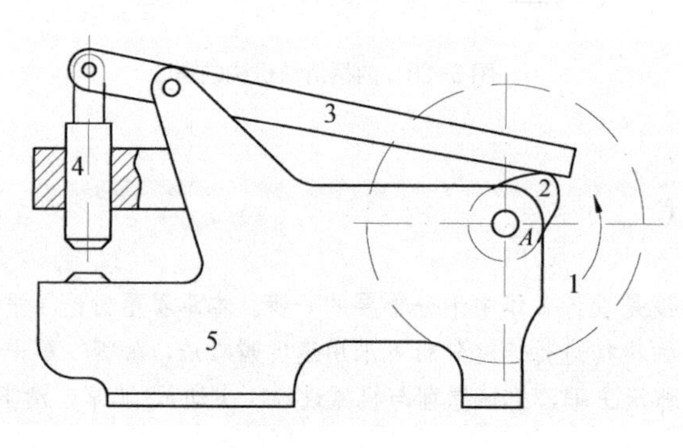

图 3-30 简易冲床

3-3 计算图 3-31 所示平面机构的自由度。

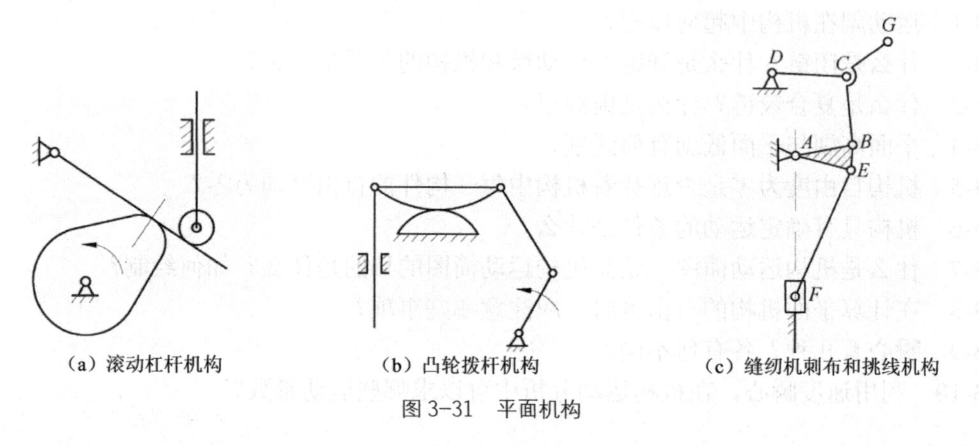

图 3-31 平面机构

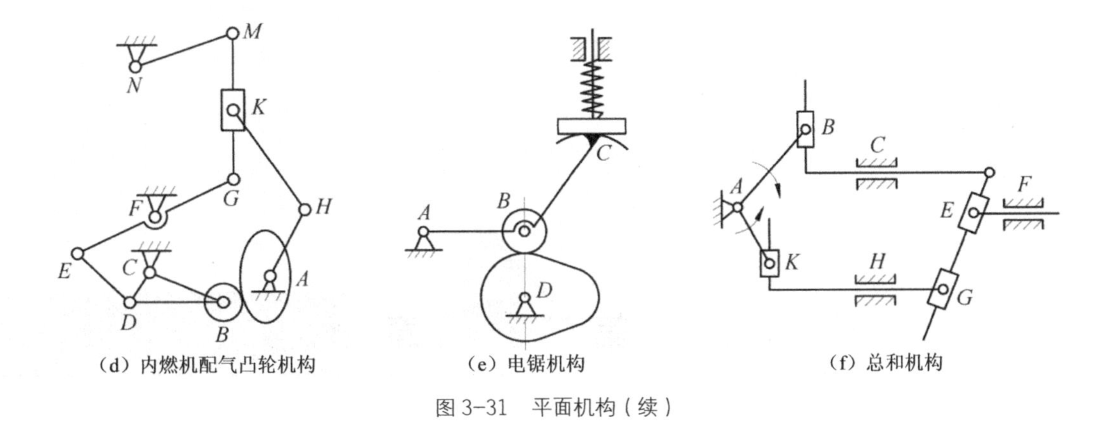

图 3-31　平面机构（续）

3-4　求图 3-32 所示机构中的所有速度瞬心。

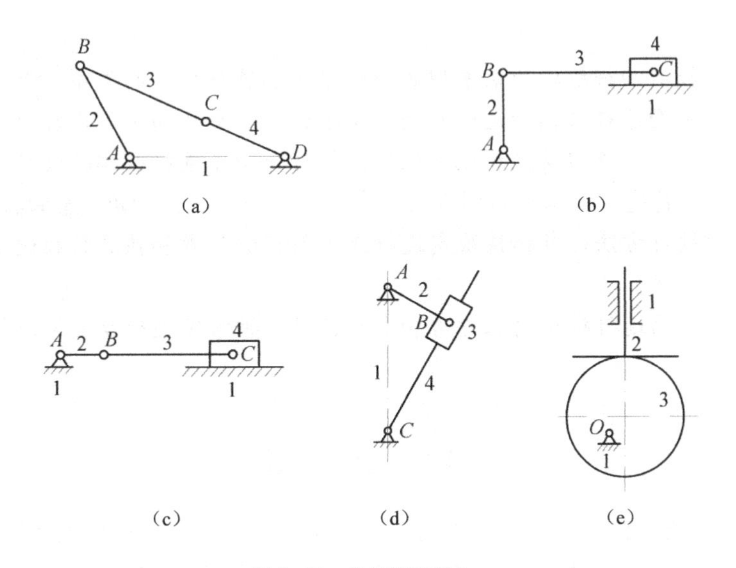

图 3-32　机构速度瞬心

3-5　在图 3-33 所示的凸轮机构中，凸轮的角速度 ω_1=10rad/s，R=50mm，l_{AO}=20mm，试求当 φ=0°、45° 及 90° 时，构件 2 的速度 v。

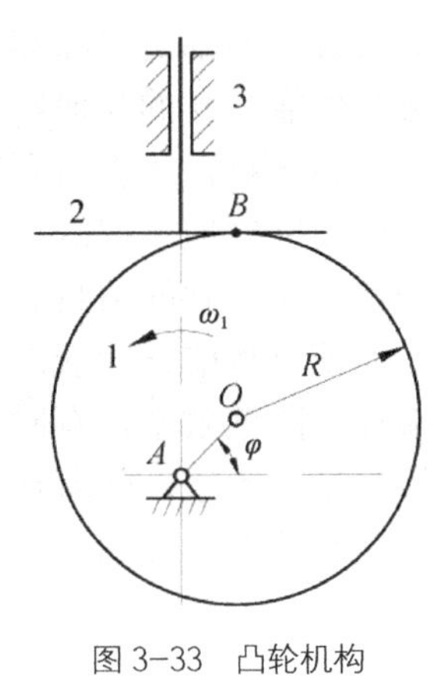

图 3-33　凸轮机构

第4章 平面连杆机构

内容提要

本章首先以铰链四杆机构为基本型式介绍了平面连杆机构的类型、特点、演化和应用；在此基础上，对平面连杆机构的运动和动力特性进行了分析阐述，内容包括整转副存在条件、压力角和传动角、急回特性和死点位置；最后介绍了连杆机构的设计方法。

本章重点：平面连杆机构整转副存在的条件、压力角和传动角、急回特性和死点位置；连杆机构的图解设计方法，包括按给定连杆或连架杆的位置和按照行程速度变化系数进行连杆机构设计的方法。

本章难点：平面连杆机构的压力角和急回特性，按给定连杆或连架杆的位置图解法设计四杆机构。

4-1 概 述

平面连杆机构是一种常见的传动机构，它是指刚性构件全部用低副连接而成的机构，故又称低副机构。平面连杆机构广泛应用于各种机器、仪器以及操纵控制装置中。如往复式发动机、抽水机和空气压缩机以及牛头刨床、插床、挖掘机、装卸机、颚式破碎机、摆动式输送机、印刷机械、纺织机械等的主要机构都是平面连杆机构。

由于平面连杆机构的运动副全是面接触的低副，因此它的单位面积压力小，磨损亦小，使用寿命长。另外，由于组成低副的接触表面都是平面和圆柱面，所以加工制造容易，并可得到较高的精度。此外，低副的接触是依靠本身的几何约束来实现，因此不需另外的装置来保证运动副的接触。由于连杆机构有上述优点，所以得到广泛应用。

平面连杆机构也有一些缺点，例如要准确地实现既定的运动或轨迹比较困难。有时为了满足设计和使用的要求，需要增加构件和运动副的数目。这不仅使机构复杂，而且运动副数目的增加，又会因运动副间隙的存在而使机构的累积误差增大，使预定运动规律发生偏差。同时运动副的增加，还会增加摩擦损耗，降低效率，有时甚至会发生自锁。此外，平面连杆机构的设计计算以及动力平衡等均较复杂。不过，随着计算技术的发展以及有关设计软件的开发，平面连杆机构的设计和计算精度有了较大提高，可以满足工程上不同的要求。

4-2 平面连杆机构的基本型式及演化

一、平面连杆机构的基本型式及其应用

图 4-1 所示的所有运动副均为转动副的平面四杆机构称为铰链四杆机构。它是平面四杆机构最基本的型式，其他型式的四杆机构都可看成是在它的基础上通过演化而成的。

在此机构中，构件 4 为机架，构件 1、3 与机架相连，称为连架杆，构件 2 称为连杆。在连架杆中，能作整周回转的构件称为曲柄，如图 4-1（a）所示的构件 1；只能在某一定角度范围内摆动的构件则称为摇杆，如图 4-1（a）中的构件 3。在铰链四杆机构中，若组成某转动副的两个构件能作整周的相对转动，则该转动副可称为整转副，如图 4-1（a）中的转动副 A，而不能作整周相对转动的转动副则称为摆动副，如图 4-1（a）中的转动副 D。

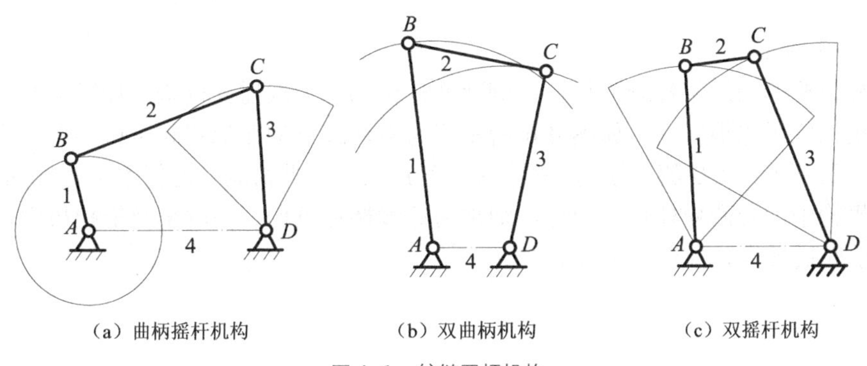

图 4-1 铰链四杆机构

铰链四杆机构根据其两连架杆运动形式的不同，又可分为三种型式。

1. 曲柄摇杆机构

在铰链四杆机构中，若两个连架杆之一为曲柄而另一个是摇杆，则此机构称为曲柄摇杆机构，如图 4-1（a）所示。

在这种机构中，当曲柄为原动件，摇杆为从动件时，可将曲柄的连续转动转变成摇杆的往复摆动。此种机构应用广泛，图 4-2 所示的雷达天线俯仰机构即为曲柄摇杆机构。在曲柄摇杆机构中，也有以摇杆为原动件的，如图 4-3 所示的缝纫机踏板机构便属这种情况。脚踏板作为摇杆 CD 主动往复摆动，带动带轮（曲柄 AB）做整周回转。

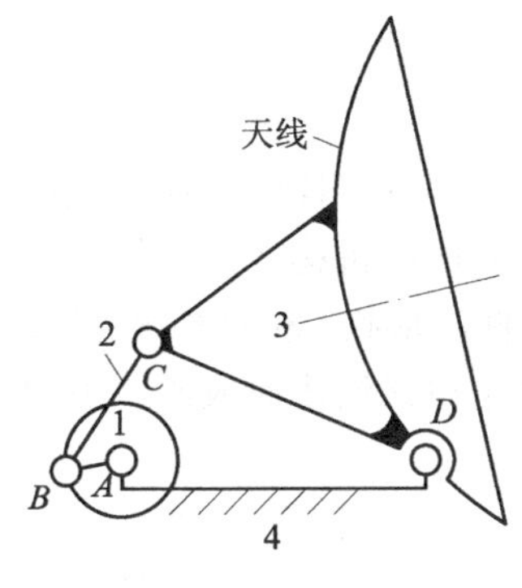

图 4-2 雷达天线俯仰机构

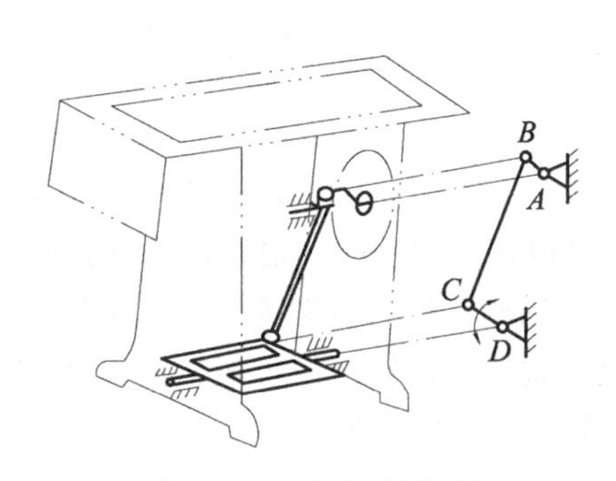

图 4-3 缝纫机踏板机构

2. 双曲柄机构

若四杆机构的两连架杆均为曲柄，则此四杆机构称为双曲柄机构，如图 4-1（b）所示。

如图 4-4 所示，如两曲柄的长度相等，连杆与机架的长度也相等，则称为平行双曲柄机构或平行四边形机构。图 4-5 所示为天平中使用的平行四边形机构，它能使天平托盘 1、2 始终处于水平位置。

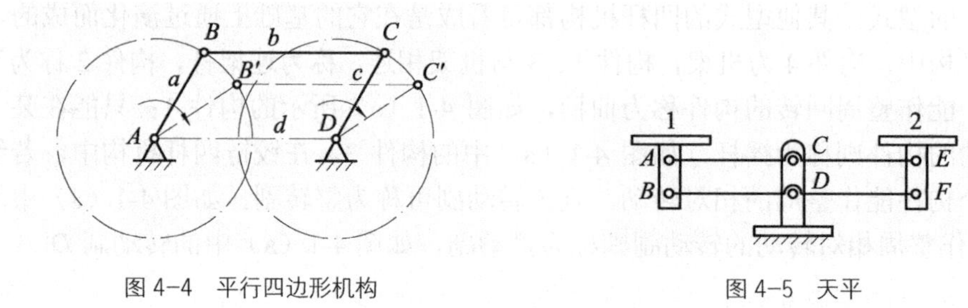

图 4-4 平行四边形机构　　图 4-5 天平

3. 双摇杆机构

若四杆机构的两连架杆均为摇杆，则此四杆机构称为双摇杆机构，如图 4-1(c)所示。

这种机构应用也很广泛，如图 4-6 所示即为双摇杆机构在鹤式起重机中的应用。当摇杆 *AB* 摆动时，另一摇杆 *CD* 随之摆动，使得悬挂在 *E* 点上的重物能沿近似水平直线的方向移动。在双摇杆机构中，若两摇杆长度相等，则称为等腰梯形机构。在汽车及拖拉机中，常用这种机构操纵前轮的转向，如图 4-7 所示。

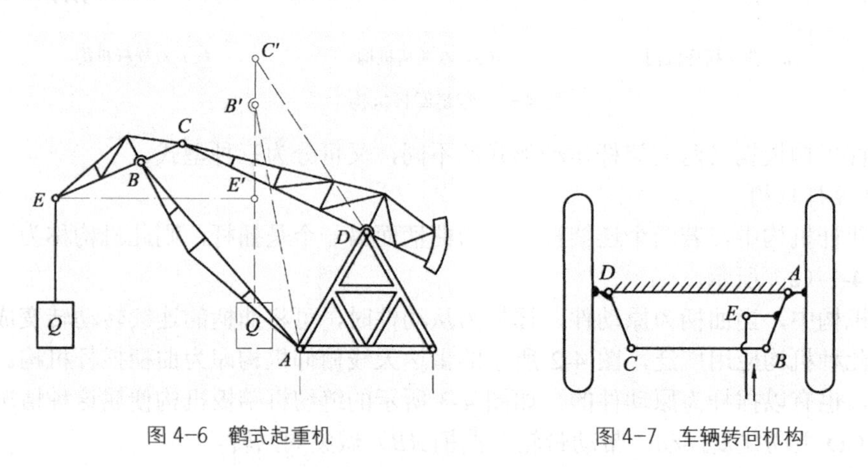

图 4-6 鹤式起重机　　图 4-7 车辆转向机构

二、平面四杆机构的演化及其应用

在实际机器中，由于各种需要，所应用的连杆机构是多种多样的。这些机构的外形和构造可能很不相同，但它们却与前面介绍的那些基本型式的四杆机构之间往往具有相同的相对运动特性。可以认为这些四杆机构都是通过改变某些构件的形状、相对长度、运动副的类型，或者选择不同的构件作为机架等方法，由四杆机构的基本型式演化而成的。下面就以平面四杆机构为例，说明平面铰链四杆机构的演化过程。

1. 转动副转化为移动副

如将图 4-8（a）所示铰链四杆机构的摇杆 *CD* 的长度增加至无穷大，则转动副 *D* 移至无穷远处，转动副 C 的轨迹变为直线，转动副 D 即转化为移动副，该机构可演变为如图 4-8（b）所示的偏置曲柄滑块机构。当偏距 e 为 0 时，机构为对心曲柄滑块机构，如图 4-8（c）所示。内燃机、往复式抽水机、空气压缩机及冲床等的主要机构都是曲柄滑块机构。

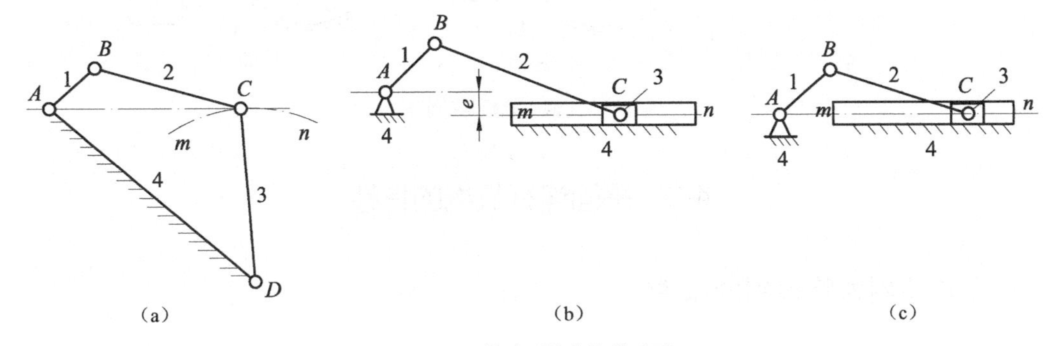

图 4-8 转动副转化为移动副

2. 取不同构件为机架

图 4-1 所示铰链四杆机构的三种基本型式可看作是曲柄摇杆机构取不同构件作为机架而得到的。

图 4-8（c）所示对心曲柄滑块机构也可以通过取不同的构件作为机架来演变出新的机构。例如，将连杆 BC 作为机架，则得到了导杆机构。如图 4-9 所示，四杆机构的连架杆 1 为曲柄，而另一连杆架 3 对滑块的运动起导路的作用，故称为导杆。图 4-9 中的导杆机构，由于 $AB<BC$，则导杆只能在某一角度范围内摆动，称为摆动导杆机构。若 $AB>BC$，则导杆机构中的导杆能作整周回转，故称为转动导杆机构。

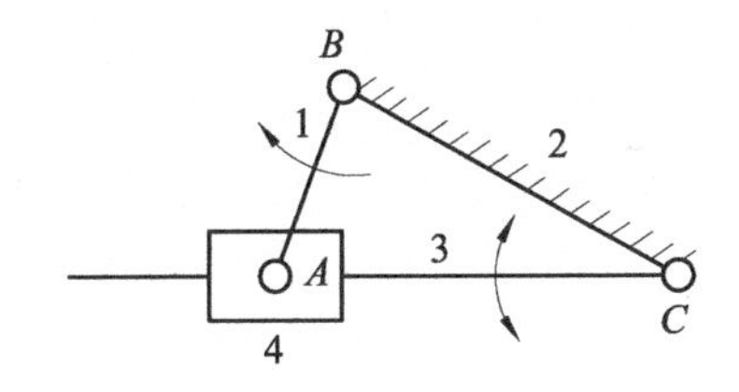

图 4-9 导杆机构

图 4-10 总结了曲柄滑块机构分别以构件 4、1、2 和 3 作为机架时的四种机构型式。

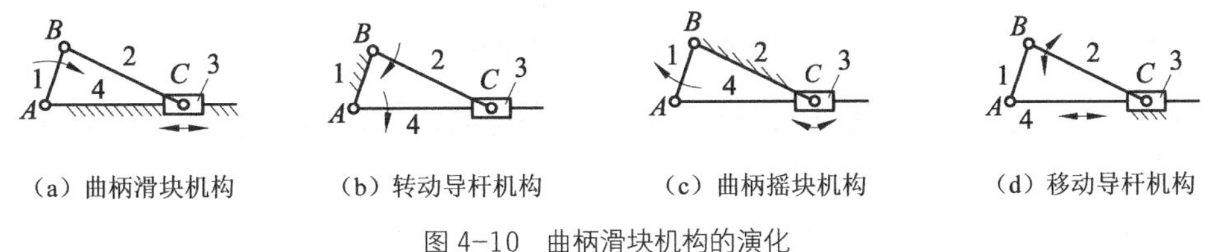

图 4-10 曲柄滑块机构的演化

3. 扩大转动副

在图 4-11（a）所示曲柄摇杆机构中，构件 1 为曲柄，构件 3 为摇杆，将转动副 B 的半径逐渐扩大直至超过曲柄 AB 的长度，便得到图 4-11（b）所示机构，这时曲柄 1 演变为一几何中心与回转中心不相重合的圆盘，此盘称为偏心轮，其偏心距就等于曲柄长度。此种扩大转动副的方法同样也可用于曲柄滑块机构，如图 4-11（c）所示。

曲柄为偏心轮的机构称为偏心轮机构，这种机构都用于曲柄销承受较大冲击载荷、曲柄位于直轴中部或曲柄长度较短的机构中，如破碎机、内燃机、冲床等。

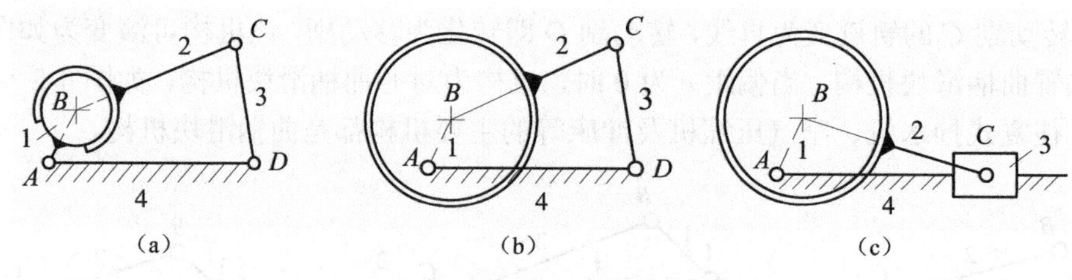

图 4-11 偏心轮机构的演化

4-3 平面连杆机构的特性

一、转动副为整转副的条件

铰链四杆机构中，某个转动副是否为整转副取决于四个构件的相对长度关系。考虑到机构中任意两个构件之间的相对运动关系与其中哪个构件为机架无关，所以可以任取一个构件作为机架进行分析。

图 4-12 所示为平面铰链四杆机构，各构件的长度分别为 a、b、c、d，转动副分别为 A、B、C、D。

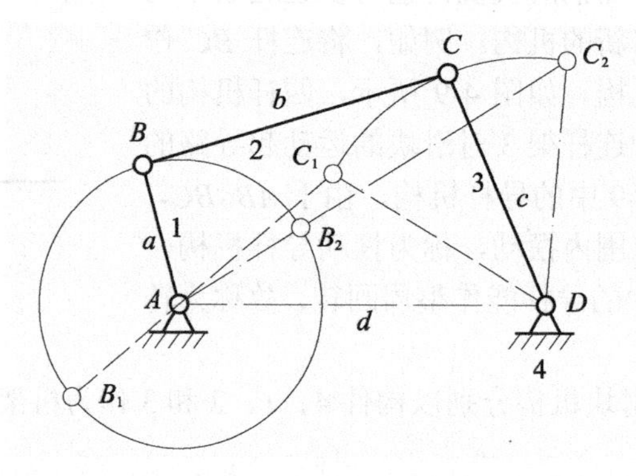

图 4-12 曲柄摇杆机构

若 A 为整转副，则当曲柄 AB 回转一周时，它将与连杆两次共线：曲柄位于 AB_1 时，它与连杆重叠共线，摇杆位于相应位置 C_1D；曲柄位于 AB_2 时，它与连杆拉直共线，摇杆的相应位置为 C_2D。两次共线位置分别构成的$\triangle AC_1D$ 和$\triangle AC_2D$ 中，利用两边之和大于第三边的条件，可以得到

$$\left.\begin{aligned} c+a \leqslant b+d \\ d+a \leqslant b+c \\ b+a \leqslant c+d \end{aligned}\right\} \tag{4-1}$$

上式两两相加得

$$\left.\begin{aligned} a \leqslant b \\ a \leqslant c \\ a \leqslant d \end{aligned}\right\} \tag{4-2}$$

式（4-2）说明组成整转副 A 的两构件之一必有一个为四个构件中的最短构件。此条件可称为最短杆条件。

而式（4-1）又说明最短构件与其他三个构件中任一构件的长度之和不大于另两个构件长度之和，亦即最短构件与最长构件长度之和小于或等于其他两构件长度之和，此长度关系称为杆长之和条件。

由此，可以得出一般结论：铰链四杆机构中，某一转动副为整转副的条件是组成该转动副的两构件之一必有一个为最短构件，且四个构件的长度满足杆长之和条件。

如图 4-13 所示，如果铰链四杆机构中四个构件的长度满足杆长之和条件，则其中最短杆所连接的两个转动副均为整转副，另外两个转动副则均为摆动副。此时如果取最短杆的任一相邻构件为机架，则得到曲柄摇杆机构；若取最短杆作为机架，则得到双曲柄机构；又若取最短杆的对边构件为机架，则得到双摇杆机构。如果铰链四杆机构中四个构件的长度不满足杆长之和条件，则四个转动副均为摆动副，则无论取哪个构件作为机架，均得到双摇杆机构。

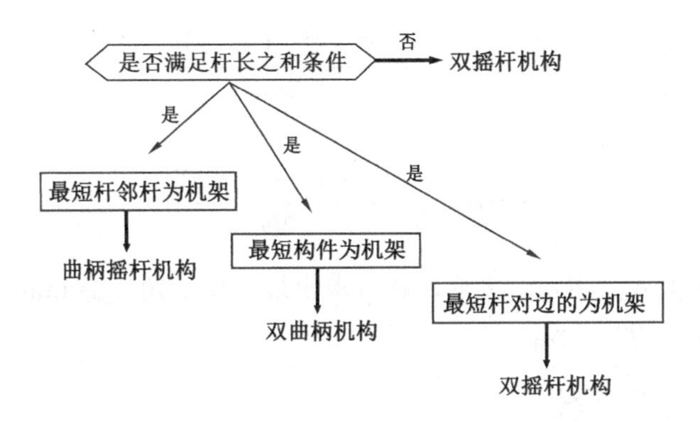

图 4-13 铰链四杆机构类型判定

二、压力角和传动角

在图 4-14 所示的曲柄摇杆机构中，若不考虑构件的惯性力和运动副中的摩擦力等的影响，则当原动构件为曲柄时，由于连杆为二力杆，连杆作用于从动件摇杆上的力 P 将沿 BC 方向，力 P 的作用线与力作用点 C 的绝对速度 v_C 之间所夹的锐角 α 称为压力角。

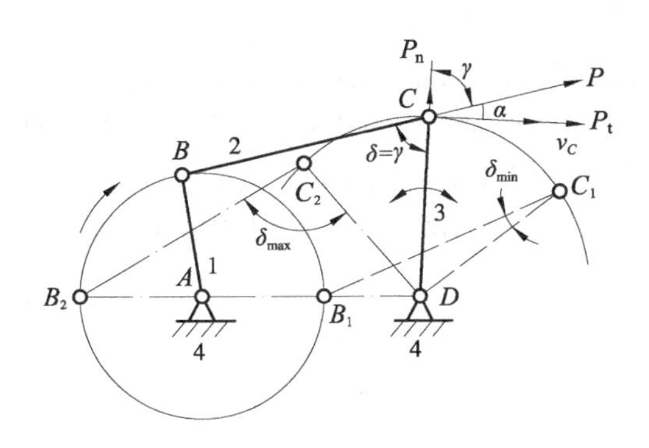

图 4-14 曲柄摇杆机构的压力角和传动角

力 P 在 v_C 方向做功的有效力分为 $P_t=P\cos\alpha$，显然这个分力越大越好；而力 P 沿从动件

摇杆方向的分力 $P_n=P\sin\alpha$ 是沿半径方向的力，不仅不做功，而且会引起铰链副中的摩擦力矩，故越小越好。由此可知，压力角 α 越小对机构运动越有利。

如图 4-14 所示，由于连杆 2 与从动件 3 之间的夹角可以从平面连杆机构的运动简图上直接观察其大小，故平面连杆机构设计中常采用它来衡量机构的传动质量。BC 杆与 CD 杆之间的夹角标为 δ，在其为锐角时，δ 为压力角 α 的余角，可以称为传动角 γ。由于压力角 α 越小对机构运动越有利，故 γ 越大对机构工作越有利。

当机构运转时，其传动角的大小是变化的，为了保证机构传动良好，设计时通常应使 $\gamma_{min}\geqslant 40°$；对于高速和大功率的传动机构，应使 $\gamma_{min}\geqslant 50°$。为此，需确定 $\gamma=\gamma_{min}$ 时的机构位置，并检验 γ_{min} 的值是否不小于上述许用值。

如图 4-14 所示，若连杆 2 与从动件 3 的夹角为 δ，其可能取值范围为 0°～180°。显然，当 $\delta\leqslant 90°$ 时，$\gamma=\delta$；当 $\delta>90°$ 时，$\gamma=180°-\delta$，则需要求出 δ 角的极限值 δ_{min} 和 δ_{max}。其值分别对应于曲柄 1 与机架 4 重叠共线和拉直共线位置，为

$$\cos\delta_{min}=\frac{b^2+c^2-(d-a)^2}{2bc} \tag{4-3}$$

$$\cos\delta_{max}=\frac{b^2+c^2-(d+a)^2}{2bc} \tag{4-4}$$

求出 δ 角的极限值 δ_{min} 和 δ_{max} 之后，就可求出最小传动角 $\gamma_{min}=\min\{\delta_{min},180°-\delta_{max}\}$，也可得到最大压力角 $\alpha_{min}=90°-\gamma_{min}$。

三、行程速度变化系数

对于原动件（曲柄）作匀速定轴转动而从动件往复运动（摆动或移动）的连杆机构，其往复运动的位移量相同，但所需的时间一般并不相等，所以从动件往复运动的平均速度也就不相等，这种现象就称为机构的急回特性。这种特性可以用从动件行程速度变化系数 K 表示，定义为

$$K=\frac{\text{从动件快行程平均速度}}{\text{从动件慢行程平均速度}}(\geqslant 1)$$

在图 4-15 所示的曲柄摇杆机构中，从动件的两个极限位置 C_1D 和 C_2D 分别对应于曲柄 1 与连杆 2 重叠共线的 AB_1 和拉直共线的 AB_2 两个位置，其所夹的锐角 θ 称为极位夹角。矢径 AB_1 和 AB_2 将把 A 为圆心曲柄长为半径的圆分割为圆心角不等的两部分，其中圆心角大者用 φ_1($\geqslant$180°)表示，小者用 φ_2($\leqslant$180°)表示，可见

$$\varphi_1=180°+\theta,\quad \varphi_2=180°-\theta$$

可得

$$\theta=(\varphi_1-\varphi_2)/2$$

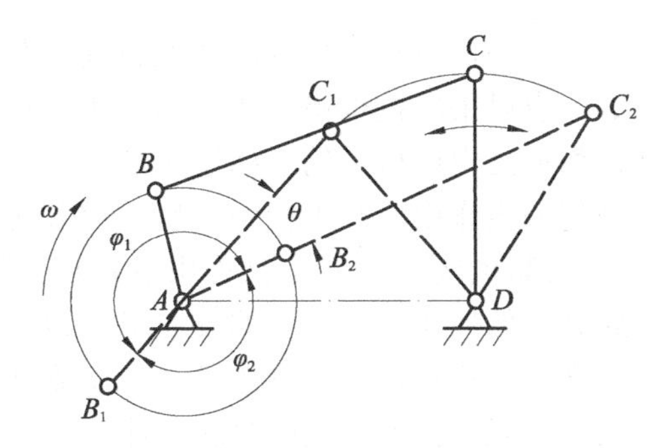

图 4-15　极位夹角

若曲柄以匀速转过 φ_1 和 φ_2 对应的时间分别为 t_1(对应于从动件慢行程)和 t_2(对应于从动件快行程)，则根据行程速度变化系数的定义，有

$$K=\frac{\overset{\frown}{C_1C_2}/t_2}{\overset{\frown}{C_1C_2}/t_1}=\frac{t_1}{t_2}=\frac{\varphi_1}{\varphi_2}=\frac{180^\circ+\theta}{180^\circ-\theta} \tag{4-5}$$

$$\theta=180^\circ\frac{K-1}{K+1} \tag{4-6}$$

因此，机构的急回特性也可用 θ 角来表征。由于 θ 与从动件极限位置对应的曲柄位置有关，故称其为极位夹角。对于曲柄摇杆机构，极位夹角即为 $\angle C_1AC_2$，其值与机构尺寸有关，一般范围为 0°～180°。

除曲柄摇杆机构外，偏置曲柄滑块机构和导杆机构也有急回特性。图 4-16(a)所示的曲柄滑块机构，极位夹角为 $\theta=\angle C_1AC_2<90^\circ$。滑块慢行程的方向与曲柄的转向和偏置方向有关。当偏距 $e=0$ 时，$\theta=0$，即对心曲柄滑块机构无急回特性。

图 4-16(b)表示了摆动导杆机构的极位夹角，其取值范围为（0°,180°），并有 $\psi=\theta$，且导杆慢行程摆动方向总是与曲柄转向相同。

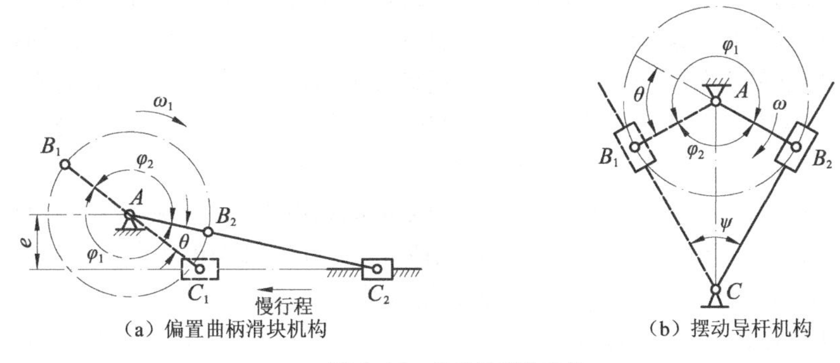

图 4-16　机构的极位夹角

四、死点位置

在曲柄摇杆机构中，如图 4-17 所示，若取摇杆作为原动件，则摇杆在两极限位置时，通过连杆加于曲柄的力 P 将经过铰链 A 的中心，此时传动角 $\gamma=0$，即 $\alpha=90^\circ$，故 $P_t=0$，它不能推动曲柄转动，而使整个机构处于静止状态，这种位置称为死点。对传动而言，机构有死点

是一个缺陷，需设法加以克服，例如，可利用构件的惯性通过死点。缝纫机在运动中就是依靠皮带轮的惯性来通过死点的。也可采用机构错位排列的办法，即将两组以上的机构组合起来，使各组机构的死点错开，如多缸内燃机中的曲柄滑块机构。

机构的死点位置并非总是起消极作用。在工程中，也常利用死点位置来实现一定的工作要求。例如图 4-18 所示的工件夹紧机构，当在力 P 作用下夹紧工件时，铰链中心 B、C、D 共线，机构处于死点位置，此时工件加在构件 1 上的反作用力 Q 无论多大，也不能使构件 3 转动，这就保证在去掉外力 P 之后，仍然可靠夹紧工件。当需要取出工件时，只要在手柄上施加向上的外力，就可使机构离开死点位置，从而松脱工件。

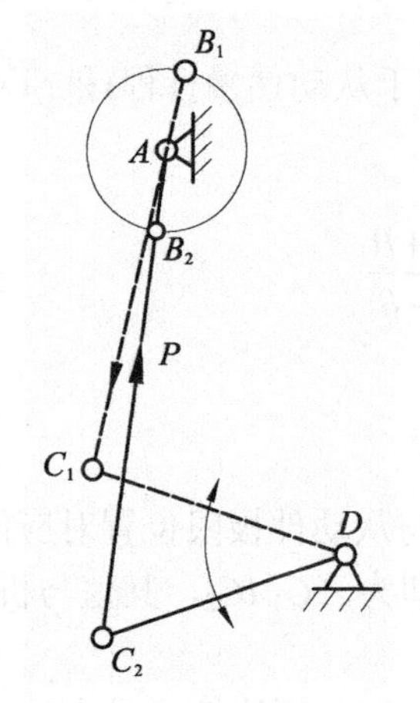

图 4-17　曲柄摇杆机构死点位置

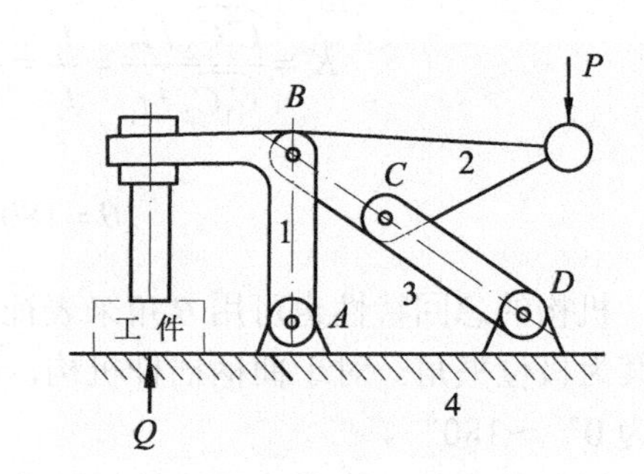

图 4-18　工件夹紧机构

4-4　平面连杆机构的设计

平面连杆机构综合所要完成的任务是：首先是方案设计，即型式综合；然后是机构的尺度综合，即根据机构所要完成的运动功能而提出的设计条件，如运动条件、几何条件和传力条件等，确定机构各构件的运动学尺寸，这里的运动学尺寸包括各运动副之间的相对位置尺寸或角度以及实现连杆上某点给定轨迹时的位置参数；最后，画出机构的运动简图。

平面连杆机构综合的常用方法有图解法、实验法和解析法三种。图解法是应用运动几何学的原理求解；实验法是依靠试凑机构运动参数的方法近似地解决各构件间的相对位置关系，有较大的随意性，因而设计工作效率不高，机构运动的精度也不高；解析法是通过建立数学模型用数学解析求解，在求解过程中还需用到数值分析、计算机编程和上机调试程序等知识。在解析法中又有精确综合和近似综合两种。前者是基于满足若干个精确点位的机构运动要求，推导出所需要的解析式，在推导过程中不考虑机构由于结构引入的运动误差；后者是用机构实际所实现的运动与期望机构所实现的运动二者间的偏差表达式，建立机构综合的数学解析式，在综合中同时考虑了机构所实现的误差分布情况。另外，随着机械最优化技术的发展，在平面机构的综合中，常常应用最优化技术，在顾及其他要求的基础上，综合出某项或某些要求最优的平面连杆机构。

一、图解法

1. 按照连杆给定位置设计四杆机构

如图 4-19 所示，连杆位置用动铰链中心 B、C 两点表示。连杆经过三个预期位置序列 B_1C_1、B_2C_2 和 B_3C_3，其四杆机构设计过程如下：由于机构运动过程中 B 点的运动轨迹是以 A 点为圆心的圆弧，故可分别作 B_1B_2 和 B_2B_3 的中垂线，其交点即为固定铰链中心 A，同理，分别作 C_1C_2 和 C_2C_3 的中垂线，其交点即为固定铰链中心 D，则 AB_1C_1D 即为所求铰链四杆机构在第一位置时的机构图。当按比例作图时，由图上量得尺寸乘以比例尺后即得两连架杆和机架的长度。

如图 4-20 所示的加热炉门，只要求实现炉门关和开的两个位置 B_1C_1 和 B_2C_2，这时固定铰链 A 点的位置必在 B_1B_2 连线的垂直平分线 b_{12} 上，D 点的位置必在 C_1C_2 连线的垂直平分线 c_{12} 上，因此有无穷解。但实际设计时可以加上其他附加条件，如两连架杆之长，固定铰链安装范围，许用传动角等以获得确定解。

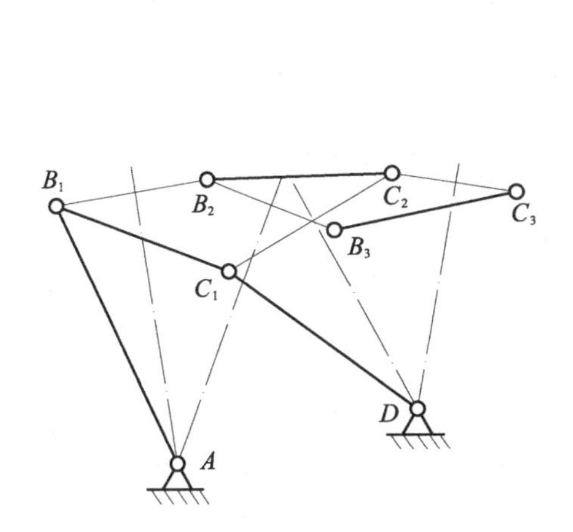

图 4-19　按照连杆给定位置设计四杆机构

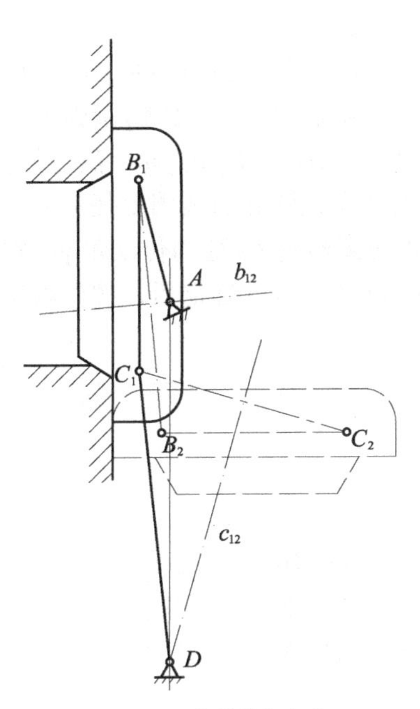

图 4-20　加热炉门机构

2. 按给定的行程速度变化系数设计四杆机构

当设计曲柄摇杆机构、导杆机构和偏置曲柄滑块机构等具有急回特性的机构时，为使所设计的机构能保证一定的急回要求，应给定行程速度变化系数 K。此时可利用机构在极限位置时的几何关系，再结合其他辅助条件进行设计。

已知摇杆的长度为 c，摆角为 ψ，行程速度变化系数为 K，要求设计曲柄摇杆机构。

如图 4-21 所示，设计步骤如下。

（1）按 $\theta=180^\circ\dfrac{K-1}{K+1}$ 算出 θ 值。

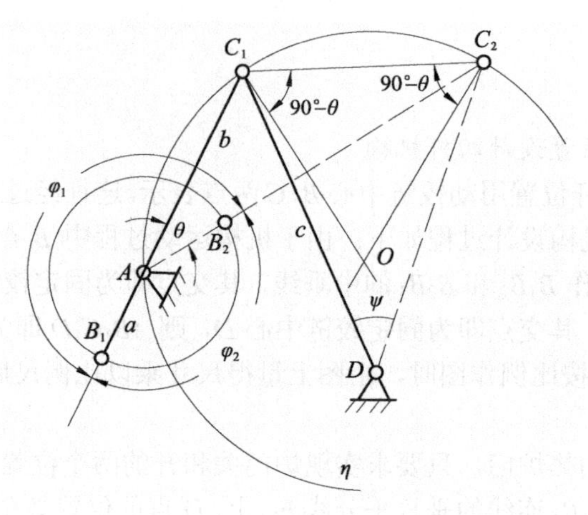

图 4-21 按 K 设计四杆机构

（2）任意选定转动副 D 的位置，并按选定的比例尺 μ_l，由摇杆长 c 和 ψ 角作出摇杆的两个极限位置 DC_1 和 DC_2。

（3）连 C_1C_2，并作$\angle C_1C_2O=\angle C_2C_1O=90°-\theta$，得 C_1O 和 C_2O 的交点 O。以点 O 为圆心、OC_1 为半径作圆 η。可算出 C_1C_2 圆弧的圆心角为 2θ，圆周角为 θ，因此可在 η 圆周上任取一点作为铰链中心 A，$\angle C_1AC_2=\theta$，满足极位夹角 θ 的要求。

由于点 A 是在圆 η 的圆周上任意取的，因此可有无穷多解，如果另有辅助条件，例如给定机架长度 d 或给定 C_2 处的传动角 γ，则点 A 的位置便完全确定了。

（4）当点 A 的位置确定后，按极限位置时，曲柄与连杆共线的原理可得

$$\left.\begin{aligned}\overline{AC_1}=\overline{BC}-\overline{AB}\\ \overline{AC_2}=\overline{BC}+\overline{AB}\end{aligned}\right\}\Rightarrow\begin{cases}\overline{AB}=\dfrac{\overline{AC_2}-\overline{AC_1}}{2}\\ \overline{BC}=\dfrac{\overline{AC_1}+\overline{AC_2}}{2}\end{cases}$$

则曲柄长 $a=\overline{AB}\cdot\mu_l$，连杆长 $b=\overline{BC}\cdot\mu_l$。

如果要设计的是曲柄滑块机构，则根据机构的演化原理可知，这时转动中心 D 在无穷远处，原摇杆的两极限位置这时已成为已知滑块的两极限位置，滑块两极限位置之间的距离称为行程。若再加上其他辅助条件如转动副 A 至导路的偏距 e，便可按上述相同的方法设计出该机构。

二、实验法

为实现给定点的运动轨迹，可借助于实验方法进行图解设计，现介绍如下。

如图 4-22 所示，设已知原动件 AB 的长度及其回转中心 A 和连杆上描点 M 的位置。现要求设计一四杆机构使连杆上的 M 点能沿着预定的轨迹 K_M 运动。

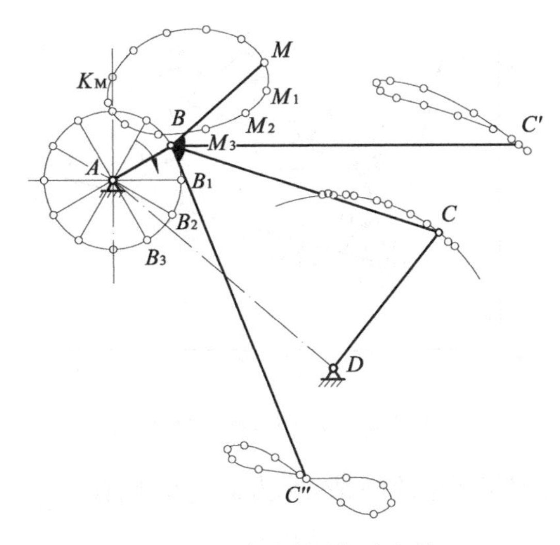

图 4-22 实验法设计四杆机构

现该四杆机构中仅活动铰链 C 和固定铰链 D 的位置未知。为解决此设计问题，可在连杆上取若干点 C，C'，C''，…，再让连杆上的描点 M 沿着给定的轨迹运动，活动铰链 B 在其轨迹圆上运动，此时连杆上各 C 点将描出各自的连杆曲线。在此曲线中，找出圆弧或近似圆弧，描绘该曲线的点 C 即可作为活动铰链点 C，而此曲线的曲率中心即为固定铰链 D，四杆机构设计完成。

图 4-23 所示的自动线上步进式传送机构为一应用实例。工作时要求该机构的推杆 5 按照虚线所示的卵形曲线运动，以保证当推杆 5 上的 E（E'）点行经卵形曲线上部时，推杆 5 作近似水平直线向左运动，推动工件 6 前移一个工位，然后推杆 5 下降并脱离工件，最后向右返回和沿轨迹上升至原位，完成一次步进式传送工作。由于曲柄摇杆机构中连杆上某点的运动轨迹近似卵形曲线，故可采用两个相同的曲柄摇杆机构并按上述的方法确定其几何参数，使推杆 5 上的 E（E'）点分别与两个连杆上描绘该轨迹的点相铰接，当两曲柄同步转动时便能满足上述的步进式传送要求。

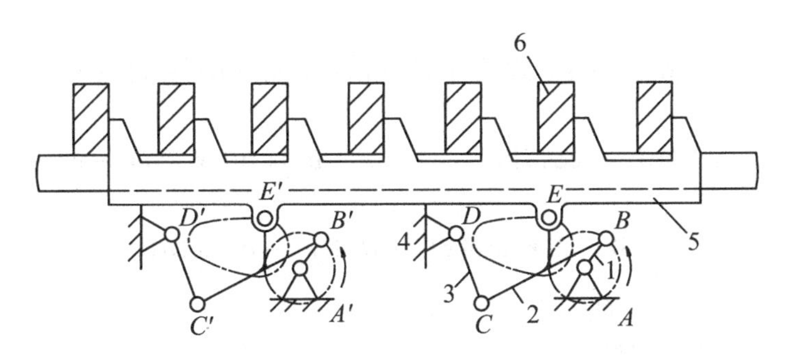

图 4-23 自动线上步进式传送机构

三、解析法

对于图 4-24 所示的铰链四杆机构，以 A 为原点，机架 AD 为 x' 轴建立直角坐标系 $Ax'y'$。

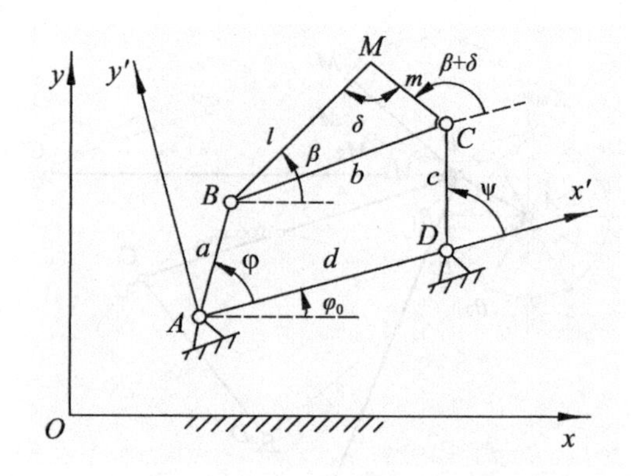

图 4-24 解析法设计四杆机构

若连杆上一点 M 在该坐标系中的位置坐标为 x'、y'，则有

$$x'=a\cos\varphi+l\cos\beta \tag{4-7}$$

$$y'=a\sin\varphi+l\sin\beta \tag{4-8}$$

或

$$x'=d+c\cos\psi+m\cos(\beta+\delta) \tag{4-9}$$

$$y'=c\sin\psi+m\sin(\beta+\delta) \tag{4-10}$$

由式（4-7）和式（4-8）消去 φ，得

$$2lx'\cos\beta+2ly'\sin\beta=x'^2+y'^2+l^2-a^2 \tag{4-11}$$

由式（4-9）和式（4-10）消去 ψ，得

$$2(x'-d)m\cos(\beta+\delta)+2y'm\sin(\beta+\delta)=(x'-d)^2+y'^2+m^2-c^2 \tag{4-12}$$

再由式（4-11）和式（4-12）消去 β，则得在坐标系 $Ax'y'$ 中表示的 M 点曲线方程

$$U^2+V^2=W^2 \tag{4-13}$$

式中

$$U=m[(x'-d)\cos\delta+y'\sin\delta](x'^2+y'^2+l^2-a^2)-lx'[(x'-d)^2+y'^2+m^2-c^2]$$

$$V=m[(x'-d)\sin\delta-y'\cos\delta](x'^2+y'^2+l^2-a^2)+ly'[(x'-d)^2+y'^2+m^2-c^2]$$

$$W=2lm\sin\delta[x'(x'-d)+y'^2-dy'\cot\delta]$$

式（4-13）是关于 x'、y' 的一个六次代数方程。

在用铰链四杆机构的连杆点 M 再现给定轨迹时，给定轨迹通常在另一坐标系 Oxy 中表示。如图 4-24 所示，若设 A 在 Oxy 中的位置坐标为 x_A、y_A，x 轴正向至 x' 轴正向沿逆时针方向的夹角为 φ_0，M 点在 Oxy 中的坐标为 x、y，则有

$$\left.\begin{aligned}x'&=(x-x_A)\cos\varphi_0+(y-y_A)\sin\varphi_0\\y'&=-(x-x_A)\sin\varphi_0+(y-y_A)\cos\varphi_0\end{aligned}\right\} \tag{4-14}$$

将式（4-14）代入式（4-13），得关于 x、y 的六次代数方程

$$f(x,y,x_A,y_A,a,b,c,d,l,m,\beta)=0 \tag{4-15}$$

式中共有 9 个待定尺寸参数，即铰链四杆机构的连杆点最多能精确通过给定轨迹上所选的 9 个点。若已知给定轨迹上 9 个点在坐标系 Oxy 中的坐标值为 x_{Mi}、y_{Mi}(i=1,2,⋯,9)，将其代入式（4-15），得 9 个非线性方程，采用数值方法解此方程组，便可求得机构的 9 个待定尺寸参数。当需通过的轨迹点数少于 9 个时，可预先选定某些机构参数，以获得唯一解；而当轨迹点数大于 9 个时，由于受到待定尺寸参数个数的限制，铰链四杆机构的连杆点只能近似实现给定要求。

阅读参考文献

平面连杆机构广泛应用于各种机构设备中，下列书籍中收集了大量各种设计中常用的传统和现代机构以及机械装置的实例，并列举了它们的许多应用：（1）Neil Sclater, Nicholas P. Chironis 编，邹平译《机械设计实用机构与装置图册》，机械工业出版社，2007。（2）孙开元、骆素君编，《常见机构设计及应用图例》，化学工业出版社，2010。

平面连杆机构的设计分为图解法、解析法和实验法三种，由于篇幅限制，本章只介绍了各种设计方法中的部分内容，若想深入研究，可以查阅：(1)肖人彬等编，《机械轨迹生成理论及其创新设计》，科学出版社，2010。(2）褚金奎、孙建传编，《连杆机构尺度综合的谐波特征参数法》，科学出版社，2010。

近年来，机械工程行业开始大量使用三维设计软件和动力学分析软件针对连杆机构进行仿真和动画演示，既快速便捷又形象直观。若需要了解这方面的知识，可参阅：陈文华、贺青川、张旦闻编，《ADAM2007 机械设计与分析范例》，机械工业出版社，2009。

思 考 题

4-1 平面四杆机构最基本的型式是什么？由它演化为其他平面四杆机构有哪些具体途径？

4-2 如何依照各杆长度判别铰链四杆机构的型式？

4-3 什么是连杆机构的压力角、传动角？二者有什么关系？它们的大小对机构有何影响？

4-4 如何确定铰链四杆机构和曲柄滑块机构的最大压力角的位置？

4-5 什么是偏心轮机构？它主要用于什么场合？

4-6 平面四杆机构中有可能存在死点位置的机构有哪些？存在死点位置的条件是什么？

4-7 铰链四杆机构中曲柄存在条件是否就是整转副存在条件？为什么？

4-8 曲柄摇杆机构中，当曲柄为原动件时，机构是否一定存在急回特性且无死点？为什么？

4-9 对心曲柄滑块机构和偏置曲柄滑块机构哪个具有急回特性？

4-10 极位夹角在哪种情况下会大于 90°？试画图说明。

4-11 铰链四杆机构当曲柄为主动件时，机构运动到死点时又可称为肘节位置，各构件的受力有何特点？

习　题

4-1　在图 4-25 所示的冲床刀架中，当偏心轮 1 绕固定中心 *A* 转动时，构件 2 绕活动中心 *C* 摆动，同时推动后者带着刀架 3 上下移动。点 *B* 为偏心轮的几何中心。问该装置是何种机构？它是如何演化而来的？

4-2　图 4-26 所示为一运动链，已知各杆件的长度为 a=100mm，b=350mm，c=200mm，d=300mm。试问：

（1）当取杆件 d 为机架时，是否存在曲柄？如果存在，则哪一杆件为曲柄？

（2）如选取别的杆件为机架，则分别得到什么类型的机构？

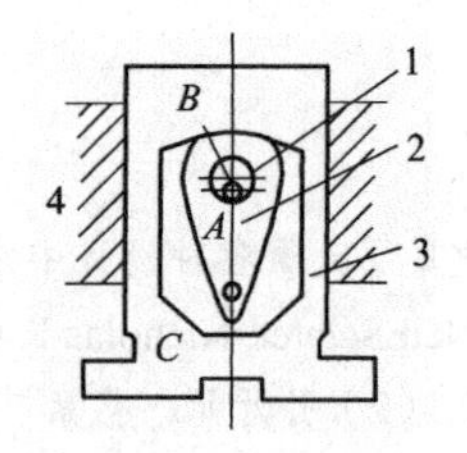

图 4-25　冲床刀架

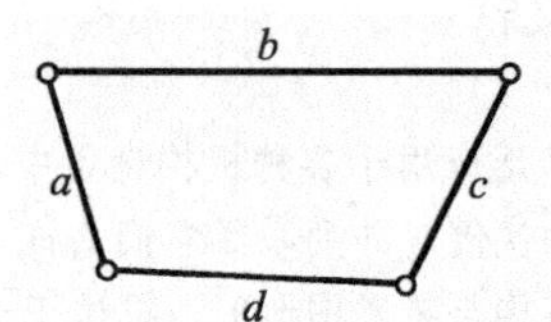

图 4-26　铰链四杆机构

4-3　在图 4-27 所示铰链四杆机构中，已知 l_{BC}=50mm，l_{CD}=35mm，l_{AD}=30mm，*AD* 为机架。

（1）若此机构为曲柄摇杆机构，且 *AB* 为曲柄，求 l_{AB} 的最大值；

（2）若此机构为双曲柄机构，求 l_{AB} 的范围；

（3）若此机构为双摇杆机构，求 l_{AB} 的范围。

4-4　图 4-28 所示为偏置曲柄滑块机构，已知 a=100mm，b=500mm，偏距 e=100mm，求此机构的极位夹角 θ 及行程速度变化系数 *K*。在对心曲柄滑块机构中，若连杆 *BC* 为二力杆件，则滑块的压力角将在什么范围内变化？

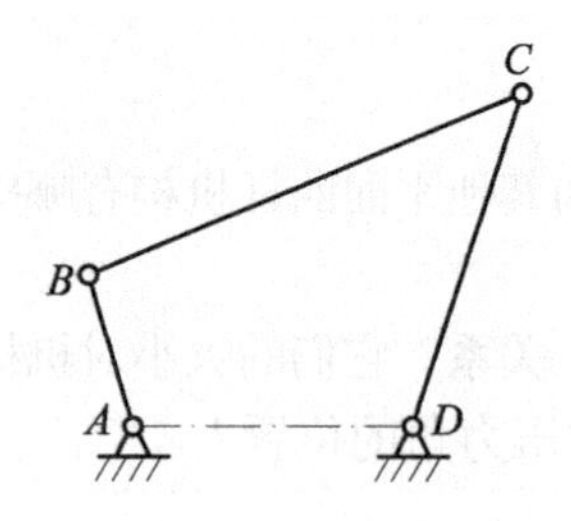

图 4-27　铰链四杆机构

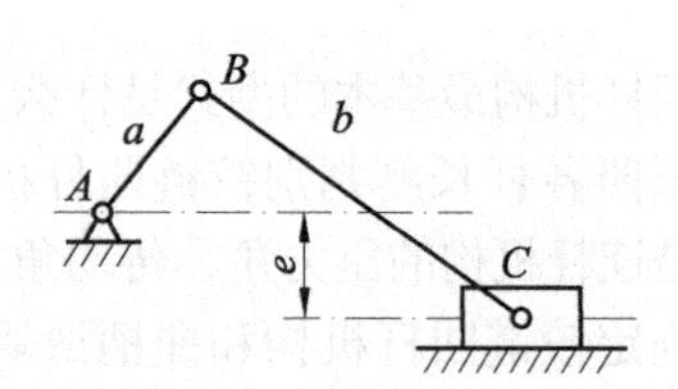

图 4-28　偏置曲柄滑块机构

4-5　在图 4-29 所示插床的转动导杆机构中，已知 l_{AB}=50mm，l_{AD}=40mm 及行程速度变化系数 *K*=1.4，求曲柄 *BC* 的长度及插刀 *P* 的行程。又若需行程速度变化系数 *K*=2，则曲柄 *BC* 应调整为多长？此时插刀行程是否改变？

4-6　如图 4-30 所示，要求用铰链四杆机构作为加热炉炉门的启闭机构。炉门上两铰链的中心距为 60mm，炉门打开后成水平位置时，要求炉门的外边朝上，固定铰链装在 yy'轴线上，其相互位置的尺寸如图 4-30 所示。试设计此机构。

4-7　设计一个铰链四杆机构，已知其摇杆 *CD* 的长度 l_{CD}=75mm，行程速度变化系数 *K*=1.5，机架 *AD* 的长度 l_{AD}=100mm，摇杆的一个极限位置与机架之间的夹角 $\varphi_3'=45°$，如图 4-31 所示。求曲柄的长度 l_{AB} 和连杆的长度 l_{BC}。

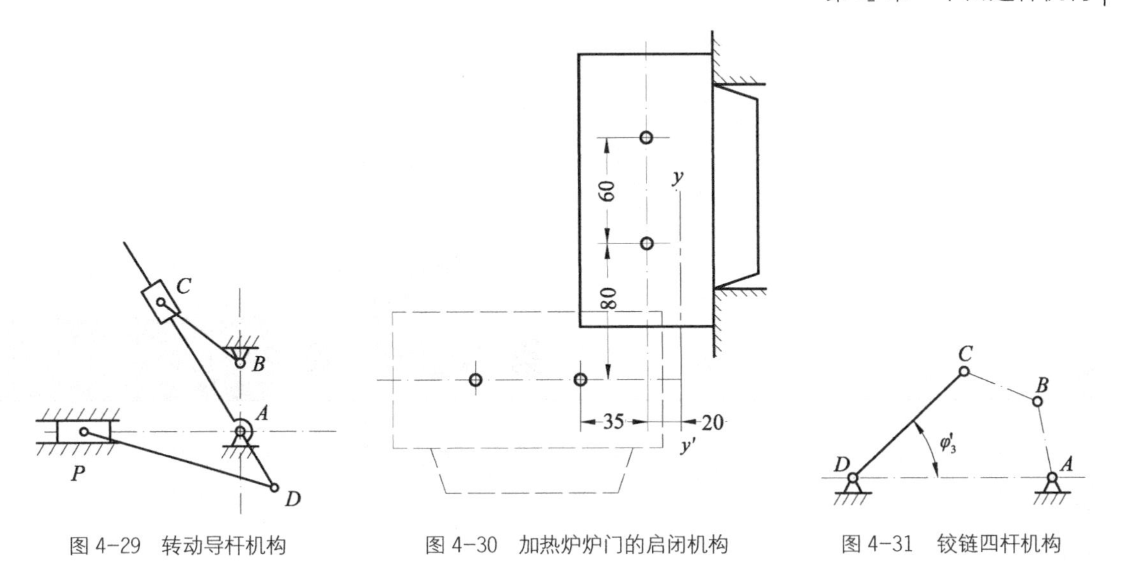

图 4-29 转动导杆机构　　图 4-30 加热炉炉门的启闭机构　　图 4-31 铰链四杆机构

4-8 设计一偏置曲柄滑块机构，已知滑块的行程速度变化系数 K=1.5，滑块的冲程 $l_{C_1C_2}$=50mm，导路的偏距 e=20mm，如图 4-32 所示。求曲柄长度 l_{AB} 和连杆长度 l_{BC}。

4-9 如图 4-33 所示，l_{AB}=120mm，l_{BC}=260mm，l_{DC}=280mm，l_{AD}=400mm，$\angle BAD$=120°。AB 杆为主动件并以等角速转动。

（1）确定该铰链四杆机构的类型；

（2）标出图示位置的压力角 α 和传动角 γ；

（3）标出极位夹角 θ，并计算行程速度变化系数 K；

（4）画出最大压力角 α_{max} 即最小传动角 γ_{min} 出现的位置，并标出最大压力角 α_{max} 和最小传动角 γ_{min}。

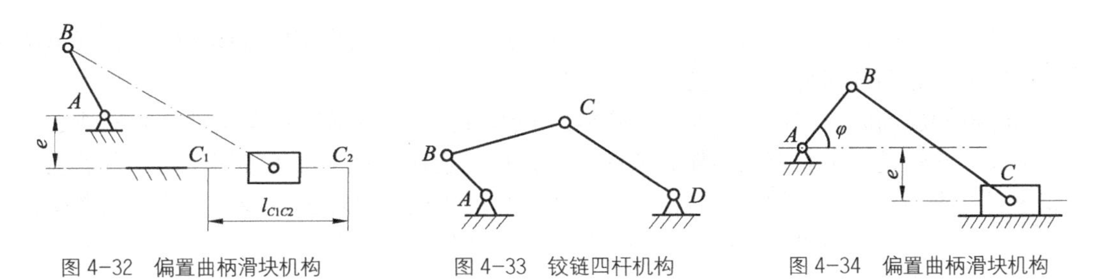

图 4-32 偏置曲柄滑块机构　　图 4-33 铰链四杆机构　　图 4-34 偏置曲柄滑块机构

4-10 图 4-34 所示为偏置曲柄滑块机构，主动件曲柄 AB 匀角速转动。l_{AB}=240mm，l_{BC}=500mm，e=120mm，φ=60°。

（1）标出滑块的行程 H；

（2）标出极位夹角 θ，并计算行程速度变化系数 K；

（3）标出给定位置的压力角 α 和传动角 γ；

（4）画出最大压力角 α_{max} 即最小传动角 γ_{min} 出现的位置，并标出 α_{max} 和 γ_{min}。

4-11 如图 4-33 所示，l_{AB}=60mm，l_{BC}=130mm，l_{DC}=150mm，l_{AD}=210mm，$\angle BAD$=135°，CD 杆为主动件。

（1）标出图示位置的压力角 α' 和传动角 γ'；

（2）机构运动时是否会出现死点位置？在何处？

第5章 凸轮机构

内容提要

本章首先介绍凸轮机构的应用、类型及特点；在此基础上介绍从动件的常用运动规律，包括等速、等加速等减速、正弦加速度和余弦加速度运动规律；还介绍了凸轮轮廓曲线的反转图解设计方法，内容主要包含直动、摆动从动件盘形凸轮的设计；最后介绍了平面凸轮机构压力角与基圆半径之间的关系以及滚子半径的选择方法。

本章重点：从动件的常用基本运动规律，凸轮轮廓曲线的反转图解设计方法，凸轮机构的压力角与基圆半径的关系，从动件滚子半径的选取方法。

本章难点：凸轮机构设计的反转法，凸轮机构的压力角。

5-1 凸轮机构的应用和分类

在设计机械时，常要求从动件的位移、速度或加速度按照预定的规律变化，尤其当从动件需按复杂的运动规律运动时，通常采用凸轮机构。

凸轮机构属高副机构，如图5-1和图5-2所示，它一般由凸轮1、从动件2和机架3三个构件组成。凸轮是一个具有曲线轮廓或凹槽的构件，它通常作连续的等速转动，有的也作摆动或往复直线移动。从动件则按预定的运动规律作间歇的或连续的直线往复移动或摆动。

图5-1所示为内燃机配气机构。当具有一定曲线轮廓的凸轮1等速转动时，迫使气阀2在固定的导套3中作往复运动，从而使气阀能按内燃机工作循环的要求按时开启或关闭。

图5-2所示为自动机床上控制刀架运动的凸轮机构。当圆柱凸轮1回转时，凸轮凹槽侧面迫使杆2摆动，从而驱使刀架运动。进刀和退刀的运动规律，由凹槽的形状来决定。

凸轮机构的优点是只要合理地设计凸轮的轮廓曲线，便可使从动件获得任意预定的运动规律，并且机构简单紧凑。因此，它广泛应用于各种机械、仪器和操纵控制装置中。例如，在内燃机中用以控制进气与排气阀门；在各种切削机床中用以完成自动送料和进退刀；在缝纫机、纺织机、包装机、印刷机等工作机中用以按预定的工作要求带动执行构件等。但由于凸轮与从动件是高副接触，接触应力较大，易于磨损，故这种机构一般用于传递动力不大的场合。

凸轮机构的类型繁多，通常可按下述三种方法来分类。

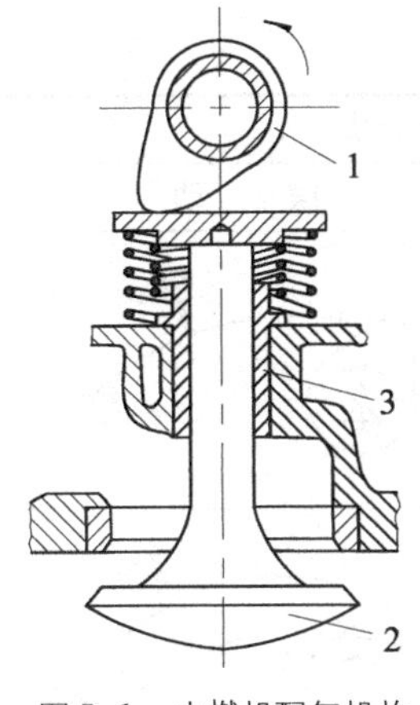

图5-1　内燃机配气机构

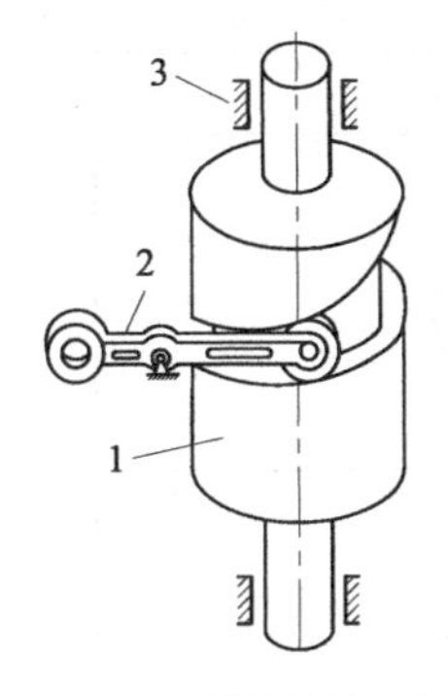

图5-2　圆柱凸轮机构

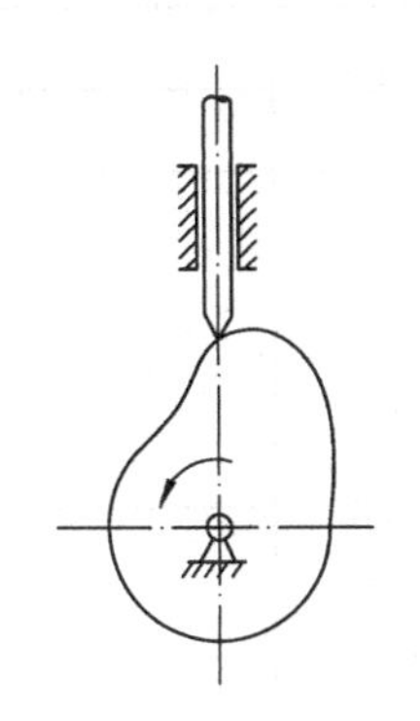
图5-3　盘形凸轮机构

一、按从动件的型式分类

1. 尖底从动件凸轮机构

如图5-3所示，这种从动件的结构最简单，但由于接触点会产生很大的磨损，故实际上很少用。不过，由于尖底从动件凸轮机构的分析与设计是研究其他型式从动件凸轮机构的基础，所以仍需加以讨论。

2. 滚子从动件凸轮机构

如图5-2所示，这种从动件的一端装有可自由转动的滚子。由于滚子和凸轮轮廓之间为滚动摩擦，磨损较小，可用于传递较大的动力，因此应用最广。

3. 平底从动件凸轮机构

如图5-1所示，这种从动件所受凸轮的作用力在不考虑摩擦时其方向总与平底相垂直并保持不变，此外凸轮与从动件的平底之间的接触面间易于形成油膜，利于润滑，故常用于高速凸轮机构之中。这种从动件的缺点是不能与具有内凹轮廓和凹槽的凸轮相作用。

二、按凸轮的形状分类

按凸轮的形状可分成移动凸轮机构、盘形凸轮机构、圆柱凸轮机构、圆锥凸轮机构四种，见表5-1。

表5-1　凸轮机构的主要类型

凸轮种类	按从动件的形状和运动形式分类	
	直　动	摆　动
移动凸轮		

续表

凸轮种类	按从动件的形状和运动形式分类	
	直　动	摆　动
盘形凸轮		
圆柱凸轮		
圆锥凸轮		

三、按凸轮与从动件维持高副接触(锁合)的方式分

1. 外力锁合

利用从动件的重量、弹簧力或其他外力使从动件与凸轮保持接触。图 5-1 所示的内燃机配气机构就是利用弹簧力使凸轮和从动件保持接触。

2. 几何锁合

依靠凸轮和从动件的特殊几何形状而始终维持接触。

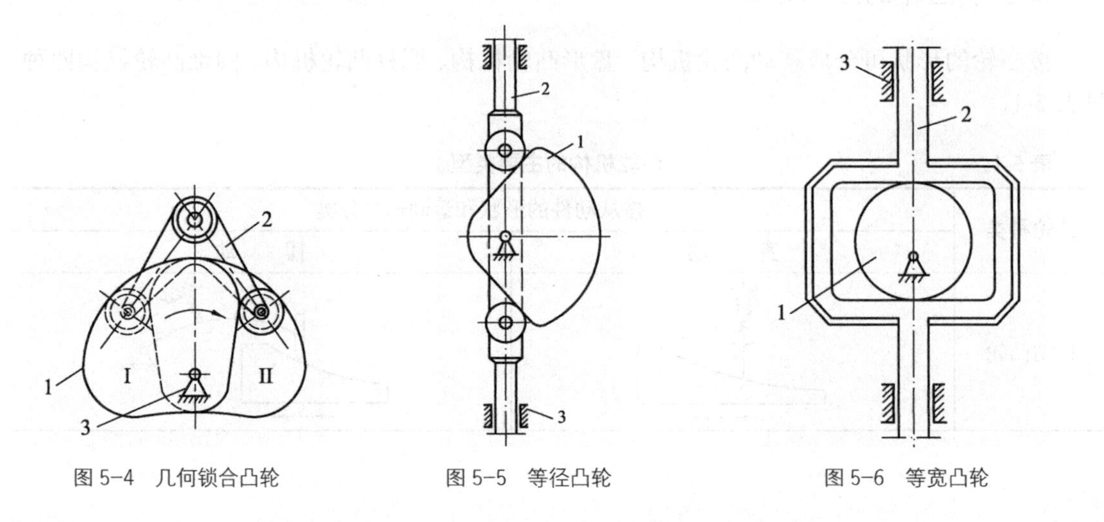

图 5-4　几何锁合凸轮　　图 5-5　等径凸轮　　图 5-6　等宽凸轮

如图 5-2 所示的凹槽凸轮，其凹槽两侧面间的距离等于滚子的直径，故能保证滚子与凸

轮始终接触。显然，这种凸轮只能采用滚子从动件。

又如图 5-4 所示机构，利用固定在同一轴上但不在同一平面内的主、回两个凸轮来控制一个从动件，主凸轮Ⅰ驱使从动件逆时针方向摆动；而回凸轮Ⅱ驱使从动件顺时针方向返回。

如图 5-5 所示等径凸轮和图 5-6 所示等宽凸轮，其从动件上分别装有相对位置不变的两个滚子和两个平底，凸轮运动时，其轮廓能始终与两个滚子(或平底)同时保持接触。显然，这两种凸轮只能在 180°范围内自由设计其廓线，而另 180°的凸轮廓线必须按照等径或等宽的条件来确定，因而其从动件运动规律的自由选择受到一定的限制。

几何锁合的凸轮机构可以免除弹簧附加的阻力，从而减小驱动力和提高效率；它的缺点是机构外廓尺寸较大，设计也较复杂。

5-2 常用的从动件运动规律

凸轮机构运动时，从动件的运动规律取决于凸轮轮廓的曲线，如果从动件运动规律要求不同，则需要设计不同轮廓曲线的凸轮。所以设计凸轮时，必须先根据工作要求选定从动件的运动规律。

图 5-7（a）所示为一尖底偏置直动从动件盘形凸轮机构。以凸轮轮廓曲线最小矢径 r_0 为半径所作的圆称为基圆，其半径 r_0 称为基圆半径。凸轮回转中心 O 点至从动件导路之间的偏置距离称为偏距，记为 e，以 O 为圆心、e 为半径所作之圆称为偏距圆。

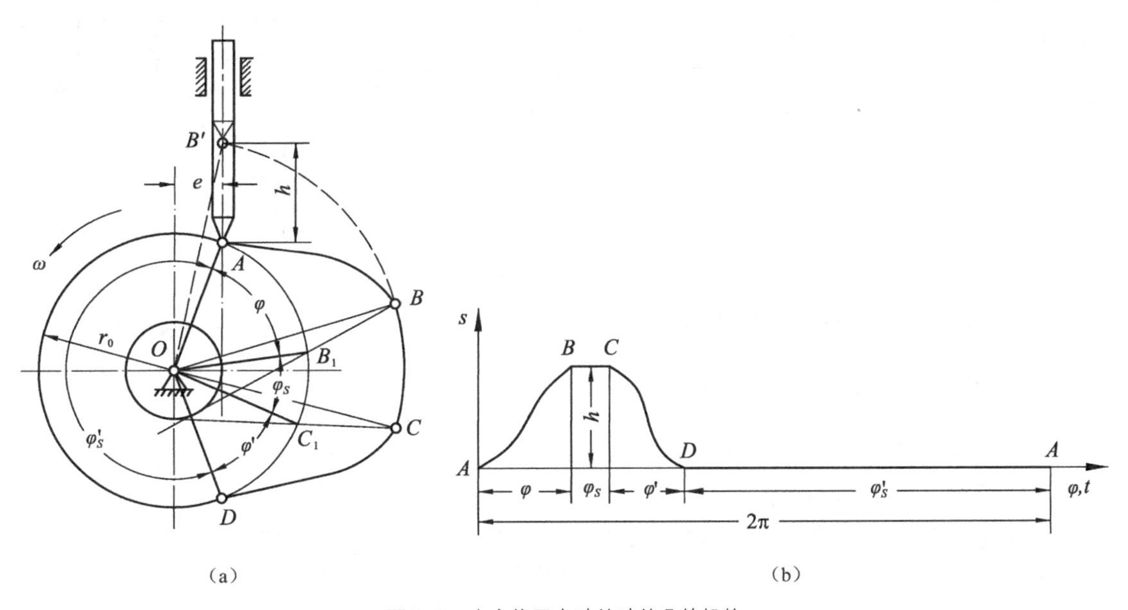

图 5-7 尖底偏置直动从动件凸轮机构

图 5-7（a）所示位置为从动件开始上升的位置，这时尖底与凸轮轮廓上 A 点接触。凸轮以逆时针转动，当矢径渐增的轮廓 AB 与尖底作用时，从动件以一定运动规律被凸轮推向上方；待 B 转到 B'时，从动件上升到距凸轮回转中心最远的位置。此过程从动件的位移 h(即为最大位移)称为行程，凸轮转过的角度 $\varphi=\angle B'OB$ 称为推程运动角。需要注意，推程运动角 $\varphi=\angle B'OB=\angle AOB_1\neq\angle AOB$，其中 B_1 点为 B 点向偏距圆所作的切线与基圆的交点。当凸轮继续回转，以 O 为中心的圆弧 BC 与尖底作用时，从动件在最远位置停留，这时对应的凸轮转角

$\varphi_s=\angle BOC(=\angle B_1OC_1)$称为远休止角。当矢径渐减的轮廓曲线段 CD 与尖底作用时，从动件以一定运动规律返回初始位置，此过程凸轮转过的角度 $\varphi'=\angle B_1OB$ 称为回程运动角。同理，当基圆上 DA 段圆弧与尖底作用时，从动件在距凸轮回转中心最近的位置停留不动，这时对应的凸轮转角 φ_s' 称为近休止角。当凸轮继续回转时，从动件又重复进行升-停-降-停的运动循环。

从动件位移 s 与凸轮转角 φ 之间的对应关系可用图 5-7（b）所示从动件位移线图来表示。由于大多数凸轮是作等速转动，其转角与时间成正比，因此该线图的横坐标也代表时间 t，该图通过微分可以得到从动件的速度线图和加速度线图，它们统称为从动件运动线图。

下面以从动件运动循环为升-停-降-停的凸轮机构为例，就凸轮以等角速回转时从动件的速度、加速及其冲击特性来讨论几种基本的从动件运动规律。

常见的有等速、等加速等减速、余弦加速度和正弦加速度等运动规律。

一、等速运动规律

从动件作等速运动时，其位移、速度和加速度随时间变化的曲线如图 5-8 所示。其中从动件速度 v_0=常数，故 v-t 线图为一水平直线。当从动件运动时，其加速度始终为零，在运动的开始与终止位置时，由于速度有突变，其瞬时加速度趋于无穷大，使机构产生强烈的冲击，这种冲击称为刚性冲击。实际上，由于构件有弹性，不会产生无穷大的惯性力，但仍会在构件中引起很大的作用力，增大凸轮机构的受力，因此这种运动规律只能用于低速。

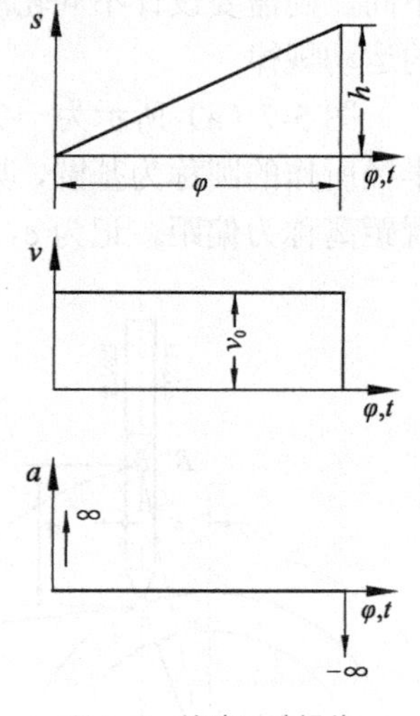

图 5-8　等速运动规律

在实际应用时，为了避免刚性冲击，常将这种运动规律的运动开始和终止的两小段加以修正，使速度逐渐增高和逐渐降低。

如前节所述，大多数凸轮是等速回转的，因此，图 5-8 诸线图的横坐标时间 t 也可以用凸轮的转角 φ 来表示。由图可知，从动件位移与凸轮转角间的关系线图为一直线。当给出从动件的行程 h 之后，其 s-φ 线图可以很容易地作出来。

二、等加速等减速运动规律

通常，从动件在前半个行程做等加速运动，后半个行程做等减速运动，加速度和减速度的绝对值相等，如图 5-9 所示。

等加速等减速规律的运动线图如图 5-9 所示。由图可见，加速度曲线是水平直线，速度曲线是斜直线，而位移曲线是两段光滑相连的抛物线，所以这种运动规律又叫作抛物线运动规律。其位移曲线在等加速段为 $s=\dfrac{1}{2}a_0t^2$ 。当时间之比为 1∶2∶3∶4…时，其对应位移之比为 1∶4∶9∶16…。因此，等加速部分的位移部分可以这样画出来：将前半段的时间横轴作若干等分，如图 5-9 为 3 等分，得 1、2、3 点。取等加速部分的推程 $(3-3')=\dfrac{h}{2}=\dfrac{9}{9}\left(\dfrac{h}{2}\right)$，取

$(1-1')=\frac{1}{9}\left(\frac{h}{2}\right)$，$(2-2')=\frac{4}{9}\left(\frac{h}{2}\right)$。光滑连接 1′、2′、3′诸点便得到等加速部分的抛物线。它的等减速部分为一段与等加速段开口方向相反的抛物线。利用对称的原理，可以取(5″−5′)=(1−1′)，(4″−4′)=(2−2′)，即可做出此段曲线。

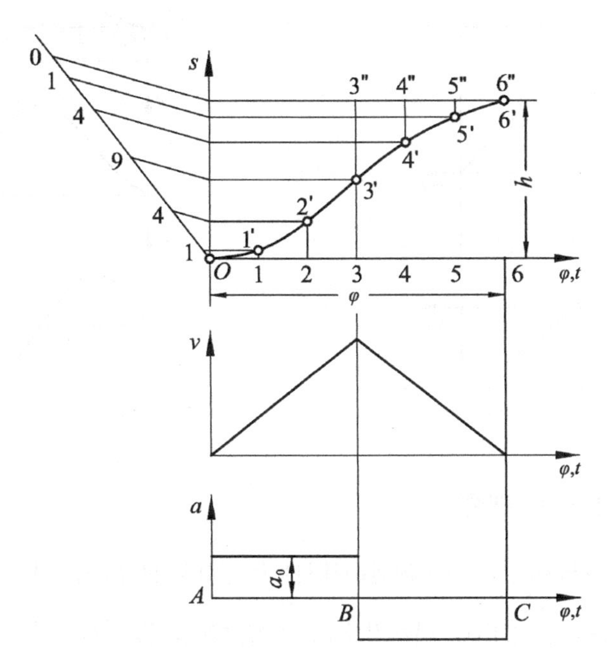

图 5-9　等加速等减速运动规律

等加速等减速的加速度线图为两段水平直线，在图 5-9 的位置 *A*、*B*、*C* 处，由于加速度的数值突变，其惯性力也随之突变而产生冲击。这种由有限惯性力引起的冲击比无穷大惯性力引起的刚性冲击轻微得多，故被称为柔性冲击。可见，这种运动规律也不适用于高速。

三、余弦加速度运动规律

如图 5-10 的 s-φ,t 位移线图，当一个动点沿着直径为 h 的半圆做匀速运动时，动点在纵坐标轴 s 上投影的变化规律为简谐运动。因此，若把半圆分成若干等分（图上为 6 等分），当动点每走过一等分角时，其在纵坐标轴上的投影线与横坐标轴上对应等分点垂线的交点所连成的光滑曲线，即为简谐运动的位移曲线。

如图 5-10 所示，将位移曲线的方程分别对时间求一阶和二阶导数，即可得出图示的速度和加速度曲线。可以看出，摆线运动的加速度按余弦规律变化，故又称余弦加速度运动。此外，由图可见，对升-停-降-停型运动（图中实线所示），在从动件的起始和终止位置，加速度曲线不连续，仍产生柔性冲击，因此它只适用于中、低速。但对升-降-升型运动（图中虚线所示），加速度曲线变成连续曲线，无柔性冲击，故亦可用于高速。

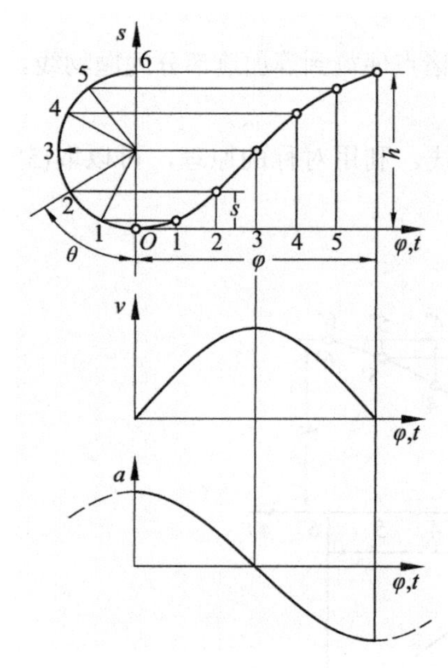

图 5-10 余弦加速度运动规律

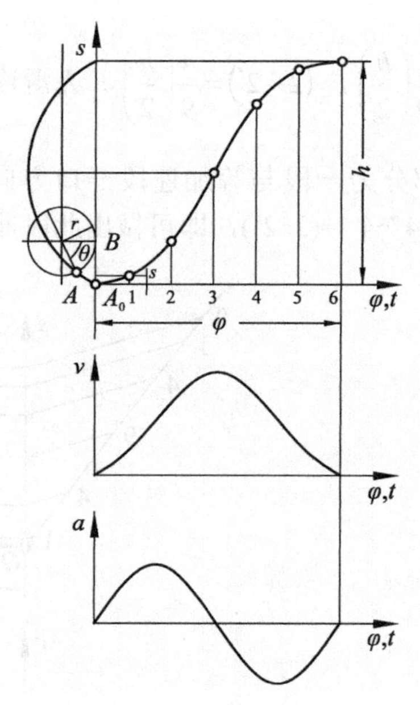

图 5-11 正弦加速度运动规律

四、正弦加速度运动规律

在速度较高的凸轮机构中，为了减小因惯性力而引起的冲击，可采用摆线运动规律。如图 5-11 所示，以半径$r=\dfrac{h}{2\pi}$的圆，沿纵坐标轴作匀速纯滚动一圈，其长度 $2\pi r$ 刚好等于从动件的行程 h，这时圆上点 A 的轨迹称正摆线。A 点沿摆线运动时在纵轴上的投影即构成摆线运动规律。因此，若把滚圆分成若干等分，当滚圆每滚过一等分角时，A 点在纵坐标轴上的投影线与横坐标轴上对应等分点（图上为 6 等分）垂线的交点所连成的光滑曲线，即为摆线运动的位移曲线。

将位移曲线的方程分别对时间求一阶和二阶导数，即可得出图示的速度和加速度曲线。可以看出，摆线运动的加速度按正弦规律变化，故又称正弦加速度运动。由于其加速度曲线连续，即速度曲线光滑，因此既没有刚性冲击，也没有柔性冲击，故具有这种运动规律的凸轮机构可用于高速工作。

5-3 凸轮轮廓曲线的设计

当从动件的运动规律选定后，应作出位移线图，即用作图法作出凸轮的轮廓曲线。凸轮机构的类型虽然很多，但是用作图法绘制凸轮轮廓曲线时所依据的原理却是相同的。所以在讨论具体的作图方法之前，首先介绍一下以作图法设计凸轮轮廓曲线的基本原理——反转法。

图 5-12 所示为一对心直动尖底从动件盘形凸轮机构，以凸轮最小矢径 r_0 为半径的圆是凸轮的基圆。当凸轮以角速度 ω 绕轴心 O 回转时，就推动从动件按预期的运动规律运动。现设想将整个凸轮机构以角速度$-\omega$ 绕轴心 O 转动。显然，凸轮与从动件之间的相对运动不会发生改变。但这时凸轮将静止不动，而从动件则一方面随其导轨绕轴心 O 转动，另一方面又在

其导轨内作预期的往复移动。由图可见，从动件在这种复合运动中，其尖底的运动轨迹就是凸轮的轮廓曲线，这种获得凸轮轮廓曲线的方法即为反转法。

下面就来讨论绘制凸轮轮廓曲线的具体方法。

图 5-12 反转法原理

一、直动从动件盘形凸轮机构

1. 尖底偏置直动从动件凸轮机构

给定从动件运动位移规律，设凸轮以等角速度 ω 顺时针转动，其基圆半径为 r_0，从动件导路的偏距为 e，要求绘制凸轮的轮廓。

（1）选取合适的比例尺 μ_s 作从动件位移曲线，如图 5-13（b）所示。

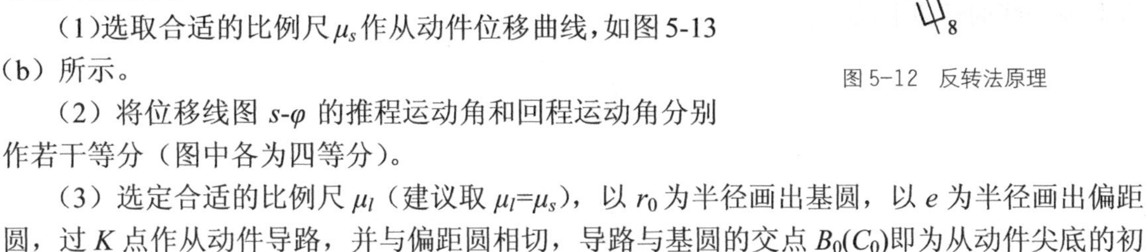

（2）将位移线图 s-φ 的推程运动角和回程运动角分别作若干等分（图中各为四等分）。

（3）选定合适的比例尺 μ_l（建议取 μ_l=μ_s），以 r_0 为半径画出基圆，以 e 为半径画出偏距圆，过 K 点作从动件导路，并与偏距圆相切，导路与基圆的交点 $B_0(C_0)$即为从动件尖底的初始位置。

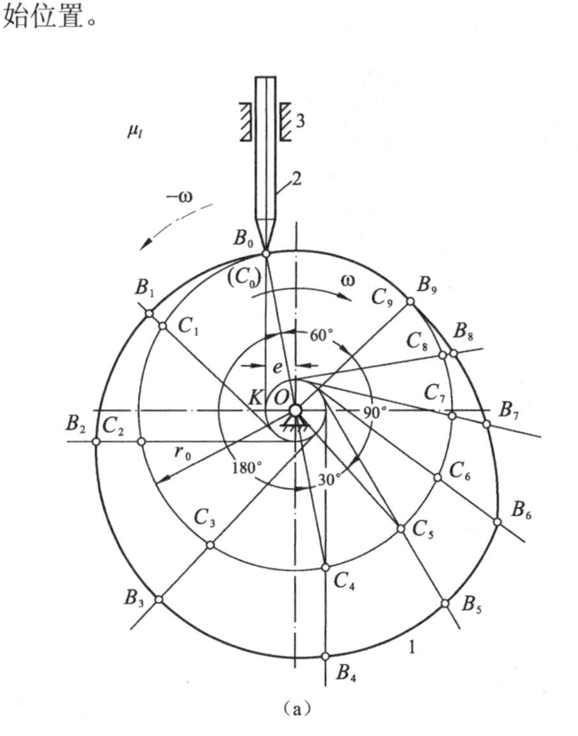

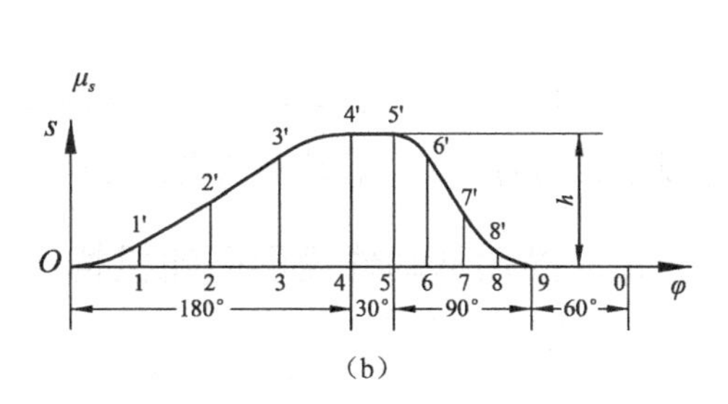

图 5-13 尖底偏置直动从动件凸轮轮廓的设计

（4）自 OC_0 开始，沿 ω 的相反方向取推程运动角（180°）、远休止角（30°）、回程运动角（90°）、近休止角（60°），在基圆上得 C_4、C_5、C_9 诸点。将推程运动角和回程运动角分成与图 5-13（b）对应的等分，得 C_1、C_2、C_3 和 C_6、C_7、C_8 诸点。

（5）过 C_1，C_2，C_3，…，C_8 作偏距圆的一系列切线，它们便是反转后从动件导路的一系列位置。

（6）沿以上各切线自基圆开始量取从动件相应的位移量，量取线段 $C_1B_1=11'$，$C_2B_2=22'$，…，得反转后尖底的一系列位置 B_1，B_2，…，B_8。

（7）将 B_0，B_1，B_2，…，连成光滑曲线，注意 B_4 和 B_5 之间以及 B_9 和 B_0 间均为以 O 为中心的圆弧，便得到所求的凸轮轮廓，如图 5-13（a）所示。

2. 滚子偏置直动从动件凸轮机构

如果采用滚子从动件，则如图 5-14 所示，首先把滚子中心当作尖底从动件的尖底，按照上述方法求出一条轮廓曲线 η；再以 η 上各点为中心画一系列滚子，最后作这些滚子的内包络线 η'(对于凹槽凸轮还应作外包络线 η'')，它便是滚子从动件凸轮的实际轮廓曲线，而 η 被称为此凸轮的理论轮廓曲线。设计滚子从动件凸轮机构时，需要注意凸轮的基圆半径是指理论轮廓曲线的基圆半径。

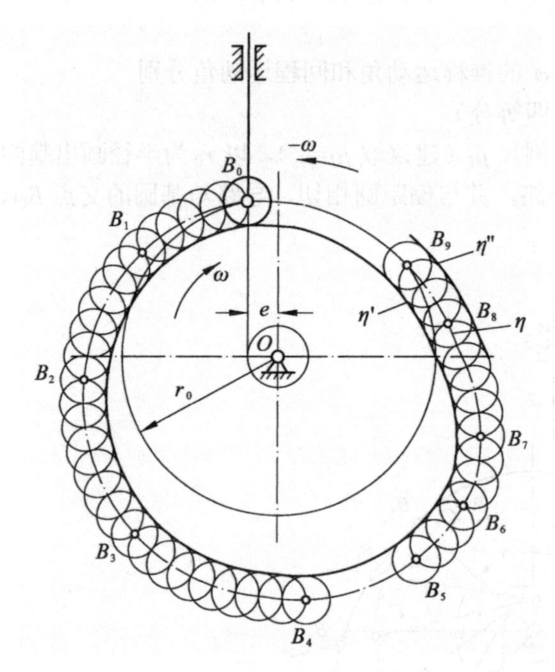

图 5-14　滚子偏置直动从动件凸轮轮廓的设计

在以上两图中，当 e=0 时，即得对心直动从动件凸轮机构。这时，偏距圆的切线化为过点 O 的径向射线，凸轮轮廓的设计方法与上述相同。

二、摆动从动件盘形凸轮机构

摆动从动件盘形凸轮轮廓的设计，同样可以应用上述反转法进行，所不同的是从动件的预期运动规律是用从动件的角位移来表示的。

图 5-15（a）所示为一尖底摆动从动件盘形凸轮机构，已知凸轮的基圆半径 r_0，凸轮与摆杆的中心距 l_{OA}，摆杆长度 l_{AB}，当凸轮以等角速度 ω 顺时针方向回转时，摆动从动件逆时针方向向外摆动，其最大摆角为 ψ_{max}，并给出了从动件摆动角的运动规律，这种凸轮轮廓的设计可按下述步骤进行。

（1）选择合适的比例尺作 ψ–φ 位移线图，如图 5-15（b）所示。

（2）将 ψ–φ 线图的推程运动角和回程运动角分为若干等分，图中各为四等分。

（3）选定合适的比例尺 μ_l，根据给定的 l_{OA} 定出 O、A_0 的位置。以 O 为圆心，以 r_0 为半径画出基圆。以 A_0 为圆心、l_{AB} 为半径画弧，两者交于点 $B_0(C_0)$。如果要求凸轮顺时钟转动时从动件推程是逆时针方向摆动且 B_0 在 OA_0 的左边，则可定出从动件尖底的起始位置。

（4）根据反转法原理，将机架 OA_0 以 $-\omega$ 方向转动，这时点 A 将位于以 O 为圆心、OA 为半径的圆周上，因此，以 O 为圆心、OA 为半径画圆，沿 $-\omega$ 方向从 OA_0 开始，依次取推程角 φ=180°、远休止角 φ_s=30°、回程角 φ'=90° 和近休止角 φ'_s=60°，再将推程角和回程角分为与图 5-15（b）一致的等分，得点 A_1，A_2，A_3，…，它们便是反转后从动件回转中心的一系列位置。

（5）以 l_{AB} 为半径，以 A_1，A_2，A_3，…为圆心作一系列圆弧 C_1D_1，C_2D_2，C_3D_3，…，分别与基圆交于 C_1，C_2，C_3，…，由 C_1，C_2，C_3，…开始在 C_1D_1，C_2D_2，C_3D_3，…，圆弧上截取对应于图 5-15（b）的摆角 ψ_1、ψ_2、ψ_3，…，得点 B_1，B_2，B_3，…。

（6）将点 B_1，B_2，B_3，…连成光滑曲线，便得到尖底从动件的凸轮轮廓。

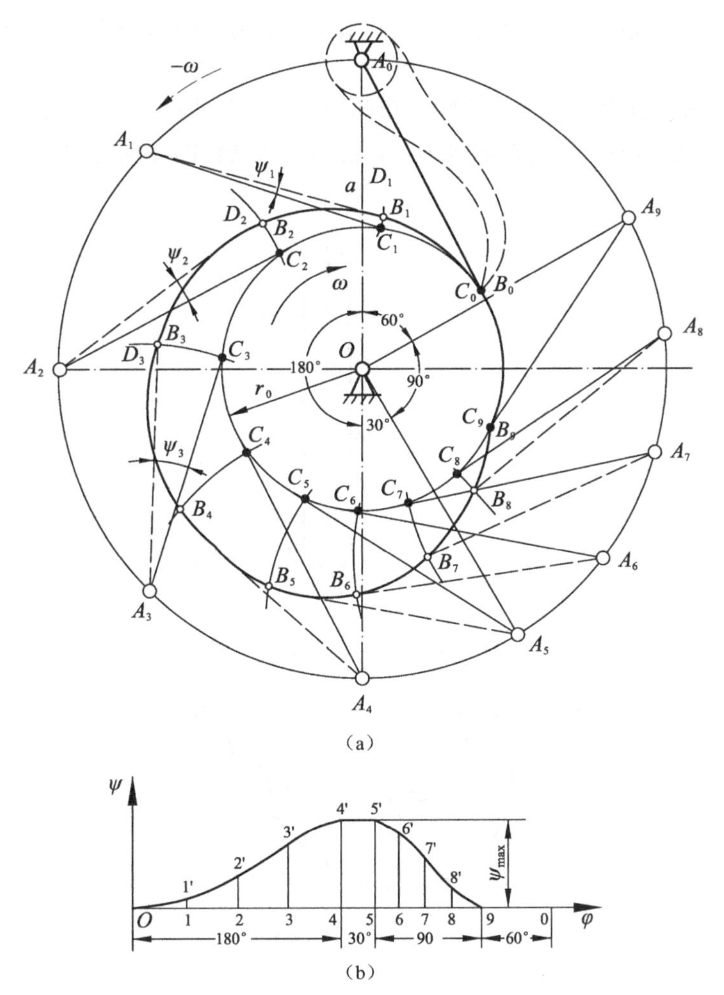

图 5-15　尖底摆动从动件盘形凸轮轮廓的设计

从图 5-15（a）中可看到，凸轮轮廓线与直线 AB 在 A_2B_2、A_3B_3 处已经相交，故在考虑具体结构时，应将从动件做成弯杆以避免两构件相碰。

同前所述，如采用滚子或平底从动件，那么上述 B_1，B_2，B_3，…点即为参考点的运动轨迹。过这些点作一系列滚子或平底，最后作其包络线即可得到实际轮廓曲线。

5-4 平面凸轮机构基本尺寸的确定

上节所介绍的作图法设计凸轮轮廓曲线，其基圆半径 r_0、直动从动件的偏距 e 或摆动从动件与凸轮的中心距 a、滚子半径 r_T 等基本尺寸都是事先给定的，而在工程实际中，这些尺寸需要设计人员自行确定。在本节，我们将从凸轮机构的传动特性、运动是否失真、结构是否紧凑等方面出发，对上述尺寸的选择方法加以讨论。

一、压力角与基圆半径

凸轮机构中，不考虑摩擦时凸轮和从动件之间的推力作用线与从动件上力作用点的速度方向线所夹的锐角，称为从动件压力角，常用 α 表示。压力角是衡量凸轮机构受力情况好坏的一个重要参数。

图 5-16 所示为偏置直动滚子从动件盘形凸轮机构在推程中某一位置的受力情况，F 是不考虑滚子摩擦时凸轮施加于从动件的推力，v 指示了从动件的运动方向，则图中的 α 即为压力角。

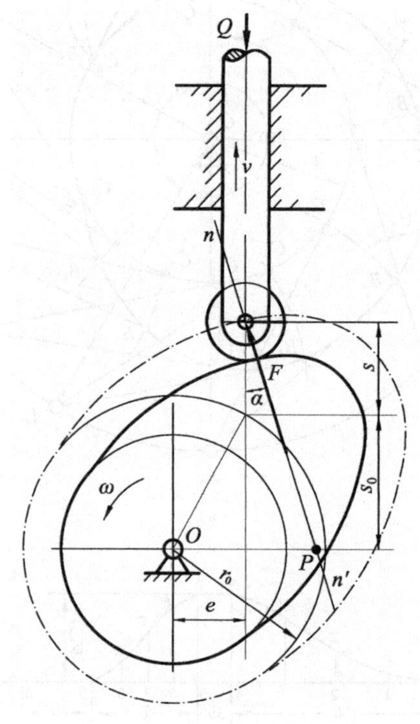

图 5-16 凸轮机构的压力角

在图 5-16 中，过轮廓接触点的公法线 nn' 交从动件导路垂线于点 P 。压力角 α 可从几何

关系中找出

$$\tan\alpha = \frac{l_{OP} - e}{s_0 + s} \tag{5-1}$$

根据理论力学的知识可知，P 点为凸轮与从动件的相对速度瞬心，即凸轮与从动件在 P 点具有相同的绝对速度，$v=\omega \cdot l_{OP}$，即 $l_{OP} = \frac{v}{\omega} = \mathrm{d}s / \mathrm{d}\varphi$，所以

$$\tan\alpha = \frac{\frac{\mathrm{d}s}{\mathrm{d}\varphi} - e}{\sqrt{r_0^2 - e^2} + s} \tag{5-2}$$

在从动件导路偏置方向改变后，或者凸轮转向改变后，式（5-2）分子上的e前面的负号可能变为正号，需依据具体情况进行分析。正确选择从动件的偏置方向有利于减小机构的压力角。

式（5-2）可以看出，对于具体的某凸轮机构来说，r_0和 e 是常数，s 是 φ 的函数，所以压力角 α 也是 φ 的函数，即当凸轮机构运动到不同位置时，压力角 α 的大小也不相同。一般，我们最关心的是凸轮机构运动过程中的最大压力角 $\alpha_{\max}$，其数值可以根据一元函数的极值条件$\frac{\mathrm{d}s}{\mathrm{d}\varphi} = 0$进行求解。

从式（5-2）可以看出，基圆半径 r_0越小，压力角 α 越大，凸轮的推程轮廓越陡峭，机构运动越不灵活。如轮廓过分陡峭将导致凸轮和从动件相互接触部分严重磨损，甚至引起机构自锁，即无论凸轮上的驱动力矩多大，从动件均卡死而不能运动。为使凸轮机构工作可靠，受力良好，必须对压力角进行限制，即要求 $\alpha_{\max}<[\alpha]$。另一方面，基圆半径 r_0越大，凸轮的轮盘就越大越笨重，结构不紧凑。因此，基圆半径的选取原则是在保证压力角小于许用压力角的条件下，尽量选取小的基圆半径。

根据理论分析和实践经验，推荐许用压力角$[\alpha]$取以下数值。

（1）工作行程时：对于直动从动件凸轮机构，取$[\alpha]=30°\sim38°$；对于摆动从动件凸轮机构，取$[\alpha]=40°\sim50°$。

（2）回程时：取$[\alpha]=70°\sim80°$。

二、滚子半径的选择

理论轮廓曲线求出之后，如滚子半径选择不当，其实际轮廓曲线也会出现过度切割而导致运动失真。

如图 5-17 所示，ρ 为理论轮廓曲线某点的曲率半径，ρ'为实际轮廓曲线对应点的曲率半径，r_T为滚子半径。当理论轮廓曲线内凸时，如图中点 A 所示，$\rho'=\rho+r_T$，可以得出正常的实际轮廓曲线。当理论轮廓曲线外凸时，如图中点 B 所示 $\rho'=\rho-r_T$。它可分为三种情况：

（1）$\rho>r_T$，$\rho'>0$，这时也可以得出正常实际轮廓曲线；

（2）$\rho=r_T$，$\rho'=0$，这时实际轮廓曲线变尖，这种轮廓曲线极易磨损，不能付之实用；

（3）$\rho<r_T$，如图中点 C 所示，这时 ρ'为负值，实际轮廓曲线已相交，交点以外的轮廓曲线事实上已不存在，因而导致从动件运动失真。

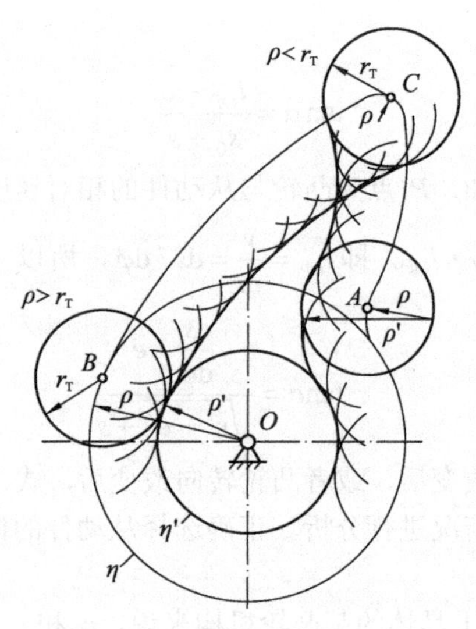

图 5-17　选择滚子半径示意图

综上所述可知，滚子半径 r_T 必须小于理论轮廓曲线外凸部分的最小曲率半径 ρ_{min}。设计时建议取 $r_T \leqslant 0.8\rho_{min}$。

阅读参考文献

有关空间凸轮机构的设计和强度、加工、综合测量以及应用实例，可以参考：刘昌祺、牧野洋(日本)和曹西京主编，《凸轮机构设计》，机械工业出版社，2005。

高速凸轮机构分析设计、凸轮机构工作性能反求和原始误差校正设计以及凸轮机构的应用创新等，可以参考：石永刚、吴央芳主编，《凸轮机构设计与应用创新》，机械工业出版社，2007。

在工程实际应用中，除本章介绍的常用运动规律外，有时还需针对不同的应用场合选择、设计其他形式的从动件运动规律。其他常用的从动件运动规律以及凸轮机构的工程加工方法，可以参考阅读：（1）Robert L.Norton 编著，《Cam Design and Manufacturing Handbook》，Industrial Press Inc.，2009。（2）Harold A.Rothbart 编著，《Cam design handbook》，McGraw-Hill Inc.，2004。

思　考　题

5-1　连杆机构和凸轮机构在组成方面有什么不同?各有什么优缺点?

5-2　凸轮机构中的外力锁合和几何锁合各有什么优缺点?

5-3　什么是从动件的运动规律?常用的从动件基本运动规律各有什么特点?在选择或设计从动件运动规律时应注意哪些问题?

5-4　什么是凸轮机构的偏距圆?在用图解法设计直动从动件盘形凸轮的轮廓线时，偏距圆有何用途?

5-5　在直动从动件盘形凸轮机构的设计中，从动件导路偏置的主要目的是什么?偏置方向如何确定?

5-6　滚子从动件盘形凸轮机构凸轮的理论轮廓曲线与实际轮廓曲线之间存在什么关系?两者是否相似?

5-7 滚子从动件盘形凸轮的基圆与该凸轮实际轮廓线上最小向径所在的圆有何区别与联系?

5-8 一滚子直动从动件盘形凸轮机构，因滚子损坏，现更换了一个外径与原滚子不同的新滚子。试问更换滚子后从动件的运动规律和行程是否发生变化?为什么?

5-9 什么是凸轮机构的压力角?在其他条件相同的情况下，改变基圆半径的大小对凸轮机构的压力角有何影响?

5-10 滚子从动件凸轮机构中，选取滚子半径时应满足什么条件?

5-11 设计直动滚子从动件盘形凸轮机构时，能否用从动件的位移减去滚子的半径，再按照反转法来设计凸轮的实际轮廓?

习 题

5-1 图 5-18（a）和图 5-18（b）分别为滚子对心直动从动件盘形凸轮机构和滚子偏置直动从动件盘形凸轮机构，已知 R=100mm，OA=20mm，e=10mm，r_T=10mm，试用反转图解法确定：当凸轮自图示位置（从动件最低位置）顺时针方向回转 90° 时两机构的压力角及从动件的位移值。

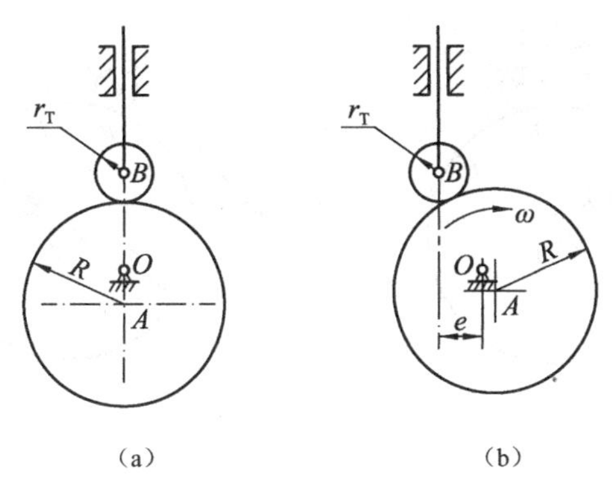

图 5-18 滚子从动件盘形凸轮机构

5-2 设计一偏置直动滚子从动件盘形凸轮机构，凸轮回转方向及从动件初始位置如图 5-19 所示。已知偏距 e=20mm，基圆半径 r_0=70mm，滚子半径 r_T=10mm，从动件运动规律如下：φ=150°，φ_s=30°，φ'=120°，φ_s'=60°，从动件在推程以简谐运动规律上升，行程 h=30mm；回程以等加速等减速运动规律返回原处。试绘出从动件位移线图及凸轮轮廓曲线。

5-3 有一摆动尖底从动件盘形凸轮机构如图 5-20 所示，已知 l_{OA}=60mm，基圆半径 r_0=25mm，l_{AB}=50mm。凸轮顺时针方向等速转动，要求当凸轮转过 180° 时，摆杆以余弦加速度运动向上摆动 25°，转过一周中的其余角度时，摆杆以等加速等减速运动摆回到原位置。试以作图法设计凸轮的实际轮廓线。

5-4 在图 5-21 所示两个凸轮机构中，凸轮均为偏心轮。已知参数为 R=30mm，l_{OA}=10mm，e=15mm，r_T=5mm，l_{OB}=50mm，l_{BC}=40mm。E、F 为凸轮与滚子的两个接触点，试在图上标出：

（1）凸轮理论轮廓曲线，并求基圆半径 r_0；

（2）F 点接触时的从动件压力角 α_F；

（3）由 E 点接触到 F 点接触从动件的位移 s（图 5-21（a））和 ψ（图 5-21（b））；

（4）从 E 点接触到 F 点接触凸轮所转过的角度 φ。

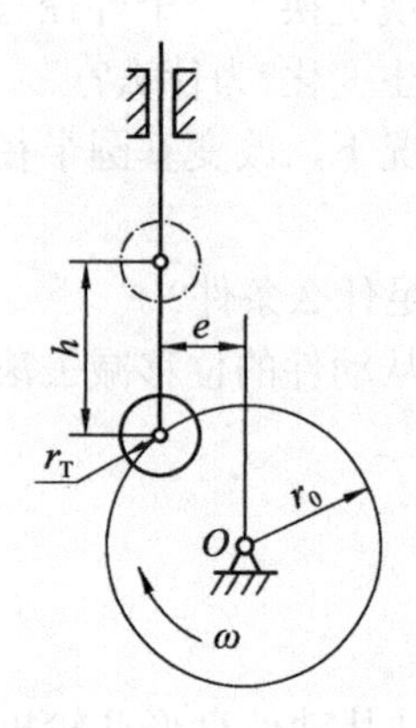

图 5-19 偏置直动滚子从动件盘形凸轮机构

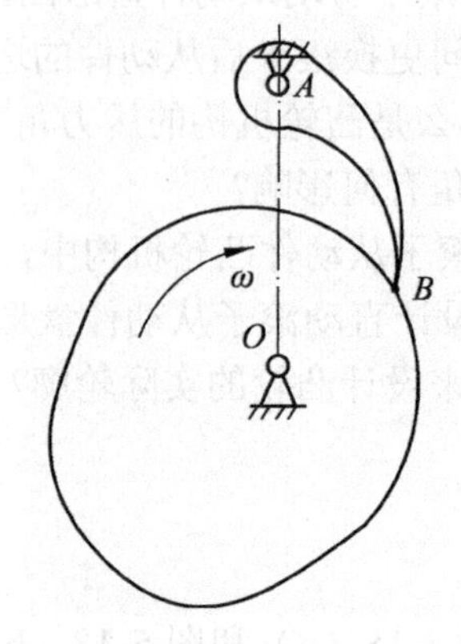

图 5-20 摆动尖底从动件盘形凸轮机构

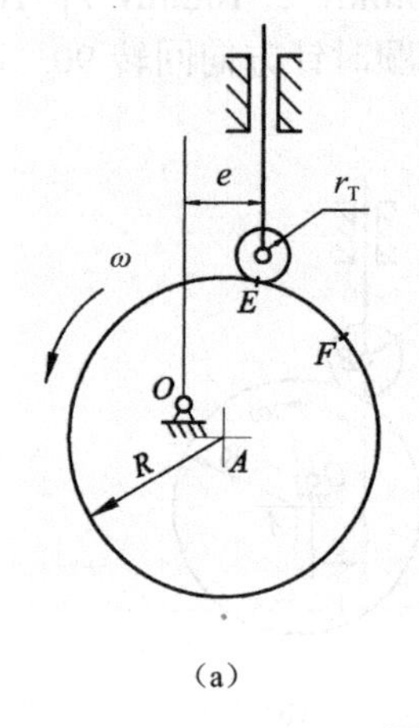

（a）

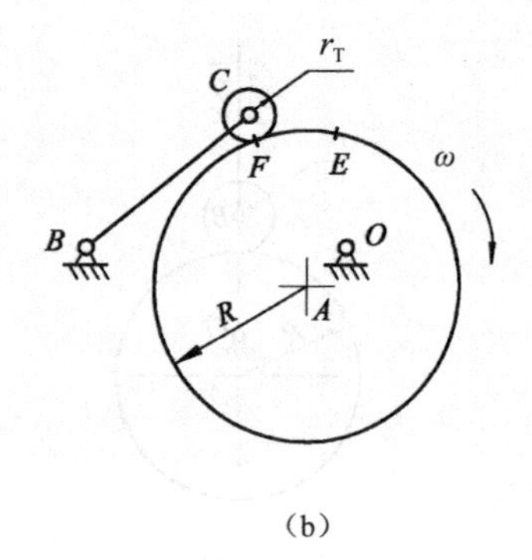

（b）

图 5-21 凸轮机构

5-5 图 5-22 所示凸轮机构中，R=40mm，a=20mm，e=10mm。试列式计算凸轮的基圆半径 r_0 和从动件的行程 h。

5-6 如图 5-23 所示，已知一个向心滚子直动从动件盘形凸轮机构，其凸轮的理论轮廓曲线是一个半径 R=70mm 的圆，其圆心到凸轮轴的距离 l_{OO_1}=30mm，起始时从动件处于最低位置。

（1）若滚子的半径 r_T=10mm，试画出凸轮的工作轮廓曲线；

（2）试确定从动件的行程 h 和凸轮的基圆半径 r_0；

（3）每 30° 取一分点，绘制从动件的位移线图；

（4）计算该机构的最大压力角，给出最大压力角超出许用值时对机构的设计进行改进的措施。

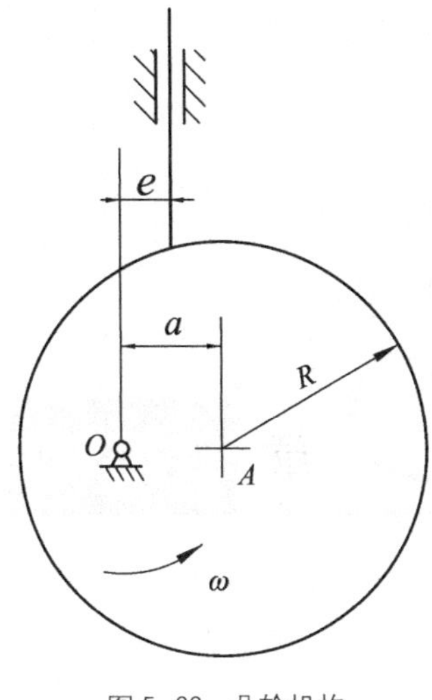

图 5-22 凸轮机构

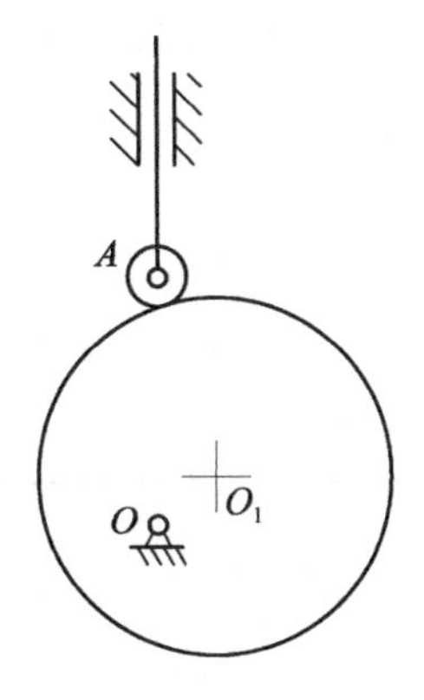

图 5-23 凸轮机构

5-7 设计一个对心直动滚子从动件盘形凸轮。已知凸轮顺时针匀速回转，从动件的运动规律为：当凸轮转过 120° 时，从动件以等加速等减速运动规律上升 20mm；当凸轮继续回转 60° 时，从动件在最高位置停留不动；当凸轮再转 90° 时，从动件以等加速等减速运动规律下降到初始位置；当凸轮再转其余 90° 时，从动件停留不动。已知凸轮基圆半径为 50mm，滚子半径为 10mm。

第6章 齿轮传动

内容提要

本章首先介绍齿轮传动机构的类型与特点、齿廓啮合的基本定律和渐开线及其特性，对渐开线标准齿轮的参数、几何尺寸和传动特性进行阐述，对渐开线齿轮的加工原理和方法、变位齿轮传动进行介绍。另外，对齿轮传动的失效形式与设计准则和齿轮材料及热处理方法进行介绍，并对标准直齿、斜齿轮和圆锥齿轮的受力分析、计算载荷和强度计算进行论述，对齿轮机构的参数和结构设计等问题进行讨论。

本章重点：齿廓啮合的基本定律、渐开线齿轮的几何参数计算，渐开线齿轮正确啮合条件、传动的可分性和重合度，齿轮传动的失效形式和计算载荷，直齿和斜齿圆柱齿轮的受力分析及强度计算。

本章难点：渐开线齿廓的啮合特性和重合度，变位齿轮，斜齿轮的当量齿轮与当量齿数，圆锥齿轮传动背锥的概念，齿轮的载荷系数，斜齿轮和锥齿轮的受力分析和强度计算等。

6-1 齿轮传动机构的特点与分类

一、齿轮传动的特点

齿轮传动是机械传动中应用最为广泛的一类传动，相比其他传动具有许多独特的优点。常用的渐开线齿轮传动具有以下一些主要特点。

（1）传动效率高。在常用的机械传动中，齿轮传动的效率是最高的。加工良好的齿轮传动在正常润滑条件下效率可达到99%。在大功率传动中，高传动效率是十分重要的。

（2）传动比准确。齿轮传动理论上具有不变的瞬时传动比，传动平稳，因此齿轮传动可用于圆周速度为200m/s以上的高速传动。

（3）结构紧凑，承载能力高。在同样使用条件下，齿轮传动所需空间尺寸比带传动和链传动小得多。

（4）工作可靠，寿命长。齿轮传动在正确安装、良好润滑和正常维护条件下，具有其他机械传动无法比拟的高可靠性和寿命。

齿轮传动与带传动和链传动相比，主要缺点表现在以下几方面。

（1）对齿轮制造、安装要求高。

（2）齿轮制造需用插齿机和滚齿机等专用机床及专用刀具。

（3）通常的齿轮传动为闭式传动，需要良好的维护保养，因此齿轮传动成本和费用高。

（4）齿轮传动不太适合较大中心距两轴间的动力传递。

二、齿轮传动机构的类型

齿轮传动机构的类型很多，根据两齿轮轴间位置的不同可作如下分类。

1. 平行轴间的齿轮传动机构

平行轴间齿轮传动机构分为外啮合圆柱齿轮传动机构（图 6-1）、内啮合圆柱齿轮传动机构（图 6-2）和齿轮齿条传动机构（图 6-3）。按轮齿的齿向，平行轴间齿轮传动又可分为直齿圆柱齿轮传动（图 6-1（a））、斜齿圆柱齿轮传动（图 6-1（b））和人字齿齿轮传动（图 6-1（c））。

（a）直齿圆柱齿轮机构

（b）斜齿圆柱齿轮机构

（c）人字齿齿轮机构

图 6-1 外啮合圆柱齿轮传动机构

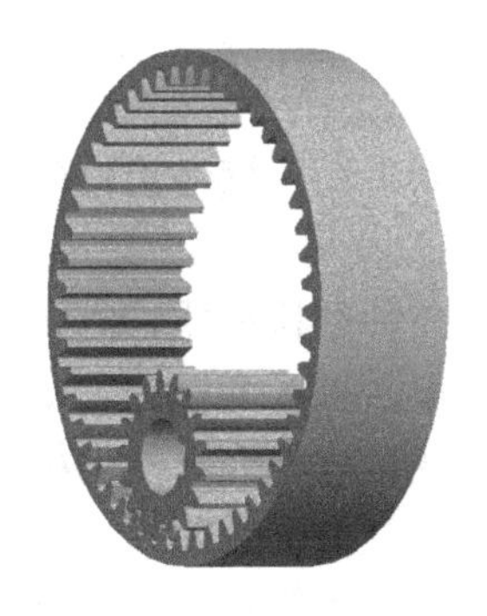

图 6-2 内啮合圆柱齿轮机构

图 6-3 齿轮齿条传动机构

2. 相交轴间的齿轮传动机构

如图 6-4 所示，用两个圆锥形齿轮来传递两根相交轴之间的运动和动力的机构，称为圆锥齿轮机构。按轮齿的齿向不同，圆锥齿轮传动又可分为直齿圆锥齿轮传动（图 6-4（a））、斜齿圆锥齿轮传动（图 6-4（b））和螺旋齿圆锥齿轮传动（图 6-4（c））。

（a）直齿圆锥齿轮机构

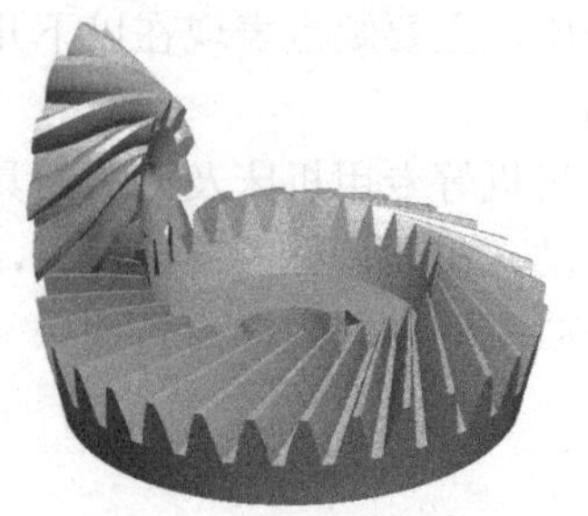

（b）斜齿圆锥齿轮机构

（c）螺旋齿圆锥齿轮机构

图 6-4　圆锥齿轮机构

3. 交错轴间的齿轮传动机构

两交错轴间的齿轮传动机构有交错轴斜齿轮机构又称螺旋齿轮机构（图 6-5）、准双曲面齿轮机构（图 6-6）和蜗杆蜗轮机构（图 6-7）等。

图 6-5　交错轴斜齿轮机构

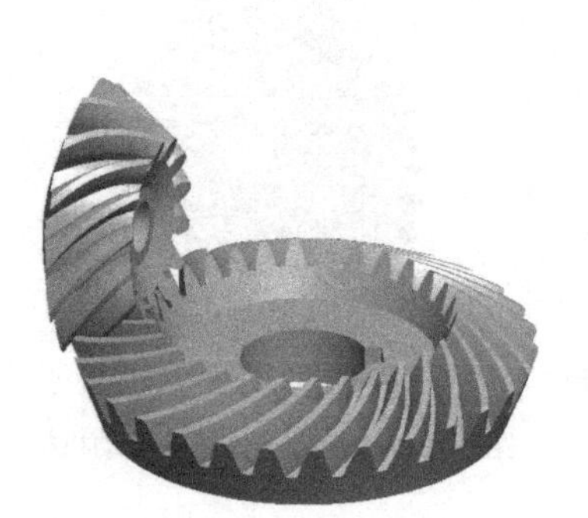

图 6-6　准双曲面齿轮机构

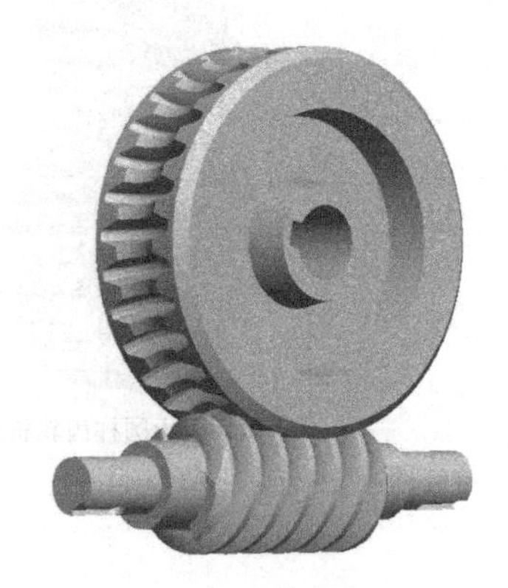

图 6-7　蜗杆蜗轮传动机构

按照齿廓形状，齿轮传动机构可分为渐开线齿轮传动机构、摆线齿轮传动机构和圆弧齿轮传动机构等。其中，渐开线齿轮传动机构应用最为广泛。

按照工作条件，齿轮传动可分闭式、开式和半开式三种结构型式。闭式传动中，齿轮传动部分被密封在齿轮箱中，具有良好的润滑，常用于汽车、机床和航空发动机等重要的齿轮传动中；开式传动中，齿轮传动部分完全暴露，不能实现良好的润滑，也极易使外界包括硬质颗粒在内的一些杂物进入齿轮啮合表面，容易造成轮齿磨损，因此开式传动通常用于低速及不重要传动场合，例如农业机械、建筑机械及简易机械设备等；半开式传动为介于闭式和开式传动的一类传动，传动安装有简单防护罩，但不能密封齿轮传动部分。

6-2　齿廓啮合基本定律

齿轮机构是一种高副机构，它所传递的主要是回转运动。两轮的瞬时角速度之比称为传动比。我们把两条齿廓曲线的相互接触，称为啮合。

图 6-8 表示一对齿轮的两个齿廓曲线在 K 点啮合。点 O_1 即为瞬心 P_{13}，点 O_2 即为瞬心 P_{23}，由“三心定理”可知齿轮 1 与齿轮 2 的瞬心 P_{12} 应与 P_{13}、P_{23} 共线，而 P_{12} 又应在高副接触点 K 的齿廓公法线 nn 上。因此，在公法线 nn 和连心线 O_1O_2 的交点上得到 P_{12} 的位置，在齿轮机构中，瞬心 P_{12} 用符号 P 表示，称为节点。由瞬心的概念，得知

$$v_P = \omega_1 \cdot \overline{O_1P} = \omega_2 \cdot \overline{O_2P}$$

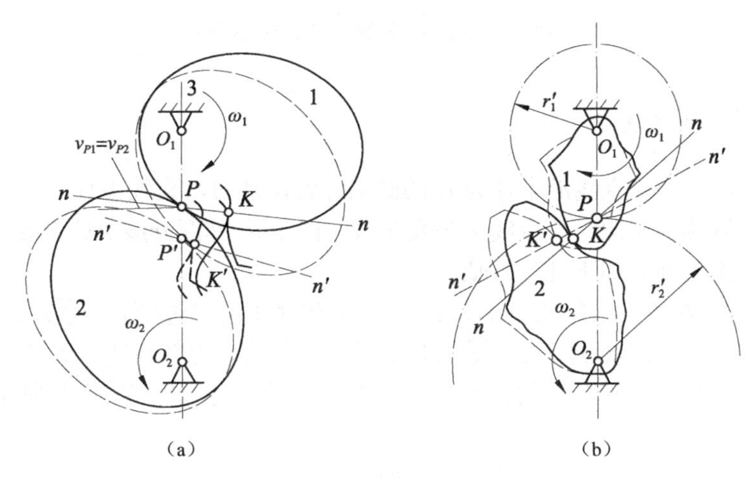

图 6-8 齿廓啮合

所以，这时齿轮的瞬时传动比为

$$i_{12} = \frac{\omega_1}{\omega_2} = \frac{\overline{O_2P}}{\overline{O_1P}}$$

节点 P 在每个齿轮运动平面上的轨迹称为该齿轮的瞬心线。

由于两轮中心距 O_1O_2 的长度为定值，若传动比 i_{12} 为定值，则节点 P 的位置固定不动。节点 P 在两个齿轮运动平面的轨迹是两个圆，即两啮合齿轮的瞬心线是两个圆，称为节圆，这种齿轮称为圆形齿轮，如图 6-8（b）所示。对于变传动比传动，两啮合齿轮的瞬心线为两条非圆曲线，这种齿轮称为非圆齿轮，如图 6-8（a）所示。

综上分析可知，如欲使一对齿轮的瞬时传动比为常数，那么其齿廓的形状必须满足：不论两齿廓在哪一点啮合，过啮合点所作的齿廓公法线都与连心线交于一定点 P。此即为定传动比传动的齿廓啮合基本定律。

因两轮在节点 P 处的相对速度等于零，故一对齿廓的啮合过程相当于两轮瞬心线的纯滚动。圆形平面齿轮的传动可以视为其节圆作纯滚动。若设两轮节圆半径分别为 r_1' 和 r_2'，则其传动比为

$$i_{12} = \frac{\omega_1}{\omega_2} = \frac{\overline{O_2P}}{\overline{O_1P}} = \frac{r_2'}{r_1'} = \text{常数} \tag{6-1}$$

凡满足齿廓啮合基本定律的一对齿轮的齿廓称为共轭齿廓。共轭齿廓的齿廓曲线称为共轭曲线。

当给定一条齿廓曲线，一般总可以得到与其共轭的另一条齿廓曲线，因此可以作为共轭齿廓的曲线是很多的。但是齿廓曲线的选择除了要满足给定传动比的要求外，还必须从设计、制造、测量、安装及使用等方面综合考虑。对于定传动比的齿轮机构，通常采用的齿廓曲线仅有渐开线、摆线、圆弧等少数几种。其中渐开线齿廓能够较为全面地满足上述要求，故目前绝大部分的齿轮都采用渐开线作为齿廓，本章将主要研究渐开线齿轮。

6-3 渐开线及渐开线齿廓

一、渐开线的形成

如图 6-9 所示，当一直线沿半径为 r_b 的圆周作纯滚动时，直线上任一点的轨迹称为该圆的渐开线。这个圆称为基圆，该直线称为发生线，图中 θ_K 称渐开线 AK 的展角。由渐开线的形成过程可知，渐开线有如下几何性质。

（1）发生线在基圆上所滚过的弧长 $\overset{\frown}{AN}$ 等于发生线上所滚过的长度 $\overline{NK}$，即 $\overset{\frown}{AN}=\overline{NK}$。

（2）渐开线上任一点 K 的法线 $\overline{NK}$ 必切于基圆，且 $\overline{NK}$ 为渐开线上 K 点的曲率半径。由此可见，渐开线上越接近基圆点的曲率半径越小，曲率越大。渐开线在基圆上点的曲率半径为零。

（3）渐开线的形状决定于基圆的大小。如图 6-10 所示，基圆半径越大则渐开线越平直，当基圆半径为无限大时（即齿条），渐开线成为直线。

（4）基圆以内无渐开线。

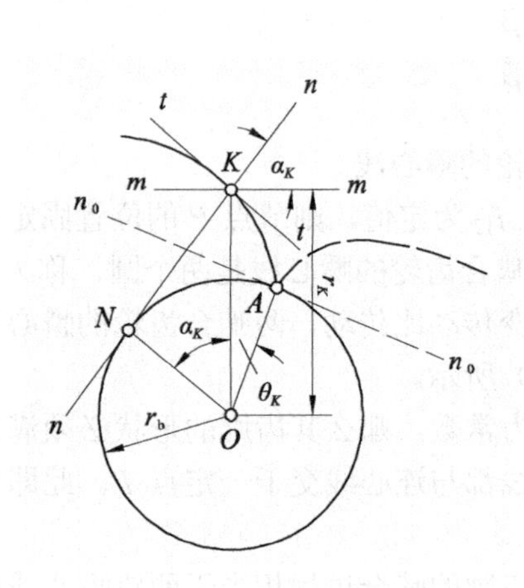

图 6-9 渐开线形成

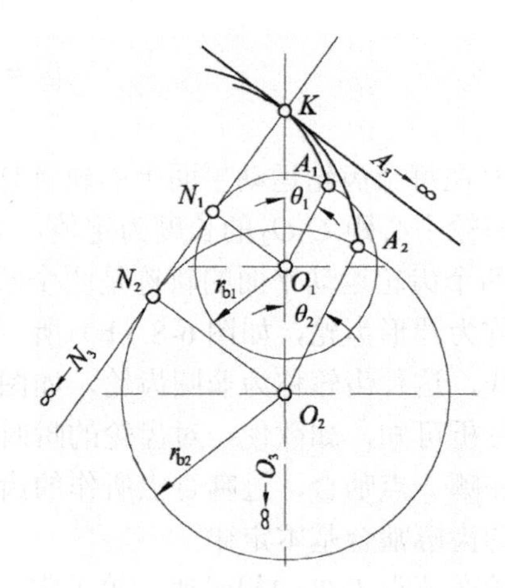

图 6-10 不同基圆大小对应的渐开线

根据渐开线的形成，可以推导出渐开线的参数方程式。如图 6-9 所示，在以 O 为极点，OA 为极轴的极坐标中，渐开线上任一点 K 的坐标由展角 θ_K 和向径 r_K 决定。把法线 NK 与直线 mm（mm 与 OK 垂直）之间所夹的锐角称为齿廓在该点的**压力角**，记为 α_K，r_b 为基圆半径。

根据渐开线的性质，由△OKN 中的关系可得

$$r_K=\frac{r_b}{\cos\alpha_K} \tag{a}$$

又
$$\tan\alpha_K=\frac{\overline{NK}}{\overline{ON}}=\frac{\widehat{AN}}{r_b}=\frac{r_b(\alpha_K+\theta_K)}{r_b}=\alpha_K+\theta_K$$

即
$$\theta_K=\tan\alpha_K-\alpha_K$$

上式表明展角 θ_K 是压力角 α_K 的函数，故 θ_K 又称为角 α_K 的**渐开线函数**，工程上用 $\mathrm{inv}\alpha_K$ 表示 θ_K，即

$$\theta_K=\mathrm{inv}\alpha_K=\tan\alpha_K-\alpha_K \tag{b}$$

联立（a）、（b）两式即得渐开线的极坐标参数方程式为

$$\left.\begin{aligned}r_K&=\frac{r_b}{\cos\alpha_K}\\ \theta_K&=\mathrm{inv}\alpha_K=\tan\alpha_K-\alpha_K\end{aligned}\right\} \tag{6-2}$$

利用上式，已知渐开线上 K 点的压力角 α_K，可以求出该点的展角 θ_K，反之亦然。工程上为便于查用，常把 θ_K 和 $\mathrm{inv}\alpha_K$ 的关系列成表格，称为渐开线函数表。

二、渐开线齿廓的啮合特性

1. 渐开线齿廓能满足定传动比的要求

如图 6-11 所示，两齿轮上一对渐开线齿廓 g_1、g_2 在任意点 K 啮合，过点 K 作这对齿廓的公法线 N_1N_2，根据渐开线的性质可知，公法线 N_1N_2 必同时与两基圆相切，即公法线 N_1N_2 为两齿轮基圆的一条内公切线。又因两齿轮基圆的大小和安装位置均固定不变，因此两基圆一侧的内公切线 N_1N_2 是唯一的，亦即两齿廓在任意点（如点 K 及 K'）啮合的公法线 N_1N_2 是一条定直线，而且该直线与连心线 O_1O_2 的交点 P 是固定的，点 P 即为固定节点，则两轮的传动比 i_{12} 是常数。因图中$\triangle O_1N_1P$ 和$\triangle O_2N_2P$ 相似，故两轮的传动比为

$$i_{12}=\frac{\omega_1}{\omega_2}=\frac{\overline{O_2P}}{\overline{O_1P}}=\frac{r_2'}{r_1'}=\frac{r_{b2}}{r_{b1}}=\text{常数} \tag{6-3}$$

式中，r_1'、r_2'——两轮的节圆半径。

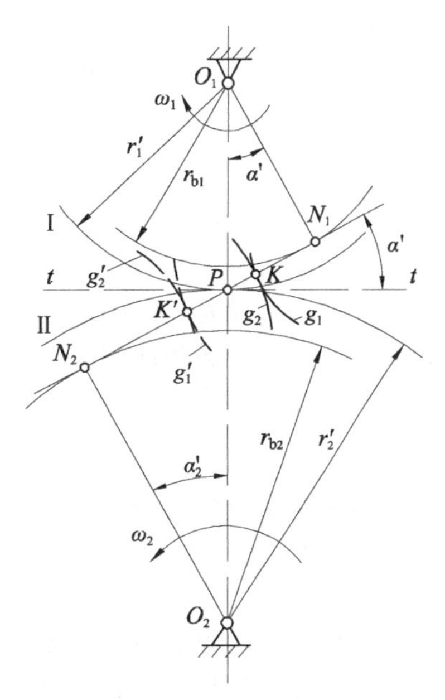

图 6-11 渐开线齿部

2. 渐开线齿廓啮合线和啮合角不变

一对渐开线齿廓从开始啮合到脱离接触，所有的啮合点均在直线 N_1N_2 上，直线 N_1N_2 是齿廓接触点在固定平面内的轨迹，称为啮合线。显然，一对渐开线齿廓的啮合线、公法线及两基圆的公切线三线重合。

两齿轮啮合的任一瞬时，过接触点的齿廓公法线与两轮节圆公切线之间所夹的锐角称为啮合角，用 α'表示，如图 6-11 所示，显然齿廓的啮合角是不变的。渐开线齿廓啮合的啮合线

和啮合角不变，故齿廓间正压力的方向也始终不变。这对于齿轮传动的平稳性是十分有利的。

3. 渐开线齿廓啮合的可分性

由式（6-3）可知，渐开线齿轮的传动比决定于其基圆的大小，而齿轮一经设计加工好后，它们的基圆也就固定不变了，因此当两轮的中心距略有改变时，两齿轮仍能保持原传动比，此特点称为渐开线齿廓啮合的可分性。这一特点对渐开线齿轮的制造、安装都是十分有利的。

6-4 渐开线直齿圆柱齿轮的基本参数及尺寸计算

一、齿轮各部分名称和基本参数

图 6-12 所示为一直齿外齿轮的一部分。齿轮上每一个用于啮合的凸起部分均称为齿。每个齿都具有两个对称分布的齿廓。一个齿轮的轮齿总数称为齿数，用 z 表示。齿轮上两相邻轮齿之间的空间称为齿槽。过所有齿顶端的圆称为齿顶圆，其半径和直径分别用 r_a 和 d_a 表示。过所有齿槽底边的圆称为齿根圆，其半径和直径分别用 r_f 和 d_f 表示。

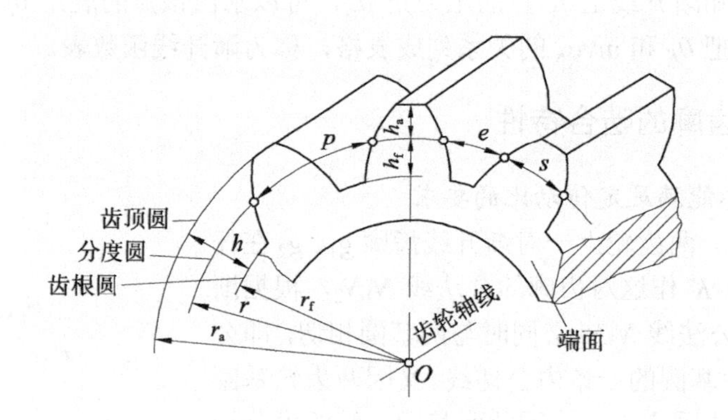

图 6-12 齿轮各部分名称

在任意半径为 r_k 的圆周上，相邻两齿同侧齿廓间的弧线长度称为该圆上的齿距或周节，以 p_k 表示；同一轮齿两侧齿廓间的弧线距离称为该圆上的齿厚，以 s_k 表示；而相邻两齿廓间的弧线长度称为该圆上的齿槽宽，以 e_k 表示，并有

$$p_k=s_k+e_k$$

设齿轮齿数为 z，则

$$p_k=\frac{\pi d_k}{z} \text{ 或 } d_k=\frac{p_k}{\pi}z$$

齿轮不同圆周上的齿距和压力角是不同的，为计算方便，规定一个半径为 r 的圆，作为齿轮几何计算的基准，该圆称为分度圆。分度圆将轮齿分成两部分，分度圆以上到齿顶圆部分轮齿称齿顶，分度圆以下至齿根圆部分轮齿称齿根，其高度分别为齿顶高 h_a 和齿根高 h_f，如图 6-12 所示，并有

$$h=h_a+h_f$$

分度圆上的齿距、齿厚和齿槽宽分别以 p、s、e 表示，如图 6-12 所示。所有分度圆上的参数，不再冠以分度圆注脚，而直接用字母表示。因此，分度圆直径

$$d = \frac{p}{\pi} z$$

上式包含无理数 π，导致计算和测量均不方便。为此，取比值 $\frac{p}{\pi}$ 为一较完整的数，称为模数，以 m 表示，单位为 mm。则

$$m = \frac{p}{\pi} = \frac{d}{z}$$

即 $$d=mz \tag{6-4}$$

而 $$p=\pi m=s+e \tag{6-5}$$

模数 m 是决定齿轮尺寸的一个基本参数。齿数相同的齿轮，模数越大，其尺寸也越大，如图 6-13 所示。

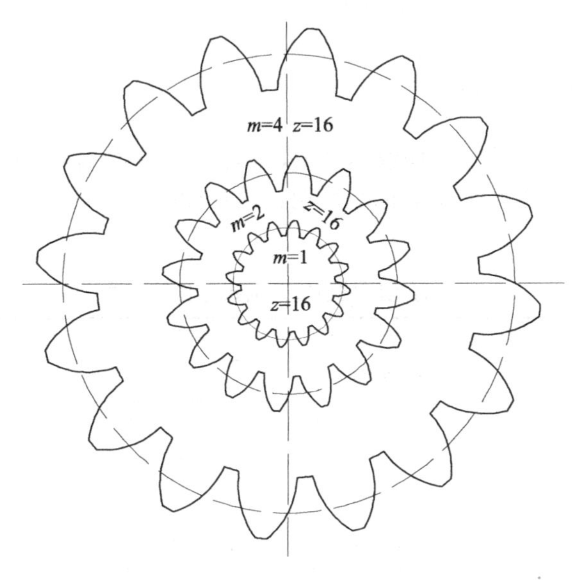

图 6-13 相同齿数不同模数的齿轮比较

为了设计、制造、检验及使用的方便，齿轮的模数值已标准化，GB/T 1357—2008 规定的渐开线圆柱齿轮标准模数系列见表 6-1。

又由上述可知，渐开线齿廓在不同半径的压力角是不同的，分度圆上的压力角简称为压力角，以 α 表示。为了设计、制造、检验及使用的方便，GB/T 1356—2001 中规定分度圆压力角的标准值为 α=20°。此外，在某些场合也采用 α=14.5°、15°、22.5° 及 25° 等的齿轮。

表 6-1　　渐开线圆柱齿轮模数（GB/T 1357—2008）

系列	模数
第一系列	0.1　0.12　0.15　0.2　0.25　0.3　0.4　0.5　0.6　0.8　1　1.25　1.5　2 2.5　3　4　5　6　8　10　12　16　20　25　32　40　50
第二系列	0.35　0.7　0.9　1.75　2.25　2.75　(3.25)　3.5　(3.75)　4.5　5.5 (6.5)　7　9　(11)　14　18　22　23　(30)　36　45

注：①优先选用第一系列，括号内的模数尽可能不用；

②对于斜齿轮是指法向模数 m_n。

至此可以给分度圆下一个完整的定义：分度圆就是齿轮上具有标准模数和标准压力角的圆。

渐开线齿廓的形状均与齿数 z 这个基本参数有关。

由上述可知，齿轮各部分尺寸均以模数为基础进行计算，因此齿轮的齿顶高和齿根高也不例外，即

$$h_a = h_a^* m \tag{6-6}$$

$$h_f = (h_a^* + c^*)m \tag{6-7}$$

式中，h_a^* 和 c^* 分别称为齿顶高系数和顶隙系数。GB/T 1356—2001 规定其标准值为

$$h_a^* = 1，\quad c^* = 0.25$$

有时也采用短齿，其 $h_a^* = 0.8$，$c^* = 0.3$。

二、标准直齿轮的几何尺寸

标准齿轮是指 m、a、h_a^*、c^* 均取标准值，具有标准的齿顶高和齿根高，而且分度圆上齿厚等于齿槽宽的齿轮；否则便是非标准齿轮。现将标准直齿圆柱齿轮几何尺寸的计算公式列于表 6-2 中。

表 6-2　　标准直齿圆柱齿轮几何尺寸计算公式

名　称	代号	计算公式	
		小齿轮	大齿轮
模数	m	（根据齿轮受力情况和结构要求确定，选取标准值）	
压力角	α	选取标准值	
分度圆直径	d	$d_1 = mz_1$	$d_2 = mz_2$
齿顶高	h_a	$h_{a1} = h_a^* m$	$h_{a2} = h_a^* m$
齿根高	h_f	$h_{f1} = (h_a^* + c^*)m$	$h_{f2} = (h_a^* + c^*)m$
齿全高	h	$h_1 = h_{a1} + h_{f1} = (2h_a^* + c^*)m$	$h_2 = h_{a2} + h_{f2} = (2h_a^* + c^*)m$
齿顶圆直径	d_a	$d_{a1} = d_1 + 2h_{a1} = (z_1 + 2h_a^*)m$	$d_{a2} = d_2 + 2h_{a2} = (z_2 + 2h_a^*)m$
齿根圆直径	d_f	$d_{f1} = d_1 - 2h_{f1} = (z_1 - 2h_a^* - 2c^*)m$	$d_{f2} = d_2 - 2h_{f2} = (z_2 - 2h_a^* - 2c^*)m$
基圆直径	d_b	$d_{b1} = d_1 \cos\alpha$	$d_{b2} = d_2 \cos\alpha$
齿距	p	$p = \pi m$	
基（法）节	p_b	$p_b = p\cos\alpha$	
分度圆齿厚	s	$s = \pi m / 2$	
分度圆齿槽宽	e	$e = \pi m / 2$	
节圆直径	d'	标准安装时　$d' = d$	
传动比	i	$i_{12} = \frac{\omega_1}{\omega_2} = \frac{d_{b2}}{d_{b1}} = \frac{d_2}{d_1} = \frac{d'_2}{d'_1} = \frac{z_2}{z_1}$	
标准中心距	a	$a = \frac{1}{2}(d_1 + d_2) = \frac{m}{2}(z_1 + z_2)$	
顶隙	c	$c = c^* m$	

三、渐开线标准齿条

图 6-14 所示为一齿条，可以把它看作齿轮直径为无穷大时的一种特殊型式，这时该齿轮的各个圆周都变成直线，渐开线齿廓也变为直线齿廓。齿条与齿轮相比有下列两个主要的不同点。

（1）由于齿条的齿廓是直线，而且在传动时齿条是作平动的，故齿条上各点速度的大小和方向均相同，所以齿廓上各点的压力角相等（即为标准值）。由图 6-14 可见，齿条齿廓的压力角等于齿廓的倾斜角 α，此角称为齿形角。

（2）由于齿条上各齿同侧的齿廓都是平行的，所以不论在分度线上、齿顶线上或与分度线平行的其他直线上，其周节均相等，即 $p_k=p=\pi m$，但是只有在分度线上 $s=e$，在其他直线上的齿厚与齿间宽并不相等。

齿条各部分的尺寸，可参照外齿轮的计算公式。

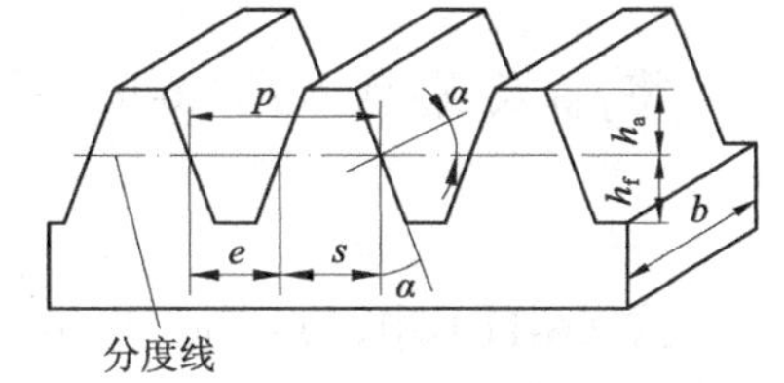

图 6-14　标准齿条

四、渐开线标准内齿轮

图 6-15 所示为内齿圆柱齿轮。由于内齿轮的轮齿分布在圆环的内表面上，故内齿轮与外齿轮相比有下列不同点。

(1)内齿轮的齿厚相当于外齿轮的齿槽宽，内齿轮的齿槽宽相当于外齿轮的齿厚。内齿轮的齿廓虽然也是渐开线，但内齿轮的齿廓却是内凹的，而外齿轮的齿廓是外凸的。

(2)内齿轮的齿顶圆在它的分度圆之内，齿根圆在它的分度圆之外，即齿根圆大于齿顶圆。

(3）当内齿轮的齿廓全部为渐开线时，其齿顶圆必须大于它的基圆。

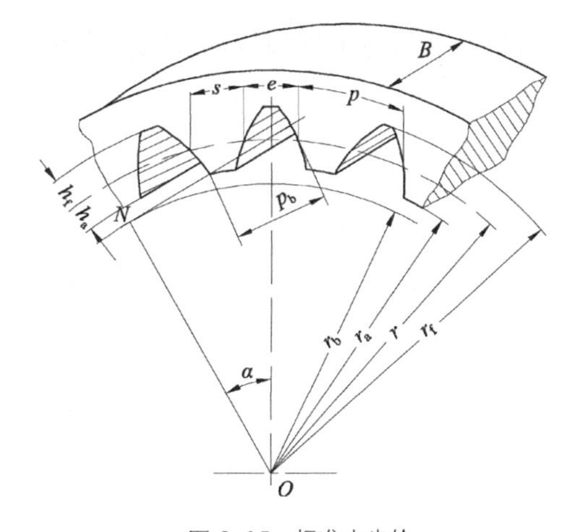

图 6-15　标准内齿轮

6-5　渐开线直齿圆柱齿轮的啮合传动

一、渐开线齿轮正确啮合的条件

一对渐开线齿廓满足啮合基本定律，就能保证定传动比传动。但这并不是说任意的两个渐开线齿轮都能正确地传动。譬如说，一个齿轮的齿距很小，另一个齿轮的齿距很大，显然，这两个齿轮是无法啮合传动的。那么，一对渐开线齿轮要正确啮合传动，应该具备什么条件呢？为了解这一问题，我们就来按图 6-16 所示的一对齿轮进行分析。如前所述，一对渐开线齿轮在传动时，它们的齿廓啮合点都应在啮合线 N_1N_2 上。因此，如图 6-16 所示，要使处于啮合线上的各对轮齿都能正确地进入啮合，显然两齿轮的相邻两齿同侧齿廓间的法线距离应相等。齿轮上相邻两齿同侧齿廓间的法线距离 KK'称为法向齿距，以 p_n 表示。两齿轮的法向

齿距相等，即

$$p_{n1}=p_{n2} \tag{6-8}$$

又根据渐开线的性质，齿轮的法向齿距与其基圆上的基圆齿距（即基节 p_b）是相等的，故法向齿距也可以用 p_b 表示，于是得

$$p_{b1}=p_{b2} \tag{6-9}$$

又因

$$\left.\begin{aligned} p_{b1} &= p_1\cos\alpha_1 = \pi m_1\cos\alpha_1 \\ p_{b2} &= p_2\cos\alpha_2 = \pi m_2\cos\alpha_2 \end{aligned}\right\} \tag{6-10}$$

将 p_{b1} 及 p_{b2} 代入式（6-9）后，可得两齿轮正确啮合的条件为

$$m_1\cos\alpha_1 = m_2\cos\alpha_2 \tag{6-11}$$

式（6-11）中，m_1、m_2 及 α_1、α_2 分别为两轮的模数和压力角。如前所述，由于模数 m 和压力角 α 都已标准化了，所以，要满足式（6-11），则应使

$$\left.\begin{aligned} m_1 &= m_2 = m \\ \alpha_1 &= \alpha_2 = \alpha \end{aligned}\right\} \tag{6-12}$$

这就是说，渐开线齿轮正确啮合的条件是：两齿轮分度圆上的模数和压力角必须分别相等。

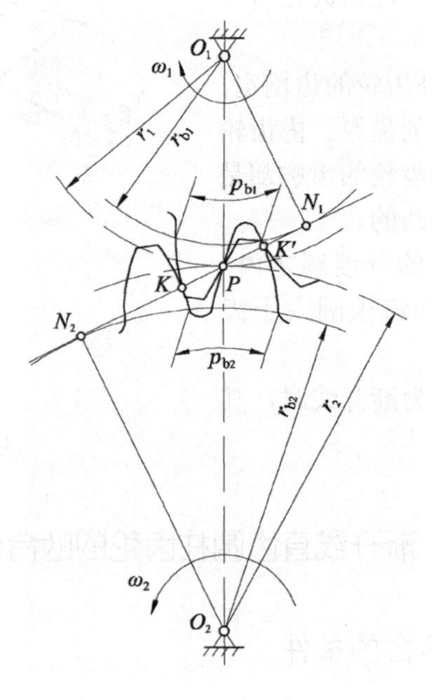

图 6-16　渐开线齿轮正确啮合条件

二、标准齿轮传动的正确安装中心距

两啮合齿轮中心的距离称为中心距，由前所述一对渐开线圆柱直齿轮传动，相当于两节圆作纯滚动，则中心距为两节圆半径之和，即

$$a' = r_1' + r_2' \tag{6-13}$$

为避免齿轮反转时发生冲击和出现空程，理论上齿轮安装时要求没有侧隙。此时齿轮中心距称为正确安装中心距，如图 6-17（a）所示。此时，一个齿轮的节圆齿厚应等于另一个齿轮的节圆齿槽宽，而两标准齿轮传动时，由于分度圆的模数相等，故

$$s_1 = e_1 = \frac{\pi m}{2} = s_2 = e_2$$

所以正确安装的两标准齿轮传动，节圆和分度圆应重合，而中心距称为标准中心距，其值为

$$a = r_1 + r_2 = \frac{m}{2}(z_1 + z_2) \tag{6-14}$$

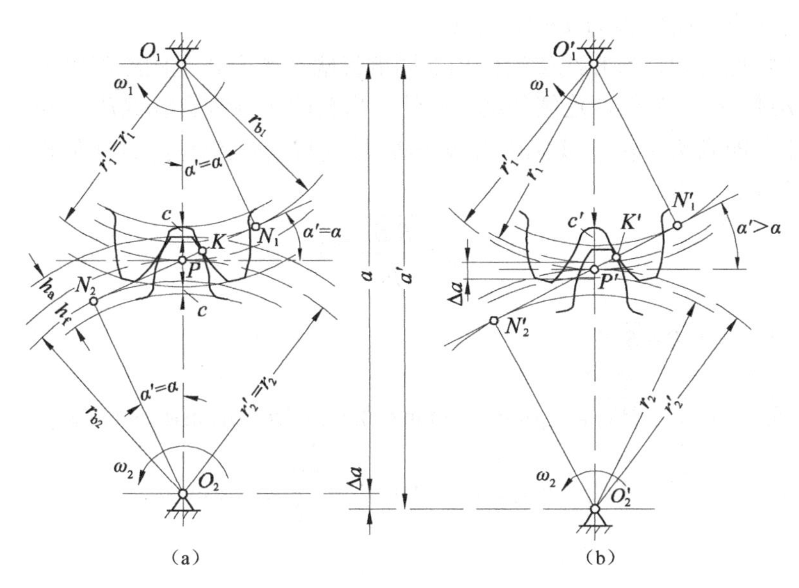

图 6-17　齿轮安装的中心距与啮合角

综上所述，一对齿轮啮合时，两轮的中心距总等于两轮节圆半径之和。当两轮按标准中心距安装时，两轮的节圆与各自的分度圆相重合。所谓啮合角也就是节圆压力角，即啮合线 $\overline{N_1N_2}$ 与节点 P 处速度矢量间的夹角，并用 α'表示，如图 6-17（a）所示。当节圆与分度圆重合时，显然啮合角与分度圆压力角相等，即 $\alpha'=\alpha$。

由于齿轮制造和安装的误差，两轮的实际中心距 α'与标准中心距 α 略有变动。图 6-17（b）所示标准中心距增大 $\Delta\alpha$，这时节圆与分度圆不再重合。由

$$r_1' = \frac{r_{b1}}{\cos\alpha'} = r_1\frac{\cos\alpha}{\cos\alpha'}$$

$$r_2' = \frac{r_{b2}}{\cos\alpha'} = r_2\frac{\cos\alpha}{\cos\alpha'}$$

则

$$a' = r_1' + r_2' = (r_1 + r_2)\frac{\cos\alpha}{\cos\alpha'} = a\frac{\cos\alpha}{\cos\alpha'} \tag{6-15}$$

当实际中心距 α'大于标准中心距 α 时，传动啮合角 α'大于分度圆压力角 α。

三、渐开线齿轮传动连续的条件

1. 传动连续条件和重合度

为了保证齿轮传动的连续性，一对互相啮合的齿轮，当前一对轮齿脱离接触前，后一对轮齿必须进入啮合，即理论上至少有一对齿在啮合。当然同时啮合的齿对数越多，啮合越平稳，承载越大。

如图 6-18 所示的一对齿轮传动，设主动轮 1 的顶圆与啮合线的交点为 B_1，从动轮 2 的顶圆与啮合线的交点为 B_2，显然 B_3 点是两齿廓的啮合开始点；随着啮合传动的进行，轮齿的啮合点沿着啮合线 N_1N_2 移动，当啮合进行到 B_1 点时，两轮齿廓将脱离接触，故 B_1 点为两齿廓的啮合终止点，B_1B_2 称为实际啮合线。

由渐开线特性可知，渐开线齿轮两相邻同侧齿廓在啮合线上的距离等于基圆齿距 p_b。因此，齿轮传动过程中，为保证连续传动，应使两齿轮的实际啮合线 $\overline{B_1B_2}$ 之长大于或至少等于齿轮基圆齿距，即 $\overline{B_1B_2} > p_b$。实际啮合线 B_1B_2 长度与基圆齿距 p_b 之比值称为重合度或重叠系数，以 ε_α 表示。因此

$$\varepsilon_\alpha = \frac{\overline{B_1B_2}}{p_b} \geqslant 1$$

由于 $\overline{B_1B_2} = \overline{B_1P} + \overline{B_2P}$

$$\overline{B_1P} = \overline{B_1N_1} - \overline{PN_1} = r_{b1}(\tan\alpha_{a1} - \tan\alpha') = \frac{mz_1}{2}\cos\alpha(\tan\alpha_{a1} - \tan\alpha')$$

$$\overline{B_2P} = \overline{B_2N_2} - \overline{PN_2} = r_{b2}(\tan\alpha_{a2} - \tan\alpha') = \frac{mz_2}{2}\cos\alpha(\tan\alpha_{a2} - \tan\alpha')$$

所以

$$\varepsilon_\alpha = \frac{1}{2\pi}[z_1(\tan\alpha_{a1} - \tan\alpha') + z_2(\tan\alpha_{a2} - \tan\alpha')] \tag{6-16}$$

式中

$$\alpha_{a1} = \arccos\frac{r_{b1}}{r_{a1}};\alpha_{a2} = \arccos\frac{r_{b2}}{r_{a2}}$$

由式（6-16）可知：①ε_α 与模数无关；②齿数 z_1、z_2 增加时，ε_α 增加；③增加中心距 α' 时，由于啮合角 α'的增加，ε_α 将减小；④齿顶高系数 h_a^* 增加时，由于齿顶圆压力角 α_{a1} 和 α_{a2} 的增加，ε_α 亦增加。

对标准传动，因 $\alpha'=\alpha$，故

$$\varepsilon_\alpha = \frac{1}{2\pi}[z_1(\tan\alpha_{a1} - \tan\alpha) + z_2(\tan\alpha_{a2} - \tan\alpha)] \tag{6-17}$$

2. 重合度的意义

如前所述，当 $\varepsilon_\alpha=1$ 时，表明在一对齿轮传动的过程中，只有一对轮齿啮合。同理，当 $\varepsilon_\alpha=2$ 时，则表示同时啮合的有两对轮齿。如果 ε_α 不是整数，例如 $\varepsilon_\alpha=1.3$，则图 6-19 表明了这时两轮轮齿的啮合情况。由图可知，在实际啮合线上 B_2C 与 DB_1 两段范围内，即在两个 $0.3p_b$ 的长度上，有两对轮齿同时啮合；而在 CD 段范围内，即在 $0.7p_b$ 的长度上，则只有一对轮齿啮合。所以，CD 段称为单齿啮合区。CD 段两旁 $0.3p_b$ 的长度区为双齿啮合区，所以 30%时间内为两对齿啮合，70%的时间为一对齿啮合。

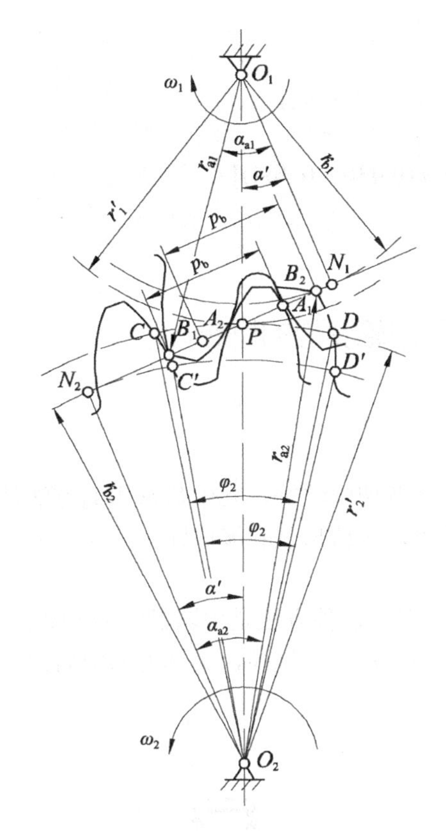

图 6-18 重合度计算示意图

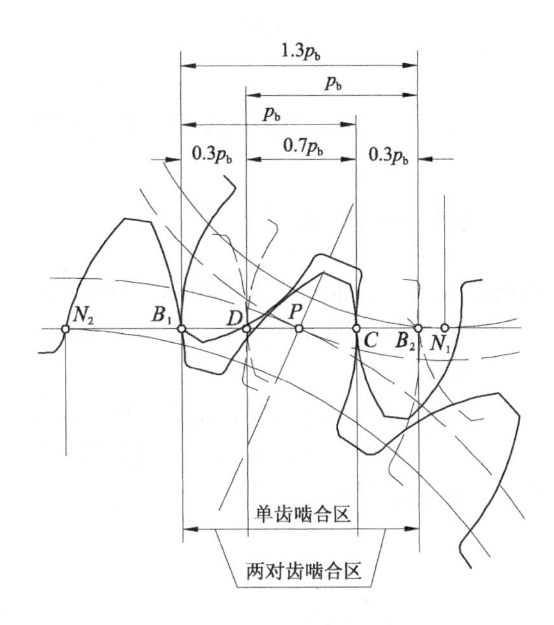

图 6-19 重合度的意义

齿轮传动的重合度越大，就意味着同时参与啮合的轮齿越多，这样，每对轮齿的受载就越小。对于圆柱直齿轮传动，当 α=20° 及 h_a^*=1，两轮齿数趋于无穷大时，标准圆柱齿轮的最大重合度 $\varepsilon_{\alpha\max}$=1.981。

例 6-1 一对外啮合标准直齿圆柱齿轮传动，已知 z_1=18，z_2=88，h_a^*=1，m=1，α=20°，求这对齿轮的重合度。

解：（1）计算齿轮的主要尺寸

$$d_1 = mz_1 = 1\times18 = 18(\text{mm})$$

$$d_2 = mz_2 = 1\times88 = 88(\text{mm})$$

$$d_{a1} = m(z_1 + 2h_a^*) = 20(\text{mm})$$

$$d_{a2} = m(z_2 + 2h_a^*) = 90(\text{mm})$$

$$d_{b1} = mz_1\cos\alpha = 16.914(\text{mm})$$

$$d_{b2} = mz_2\cos\alpha = 82.693(\text{mm})$$

$$\alpha_{a1} = \arccos\frac{d_{b1}}{d_{a1}} = \arccos\frac{16.914}{20} = 32°15'10''$$

$$\alpha_{a2} = \arccos\frac{d_{b2}}{d_{a2}} = \arccos\frac{82.693}{90} = 23°14'55''$$

（2）计算重合度

$$\varepsilon_a = \frac{1}{2\pi}[z_1(\tan\alpha_{a1} - \tan\alpha) + z_2(\tan\alpha_{a2} - \tan\alpha)]$$
$$= \frac{1}{2\pi}[18\times(0.631-0.364) + 88\times(0.430-0.364)]$$
$$= 1.689$$

6-6 渐开线齿轮的加工原理及齿轮变位的概念

一、渐开线齿轮加工原理

齿轮加工的方法很多，如铸造法、冲压法、挤压法及切削法等，其中最常用的方法是切削法。齿轮切削加工的方法很多，但就其原理可分两类，即仿形法和展成法。

1. *仿形法*

仿形法又可分为铣削法和拉削法。我们仅介绍铣削法。这种方法是用圆盘铣刀（图 6-20）或指状铣刀（图 6-21）在普通铣床上将轮坯齿槽部分的材料逐一铣掉，其铣刀的轴向剖面形状和齿轮槽的齿廓形状完全相同。

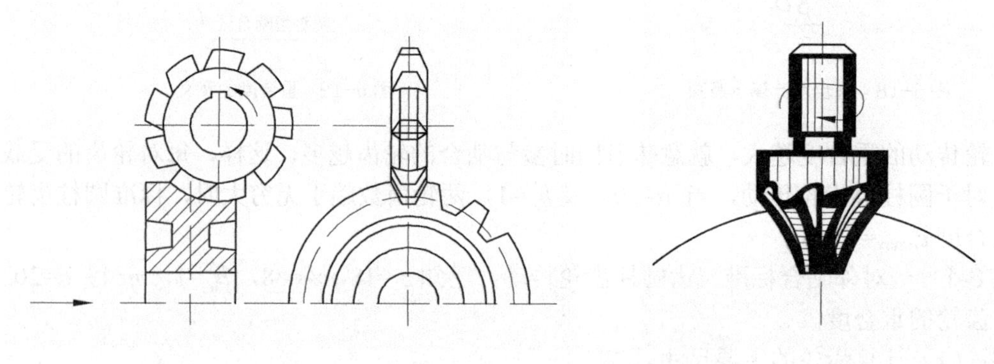

图 6-20　圆盘铣刀加工齿轮　　　　图 6-21　指状铣刀加工齿轮

这种方法的缺点是：①加工精度低。因为铣刀数量的限制，刀具轮廓只是与被加工齿廓近似。②切削不连续，故生产率低，不适用于大批生产。它的优点是在普通铣床上就可以加工齿轮，所以在修配和小批生产中还常采用。

2. *展成法*

展成法亦称包络法或范成法，是目前齿轮加工中最常用的一种方法。它是运用包络法求共轭曲线的原理来加工齿廓的。用展成法加工齿轮时，常用的方法有插齿、滚齿和磨齿等。

图 6-22 所示为用齿轮插刀加工齿轮的情形。齿轮插刀的外形就是一个具有刀刃的外齿轮，当用一把齿数为 z_c 的齿轮插刀，去加工一模数 m 和压力角 α 与该插刀相同而齿数为 z 的齿轮时，将插刀和轮坯装在专用的插齿机床上，通过机床的传动系统使插刀与轮坯按恒定的传动比 $i = \dfrac{\omega_c}{\omega} = \dfrac{z}{z_c}$ 回转，并使插刀沿轮坯的齿宽方向作往复切削运动，这样，刀具的渐开线

齿廓就在轮坯上包络出与刀具渐开线齿廓共轭的渐开线齿廓（图 6-22（b））。

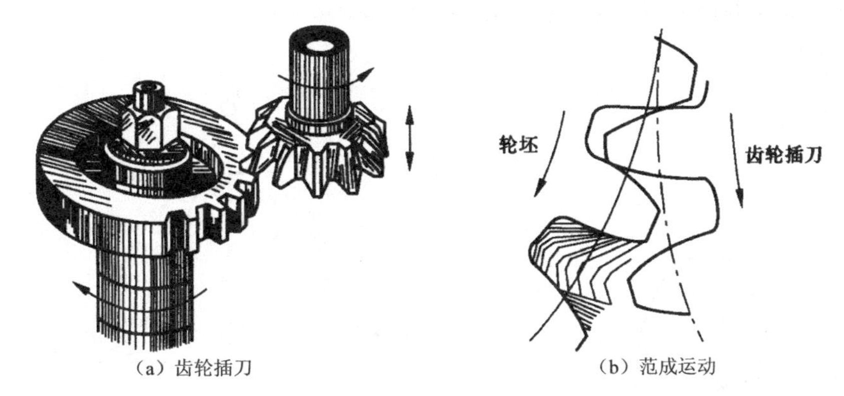

图 6-22 齿轮插刀加工齿轮

用齿轮插刀或齿条插刀加工齿轮，其切削都不是连续的，这就影响了生产率的提高。因此，在生产中更广泛地采用齿轮滚刀来加工齿轮。如图 6-23（a）所示，就是用齿轮滚刀加工齿轮的情形。滚刀的形状像一个螺旋，它在轮坯端面上的投影为一齿条，滚刀转动时就相当于这个齿条在移动，如图 6-23（b）所示。当滚刀回转一周时，就相当于这个齿条移动一个齿距。所以用滚刀切制齿轮的原理与齿条与齿轮啮合的原理基本相同，不过齿条的运动为滚刀刀刃的螺旋运动所代替。并且为了切制具有一定轴向宽度的齿轮，滚刀在回转的同时还须有平行于轮坯轴线的缓慢移动，如图 6-23（b）所示箭头Ⅲ。

用展成法加工齿轮时，只要刀具和被加工齿轮的模数 m 及压力角 α 均相同，则不管被加工齿轮齿数的多少，都可以用同一把刀具加工出来，而且生产率较高，所以在大批生产中多采用这种方法。但对于内齿轮，通常只能采用齿轮插刀进行加工。

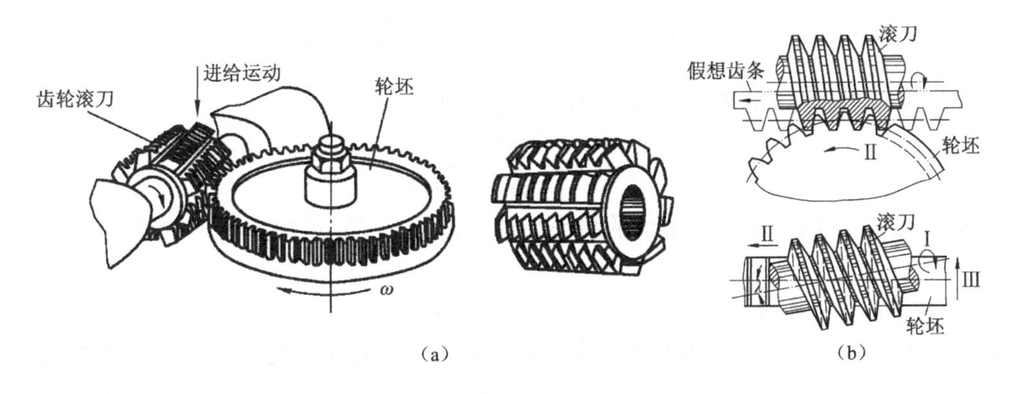

图 6-23 齿轮滚刀加工齿轮

二、渐开线齿轮的根切与变位

1. 渐开线齿廓根切现象

用展成法加工齿轮时，若刀具的齿顶线或齿顶圆与啮合线的交点超过被切齿轮的极限点，则刀具的齿顶会将齿根的渐开线齿廓切去一部分，这种现象称为根切现象，如图 6-24 所示。

根切的齿廓将使轮齿的弯曲强度大大减弱，而且当根切侵入渐开线齿廓工作段时，将引起重合度的下降，并影响传动的平稳性，故应力求避免根切。

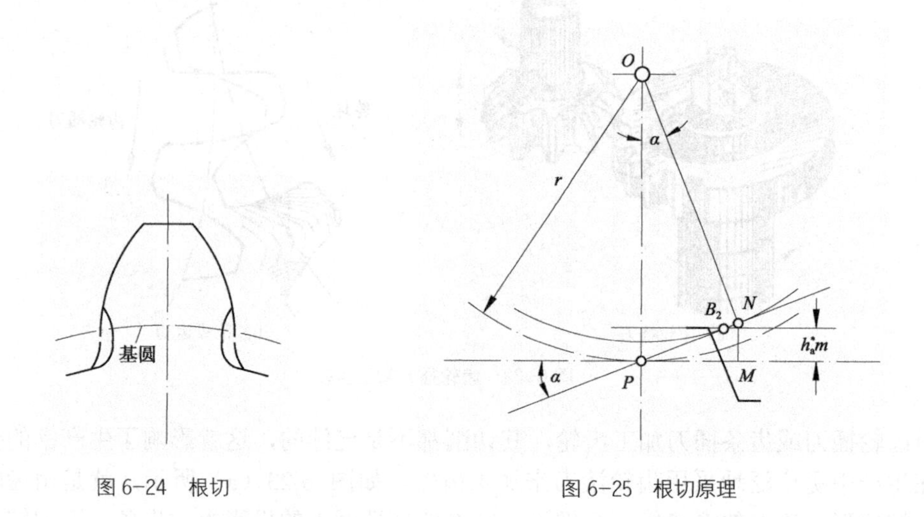

图 6-24　根切　　　图 6-25　根切原理

2. 标准外齿轮不发生根切的最小齿数

用展成法加工齿轮时，用齿条形刀具（滚刀）加工齿轮比用齿轮形刀具（插刀）更易发生根切。因此，用标准齿条形刀具切制标准齿轮而刚好不发生根切时的被切齿轮的齿数称最小齿数。

如图 6-25 所示，用标准齿条形刀具切制标准齿轮时，为了不发生根切现象，刀具的齿顶线不得超过极限点 N，即

$$h_a^* \leqslant \overline{NM}$$

而

$$\overline{NM} = \overline{PN}\sin\alpha = r\sin^2\alpha = \frac{mz}{2}\sin^2\alpha$$

代入前式并整理得标准齿轮不发生根切的条件为

$$z \geqslant \frac{2h_a^*}{\sin^2\alpha} = z_{\min} \qquad (6\text{-}18)$$

$\alpha=20°$ 及 $h_a^*=1$ 时，不发生根切的最小齿数 $z_{\min}=17$；当 $\alpha=20°$，$h_a^*=0.8$ 时，最小齿数 $z_{\min}=14$。

3. 变位齿轮与变位系数

如前所述，轮齿根切的根本原因，在于刀具的齿顶超过了啮合极限点 N，要避免根切，就得使刀具的顶线不超过 N 点。要使刀具的顶线不超过 N 点，在不改变被切齿数的情况下，只要改变刀具与轮坯的相对位置。如图 6-26 所示，当刀具在虚线位置时，其齿顶线超过了 N 点，所以被切齿轮必将发生根切，但如将刀具移出一段距离 xm，到达图中实线所示的位置，使刀具的顶线不再超过 N 点，就不会发生根切了。这种用改变刀具与轮坯相对位置，达到用标准刀具制造 $z<z_{\min}$ 的齿轮而又不发生根切的方法，称为径向变位法，采用变位法切制的齿轮称为变位齿轮。

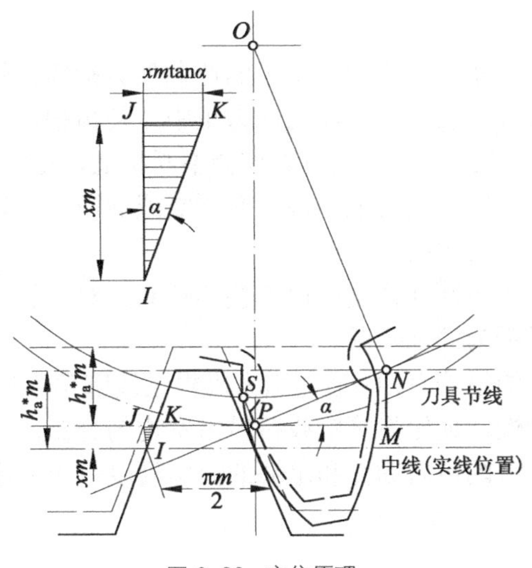

图 6-26 变位原理

以切制标准齿轮的位置为基准，刀具所移动的距离 xm 称为移距或变位，而 x 称为移距系数或变位系数；并且规定刀具远离轮坯中心的移距系数为正，反之为负（在这种情况下齿轮的齿数一定要多于最小齿数，否则将发生根切），对应于 $x>0$、$x=0$ 及 $x<0$ 的变位分别称为正变位、零变位及负变位。

用展成法切制齿数少于最小齿数的齿轮时，为了避免发生根切，刀具必须作正变位切削，即刀具齿顶线通过啮合极限点 N 时，齿轮刚好不发生根切。如图 6-26 所示，则不发生根切的条件是

$$h_a^*m - xm \leqslant \overline{MN}$$

将相关参数代入整理，得到不根切的最小变位系数为

$$x_{\min} = h_a^* \frac{z_{\min} - z}{z_{\min}} \tag{6-19}$$

对于 $\alpha=20°$，$h_a^*=1$ 的标准齿条形刀具，被切齿轮的最少齿数 $z_{\min}=17$，故

$$x_{\min} = \frac{17 - z}{17} \tag{6-20}$$

当齿轮的齿数 $z<z_{\min}$ 时，$x_{\min}$ 为正值，说明为了避免发生根切，该齿轮应采用正变位。

6-7 齿轮传动的失效形式、设计准则及材料选择

一、齿轮传动的失效形式

齿轮传动的失效主要表现在轮齿的失效，而轮齿的失效会因不同的工作条件和不同的齿轮材料、热处理而有多种形式。常见的失效形式可分为两类，即轮齿折断和齿面损坏。齿面损坏包括点蚀、磨损、胶合和塑性变形。下面对这两类失效形式加以介绍。

1. 轮齿折断

轮齿的折断在正常工作条件下主要为轮齿的弯曲疲劳折断。轮齿进入啮合受载时，齿根部位由于存在截面突变和加工刀痕等引起的应力集中，使齿根产生最大的弯曲应力，在齿根表面产生疲劳裂纹。当轮齿反复受载，疲劳裂纹会不断扩展，最终使轮齿疲劳折断（图 6-27）。此外，在轮齿受到突然过载时，也可能出现过载折断或剪断。当轮齿经严重磨损，齿厚过分减薄后，也会在正常载荷下发生折断。

对于直齿圆柱齿轮轮齿折断往往是齿根部整体折断。对于斜齿轮，由于轮齿工作面接触线为一斜线，因此轮齿折断为局部折断。

提高轮齿抗折断能力的措施有：①适当增大齿根过渡圆角半径，从而降低应力集中程度；②提高轴及支承系统的刚性，使轮齿接触载荷沿齿宽均匀分布；③选择合理的齿轮材料和热处理工艺，使齿轮具有足够的齿芯韧性和足够的齿面硬度；④采用喷丸、滚压等工艺对齿根表面进行强化处理。

2. 齿面疲劳点蚀

齿面疲劳点蚀是闭式软齿面齿轮传动的主要失效形式。轮齿进入啮合时，齿面受到载荷作用产生接触应力，该接触应力近似为脉动循环变应力。在交变的接触应力作用下，齿面会形成疲劳裂纹，疲劳裂纹扩展到一定深度后又扩展到齿面，使齿面发生颗粒状材料剥落，形成麻点状凹坑，这种现象称为齿面疲劳点蚀，当疲劳点蚀扩展到齿面的一定面积时，齿面就被损坏了，如图 6-28 所示。

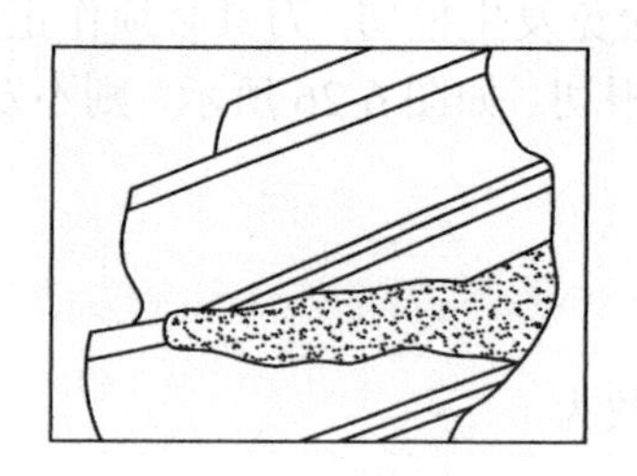

图 6-27　轮齿疲劳折断

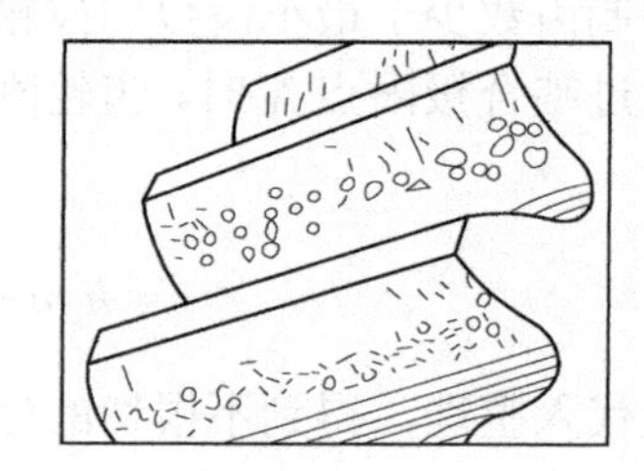

图 6-28　齿面点蚀

齿面疲劳点蚀通常发生在节线附近区域，在该区域齿面相对滑动速度较低，形成润滑油膜条件差，润滑不良，摩擦力较大。对于直齿轮，节线附近通常为单齿对啮合，节线上的啮合载荷大，更不易形成润滑油膜，所以疲劳点蚀总是先在最靠近节线部位形成，然后向周围扩展。

提高齿面硬度、降低表面粗糙度是提高齿面抗疲劳点蚀能力的最常用方法。采用正角度变位齿轮传动（$x_{\Sigma}=x_1+x_2>0$），以增大综合曲率半径，也可提高齿面接触疲劳强度；轮齿的良好润滑能减缓点蚀，延长轮齿的工作寿命，选择较高黏度的润滑油，对速度不高的齿轮传动能收到较好的效果。

开式齿轮传动由于磨损较快，很少出现点蚀。

3. 齿面磨损

齿面磨损是开式齿轮传动的主要失效形式。由于开式传动不能实现良好润滑，摩擦力大，啮合齿面间容易进入磨料性杂质（如砂粒、铁屑等），使齿面以较快速度磨损而损坏（图 6-29），这种磨损称齿面磨粒磨损。

减轻或防止磨粒磨损的措施有：①提高齿面硬度；②降低表面粗糙度值；③降低滑动系

数；④注意润滑油的清洁和定期更换等。

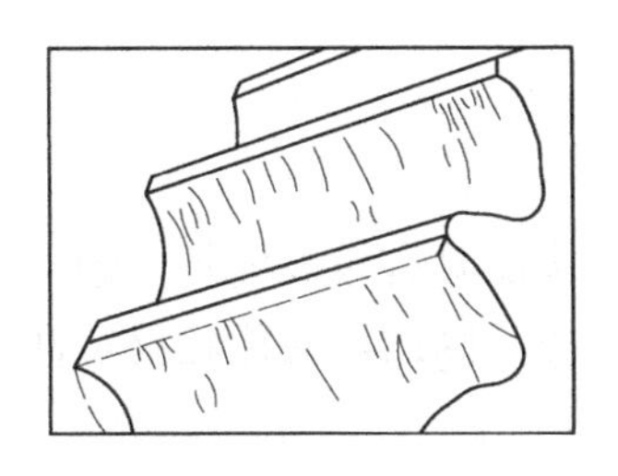

图 6-29 齿面磨粒磨损

图 6-30 齿面胶合

4. 齿面胶合

齿面胶合是高速重载的齿轮传动（如航空发动机减速器）的主要失效形式。由于齿面的压力大，相对滑动速度高，摩擦发热大，会产生很高的瞬时温度，使啮合的两齿面发生黏结现象，形成“冷焊”结点，同时结点部位材料被剪切，就会在其中一个齿轮表面上形成沿相对滑动方向的剪切痕迹，造成齿面损伤，这种破坏形式为胶合（图 6-30）。在一些低速重载的齿轮传动中，由于齿面间的润滑油膜受过大挤压力作用而遭破坏，也会形成胶合现象。这种胶合失效并没有瞬时高温产生，因此称之为冷胶合。

防止和减轻齿面的胶合，可采用抗胶合能力较强的润滑油，如硫化润滑油，或者在润滑油中加入极压添加剂；另外，采用角度变位以降低齿面滑动系数、减小模数和齿高以降低滑动系数、选用抗胶合性能好的齿轮副材料、使大小齿轮保持适当的硬度差、提高齿面硬度和降低齿面粗糙度等措施也可防止或减轻齿面胶合。

5. 塑性变形

塑性变形是低速重载齿轮传动的一种主要失效形式。齿面在过大的摩擦力作用下处于屈服状态，产生沿摩擦力方向的齿面材料塑性流动，从而使齿面的正确轮廓曲线被损坏，造成失效。当两齿面硬度不同时，通常在硬度低的齿面上发生塑性变形的失效形式，但在一些情况下，也会在硬度较高的齿面产生塑性变形（图 6-31）。

提高轮齿齿面硬度和采用较高黏度或加有极压添加剂的润滑油可以减缓或者防止轮齿产生塑性变形。

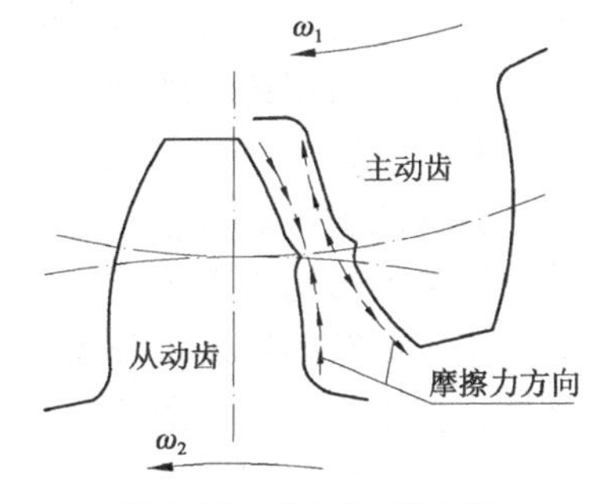

图 6-31 轮齿的塑性变形

二、齿轮传动设计计算准则

齿轮传动设计计算准则包括齿面接触疲劳强度准则和齿根弯曲疲劳强度准则。对于高速大功率的齿轮传动（如航空发动机主传动、汽轮发电机组传动等），设计准则还包括齿面胶合能力准则。

闭式软齿轮传动（齿面硬度≤350HBS）的主要失效形式为疲劳点蚀，因此闭式软齿面齿轮传动的设计准则为齿面接触疲劳强度准则，保证齿面的最大接触应力小于许用应力。硬齿面齿轮传动（齿面硬度≥350HBS）或者齿芯韧性较弱的齿轮传动，通常采用齿根弯曲疲劳强度准则。对于开式齿轮传动，采用齿根弯曲疲劳强度准则，因为磨损是其主要失效形式，所以通常采取增大模数或降低许用弯曲应力两种方法来考虑磨损因素的影响。

齿轮的轮圈、轮辐和轮毂等部位通常不作强度计算，结构设计可参阅设计手册或同类齿轮的结构尺寸。

三、齿轮材料及热处理

根据轮齿的主要失效形式，设计齿轮传动，应使齿面具有较高的抗点蚀、抗磨损、抗胶合和抗塑性变形的能力，齿根则要有较高的抗折断能力。因此，对齿轮材料性能的基本要求为齿面要硬，齿芯要韧。

（一）常用的齿轮材料

1．锻钢

锻钢韧性好，耐冲击，容易通过热处理和化学处理来改善其机械性能和提高硬度，是制造齿轮最常用的材料。锻钢可制成软齿面和硬齿面两种齿轮。

（1）软齿面齿轮。对于强度、速度和精度要求不高的齿轮传动，可采用软齿面齿轮。软齿面齿轮的齿面硬度低于350HBS，热处理方法为调质或正火，常用材料为45钢和40Cr等。加工方法一般为热处理后切齿，切制后即为成品，精度等级一般为8级，精切时为7级。

（2）硬齿面齿轮。硬齿面齿轮齿面硬度大于350HBS。高速、重载及精密机械（如精密机床、航空发动机等）采用硬齿面齿轮传动。材料通常选用20Cr、20CrMnTi、40Cr、38CrMoAlA等，经过表面硬化处理后，齿面可得到很高的硬度。加工方法一般为先切齿，然后表面硬化处理，最后进行磨齿等精加工，齿轮精度可达5级或6级，常用的表面硬化处理方法有表面淬火、渗碳淬火、氮化和氰化等。

2．铸钢

铸钢通常用于尺寸较大的齿轮，需退火和正火处理，以消除和降低铸造应力且改善组织的均匀性。常用铸钢牌号有ZG270-500、ZG310-570和ZG340-640等。

3．铸铁

铸铁质脆，其机械性能、抗冲击和耐磨性均较差，但具有较强的抗胶合和抗点蚀能力。铸铁制造的齿轮常用于工作平稳、低速和功率不大的场合。

用于齿轮的铸铁可分为灰铸铁和球墨铸铁，球墨铸铁比灰铸铁具有较好的机械性能和耐磨性，但价格要高于灰铸铁。

4．非金属材料

非金属材料如工程塑料（ABS、聚酰铵、改性尼龙等）、夹布塑胶等制造的齿轮用于高速、轻载和精度不高的传动中。非金属材料制造的齿轮具有低噪声的特点，但强度低、导热性差。

常用的齿轮材料及其机械性能列于表6-3。

表6-3　　齿轮常用材料及其机械性能

材料牌号	热处理方法	强度极限 σ_b/MPa	强度极限 σ_s/MPa	硬度	
				HBS	HRC（表面淬火）
45	正火	588	294	169～217	40～50
	调质	647	373	229～286	
35SiMn,42SiMn	调质	785	510	229～286	45～55
40MnB	调质	735	490	241～286	45～55
38SiMnMo	调质	735	588	229～286	45～55

续表

材料牌号	热处理方法	强度极限 σ_b/MPa	强度极限 σ_s/MPa	硬度	
				HBS	HRC（表面淬火）
40Cr	调质	735	539	241～286	48～55
20Cr	渗碳淬火	637	392		56～62
20CrMnTi	渗碳淬火	1079	834		56～62
ZG310-570	正火	570	310	163～197	
ZG340-640	正火	640	340	197～207	
HT300		290		182～273	
HT350		340		197～298	
QT500-7	正火	500	320	170～230	
QT600-3	正火	600	370	190～270	
夹布胶木		100		25～35	

（二）齿轮材料选择原则

在合理选择齿轮材料时，可考虑以下几个方面。

（1）齿轮材料必须满足工作条件的要求。例如，用于飞行器上的齿轮，要满足质量轻、传递功率大和可靠性高的要求，因此必须选择机械性能高的合金钢；矿山机械中的齿轮传动，一般功率很大、工作速度较低、周围环境灰尘或粉尘浓度高，因此往往选择铸钢或铸铁等材料；家用及办公用机械的功率通常都很小，但要求在传动平稳、低噪声和无润滑条件下工作，因此常选用工程塑料作为齿轮材料。

（2）应考虑齿轮尺寸的大小、毛坯成型方法及热处理和制造工艺。大尺寸的齿轮一般采用铸造毛坯，可选用铸钢或铸铁作为齿轮材料。中等或中等以下尺寸要求较高的齿轮常选用锻造毛坯，可选择锻钢制造。采用渗碳表面处理工艺时，应选用低碳钢或低碳合金钢作为齿轮材料；氮化钢和调质钢采用氮化工艺。

（3）正火碳钢用于制作在载荷平稳或轻度冲击下工作的齿轮，不能承受较大的冲击载荷；调质钢则可用于制作中等冲击载荷下工作的齿轮。

（4）合金钢常用于制造高速、重载并在冲击载荷下工作的齿轮。

（5）钢制软齿面齿轮，配对两轮齿面的硬度差应为30HBS以上。当小齿轮与大齿轮的齿面具有较大硬度差（如小齿轮齿面为淬火并磨制，大齿轮齿面为常化或调质），且速度又高时，较硬的小齿轮齿面对较软的大齿轮齿面会起较显著的冷作硬化效应，从而提高了大齿轮齿面的疲劳极限。因此，当配对的两齿轮齿面具有较大的硬度差时，大齿轮的接触疲劳许用应力可提高约20%。

6-8　齿轮传动的受力分析和计算载荷

一、轮齿的受力分析

在进行轮齿的受力分析时，沿接触线的分布载荷简化为一集中载荷，并且作用在节点上，如图6-32所示。其中，F_n是名义法向载荷。

略去啮合齿面间的摩擦力，F_n可分解为两个互相垂直的分力，即圆周力F_t和径向力F_r。

主动齿轮上两分力和法向载荷可表示为

$$\left.\begin{aligned} F_t &= 2T_1 / d_1 \\ F_r &= F_t \tan\alpha \\ F_n &= F_t / \cos\alpha \end{aligned}\right\} \tag{6-21}$$

式中，T_1——小齿轮传递的扭矩，N·mm；

d_1——小齿轮分度圆直径，mm；

α——齿轮压力角，标准齿轮 α=20°。

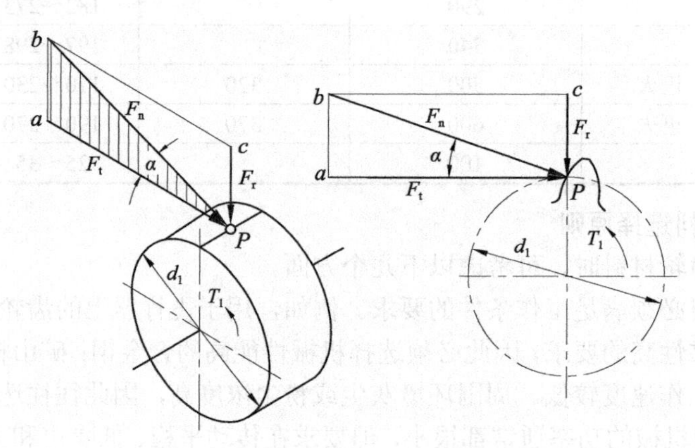

图 6-32 直齿圆柱齿轮轮齿的受力分析

对于非标准安装齿轮传动，式（6-21）中压力角 α 改为啮合角 α'。从动齿轮上各分力大小与主动轮上相同，方向相反。

二、齿轮传动的计算载荷

名义法向载荷是在理想工作条件下的工作阻力，不考虑载荷沿齿宽方向分布的不均匀性和轮齿齿廓曲线误差等。因此与实际工作条件下的齿面所受载荷不相一致。在进行齿轮传动强度计算时，不能用 F_n 直接进行计算，而应该用计算载荷 F_{nc} 进行计算。

$$F_{nc}=KF_n \tag{6-22}$$

式中，K——载荷系数。

载荷系数由 4 个系数组成，即

$$K=K_A K_v K_\beta K_\alpha \tag{6-23}$$

式中，K_A——工作情况系数；

K_v——动载荷系数；

K_β——齿向载荷分布系数；

K_α——齿间载荷分配系数。

下面分别分析这四个系数对齿轮传动的影响。

1. 工作情况系数 K_A

工作情况系数 K_A 考虑了齿轮啮合时外部因素引起的附加动载荷对传动造成的影响。外部因素包括原动机和工作机的特性、质量比、联轴器类型以及运行状态等。齿轮传动设计时可查阅设计手册确定，见表 6-4。

表 6-4 工作情况系数 K_A

载荷状态	工作机器	原动机			
		电动机、均匀运转的蒸汽机、燃气轮机	蒸汽机、燃气轮机、液压装置	多缸内燃机	单缸内燃机
均匀平稳	发电机、均匀传送的带式输送机或板式输送机、螺旋输送机、轻型升降机、包装机、机床进给机构、通风机、均匀密度材料搅拌机等	1.00	1.10	1.25	1.50
轻微冲击	不均匀传送的带式输送机或板式输送机、机床的主传动机构、重型升降机、工业与矿用风机、重型离心机、变密度材料搅拌机等	1.25	1.35	1.50	1.75
中等冲击	橡胶挤压机、橡胶和塑料作间断工作的搅拌机、轻型球磨机、木工机械、钢坯初轧机、提升装置、单缸活塞泵等	1.50	1.60	1.75	2.00
严重冲击	挖掘机、重型球磨机、橡胶揉合机、破碎机、重型给水泵、旋转式钻探装置、压砖机、带材冷轧机、压坯机等	1.75	1.85	2.00	2.25 或更大

注：表中所列 K_A 值仅适用于减速传动；若为增速传动，K_A 值约为表值的 1.1 倍。当外部机械与齿轮装置间有挠性连接时，通常 K_A 值可适当减小。

2. 动载荷系数 K_v

齿轮传动总存在着轮齿齿廓制造误差和装配误差，当受载时总存在着弹性变形，这些误差对齿轮传动会造成不利的影响。动载荷系数主要考虑了轮齿制造误差及弹性变形对传动的影响。例如，配对齿轮由于法向基节不相等，使两轮齿不能正确啮合传动，瞬时传动比也不能保持恒定，引起角加速度，产生动载荷，造成冲击。齿轮传动系统的弹性变形，使从双对齿啮合过渡到单对齿啮合或单对齿啮合过渡到双对齿啮合期间产生动载荷。

齿轮的制造精度及圆周速度对轮齿啮合过程中动载荷的大小影响较大，提高齿轮制造精度，减小齿轮直径以降低圆周速度，均可显著减小动载荷。对轮齿进行齿顶修缘也可以降低动载荷。

高速齿轮传动或硬齿面齿轮，轮齿应进行修缘。但修缘量过大，不仅重合度减小过多，而且动载荷也不一定会相应减小，所以轮齿的修缘量应合适。

动载荷系数 K_v 可根据齿轮精度等级和圆周线速度参考图 6-33 选用。

3. 齿向载荷分布系数 K_β

如图 6-34 所示，当轴承相对于齿轮作不对称配置时，受载前，轴无弯曲变形，轮齿啮合正确，两个节圆柱恰好相切；受载后，轴产生弯曲变形（图 6-35（a）），轴上的齿轮也随之偏斜，使作用在齿面上的载荷沿接触线分布不均匀（图 6-35（b））。

轴的扭转变形，轴承、支座的弹性变形和制造、装配误差等也是引起沿齿宽方向载荷分布不均匀的因素。齿向载荷分布系数 K_β 考虑了上述因素引起的沿齿宽方向载荷分布不均匀对齿轮传动造成的影响。

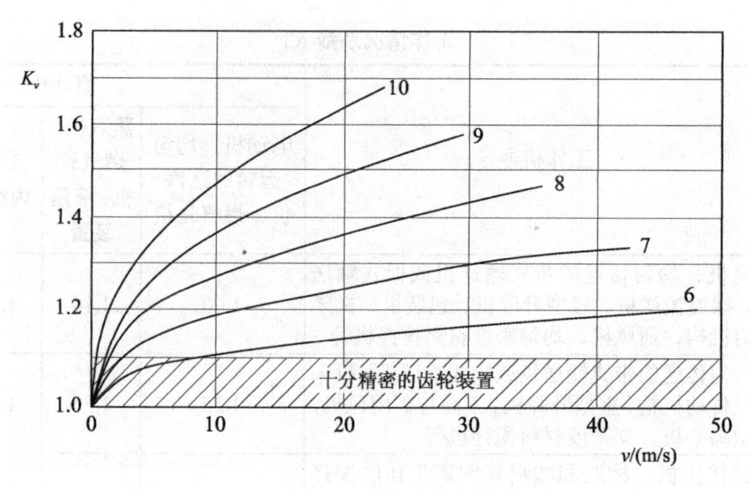

图 6-33 动载荷系数 K_v 值

为了改善载荷沿齿宽方向分布不均情况，可以采取增大轴、轴承及支座的刚度，对称地配置轴承，以及适当地限制轮齿的宽度等措施。对高速、重载（如航空发动机）的齿轮传动应避免悬臂布置。

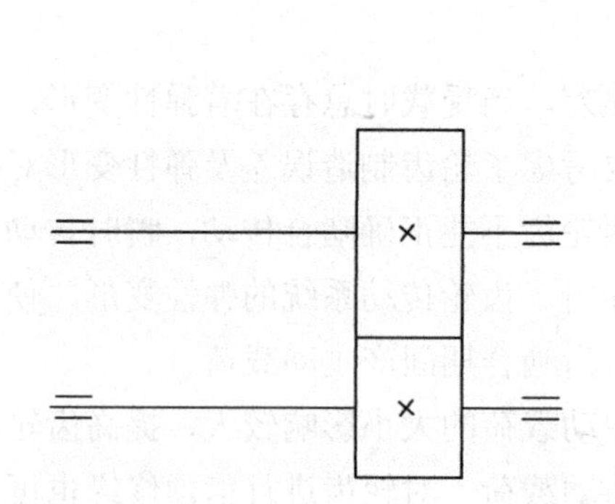

图 6-34 轴承作不对称配置

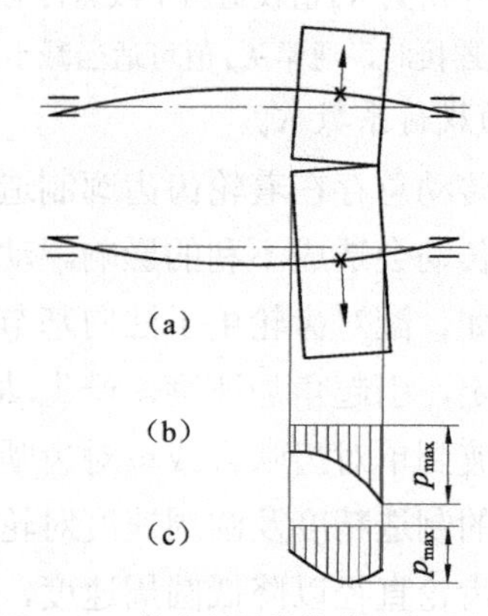

图 6-35 轮齿所受的载荷分布不均匀

把轮齿做成鼓形（图 6-36），亦可改善载荷分布不均匀情况。当轴弯曲变形而导致齿轮偏斜时，鼓形齿齿面上载荷分布如图 6-35（c）所示。显然这对于载荷偏于轮齿一端的情况大有改善。

由于小齿轮轴的弯曲及扭转变形，改变了轮齿沿齿宽的正常啮合位置。若相应于轴的这些变形量，沿小齿轮齿宽对轮齿作适当修形，则可以在很大程度上改善载荷沿接触线分布不均现象。这种沿齿宽对轮齿修形，通常用于圆柱斜齿轮及人字齿轮传动，称为轮齿的螺旋角修形。

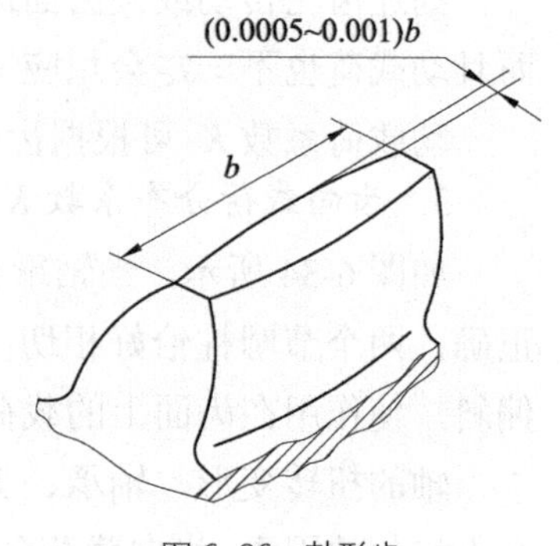

图 6-36 鼓形齿

齿向载荷分布系数 K_β 值可查图 6-37 得到。

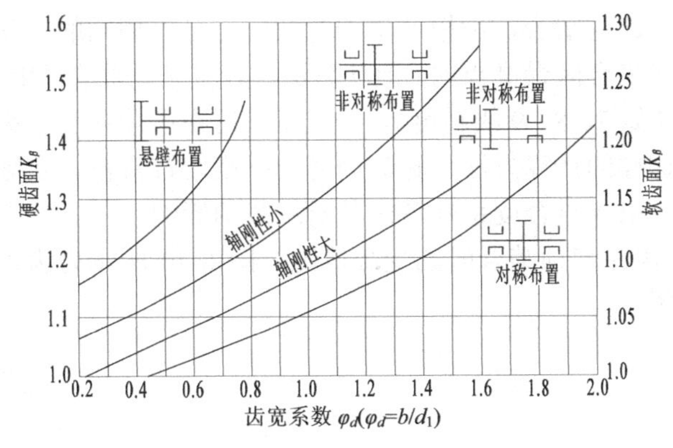

图 6-37 齿向载荷分布系数 K_β

4. 齿间载荷分配系数 K_α

一对相互啮合的斜齿和直齿圆柱齿轮，如在啮合区中有两对以上齿同时工作，则载荷应分配在这几对齿上。由于制造误差和轮齿变形等原因，载荷在各啮合齿对之间的分配是不均匀的。齿间载荷分配系数就是考虑同时啮合的各对轮齿间载荷分配不均匀的系数，它取决于轮齿啮合刚度、基圆齿距误差、修缘量、跑合量等多种因素。对于不需精确传动的直齿轮和 $\beta\leqslant30°$ 的斜齿圆柱齿轮传动，接触强度计算和弯曲强度计算的齿间载荷分配系数可参考图 6-38。

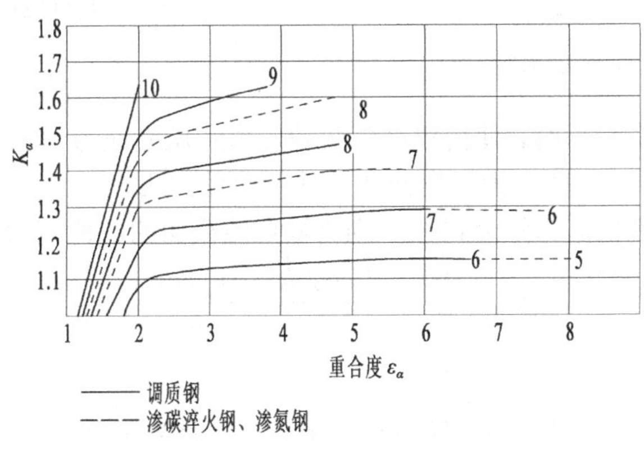

图 6-38 齿间载荷分配系数 K_α

要精确计算齿向载荷分布系数 K_β 和齿间载荷分配系数 K_α，可参考《渐开线圆柱齿轮承载能力计算方法》（GB/T 3480—1997）的相关内容。

6-9 标准直齿圆柱齿轮传动的强度计算

一、齿根弯曲疲劳强度计算

轮齿进入啮合区时，齿面受到载荷力作用，在齿根产生弯曲应力。轮齿从开始进入啮合到退出啮合过程中，齿面上载荷的作用部位是变化的。例如，对于主动轮，啮合接触线是从齿根滑到齿顶。在不同部位啮合，齿根产生的弯曲应力是不相同的，其最大弯曲应力产生在轮齿啮合点位于单齿对啮合区最高点时。但其算法比较复杂，通常只用于高精度的齿轮传动。对于一般的齿轮传动（如 7、8、9 级精度），按载荷作用在齿顶并按单齿对啮合来计算齿根的弯曲疲劳强度。采用这样的计算方法，轮齿的弯曲强度比较富裕。实际计算时，考虑到齿顶啮合时非单齿对啮合，引入重合度系数考虑其对承载的影响。

图 6-39 所示为轮齿在齿顶啮合时的受载情况。图 6-40 所示为齿顶受载时，轮齿根部的弯曲应力和拉压应力图。

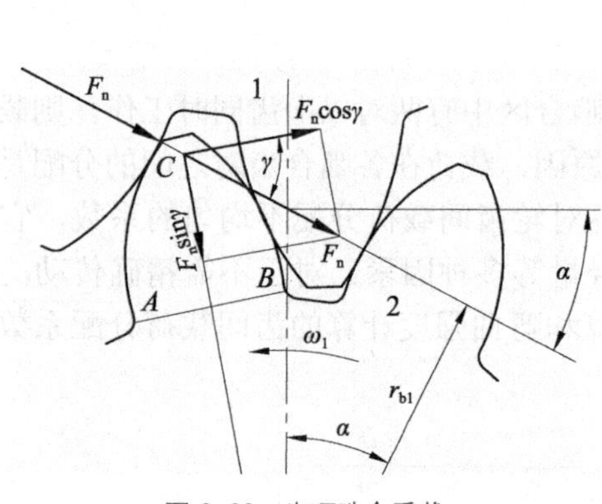

图 6-39　齿顶啮合受载

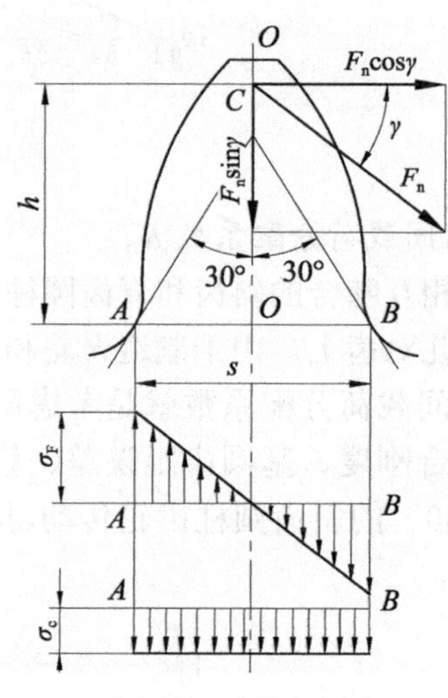

图 6-40　齿根应力图

法向载荷 F_n 作用在齿顶时，使齿根产生弯曲应力和压缩应力，通常压缩应力比弯曲应力小得多，所以仅按弯曲应力建立齿根弯曲疲劳强度计算公式。

如图 6-40 所示，视轮齿为短悬臂梁，则齿根危险截面的弯曲应力为

$$\sigma_{F0}=\frac{M}{W}=\frac{F_n\cos\gamma h}{\dfrac{bs^2}{6}}=\frac{6F_n\cos\gamma h}{bs^2}$$

计入载荷系数 K 后，将 $F_{nc}=\dfrac{2KT_1}{d_1\cos\alpha}$ 代入上式，并将分子分母分别除以 m 后得

$$\sigma_{Fc}=\frac{2KT_1}{d_1bm}\cdot\frac{6(h/m)\cos\gamma}{(s/m)^2\cos\alpha}$$

令 $Y_{Fa}=\dfrac{6\dfrac{h}{m}\cos\gamma}{\left(\dfrac{s}{m}\right)^2\cos\alpha}$，则上式可写成

$$\sigma_{Fc}=\frac{2KT_1}{d_1bm}Y_{Fa}=\frac{KF_tY_{Fa}}{bm}$$

Y_{Fa} 是一个无量纲系数，只与轮齿的齿廓形状有关，即与齿轮齿数 z_1、变位系数 x 和螺旋角 β 有关，而与齿的多少无关，称为齿形系数。Y_{Fa} 较小的齿轮抗弯曲强度较高。简化的齿形系数 Y_{Fa} 值可参考表 6-5 选用。

考虑齿根处的过渡圆角引起的应力集中作用，以及弯曲应力以外的其他应力对齿根应力的影响，引入应力修正系数，记为 Y_{Sa}，其值见表 6-5。在弯曲应力公式中计入 Y_{Sa}，并计入非单齿对啮合的重合度系数 Y_ε 和齿宽系数 $\varphi_d = b/d_1$，经整理得到齿根的弯曲疲劳强度计算公式

$$\sigma_F = \frac{2KT_1 Y_{Fa} Y_{Sa} Y_\varepsilon}{\varphi_d m^3 z_1^2} \leqslant [\sigma]_F \quad (MPa) \tag{6-24a}$$

其中，重合度系数 Y_ε 的计算式为 $Y_\varepsilon = 0.25 + \frac{0.75}{\varepsilon_\alpha}$，$\varepsilon_\alpha$ 为端面重合度。

式（6-24a）可改写为

$$m \geqslant \sqrt[3]{\frac{2KT_1}{\varphi_d z_1^2} \cdot \frac{Y_{Fa} Y_{Sa} Y_\varepsilon}{[\sigma]_F}} \quad (mm) \tag{6-24b}$$

式（6-24a）为校核公式，式（6-24b）为设计公式。

表 6-5　　齿形系数 Y_{Fa} 及应力修正系数 Y_{Sa}

$z(z_v)$	17	18	19	20	21	22	23	24	25	26	27	28	29
Y_{Fa}	2.97	2.91	2.85	2.80	2.76	2.72	2.69	2.65	2.62	2.60	2.57	2.55	2.53
Y_{Sa}	1.52	1.53	1.54	1.55	1.56	1.57	1.575	1.58	1.59	1.595	1.60	1.61	1.62
$z(z_v)$	30	35	40	45	50	60	70	80	90	100	150	200	∞
Y_{Fa}	2.52	2.45	2.40	2.35	2.32	2.28	2.24	2.22	2.20	2.18	2.14	2.12	2.06
Y_{Sa}	1.625	1.65	1.67	1.68	1.70	1.73	1.75	1.77	1.78	1.79	1.83	1.865	1.97

注：对内齿轮，当 α=20°，$h_a^*=1$，$c^*=0.25$，ρ=0.15m 时，齿形系数 Y_{Fa}=2.053，应力修正系数 Y_{Sa}=2.65。

配对齿轮的弯曲疲劳强度计算时，公式中其他参数值均相同，只有 $[\sigma]_F/(Y_{Fa}Y_{Sa})$ 的值可能不同。因此进行齿根弯曲疲劳强度计算时，应将 $[\sigma]_{F1}/(Y_{Fa1}Y_{Sa1})$ 和 $[\sigma]_{F2}/(Y_{Fa2}Y_{Sa2})$ 中较小的值代入公式中计算。

二、齿面接触疲劳强度计算

轮齿进入啮合时，齿面受到载荷作用而产生接触应力，当齿面最大接触应力 σ_H 超过齿面接触疲劳极限应力时，齿面就会形成疲劳点蚀而遭破坏，所以齿面接触疲劳强度应满足：

$$\sigma_H \leqslant [\sigma]_H$$

$[\sigma]_H$ 为齿面许用接触应力。齿面最大接触应力 σ_H 可由赫兹公式（式（2-23））来计算，即齿面接触疲劳强度条件可写成

$$\sigma_H = Z_E \sqrt{\frac{F_{nc}}{L\rho_\Sigma}} \leqslant [\sigma]_H \quad (MPa) \tag{6-25}$$

Z_E 为弹性影响系数。

$$Z_E = \sqrt{\frac{1}{\pi\left[\left(\frac{1-\mu_1^2}{E_1}\right)+\left(\frac{1-\mu_2^2}{E_2}\right)\right]}}$$

Z_E 可根据表 6-6 确定。

表 6-6　　弹性影响系数 $Z_E(\sqrt{\mathrm{MPa}})$

齿轮材料 \ 弹性模量 E/MPa	配对齿轮材料				
	灰铸铁	球墨铸铁	铸钢	锻钢	夹布塑胶
	11.8×10^4	17.3×10^4	20.2×10^4	20.6×10^4	0.785×10^4
锻钢	162.0	181.4	188.9	189.8	56.4
铸钢	161.4	180.5	188.0	—	—
球黑铸铁	156.6	173.9	—		
灰铸铁	143.7	—			

注：表中所列夹布塑胶的泊松比 μ 为 0.5，其余材料的 μ 均为 0.3。

对于重合度 $1\leqslant\varepsilon_a\leqslant2$ 的直齿圆柱齿轮传动，齿面接触应力 σ_H 分布如图 6-41 所示。小齿轮单齿对啮合的最低点（图中 C 点）产生的接触应力最大，与小齿轮啮合的大齿轮对应的啮合点是大齿轮单齿对啮合的最高点，位于靠近大齿轮的齿顶面上。齿轮在节点处的接触应力也较大，但按单齿对啮合的最低点计算接触应力比较繁琐，而且当小齿轮齿数 $z_1\geqslant20$ 时，按单齿对啮合的最低点计算所得的接触应力与按节点啮合计算得到的接触应力极为相近。因此，通常选节点作为接触疲劳强度计算点。

在节点处，小齿轮的曲率半径为

$$\rho_1 = d_1 \sin\alpha / 2$$

则综合曲率半径写成

$$\frac{1}{\rho_\Sigma}=\frac{1}{\rho_1}\pm\frac{1}{\rho_2}=\frac{\rho_2\pm\rho_1}{\rho_1\rho_2}=\frac{\frac{\rho_2}{\rho_1}\pm1}{\rho_1\left(\frac{\rho_2}{\rho_1}\right)}=\frac{\frac{d_2}{d_1}\pm1}{\rho_1\left(\frac{d_2}{d_1}\right)} \tag{6-26}$$

$$=\frac{\frac{z_2}{z_1}\pm1}{\rho_1\left(\frac{z_2}{z_1}\right)}=\frac{1}{\rho_1}\cdot\frac{u\pm1}{u}$$

上式亦写成

$$\frac{1}{\rho_\Sigma}=\frac{2}{d_1\sin\alpha}\cdot\frac{u\pm1}{u} \tag{6-26a}$$

接触线总长度 L 由齿轮宽度 b 和端面重合度 ε_α 决定，其计算式为

$$L=\frac{b}{Z_{\varepsilon}^{2}},Z_{\varepsilon}=\sqrt{\frac{4-\varepsilon_{\alpha}}{3}} \tag{6-26b}$$

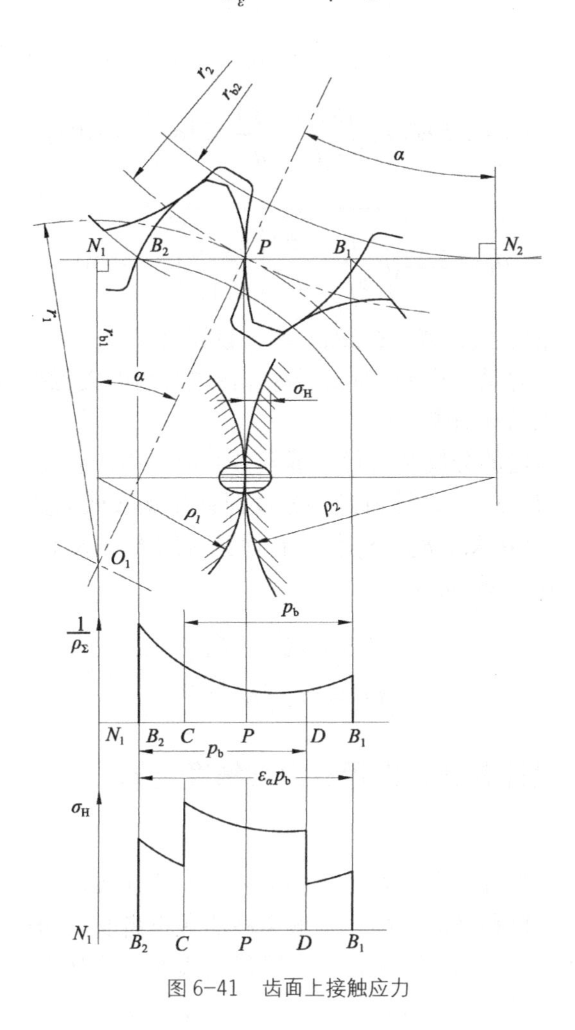

图 6-41 齿面上接触应力

Z_{ε} 为重合度系数，把相关式子代入式（6-25），并计入载荷系数 K 得

$$\sigma_{H}=Z_{E}Z_{\varepsilon}\sqrt{\frac{KF_{t}}{bd_{1}}\cdot\frac{u\pm1}{u}}\sqrt{\frac{2}{\sin\alpha\cos\alpha}}\leqslant[\sigma]_{H}$$

令 $Z_{H}=\sqrt{\frac{2}{\sin\alpha\cos\alpha}}$，称 Z_H 为节点区域系数。

并将 $F_t=2T_1/d_1$，$\varphi_d=b/d_1$ 代入上式，得

$$\sigma_{H}=\sqrt{\frac{2KT_{1}}{\varphi_{d}d_{1}^{3}}\cdot\frac{u\pm1}{u}}Z_{H}Z_{E}Z_{\varepsilon}\leqslant[\sigma]_{H} \tag{6-27}$$

上式可写成

$$d_1 \geqslant \sqrt[3]{\frac{2KT_1}{\varphi_d} \cdot \frac{u \pm 1}{u} \left(\frac{Z_H Z_E Z_\varepsilon}{[\sigma]_H} \right)^2} \quad (\text{mm}) \tag{6-28}$$

对于标准直齿圆柱齿轮，Z_H=2.5，分别代入式（6-27）和式（6-28），得

$$\sigma_H = 3.54 Z_E Z_\varepsilon \sqrt{\frac{KF_t}{bd_1} \cdot \frac{u \pm 1}{u}} \leqslant [\sigma]_H \quad (\text{MPa}) \tag{6-27a}$$

$$d_1 \geqslant 2.32 \sqrt[3]{\frac{KT_1}{\varphi_d} \cdot \frac{u \pm 1}{u} \left(\frac{Z_E Z_\varepsilon}{[\sigma]_H} \right)^2} \quad (\text{mm}) \tag{6-28a}$$

式（6-27a）称为校核公式，式（6-28a）称为设计公式。

因配对齿轮的接触应力是一样的，即 $\sigma_{H1}=\sigma_{H2}$，在进行齿面接触疲劳强度计算时，应将$[\sigma]_{H1}$和$[\sigma]_{H2}$中较小的值代入公式中计算。

在用设计公式计算齿轮的分度圆直径（或模数）时，由子载荷系数不能预先确定，这时应试取一载荷系数 K_t=1.2～1.4，计算得到的分度圆直径 d_1（或 m_n）记为 d_{1t}（或 m_{nt}）；然后按 d_{1t} 值计算圆周速度，查取 K_v、K_α、K_β 值。若计算得的 K 与 K_t 值相差较大，可按下式修正试算所得的分度圆直径 d_{1t}（或 m_{nt}）

$$d_1 = d_{1t} \sqrt[3]{K / K_t}$$

$$m_n = m_{nt} \sqrt[3]{K / K_t}$$

三、齿轮传动的设计参数、许用应力与精度选择

1. 设计参数的选择

（1）小齿轮齿数 z_1 的选择。若保持中心距 a 不变，增加齿数，能增大重合度、改善传动的平稳性，同时能减小模数和降低齿高。降低齿高能减小齿面滑动速度，减少过度磨损和胶合的可能性，但模数小了，齿厚会减薄，则会降低轮齿的弯曲强度。当承载能力主要取决于齿面接触强度时，以齿数多一些为好。闭式软齿轮传动主要失效形式为齿面点蚀，因此宜取较多的小齿轮齿数，以提高传动平稳性和减小冲击振动，z_1 可取 20～40。开式齿轮传动和闭式硬齿面齿轮传动，轮齿主要失效形式为磨损和弯曲疲劳折断，设计这类传动时是按弯曲疲劳强度进行设计的，所以宜取较小的齿数 z_1，z_1 可取 17～20。

（2）齿宽系数 φ_d 的选择。取较大的齿宽系数 φ_d，则轮齿较宽，承载能力提高，但沿齿宽方向的齿面上载荷分布更不均匀。表 6-7 为圆柱齿轮齿宽系数 φ_d 的荐用值。

表 6-7　　圆柱齿轮的齿宽系数 φ_d

支承状况	两支承相对小齿轮作对称布置	两支承相对小齿轮作不对称布置	小齿轮作悬臂布置
φ_d	0.9～1.4（1.2～1.9）	0.7～1.15（1.1～1.65）	0.4～0.6

注：大、小齿轮皆为硬齿面时 φ_d 应取表中偏下限的数值；若皆为软齿面或仅大齿轮为软齿面时，φ_d 可取表中偏上限的数值。括号内的数值用于人字齿轮。

通常小齿轮的齿宽比配对大齿轮的齿宽略宽，以避免两齿轮因轴向有错位使啮合齿宽减

小的情况。

2. 许用应力

齿轮的许用应力[σ]可按下式进行计算。

$$[\sigma]=\frac{K_N\sigma_{\lim}}{S} \tag{6-29}$$

式中，$\sigma_{\lim}$——齿轮疲劳极限应力。

S——疲劳强度安全系数。接触疲劳强度计算时，由于点蚀破坏后只引起噪声，振动增大，并不会很快导致传动不能继续工作，故可取 $S=S_H=1$。齿根弯曲疲劳强度计算时，则取 $S=S_F=1.25\sim1.5$。

K_N——寿命系数。弯曲寿命系数 K_{FN} 可查图 6-42，接触疲劳寿命系数 K_{HN} 查图 6-43。

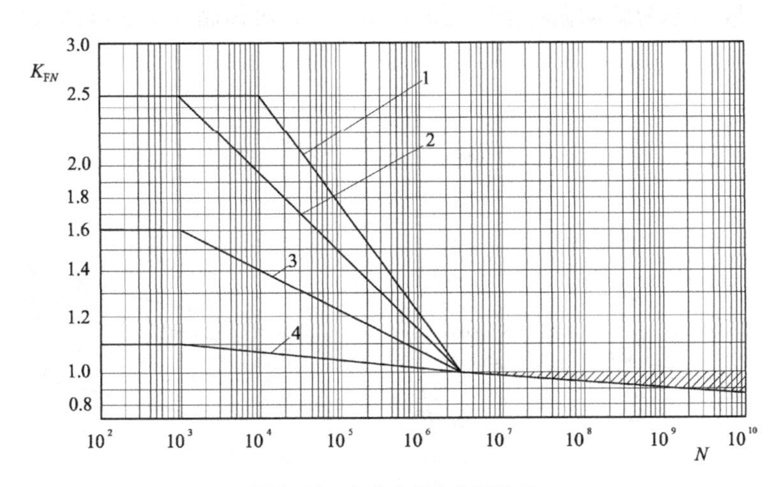

图 6-42 弯曲疲劳寿命系数 K_{FN}

1—调质钢，珠光体、贝氏体球墨铸铁，珠光体黑色可锻铸铁；2—渗碳淬火钢，火焰或感应表面淬火钢；3—氮化的调质钢或氮化钢，铁素体球墨铸铁，结构钢，灰铸铁；4—碳氮共渗的调质钢

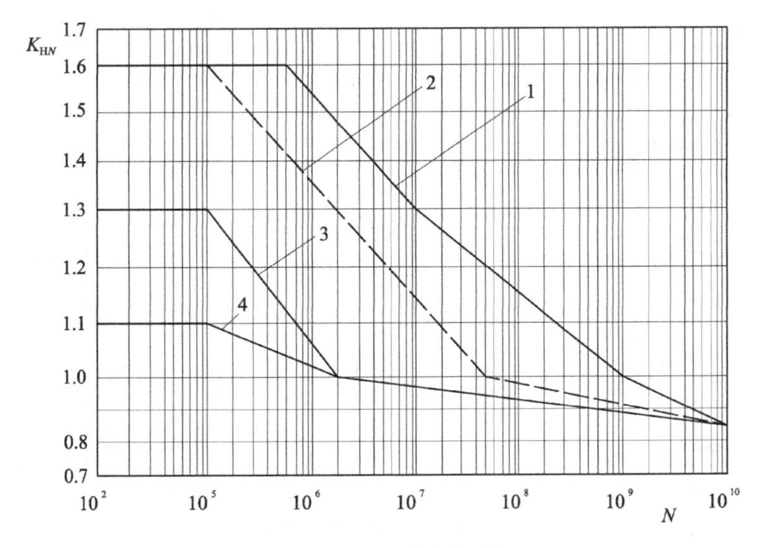

图 6-43 接触疲劳寿命系数 K_{HN}

1—结构钢，调质钢，球光体、贝氏体球墨铸铁，珠光体黑色可锻铸铁，渗碳淬火钢（允许一定点蚀）；2—材料同 1，不允许出现点蚀；3—灰铸铁，铁素体球墨铸铁，氮化的调质钢或氮化钢；4—碳氮共渗的调质钢

齿轮工作应力循环次数 N 由下式计算

$$N = 60njL_{\mathrm{h}} \tag{6-30}$$

式中，n——齿轮转速；

j——齿轮每转啮合次数；

L_{h}——齿轮总工作小时数。

弯曲疲劳极限值查图 6-44，接触疲劳极限值查图 6-45。图中 $\sigma_{\mathrm{Flim}}=\sigma_{\mathrm{FE}}$，$ML$、$MQ$、$ME$ 分别表示齿轮材料和热处理质量达到最低要求、中等要求、很高要求时的疲劳极限取值线。图 6-44、图 6-45 所示的极限应力值为失效概率为 1%的试验齿轮极限应力，一般选取其中间偏下值。

另外，图 6-44 所示为脉动循环下的弯曲极限应力。对称循环下的弯曲极限应力仅为脉动循环下的 70%。

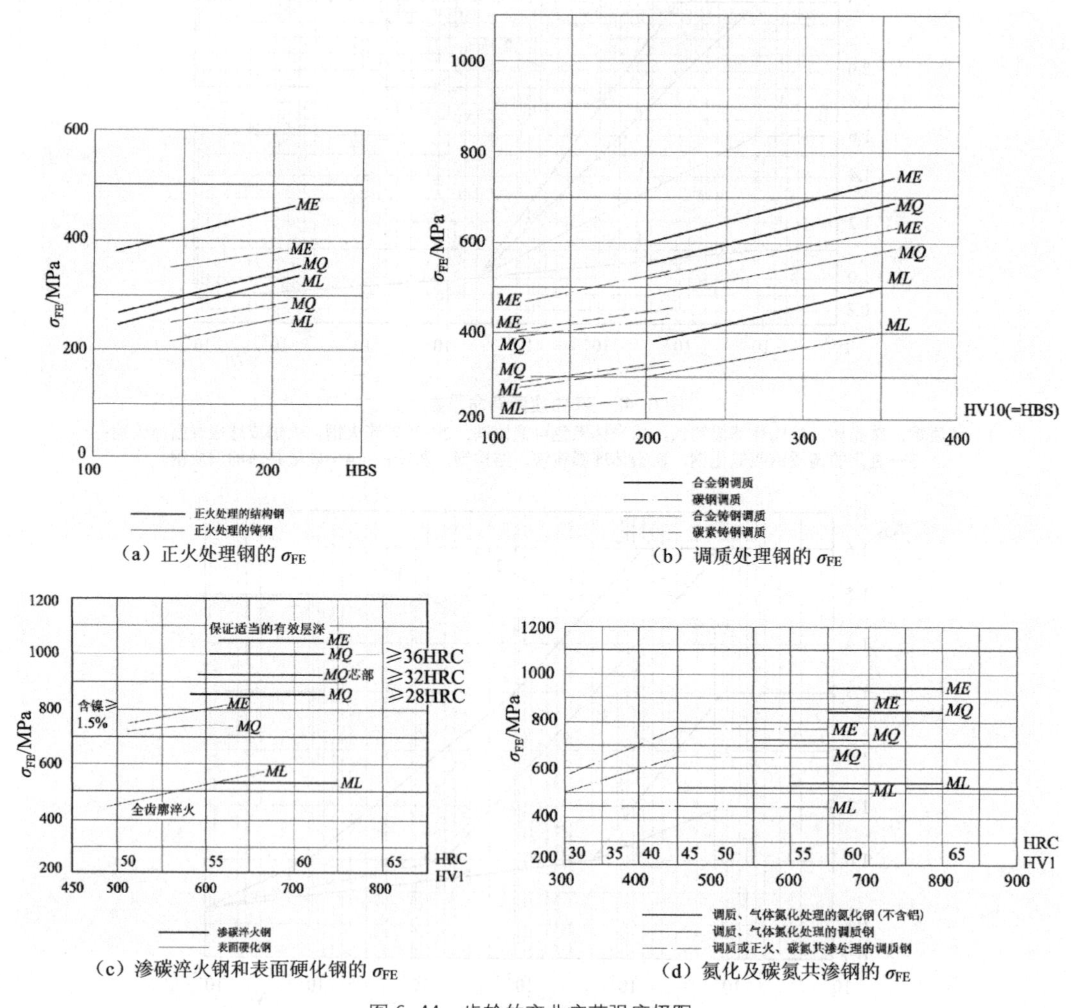

（a）正火处理钢的 σ_{FE}

（b）调质处理钢的 σ_{FE}

（c）渗碳淬火钢和表面硬化钢的 σ_{FE}

（d）氮化及碳氮共渗钢的 σ_{FE}

图 6-44　齿轮的弯曲疲劳强度极限 σ_{FE}

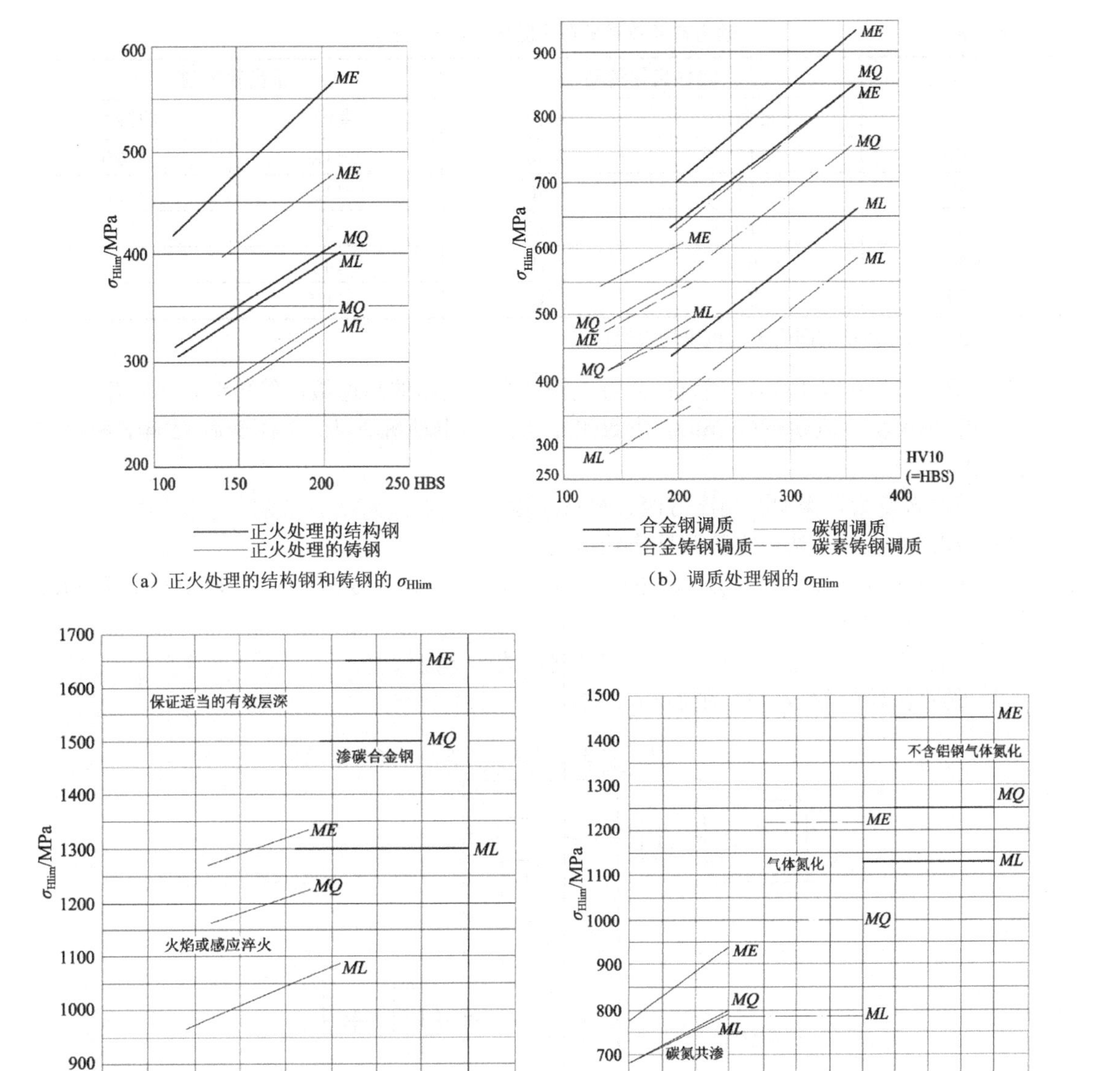

（a）正火处理的结构钢和铸钢的 $\sigma_{\rm Hlim}$

（b）调质处理钢的 $\sigma_{\rm Hlim}$

（c）渗碳合金钢和表面淬火钢的 $\sigma_{\rm Hlim}$

（d）氮化钢和碳氮共渗钢的 $\sigma_{\rm Hlim}$

图 6-45　齿轮的接触疲劳强度极限 $\sigma_{\rm Hlim}$

3. 齿轮精度等级的选择

在渐开线圆柱齿轮和锥齿轮精度标准（GB/T 10095.1—2008 和 GB/T 11365—1989）中，规定了 12 个精度等级，按精度高低依次为 1～12 级。根据对运动准确性、传动平稳性和载荷分布均匀性的要求不同，每个精度等级的各项公差相应分成三个组：第Ⅰ公差组、第Ⅱ公差组和第Ⅲ公差组。标准中还规定了齿坯公差、齿轮副侧隙等内容。

齿轮精度等级应根据传动的用途、使用条件、传动功率和圆周速度等决定。表 6-8 为各精度等级齿轮允许的最大圆周速度 v。

表 6-8　　动力齿轮传动的最大圆周速度 v（m/s）

精度等级	圆柱齿轮传动		锥齿轮传动[1]	
	直齿	斜齿	直齿	曲线齿
5 级和以上	≥15	≥30	≥12	≥20
6 级	<15	<30	<12	<20
7 级	<10	<15	<8	<10
8 级	<6	<10	<4	<7
9 级	<2	<4	<1.5	<3

注：①锥齿轮传动的圆周速度按平均直径计算。

例 6-2　如图 6-46 所示，试设计此带式输送机减速器的高速级齿轮传动。已知输入功率 P_1=40kW，小齿轮转速 n_1=960r/min，齿数比 u=3.2，由电动机驱动，工作寿命 15 年，两班制，载荷平稳。

解：1．选定齿轮类型、精度等级、材料及齿数

（1）按已知条件，选用直齿圆柱齿轮传动。

（2）此减速器为大功率传动，故采用硬齿面齿轮。根据表 6-3，大小齿轮材料均选 40Cr，表面淬火，表面硬度为 HRC48～55。

（3）因表面淬火，轮齿变形小，不需磨削，故选 7 级精度。

（4）选小齿轮齿数 z_1=24，则 $z_2=uz_1$=77。

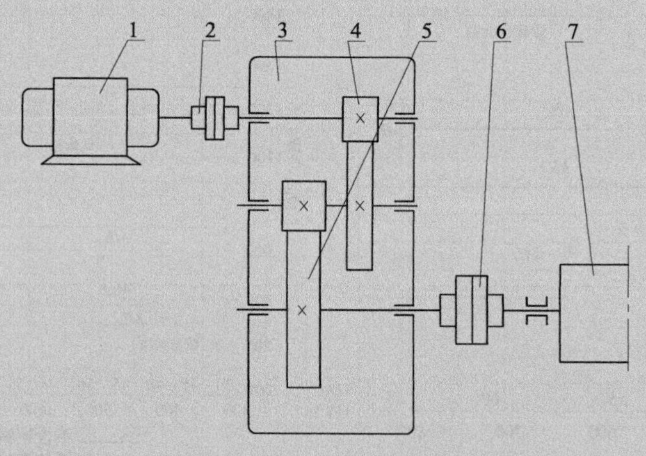

图 6-46　带式输送机传动简图

1—电动机；2、6—联轴器；3—减速器；4—高速级齿轮传动；5—低速级齿轮传动；7—输送机滚筒

2．按齿面接触疲劳强度设计

根据设计计算公式（6-28a）进行计算，即

$$d_{1t} \geqslant 2.32\sqrt[3]{\frac{K_t T_1}{\varphi_d} \cdot \frac{u \pm 1}{u} \cdot \left(\frac{Z_\varepsilon Z_E}{[\sigma]_H}\right)^2}$$

（1）确定上式中各参数

① 试选载荷系数 K_t=1.3；

② 小齿轮传递的扭矩为

$$T_1=95.5\times10^5P_1/n_1=95.5\times10^5\times40/960=3.98\times10^5(\text{N}\cdot\text{mm})$$

③ 查表6-7，选齿宽系数 $\varphi_d=0.9$；

④ 查表6-6，得弹性影响系数 $Z_E=189.8\sqrt{\text{MPa}}$；

⑤ 查图6-45（c），按齿面硬度中间值HRC52，查得大、小齿轮的接触疲劳强度极限为 $\sigma_{\text{Hlim1}}=\sigma_{\text{Hlim2}}=1170\text{MPa}$

⑥ 端面重合度由式（6-17）计算得 $\varepsilon_a=1.70$，重合度系数 Z_ε。由式（6-26b）计算得

$$Z_\varepsilon=\sqrt{\frac{4-\varepsilon_\alpha}{3}}=\sqrt{\frac{4-1.70}{3}}=0.876$$

⑦ 由式（6-30）计算应力循环次数，得

$$N_1=60n_1jL_h=60\times960\times1\times(300\times15\times8\times2)=4.147\times10^9\,(次)$$

$$N_2=4.147\times10^9/3.2=1.296\times10^9\,(次)$$

⑧ 查图6-43，得接触疲劳寿命系数 $K_{HN1}=0.88$，$K_{HN2}=0.90$；

⑨ 计算接触疲劳许用应力：取安全系数 $S=1$，则

$$[\sigma]_{H1}=\frac{K_{HN1}\sigma_{\text{Hlim1}}}{S}=1030\text{MPa}$$

$$[\sigma]_{H2}=\frac{K_{HN2}\sigma_{\text{Hlim2}}}{S}=1053\text{MPa}$$

（2）计算小齿轮直径

① 设计公式中代入 $[\sigma]_H$ 中较小的值，得

$$d_{1t}\geqslant2.32\sqrt[3]{\frac{K_tT_1}{\varphi_d}\cdot\frac{u\pm1}{u}\cdot\left(\frac{Z_\varepsilon Z_E}{[\sigma]_H}\right)^2}$$

$$=2.32\times\sqrt[3]{\frac{1.3\times3.98\times10^5}{0.9}\times\frac{4.2}{3.2}\times\left(\frac{189.8\times0.876}{1030}\right)^2}=62.62(\text{mm})$$

② 计算小齿轮分度圆圆周速度 v，得

$$v=\frac{\pi d_{1t}n_1}{60\times1000}=\frac{\pi\times62.62\times960}{60\times1000}=3.15(\text{m/s})$$

③ 计算齿宽 b，得

$$b=\varphi_d d_{1t}=0.9\times62.62=56.36(\text{mm})$$

④ 计算载荷系数。

查图6-33，由 $v=3.15\text{m/s}$，7级精度，得 $K_v=1.12$；查图6-38，得 $K_\alpha=1.18$；查表6-4，得 $K_A=1$；查图6-37，得 $K_\beta=1.2$。

载荷系数　$K=K_AK_vK_\alpha K_\beta=1\times1.12\times1.18\times1.2=1.72$

⑤ 按实际载荷系数修正 d_{1t}，得

$$d_1=d_{1t}\sqrt[3]{\frac{K}{K_t}}=62.62\times\sqrt[3]{\frac{1.59}{1.3}}=66.97(\text{mm})$$

⑥计算模数 m，得

$$m = d_1 / z_1 = 66.97 / 24 = 2.79(\mathrm{mm})$$

3．按齿根弯曲疲劳强度设计

根据设计计算公式（6-24b）进行计算，即

$$m \geqslant \sqrt[3]{\frac{2KT_1}{\varphi_d z_1^2}\left(\frac{Y_{\mathrm{Fa}}Y_{\mathrm{Sa}}Y_{\varepsilon}}{[\sigma]_{\mathrm{F}}}\right)}$$

（1）确定设计公式中的参数

① 查图 6-44（b），得大、小齿轮的弯曲疲劳强度极限 $\sigma_{\mathrm{FE1}}=\sigma_{\mathrm{FE2}}=680\mathrm{MPa}$；

② 查图 6-42，得弯曲疲劳寿命系数 $K_{\mathrm{F}N1}=0.88$，$K_{\mathrm{F}N2}=0.9$；

③ 计算弯曲疲劳许用应力：取安全系数 $S=1.4$，则

$$[\sigma]_{\mathrm{F1}} = \frac{K_{\mathrm{F}N1}\sigma_{\mathrm{FE1}}}{S} = 427.4\mathrm{MPa}$$

$$[\sigma]_{\mathrm{F2}} = \frac{K_{\mathrm{F}N2}\sigma_{\mathrm{FE2}}}{S} = 437.1\mathrm{MPa}$$

④ 查表 6-5，得齿形系数 $Y_{\mathrm{Fa1}}=2.65$，$Y_{\mathrm{Fa2}}=2.226$；

⑤ 查表 6-5，得应力修正系数 $Y_{\mathrm{Sa1}}=1.58$，$Y_{\mathrm{Sa2}}=1.764$；

⑥ 计算重合度系数 Y_{ε}，得

$$Y_{\varepsilon} = 0.25 + \frac{0.75}{\varepsilon_{\alpha}} = 0.25 + \frac{0.75}{1.70} = 0.69$$

⑦ 计算大、小齿轮$(Y_{\mathrm{Fa}}Y_{\mathrm{Sa}})/[\sigma]_{\mathrm{F}}$值，得

$$\frac{Y_{\mathrm{Fa1}}Y_{\mathrm{Sa1}}}{[\sigma]_{\mathrm{F1}}} = \frac{2.65\times1.58}{427.4} = 0.0098\text{；}\quad \frac{Y_{\mathrm{Fa2}}Y_{\mathrm{Sa2}}}{[\sigma]_{\mathrm{F2}}} = \frac{2.226\times1.764}{437.1} = 0.00898$$

所以小齿轮弯曲强度较弱。

（2）计算齿轮模数

设计公式中代入$(Y_{\mathrm{Fa}}Y_{\mathrm{Sa}})/[\sigma]_{\mathrm{F}}$的较大值，得

$$m \geqslant \sqrt[3]{\frac{2\times1.59\times3.98\times10^5}{0.9\times24^2}\times0.0098\times0.69} = 2.54(\mathrm{mm})$$

从计算结果可看出，由齿面接触疲劳强度计算的模数 m 略大于由齿根弯曲疲劳强度计算的模数，但由于齿轮模数 m 的大小主要取决于弯曲强度所决定的承载能力，而齿面接触疲劳强度所决定的承载能力仅与齿轮直径（即模数与齿数的乘积）有关，所以，可取由弯曲强度算得的模数 2.54mm，并就近圆整为标准值 m=3mm。因按接触强度算得的分度圆直径 d_1=66.97mm，这时需要修正齿数

$$z_1 = \frac{d_1}{m} = \frac{66.97}{3} = 22.32\text{，取 } z_1=23$$

则

$$z_2 = uz_1 = 3.2\times23 = 74$$

4．几何尺寸计算

（1）计算分度圆直径

$$d_1 = mz_1 = 3\times 23 = 69(\text{mm})$$
$$d_2 = mz_2 = 3\times 74 = 222(\text{mm})$$

（2）计算中心距

$$a = \frac{1}{2}(d_1 + d_2) = \frac{1}{2}(69 + 222) = 145.5(\text{mm})$$

（3）计算齿轮宽度

$$b = \varphi_d d_1 = 0.9\times 69 = 62.1(\text{mm})$$

取 b_2=63mm，b_1=b_2+5=68mm。

6-10　斜齿圆柱齿轮传动

一、斜齿圆柱齿轮的齿廓形成和啮合特点

考虑轮齿齿宽，直齿圆柱齿轮齿廓曲面形成时应是发生面 S 沿基圆柱面作无滑动的滚动，其齿廓应当是发生面 S 上任一条与接触线 NN 平行的直线 KK 的轨迹——渐开线曲面（图 6-47）。渐开线圆柱直齿轮在啮合时，齿廓曲面的接触线是与轴平行的直线。这种接触方式，使得直齿轮机构在传动时容易发生冲击、振动和噪声。为了克服这一缺点，人们在实践中又提出了斜齿轮机构。

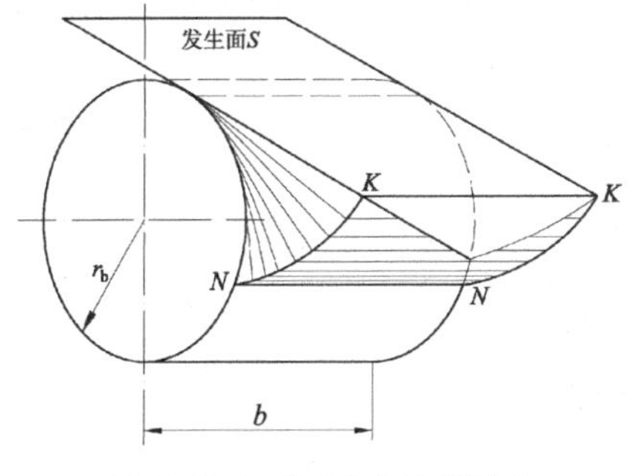

图 6-47　圆柱直齿轮齿廓形成

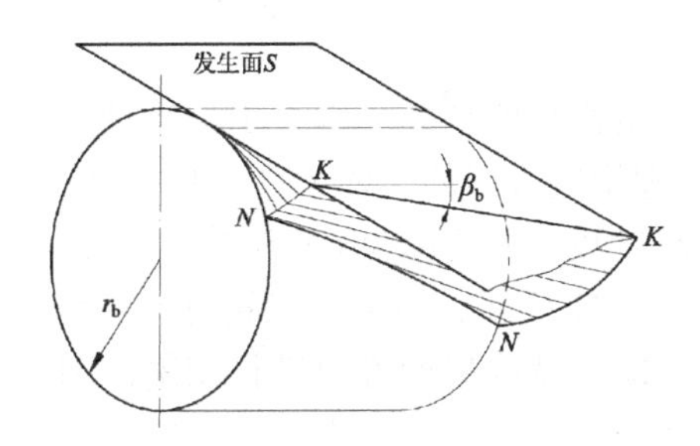

图 6-48　斜齿轮齿廓形成

斜齿轮齿廓的形成原理与直齿轮相似，所不同的是形成渐开面的直线 KK 不再与轴线平行，而是与轴线方向偏斜了一个角度 β_b（图 6-48）。这样，当发生面绕基圆柱作纯滚动时，斜线 KK 上每一点的轨迹都是一条渐开线。这些渐开线的集合，就形成了斜齿轮的齿廓曲面。由此可知，斜齿轮端面上的齿廓曲线仍是渐开线。又因为发生面绕基圆柱作纯滚动时，斜线 KK 上的各点依次和基圆柱面相切，并在基圆柱面上形成一条由各渐开线起点所组成的螺旋线 NN。斜线 KK 在空间所形成的曲面称为渐开螺旋面。螺旋线 NN 的螺旋角，即是斜线 KK 对轴线方向偏斜的 β_b 角，也就是斜齿轮基圆柱上的螺旋角，而渐开螺旋面在分度圆柱上的螺旋角用 β 表示。β 越大，轮齿越偏斜，β=0 就成为直齿轮了。由于轮齿的螺旋方向有左、右之分，故螺旋角也有正、负的区别。

图 6-49 所示为一对斜齿轮啮合的情况，当发生面（也就是啮合面）沿两基圆柱滚动时，平面 S 上的斜线 KK 就分别形成了两轮的齿面。由图可见，两齿面沿斜线 KK 接触。所以一

对斜齿轮啮合时，其轮齿的瞬时接触线即为斜线 KK。斜齿轮齿面接触线，如图 6-50 所示。

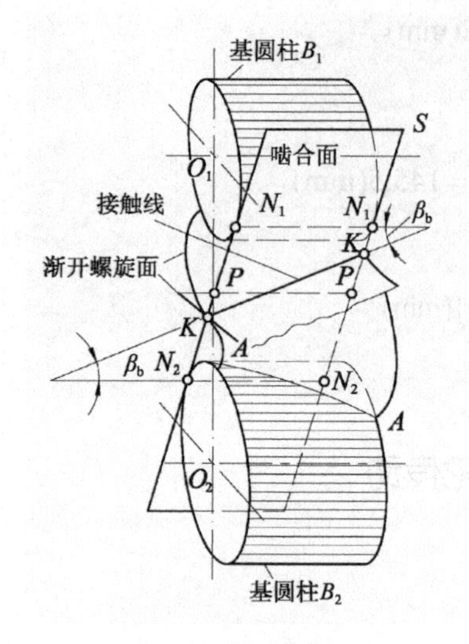

图 6-49　斜齿轮的啮合

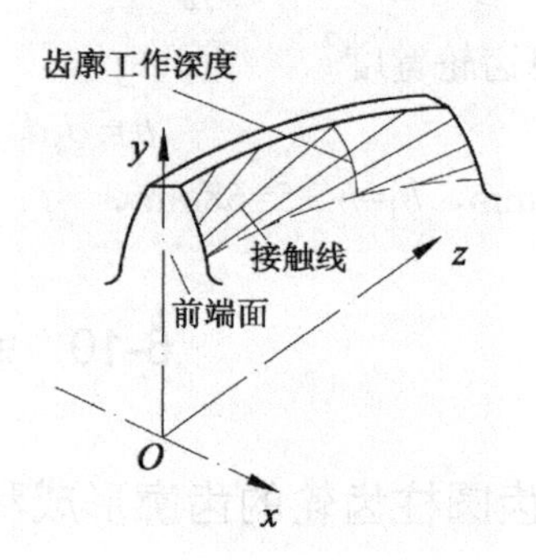

图 6-50　斜齿轮的接触线

由于斜齿轮传动是由主动轮齿根与从动轮齿顶逐渐进入啮合，再由主动轮齿顶与从动轮齿根逐渐退出啮合，因而不论从受力或传动来说都要比直齿轮传动好，而且平稳得多，冲击、振动及噪声大为减少，所以在高速大功率的传动中，斜齿轮传动获得了较为广泛的应用。但是，也因其轮齿是螺旋形的，会产生一个轴向分力，对轴的支承不利。

二、斜齿圆柱齿轮的基本参数与几何尺寸计算

由于斜齿轮的端面（垂直于齿轮轴线的平面）和法面（垂直于螺旋线方向的平面）的齿形不同，因而斜齿轮的参数有法向参数（下角标为 n）与端面参数（下角标为 t）之分，如图 6-51 所示。加工斜齿轮时，刀具的进刀方向垂直于法面，即沿螺旋齿槽方向进行切削，因而规定斜齿轮的法向参数为标准值。但由于斜齿轮的端面齿形与直齿轮相同，把端面参数代入直齿轮的计算公式就可得到斜齿轮的几何尺寸计算公式，因此就需要建立端面参数与法面参数之间的换算关系。此外，斜齿轮的基本参数比直齿轮多了个螺旋角。

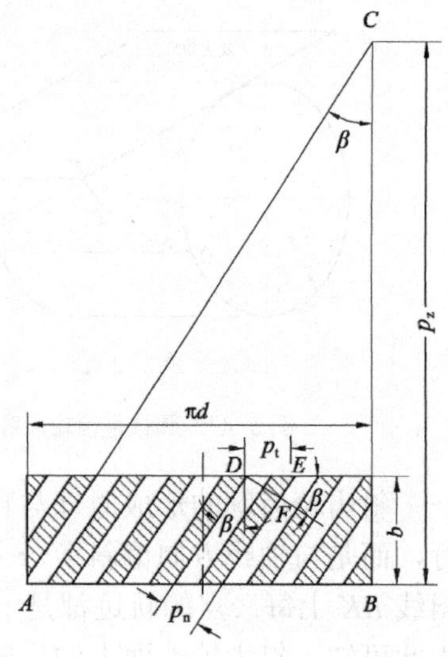

图 6-51　端面参数与法面参数

由图 6-51 可以得到斜齿轮的法面参数与端面参数的关系为

$$\left.\begin{aligned}&p_n = p_t\cos\beta\\&h_{at}^* = h_{an}^*\cos\beta, c_t^* = c_n^*\cos\beta\\&\tan\alpha_t = \tan\alpha_n/\cos\beta\end{aligned}\right\}\qquad(6\text{-}31)$$

标准斜齿圆柱齿轮几何尺寸计算公式见表 6-9。

表 6-9 标准斜齿圆柱齿轮几何尺寸计算公式

名　　称	符　　号	计 算 公 式
螺旋角	β	一般取 8°～20°
基圆柱螺旋角	β_b	$\tan\beta_b = \tan\beta\cos\alpha_t$
法向模数	m_n	由轮齿的承载能力确定，选取标准值
端面模数	m_t	$m_t = m_n / \cos\beta$
法向压力角	α_n	取标准值
端面压力角	α_t	$\tan\alpha_t = \tan\alpha_n / \cos\beta$
法向齿距	p_n	$p_n = \pi m_n$
端面齿距	p_t	$p_t = \pi m_t = p_n / \cos\beta$
基圆法向齿距	p_{bn}	$p_{bn} = p_n\cos\alpha_n$
基圆端面齿距	p_{bt}	$p_{bt} = p_t\cos\alpha_t = p_{bn} / \cos\beta_b$
法向齿厚	s_n	$s_n = \pi m_n / 2$
端面齿厚	s_t	$s_t = p_t / 2 = \pi m_n / (2\cos\beta)$
分度圆直径	d	$d = m_t z = z m_n / \cos\beta$
基圆直径	d_b	$d_b = d\cos\alpha_t$
齿顶高	h_a	$h_a = h_{an}^* m_n$
齿根高	h_f	$h_f = (h_{an}^* + c_n^*) m_n$
齿全高	h	$h = h_a + h_f$
齿顶圆直径	d_a	$d_a = d + 2h_a$
齿根圆直径	d_f	$d_f = d - 2h_f$
标准中心距	a	$a = \frac{1}{2}(d_1 + d_2) = \frac{m_n(z_1 + z_2)}{2\cos\beta}$

三、斜齿圆柱齿轮传动的正确啮合条件及其重合度

1. 斜齿轮传动的正确啮合条件

要使一对斜齿轮能够正确啮合，除了像直齿轮那样必须保证模数和压力角分别相等外，还必须保证两斜齿轮的螺旋角相匹配。因此一对斜齿圆柱齿轮的正确啮合条件为

或

$$\left.\begin{aligned} m_{n1} = m_{n2},\quad \alpha_{n1} = \alpha_{n2},\quad \beta_1 = \pm\beta_2 \\ m_{t1} = m_{t2},\quad \alpha_{t1} = \alpha_{t2},\quad \beta_1 = \pm\beta_2 \end{aligned}\right\} \tag{6-32}$$

式中，正号用于内啮合传动，负号用于外啮合传动。

2. 斜齿轮传动的重合度

在图 6-52 中示出两个端面参数完全相同的标准直齿轮和标准斜齿轮的啮合面。直线 B_2B_2 表示在啮合平面内，一对轮齿进入啮合的位置；B_1B_1 则表示该轮齿脱离啮合的位置。

对于直齿轮传动来说。其轮齿在 B_2B_2 处进入啮合时，就沿整个齿宽接触，在 B_1B_1 处脱离啮合时，也是沿整个齿宽分开，B_2B_2 与 B_1B_1 之间的区域为轮齿啮合区。

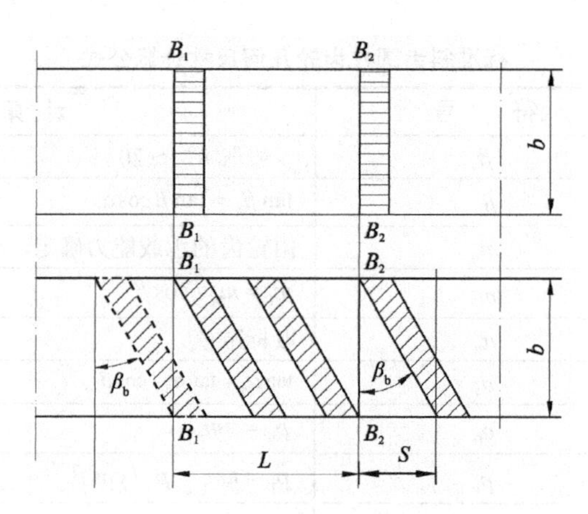

图 6-52 斜齿轮的啮合区

对于斜齿轮传动来说，其轮齿也是在 B_2B_2 处进入啮合，不过它不是沿整个齿宽全部进入啮合，而是由轮齿的一端先进入啮合后，随着齿轮的传动，才逐渐达到沿全齿宽接触。在 B_1B_1 处脱离啮合时也是轮齿的一端先脱离啮合，直到该对轮齿转到图中虚线所示的位置时，这对轮齿才完全脱离接触。这样，斜齿轮传动的实际啮合区就比直齿轮传动增大了 $S=b\tan\beta_b$ 这一部分，因此其重合度也就在直齿轮传动端面重合度 ε_α 基础上增加了一部分。该重合度增量称轴向重合度，以 ε_β 表示，则斜齿轮的重合度 ε_γ 应为 ε_α 与 ε_β 之和。

$$\begin{aligned}\varepsilon_\gamma &= \frac{\overline{B_1B_2}+S}{p_{\mathrm{bt}}}=\varepsilon_\alpha+\frac{S}{p_{\mathrm{bt}}}=\varepsilon_\alpha+\frac{b\tan\beta_{\mathrm{b}}}{\pi m_{\mathrm{t}}\cos\alpha_{\mathrm{t}}} \\ &= \varepsilon_\alpha+\frac{b\tan\beta\cos\alpha_{\mathrm{t}}}{\pi m_{\mathrm{n}}\cos\alpha_{\mathrm{t}}/\cos\beta}=\varepsilon_\alpha+\frac{b\sin\beta}{\pi m_{\mathrm{n}}}=\varepsilon_\alpha+\varepsilon_\beta\end{aligned} \tag{6-33}$$

其中，p_{bt} 是基圆上的端面齿距。而端面重合度 ε_α 可用直齿轮的重合度公式（6-17）求得，但要用端面啮合角 α'_t 代替 α，用端面顶圆压力角 α_{at} 代替 α_{a}，即

$$\varepsilon_\alpha=\frac{1}{2\pi}[z_1(\tan\alpha_{\mathrm{at1}}-\tan\alpha'_{\mathrm{t}})+z_2(\tan\alpha_{\mathrm{at2}}-\tan\alpha'_{\mathrm{t}})] \tag{6-34}$$

四、斜齿轮的当量齿轮和当量齿数

加工斜齿轮时，刀具是沿螺旋齿槽的方向进刀的，所以必须按照齿轮的法面齿形来选择刀具。另外在计算斜齿轮轮齿的弯曲强度时，因为力是作用在法面内的，所以也需要知道它的法面齿形。

图 6-53 所示为斜齿轮的分度圆柱面，作法平面 n-n 垂直于通过任一齿的齿厚中点 P 的分度圆柱螺旋线，则法平面 n-n 截该齿的齿形为斜齿轮的法面齿形。用此法面截斜齿轮的分度圆柱得一椭圆，它的长半轴 $a=r/\cos\beta$ 短半轴 $b=r$。由图 6-53 可见，点 P 附近的一段椭圆弧段与用椭圆在该点处的曲率半径 ρ 为半径所画的圆弧非常接近，因此可以以 ρ 为分度圆半径、以斜齿轮的 m_{n} 和 α_{n} 分别为模数和压力角作一虚拟的直齿轮，该直齿轮为当量齿轮，它的齿数 z_{v} 称为当量齿数。

由解析几何可知，椭圆在点 P 附近的曲率半径 ρ 为

$$\rho = \frac{a^2}{b} = \left(\frac{r}{\cos\beta}\right)^2 \frac{1}{r} = \frac{r}{\cos^2\beta}$$

因此，当量齿数 z_v 为

$$\begin{aligned} z_v &= \frac{2\pi\rho}{\pi m_n} = \frac{2r}{m_n\cos^2\beta} = \frac{2}{m_n\cos^2\beta}\cdot\frac{m_t z}{2} \\ &= \frac{z}{m_n\cos^2\beta}\cdot\frac{m_n}{\cos\beta} = \frac{z}{\cos^3\beta} \end{aligned} \tag{6-35}$$

渐开线标准斜齿轮不发生根切的最少齿数可由式（6-35）求得

$$z_{min} = z_{v\,min}\cos^3\beta \tag{6-36}$$

式中，z_{vmin}——当量直齿标准齿轮不发生根切的最少齿数。

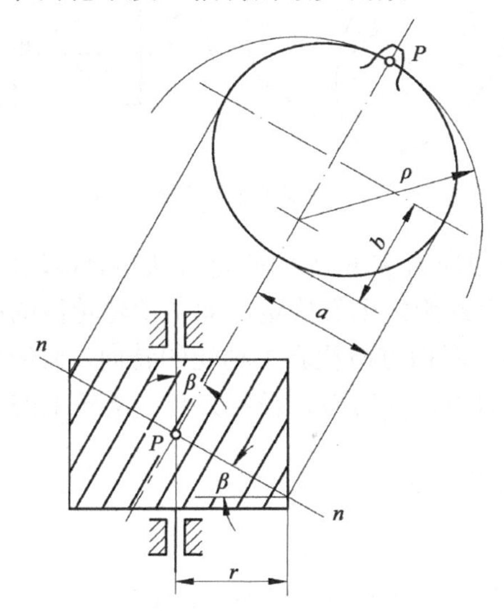

图 6-53　斜齿轮的当量齿轮

当量齿数除用于斜齿轮弯曲强度计算时确定齿形系数及刀具的选择外，在斜齿轮变位系数的选择及齿厚测量时也要用到。

五、斜齿轮传动的受力分析

图 6-54 所示为标准斜齿圆柱齿轮受力分析数学模型，F_n 为法向载荷。图中，α_t 为端面压力角；α_n 为法面压力角，标准斜齿轮 α_n=20°；β 为分度圆上螺旋角；β_b 为啮合平面螺旋角，即基圆柱螺旋角。

法向载荷 F_n 可分解为三个互相垂直的分力，即圆周力 F_t、径向力 F_r 和轴向力 F_a。参考图 6-54，三个分力和 F_n 可分别表示成

$$\left.\begin{aligned} F_t &= 2T_1/d_1 \\ F_r &= F_t\tan\alpha_n/\cos\beta \\ F_a &= F_t\tan\beta \\ F_n &= F_t/(\cos\alpha_n\cos\beta) = F_t/(\cos\alpha_t\cos\beta_b) \end{aligned}\right\} \tag{6-37}$$

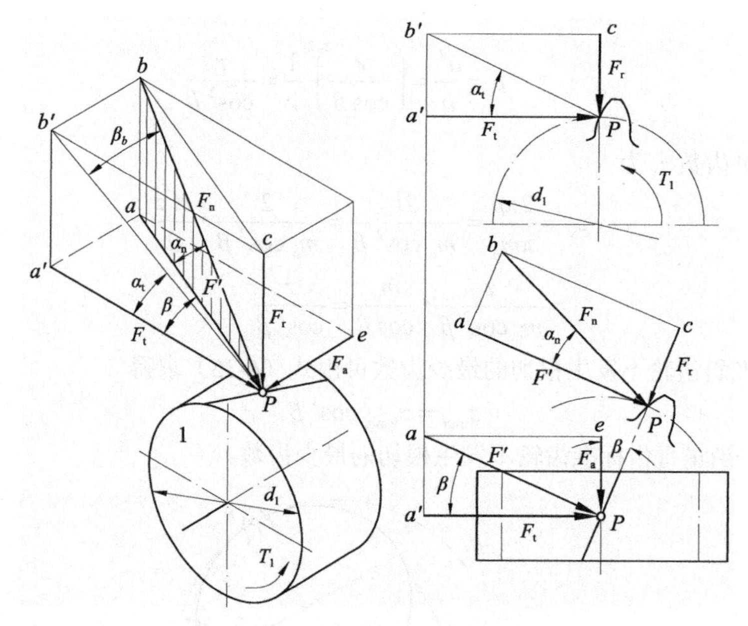

图 6-54 斜齿轮的轮齿受力分析

斜齿轮上的圆周力 F_t 和径向力 F_r 的方向确定方法与直齿轮相同，主动轮上轴向力 F_a 的方向可以用主动轮的“左右手螺旋定则”确定，即主动轮轮齿的齿向为左旋（右旋）决定伸左手（右手），四指握住轴线，四指方向代表主动轮的转向，大拇指所指方向即为主动轮所受的轴向力方向。从动轮的轴向力、圆周力、径向力与主动轮上的大小相等、方向相反。

六、斜齿轮传动的强度计算

1. 齿根弯曲疲劳强度计算

斜齿轮齿面接触线为一斜线，进入啮合受载时，轮齿的弯曲疲劳折断为如图 6-55 所示的局部折断，若按轮齿局部折断建立斜齿轮的弯曲强度条件，则分析计算过程比较复杂，因此利用直齿圆柱齿轮的强度条件式（6-24），考虑螺旋角 β 对轮齿弯曲强度的影响，引入螺旋角系数 Y_β，则可以写出斜齿轮的弯曲疲劳强度校核计算和设计计算公式分别为

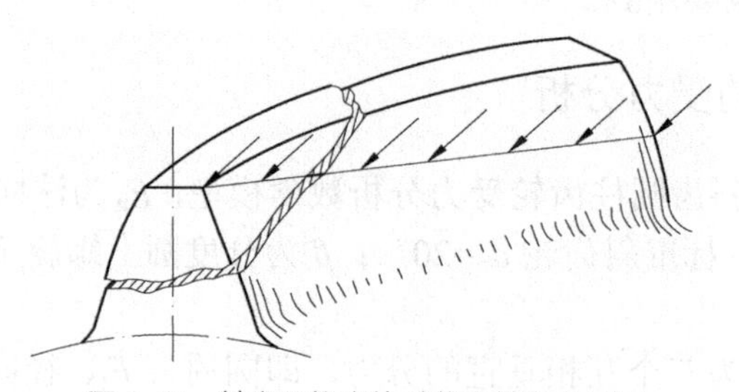

图 6-55 斜齿圆柱齿轮受载及折断示意图

$$\sigma_F = \frac{2KT_1}{bd_1 m_n} Y_{Fa} Y_{Sa} Y_\varepsilon Y_\beta = \frac{KF_t}{bm_n} Y_{Fa} Y_{Sa} Y_\beta Y_\varepsilon \leqslant [\sigma]_F \quad \text{(MPa)} \qquad (6\text{-}38)$$

$$m_n \geqslant \sqrt[3]{\frac{2KT_1 Y_\beta Y_\varepsilon \cos^2\beta}{\varphi_d z_1^2} \cdot \frac{Y_{Fa} Y_{Sa}}{[\sigma]_F}} \quad \text{(mm)} \qquad (6\text{-}39)$$

式中，Y_ε——斜齿轮的重合度系数，$Y_\varepsilon = 0.25 + \dfrac{0.75}{\varepsilon_\alpha}$，$\varepsilon_\alpha$为斜齿轮的端面重合度，可由式（6-34）计算；

Y_{Fa}——斜齿轮的齿形系数，按当量齿数$z_\text{v} = \dfrac{z}{\cos^3\beta}$由表6-5查取；

Y_{Sa}——斜齿轮应力修正系数，按z_v由表6-5查取；

Y_β——螺旋角系数，查图6-56确定。

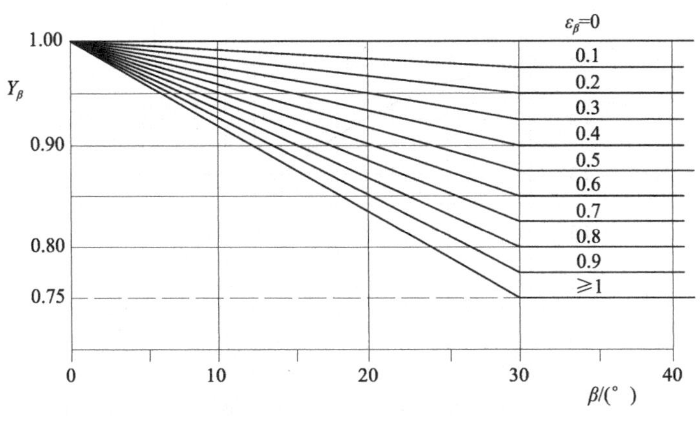

图6-56 螺旋角系数 Y_β

2. 齿面接触疲劳强度计算

斜齿轮齿面接触疲劳强度条件建立方法同直齿圆柱齿轮，但有以下几点不同。

（1）接触线是倾斜的，有利于提高接触强度，引入螺旋角系数$Z_\beta = \sqrt{\cos\beta}$。

（2）节点的曲率半径应按法面计算。

（3）重合度大，传动平稳，接触线总长度随啮合位置不同而变化，且受端面重合度ε_α和轴向重合度ε_β的共同影响。引入重合度影响系数Z_ε。考虑上述影响因素，并利用直齿圆柱齿轮接触疲劳强度公式，得斜齿圆柱齿轮传动齿面接触疲劳强度的校核公式和设计公式为

$$\begin{aligned}\sigma_\text{H} &= Z_\text{E}\sqrt{\frac{2\cos\beta_\text{b}}{\sin\alpha_\text{t}\cos\alpha_\text{t}}}Z_\varepsilon Z_\beta\sqrt{\frac{2KT_1}{bd_1^2}\cdot\frac{u\pm1}{u}} \\ &= Z_\text{E}Z_\text{H}Z_\varepsilon Z_\beta\sqrt{\frac{2KT_1}{bd_1^2}\cdot\frac{u\pm1}{u}} \leqslant [\sigma]_\text{H}\end{aligned} \tag{6-40}$$

$$d_1 \geqslant \sqrt[3]{\frac{2KT_1}{\varphi_d}\cdot\frac{u\pm1}{u}\left(\frac{Z_\text{E}Z_\text{H}Z_\varepsilon Z_\beta}{[\sigma]_\text{H}}\right)^2} \tag{6-41}$$

式中，螺旋角系数$Z_\beta = \sqrt{\cos\beta}$；

$Z_\text{H} = \sqrt{\dfrac{2\cos\beta_\text{b}}{\sin\alpha_\text{t}\cos\alpha_\text{t}}}$为节点区域系数，也可由图6-57确定；

重合度系数 Z_ε 为

$$\left.\begin{aligned}\varepsilon_\beta \geqslant 1\text{时}\quad & Z_\varepsilon=\sqrt{\frac{1}{\varepsilon_\alpha}}\\ \varepsilon_\beta < 1\text{时}\quad & Z_\varepsilon=\sqrt{\frac{4\varepsilon_\alpha}{3}(1-\varepsilon_\beta)+\frac{\varepsilon_\beta}{\varepsilon_\alpha}}\end{aligned}\right\}\tag{6-42}$$

ε_α 为端面重合度，可由式（6-34）确定；ε_β 为纵向重合度，其计算式为 $\varepsilon_\beta=b\sin\beta/(\pi m_{\rm n})=0.318\varphi_d z_1\tan\beta$。式中其余参数同直齿轮。

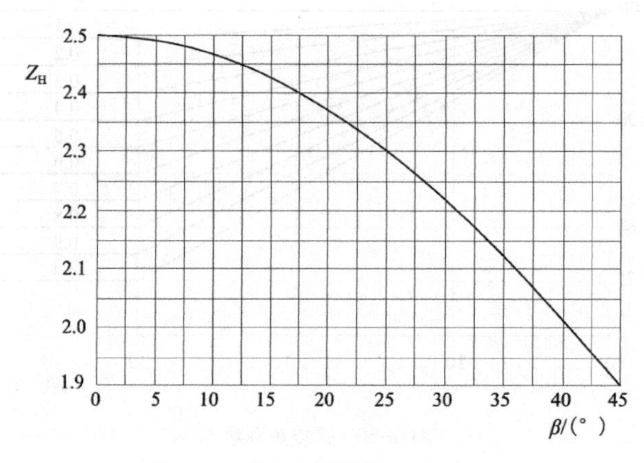

图 6-57 节点区域系数 $Z_{\rm H}(\alpha_{\rm n}=20°)$

例 6-3 按例 6-2 的数据，改用斜齿轮传动，试设计此传动。

解：1．选择齿轮精度等级、材料及齿数

（1）材料及热处理与例 6-2 相同；

（2）精度等级选 7 级；

（3）小齿轮齿数 z_1=24，大齿轮齿数 z_2=77；

（4）初选螺旋角 β=14°。

2．按齿面接触疲劳强度设计

设计公式为

$$d_{1\rm t}\geqslant\sqrt[3]{\frac{2K_{\rm t}T_1}{\varphi_d}\cdot\frac{u\pm1}{u}\cdot\left(\frac{Z_{\rm H}Z_{\rm E}Z_\varepsilon Z_\beta}{[\sigma]_{\rm H}}\right)^2}$$

（1）确定公式中各参数值

① 试选 $K_{\rm t}$=1.6。

② 查图 6-57，取节点区域系数 $Z_{\rm H}$=2.433；

③ 由式（6-34）计算得端面重合度 ε_α=1.65，重合度系数 Z_ε 为

$$Z_\varepsilon=\sqrt{\frac{1}{\varepsilon_\alpha}}=\sqrt{\frac{1}{1.65}}=0.78$$

④ 许用接触应力为

$$[\sigma]_{\mathrm{H}}=\min\{[\sigma]_{\mathrm{H1}},[\sigma]_{\mathrm{H2}}\}=1030\mathrm{MPa}$$

⑤ 螺旋角系数为

$$Z_\beta=\sqrt{\cos\beta}=\sqrt{\cos 14^\circ}=0.98$$

其余参数均与例2相同。

（2）计算

① 由齿面接触疲劳强度计算公式，得

$$d_{1\mathrm{t}}\geqslant\sqrt[3]{\frac{2\times1.6\times3.98\times10^5}{0.9}\times\frac{4.2}{3.2}\times\left(\frac{2.433\times189.8\times0.98\times0.78}{1030}\right)^2}=60.20\ (\mathrm{mm})$$

② 计算圆周速度，得

$$v=\frac{\pi d_{1\mathrm{t}}n_1}{60\times1000}=\frac{\pi\times60.20\times960}{60\times1000}=3.03\ (\mathrm{m/s})$$

③ 计算齿宽 b 及模数 m_{nt}，得

$$b=\varphi_d d_{1\mathrm{t}}=0.9\times60.20=54.18\ (\mathrm{mm})$$

$$m_{\mathrm{nt}}=\frac{d_{1\mathrm{t}}\cos\beta}{z_1}=\frac{60.20\times\cos14^\circ}{24}=2.43\ (\mathrm{mm})$$

$$h=2.25m_{\mathrm{nt}}=5.47\ (\mathrm{mm})$$

④ 计算载荷系数 K。

查图6-33，得 K_v=1.11；查图6-37，得 K_β=1.41；查图6-38，得 K_α=1.2；工况系数已知为 K_A=1；故载荷系数 K 为

$$K=K_AK_vK_\alpha K_\beta=1\times1.11\times1.2\times1.41=1.88$$

⑤ 按实际载荷修正的小齿轮分度圆直径 d_1 为

$$d_1=d_{1\mathrm{t}}\sqrt[3]{K/K_{\mathrm{t}}}=60.20\times\sqrt[3]{1.88/1.6}=63.52\ (\mathrm{mm})$$

⑥ 计算模数 m_{n}，得

$$m_{\mathrm{n}}=\frac{d_1\cos\beta}{z_1}=\frac{63.52\times\cos14^\circ}{24}=2.57(\mathrm{mm})$$

3．按齿根弯曲疲劳强度设计

设计公式为

$$m_{\mathrm{n}}\geqslant\sqrt[3]{\frac{2KT_1Y_\beta Y_\varepsilon\cos^2\beta}{\varphi_d z_1^2}\cdot\frac{Y_{\mathrm{Fa}}Y_{\mathrm{Sa}}}{[\sigma]_{\mathrm{F}}}}$$

（1）确定公式中各参数

① 根据纵向重合度 ε_β=1.713，查图6-56，得螺旋角系数 Y_β=0.87；

② 重合度系数为

$$Y_\varepsilon = 0.25 + \frac{0.75}{\varepsilon_\alpha} = 0.25 + \frac{0.75}{1.65} = 0.70$$

③ 当量齿数为

$$z_{v1} = \frac{z_1}{\cos^3\beta} = \frac{24}{\cos^3 14°} = 26.27, z_{v2} = \frac{z_2}{\cos^3\beta} = \frac{77}{\cos^3 14°} = 84.29$$

④ 查表 6-5，得齿形系数为

$$Y_{Fa1}=2.592，Y_{Fa2}=2.211$$

⑤ 查表 6-5，得应力修正系数为

$$Y_{Sa1}=1.596，Y_{Sa2}=1.774$$

其余参数与例 2 相同。

⑥ 计算大、小齿轮的 $\frac{Y_{Fa}Y_{Sa}}{[\sigma]_F}$ 值，得

$$\frac{Y_{Fa1}Y_{Sa1}}{[\sigma]_{F1}} = \frac{2.592\times1.596}{427.4} = 0.00968，\frac{Y_{Fa2}Y_{Sa2}}{[\sigma]_{F2}} = \frac{2.211\times1.774}{437.1} = 0.00897$$

所以，小齿轮的弯曲强度较弱。

（2）设计计算

$$m_n \geqslant \sqrt[3]{\frac{2\times1.88\times3.98\times10^5\times0.87\times0.70\times(\cos14°)^2}{0.9\times24^2}\times0.00968} = 2.52\ (\text{mm})$$

因为硬齿面齿轮传动承载能力主要取决于齿根弯曲疲劳强度，故取标准模数 m_n=2.5mm。修正齿数为

$$z_1 = \frac{d_1\cos\beta}{m_n} = \frac{63.52\times\cos14°}{2.5} = 24.65，取 z_1=25$$

则

$$z_2=uz_1=80$$

4．几何尺寸计算

（1）计算中心距

$$a = \frac{(z_1+z_2)m_n}{2\cos\beta} = \frac{(25+80)\times2.5}{2\times\cos14°} = 135.27\ (\text{mm})$$

圆整中心距为 α=135mm。

（2）按圆整后的中心距修正螺旋角

$$\beta = \arccos\frac{(z_1+z_2)m_n}{2a} = \frac{(25+80)\times2.5}{2\times135} = 13°32'10''$$

β 值变化不大，不必修正 ε_α、K_β、Z_H 等参数。

（3）计算分度圆直径

$$d_1 = \frac{z_1 m_n}{\cos\beta} = \frac{25 \times 2.5}{\cos 13^\circ 32'10''} = 64.286\,(\text{mm})$$

$$d_2 = \frac{z_2 m_n}{\cos\beta} = \frac{80 \times 2.5}{\cos 13^\circ 32'10''} = 205.714\,(\text{mm})$$

（4）计算齿宽

$$b = \varphi_d d_1 = 0.9 \times 64.286 = 57.86\,(\text{mm})$$

取 b_2=58mm，b_1=b_2+5=63mm。

6-11 圆锥齿轮传动

一、概述

圆锥齿轮用于几何轴线相交的两轴间的传动，其运动可以看成是两个圆锥形摩擦轮在一起作纯滚动，该圆锥即节圆锥。与圆柱齿轮相似，锥齿轮也分为分度圆锥、齿顶圆锥和齿根圆锥等。但和圆柱齿轮不同的是，齿的厚度沿锥顶方向逐渐减小。锥齿轮的轮齿也有直齿、斜齿和曲齿三种，本书只讨论直齿锥齿轮。锥齿轮传动中，两轴的夹角 Σ 一般可为任意值，但通常多为 90°。

当两轴间的夹角 Σ=90° 时，如图 6-58 所示，其传动比为

$$i = \frac{n_1}{n_2} = \frac{d_2}{d_1} = \frac{z_2}{z_1} = \cot\delta_1 = \tan\delta_2 \tag{6-43}$$

式中，δ_1、δ_2 为分度圆锥顶角。

因此，传动比 i 一定时，两锥齿轮的节锥角也就一定。

为了计算和测量的方便，圆锥齿轮取大端模数为标准值，其模数系列见表 6-10，压力角为 20°，齿顶高系数 $h_a^* = 1$，顶隙系数 $c^* = 0.2$。

表 6-10　　锥齿轮标准模数系列（摘自 GB/T 12368—1990）　　（mm）

…	1	1.125	1.25	1.375	1.5	1.75	2	2.25	2.5	2.75	3	3.25	
3.75	4	4.5	5	5.5	6	6.5	7	8	9	10	11	12	…

二、圆锥齿轮齿廓的形成及几何尺寸

1. 齿廓曲面的形成

渐开线直齿锥齿轮齿廓的形成与渐开线直齿圆柱齿轮相似，区别在于基圆锥代替了基圆柱，一圆平面与一基圆锥相切，设该圆平面的半径与基圆锥的锥距相等，同时圆心与锥顶重合。当圆平面沿基圆锥作纯滚动时，该平面的任意点，将在空间展出一条渐开线。该渐开线即为一球面渐开线。所以圆锥齿轮大端的齿廓曲线，理论上应在以锥顶为球心，锥距 R 为半径的球面上。

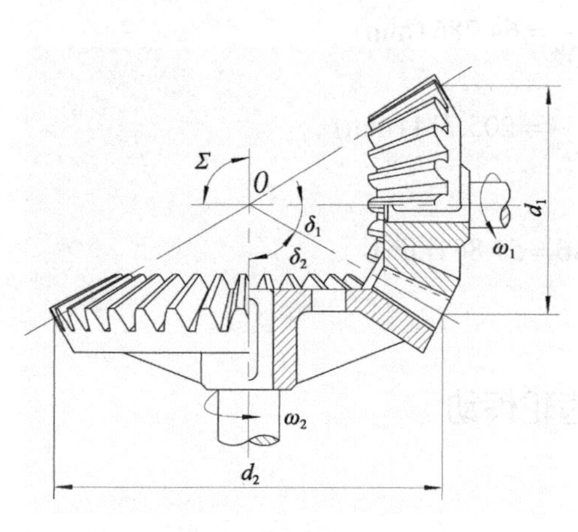

图 6-58 直齿圆锥齿轮传动

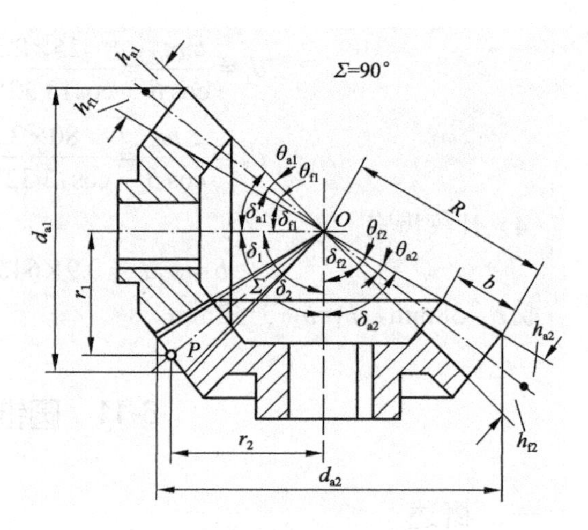

图 6-59 直齿锥齿轮的几何尺寸

2. 标准直齿圆锥齿轮的几何尺寸

如前所述，直齿圆锥齿轮的齿高是由大端到小端逐渐收缩，称为收缩齿圆锥齿轮。按照国标 GB/T 12369—1990 和 GB/T 12370—1990，这类齿轮又按顶隙的不同可分为不等顶隙收缩齿和等顶隙收缩齿两种，而前者较为常用。直齿锥齿轮的几何尺寸关系如图 6-59 所示，相应的计算公式见表 6-11。

表 6-11　　标准直齿圆锥齿轮几何尺寸计算公式（$\Sigma=90°$）

名　　称	代　　号	计 算 公 式
分度圆锥角	δ	$\delta_1=\text{arc cot}(z_2/z_1)$　$\delta_2=90^\circ-\delta_1$
齿 顶 高	h_a	$h_a=h_a^*m$
齿 根 高	h_f	$h_f=(h_a^*+c^*)m$
全 齿 高	h	$h=h_a+h_f=(2h_a^*+c^*)m$
顶　　隙	c	$c=c^*m$
分度圆直径	d	$d_1=mz_1$　$d_2=mz_2$
齿顶圆直径	d_a	$d_{a1}=d_1+2h_a\cos\delta_1$　$d_{a2}=d_2+2h_a\cos\delta_2$
齿根圆直径	d_f	$d_{f1}=d_1-2h_f\cos\delta_1$　$d_{f2}=d_2-2h_f\cos\delta_2$
锥顶距	R	$R=\frac{1}{2}\sqrt{d_1^2+d_2^2}$
齿顶角	θ_a	$\theta_{a1}=\theta_{a2}=\text{arc tan}(h_a/R)$
齿根角	θ_f	$\theta_{f1}=\theta_{f2}=\text{arc tan}(h_f/R)$
齿顶圆锥角	δ_a	$\delta_{a1}=\delta_1+\theta_{a1}$　$\delta_{a2}=\delta_2+\theta_{a2}$
齿根圆锥角	δ_f	$\delta_{f1}=\delta_1-\theta_{f1}$　$\delta_{f2}=\delta_2-\theta_{f2}$
分度圆齿厚	s	$s=\pi m/2$
当量齿数	z_v	$z_v=z/\cos\delta$
齿宽	b	$b\leqslant R/3$

三、直齿锥齿轮的背锥和当量齿数

从理论上讲，锥齿轮的齿廓应为球面上的渐开线。但由于球面不能展开成平面，致使锥齿轮的正确设计与制造有许多困难，故采用下述的近似方法。

如图 6-60 所示，自 P 点作 OP 的垂线 O_1P 与 O_2P，再以 O_1P 与 O_2P 为母线，以 O_1O、O_2O 为轴线作两个圆锥 O_1PA、O_2PB，该两圆锥称为两轮的背锥。由图可知，在 P、B、A 点附近，背锥面与球面几乎重合，故可以近似地用背锥面上的齿廓来代替锥齿轮大端的球面齿廓。

将两轮的背锥展开成平面时，其形状为两个扇形。两扇形的半径以 r_{v1} 及 r_{v2} 表示。把这两扇形当作以 O_1 和 O_2 为中心的圆柱齿轮的节圆的一部分，以锥齿轮大端齿轮的模数为模数，并取标准压力角，即可画出该锥齿轮大端的近似齿廓。

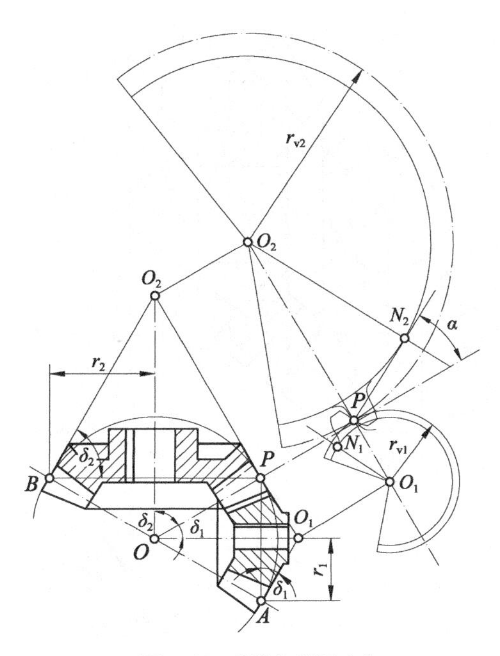

图 6-60 背锥与当量齿轮

两扇形齿轮的齿数 z_1 和 z_2 即为两锥齿轮的实际齿数，若将此两扇形补足成为完整的圆柱齿轮，则它们的齿数将增加为 z_{v1} 和 z_{v2}。z_{v1} 和 z_{v2} 称为该两锥齿轮的当量齿数。该圆柱齿轮称为锥齿轮的当量圆柱齿轮。

因 $$r_{v1}=\frac{d_1}{2\cos\delta_1}=\frac{mz_1}{2\cos\delta_1} \text{ 及 } r_{v1}=\frac{mz_{v1}}{2}$$

故 $$\frac{mz_1}{2\cos\delta_1}=\frac{mz_{v1}}{2}$$

即 $$z_{v1}=\frac{z_1}{\cos\delta_1}$$

同理 $$z_{v2}=\frac{z_2}{\cos\delta_2} \tag{6-44}$$

应用背锥与当量齿轮，就可以用圆柱齿轮的公式近似地计算锥齿轮的相关参数，例如求最少齿数、齿形系数和重合度等。

由于一对直齿圆锥齿轮的啮合相当于一对当量齿轮的啮合，所以其正确啮合条件为两个当量齿轮的模数和压力角应分别相等，亦即两个圆锥齿轮大端的模数和压力角应分别相等，且均为标准值。

四、平均当量齿轮及齿数

锥齿轮齿宽中点处的当量齿轮称为平均当量齿轮。在锥齿轮强度计算中，通常以平均当量齿轮的参数作为计算依据。其相对应的参数有平均分度圆直径 d_{m1} 和 d_{m2}、平均模数 m_m 等。直齿圆锥齿轮传动按齿宽中点背锥展开得到两个平均当量直齿圆柱齿轮的传动，如图 6-61 所示。

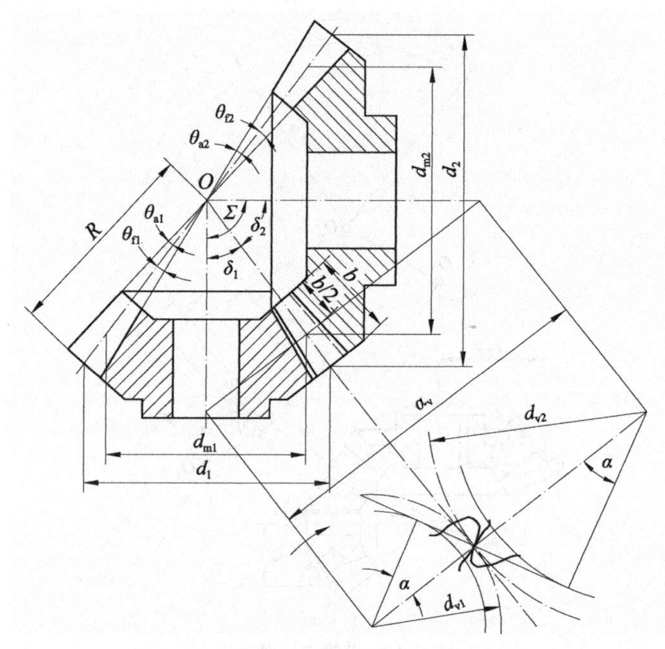

图 6-61　直齿圆锥齿轮传动的平均当量齿轮

锥齿轮强度计算时所需的主要设计参数的计算公式为

$$\frac{d_{m1}}{d_1}=\frac{d_{m2}}{d_2}=\frac{R-0.5b}{R}=1-0.5\frac{b}{R}=1-0.5\varphi_R$$

$$m_m=m(1-0.5\varphi_R)$$

平均当量齿轮直径和齿数

$$d_{vm1}=\frac{d_{m1}}{\cos\delta_1}=d_{m1}\frac{\sqrt{u^2+1}}{u},d_{vm2}=\frac{d_{m2}}{\cos\delta_2}=d_{m2}\sqrt{u^2+1}$$

$$z_{v1}=\frac{d_{v1}}{m_{m1}}=\frac{z_1}{\cos\delta_1},z_{v2}=\frac{z_2}{\cos\delta_2}$$

当量齿轮齿数比 $u_{\text{v}}=\dfrac{z_{\text{v2}}}{z_{\text{v1}}}=u^2$

五、轮齿受力分析

如图 6-62 所示，法向载荷 F_{n} 作用在齿宽中点（节点）。与圆柱齿轮一样，法向载荷 F_{n} 可分解成圆周力 F_{t}、径向力 F_{r} 和轴向力 F_{a} 三个互相垂直的分力，各分力及 F_{n} 大小表示为

$$\left.\begin{aligned}&F_{\text{t}}=2T_1/d_{\text{m1}}=F_{\text{t1}}=F_{\text{t2}}\\&F'=F_{\text{t}}\tan\alpha\\&F_{\text{r1}}=F'\cos\delta_1=F_{\text{t}}\tan\alpha\cos\delta_1=F_{\text{a2}}\\&F_{\text{a1}}=F'\sin\delta_1=F_{\text{t}}\tan\alpha\sin\delta_1=F_{\text{r2}}\\&F_{\text{n}}=\frac{F_{\text{t}}}{\cos\alpha}\end{aligned}\right\}\tag{6-45}$$

式中，F_{t1} 与 F_{t2}、F_{r1} 与 F_{a1} 及 F_{a2} 与 F_{r2} 大小相等，方向相反，F_{a1}、F_{a2} 指向锥齿轮各自的大端。

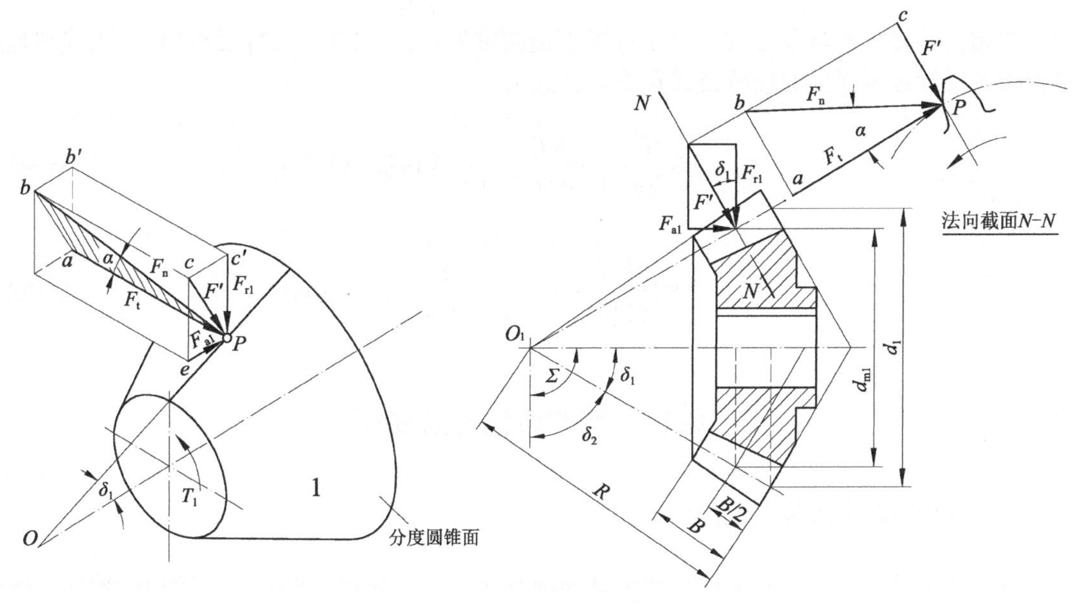

图 6-62 直齿圆锥齿轮的轮齿受力分析

六、直齿锥齿轮传动强度计算

1. 齿根弯曲疲劳强度计算

直齿圆锥齿轮由背锥展成的平均当量齿轮可看成是直齿圆柱齿轮。因此可直接利用直齿圆柱齿轮的齿根弯曲强度公式来建立圆锥齿轮的齿根弯曲疲劳强度校核计算公式，即

$$\sigma_{\text{F}}=\frac{KF_{\text{t}}Y_{\text{Fa}}Y_{\text{Sa}}}{bm_{\text{m}}}=\frac{KF_{\text{t}}Y_{\text{Fa}}Y_{\text{Sa}}}{bm(1-0.5\varphi_R)}\leqslant[\sigma]_{\text{F}}\quad(\text{MPa})\tag{6-46}$$

式中，Y_{Fa}、Y_{Sa}——分别是齿形系数和齿根应力修正系数，可按当量齿数查表 6-5 确定。

将式中参数 b 和 F_t 表示为

$$b = R\varphi_R = d_1\varphi_R \frac{\sqrt{u^2+1}}{2} = mz_1\varphi_R \frac{\sqrt{u^2+1}}{2} \tag{6-47}$$

$$F_t = \frac{2T_1}{d_{m1}} = \frac{2T_1}{m_m z_1} = \frac{2T_1}{m(1-0.5\varphi_R)z_1} \tag{6-48}$$

则按齿根弯曲强度条件的设计公式为

$$m \geqslant \sqrt[3]{\frac{4KT_1}{\varphi_R(1-0.5\varphi_R)^2 z_1^2\sqrt{u^2+1}} \cdot \frac{Y_{Fa}Y_{Sa}}{[\sigma]_F}} \ (\text{mm}) \tag{6-49}$$

2. 齿面接触疲劳强度计算

同齿根弯曲疲劳强度，齿面接触疲劳强度按平均当量齿轮来计算，应用赫兹公式

$$\sigma_H = Z_E\sqrt{\frac{F_{nc}}{\rho_\Sigma L}} \tag{6-50}$$

式中，接触线长度取为 $L=b$（齿宽）；计算载荷 $F_{nc} = \frac{KF_t}{\cos\alpha}$；$\rho_\Sigma$ 为平均当量齿轮的综合曲率半径，将相关参数代入赫兹公式。对于标准直齿圆锥齿轮，$\alpha=20°$，$Z_H=2.5$，代入上式整理后得到齿面接触疲劳强度的校核公式和设计公式为

$$\sigma_H = 5Z_E\sqrt{\frac{KT_1}{\varphi_R(1-0.5\varphi_R)^2 d_1^3 u}} \leqslant [\sigma]_H \ (\text{MPa}) \tag{6-51}$$

$$d_1 \geqslant 2.92\sqrt[3]{\left(\frac{Z_E}{[\sigma]_H}\right)^2 \frac{KT_1}{\varphi_R(1-0.5\varphi_R)^2 u}} \ (\text{mm}) \tag{6-52}$$

6-12 其他齿轮传动简介

一、曲线齿锥齿轮传动

由于直齿锥齿轮加工的齿形与理论球面渐开线齿形之间存在误差，齿轮精度较低，传动中产生较大的振动和噪声，不宜用于高速齿轮传动。因此，高速时宜采用曲线齿锥齿轮传动。

曲线齿锥齿轮传动较之直齿锥齿轮传动具有重合度大、承载能力高、传动效率高、传动平稳、噪声小等优点，因而获得了日益广泛的应用。曲线齿锥齿轮传动主要有圆弧齿（简称弧齿）和延伸外摆线齿两种类型。

1. 弧齿锥齿轮传动

这种齿轮沿齿长方向的齿线为圆弧（图 6-63（a）），可在专用格里森（Gleason）铣齿机上切齿，并容易磨齿，是曲线齿锥齿轮中应用最为广泛的一种。这种齿轮，齿线上各点的螺旋角是不同的，一般取齿宽中点分度圆螺旋角 β_m 为名义螺旋角。β_m 越大，齿轮传动越平稳，噪声越低，常取 $\beta_m=35°$。当 $\beta_m=0°$ 时，称为零度齿锥齿轮（图 6-63（b）），其传动平稳性

和生产效率比直齿锥齿轮高，常用于替代直齿锥齿轮。

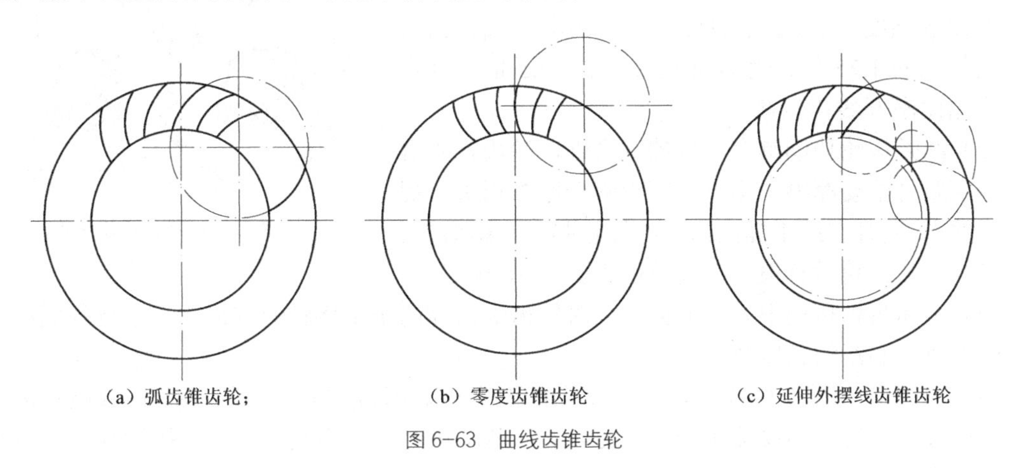

图 6-63 曲线齿锥齿轮

弧齿锥齿轮的最小齿数可小到 z_{min}=6～8，故传动比可比直齿锥齿轮大得多。零度齿锥轮的最小齿数可小到 z_{min}=13。

2. 延伸外摆线齿锥齿轮传动

外齿轮沿齿长方向为延伸外摆线（图 6-63（c）），采用等高齿，可在奥利康（Oerlikon）机床上切齿。这种齿轮的主要优点是：①可用连续分度方法加工，生产效率高，齿距精度较好；②齿长为等高齿，沿轮齿接触面共轭条件较好，齿的接触区也较理想。其缺点是磨齿困难，不宜用于高速传动。这种齿轮传动广泛用于汽车、机床、拖拉机等机械中。

二、准双曲面齿轮传动

最常用的准双曲面齿轮传动轴交角 Σ=90°。与锥齿轮传动不同的是：其轴线有一偏置（图 6-64）。由于轴线偏置，使得大、小齿轮的轴线不相交，小齿轮轴可从大齿轮轴下穿过，避免悬臂布置，这样，可做成两端支承的结构，增大了小齿轮轴的刚性。对于后轮驱动的汽车，这种偏置有利于降低传动装置的高度，使汽车的重心下降，从而可提高整车的平稳性。这种齿轮常做成齿廓为渐开线的弧线齿，可在普通的弧齿锥齿轮机床上加工，且可磨齿。

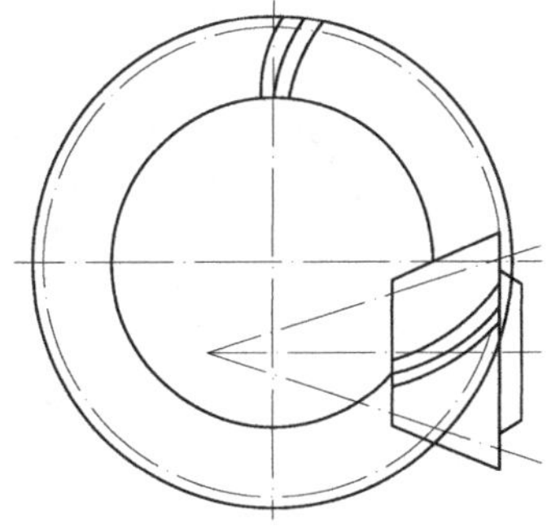

图 6-64 准双曲面齿轮传动

这种齿轮传动，具有轴的布置方便、传动平稳、噪声低、承载能力大等特点，多用于高速、重载、传动比大而要求结构紧凑的场合。目前不仅广泛应用于汽车工业，其他工业领域也逐渐得到应用。

三、圆弧齿圆柱齿轮传动

圆弧齿轮传动是一种平行轴斜齿轮传动，其端面或法面齿廓为圆弧，通常小齿轮做成凸齿，大齿轮做成凹齿（图 6-65），凸齿的齿廓圆心多在节圆上，凹齿的齿廓圆心略偏于节圆外，凹齿的齿廓半径 ρ_2 略大于凸齿的齿廓半径 ρ_1。

圆弧齿轮传动与渐开线齿轮传动相比有下列特点。

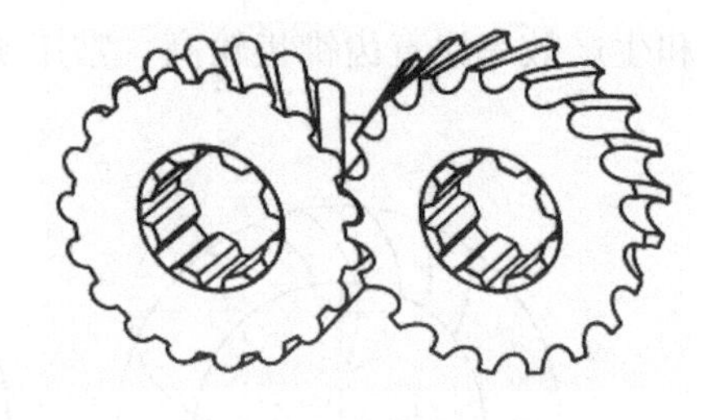
图 6-65　圆弧齿轮传动

（1）啮合轮齿的综合曲率半径 ρ_Σ 较大，轮齿具有较高的接触强度。其接触承载能力至少为渐开线直齿圆柱齿轮传动的 1.75 倍，有时甚至可达 2～2.5 倍，其弯曲强度也比渐开线齿轮高。

（2）圆弧齿轮传动具有良好的跑合性，轮齿在啮合过程中主要是滚动摩擦，不仅可减少啮合摩擦损失，提高传动效率，而且有助于提高齿面的接触强度和耐磨性。

（3）圆弧齿轮没有根切，齿数可少到 6～8 个。

（4）圆弧齿轮传动中心距的偏差，对轮齿沿齿高的正常接触影响很大。它将降低承载能力，因而对中心距的精度要求较高。

图 6-65 所示为单圆弧齿轮，近年来又由单圆弧齿轮发展为双圆弧齿轮。而双圆弧齿轮传动较之单圆弧齿轮，不仅接触线长，而且主、从动齿轮的齿根较厚，齿面接触强度、齿根弯曲强度以及耐磨性均更高。

由于圆弧齿轮传动的上述特点，在冶金、矿山、化工、起重运输等机械中得到越来越广泛的应用。

6-13　齿轮的结构设计

齿轮的结构设计包括齿轮的齿圈、轮毂、轮辐等的结构及尺寸设计。齿轮结构设计与齿轮的几何形状、毛坯类型、材料、加工方法、使用要求及经济性考虑等因素相关，通常依据荐用的经验数据或参考类似的齿轮结构进行结构设计。

图 6-66 中，当齿轮结构尺寸 $e<2m_t$（m_t 为端面模数，圆柱齿轮）和 $e<1.6m$（圆锥齿轮）时，均应将齿轮与轴做成一体。当 e 值超过上述尺寸时，齿轮与轴分开制造则更为合理。

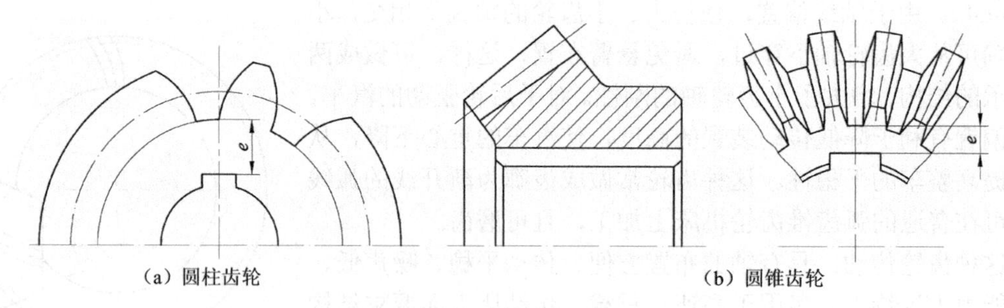

（a）圆柱齿轮　　（b）圆锥齿轮

图 6-66　齿轮结构尺寸 e

对于直径很小的钢制齿轮，可将齿轮与轴做成一体，称为齿轮轴，如图 6-67 所示。

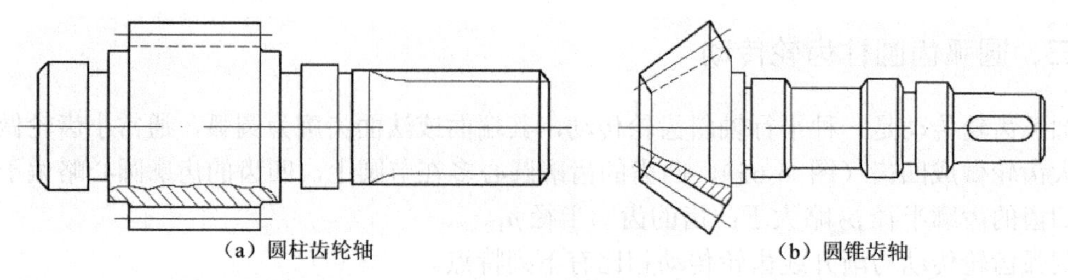
（a）圆柱齿轮轴　　（b）圆锥齿轴

图 6-67　齿轮轴

当齿顶圆直径 $d_a \leq 160mm$ 时，可做成实心结构的齿轮，如图 6-68 所示。当齿顶圆直径 $d_a \leq 500mm$ 时，齿轮做成腹板式结构，如图 6-69 所示。腹板上可设计为有孔或无孔结构。

当齿顶圆直径 $400mm < d_a < 1000mm$ 时，可做成轮辐式结构的齿轮，如图 6-70 所示。

图 6-71 所示为组装齿圈式结构的齿轮。这种结构形式可采用不同的材料来制造齿圈和轮毂，例如齿圈用钢，轮毂用铸铁。

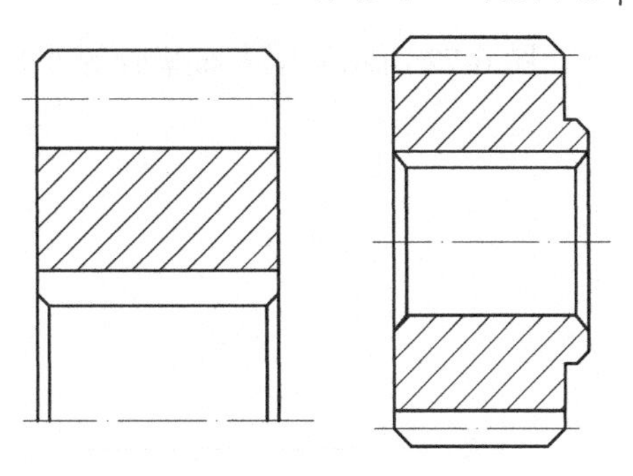

图 6-68 实心结构的齿轮

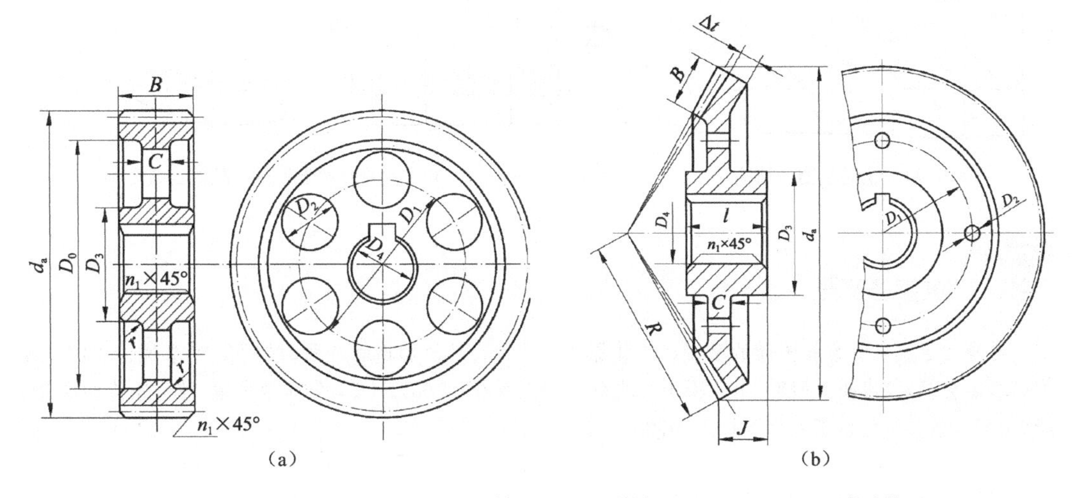

$D_1 \approx (D_0 + D_3)/2$; $D_2 \approx (0.25 \sim 0.35)(D_0 - D_3)$; $D_3 \approx 1.6 D_4$(钢材); $D_3 \approx 1.7 D_4$(铸铁); $n_1 \approx 0.5 m_n$; $r \approx 5mm$ 圆柱齿轮：$D_0 \approx d_a - (10 \sim 14) m_n$; $C \approx (0.2 \sim 0.3) B$ 圆锥齿轮：$l \approx (1 \sim 1.2) D_4$; $C \approx (3 \sim 4) m$；尺寸 J 由结构设计而定；$\Delta t = (0.1 \sim 0.2) B$

图 6-69 腹板式结构的齿轮（$d_a < 500mm$）

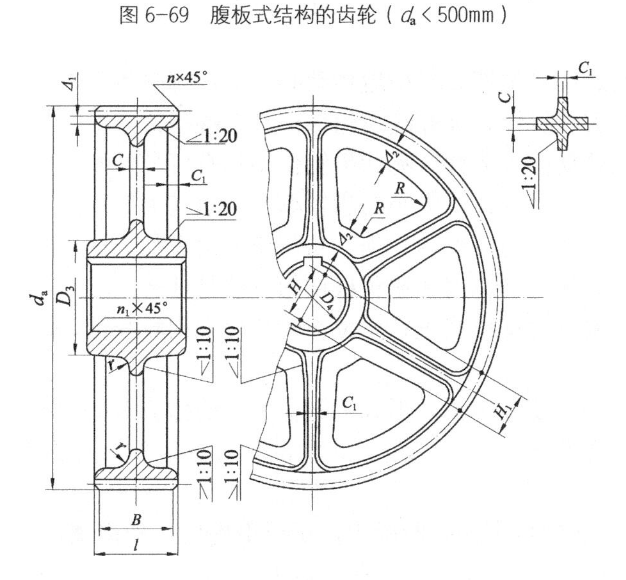

$B < 240mm$; $D_3 \approx 1.6 D_4$(铸钢); $D_3 \approx 1.7 D_4$(铸铁); $\Delta_1 \approx (3 \sim 4) m_n$，但不应小于 8mm；$\Delta_2 \approx (1 \sim 1.2) \Delta_1$; $H \approx 0.8 D_4$(铸铁); $H \approx 0.9 D_4$(铸铁); $H_1 \approx 0.8 H$; $C \approx H/5$; $C_1 \approx H/6$; $R \approx 0.5 H$; $1.5 D_4 > l \geq B$；轮辐数常取为 6

图 6-70 轮辐式结构的齿轮（$400mm < d_a < 1000mm$）

图 6-72 所示为用夹布塑胶等非金属板材制造的齿轮结构。

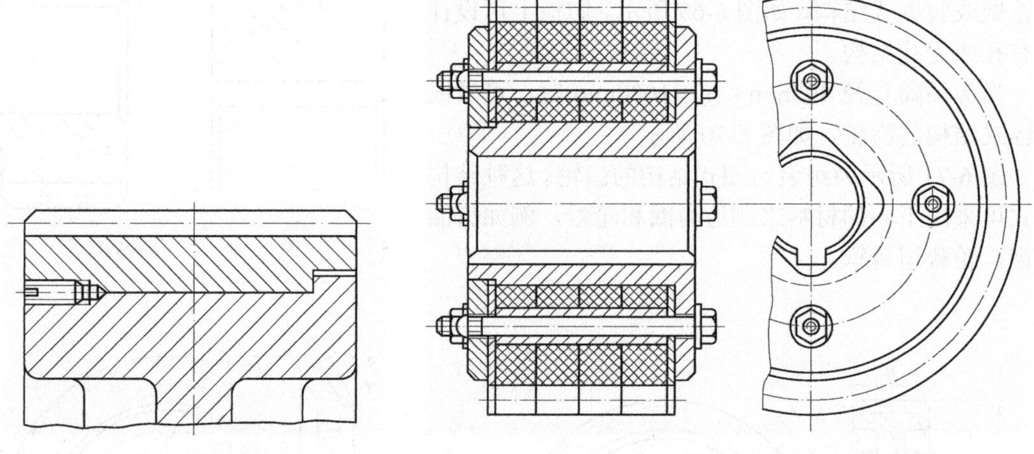

图 6-71　组装齿圈的结构　　　　图 6-72　用非金属板材制造的齿轮的组装结构

阅读参考文献

要全面了解各种齿轮传动的类型、工作原理、参数设计及制造等方面的知识，可参阅：（1）齿轮手册编委会编，《齿轮手册》（上、下），机械工业出版社，2001。（2）朱孝录主编，《齿轮传动设计手册》（第二版），化学工业出版社，2010。

齿轮传动技术在不断发展，各种具有特殊性能的新型齿轮机构不断地出现并得到应用，这方面的知识可参阅：李华敏、李瑰贤等编著，《齿轮机构设计与应用》，机械工业出版社，2007。

思 考 题

6-1　齿轮机构要连续、匀速和平稳地传动必须满足哪些条件？

6-2　渐开线具有哪些特性？渐开线齿轮传动具有哪些优点？

6-3　什么是齿轮传动的可分性？哪些齿轮传动具有可分性？

6-4　什么是重合度？重合度的大小与齿轮哪些参数有关？

6-5　齿轮传动中，节圆与分度圆、啮合角与压力角有什么区别？

6-6　什么是根切？根切的原因和避免根切的方法是什么？

6-7　齿轮为什么要进行变位修正？变位齿轮与标准齿轮相比，哪些参数产生了变化？如何确定变位系数？

6-8　齿轮传动主要有哪几种失效形式？避免失效的措施有哪些？

6-9　齿面点蚀是怎样产生的？出现在齿面的什么部位？为什么？提高抗点蚀的措施有哪些？

6-10　为了提高齿轮的抗弯曲折断能力，试至少提出三种措施。

6-11　齿轮传动强度计算中引入的载荷系数 K 考虑了哪几方面的影响？分别加以说明。

6-12　如何改善载荷沿齿向分布不均匀及动载荷的状况？

6-13　怎样合理选择齿轮精度等级？

6-14 在轮齿弯曲疲劳强度计算公式中为什么要引入齿形系数 Y_{Fa} 及应力修正系数 Y_{Sa}？

6-15 轮齿弯曲疲劳强度计算公式中为什么要引入齿宽系数 φ_d？设计时应如何选择 φ_d？

6-16 一对传动齿轮的轮齿弯曲疲劳应力 σ_F 是否相等？许用弯曲疲劳应力 $[\sigma]_F$ 是否相同？

6-17 一对齿轮传动中，主、从动轮齿面上的接触疲劳应力 σ_H 是否相等？而许用接触疲劳应力 $[\sigma]_H$ 又是否相同？

6-18 为何小齿轮的材料和齿面硬度都要高于大齿轮？

6-19 为什么斜齿轮的标准参数为法面参数，而几何尺寸按端面计算？

6-20 什么是斜齿轮的当量齿轮与当量齿数？

6-21 在斜齿轮和锥齿轮中引入当量齿轮的目的是什么？

6-22 锥齿轮为何以大端的参数为标准值？其正确啮合条件是什么？

习　题

6-1 一根渐开线在基圆半径 r_b=50mm 的圆上发生，试求渐开线上压力角 α=20° 处的曲率半径 ρ、展开角 θ 和该点的向径 r。

6-2 当 α=20° 的渐开线标准齿轮的齿根圆和基圆相重合时，其齿数为多少？又若齿数大于求出的数值，则基圆和齿根圆哪一个大些？

6-3 一对标准安装的外啮合标准直齿圆柱齿轮的参数为 α=20°，z_1=20，z_2=100，m=2mm，α=20°，$h_a^*=1$，$c^*=0.25$。试计算传动比 i，两轮的分度圆直径及齿顶圆直径，中心距，齿距。

6-4 已知一对斜齿圆柱齿轮的模数 m_n=2mm，齿数 z_1=24，z_2=91，要求中心距 α=120mm，试确定螺旋角 β。若小齿轮为左旋，则大齿轮为左旋还是右旋？

6-5 已知一对直齿锥齿轮（Σ=90°）的大端模数 m=3mm，z_1=32，z_2=70，φ_R=0.3，试计算分度圆锥顶角 δ_1、δ_2，分度圆直径 d_1、d_2，齿顶圆直径 d_{a1}、d_{a2}，锥距 R 及顶锥角 δ_a。

6-6 一标准渐开线直齿圆柱齿轮，测得齿顶圆直径 d_a=208mm，齿根圆直径 d_f=172mm，齿数 z=24，试求该齿轮的模数 m 和齿顶高系数 h_a^*。

6-7 一对正确安装的渐开线标准直齿圆柱齿轮（正常齿制）。已知模数 m=4mm，齿数 z_1=25，z_2=125。求传动比 $_i$、中心距 a，并用作图法求实际啮合线长和重合度 ε。

6-8 已知一对渐开线标准斜齿圆柱齿轮中心距 a=155mm，齿数 z_1=23，z_2=76，查勘数 m_n=3mm。试求这对齿轮的螺旋角 β 和两轮的几何尺寸。

6-9 一对渐开线标准直齿锥齿轮，模数 m=5mm，齿数 z_1=16，z_2=48，两轴交角 Σ=90°。试求这对齿轮的传动比和几何尺寸。

6-10 设有一对外啮合圆柱齿轮，已知模数 m_n=2，齿数 z_1=21，z_2=22，中心距 a=45mm，现不用变位而拟用斜齿圆柱齿轮来配凑中心距，问这对斜齿轮的螺旋角为多少？

6-11 有一对斜齿轮传动，已知 m_n=1.5mm，z_1=z_2=18，β=45°，α_n=20°，h_{an}^*=1，c_n^*=0.25，b=14mm。求：（1）齿距 p_n 和 p_t；（2）分度圆半径 r_1 和 r_2 及中心距 a；（3）重合度 ε_γ；（4）当量齿数 z_{v1} 和 z_{v2}。

6-12 一闭式单级直齿圆柱齿轮减速器，小齿轮 1 的材料为 40Cr，调质处理，齿面硬度 250HBS；大齿轮 2 的材料为 45 钢，调质处理，齿面硬度 220HBS。电机驱动，传递功率

P=10kW，n_1=960r/min，单向转动，载荷平稳，工作寿命为 5 年（每年工作 300 天，单班制工作）。齿轮的基本参数为 m=3mm，z_1=25，z_2=75，b_1=65mm，b_2=60mm。试验算齿轮的接触疲劳强度和弯曲疲劳强度。

6-13　两级斜齿轮传动如图 6-73 所示，已知第一对齿轮：z_1=20，z_2=40，m_{n1}=5mm，β_1=15°；第二对齿轮：z_3=17，z_4=52，m_{n2}=7mm。今使轴Ⅱ上传动件的轴向力相互抵消，试确定：

（1）斜齿轮 3、4 的螺旋角 β_2 的大小及轮齿的旋向；

（2）用图表示轴Ⅱ上传动件的受力情况（用各分力表示）。

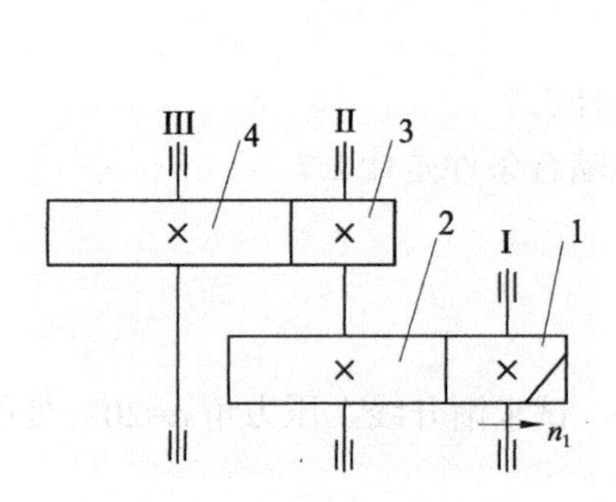

图 6-73　两级斜齿轮传动

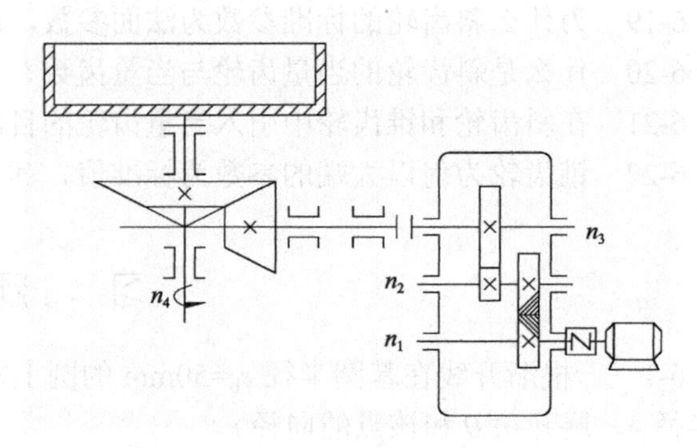

图 6-74　圆盘给料机

6-14　图 6-74 所示圆盘给料机由电动机通过两级圆柱齿轮减速器和圆锥齿轮驱动，已知电动机功率 P=3kW，转速 n_1=1440r/min，减速器的传动比为 12.8，高速级传动比 i_1=3.25，给料机圆盘转速 n_4=35r/min，试设计齿轮箱中高速级斜齿轮。

6-15　试设计题 6-14 中开式直齿圆锥齿轮，数据同前。

第 7 章 蜗杆传动

本章主要介绍蜗杆传动的类型、特点，普通圆柱蜗杆传动的主要参数、几何尺寸计算和承载能力计算；在此基础上分析了蜗杆传动的滑动速度、效率、润滑及热平衡计算，本章最后简单介绍了圆弧圆柱蜗杆传动。

本章重点： 普通圆柱蜗杆传动的几何尺寸计算、受力分析、蜗轮轮齿强度计算。

本章难点： 蜗杆传动的运动和受力分析、承载能力计算。

7-1 概 述

蜗杆传动是一种空间齿轮传动，能实现交错角为 90° 的两轴间运动和动力传递，如图 7-1 所示。蜗杆传动与圆柱齿轮传动及圆锥齿轮传动相比，具有结构紧凑、传动比大、传动平稳和易自锁等显著特点。其主要缺点为齿面摩擦力大、发热量高及传动效率低。蜗杆传动通常用于中、小功率非长时间连续工作的场合。

一、蜗杆传动的类型

根据蜗杆形状不同，蜗杆传动可分为圆柱蜗杆传动（见图 7-1）、环面蜗杆传动（见图 7-2）和锥蜗杆传动（见图 7-3）。

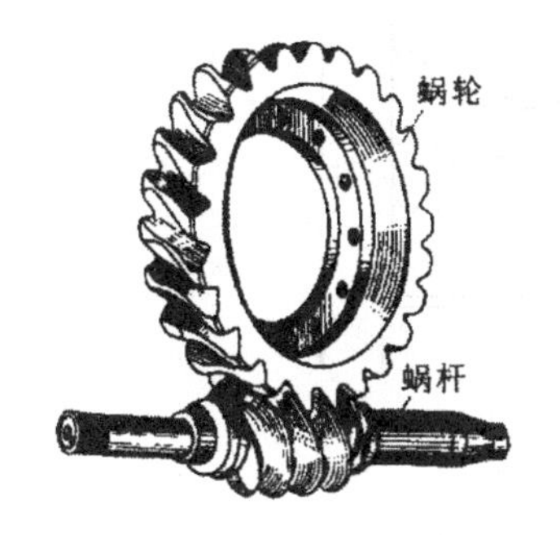

图 7-1 圆柱蜗杆传动

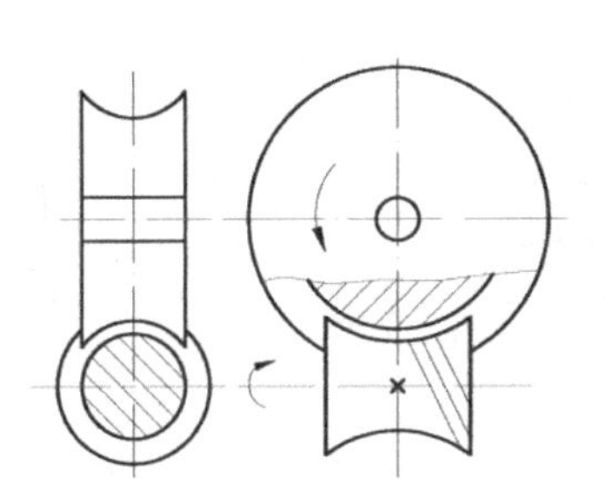

图 7-2 环面蜗杆传动

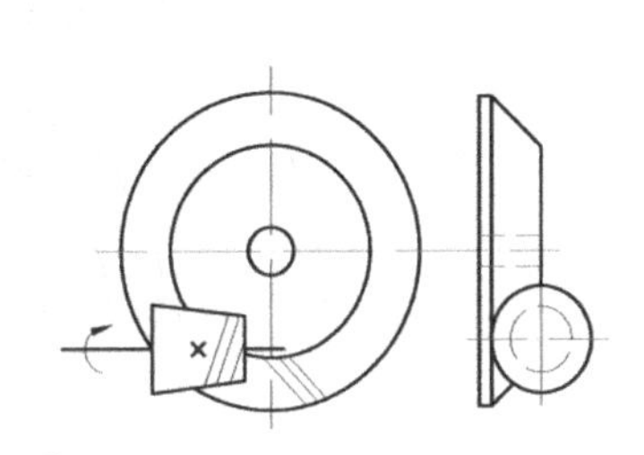

图 7-3 锥蜗杆传动

圆柱蜗杆由于制造简单，在机械传动中广泛应用。环面蜗杆易形成齿面润滑油膜，故承载能力强，效率高，多用于大功率传动。锥蜗杆传动重合度大，传动比范围大。本章只讨论阿基米德圆柱蜗杆传动。

二、蜗杆传动的特点

（1）能实现大传动比。动力传动中，一般传动比 i=50～80；在分度机构或手动机构传动中，传动比 i 可达到 300；若只传递运动，传动比可达 1000。

（2）蜗杆在传动过程中是连续不断的螺旋齿啮合，蜗杆和蜗轮轮齿是逐渐进入啮合和逐渐退出啮合的，同时啮合的齿对数又较多，因此传动平稳，冲击载荷小，噪声低。

（3）蜗杆传动通常具有自锁性，即蜗杆导程角小于啮合面当量摩擦角。

（4）蜗杆在传动过程中与蜗轮啮合齿面存在较大的相对滑动速度，摩擦和磨损较大，容易引起过热，使润滑失效，因此与其齿轮传动相比，发热量大，传动效率低（通常为 0.7～0.8）。

7-2 普通圆柱蜗杆传动的主要参数及几何尺寸计算

一、普通圆柱蜗杆传动的主要参数

1. 模数 m 和压力角 α

普通圆柱蜗杆传动（见图 7-4）在主平面上相当于齿条与斜齿轮的啮合传动，对阿基米德蜗杆而言，该平面上的轴向模数和轴向压力角为蜗杆传动的标准模数和压力角，记为 m 和 α。在主平面上，蜗杆的轴向模数、压力角等于蜗轮的端面模数、压力角，即

$$m_{a1} = m_{t2} = m$$

$$\alpha_{a1} = \alpha_{t2} = \alpha$$

阿基米德蜗杆的轴向压力角 α_a 为标准值（20° ），模数 m 的标准值见表 7-1。

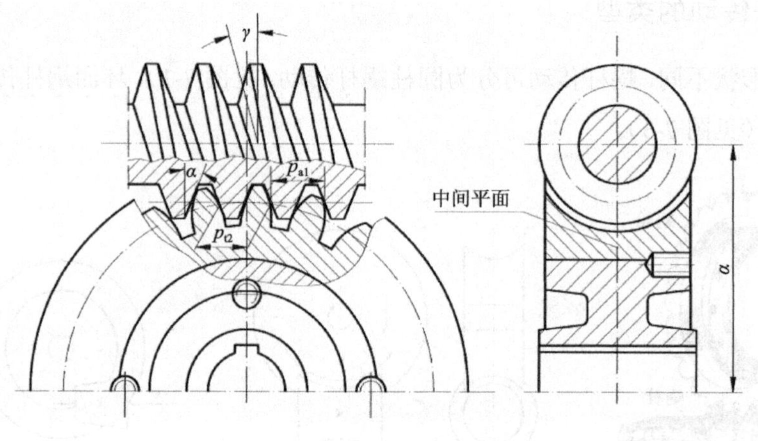

图 7–4 普通圆柱蜗杆传动

2. 蜗杆的分度圆直径 d_1 和直径系数 q

在标准蜗杆传动中，将蜗杆分度圆直径 d_1 规定为标准值，见表 7-1。并将分度圆直径 d_1 与模数 m 之比用 q 来表示

$$q = d_1 / m \tag{7-1}$$

式中，q 称为直径系数，q 取标准值（参看表 7-1）。蜗杆传动中引入直径系数 q 是由蜗轮加工特点所决定的。为保证蜗杆与配对蜗轮的正确啮合，只要有一种尺寸的蜗杆，就需一把对应的蜗轮滚刀，即对同一模数不同直径的蜗杆，必须配备相应数量的蜗轮滚刀。为了限制蜗轮滚刀的数量，引入直径系数 q 并取标准值，使每一标准模数规定了一定数量的蜗杆分度圆直径 d_1，便于生产管理，提高经济效益。

表 7-1　　普通圆柱蜗杆的主要参数

m(mm)	1	1.25	1.6	2
d_1(mm)	18	20　22.4	20　28	(18)　22.4　(28)　35.5
m^2d_1(mm³)	18	31.5　35	51.2　71.68	72　89.6　112　142
q	18	16　17.92	12.5　17.5	9　11.2　14　17.75

m(mm)	2.5	3.15	4
d_1(mm)	(22.4)　28　(35.5)　45	(28)　35.5　(45)　56	(31.5)　40　(50)　71
m^2d_1(mm³)	140　175　221.9　281	277.8　352.2　446.5　555.6	504　640　800　1136
q	8.96　11.2　14.2　18	8.89　11.27　14.29 17.78	7.875　10　12.5　17.75
m(mm)	5	6.3	8
d_1(mm)	(40)　50　(63)　90	(50)　63　(80)　112	(62)　80　(100)　140
m^2d_1(mm³)	1000　1250　1575　2250	1985　2500　3175　4445	4032　5376　6400　8960
q	8　10　12.6　18	7.94　10　12.698　17.78	7.75　10　12.5　17.5
m(mm)	10	12.5	16
d_1(mm)	(71)　90　(112)　160	(90)　112　(140)　200	(112)　140　(180)　250
m^2d_1(mm³)	7100　9000　11200　16000	14062　17500　21875　31250	28672　35840　46080　64000
q	7.1　9　11.2　16	7.2　8.96　11.2　16	7　8.75　11.25　15.625

注：①表中括号内的数字尽可能不采用。

②本表摘自 GB/T10085—1988。

3. 蜗杆头数 z_1

蜗杆头数 z_1 通常取 1、2、4、6。单头蜗杆传动比大，易自锁，但传动效率较低；多头蜗杆传动可提高传动效率，但头数过多，会造成蜗杆的加工困难。

4. 导程角 γ

将蜗杆分度圆上的螺旋线展开，如图 7-5 所示，则蜗杆的导程角 γ 可由下式确定：

$$\tan\gamma = \frac{p_z}{\pi d_1} = \frac{z_1 p_a}{\pi d_1} = \frac{z_1 m\pi}{\pi d_1} = \frac{z_1}{q} \tag{7-2}$$

式中，p_a——蜗杆轴向齿距。

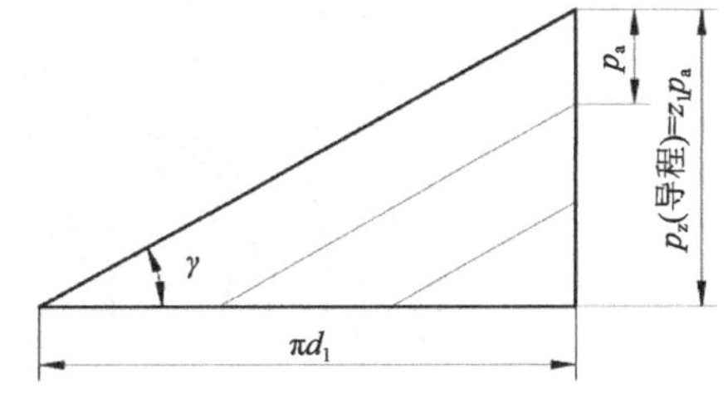

图 7-5　导程角与导程的关系

5. 传动比 i 和齿数比 u

$$i=\frac{n_1}{n_2}=\frac{z_2}{z_1}=u \tag{7-3}$$

式中，n_1、n_2——分别为蜗杆和蜗轮的转速，单位为：r/min；

z_2——蜗轮齿数；

z_1——蜗杆头数。

6. 蜗轮齿数 z_2

为避免根切，蜗轮齿数理论上应满足 $z_{2\min}\geqslant 17$。

蜗杆传动用于动力传动时，要求 $z_2<80$。因为若保持蜗轮直径不变，z_2 越大，模数就越小，将使蜗轮轮齿的弯曲强度削弱，而若保持模数不变，将增大蜗轮尺寸，使蜗杆支承跨距增加，降低了蜗杆的弯曲刚度。z_1 与 z_2 的选取可参考表 7-2。

表 7-2　蜗杆头数 z_1 与蜗轮齿数 z_2 的荐用值

$i=z_2/z_1$	z_1	z_2
≈5	6	29～31
7~15	4	29～61
14~30	2	29～61
29~82	1	29～82

7. 标准中心距 a

蜗杆传动标准中心距 a 为

$$a=\frac{1}{2}(d_1+d_2)=\frac{m}{2}(q+z_2) \tag{7-4}$$

表 7-1 列出了普通圆柱蜗杆传动的主要参数。设计普通圆柱蜗杆传动时，可按表 7-1 和 GB/T 10085—1988 来确定蜗杆和蜗轮的主要参数和尺寸。

二、蜗杆传动的几何尺寸计算

图 7-6 和表 7-3 分别列出了蜗杆传动的一些结构尺寸和几何计算公式。

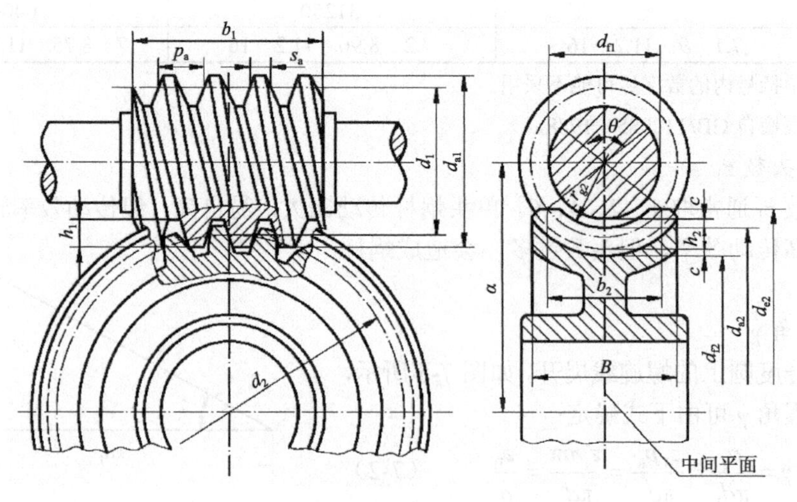

图 7-6　普通圆柱蜗杆传动的基本几何尺寸

表 7-3　　普通圆柱蜗杆传动基本尺寸计算关系式

名　　称	代　　号	计算关系式	说　　明
中心距	a	$a=m(q+z_2)/2$	按规定选取
模数	m	$m=m_a=\dfrac{m_n}{\cos\gamma}$	按规定选取
蜗杆直径系数	q	$q=d_1/m$	
蜗杆轴向齿距	p_a	$p_a=\pi m$	
蜗杆导程	p_z	$p_z=\pi m z_1$	
蜗杆分度圆直径	d_1	$d_1=mq$	按规定选取
蜗杆齿顶圆直径	d_{a1}	$d_{a1}=d_1+2h_{a1}=d_1+2h_a^*m$	
蜗杆齿根圆直径	d_{f1}	$d_{f1}=d_1-2h_{f1}=d_1-2\left(h_a^*m+c\right)$	
顶隙	c	$c=c^*m$	按规定
渐开线蜗杆基圆直径	d_{b1}	$d_{b1}=d_1\tan\gamma/\tan\gamma_b=mz_1/\tan\gamma_b$	
蜗杆导程角	γ	$\tan\gamma=mz_1/d_1=z_1/q$	
渐开线蜗杆基圆导程角	γ_b	$\cos\gamma_b=\cos\gamma\cos\alpha_n$	
蜗轮分度圆直径	d_2	$d_2=mz_2=2a-d_1-2x_2m$	
蜗轮喉圆直径	d_{a2}	$d_{a2}=d_2+2h_{a2}$	
蜗轮齿根圆直径	d_{f2}	$d_{f2}=d_2-2h_{f2}$	
蜗轮齿顶高	h_{a2}	$h_{a2}=\dfrac{1}{2}(d_{a2}-d_2)=m(h_a^*+x_2)$	
蜗轮齿根高	h_{f2}	$h_{f2}=\dfrac{1}{2}(d_2-d_{f2})=m(h_a^*-x_2+c^*)$	
蜗轮齿高	h_2	$h_2=h_{a2}+h_{f2}=\dfrac{1}{2}(d_{a2}-d_{f2})=m\left(2h_a^*+c^*\right)$	

7-3　蜗杆传动的运动和受力分析

一、蜗杆传动的运动分析

蜗杆传动运动分析的目的是确定传动的转向及滑动速度。

蜗杆传动中，一般蜗杆为主动，蜗轮的转向取决于蜗杆的转向与螺旋方向以及蜗杆与蜗轮的相对位置，如图 7-7 所示，蜗杆为右旋、下置，当蜗杆按图示方向 ω_1 回转时，则蜗杆的螺旋齿把与其啮合的蜗轮轮齿沿 v_2 方向向左推移，用右（左）手四指弯曲的方向代表蜗杆的旋转方向，则蜗轮的啮合节点速度 v_2 的方向就与大拇指指向相反，从而确定蜗轮的转向。

图 7-7 中，v_1、v_2 分别为蜗杆、蜗轮在啮合节点 P 的圆周速度，由于 v_1、v_2 相互垂直，可见轮齿间有很大的相对滑动，v_1、v_2 的相对速度 v_s 称为滑动速度，它对蜗杆传动发热和啮合处的润滑情况以及损坏有相当大的影响。由图知

$$v_s=\frac{v_1}{\cos\gamma}=\frac{\pi d_1 n_1}{60\times1000\cos\gamma}\quad(\text{m/s})\tag{7-5}$$

式中，d_1——蜗杆分度圆直径，mm；

v_1——蜗杆节点圆周速度，m/s；

n_1——蜗杆转速，r/min；

γ——蜗杆分度圆柱上的导程角。

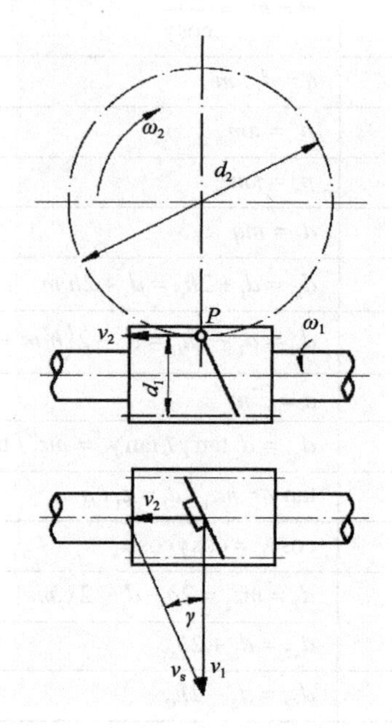

图 7-7　蜗杆传动的滑动速度

二、蜗杆传动受力分析

如图 7-8 所示，右旋蜗杆为主动件，逆时针方向旋转，F_n 为作用于节点 P 的法向载荷。把 F_n 分解为三个互相垂直的分力，即圆周力 F_t、径向力 F_r 和轴向力 F_a。由于蜗杆和蜗轮交错成 90° 角，所以三个分力满足关系式

$$F_{t1}=F_{a2}=\frac{2T_1}{d_1} \tag{7-6}$$

$$F_{a1}=F_{t2}=\frac{2T_2}{d_2} \tag{7-7}$$

$$F_{r1}=F_{r2}=F_{t2}\tan\alpha \tag{7-8}$$

法向载荷 F_n 表示成（参考图 7-8，并略去摩擦力）

$$F_n=\frac{F_{a1}}{\cos\alpha_n\cos\gamma}=\frac{F_{t2}}{\cos\alpha_n\cos\gamma}=\frac{2T_2}{d_2\cos\alpha_n\cos\gamma} \tag{7-9}$$

式中，T_1、T_2——分别为蜗杆和蜗轮上的扭矩，蜗杆主动时，$T_2=T_1i\eta$，η 为蜗杆传动的啮合效率，i 为蜗杆传动的传动比；

d_1、d_2——分别为蜗杆和蜗轮的分度圆直径；

γ——蜗杆的导程升角。

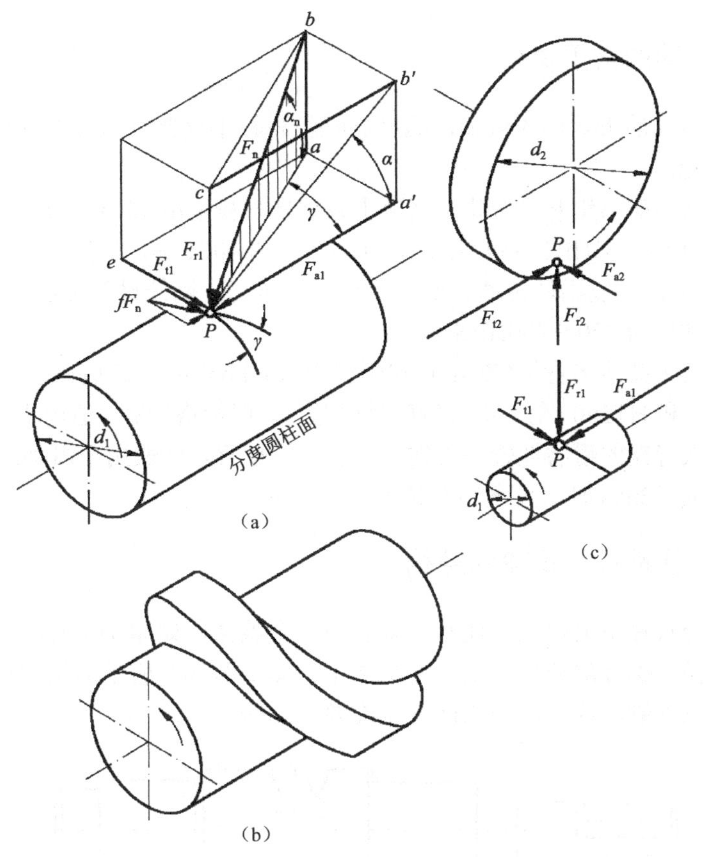

图 7-8　蜗杆传动的受力分析

蜗杆轴向分力 F_{a1} 的方向是由螺旋线旋向和蜗杆转向决定的。可用蜗杆的左（右）手螺旋定则来判定，即根据蜗杆齿的螺旋方向伸左手或右手（左旋伸左手，右旋伸右手），握住蜗杆轴线，以四指所示方向为蜗杆转向，则拇指伸直时所指方向即为蜗杆所受轴向力 F_{a1} 方向，蜗轮所受圆周力 F_{t2} 的方向与 F_{a1} 相反，F_{t2} 方向即为蜗轮啮合点的圆周速度方向。

7-4　蜗杆传动的失效形式、材料和结构

一、蜗杆传动的失效形式和设计准则

蜗杆传动的主要失效形式包括齿面点蚀、齿根折断、齿面胶合和过度磨损。在蜗杆传动设计中，蜗杆轮齿的强度总是比蜗轮轮齿的强度高得多，所以失效通常只发生在蜗轮上。由于蜗杆传动的齿面相对滑动速度大，在许多蜗杆传动中，蜗轮最有可能的失效形式是齿面胶合和过度磨损。

开式蜗杆传动的主要失效形式是齿面过度磨损和轮齿折断，因此应以保证齿根弯曲疲劳强度作为主要设计准则。

闭式蜗杆传动的主要失效形式为齿面胶合和点蚀。因此通常按齿面接触疲劳强度进行设计，然后按齿根弯曲疲劳强度校核。此外还需进行热平衡计算和蜗杆刚度计算。

二、蜗杆传动的常用材料

由上述蜗杆传动的失效形式可知，蜗杆、蜗轮材料不仅要有足够的强度，更要具有良好的减摩和耐磨性能。

蜗轮材料通常为碳素钢和合金钢。高速重载蜗杆材料采用 15Cr、20Cr 等，热处理为渗碳淬火，齿面硬度为 58～63HRC；也可选择 40、45 钢和 40Cr 等，热处理采用表面淬火，齿面硬度为 45～55HRC；一般蜗杆传动和低速中载蜗杆传动，蜗杆材料可选择 40、45 钢，经调质处理后，齿面硬度为 220～300HBS。

常用蜗轮材料为铸造锡青铜（ZCuSn10P1 和 ZCuSnPb5Zn5）、铸造铝铁青铜（ZCuAl10Fe3）及灰铸铁（HT150 和 HT200）等。锡青铜耐磨性最好，但价格较高，适用于滑动速度 $v_s \geqslant 3$m/s 的重要传动；铝铁青铜的耐磨性较锡青铜差，但价格便宜，一般用于滑动速度 $v_s \leqslant 4$m/s 的传动；当滑动速度 $v_s \leqslant 2$m/s 时，可采用灰铸铁。

三、普通圆柱蜗杆和蜗轮的结构

蜗杆螺旋部分直径不会很大，通常与轴做成一个整体，如图 7-9 所示。其中图 7-9（a）所示结构无退刀槽，螺旋部分用铣制的方法加工。图 7-9（b）所示的结构有退刀槽，螺旋部分可车制，也可以铣制，这种结构比前者刚度要差一些。

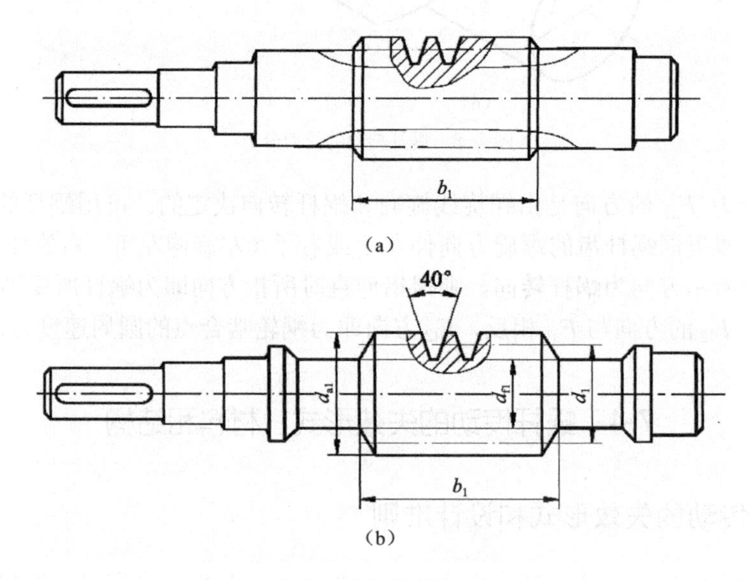

图 7-9 蜗杆的结构形式

常用蜗轮结构形式有以下几种。

（1）齿圈式：如图 7-10（a）所示，这种结构由青铜齿圈与铸铁轮芯组成。齿圈与轮芯一般用 H7/r6 配合装配，并加装 4～6 个紧定螺钉，以提高连接的可靠性。螺钉直径可取(1.2～1.5)m，m 为蜗轮模数；螺钉拧入深度为(0.3～0.4)B，B 为蜗轮宽度；螺钉中心线位置偏向轮芯 2～3mm，以便于钻孔加工。这种结构多用于尺寸不太大或工作温度变化较小的地方。

（2）螺栓连接式：如图 7-10（b）所示，轮齿和轮芯可用普通螺栓连接，也可用铰制孔螺栓连接。这种结构装拆方便，多用于尺寸较大或容易磨损的蜗轮。

（3）整体浇铸式：如图 7-10（c）所示，主要用于铸铁蜗轮或尺寸很小的青铜蜗轮。

（4）拼铸式：如图 7-10（d）所示，通常采用铸铁轮芯，并在铸铁轮芯上浇铸青铜齿圈，然后切齿而成。

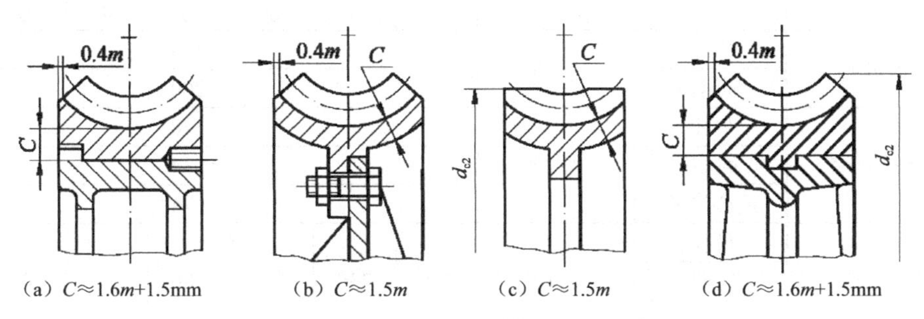

图 7-10 蜗轮的结构形式（m为蜗轮模数，m和 C的单位均为 mm）

7-5 蜗杆传动的强度计算

由于蜗杆材料的强度较蜗轮高得多，其螺牙通常不会先于蜗轮损坏，一般不进行蜗杆齿的强度计算。蜗杆通常和轴做成一体，仅验算其强度和刚度。

胶合与磨损在蜗杆传动中虽属常见的失效形式，但目前尚无成熟的计算方法。由于它们均随齿面接触应力的增加而加剧，因此可统一作为齿面接触强度进行条件性计算，根据不同材料的失效形式以相应的许用接触应力$[\sigma]_H$ 值加以补偿。这样，蜗轮齿面的接触强度计算便成为蜗杆传动最基本的轮齿强度计算。

蜗杆传动的齿面接触强度计算与斜齿轮类似，也是以赫兹公式为计算基础。

$$\sigma_H = Z_E\sqrt{\frac{KF_n}{L\rho_\Sigma}} \quad (\mathrm{MPa})$$

将蜗杆和蜗轮的相应参数代入上式，可得蜗轮轮齿表面接触强度的计算公式：

$$\sigma_H = \frac{480}{d_2}\sqrt{\frac{KT_2}{d_1}} \leqslant [\sigma]_H \quad (\mathrm{MPa}) \tag{7-10}$$

上式用于钢蜗杆对青铜或铸铁蜗轮（指齿冠）。以 $d_2=mz_2$ 代入上式，整理后可得设计公式：

$$m^2 d_1 \geqslant \left(\frac{480}{z_2[\sigma]_H}\right)^2 KT_2 \quad (\mathrm{mm}^3) \tag{7-11}$$

式中，T_2——作用在蜗轮上的转矩，N·mm；

K——载荷系数；

$[\sigma]_H$——蜗轮轮齿的许用接触应力，MPa，查表 7-4。

按式（7-11）求得 m^2d_1 后，查表 7-1 确定 m 及 d_1 的标准值。

蜗轮轮齿折断的情况很少发生，只有在受强烈冲击等少数情况下且蜗轮采用脆性材料时，计算其弯曲强度才有实际意义。需要计算时可参阅有关文献。

表 7-4　　常用的蜗轮材料及其许用接触应力（MPa）

蜗轮材料牌号	铸造方法	适用的滑动速度(m/s)	许用接触应力$[\sigma]_H$ 滑动速度(m/s)						
			0.5	1	2	3	4	6	8
ZCuSn10P1	砂模	≤25	134						
	金属模		200						
ZCuSn5Pb5Zn5	砂模	≤12	128						
	金属模		134						
	离心浇铸		174						
ZCuAl10Fe3	砂模 金属模 离心浇铸	≤10	250	230	210	180	160	120	90
HT150 HT200	砂模	≤2	130	115	90	—	—	—	—

7-6　蜗杆传动的效率、润滑和热平衡计算

一、蜗杆传动效率

闭式蜗杆传动的功率损耗一般包括 3 部分，即啮合摩擦损耗、轴承摩擦损耗和浸入油池中零件搅油引起的损耗。蜗杆传动效率 η 为计入了这三项功率损耗的效率，即

$$\eta=\eta_1\eta_2\eta_3 \tag{7-12}$$

其中，由啮合摩擦损耗所决定的效率 η_1 起主要作用。

$$\eta_1=\tan\gamma/\tan(\gamma+\varphi_v) \tag{7-13}$$

式中，γ——普通圆柱蜗杆分度圆柱上的导程角；

φ_v——当量摩擦角，$\varphi_v=\arctan f_v$，f_v 为当量摩擦系数，其值可在表 7-5 中选取。

表 7-5　　普通圆柱蜗杆传动的 v_s、f_v、φ_v 值

蜗轮齿圈材料	锡青铜				无锡青铜		灰铸铁			
蜗杆齿面硬度	≥45HRC		其他		≥45HRC		≥45HRC		其他	
滑动速度 v_s①/(m/s)	f_v②	φ_v②	f_v	φ_v	f_v②	φ_v②	f_v②	φ_v②	f_v	φ_v
0.01	0.110	6°17′	0.120	6°51′	0.180	10°12′	0.180	10°12′	0.190	10°45′
0.05	0.090	5°09′	0.100	5°43′	0.140	7°58′	0.140	7°58′	0.160	9°05′
0.10	0.080	4°34′	0.090	5°09′	0.130	7°24′	0.130	7°24′	0.140	7°58′
0.25	0.065	3°43′	0.075	4°17′	0.100	5°43′	0.100	5°43′	0.120	6°51′
0.50	0.055	3°09′	0.065	3°43′	0.090	5°09′	0.090	5°09′	0.100	5°43′
1.0	0.045	2°35′	0.055	3°09′	0.070	4°00′	0.070	4°00′	0.090	5°09′
1.5	0.040	2°17′	0.050	2°52′	0.065	3°43′	0.065	3°43′	0.080	4°34′
2.0	0.035	2°00′	0.045	2°35′	0.055	3°09′	0.055	3°09′	0.070	4°00′
2.5	0.030	1°43′	0.040	2°17′	0.050	2°52′				
3.0	0.028	1°36′	0.035	2°00′	0.045	2°35′				
4	0.024	1°22′	0.031	1°47′	0.040	2°17′				

续表

蜗轮齿圈材料	锡青铜				无锡青铜		灰铸铁			
蜗杆齿面硬度	≥45HRC		其他		≥45HRC		≥45HRC		其他	
滑动速度 v_s[1]/(m/s)	f_v[2]	φ_v[2]	f_v	φ_v	f_v[2]	φ_v[2]	f_v[2]	φ_v[2]	f_v	φ_v
5	0.022	1°16′	0.029	1°40′	0.035	2°00′				
8	0.018	1°02′	0.026	1°29′	0.030	1°43′				
10	0.016	0°55′	0.024	1°22′						
15	0.014	0°48′	0.020	1°09′						
24	0.013	0°45′								

注：①如滑动速度与表中数值不一致时，可用插入法求得 f_v 和 φ_v 值。

②蜗杆齿面经磨削或抛光并仔细磨合、正确安装，以及采用黏度合适的润滑油进行充分润滑时。

η_2 和 η_3 分别为轴承效率和蜗杆或蜗轮搅油引起的效率。一般设计中可取 $\eta_2 \cdot \eta_3$=0.95～0.96。所以蜗杆传动效率 η 可表示为

$$\eta = \eta_1\eta_2\eta_3 = (0.95 \sim 0.96)\frac{\tan\gamma}{\tan(\gamma + \varphi_v)} \tag{7-14}$$

蜗杆传动设计时，可根据蜗杆头数估取传动效率，参考表 7-6。

表 7-6　蜗杆传动效率表

z_1	1	2	4	6
η	0.7	0.8	0.9	0.95

二、蜗杆传动的润滑

蜗杆传动的齿面相对滑动速度大，发热量高，良好的润滑对蜗杆传动特别重要。当润滑不良时，传动效率显著下降，齿面会产生很大的摩擦力而造成急剧磨损和发生胶合。所以通常采用较大黏度的润滑油和正常的热平衡条件实现良好润滑，并且常在润滑油中加入添加剂，以提高蜗轮齿面的抗胶合能力。

1. 润滑油

蜗杆传动可使用多种润滑油，根据蜗杆、蜗轮配对材料和工作条件选择合适的润滑油。对于钢制蜗杆配对青铜蜗轮，常用润滑油列于表 7-7。

表 7-7　蜗杆传动常用的润滑油

全损耗系统用油牌号 L-AN	68	100	150	220	320	460	680
运动黏度 v_{40}/cSt	61.2～74.8	90～110	135～165	198～242	288～352	414～506	612～748
黏度指数不小于	90						
闪点(开口)不低于/℃	180	200					220
凝点不高于/℃	-8						-5

注：其余指标可参考 GB 5903—2011。

2. 润滑油黏度及给油方法

润滑油黏度和给油方法一般根据相对滑动速度及载荷类型进行选择。闭式传动，常用的润滑油黏度和给油方法见表 7-8；开式传动，通常采用较高黏度的齿轮油或润滑脂。

3. 润滑油量

对于闭式传动采用油池润滑时，应当有适当的油量，既能保证浸入油池中的蜗杆或蜗轮能带入啮合面足够的油量，又能使搅油时能量损耗不会过多。对于下置式蜗杆或侧置式蜗杆

传动，浸油深度通常为一个蜗杆齿高；对于上置式蜗杆传动，浸油深度约为蜗轮外径的1/3。

表7-8　　蜗杆传动的润滑油黏度荐用值及给油方法

蜗杆传动的相对滑动速度 v_s/(m/s)	0～1	0～2.5	0～5	>5～10	>10～15	>15～25	>25
载荷类型	重	重	中	(不限)	(不限)	(不限)	(不限)
运动黏度 v_{40}/cSt	900	500	350	220	150	100	80
给油方法	油池润滑			喷油润滑或油池润滑	喷油润滑时的喷油压力/MPa		
					0.7	2	3

三、蜗杆传动热平衡计算

蜗杆传动过程中，由于传动效率较低，会产生较多的热量。对于闭式蜗杆传动，这些热量若不能及时散发出去，就会因温度过高使润滑油稀释，齿面间的润滑油啮合时基本被完全挤出，使齿面间摩擦力增加，从而加剧磨损和引起胶合失效。所以闭式传动通常要进行热平衡计算。

设单位时间内蜗杆传动的发热量为 H_1（单位为1W=1J/s），则

$$H_1 = 1000P(1-\eta) \tag{7-15}$$

式中，P——蜗杆传递的功率，kW。

若以自然冷却方式，设单位时间内的散热量为 H_2(W)，则

$$H_2 = K_d S(t - t_0)$$

式中，K_d——箱体表面传热系数，取 K_d=8.15～17.45，W/(m²·℃)；

S——内表面能被润滑油飞溅到，而外表面又可为周围空气冷却的箱体表面面积，m²；

t——油工作温度，一般应限制在60～70℃，最高不应超过80℃；

t_0——周围环境温度，通常取常温 t_0=20℃。

达到热平衡时，$H_1=H_2$，即

$$1000P(1-\eta) = K_d S(t - t_0)$$

从上式中解出 t(℃)，得

$$t = t_0 + \frac{1000P(1-\eta)}{K_d S} \tag{7-16}$$

若计算结果为 t>80℃，可采取以下几项措施来提高蜗杆传动的散热能力。

（1）箱体上加散热片以增大散热面积，如图7-11所示。

（2）在蜗杆轴端加装风扇实现强制风冷却，如图7-11所示。

进行人工通风，以增加散热系数，这时可取 K_d=21～28W/(m²·℃)。

（3）在传动箱内安装循环冷却管路，如图7-12所示。

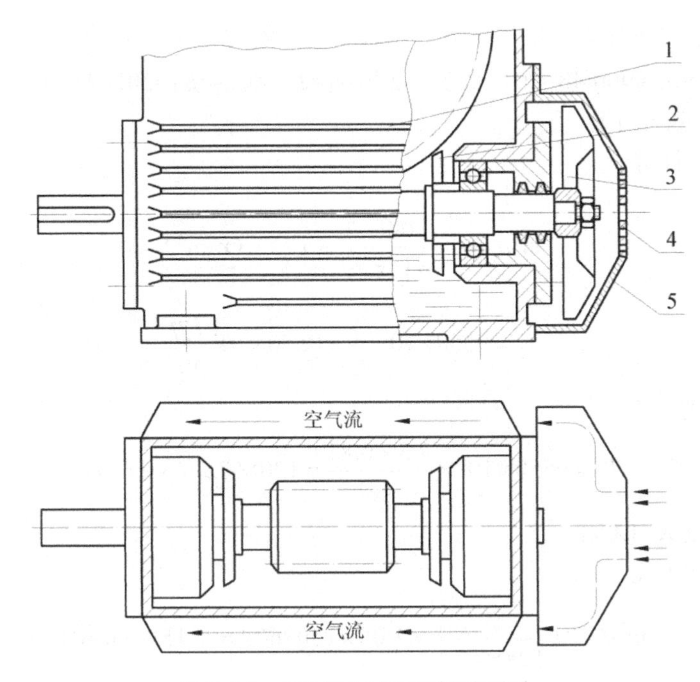

图 7-11 加散热片和风扇的蜗杆传动

1—散热片；2—溅油轮；3—风扇；4—过滤网；5—集气罩

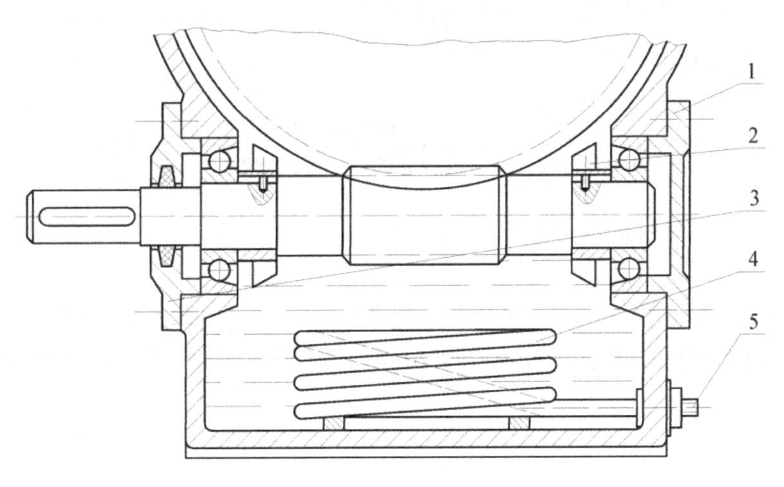

图 7-12 装有循环冷却管路的蜗杆传动

1—闷盖；2—溅油轮；3—透盖；4—蛇形管；5—冷却水出、入接口

例 7-1 设计计算驱动输送带的单级闭式蜗杆传动。已知电动机功率 P_1=7.5kW，转速 n_1=960r/min，蜗轮轴转速 n_2=48r/min，载荷平稳、单向连续回转。

解： 1．选择材料并确定许用应力

根据电动机转速一般、功率不算大，估计齿面滑动速度 v_s=6m/s，蜗轮材料选用 ZCuSn5Pb5Zn5，砂模铸造；蜗杆材料选用 45 钢，表面淬火，硬度为 45～50HRC。由表 7-4 查得$[\sigma]_H$=128MPa。

2．选择齿数

由传动比 $i=n_1/n_2=960/48=20$，查表 7-2 取 $z_1=2$，则 $z_2=iz_1=20\times2=40$。

3．齿面接触强度计算

按式（7-11）计算

$$m^2d_1 \geqslant \left(\frac{480}{[\sigma]_H z_2}\right)^2 KT_2 \quad (\text{mm}^3)$$

式中
$$T_2 = 9550\times10^3\frac{P_2}{n_2} = 9550\times10^3\frac{P_1\eta}{n_2}$$

取 $\eta=0.81$，则

$$T_2 = 9550\times10^3\times\frac{7.5\times0.81}{48} = 1208672 \text{（N·mm）}$$

载荷平稳，取 $K=1.05$。

将已知数据代入得

$$m^2d_1 \geqslant \left(\frac{480}{128\times40}\right)^2\times1.05\times1208672 = 11154 \text{（mm}^3\text{）}$$

查表 7-1，取 $m=10\text{mm}$，$d_1=112\text{mm}$。

$$\gamma = \arctan\frac{z_1m}{d_1} = \arctan\frac{2\times10}{112} = 10.1247^\circ \text{（即 } \gamma=10^\circ07'30''\text{）}$$

4．验算滑动速度

$$v_s = \frac{\pi d_1n_1}{60\times1000\cos\gamma} = \frac{\pi\times112\times960}{60\times1000\times\cos10.1247^\circ} = 5.72\ (\text{m/s})$$

与原假设接近，材料选用合适。

5．主要尺寸计算

按表 7-3 中公式计算可得：$d_2=400\text{mm}$；$a=256\text{mm}$；$d_{a1}=132\text{mm}$；$d_{f1}=88\text{mm}$；$d_{a2}=420\text{mm}$；$d_{f2}=376\text{mm}$；$d_{e2}=430\text{mm}$；$R_{e2}=46\text{mm}$；$b=99\text{mm}$；$L=150\text{mm}$(磨削再加长 35mm)。

6．热平衡计算

按式（7-16）计算

$$\frac{1000P(1-\eta)}{K_dS} + t_0 \leqslant [t] \text{（℃）}$$

式中，$P=7.5\text{kW}$；

通风良好，取 $K_d=15\text{W}/(\text{m}^2\cdot℃)$；

取润滑油允许工作温度 $[t]=75℃$，室温 $t_0=20℃$；

$$\eta=\eta_1\eta_2\eta_3$$

取 $\eta_2=0.94$，$\eta_3=1$，因 $v_s=5.72\text{m/s}$，查表 7-5 得 $\varphi_v\approx1^\circ14'30''$，则

$$\eta_1 = \frac{\tan\gamma}{\tan(\gamma+\varphi_v)} = \frac{\tan10^\circ7'30''}{\tan(10^\circ7'30''+1^\circ14'30'')} = 0.888$$

故 η=0.888×0.94×1=0.83，和原假定接近。

将以上数据代入，得箱体所需有效散热面积 S 为

$$S \geqslant \frac{1000P(1-\eta)}{([t]-t_0)K_{\mathrm{d}}} = \frac{1000\times 7.5\times(1-0.83)}{(75-20)\times 15} = 1.55\ (\mathrm{m}^2)$$

这将为箱体设计和是否考虑采取散热措施提供依据。

7-7　圆弧圆柱蜗杆传动简介

一、圆弧圆柱蜗杆传动特点

圆弧圆柱蜗杆（ZC 蜗杆）传动是一种新型的蜗杆传动。实践证明，这种蜗杆传动比普通圆柱蜗杆传动的承载能力大，传动效率高，使用寿命长，可以实现交错轴之间的传动，蜗杆能安装在蜗轮的上、下方或侧面。因此圆弧圆柱蜗杆传动有逐渐代替普通圆柱蜗杆传动的趋势。它的主要特点如下。

（1）传动比范围大，可实现 1:100 的大传动比传动。

（2）蜗杆与蜗轮的齿廓呈凸凹啮合，接触线与相对滑动速度方向间的夹角大，有利于润滑油膜的形成。

（3）当蜗杆主动时，啮合效率可达 95%以上，比普通圆柱蜗杆传动的啮合效率提高 10%～20%。

（4）传动的中心距难以调整，对中心距误差的敏感性较强。

二、圆弧圆柱蜗杆传动类型

圆弧圆柱蜗杆传动可分为圆环面包络圆柱蜗杆传动和轴向圆弧齿圆柱蜗杆传动两种类型。

1. 圆环面包络圆柱蜗杆传动

圆环面包络圆柱蜗杆传动可分为 ZC_1 和 ZC_2 两种型式。

ZC_1 蜗杆传动，蜗杆齿面是由圆环面（砂轮）形成的，蜗杆轴线与砂轮轴线的公垂线通过蜗杆齿槽的某一位置。砂轮与蜗杆齿面的瞬时接触线是一条固定的空间曲线。砂轮与蜗杆的相对位置如图 7-13（a）所示。

ZC_2 蜗杆传动，蜗杆齿面是由圆环面（砂轮）形成的，蜗杆曲线与砂轮轴线的轴交角为某一角度，该二轴线的公垂线通过砂轮齿廓曲率中心。砂轮与蜗杆齿面的瞬时接触线是一条与砂轮的轴向齿廓互相重合的固定平面曲线。砂轮与蜗杆的相对位置如图 7-13（b）所示。

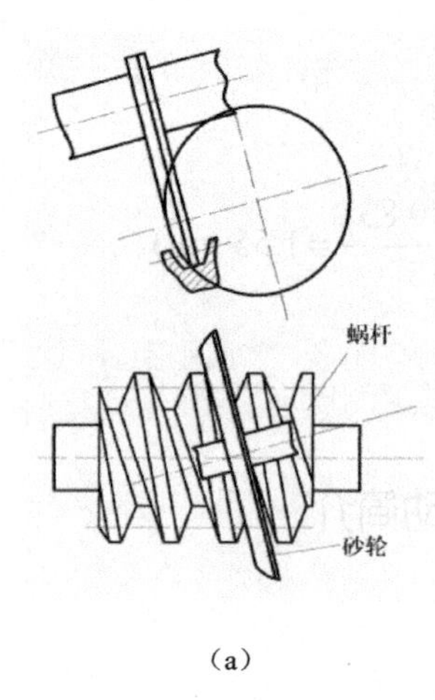

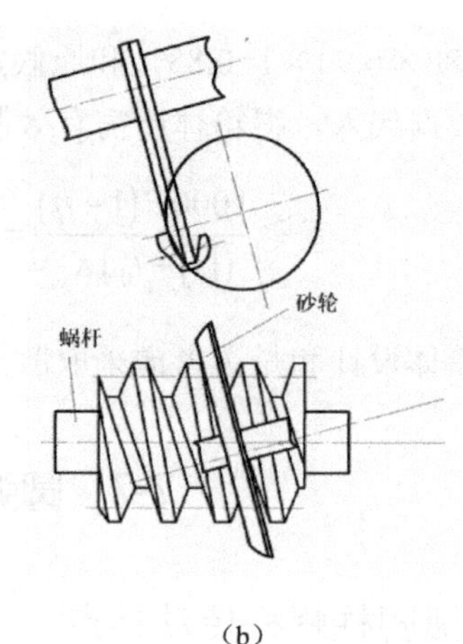

(a)　　　　(b)

图 7-13　圆环面包络圆柱蜗杆传动

2. 轴向圆弧圆柱蜗杆（ZC_3）传动

该蜗杆齿面是由蜗杆轴向平面（含轴平面）内一段凹圆弧绕蜗杆的轴线作螺旋运动时形成的，也就是将凸圆弧车刀前刃面置于蜗杆轴向平面内，车刀绕蜗杆轴线作相对螺旋运动时所形成的轨迹曲面。车刀与蜗杆的相对位置如图 7-14 所示。

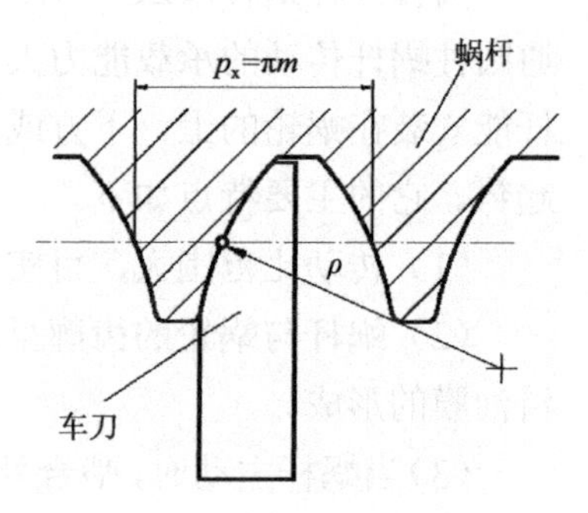

图 7-14　车刀与蜗杆的相对位置

阅读参考文献

蜗杆传动在进行轮齿间的受力分析时，通常为了简单略去了摩擦力。增加摩擦力的受力分析可参阅：吴宗泽主编，机械设计（第 7 版），北京：高等教育出版社，2001。

圆弧圆柱蜗杆传动，近年来在我国也较普遍应用起来，有关这种蜗杆传动的设计计算、参数选择等问题可参阅：齿轮手册编委会编，齿轮手册（第 2 版），北京：机械工业出版社，2000。

环面蜗杆传动可参阅：北京有色冶金设计研究总院编，机械设计手册（第 3 版），北京：化学工业出版社，1993。其中环面包络蜗杆传动的啮合原理和设计计算方法可参阅：徐灏主编，机械设计手册，北京：机械工业出版社，1991。

思 考 题

7-1　蜗杆传动有哪些特点？

7-2　普通圆柱蜗杆传动的组成及工作原理是什么？

7-3　蜗杆传动以什么模数作为标准模数？蜗杆分度圆直径 d_1 为什么一般应取与模数 m 相对应的标准值？

7-4　简述蜗杆传动正确啮合条件，阿基米德蜗杆传动在其主平面上相当于什么形式的齿轮啮合？

7-5　蜗杆传动主要失效形式是什么？

7-6　蜗杆传动的失效形式和强度计算与齿轮传动相比，主要的异同点有哪些？

7-7　闭式蜗杆传动为什么要进行热平衡计算？

7-8　试从普通蜗杆传动、圆弧齿圆柱蜗杆传动、圆弧面蜗杆传动分析其创新构思。对提高蜗杆传动的效率你还能提出哪些创新构思？

习　题

7-1　试分析如图7-15所示蜗杆传动中各轴的回转方向、蜗轮轮齿的螺旋线方向及蜗杆、蜗轮所受各力的作用位置及方向（用各分力表示）。

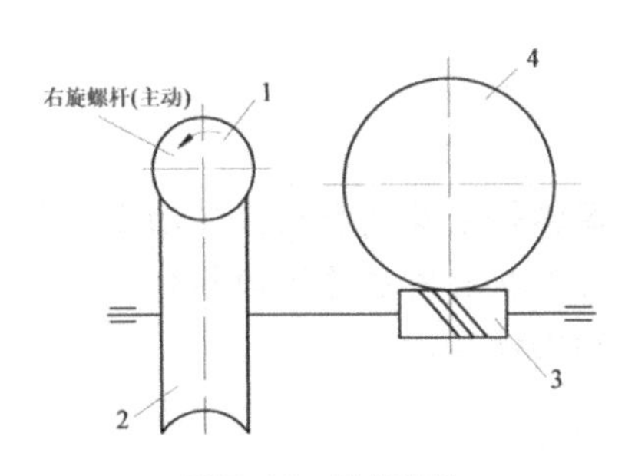

图7-15　蜗杆传动

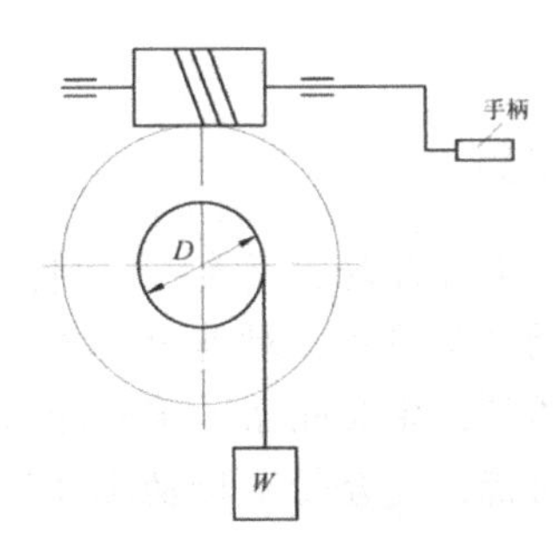

图7-16　手动绞车

7-2　图7-16中所示为手动绞车。已知m=8mm，q=8，z_1=1，z_2=40，D=200mm。问：

（1）欲使重为W的物体上升1m，手柄应转多少转？转向如何？

（2）若当量摩擦系数f_v=0.2，该传动啮合效率η_1是多少？该机构能否自锁？

7-3　图7-17所示为上置式蜗杆传动，蜗杆主动，蜗杆传递扭矩T_1=20N·m，模数m=5mm，头数z_1=2，蜗杆分度圆直径d_1=50mm，蜗轮齿数z_2=50，传动的啮合效率η=0.75。

（1）确定蜗轮轮齿的旋向及其转向；

（2）求作用于轮齿上各分力的大小；

（3）画出蜗杆和蜗轮啮合点处各分力的方向；

（4）若改变蜗杆的转向，或改变蜗杆螺旋线旋向，或使蜗杆为下置式，则蜗轮的转向和上述各力的方向如何？

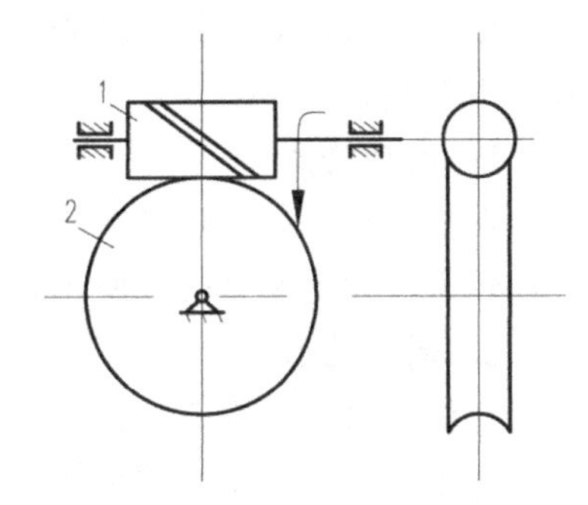

图7-17　上置式蜗杆传动

7-4　已知普通圆柱蜗杆传动的主要参数为模数m=5mm，蜗杆头数z_1=2，蜗杆分度圆直径d_1=50mm，蜗轮齿数z_2=50。

（1）求蜗杆和蜗轮的主要几何尺寸及中心距；

（2）以1∶1的比例尺绘制啮合视图，并标注尺寸。

7-5　设计用于带式输送机的普通圆柱蜗杆传动，传递功率P_1=5.0kW，n_1=960r/min，传动比i=23，由电动机驱动，载荷平稳。蜗杆材料为40Cr，渗碳淬火，硬度58HRC。蜗轮材料为ZCuSn10P1，金属模铸造。蜗杆减速器每日工作8h，要求工作寿命为7年（每年按300工作日计）。

7-6　已知单级蜗杆减速器的输入功率P=7kW，转速n=1440r/min，传动比i=18，载荷平稳，长期连续单向运转。试设计该蜗杆传动。

第8章 轮 系

内容提要

本章主要介绍轮系的类型与特点，定轴轮系、周转轮系及复合轮系传动比计算方法，各种轮系的典型应用，对其他新型行星齿轮传动的特点及应用也作了简单介绍。

本章重点：定轴轮系、周转轮系和复合轮系传动比计算。

本章难点：复合轮系传动比计算。

8-1 概 述

在第六章中只讨论了一对齿轮的啮合传动。但在机器中，一对齿轮组成的齿轮机构往往不能满足工程上的要求。为了达到大的减速比（或增速比）、变速、换向以及运动的合成与分解，需采用一系列相互啮合的齿轮将输入轴与输出轴连接起来。这种由多个齿轮组成的传动系统称为轮系。

根据轮系传动时各齿轮的轴线的几何位置是否固定，轮系可分为定轴轮系和周转轮系两种基本类型。

1. 定轴轮系

在传动时，如果轮系中所有齿轮的几何轴线位置是固定的，这种轮系就称为定轴轮系或普通轮系，如图8-1（a）所示。

2. 周转轮系

在传动时，至少有一齿轮的轴线绕另一个齿轮轴线转动的轮系称为周转轮系。如图8-1（b）所示，其中齿轮2的轴线绕O_1轴线旋转。

3. 复合轮系

由两种基本轮系或几个周转轮系适当组合而成的轮系称为复合轮系，如图8-2所示，齿轮1和2为一定轴轮系，齿轮2′、3、4和系杆H为一周转轮系，两个轮系组成复合轮系。

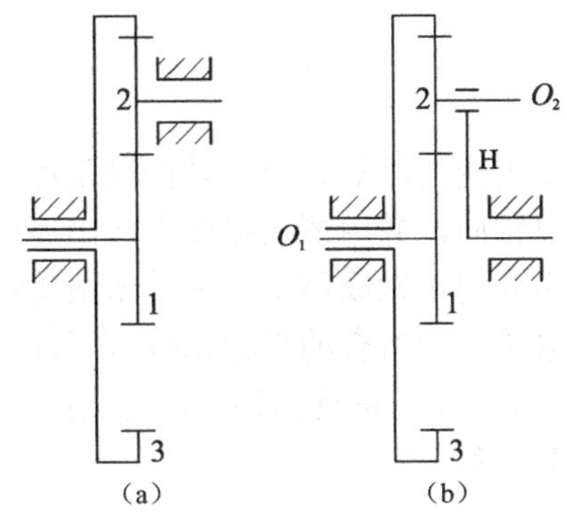

图 8-1 定轴轮系和周转轮系

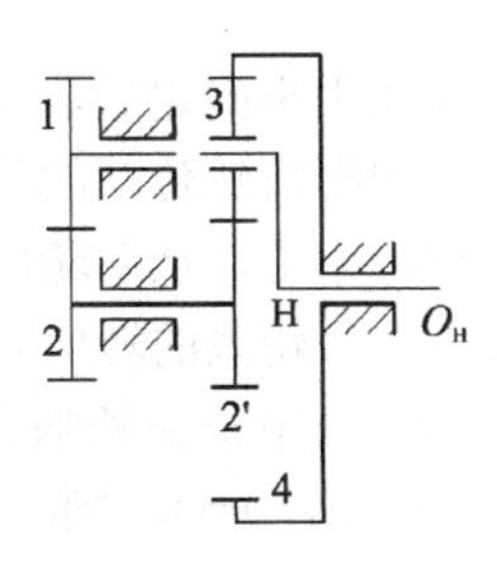

图 8-2 复合轮系

8-2 定轴轮系及其传动比的计算

定轴轮系中，若各齿轮的轴线相互平行，则为平面定轴轮系（图 8-3），否则为空间定轴轮系（图 8-4）。定轴轮系的传动比是指轮系中主动轮和从动轮的角速度之比。轮系传动比的计算包括传动比大小和从动轮转向的确定。

一、传动比大小的计算

在图 8-3 所示的平面定轴轮系中，分别以 z_1、z_2、$z_{2'}$、z_3、$z_{3'}$、z_4、z_5 表示各轮的齿数，ω_1、ω_2、$\omega_{2'}$、ω_3、$\omega_{3'}$、ω_4、ω_5 为各齿轮的角速度，则每对齿轮的传动比大小为

$$i_{12}=\frac{\omega_1}{\omega_2}=\frac{z_2}{z_1}，\quad i_{2'3}=\frac{\omega_{2'}}{\omega_3}=\frac{z_3}{z_{2'}}$$

$$i_{3'4}=\frac{\omega_{3'}}{\omega_4}=\frac{z_4}{z_{3'}}，\quad i_{45}=\frac{\omega_4}{\omega_5}=\frac{z_5}{z_4}$$

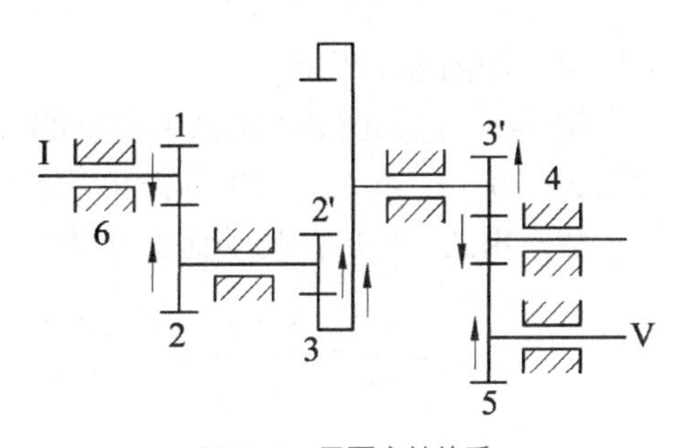

图 8-3 平面定轴轮系

取齿轮 1 为主动轮，齿轮 5 为输出从动轮。将以上各式两边分别连乘得

$$i_{12}i_{2'3}i_{3'4}i_{45}=\frac{\omega_1\omega_{2'}\omega_{3'}\omega_4}{\omega_2\omega_3\omega_4\omega_5}=\frac{z_2z_3z_4z_5}{z_1z_{2'}z_{3'}z_4}=\frac{z_2z_3z_5}{z_1z_{2'}z_{3'}}$$

因 $\omega_{2'}=\omega_2$，$\omega_3=\omega_{3'}$，所以上式变为

$$i_{15}=\frac{\omega_1}{\omega_5}=\frac{\omega_1\omega_{2'}\omega_{3'}\omega_4}{\omega_2\omega_3\omega_4\omega_5}=\frac{z_2z_3z_5}{z_1z_{2'}z_{3'}} \tag{8-1}$$

上式表示，定轴轮系中输入轴与输出轴的传动比为各对齿轮传动比的连乘积，其值等于各对齿轮中从动轮齿数的乘积与各对齿轮中主动轮齿数的乘积之比。从上式中还发现齿轮 4 的齿数 z_4 不影响传动比的大小，这种齿轮通常称为惰轮或过桥齿轮。惰轮虽然不影响传动比大小，但却改变传动的方向。

二、轮系转向的确定

轮系传动比大小确定后，还必须确定主、从动齿轮的相对转向。转向判定可用两种方法进行。一种是根据齿轮传动的类型，逐对判定相对转向，并用箭头在图上标出，如图 8-3 所示，最后分别标出主、从动轮的转向。这种方法主要用于轴线不平行或首末两轮轴线平行，而中间轴线不平行轮系的转向判别。另一种是如果轮系中所有的齿轮轴线是平行的，则可以用$(-1)^m$来判别，其中 m 为外啮合的次数，正号表示主、从动轮转向相同，负号表示转向相反。对图 8-3 所示轮系，m=3，则$(-1)^m=-1$，由式（8-1），得

$$i_{15}=\frac{\omega_1}{\omega_5}=(-1)^m\frac{z_2z_3z_4}{z_1z_{2'}z_{3'}}=-\frac{z_2z_3z_4}{z_1z_{2'}z_{3'}} \tag{8-2}$$

表示轮 1、轮 4 转向相反。

由此可推广到任意平行轴传动比的一般计算公式，即

$$i_{1k}=\frac{\omega_1}{\omega_k}=(-1)^m\frac{z_2z_3\cdots z_k}{z_1z_{2'}z_{3'}\cdots z_{(k-1')}}=(-1)^m\frac{\text{所有各对齿轮的从动轮齿数的乘积}}{\text{所有各对齿轮的主动轮齿数的乘积}}$$

式中，ω_1 为输入齿轮角速度，ω_k 为输出齿轮角速度。

若轮系中有齿轮轴线不平行，则不能用$(-1)^m$来判别，只能用箭头逐对判定转向，并在图中标出，如图 8-4 所示。

例 8-1 已知图 8-4 轮系中右旋蜗杆 z_1=1，蜗轮 z_2=16，齿轮 $z_{2'}$=20，z_3=40，z_3=20，z_4=40，求传动比 i_{14}。

解：由式（8-1），传动比大小为

$$i_{14}=\frac{\omega_1}{\omega_4}=\frac{z_2z_3z_4}{z_1z_{2'}z_{3'}}=\frac{16\times40\times40}{1\times20\times20}=64$$

由于轮系轴线不全平行，则转向不能用$(-1)^m$判定，只能用箭头判定转向，如图 8-4 所示。

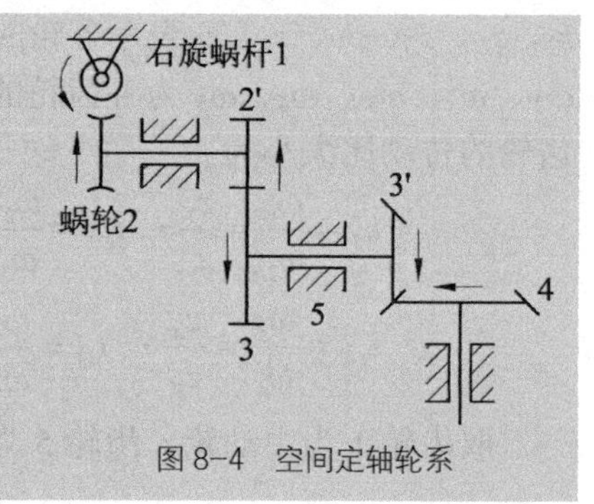

图 8-4 空间定轴轮系

8-3 周转轮系及其传动比的计算

一、周转轮系的组成和分类

在图 8-5（a）所示的周转轮系中，齿轮 1 和 3 以及构件 H 各绕固定的互相重合的几何轴线 O_1、O_3 及 O_H 转动，而齿轮 2 则活套在构件 H 的销轴上，因此它一方面绕自己的几何轴线 O_2 自转，同时又随构件 H 绕几何轴线 O_H 公转。因其运动和行星的运动相似，故称为行星轮。支持行星轮的构件 H 称为行星架（又称系杆或转臂）。几何轴线固定的齿轮 1 和 3 称为中心轮或太阳轮。行星架绕之转动的轴线 O_H 称为主轴线。凡是轴线与主轴线重合而又承受外力矩的构件称为基本构件。因此，图中的中心轮和行星架都是基本构件。

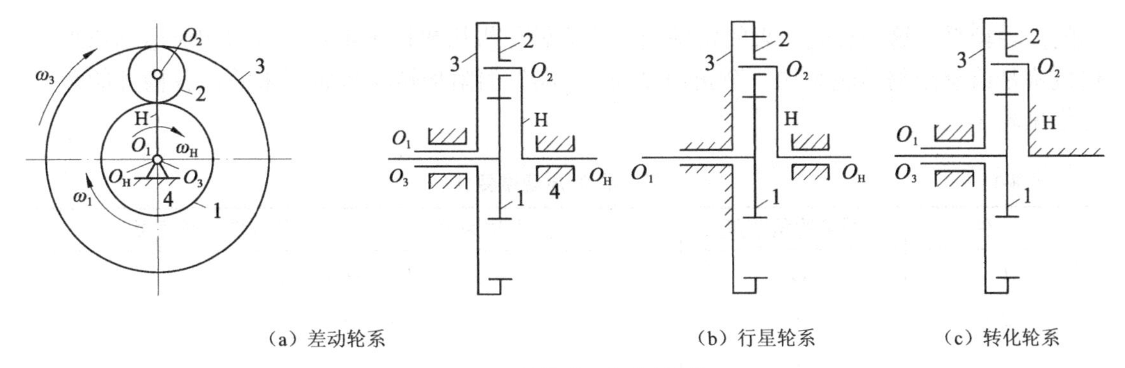

（a）差动轮系 （b）行星轮系 （c）转化轮系

图 8-5 周转轮系及传动比计算

周转轮系根据其基本构件的不同加以分类，并规定中心轮用 K 表示，行星架用 H 表示，输出构件用 V 表示。图 8-5（a）、（b）所示的周转轮系是由两个中心轮（2K）和一个系杆（H）三个基本构件组成的，因而称它为 2K-H 型；也可以按啮合方式来命名，它又称为 NGW 型，N 表示内啮合，W 表示外啮合，G 表示公用的行星轮。

常用的周转轮系型式还有：3K 型，有三个中心轮（3K），其系杆（H）不承受外力矩，仅起支承行星轮的作用，如图 8-6 所示；K-H-V 型的基本构件是一个中心轮（K）、一个系杆（H）和一个绕主轴线旋转的输出构件（V），如图 8-7 所示。

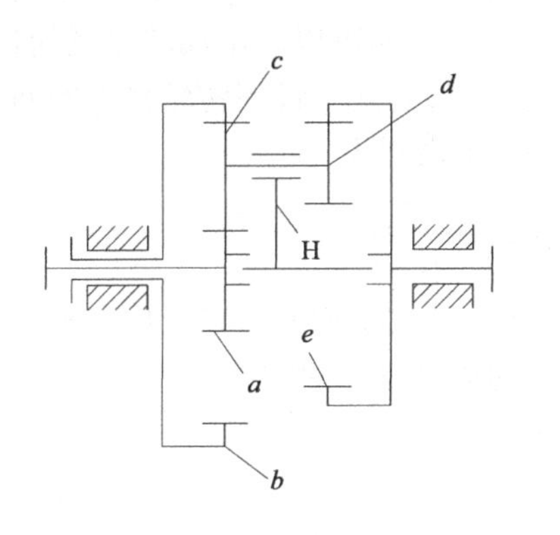

图 8-6 3K 型周转轮系

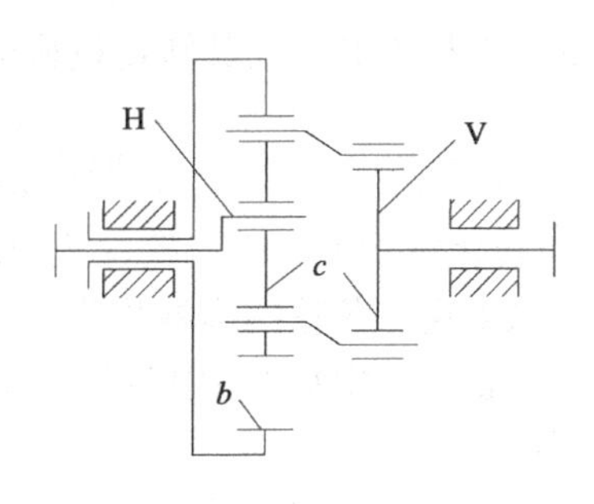

图 8-7 K-H-V 型周转轮系

周转轮系按其自由度的数目又可以分为两种基本类型：①差动轮系，即具有两个自由度的周转轮系，如图 8-5（a）所示。在三个基本构件中，必须给定两个构件的运动，才能求出第三个构件的运动。②行星轮系，即具有一个自由度的周转轮系，如图 8-5（b）所示。由于中心轮 3 固定，因此只要知道构件 1 和 H 中任一构件的运动，就可求出另一构件的运动。

二、周转轮系的传动比

通过比较图 8-1 所示周转轮系和定轴轮系，发现它们有如下异同点：定轴轮系所有齿轮轴线位置是固定的，每个齿轮只能作简单的定轴转动，而周转轮系中行星轮作行星运动，既有自转又作公转。

因此，周转轮系各构件间的传动比求解，不能直接套用定轴轮系的计算方法。但只要作一个转化，即更换系杆为机架，如图 8-5（c）所示，则周转轮系就可以转化为图 8-1（a）所示的定轴轮系，这种转化而来的定轴轮系称为转化机构或转化轮系。根据相对运动原理，转化机构是给整个周转轮系加一个角速度为“$-\omega_H$”的附加转动后而得来的，各构件的角速度变化见表 8-1。

表 8-1　各构件的角速度变化

构　件	原来的角速度	加上角速度$-\omega_H$的转动后各构件的角速度
1	ω_1	$\omega_1^H=\omega_1-\omega_H$
2	ω_2	$\omega_2^H=\omega_2-\omega_H$
3	ω_3	$\omega_3^H=\omega_3-\omega_H$
H	ω_H	$\omega_H^H=\omega_H-\omega_H=0$

由于ω_H^H=0，所以该周转轮系转化为图 8-5（c）所示的转化轮系，其传动比可按定轴轮系的方法来计算。转化机构的传动比i_{13}^H为

$$i_{13}^H=\frac{\omega_1^H}{\omega_3^H}=\frac{\omega_1-\omega_H}{\omega_3-\omega_H}=-\frac{z_2z_3}{z_1z_2}=-\frac{z_3}{z_1} \tag{8-3}$$

式中，齿数比前的“－”号表示在转化机构中轮 1 与轮 3 的转向相反。

在计算轮系的传动比时，各齿轮的齿数应是已知的，故在ω_1、ω_3及ω_H三个运动参数中若已知任意两个（包括大小和方向），就可确定第三个，从而可以求出周转轮系的传动比。

根据上述原理，不难求出计算周转轮系传动比的一般公式。设周转轮系中的两个中心轮分别为 1 及 K，系杆为 H，则其转化机构的传动比i_{1K}^H可表示为

$$i_{1K}^H=\frac{\omega_1-\omega_H}{\omega_K-\omega_H}=\pm\frac{z_2\cdots z_K}{z_1\cdots z_{K-1}} \tag{8-4}$$

式中，i_{1K}^H——转化机构中，中心轮 1 与 K 的传动比，其大小和方向完全按定轴轮系处理，对于已知的轮系来说，各轮的齿数均为已知，故i_{1K}^H的值总是已知的；

ω_1、ω_3及ω_H——周转轮系中各基本构件的角速度。

几点说明：

（1）式（8-4）只适用于转化机构的首末轮与系杆的回转轴平行（或重合）的周转轮系。

（2）将ω_1、ω_K、ω_H代入公式解题时，若三者转向不同，应分别用带有正、负号的数值代入。

（3）式（8-4）正、负号的判定，按定轴轮系判定主、从动轮转向关系的方法进行。

（4）注意i_{1K}^H只表示转化机构的传动比，即$i_{1K}^H=\omega_1^H/\omega_K^H$，而$i_{1K}=\omega_1/\omega_K$，故$i_{1K}^H\neq i_{1K}$。

（5）式（8-4）也适用于由圆锥齿轮所组成的周转轮系，不过 1、K 两个中心轮和行星架 H 的轴线必须互相平行，且其转化机构传动比i_{1K}^H的正、负号必须用画箭头的方法确定。

对于行星轮系，由于它的一个中心轮固定不动，即ω_K=0，所以由式（8-4）得

$$i_{1K}^H=\frac{\omega_1-\omega_H}{\omega_K-\omega_H}=\frac{\omega_1-\omega_H}{0-\omega_H}=1-\frac{\omega_1}{\omega_H}=1-i_{1H} \tag{8-5}$$

式（8-5）为计算行星轮系的基本公式。

例 8-2　如图 8-8 所示的轮系中，已知齿数z_1=30，z_2=20，z_2'=25，z_3=25，两中心轮转速n_1=100r/min，n_3=200r/min。试分别求出n_1、n_3同向和反向两种情况下的系杆转速n_H。

解：由式（8-4）可知

$$i_{13}^{\mathrm{H}}=\frac{n_1-n_{\mathrm{H}}}{n_3-n_{\mathrm{H}}}=\frac{z_2z_3}{z_1z_{2'}} \tag{a}$$

（1）n_1与n_3同向，即当n_1=100r/min，n_3=200r/min时，将n_1、n_3之值代入式（a），可得

$$\frac{100-n_{\mathrm{H}}}{200-n_{\mathrm{H}}}=\frac{20\times25}{30\times25}$$

解得n_{H}=−100r/min（与n_1转向相反）

（2）n_1与n_3反向，即当n_1=100r/min，n_3=−200r/min时，将n_1、n_3之值代入式（a），可得

$$\frac{100-n_{\mathrm{H}}}{-200-n_{\mathrm{H}}}=\frac{20\times25}{30\times25}$$

解得n_{H}=700r/min（与n_1转向相同）。

例 8-3 如图8-8所示，两中心轮的转速大小与例8-2相同，且n_1与n_3同向，只是轮齿数改为z_1=24，z_2=26，$z_{2'}$=25，z_3=25。试求系杆的转速n_{H}。

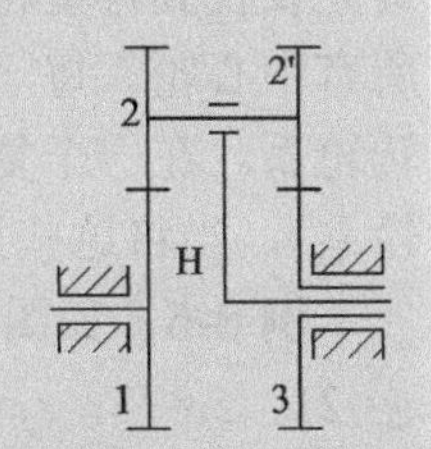

图8-8 WW型差动轮系

解：将已知齿数和转速代入式（a），可得

$$\frac{100-n_{\mathrm{H}}}{200-n_{\mathrm{H}}}=\frac{26\times25}{24\times25}$$

解得 n_{H}=1400r/min（与n_1转向相同）。

由例8-2和例8-3可见，将各轮的转速值代入式（a）时必须考虑正、负号，在周转轮系传动比计算中，所求转速的方向须由计算结果的正、负号来决定，决不能在图形中直观判断，而且齿数的改变，不仅改变了n_{H}的大小，而且还改变了其转向，这一点是与定轴轮系有较大区别的。

例 8-4 在图8-9（a）所示的差速器中，已知z_1=48，z_2=42，$z_{2'}$=18，z_3=21，n_1=100r/min，n_3=80r/min，其转向如图所示，求n_{H}。

解：这个差速器是由圆锥齿轮1、2、2′、3、行星架H以及机架4所组成的差动轮系，1、3、H的几何轴线互相重合，因此由式（8-4）得

$$i_{13}^{\mathrm{H}}=\frac{n_1-n_{\mathrm{H}}}{n_3-n_{\mathrm{H}}}=\frac{100-n_{\mathrm{H}}}{-80-n_{\mathrm{H}}}=-\frac{z_3z_2}{z_{2'}z_1}=-\frac{21\times42}{18\times48}=-\frac{49}{48}$$

式中，齿数比之前的“－”号是由图8-9（b）所示的转化机构用画箭头的方法确定的。

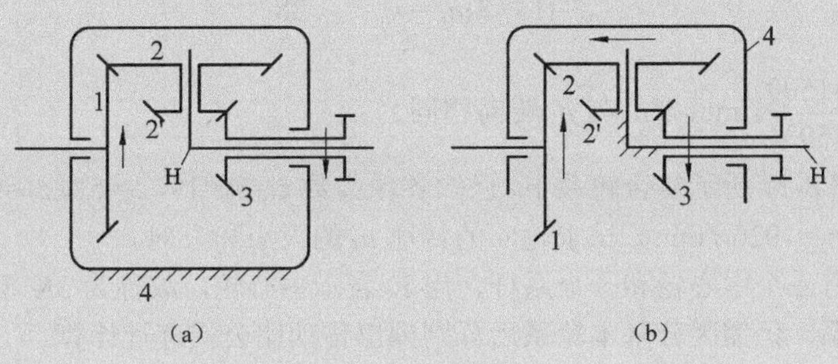

图8-9 差速器

解上式得

$$n_{\mathrm{H}}=\frac{880}{97}\approx 9.07(\mathrm{r/min})$$

其结果为正值，表明 H 的转向与轮 1 的转向相同。

8-4 复合轮系及其传动比的计算

在工程上，经常用到既有定轴轮系又有周转轮系的复合轮系，在计算复合轮系的传动比时，不能把它看作一个整体而用一个统一的公式进行计算，必须把复合轮系中的定轴轮系部分和周转轮系部分分开，然后分别按不同的方法计算它们的传动比，最后加以联立求解。

划分轮系的时候，关键是把其中的周转轮系找出来。周转轮系的特点是有行星轮，所以首先要找到行星轮，然后找出系杆（注意系杆不一定呈简单的杆状），以及与行星轮相啮合的所有中心轮。每一系杆，连同系杆上的行星轮，加上与行星轮相啮合的中心轮就组成一个周转轮系。在一个复杂的复合轮系中，可能包含有几个周转轮系（每一个系杆都对应一个周转轮系），当将这些周转轮系划出后，剩下的便是定轴轮系了。

例 8-5 如图 8-10 所示轮系中，已知各轮齿数 $z_1=24$，$z_2=33$，$z_{2'}=21$，$z_3=78$，$z_{3'}=18$，$z_4=30$，$z_5=78$，输入转速 $n_1=1500\mathrm{r/min}$。求输出转速 n_5。

解：（1）区分基本轮系。

齿轮 1-2-2′-3-H（5）是一个差动轮系，3′-4-5 是一个定轴轮系。

（2）分别列出传动比计算公式。

$$i_{13}^{H}=\frac{n_1-n_{\mathrm{H}}}{n_3-n_{\mathrm{H}}}=-\frac{z_2z_3}{z_1z_{2'}}=-\frac{33\times78}{24\times21}=-\frac{143}{28} \qquad \text{(a)}$$

图 8-10 封闭式复合轮系

$$i_{3'5}=\frac{n_3}{n_5}=-\frac{z_4z_5}{z_{3'}z_4}=-\frac{78}{18}=-\frac{13}{3} \qquad \text{(b)}$$

其中，$n_{\mathrm{H}}=n_5$。

（3）联立解方程式。

将由定轴轮系传动比计算公式（b）得出的角速度代入差动轮系传动比计算公式（a）中（代入时要注意正、负号），得

$$\frac{1500-n_5}{-(13/3)n_5-n_5}=-\frac{143}{28}$$

解得 $n_5=\frac{31500}{593}\mathrm{r/min}$（$n_5$ 与 n_1 转向相同）

例 8-6 如图 8-11 所示复合轮系中，已知各轮齿数 $z_1=z_{2'}=19$，$z_2=57$，$z_{2''}=20$，$z_3=95$，$z_4=96$，主动轮 1 的转速 $n_1=1920\mathrm{r/min}$。试求轮 4 的转速 n_4 的大小和方向。

解：该轮系有三个中心轮和一个系杆，用 K 表示中心轮，故称为 3K 型轮系。由于这一轮系不是单一轮系，仍需区分基本轮系后分别列出传动比公式进行计算。

齿轮 1-2-2′-3 组成行星轮系

$$i_{13}^{H}=\frac{n_1-n_H}{n_3-n_H}=-\frac{z_2z_3}{z_1z_{2'}}\rightarrow\frac{n_1-n_H}{0-n_H}=-\frac{57\times95}{19\times19}=-15$$

由此得

$$n_H=\frac{1}{16}n_1=\frac{1920}{16}=120\text{r/min} \tag{a}$$

齿轮 1-2-2″-4 组成自由度为 2 的差动轮系

$$i_{14}^{H}=\frac{n_1-n_H}{n_4-n_H}=-\frac{z_2z_4}{z_1z_{2''}}=-\frac{57\times96}{19\times20}=-\frac{72}{5}$$

由此得

$$n_4=\frac{5}{72}\left(\frac{77}{5}n_H-n_1\right) \tag{b}$$

将已知转速及齿数代入式（a）、（b），联立解得

n_4=−5r/min（n_4与 n_1 转向相反）

例 8-7 图 8-12 所示为汽车后桥的差速器。设已知各轮的齿数，求当汽车转弯时其后轴左、右两车轮的转速 n_1、n_3 与齿轮 4 的转速 n_4 的关系。

解：如图 8-12 所示，当汽车左转时（转动中心为 P），由于后轴右车轮比左车轮走过的弧长一些，所以右车轮Ⅲ的转速应比左车轮Ⅰ的转速高。如果左、右两车轮均固连在同一轴上，那么车轮与地面之间必定产生滑动，使轮胎易于磨损。为了克服这个缺点，特将后轴做成左右两根，并使之分别与左右两车轮固连，而在两轴之间装上一个差动装置。动力从发动机经传动轴和齿轮 5 传到活套在后轴上的齿轮 4。因对于底盘来说，轮 4 与轮 5 的几何轴线都是固定不动的，所以它们是定轴轮系。中间齿轮 2 活套在齿轮 4 侧面突出部分的小轴上，它同时与左、右两轴的齿轮 1 和 3 啮合。当齿轮 1 和 3 之间有相对运动时，齿轮 2 随齿轮 4 转动外，又绕自己的轴线转动，所以是行星轮，齿轮 4 是行星架，齿轮 1 和 3 都是中心轮，它们便组成了一差动轮系。由此可知，该减速装置是一个定轴轮系和一个差动轮系串联而成的复合轮系。

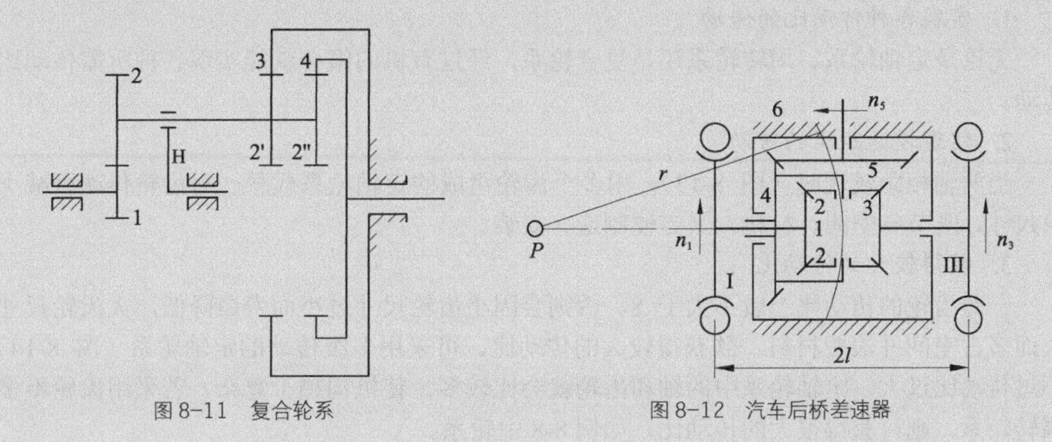

图 8-11 复合轮系

图 8-12 汽车后桥差速器

根据

$$i_{13}^{4}=\frac{n_1-n_4}{n_3-n_4}=-\frac{z_3}{z_1}=-1$$

得
$$n_4 = \frac{n_1 + n_3}{2} \tag{c}$$

当汽车在平坦道路上直线行驶时，左右两车轮滚过的路程相等，所以转速也相等，因此由式（a）得 $n_1=n_3=n_4$，表示轮 1 和轮 3 之间没有相对运动，轮 2 不绕自己的轴线转动，这时轮 1、2、3 如一整体，一起随齿轮 4 转动。当汽车向左转弯时，右车轮比左车轮转得快，这时轮 1 和轮 3 之间发生相对运动，轮系才起到差速器的作用。至于两车轮的转速究竟多大，则与它们之间的距离 $2l$ 及所转弯的半径 r 有关。因为两车轮的直径大小相等，而它们与地面之间又是纯滚动（当机构的构造允许左、右两后轮的转速不等时，轮胎与地面之间一般不会打滑），所以

$$\frac{n_1}{n_3} = \frac{r-l}{r+l} \tag{d}$$

解（c）、（d）两式得

$$n_1 = \frac{r-l}{r}n_4, \quad n_3 = \frac{r+l}{r}n_4$$

这个例子是利用复合轮系，将轮 4 的一个转动分解为轮 1 和轮 3 的两个独立的转动。

上述由圆锥齿轮所组成的汽车差速器机构就是机械式加法机构和减法机构的一种。设选定齿轮 4 和 5 的齿轮数为 $z_4=2z_5$，则 $n_5=2n_4$，因此，由式（c）得

$$n_1+n_3=n_5$$

上式表明该组轮系是一个加法机构，当使齿轮 1 转 n_1 周和齿轮 3 转 n_3 周时，则齿轮 5 的转速就是它们的和。不仅如此，该机构还可以实现连续运算。将上式移项后得

$$n_1=n_5-n_3$$

上式表明该轮系也可以进行减法运算，并且这也是“差速器”这个名称的由来。

8-5 轮系的应用

1. 实现各种传动比的传动

无论是定轴轮系、周转轮系还是复合轮系，经过有机的组合就能实现各种所需传动比的传动。

2. 实现较远距离的传动

当两轴相距较远时（图 8-13），用多个齿轮组成的定轴轮系代替一对齿轮传动可减小齿轮尺寸，既节省空间、材料，又方便制造、安装。

3. 获得较大的传动比

一对齿轮的传动比一般不大于 8。否则会因小齿轮尺寸过小而寿命降低，大齿轮尺寸过大而多占空间并浪费材料。欲获得较大的传动比，可采用多级传动的定轴轮系（图 8-14）。不过传动比过大，定轴轮系中的轴和齿轮就会比较多，使机构趋于复杂。若采用齿轮不多的周转轮系，则可获得很大的传动比，如例 8-8 中轮系。

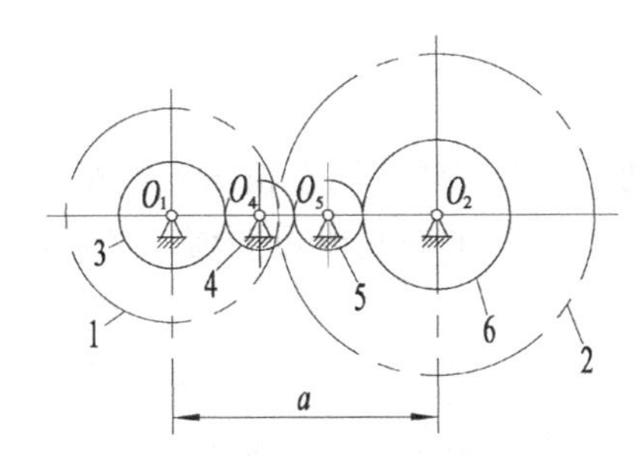

图 8-13 定轴轮系做较远距离的传动

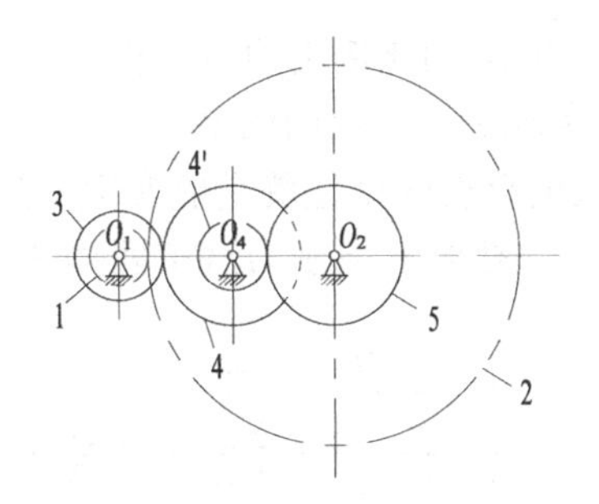

图 8-14 定轴轮系获得较大的传动比

例 8-8 在图 8-15 所示极大传动比的减速器中，已知 1 和 5 均为单头右旋螺纹的蜗杆，各轮的齿数为 z_1=101，z_2=99，$z_{2'}$=z_4，$z_{4'}$=100，$z_{5'}$=100，试求传动比 i_{1H}。又若 1 的轴直接连在转速为 1375r/min 的电动机轴上，试求输出轴 H 转一周的时间 t。

解：该减速器是由两个定轴轮系 1-2 和 1′-5′-5-4′及一个差动轮系 2′-3-4-H 所组成的复合轮系。

由两个定轴轮系 1-2 和 1′-5′-5-4′得蜗轮 2 和 4′的转速 $n_2(=n_{2'})$和 $n_{4'}(=n_4)$的大小为

$$n_2=\frac{z_1}{z_2}n_1 \tag{a}$$

$$n_{4'}=\frac{z_{1'}z_5}{z_{5'}z_{4'}}n_{1'}=\frac{z_{1'}z_5}{z_{5'}z_{4'}}n_1 \tag{b}$$

又由差动轮系 2′-3-4-H 得

$$i_{2'4}^{\mathrm{H}}=\frac{n_{2'}-n_{\mathrm{H}}}{n_4-n_{\mathrm{H}}}=\frac{n_2-n_{\mathrm{H}}}{n_{4'}-n_{\mathrm{H}}}=-\frac{z_4}{z_{2'}}=-1 \tag{c}$$

因 1 和 5 均为右旋蜗杆，故如图 8-15 所示，当 1 顺时针方向回转时，2 的回转方向为↓（即从左向右看时为顺时针方向），而 4′的回转方向为↑（即从左向右看时为逆时针方向），因此将式（a）的 n_2 为正和式（b）的 $n_{4'}$为负代入式（c）并整理后得

$$i_{1\mathrm{H}}=\frac{n_1}{n_{\mathrm{H}}}=\frac{2}{\dfrac{z_1}{z_2}-\dfrac{z_{1'}z_5}{z_{5'}z_{4'}}}=\frac{2}{\dfrac{1}{99}-\dfrac{101\times1}{100\times100}}=1980000$$

上式表明 H 转一周时，蜗杆 1 转 1980000 周，所以输出轴 H 转一周的时间为 1980000/（60×1375）=24（h）。

需要注意的是，太大传动比的轮系，一般机械效率很低，所以必须根据工程要求、结构、体积和成本合理选择轮系的传动比和结构。

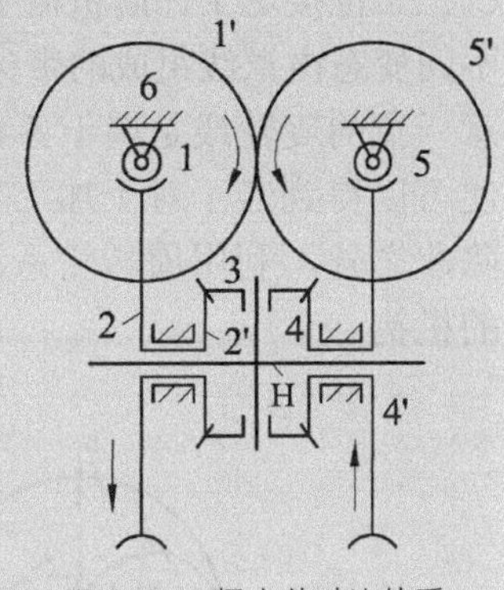

图 8-15 极大传动比轮系

4. 实现运动的合成与分解

如例 8-4 中的差动轮系，当给定中心轮 1 和 3 的转动，就可以合成输出行星架 H 的转动。又如例 8-7 中所述及的加法机构是差动轮系实现运动合成的典型。利用差动轮系还可以将一个主动件的输入转动分解为两个从动件的输出转动，两个输出转动之间的分配由附加的约束条件确定。如例 8-7 的汽车后桥差速器，当汽车转弯时，输入转动 n_4 分解成两车轮的转动 n_1

和 n_3，n_1 和 n_3 的比例由约束方程（d）确定。

5. 实现变速、换向运动

轮系最重要的用途就是能实现变速、换向运动，因此广泛应用于机床、汽车、拖拉机等变速箱中，图 8-16 所示为汽车四挡变速箱中的轮系，利用此轮系既可变速，又能换向。

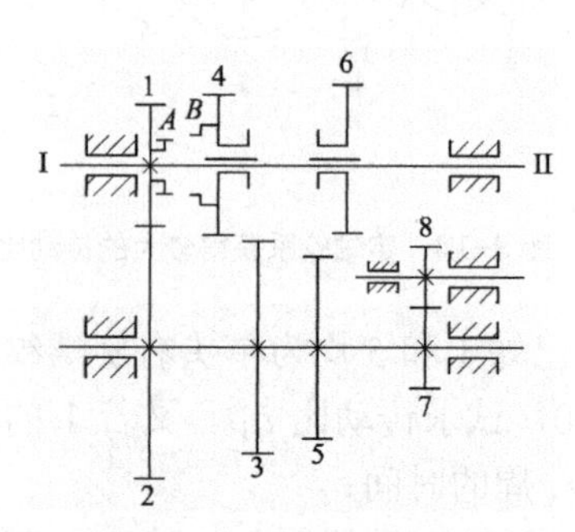

图 8-16　汽车四挡变速箱轮系

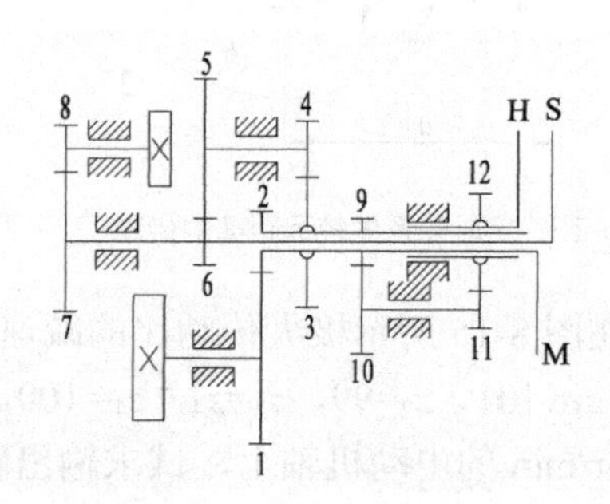

图 8-17　钟表传动简图

6. 实现分路传动

利用轮系可以将输入的一种转速同时分配到几个不同的输出轴上，以满足不同的工作要求。如图 8-17 所示的钟表传动，当发条驱动齿轮 1 转动时，通过轮系分别使分针 M、秒针 S 和时针 H 以不同的转速转动。

7. 实现复杂的运动轨迹

周转轮系中行星轮上某点的运动轨迹称为旋轮线。利用旋轮线的类型和性质，在工程上可获得不少应用。例如，图 8-18（a）、（b）、（c）所示为内啮合行星轮系，当行星轮的半径 r_g 与内齿轮半径 r_b 取不同的比值时，可以得到不同形状和性质的旋轮线。图 8-18（a）为 r_g/r_b=1/2，行星轮上 A（A'）点的轨迹是精确直线，即为著名的卡当圆运动，C 点的轨迹是圆，在 A 和 C 之间的任意一点（如 B 点）的轨迹是不同长轴和短轴的椭圆。图 8-18（b）为 r_g/r_b=1/3，其 M 点轨迹为三段内摆线组成的带尖环线，它适用于自动机上顺序完成在 A、B、C 三工位接送工件的机械手。图 8-18（c）为 r_g/r_b=1/4，其行星轮上各点的旋轮线为由四段不同变态内摆线组成的带尖、圆弧、环扣形状的环线。在外啮合行星轮系中，其行星轮上任意一点的旋轮线是属于各种类型的外摆线，如适当利用旋轮线的某些性质与连杆机构组合，便可以得到若干对于加工工艺很有实际意义的传动，如具有几次近似等速、停歇的机构。除此之外，利用周转轮系运动的特点，还可以设计出在机械制造与工艺设备方面很有意义的机构。

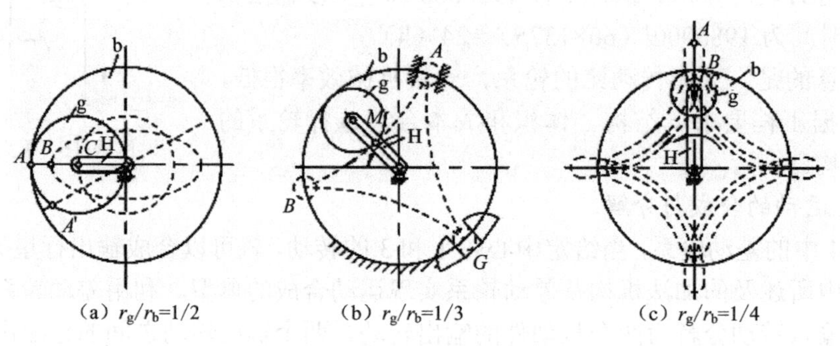

图 8-18　行星轮的旋轮线

b—中心轮；g—行星轮；H—系杆

8-6 其他行星齿轮传动简介

一、渐开线少齿差行星齿轮传动

这种少齿差行星齿轮传动采用渐开线齿廓的齿轮，如图 8-19 所示，它是由固定内齿轮 1、行星轮 2、行星架 H、等角速比机构 3 以及轴 V 所组成。由于它的基本构件是中心轮 K（即内齿轮 1）、行星架 H 及输出轴 V，所以是 K-H-V 型周转轮系。又因齿轮 1 和 2 的齿数相差很少（一般为 1～4），故称为少齿差传动。这种传动与前述各种行星轮系不同的地方是：它输出的运动是行星轮的绝对转动，而前述各种行星轮系的输出运动是中心轮或行星架的转动。

这种行星齿轮传动的传动比可用式（8-6）求出：

$$i_{HV}=i_{H2}=\frac{1}{i_{2H}}=\frac{1}{1-i_{21}^{H}}=\frac{1}{1-\frac{z_1}{z_2}}=-\frac{z_2}{z_1-z_2} \quad (8\text{-}6)$$

将行星轮的绝对转动不变地传到输出轴 V 的等角速比机构可以是双万向联轴节、十字槽联轴节及孔销输出机构等。常用的为孔销输出机构（图 8-20）。孔销输出机构中 $O_2O_3O_PO_W$ 为一平行四边形，该机构实质为平行四边形输出机构，该输出机构应用最广，但制造精度较高。

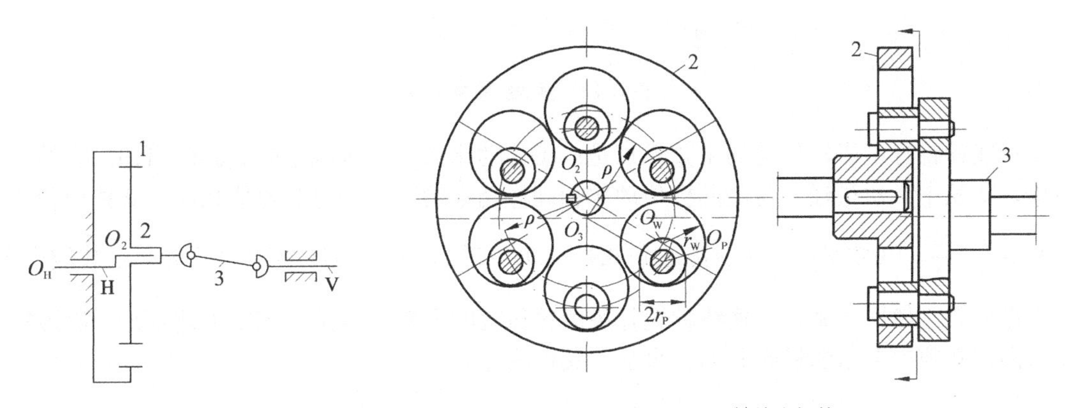

图 8-19　少齿差行星齿轮传动

图 8-20　孔销输出机构

渐开线少齿差行星齿轮传动的主要优点是传动比大，一级减速 i_{HV} 可达 100；结构简单、体积小、质量轻，与相应的普通齿轮减速器相比，质量可以轻 1/3 以上；运转平稳、齿形易加工、装卸方便；在合理的设计、制造及润滑条件下，效率可达 0.85～0.91。故在很多的工业部门得到广泛的应用，主要用在大传动比和中小功率的场合。

其主要缺点是易产生非啮合区齿廓重叠干涉现象，必须采用正变位齿轮。

二、摆线针轮行星齿轮传动

摆线针轮行星齿轮传动是一种“齿差”行星传动，它的传动原理、运动输出机构等均与渐开线少齿差行星齿轮传动相同。

这种传动装置的构造如图 8-21 所示。4 为输入轴，5 为固连在 4 上的双偏心套，它们一起构成行星传动的行星架，该双偏心套的两个偏心互相错开 180°；1 为固定在机壳上的中心轮，它是由装在机壳上的许多带套筒的圆柱销所组成的针轮；2 为摆线行星轮，它的齿形是延伸外摆线的等距曲线。为了平衡和提高承载能力，通常采用两个完全相同的奇数齿的行星轮，分别用滚珠轴承套在双偏心套上，其相位应使两个行星轮的某一个齿互相错开 180°；6 为输出轴，3 为连接两行星轮和输出轴的孔销输出机构。

由于它是一齿差行星传动，其传动比为

$$i_{HV}=i_{H2}=\frac{n_H}{n_V}=\frac{n_H}{n_2}=-\frac{z_2}{z_1-z_2}=-z_2 \tag{8-7}$$

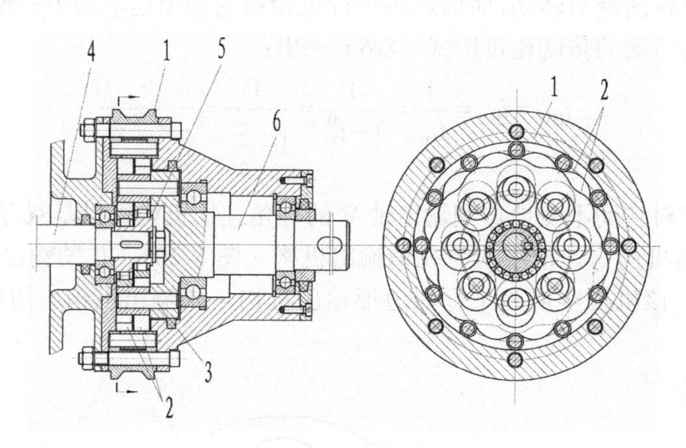

图 8-21 摆线针轮减速器

摆线针轮行星齿轮传动的主要优点是：①传动比大。一级减速的 i_{HV}=6～119。②结构较简单，体积小，质量轻。与此同样传动比和同样功率的普通齿轮减速器相比，其体积和质量可减少$\frac{1}{2}\sim\frac{2}{3}$。③效率高，一般能达到 0.9～0.95，最高可达 0.97。④传动平稳，过载能力大。⑤工作可靠，使用寿命长。摆线针轮行星齿轮传动的主要缺点是：加工工艺复杂，制造精度要求高，必须用专用的机床和刀具来加工其摆线轮。

摆线针轮行星齿轮传动这种新型传动机构，由于其突出的优点，目前在国防、冶金、化工、纺织等行业的设备中得到广泛的应用。

三、谐波齿轮传动

谐波齿轮传动是利用机械波使薄壁齿圈产生弹性变形来达到传动目的，它是在少齿差行星齿轮传动基础上发展而来的。如图 8-22 所示，它由三个主要构件即刚轮 1、柔轮 2 和波发生器 H 所组成。柔轮是一个容易变形的薄壁圆筒外齿圈，刚轮是一个刚性内齿轮，它们的齿距相同，但柔轮比刚轮少一个到几个齿。通常波发生器为原动件，而柔轮和刚轮之一为从动件，另一为固定件。

谐波齿轮传动原理如图 8-22 所示，令波发生器 H 主动，当它在柔轮内旋转时，迫使柔轮变形，于是在波发生器长轴方向，刚轮 1 和柔轮 2 的齿完全啮合；而波发生器的短轴方向，刚轮 1 和柔轮 2 的齿完全处于脱开状态。由于柔轮比刚轮少 2 个齿（称为双波谐波齿轮，应用最广，也可以少一个齿或3个齿，称为单波或三波谐波齿轮传动（图8-23）），当波发生器旋转一周，迫使柔轮朝波发器旋转的相反方向转过两个齿距，即柔轮2倒转z_1-z_2个齿。因此波发生器和柔轮的传动比为

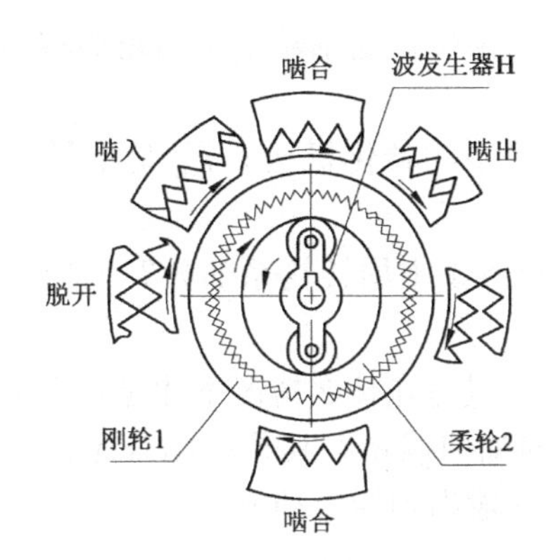

图8-22 双波谐波齿轮传动原理

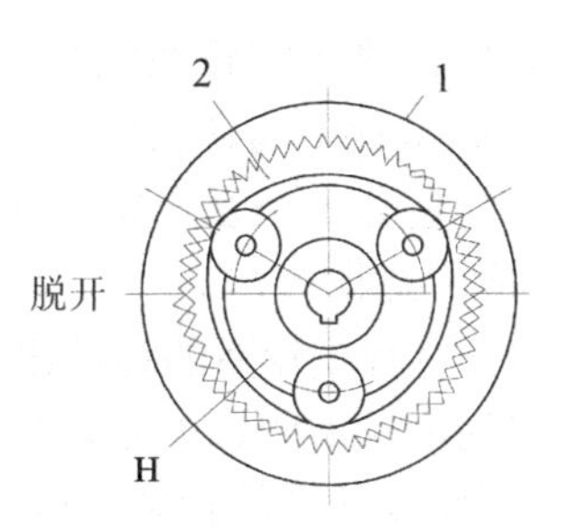

图8-23 三波谐波齿轮传动

$$i_{H2}=\frac{n_H}{n_2}=\frac{z_2}{z_1-z_2} \tag{8-8}$$

式（8-8）为刚轮固定不动，柔轮输出时，谐波齿轮传动比的计算式。

当柔轮固定，刚轮输出时，传动比计算公式为

$$i_{H1}=\frac{n_H}{n_1}=\frac{z_1}{z_1-z_2} \tag{8-9}$$

这时刚轮的转向与波发生器转向相同。

谐波齿轮传动的主要优点如下。

（1）传动比大，且范围广。单级传动比为50～320，复波式谐波齿轮传动的传动比可达10^7。

（2）同时参加啮合的齿数多（可达30%～40%），承载能力高。

（3）运动精度高，传动平稳。

（4）体积小，质量轻，比一般齿轮传动的体积和质量减小1/3～1/2。

（5）效率高，齿的磨损小，单级效率为0.70～0.90。

（6）可向密闭空间传递运动。因而可用它操纵高温、高压、原子辐射等有害介质空间的机构，这是现在其他传动所不能比拟的。

由于上述诸多的优点，谐波齿轮传动已广泛地应用于空间技术、能源、机器人、雷达、通信、机床、仪表、造船、汽车、起重运输、医疗器械等各个工业领域，并已开始系列化生产。

谐波齿轮传动的主要缺点是柔轮周期性变形，易于疲劳损坏；扭转刚度比较小；传动比太小不适用。

阅读参考文献

关于定轴轮系、周转轮系和复合轮系传动比的计算，可参考：于影、于波主编，《轮系的分析与设计》，哈尔滨工程大学出版社，2007。有关轮系的分类、行星轮系各轮齿数及选择和新型行星传动设计，可参考：机械设计手册编委会主编，《机械设计手册》（轮系），机械工业出版社，2011。

思 考 题

8-1 轮系如何分类？周转轮系又可分哪几类？

8-2 在给定轮系主动轮的转向后，可用什么方法来确定定轴轮系从动轮的转向？周转轮系中主、从动件的转向关系又用什么方法来确定？

8-3 如何计算周转轮系的传动比？何谓周转轮系的转化机构？i_{AB}^{H} 是不是周转轮系中A、B两轮的传动比？为什么？

8-4 如何划分一个复合轮系的定轴轮系部分和各基本周转轮系部分？列周转轮系传动比计算式时应注意什么？

8-5 在计算行星轮系的传动比时，式 $i_{mH}=1-i_{mn}^{H}$ 只有在什么情况下才是正确的？

8-6 空间齿轮所组成的定轴轮系的输出轴转向如何确定？其传动比有无正负号？如何求空间齿轮所组成的周转轮系的传动比？如何确定其输出轴的转动方向？

8-7 何谓少齿差行星齿轮传动？摆线针轮传动齿数差一般是多少？在谐波传动中柔轮与刚轮的齿数差如何确定？

习 题

8-1 在图8-24所示轮系中，各轮齿数为 $z_1=20$，$z_2=40$，$z_{2'}=20$，$z_3=30$，$z_{3'}=20$，$z_4=40$。试求传动比 i_{14}，并问：如需变更 i_{14} 的符号，可采取什么措施？

8-2 在图8-25所示轮系中，各轮齿数为 $z_1=1$，$z_2=60$，$z_{2'}=30$，$z_3=60$，$z_{3''}=25$，$z_{3'}=1$，$z_4=30$，$z_{4'}=20$，$z_5=25$，$z_6=70$，$z_7=60$，蜗杆1转速 $n_1=1440$r/min，转向如图所示，试求 i_{16}、i_{71}、n_6 与 n_1。

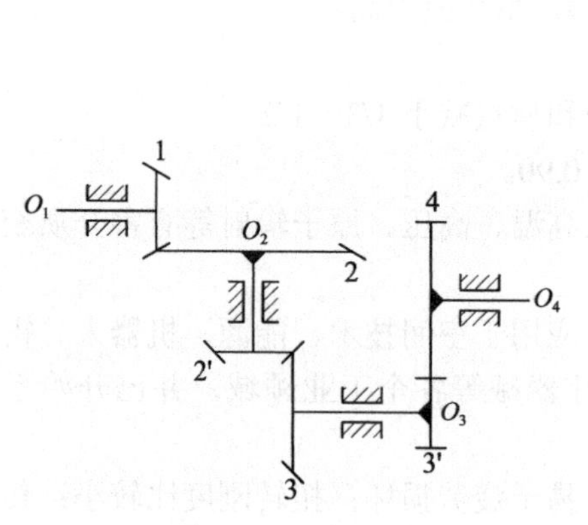

图8-24 定轴轮系

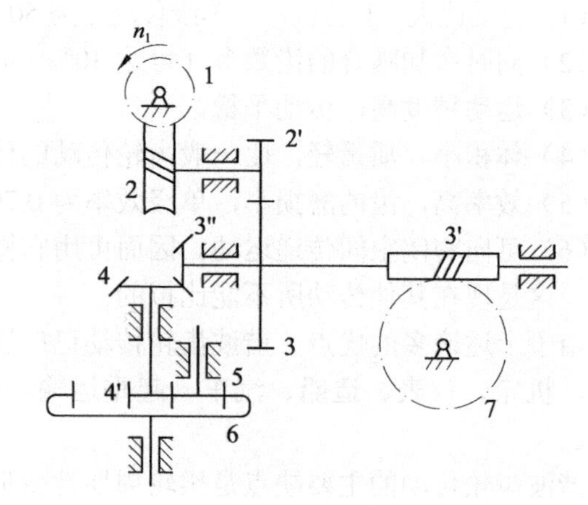

图8-25 定轴轮系

8-3 在图8-26所示自动化照明灯具的传动装置中，已知输入轴的转速 $n_1=19.5$r/min，各齿轮的齿数为 $z_1=60$，$z_2=30$，$z_4=z_5=40$，$z_6=120$。求箱体B的转速 n_B。

8-4 在图8-27所示轮系中，已知 $z_1=32$，$z_2=33$，$z_{2'}=z_4=38$，$z_3=z_{3'}=19$，$z_5=1$（右旋），$z_6=76$，$n_1=45$r/min，转向如图所示，试分别在下面3种情况下求 n_4。

（1）当 $n_1=0$；

（2）当 n_5=10r/min（逆时针方向）；

（3）当 n_5=10r/min（顺时针方向）。

8-5 在图 8-28 所示双速传动装置中，A 为输入轴，H 为输出，z_1=40，z_2=20，z_3=80。合上 C 而松开 B 时为高速挡；脱开 C 而刹紧 B 时为低速挡；同是脱开 C 和 B 时为空挡。求前两挡的 i_{HA}，并讨论空挡时 ω_H 与 ω_A 关系。

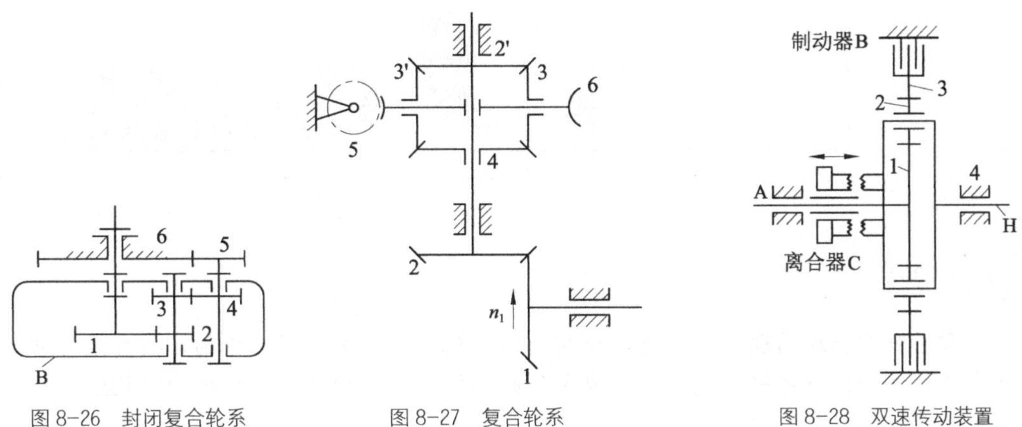

图 8-26 封闭复合轮系　　图 8-27 复合轮系　　图 8-28 双速传动装置

8-6 在图 8-29 所示手动起重葫芦中，已知各轮齿数 $z_1=12, z_2=24, z_{2'}=12, z_3=48$（内齿数），该装置传动效率 η=0.86，问：欲提升 Q=5000N 的重物，需施加于链轮 1′上的圆周力 F 多大？

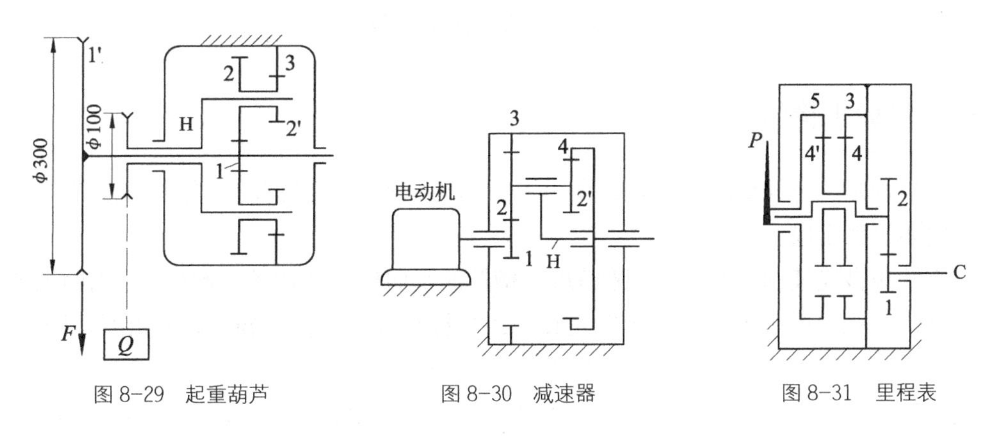

图 8-29 起重葫芦　　图 8-30 减速器　　图 8-31 里程表

8-7 在图 8-30 所示输送带的减速器中，已知 z_1=10，z_2=32，z_3=74，z_4=72，$z_{2'}$=30，电动机的转速为 1450r/min，求输出轴的转速 n_4。

8-8 在图 8-31 所示自行车里程表的机构中，C 为车轮轴。已知各轮的齿数为 z_1=17，z_3=33，z_4=19，$z_{4'}$=20，z_5=24。设轮胎受压变形后使 28in（1in=2.54cm）车轮的有效直径约为 0.7m。当车行 1000m 时，表上的指针刚好回转一周，求齿轮 2 的齿数。

第 9 章 其他常用机构

内容提要

本章针对能实现间歇运动的槽轮机构、棘轮机构、不完全齿轮机构、具有变传动比的非圆齿轮机构和能满足机械复杂运动要求的组合机构，介绍了这些机构的结构组成、工作原理、运动特点及其应用。

本章重点：槽轮机构、棘轮机构、组合机构的结构组成及工作原理。

本章难点：组合机构的运动特点。

9-1 槽 轮 机 构

一、槽轮机构的工作原理

槽轮机构是一种间歇运动机构。图 9-1 所示为一外槽轮机构，主要由带有圆销的拨盘、径向槽轮和机架组成。

当主动拨盘连续回转时，其上圆销进入槽轮的径向槽带动槽轮一起转动；当圆销转过 $2\varphi_1$ 角后，圆销从径向槽中脱出，槽轮停止转动；当拨盘继续转动（$2\pi-2\varphi_1$）角后，圆销再次进入槽轮的另一个径向槽，槽轮又开始转动。这样周而复始地循环，使槽轮获得间歇运动。当圆销脱出径向槽后，为了保持槽轮静止不动，在槽轮上设计有内凹锁住弧 B，可被拨盘上的外凸圆弧 A 所卡住。这样，当主动构件拨盘作连续转动时，从动构件槽轮便得到单向的间歇转动。

平面槽轮机构有两种型式：一种是外槽轮机构，如图 9-1 所示，槽轮上径向槽的开口是自圆心向外，拨盘与槽轮转向相反；另一种是内槽轮机构，如图 9-2 所示，其槽轮上径向槽的开口是向着圆心的，拨盘与槽轮转向相同。

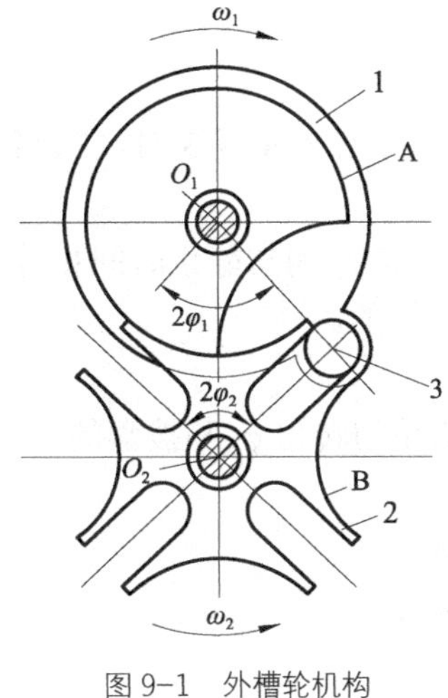

图 9-1 外槽轮机构

1—拨盘；2—槽轮；3—圆销

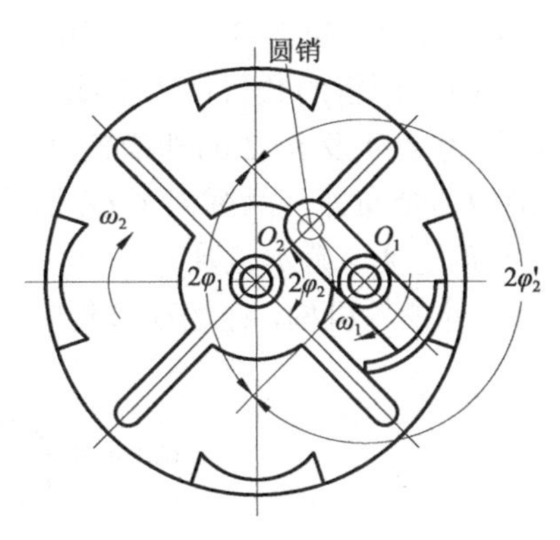

图 9-2 内槽轮机构

二、槽轮机构的运动特性

1. 槽轮机构的运动系数

为了使槽轮开始转动瞬时和终止转动瞬时的角速度为零，以避免刚性冲击，圆销开始进入径向槽或自径向槽中脱出时，径向槽的中心线应切于圆销中心运动的圆周，设 Z 为均匀分布的径向槽的数目，则由图 9-1 得槽轮转动时拨盘的转角 $2\varphi_1$ 为

$$2\varphi_1=\pi-2\varphi_2=\pi-\frac{2\pi}{Z} \tag{9-1}$$

一个运动循环内，槽轮运动的时间 t_d 对拨盘运动的时间 t 之比称为运动系数 τ。当拨盘等速回转时，时间比可用其转角比来表示。对于只有一个圆销的槽轮机构，t_d 和 t 各对应于拨盘回转 $2\varphi_1$ 角和 2π 角，因此这种槽轮机构的运动系数 τ 为

$$\tau=\frac{t_d}{t}=\frac{2\varphi_1}{2\pi}=\frac{\pi-\dfrac{2\pi}{Z}}{2\pi}=\frac{Z-2}{2Z} \tag{9-2}$$

因为运动系数 τ 应大于零，所以由式（9-2）可知径向槽的数目应等于或大于 3。又由式（9-2）可知这种槽轮机构的运动系数 τ 总小于 0.5，也就是说槽轮运动的时间总小于静止的时间。

如欲得到 $\tau>0.5$，可以在拨盘上装上数个圆销。设均匀分布的圆销数为 K，那么式（9-2）中的 t 和 2π 应各换为 $\frac{t}{K}$ 和 $\frac{2\pi}{K}$。于是这种槽轮机构的运动系数 τ 为

$$\tau=\frac{2\varphi_1 K}{2\pi}=\frac{\left(\pi-\dfrac{2\pi}{Z}\right)K}{2\pi}=\frac{K(Z-2)}{2Z} \tag{9-3}$$

因为运动系数 τ 应小于 1，即 $\frac{K(Z-2)}{2Z}<1$，故得

$$K < \frac{2Z}{Z-2} \tag{9-4}$$

由式（9-4）可知，当 Z=3 时，圆销的数目可为 1～5；当 Z=4 或 5 时，圆销的数目可为 1～3；当 $Z\geqslant 6$ 时，圆销的数目可为 1 或 2。

图 9-3 所示为 Z=4 及 K=2 的外槽轮机构，其槽轮的运动时间与静止时间相等。这时除了径向槽和圆销均匀分布外，两圆销至 O_1 轴的距离也是相等的。

2. 槽轮的角速度与角加速度

图 9-4 所示外槽轮机构，在运动过程的任一瞬时，槽轮的转角 φ_2 和拨盘的转角 φ_1 间的关系为

$$\tan\varphi_2 = \frac{PQ}{O_2Q} = \frac{R\sin\varphi_1}{a - R\cos\varphi_1}$$

令 $\lambda = \dfrac{R}{a}$ 并代入上式得

$$\varphi_2 = \arctan\frac{\lambda\sin\varphi_1}{1-\lambda\cos\varphi_1}$$

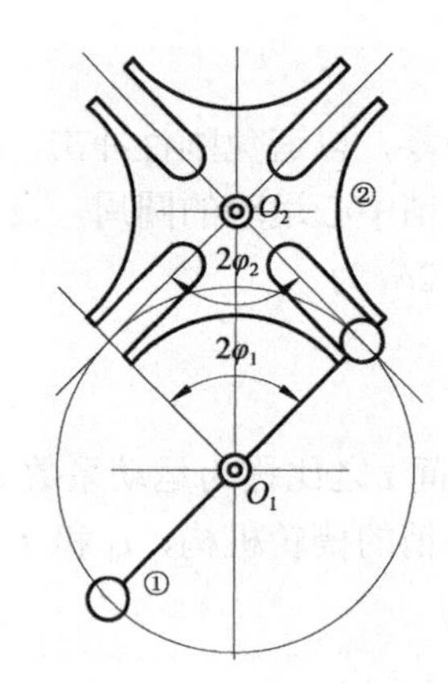

图 9-3 Z=4、K=2 的外槽轮机构

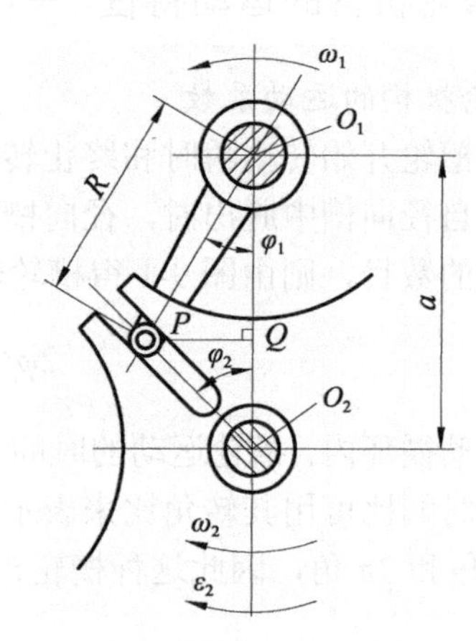

图 9-4 外槽轮机构运动分析

槽轮的角速度 ω_2 为 φ_2 对时间的一次求导，即

$$\omega_2 = \frac{\mathrm{d}\varphi_2}{\mathrm{d}t} = \frac{\lambda(\cos\varphi_1 - \lambda)}{1-2\lambda\cos\varphi_1+\lambda^2}\omega_1 \tag{9-5}$$

当拨盘的速度 ω_1 为常数时，槽轮的角加速度 ε_2 为

$$\varepsilon_2 = \frac{\mathrm{d}\omega_2}{\mathrm{d}t} = \frac{\lambda(\lambda^2-1)\sin\varphi_1}{(1-2\lambda\cos\varphi_1+\lambda^2)^2}\omega_1^2 \tag{9-6}$$

三、槽轮机构的优缺点和应用

槽轮机构结构简单、工作可靠，在进入和脱离啮合时运动较平稳，能准确控制转动的角度，但槽轮的转角大小不能调节。槽轮机构可用于转速较高、要求间歇地转动的装置中。例如，图 9-5 所示为电影放映机中的槽轮机构，使得电影胶片快速间歇地通过放映机镜头。

槽轮运动的始、末位置加速度变化较大，当转速较高且从动系统的转动惯量较大时，将引起较大的惯性力矩。因此，槽轮机构不宜用于转速过高的场合。

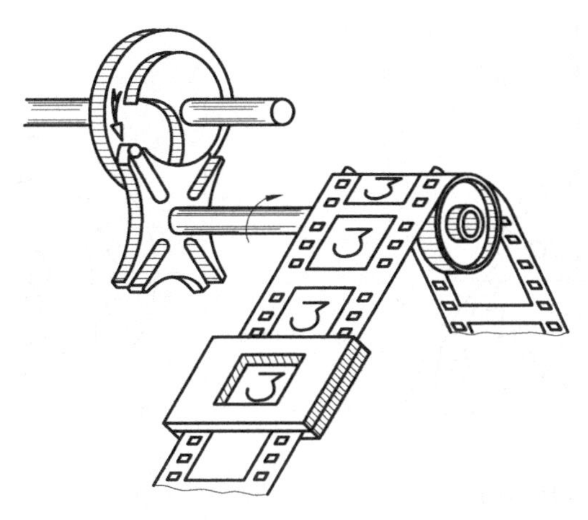

图 9-5 电影放映机中的槽轮机构

9-2 棘 轮 机 构

一、棘轮机构的工作原理及特点

典型的棘轮机构如图 9-6 所示。该机构是由棘轮、摆杆（主动杆）、驱动棘爪、止回棘爪和机架所组成。主动杆空套在与棘轮固连的从动轴上。当主动杆逆时针方向转动时，驱动棘爪便插入棘轮的齿槽，使棘轮跟着转过某一角度。这时止回棘爪在棘轮的齿背上滑过。当主动杆顺时针方向转动时，止回棘爪阻止棘轮发生顺时针方向转动，同时驱动棘爪在棘轮的齿背上滑过，所以此时棘轮静止不动。这样，当主动杆作连续往复摆动时，棘轮和从动轴便作单向间歇转动。主动杆的摆动可由凸轮机构、连杆机构或电磁装置等得到。

棘轮机构的特点是结构简单、制造方便，棘轮转角的大小取决于带动它的连杆机构或凸轮机构，因此易于调节。但其传递的动力不大，传动平稳性较差，而且棘爪在棘轮齿面上滑行时会产生噪声和齿尖磨损，故只能用于低速低精度场合。

根据棘轮机构工作原理，棘轮机构可分为轮齿式棘轮机构和摩擦式棘轮机构两大类。

1. 轮齿式棘轮机构

轮齿式棘轮机构靠轮缘上轮齿的刚性推动来传动，棘轮可做成外齿（图 9-6）或内齿（图 9-7）。当棘轮的直径为无穷大时，变为棘条（图 9-8）。

根据棘轮的运动又可分为单向式棘轮机构（图 9-6、图 9-7、图 9-8）和双向式棘轮机构（图 9-9）。在双向式棘轮机构中，将棘轮齿做成对称的梯形，棘爪与棘轮齿接触的一面做成平面，这样，当曲柄向左摆动时，棘爪推动棘轮逆时针转动。棘爪的另一面做成曲面，以便摆回来可以在轮齿上滑过。若需棘轮顺时针转动，只需将棘爪绕 A 点转至双点画线所示的位置即可。

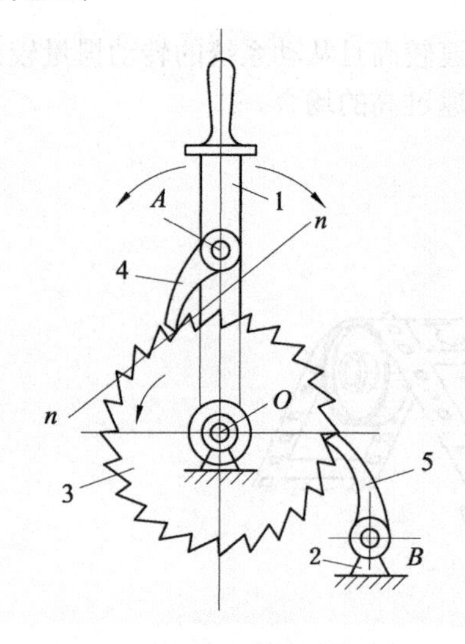

图 9-6 外齿棘轮机构

1—摆杆（主动杆）；2—机架；3—棘轮；
4—驱动棘爪；5—止回爪

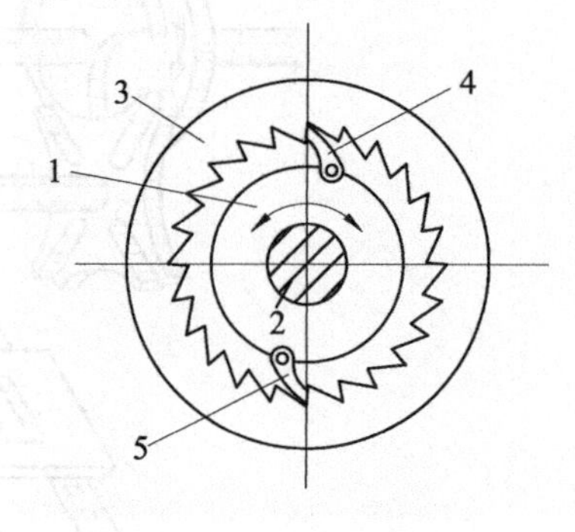

图 9-7 内齿棘轮机构

1—盘形轮；2—固定轴；
3—棘轮；4、5—驱动棘爪

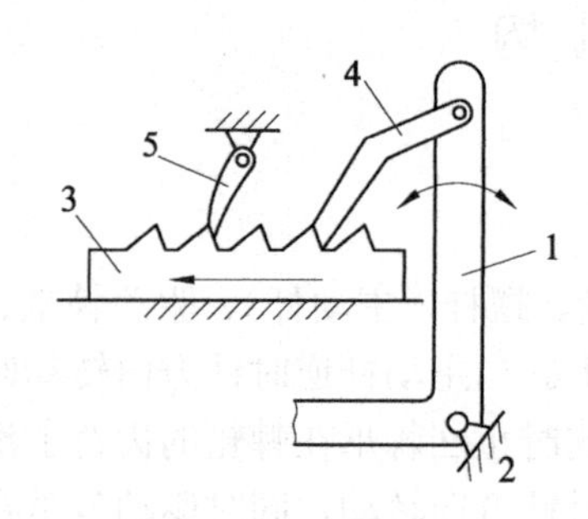

图 9-8 棘条机构

1—摆杆（主动杆）；2—机架；3—棘条；
4—驱动棘爪；5—止回爪

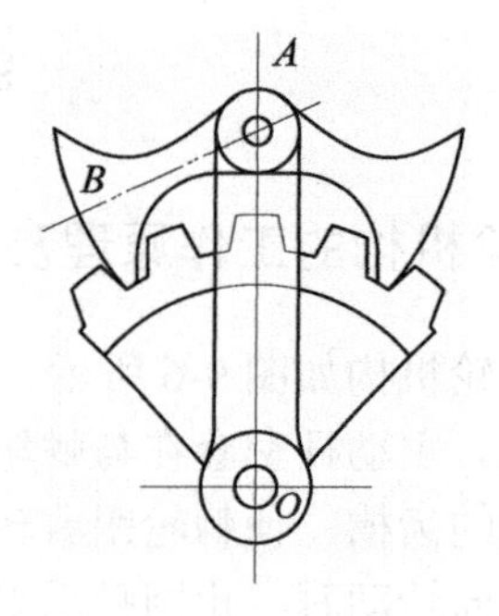

图 9-9 双向式棘轮机构

2. 摩擦式棘轮机构

摩擦式棘轮机构（图 9-10）的传动过程和轮齿式棘轮机构相似，只不过用偏心扇形块代替棘爪，用摩擦轮代替棘轮。当摆杆逆时针方向摆动时，偏心扇形块楔紧摩擦轮，使摩擦轮也一同逆时针方向转动，这时止回扇形块打滑；当摆杆顺时针方向转动时，偏心扇形块在摩擦轮上打滑，这时止回扇形块楔紧，以防止摩擦轮倒转。这样当摆杆作连续反复摆动时，摩擦轮便得到单向的间歇运动。

为了加大机构传递的扭矩，摩擦式棘轮机构一般都采用多表面同时工作的方式，上述单偏心楔块式棘轮机构可演变为滚子摩擦式棘轮机构。如图 9-11 所示，它由外环、星轮和若干滚子所组成。当外环顺时针方向转动时，外环对滚子的摩擦作用使滚子向外环和星轮之间的狭窄处楔紧，而楔紧所产生的摩擦力则使外环和星轮形成一个刚体，从而使星轮与外环一起转动。当外环逆时针方向转动时，滚子在摩擦力作用下从狭窄处退出，使外环和星轮松开，故星轮静止不动。因此，当外环反复转动时，就实现了星轮的单向间歇运动；反之，若运动由星轮传入，即星轮为主动件，外环也能实现单向间歇运动。

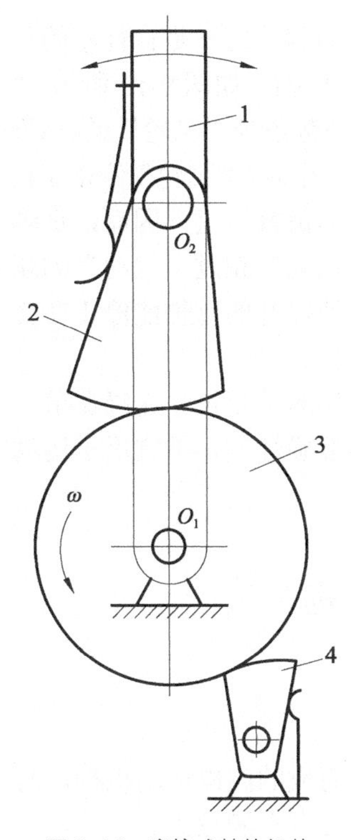

图 9-10 摩擦式棘轮机构

1—摆杆；2—偏心扇形块；3—摩擦轮；4—止回扇形块

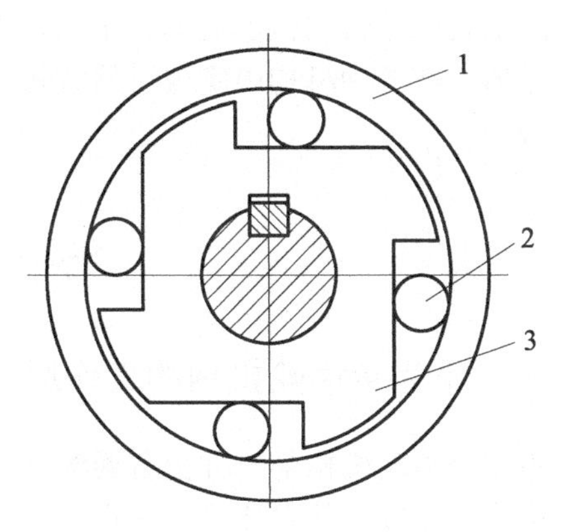

图 9-11 滚子摩擦式棘轮机构

1—外环；2—滚子；3—星轮

二、棘轮机构的应用

轮齿式棘轮机构运动可靠，从动棘轮的转角容易实现有级的调节。但在工作过程中有噪声和冲击，棘齿易磨损，在高速时尤其严重，所以常用在低速、轻载下实现间歇运动。例如，在图 9-12 所示的牛头刨床工作台的横向进给机构中，运动中一对齿轮传到曲柄；再经连杆带动摇杆作往复摆动；摇杆上装有棘爪，从而推动棘轮作单向间歇转动；棘轮与螺杆固连，从而又使螺母（工作台）作进给运动。若改变曲柄的长度，就可以改变棘爪的摆角，以调节进给量。

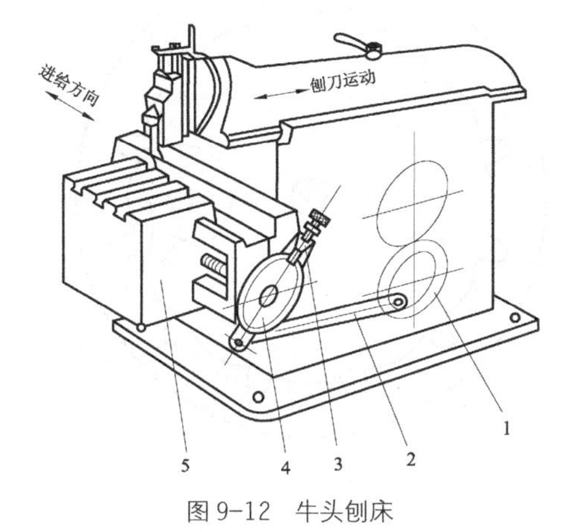

图 9-12 牛头刨床

1—曲柄；2—连杆；3—摇杆；4—棘轮；5—螺母（工作台）

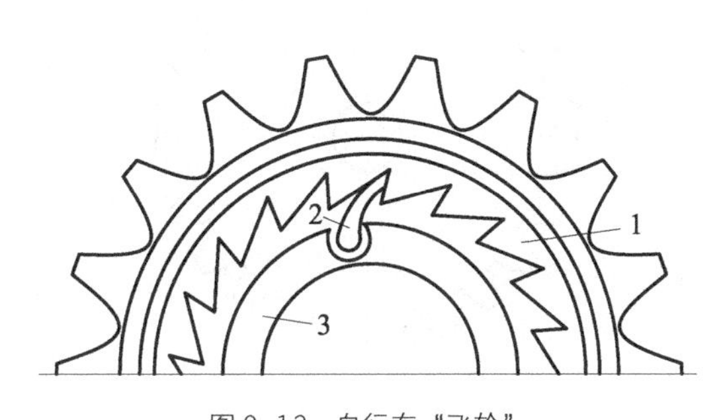

图 9-13 自行车“飞轮”

1—子轮；2—棘爪；3—后轴

棘轮机构也常在各种机构中起超越作用，其最常见的例子之一是自行车的传动装置，自行车后轮上所谓的“飞轮”，实际上就是一个内啮合棘轮机构。如图 9-13 所示，“飞轮”的外圆是链轮，内圆周制成棘轮轮齿，棘爪安装于后轴上。当链条使“飞轮”逆时针转动时，“飞轮”内侧的棘齿通过棘爪带动后轴逆时针转动；当链条停止时，“飞轮”停止了运动，但后轴仍然逆时针转动，其上的棘爪将沿着“飞轮”内侧棘轮的齿背滑过。因而，后轴将在自行车的惯性作用下与“飞轮”脱开而继续转动，产生一种“从动”超过“主动”的超越作用。

在起重机、绞盘等机械装置中，还常利用棘轮机构使提升的重物能停止在任何位置上，以防止由于停电等原因造成事故。

摩擦式棘轮机构传递运动较平稳，无噪声，从动构件的转角可作无级调节，常用来做超越离合器，在各种机构中实现进给或传递运动。但运动准确性差，不宜用于运动精度要求高的场合。

9-3 不完全齿轮机构

一、不完全齿轮机构的工作原理和类型

不完全齿轮机构是一种由普通渐开线齿轮机构演化而成的间歇运动机构，与普通渐开线齿轮机构相比较，其主要特点是在主、从动轮的节圆上没有布满轮齿。因此，当主动轮连续回转时，从动轮作单向间歇转动。图 9-14 所示不完全齿轮机构，主动轮每转一周，从动轮转四分之一周，从动轮每转停歇四次。当从动轮处于停歇位置时，从动轮上的锁止弧 S_2 与主动轮上的锁止弧 S_1 互相配合锁住，保证从动轮停歇在预定的位置上，而不发生游动。

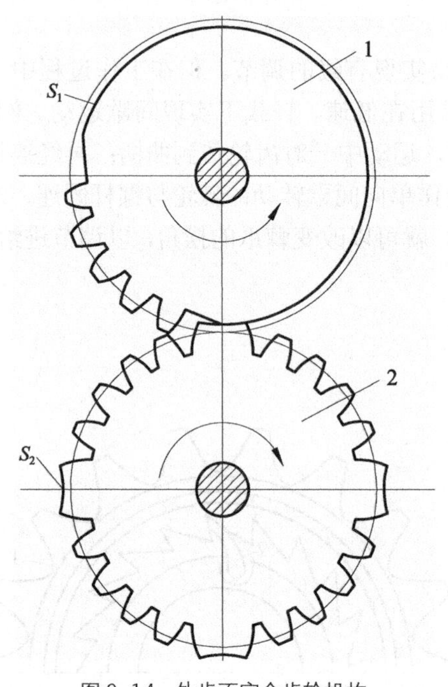

图 9-14　外齿不完全齿轮机构

1—主动轮；2—从动轮

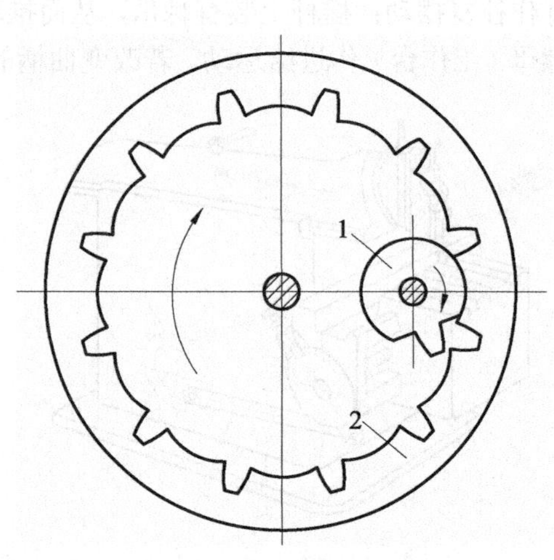

图 9-15　内齿不完全齿轮机构

1—主动轮；2—从动轮

不完全齿轮机构有外啮合（图 9-14）和内啮合（图 9-15）两种类型。与普通渐开线齿轮一样，外啮合的不完全齿轮机构两轮转向相反，内啮合的不完全齿轮机构两轮转向相同。当从动轮的直径为无穷大时，变为不完全齿轮齿条，这时从动轮的转动变为齿条的移动。

二、不完全齿轮机构的运动特点

不完全齿轮机构的啮合过程与普通渐开线齿轮机构的啮合过程有所不同。现分析如下。

先分析主动轮齿数 z_1（z_1 表示主动轮两锁止弧之间的齿数）等于 1 的情况，其啮合过程可以分为三个阶段。①前接触段 $\widehat{EB_2}$：如图 9-16 所示，当主动轮 1 的齿廓与从动轮 2 的齿顶在点 E（点 E 不在啮合线上）接触时，主动轮开始推动从动轮转动，这时从动轮的齿顶在主动轮的齿廓上滑过，两轮的接触点沿从动轮齿顶圆移动，直到点 B_2（B_2 为从动轮的齿顶圆与啮合线的交点）为止。在这段时间内，从动轮的角速度大于正常角速度 ω_2。②正常啮合段 B_2B_1：在两轮接触点到达点 B_2 以后，主动轮继续转动，两轮与普通渐开线齿轮啮合一样，作定传动比传动，啮合点沿啮合线 B_2B_1 移动，直至点 B_1（B_1 为主动轮齿顶圆与啮合线的交点）为止。在这段时间内，从动轮以等角速度 ω_2 转动。③后接触段 $\widehat{B_1D}$：在两轮啮合点到达点 B_1 以后，主动轮继续转动，主动轮的齿顶沿从动轮的齿廓向齿顶滑动，接触点沿主动轮齿顶圆移动直至两轮齿顶圆交点 D 为止，在这段时间内，从动轮的角速度小于正常角速度 ω_2。主动轮再继续转动，此时从动轮停歇不转，直至主动轮再转一个齿顶宽所对的中心角后，这对齿才互相脱离。

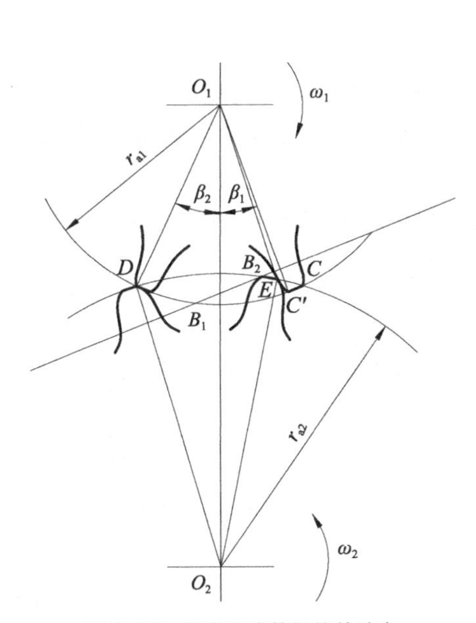

图 9-16　不完全齿轮机构的啮合

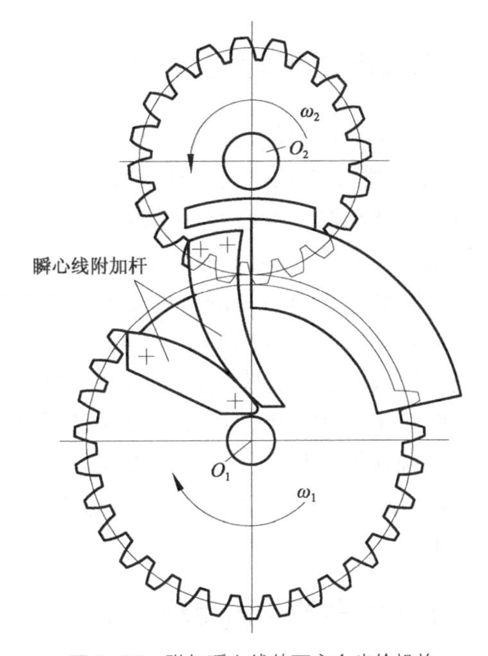

图 9-17　附加瞬心线的不完全齿轮机构

再分析主动轮不完全齿数 z_1 大于 1 的情况。主动轮上第一个齿（首齿）前接触段与主动轮齿数 z_1=1 的前接触段情况相同。在首齿与从动轮的接触点到点 B_2 以后，作定传动比传动，以后各对齿传动都与普通渐开线齿轮传动一样。当主动轮最后一个齿（末齿）与从动轮的啮合点到达点 B_1 时，由于无后续齿，所以它与 z_1=1 的不完全齿轮的后接触段情况相同，因此可以把主动轮齿数大于 1 的不完全齿轮的啮合情况看作是主动轮齿数 z_1=1 的不完全齿轮和齿数为（z_1-1）的普通渐开线齿轮啮合的组合。

在不完全齿轮机构传动时，为了保证首齿顺利到达预定位置，进入啮合状态，而不与邻齿齿顶相碰，需将首齿齿顶高作适当削减。同时，由啮合过程分析可知，末齿齿顶高将决定从动轮的停歇位置。为了保证从动轮停歇在预定位置，末齿齿顶高亦需通过计算确定。而齿顶高度的削减又将影响重合度之值，故需进行重合度校核。

从啮合过程来看，在从动轮运动时间的中段，啮合传动的情况与普通渐开线齿轮相同，啮合齿沿啮合线移动，两轮作定传动比传动。但在运动时间的始、末区段，即入啮区和脱啮区，传动比是变化的，并存在齿顶尖点推刮接触的情况。特别是在始、末点，有刚性冲击。故不完全齿轮机构的动力学特性和磨损寿命较差。为了改善这些缺点，可用其他机构与不完全齿轮机构组合使用。例如，附加瞬心线的不完全齿轮机构如图 9-17 所示，使入啮区和脱啮区的传动比按预定运动规律平缓过渡，但这将增加机构的复杂程度。故在实际生产中，不完全齿轮机构多用于低速轻载的场合。

不完全齿轮机构的主动轮每转一周从动轮停歇的次数、从动轮每转一周停歇的次数、每次停歇时间的长短、每次运动转过的角度等，允许调整的幅度要比槽轮机构大得多，故设计比较灵活。

9-4 非圆齿轮机构

一、非圆齿轮机构的工作原理及类型

一对普通渐开线直齿轮可以在两平行轴之间实现定传动比传动。其相对瞬心（节点）是一个定点，相对瞬心在两个运动平面上所描出的轨迹称为瞬心线（节线），它是两个圆（节圆）。两轮轮齿啮合传动时，瞬心线（节圆）作纯滚动。

如果希望两轮的传动比 i_{12} 按某一预定的运动规律变化，如图 9-18 所示，则相对瞬心不再是定点，瞬心线也不再是圆，而是两条非圆曲线。如果在这两非圆形的瞬心上布满齿形，所得到的就是非圆齿轮。理论上对瞬心线的形状并没有限制，但在生产实际中，用作非圆齿轮节线的只有很少几种曲线，如椭圆形、变态椭圆形（卵线）、对数螺旋线形等。其中以椭圆形最为常见，也最为基本。

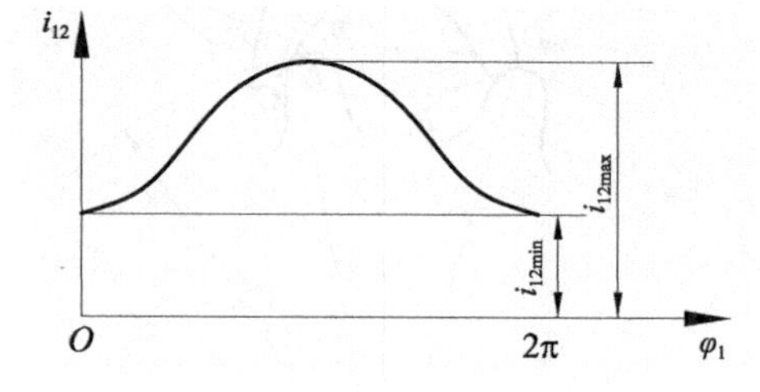

图 9-18　传动比与转角关系曲线

二、椭圆齿轮机构的传动特点

椭圆齿轮机构如图 9-19 所示。设 a、b、c 分别为椭圆的长半轴、短半轴和半焦距，则椭圆的离心率 $\varepsilon=\frac{c}{a}$。

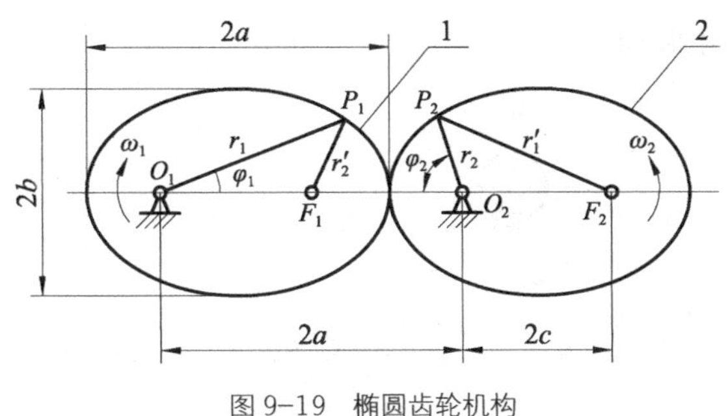

图 9-19 椭圆齿轮机构

1—主动轮；2—从动轮

椭圆齿轮机构的传动比为

$$i_{21}=\frac{\omega_2}{\omega_1}=\frac{r_1'}{r_2}=\frac{1-\varepsilon^2}{1+\varepsilon^2-2\varepsilon\cos\varphi_1} \tag{9-7}$$

由式（9-7）可知，若主动轮的角速度 ω_1 为常数，椭圆齿轮机构的传动比 i_{21} 和从动轮的角速度 ω_2 均为变量，它们都是主动轮转角 φ_1 的函数，且与椭圆齿轮的离心率 ε 有关。

三、非圆齿轮机构的应用

非圆齿轮机构在机床、自动机、仪器及解算装置中均有应用。利用非圆齿轮机构变传动比的特点，以改进机构传动的运动性能和动力性能。现举例说明如下。

图 9-20 所示为利用椭圆齿轮带动曲柄滑块机构。这样，使压力机的空回行程（滑块从左向右）时间缩短，而工作行程的时间增长。这不仅使机构具有急回特性，以节省空回行程的时间，而且可使工作行程时的速度比较均匀，以此改善机器的受力情况。

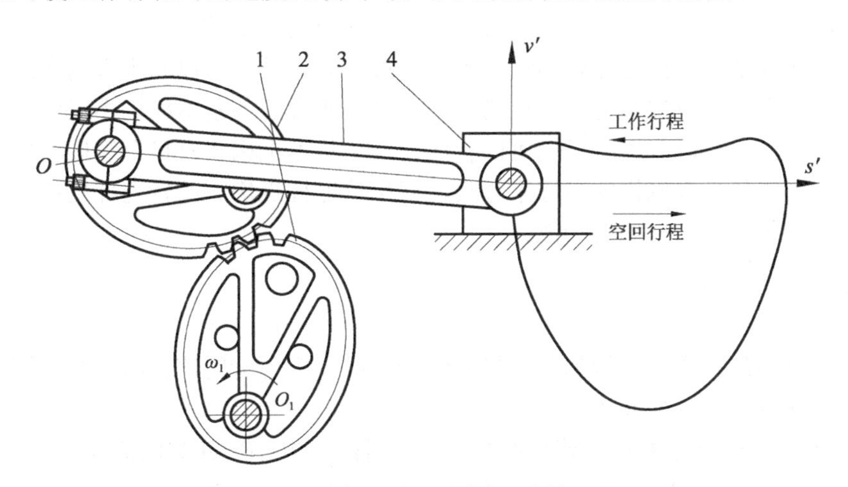

图 9-20 压力机中的椭圆齿轮

1、2—啮合的椭圆齿轮；3—曲柄滑块机构的连杆；4—滑块

图 9-21 所示为自动机床上的转位机构。利用椭圆齿轮机构的从动轮带动转位槽轮机构，使槽轮在拨杆速度最高的时候运动，以缩短运动时间，增加停歇时间。亦即缩短机床加工的辅助时间，而增加机床的工作时间。在另外一些场合，也可以使槽轮在拨杆速度最低的时候

运动，以降低其加速度和振动。

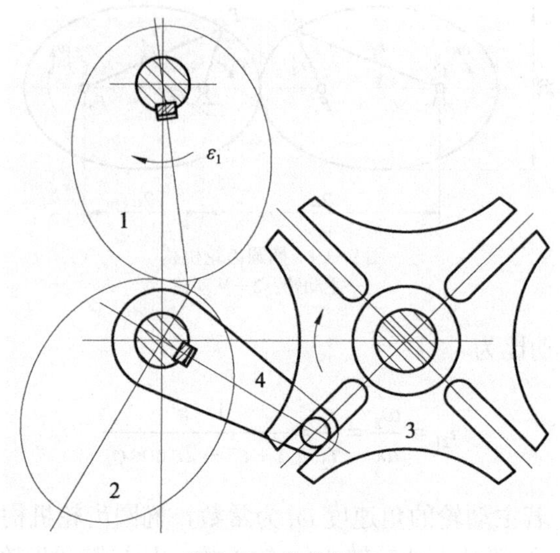

图 9-21　转位机构

1—主动轮；2—从动轮；3—槽轮；4—拨杆

9-5　组合机构

现代工业的发展对机械的运动形式、运动规律和动力性能等方面的要求具有多样性和复杂性，而各种基本机构性能的局限性，使得仅采用基本机构往往不能很好地满足设计要求。因而常把几个基本机构组合起来应用，这就构成了组合机构。组合机构不仅能满足多种设计要求，而且能综合发挥各种基本机构的特点，所以其应用越来越广泛。

将两种或几种基本机构通过封闭约束组合而形成的、具有与原基本机构不同结构特点和运动性能的复合机构一般称其为组合机构。组合机构所含的各基本机构不能保持相对独立，而是“有机”连接。所以，组合机构可以看成是若干基本机构“有机”连接的新机构。

组合机构可按其基本机构的名称来分类，如齿轮连杆机构、凸轮连杆机构、齿轮凸轮机构等。下面介绍各类组合机构的功能。

一、齿轮连杆组合机构

齿轮连杆机构是由齿轮机构和连杆机构组合而成。应用齿轮连杆组合机构可以实现多种运动规律和不同运动轨迹的要求。

图 9-22 所示为一典型的齿轮连杆组合机构。四杆机构 $ABCD$ 的曲柄 AB 上装有一对齿轮 2′和 5。行星轮 2′与连杆 2 固连，而太阳轮 5 空套在曲柄 1 的轴上。当主动曲柄 1 以 ω_1 等速回转时，从动轮 5 作非匀速转动。从动轮 5 的角速度 ω_5 由两部分组成：一为等角速度部分；二为作周期性变化的角速度部分。改变各杆的尺寸或齿轮齿数，可使从动轮获得不同的运动规律。在设计这种组合机构时，可先根据实际情况初步选定机构中各参数的值，然后进行运动分析，当不满足预期运动规律时，可对机构的某些参数适当调整。

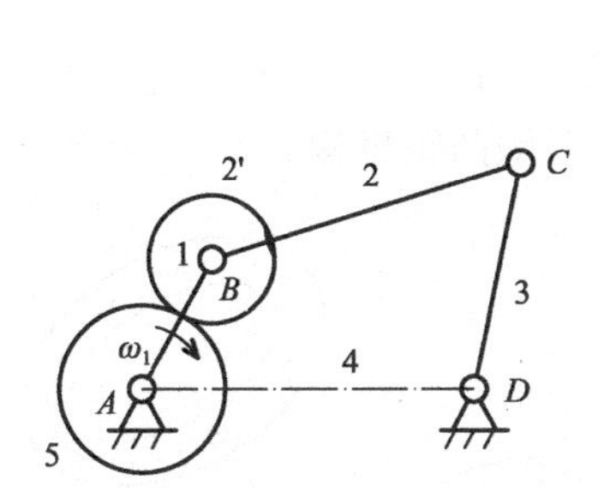

图 9-22 齿轮机构与四杆机构组合

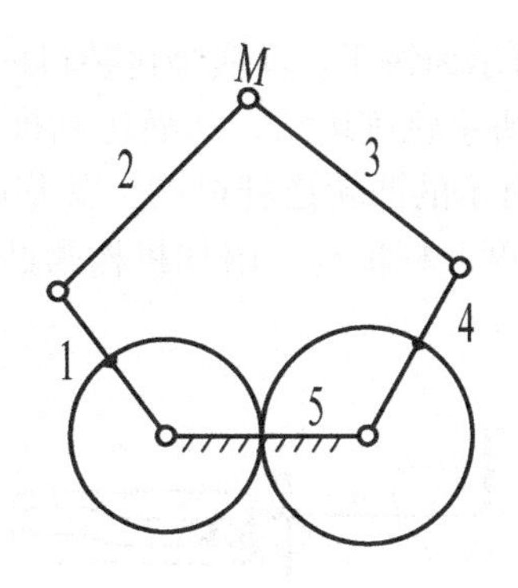

图 9-23 齿轮机构与五杆机构组合

图 9-23 所示是用来实现复杂运动轨迹的一种齿轮连杆组合机构，它是由定轴轮系 1、4、5 和自由度为 2 的五杆机构 1、2、3、4、5 经复合式组合而成。当改变两轮的传动比、相对相位角和各杆长度时，连杆上 *M* 点即可描绘出不同的轨迹。

图 9-24 所示为钢板传送机构中采用的齿轮连杆组合机构。齿轮 1 与曲柄固连，齿轮 2、3、4 及构件 *DE* 组成差动轮系。该轮系的轮 2 由轮 1 带动，而行星架 *DE* 由四杆机构带动。因此，从动轮 4 作变速运动，以满足钢板传送的需要。

二、凸轮连杆机构

凸轮连杆机构由凸轮机构和连杆机构组合而成。采用凸轮连杆机构比较容易实现从动杆给定的运动规律或较复杂的运动轨迹。

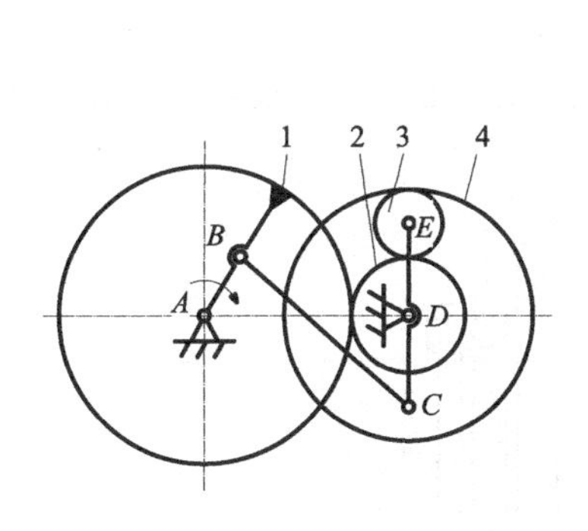

图 9-24 钢板传送机构

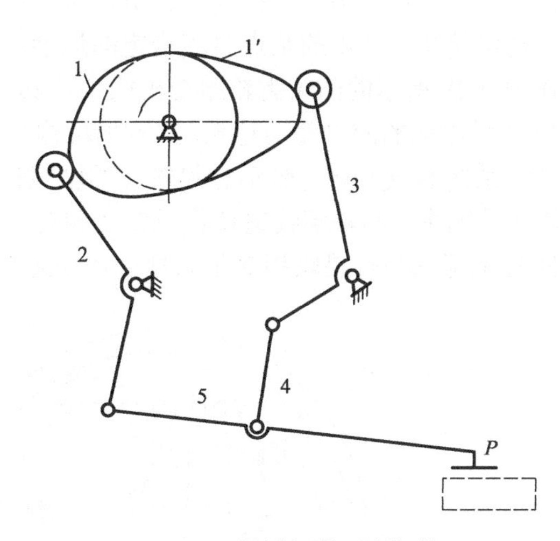

图 9-25 平板印刷机吸纸机构

图 9-25 所示为平板印刷机吸纸机构的简图。该机构由自由度为 2 的五杆机构和两个自由度为 1 的摆动从动件凸轮机构所组成。两个盘形凸轮固结在同一个转轴上。工作需求吸纸盘 *P* 走一个虚线所示的矩形轨迹。当凸轮转动时，推动从动件 2、3 分别按 $\varphi_2(t)$和 $\varphi_3(t)$的运动规律运动，并将这两个运动输入五杆机构的两个连架杆，从而使固结在连杆 5 上的吸纸盘 *P* 走出一个矩形轨迹，以完成吸纸和送进等动作。

图 9-26 所示为饼干、香烟等包装机的推包机构中所采用的凸轮连杆组合机构。其推包头 T 可按点画线所示轨迹运动，从而达到推包目的。

图 9-27 所示的凸轮连杆机构，其基础机构为由构件 1、2、3、4 和机架组成的长度 l_{BD} 可变的双自由度五杆机构，附加机构为凸轮固定的盘形槽凸轮机构。

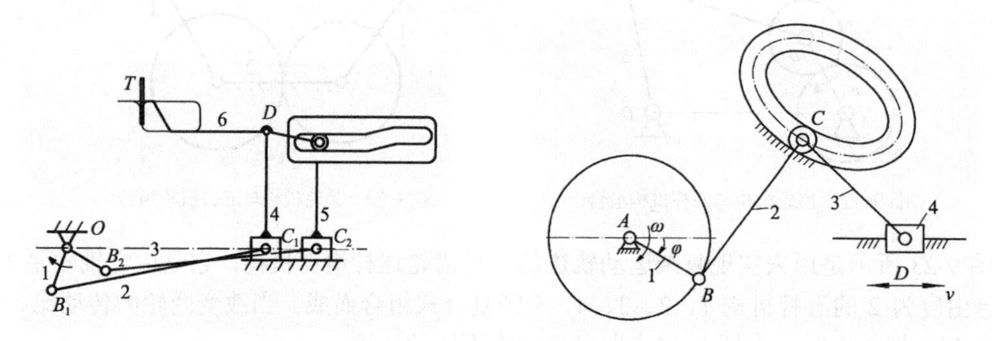

图 9-26 推包机构　　图 9-27 凸轮固定的凸轮连杆机构

采用上述凸轮连杆机构可以实现从动件行程（或摆角）较大而运动规律又较复杂的往复移动（或摆动）。在这种情况下，若使用单一的三构件凸轮机构，将会导致盘形凸轮径向尺寸的增大，甚至使机构受力情况恶化；而若采用单一的四杆机构，则往往无法实现给定的较复杂的运动规律。

三、齿轮凸轮机构

齿轮凸轮机构由齿轮机构和凸轮机构组合而成。这种机构主要用于实现复杂运动规律的转动，也可使从动杆上的某点复演给定的运动轨迹。

在图 9-28 所示的凸轮齿轮组合机构中，其基础机构是由齿轮 1、行星轮 2（扇形齿轮）和系杆 H 所组成的简单差动轮系，其附加机构为一摆动从动件凸轮机构，且凸轮 4 固定不动。当主动件系杆 H 转动时，带动行星轮 2 的轴线作周转运动，由于行星轮 2 上的滚子 3 置于固定凸轮 4 的槽中，凸轮廓线迫使行星轮 2 相对于系杆 H 转动。这样，从动轮 1 的输出运动就是系杆 H 的运动与行星轮相对于系杆的运动之合成。

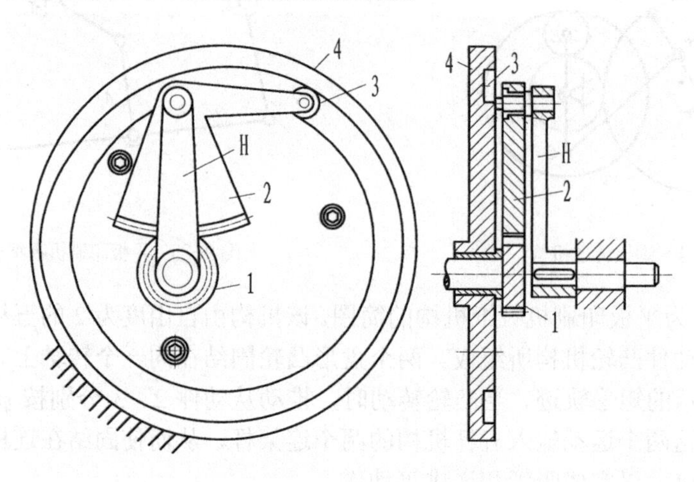

图 9-28 差动轮系与凸轮组成的组合机构

在主动件 H 的速度 ω_H 一定的情况下，改变凸轮 4 的廓线形状，也就改变了行星轮 2 相对于系杆的运动，即可得到不同规律的输出运动 ω_1。利用该组合机构可以实现具有任意停歇时间的间歇运动。

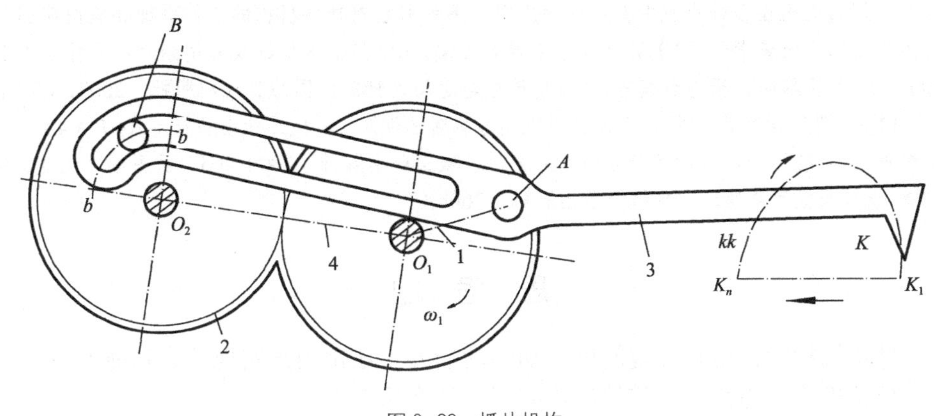

图 9-29 抓片机构

图 9-29 所示为一抓片机构，它由作为基础机构的双自由度反凸轮机构以及作为附加机构的外啮合齿轮机构组合而成。杆 1 与齿轮固连，并绕轴心 O_1 以角速度 ω_1 等速转动，具有曲线槽 *bb* 的杆 3 作一般平面运动；轮 2 上的销 *B* 与杆 3 的曲线槽 *bb* 相啮合。当主动轮 1 运动时，通过其上销 *A* 的运动以及轮 2 上销 *B* 沿廓线 *bb* 的运动，迫使杆 3 具有确定的运动。只要杆 3 上的廓线 *bb* 设计得当，就能使杆 3 上的端点 *K* 描绘出具有某一直线段 K_1K_n 的封闭轨迹 *kk*。机构运动时，抓片杆 3 上的端抓 *K* 在其轨迹 *kk* 的 K_1 处插入胶片孔，并在直线段拉动胶片移动一段距离 K_1K_n，然后在 K_n 处退出，由此使胶片作步进输送运动。

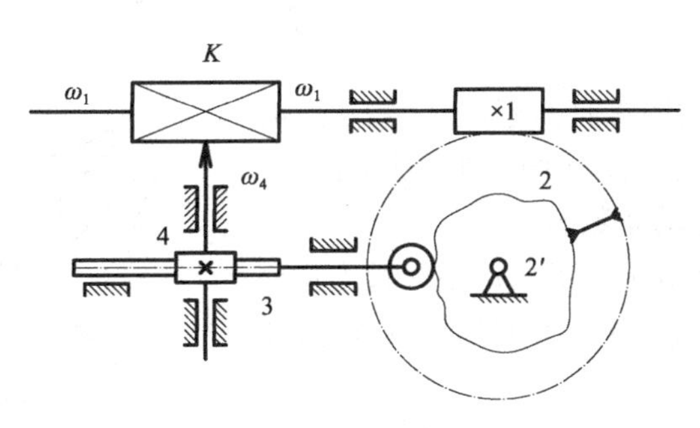

图 9-30 校正机构

图 9-30 所示为凸轮、齿轮组成的校正机构，这类校正装置在齿轮加工机床中应用较多。

其中，蜗杆 1 为原动件，如果由于制造误差等原因，使蜗轮 2 的运动输出精度达不到要求时，则可根据输出的误差，设计出与蜗轮 2 固装在一起的凸轮 2′的轮廓曲线。当此凸轮 2′与蜗轮 2 一起转动时，将推动推杆 3 移动，推杆 3 上的齿条又推动齿轮 4 转动，最后通过差动机构 *K* 使蜗杆 1 得到一附加转动，从而使蜗轮 2 的输出运动得到校正。

阅读参考文献

本章介绍的机构在各种机械中有广泛的应用，下列书籍对这些机构的工作原理和应用实例做了介绍，可供学习本章时参考：（1）孙开元、骆索君主编，《常见机构设计及应用图例》，化学工业出版社，2007。（2）杨黎明、杨志勤编著，《机构选型与运动设计》，国防工业出版社，2007。（3）[美]斯克莱特、[美]奇罗尼斯编著，《机械设计实用机构与装置图册》，机械工业出版社，2007。（4）邹慧君、殷鸿梁编著，《间歇运动机构设计与应用创新》，机械工业出版社，2008。（5）吕庸厚、沈爱红编著，《组合机构设计与应用创新》，机械工业出版社，2008。

思 考 题

9-1 棘轮机构除常用来实现间歇运动的功能外，还常用来实现什么功能？

9-2 棘轮机构分为几类？棘轮机构应用于什么场合？

9-3 滚子摩擦式棘轮机构的工作原理是什么？

9-4 什么是槽轮机构的运动系数？为什么运动系数不能大于 1？

9-5 外槽轮机构的槽数不同时，机构的运动学和动力学表现有什么不同？

9-6 为什么不完全齿轮机构主动首、末两轮齿的齿高一般需要削减？

9-7 不完全齿轮机构瞬心线附加杆的目的是什么？

9-8 列出常见的几种组合机构，指出它们的运动特点。

9-9 举例说明凸轮连杆机构的应用。

习 题

9-1 有一槽轮机构如图 9-31 所示，已知槽数 z=4，中心距 d=100mm，拨盘上装有一个圆销，试求：

（1）该槽轮机构的运动系数 τ；

（2）当拨盘以 ω_1=100rad/s 等角速逆时针方向转动时，槽轮在图示位置（φ_1=30°）的角速度 ω_2 和角加速度 ε_2。

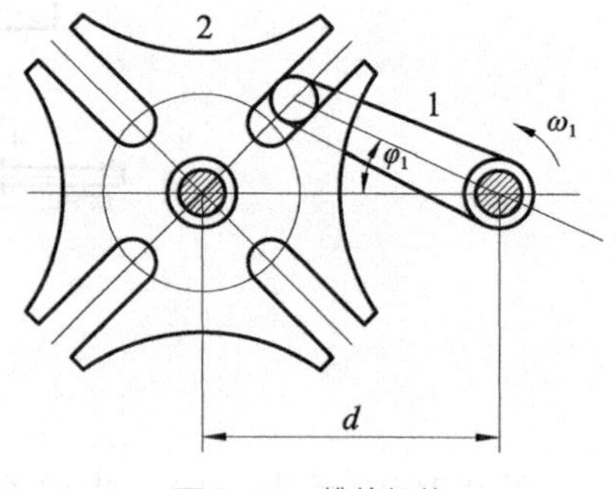

图 9-31 槽轮机构

9-2 在六角车床的六角头外槽轮机构中，已知槽数 z=6，运动时间是静止时间的两倍，应该设计几个圆销？

第10章 带传动

内容提要

本章主要介绍带传动的特点和类型，分析了带传动的受力，并在此基础上介绍了带的弹性滑动和打滑现象，详细介绍了带传动的设计计算，最后简介带的张紧和维护以及其他新型带传动。

本章重点： 带传动的受力分析，弹性滑动和打滑现象的联系和区别，V带传动的设计计算。

本章难点： 带传动的最大有效拉力及其影响因素，带传动设计参数的选择原则。

10-1 带传动的类型与特点

一、带传动工作原理及特点

带传动通常由主动轮、从动轮和张紧在两轮上的传动带所组成，如图10-1所示。当主动轮回转时，依靠带与带轮接触面间的摩擦力拖动从动轮一起回转，从而传递一定的运动和动力。

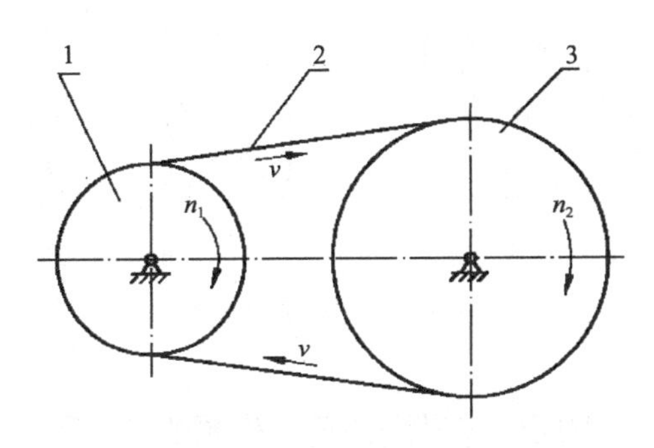

图10-1 带传动示意图
1—主动轮；2—传动带；3—从动轮

带传动的优点：①有良好的挠性和弹性，有吸振和缓冲作用，因而使带传动平稳、噪声小；②有过载保护作用，当过载时带在带轮上发生相对滑动，可防止其他零件的损坏；③制造和安装精度与齿轮传动相比较低，结构简单，制造、安装、维护均较方便；④适合于中心距较大的两轴间传动（中心距最大可达 15m）。

带传动的主要缺点：①由于弹性滑动的存在，使传动效率降低，不能保证准确的传动比；②由于带传动需要初始张紧，因此，当传递同样大的圆周力时，与啮合传动相比轴上的压力较大；③结构尺寸较大，不紧凑；④传动带寿命较短；⑤传动带与带轮之间会产生摩擦放电现象，不宜用于有爆炸危险的场合。

二、带传动的类型与应用

在带传动中，常用的有平带传动（图 10-2（a））、V 带传动（图 10-2（b））、多楔带传动（图 10-2（c））和同步带传动（图 10-2（d））等。

平带传动结构最简单，带轮也容易制造，在传动中心距较大的情况下应用较多。

在一般机械传动中，应用最广的是 V 带传动。V 带的横截面呈等腰梯形，带轮上也做出相应的轮槽。传动时，V 带只和轮槽的两个侧面接触，即以两侧面为工作面（图 10-2（b））。根据槽面摩擦的原理，在同样的张紧力下，V 带传动较平带传动能产生更大的摩擦力。这是 V 带传动性能上的最主要优点。再加上 V 带传动允许的传动比较大，结构较紧凑，以及 V 带多已标准化并大量生产等优点，因而 V 带传动的应用比平带传动广泛得多。

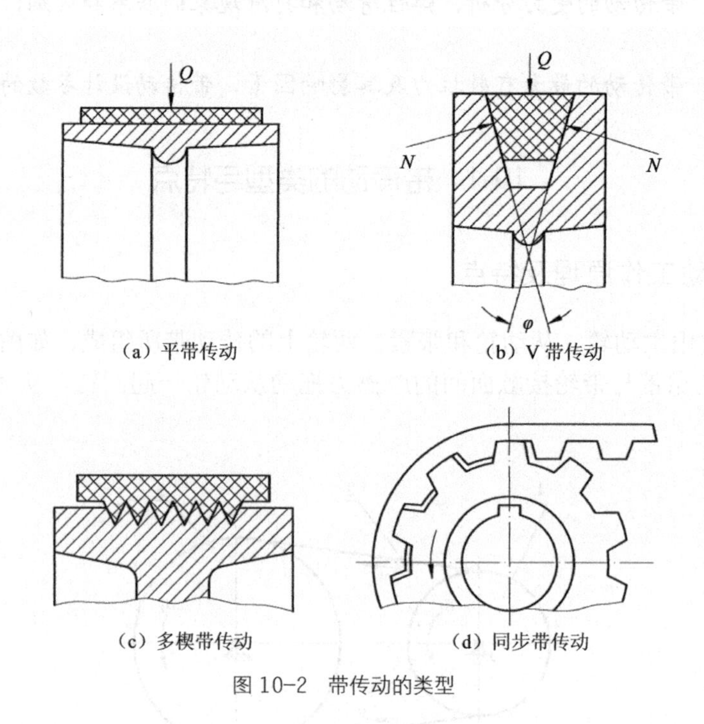

（a）平带传动　（b）V 带传动

（c）多楔带传动　（d）同步带传动

图 10-2　带传动的类型

10-2　带传动的工作情况分析

一、带传动中的受力分析

安装传动带时，传动带即以一定的预紧力 F_0 紧套在两个带轮上。由于 F_0 的作用，带和带轮的接触面上就产生了正压力。带传动不工作时，传动带两边的拉力相同，都等于 F_0，如图 10-3（a）所示。

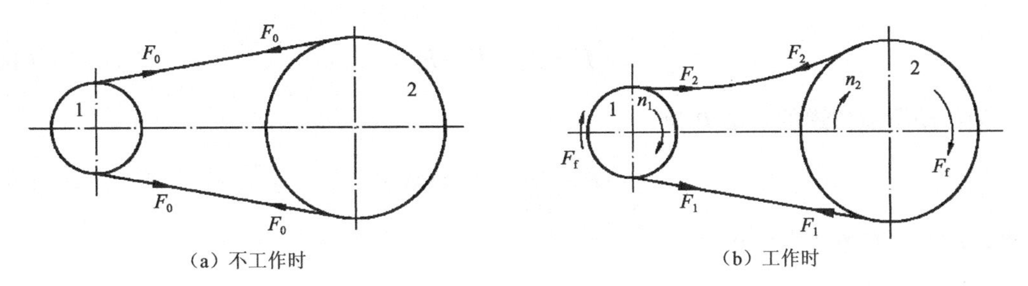

图 10-3 带传动的工作原理图

带传动工作时（图 10-3（b）），设主动轮以转速 n_1 转动，带与带轮的接触面间便产生摩擦力 F_f，主动轮作用在带上的摩擦力的方向和主动轮的圆周速度方向相同，主动轮即靠此摩擦力驱使带运动；带作用在从动轮上的摩擦力的方向，显然与带的运动方向相同，带同样靠摩擦力 F_f 而驱使从动轮以转速 n_2 转动。这时传动带两边的拉力也相应地发生了变化：带绕上主动轮的一边被拉紧，叫作紧边，紧边拉力由 F_0 增加到 F_1；带绕上从动轮的一边被放松，叫作松边，松边拉力由 F_0 减少到 F_2，如图 10-3（b）所示。如果近似地认为带工作时的总长度不变，则带的紧边拉力的增加量，应等于松边拉力的减少量，即

$$F_1-F_0=F_0-F_2$$

或

$$F_1+F_2=2F_0 \tag{10-1}$$

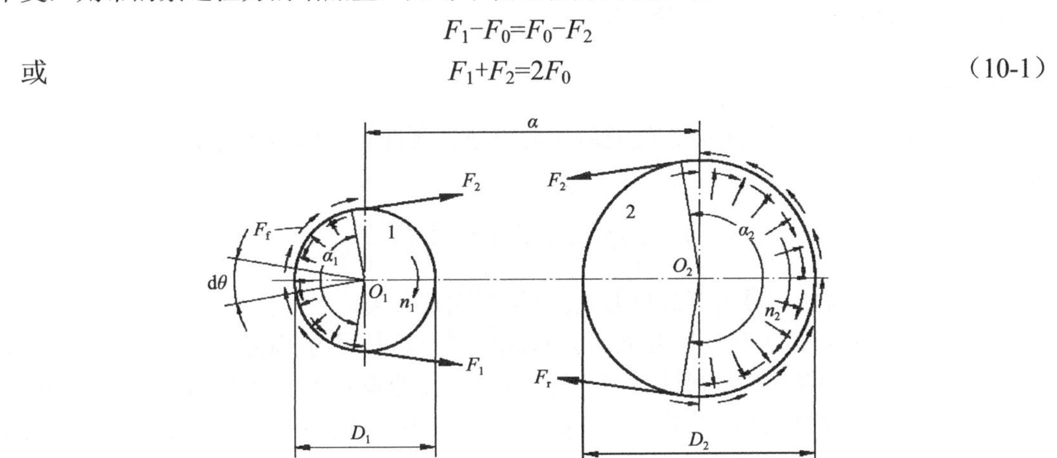

图 10-4 带与带轮的受力分析

在图 10-4 中（径向箭头表示带轮作用于带上的正压力），当取主动轮一端的带为分离体时，则总摩擦力 F_f 和两边拉力对轴心的力矩代数和 $\Sigma T=0$，即

$$F_f\frac{D_1}{2}-F_1\frac{D_1}{2}+F_2\frac{D_1}{2}=0$$

由上式可得

$$F_f=F_1-F_2$$

在带传动中，有效拉力 F_e 并不是作用于某固定点的集中力，而是带和带轮接触面上各点摩擦力的总和，故整个接触面上的总摩擦力 F_f 即等于带所传递的有效拉力，则由上式关系可知

$$F_e = F_f = F_1 - F_2 \tag{10-2}$$

带传动所能传递的功率 P 为

$$P = \frac{F_e v}{1000} \quad (\text{kW}) \tag{10-3}$$

式中，F_e——有效拉力，N；

v——带的速度，m/s。

将式（10-2）代入式（10-1），可得

$$\left.\begin{aligned} F_1 &= F_0 + \frac{F_e}{2} \\ F_2 &= F_0 - \frac{F_e}{2} \end{aligned}\right\} \tag{10-4}$$

带传动中，当带有打滑趋势时，摩擦力即达到极限值。根据理论力学的推导，开始打滑时，F_1 和 F_2 有如下关系：

$$F_1 = F_2 e^{f\alpha} \tag{10-5}$$

式中，e——自然对数的底(e=2.718…)；

f——摩擦因数；

α——包角，rad。

将式（10-4）代入式（10-5）整理后，可得出带所能传递的最大有效拉力（即有效拉力的临界值）F_{ec} 为

$$F_{ec} = 2F_0 \frac{e^{f\alpha} - 1}{e^{f\alpha} + 1} = 2F_0 \frac{1 - 1/e^{f\alpha}}{1 + 1/e^{f\alpha}} \tag{10-6}$$

由式（10-6）可知，最大有效拉力 F_{ec} 与下列因素有关。

（1）预紧力 F_0：最大有效拉力 F_{ec} 与 F_0 成正比。这是因为 F_0 越大，带与带轮间的正压力越大，则传动时的摩擦力就越大，最大有效拉力 F_{ec} 也就越大。但 F_0 过大时，将使带的磨损加剧，以致过快松弛，缩短带的工作寿命。如 F_0 过小，则带传动的工作能力得不到充分发挥，运转时容易发生跳动和打滑。

（2）包角 α：最大有效拉力 F_{ec} 随包角 α 的增大而增大。这是因为 α 越大，带和带轮的接触面上所产生的总摩擦力就越大，传动能力也就越高。因为 $\alpha_1 < \alpha_2$，所以带传动的承载能力取决于小带轮的包角 α_1。

（3）摩擦因数 f：最大有效拉力 F_{ec} 随摩擦因数的增大而增大。这是因为摩擦因数越大，摩擦力就越大，传动能力也就越高。而摩擦因数 f 与带轮的材料和表面状况、工作环境条件等有关。对于 V 带则应为当量摩擦因数 $f_v = \dfrac{f}{\sin\dfrac{\varphi}{2}}$，$\varphi$ 为 V 带轮轮槽楔角。因为 $f_v > f$，所以在同样条件下，V 带的传动能力大于平带。

二、带的应力分析

带传动工作时，带中的应力有以下几种：拉力 F_1 和 F_2 产生的拉应力 σ_1、σ_2；离心力 F_c 产生的离心应力 σ_c；带与带轮接触部分由于弯曲变形而产生的弯曲应力 σ_{b1}、σ_{b2}。图 10-5 表示带截面各点应力的分布情况。在图中用垂直于带中心线的线段长短表示相应横截面中应力的大小。由图可知，带工作时，其任一截面上的应力是随其位置的不同而变化的。因此，带是在变应力下工作的。最大应力发生在带的紧边开始绕上小带轮处，此最大应力为

$$\sigma_{max}=\sigma_1+\sigma_{b1}+\sigma_c$$

由于带是在变应力下工作的，因此，带的耐久性取决于最大应力的大小和应力循环的总次数。当传递的功率一定时，应力循环次数达到一定值后，将使带疲劳损坏，即带将分层脱开或断裂。σ_{max} 越大，则允许的应力循环次数就越少。为保证带有足够的寿命，必须使

$$\sigma_{max}=\sigma_1+\sigma_{b1}+\sigma_c\leqslant[\sigma]$$

或

$$\sigma_1\leqslant[\sigma]-\sigma_{b1}-\sigma_c \tag{10-7}$$

式中，$[\sigma]$——带在一定寿命下的许用应力，MPa。

一般情况下，弯曲应力所占的比例较大，它对带的寿命有明显的影响。以 B 型带为例，根据试验结果，D_1=200mm 时，带的相对寿命为 1，D_1=160mm 时，其相对寿命为 0.3。为此，在确定小带轮直径时，应使 $D_1\geqslant D_{1min}$。

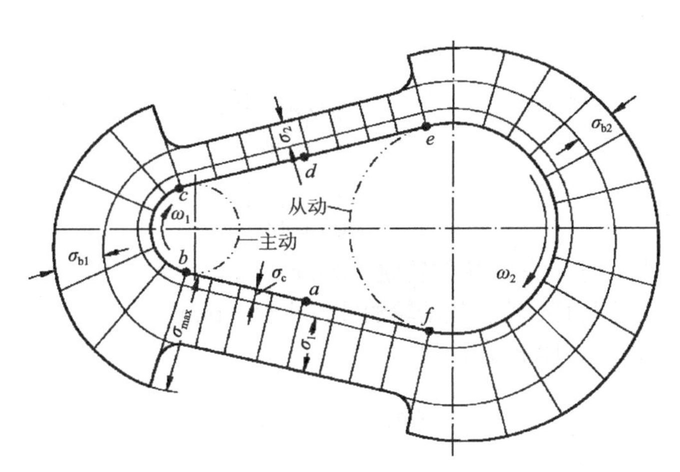

图 10-5 带工作时的应力分布情况

三、带的弹性滑动和打滑

带传动在工作时，带受到拉力后要产生弹性变形。但由于紧边和松边的拉力不同，因而弹性变形也不同。当紧边在 A_1 点绕上主动轮时（图 10-6），其所受的拉力为 F_1，此时带的线速度 v 和主动轮的圆周速度 v_1 相等。在带由 A_1 点转到 B_1 点的过程中，带所受的拉力由 F_1 逐渐降低到 F_2，带的弹性变形也就随之逐渐减小，因而带沿带轮的运动是一面绕进、一面向后收缩，所以带的速度便逐渐低于主动轮的圆周速度 v_1。这就说明了带在绕经主动轮的过程中，

在带与主动轮缘之间发生了相对滑动。相对滑动现象也发生在从动轮上，但情况恰恰相反，带绕过从动轮时，拉力由 F_2 增大到 F_1，弹性变形随之增加，因而带沿带轮的运动是一面绕进、一面向前伸长，所以带的速度便逐渐高于从动轮的圆周速度 v_2，亦即带与从动轮间也发生相对滑动。这种由于带的弹性变形而引起的带与带轮间的滑动，称为带的**弹性滑动**。这是带传动正常工作时固有的特性。

由于弹性滑动的影响，将使从动轮的圆周速度 v_2 低于主动轮的圆周速度 v_1，其降低量可用滑动率 ε 来表示。

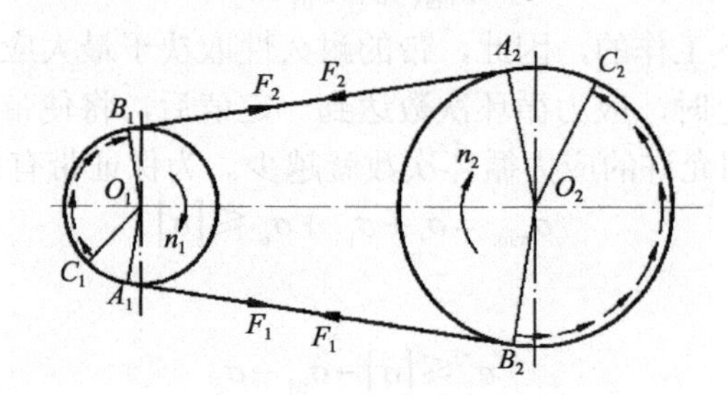

图 10-6　带的弹性滑动示意图

$$\varepsilon=\frac{v_1-v_2}{v_1}\times 100\% \tag{10-8}$$

或

$$v_2=(1-\varepsilon)v_1 \tag{10-8a}$$

其中

$$\left.\begin{aligned} v_1&=\frac{\pi D_1 n_1}{60\times 1000}\\ v_2&=\frac{\pi D_2 n_2}{60\times 1000}\end{aligned}\right\} \tag{10-9}$$

式中，n_1、n_2——分别为主、从动轮的转速，r/min；

D_1、D_2——分别为主动轮和从动轮的计算直径，mm。

将式（10-9）代入式（10-8），可得

$$D_2 n_2=(1-\varepsilon)D_1 n_1$$

因而带传动的实际平均传动比为

$$i=\frac{n_1}{n_2}=\frac{D_2}{D_1(1-\varepsilon)} \tag{10-10}$$

在一般传动中，因滑动率并不大($\varepsilon\approx 1\%\sim 2\%$)，故可不予考虑，而取传动比为

$$i=\frac{n_1}{n_2}\approx\frac{D_2}{D_1} \tag{10-11}$$

在正常情况下，带的弹性滑动并不是发生在相对于全部包角的接触弧上。当有效拉力较小时，弹性滑动只发生在带由主、从动轮上离开以前的那一部分接触弧上，如 $\overset{\frown}{C_1B_1}$ 和 $\overset{\frown}{C_2B_2}$（图 10-6），并把它们称为**滑动弧**，所对的中心角叫**滑动角**；而未发生弹性滑动的接触弧 $\overset{\frown}{A_1C_1}$、$\overset{\frown}{A_2C_2}$

则称为静弧，所对的中心角叫静角。随着有效拉力的增大，弹性滑动的区段也将扩大。当弹性滑动区段扩大到整个接触弧（相当于 C_1 点移动到与 A_1 点重合）时，带传动的有效拉力即达到最大（临界）值 F_{ec}。如果工作载荷进一步增大，则带与带轮间将发生显著的相对滑动，即产生打滑。打滑将使带的磨损加剧，从动轮转速急剧降低，甚至使传动失效，这种情况应当避免。

10-3 普通V带传动的设计计算

V带有普通V带、窄V带、联组V带、齿形V带、大楔角V带、宽V带等多种类型。其中普通V带应用最广，本书只介绍普通V带的设计计算。

一、V带的结构

如图10-7所示，V带的两侧面与轮槽接触，靠两侧面所产生的摩擦力（垂直于图面）工作。当带被张紧时，带以力 Q 压向轮槽，两侧面间的法向力为

$$N=\frac{Q}{2\sin\frac{\varphi}{2}}$$

摩擦力为

$$F_f=2fN=\frac{f}{\sin\frac{\varphi}{2}}Q=f_vQ$$

式中

$$f_v=\frac{f}{\sin\frac{\varphi}{2}}$$

称为当量摩擦因数。因 φ=40°，$\sin\frac{\varphi}{2}$ 小于1，所以 f_v 大于 f，这表明V带传动的摩擦力比平带大，能传递较大的功率。

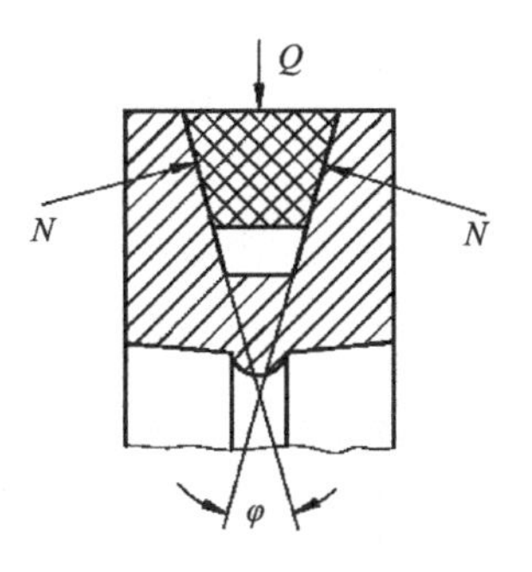

图10-7 V带传动

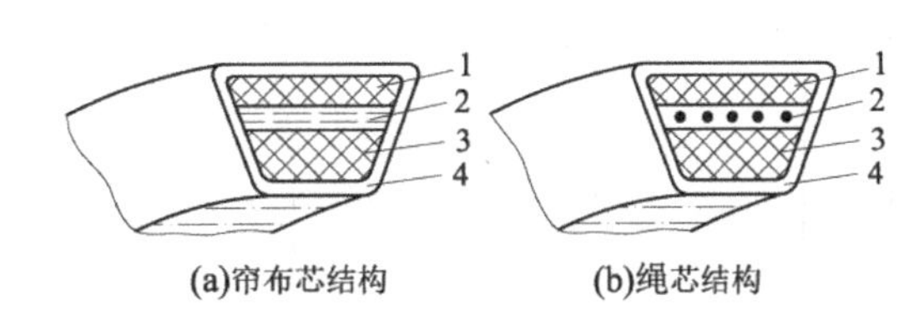

图10-8 普通V带结构

1—顶胶；2—抗拉体；3—底胶；4—包布

标准普通 V 带都制成无接头的环形。其结构由顶胶、抗拉体、底胶和包布等组成，抗拉体的结构分为帘布芯和绳芯两种类型，如图 10-8 所示。

帘布芯 V 带制造较方便。绳芯 V 带柔韧性好，抗弯强度高，适用于转速较高、载荷不大和带轮直径较小的场合。

二、普通 V 带标准

普通 V 带是标准件，截面形状为楔角 40° 的梯形。普通 V 带的截型分为 Y、Z、A、B、C、D、E 七种，其截面尺寸见表 10-1，基准长度系列见表 10-2。

表 10-1　　V 带的截面尺寸

截型		节宽① b_p/mm	顶宽 b/mm	高度① h/mm	截面面积 A/mm^2	楔角 φ
普通 V 带	窄 V 带					
Y		5.3	6	4	18	40°
Z		8.5	10	6	47	
	SPZ			8	57	
A		11.0	13	8	81	
	SPA			10	94	
B		14.0	17	10.5	138	
	SPB			14	167	
C		19.0	22	13.5	230	
	SPC			18	278	
D		27.0	32	19	476	
E		32.0	38	23.5	692	

注：①为基本尺寸。

表 10-2　　V 带的基准长度系列

基准长度 L_d/mm	截型										
	Y	Z	A	B	C	D	E	SPZ	SPA	SPB	SPC
400	+	+									
450	+	+									
500	+	+									
560		+									
630		+	+					+			
710		+	+					+			
800		+	+					+	+		
900		+	+	+				+	+		
1000		+	+	+				+	+		
1120		+	+	+				+	+		
1250		+	+	+				+	+	+	
1400		+	+	+				+	+	+	
1600		+	+	+				+	+	+	
1800			+	+	+			+	+	+	

续表

基准长度 L_d/mm	截型										
	Y	Z	A	B	C	D	E	SPZ	SPA	SPB	SPC
2000			+	+	+			+	+	+	+
2240			+	+	+			+	+	+	+
2500			+	+	+			+	+	+	+
2800			+	+	+	+		+	+	+	+
3150				+	+	+		+	+	+	+
3550				+	+	+		+	+	+	+
4000				+	+	+			+	+	+
4500				+	+	+	+		+	+	+
5000				+	+	+	+		+	+	+

注：超出表列范围时可另查机械设计手册，下同。

三、单根 V 带的基本额定功率

带传动的主要失效形式为打滑和疲劳破坏。因此，带传动的设计准则应为：在保证带传动不打滑的条件下，具有一定的疲劳强度和寿命。

由式（10-2）、式（10-5），并对 V 带用当量摩擦因数 f_v 代替平面摩擦因数 f，则可推导出带在有打滑趋势时的有效拉力（亦即最大有效拉力 F_{ec}）为

$$F_{ec}=F_1\left(1-\frac{1}{e^{f_v\alpha}}\right)=\sigma_1 A\left(1-\frac{1}{e^{f_v\alpha}}\right) \tag{10-12}$$

将式（10-7）代入式（10-12），则得

$$F_{ec}=\left([\sigma]-\sigma_{b1}-\sigma_c\right)A\left(1-\frac{1}{e^{f_v\alpha}}\right) \tag{10-13}$$

将式（10-13）代入式（10-3），即可得出单根 V 带所允许传递的功率：

$$P_0=\frac{\left([\sigma]-\sigma_{b1}-\sigma_c\right)\left(1-\frac{1}{e^{f_v\alpha}}\right)Av}{1000}\quad(\text{kW}) \tag{10-14}$$

在包角 α=180°、特定长度、平稳工作条件下，单根普通 V 带的基本额定功率 P_0 见表 10-3。ΔP_0 为考虑 $i\neq1$ 时传动功率的增量，见表 10-4。

表 10-3　单根普通 V 带的基本额定功率 P_0（kW）

带型	小带轮基准直径 D_1/mm	小带轮转速 n_1/(r/min)						
		400	730	800	980	1200	1460	2800
Z 型	50	0.06	0.09	0.10	0.12	0.14	0.16	0.26
	63	0.08	0.13	0.15	0.18	0.22	0.25	0.41
	71	0.09	0.17	0.20	0.23	0.27	0.31	0.50
	80	0.14	0.20	0.22	0.26	0.30	0.36	0.56
A 型	75	0.27	0.42	0.45	0.52	0.60	0.68	1.00
	90	0.39	0.63	0.68	0.79	0.93	1.07	1.64
	100	0.47	0.77	0.83	0.97	1.14	1.32	2.05
	112	0.56	0.93	1.00	1.18	1.39	1.62	2.51
	125	0.67	1.11	1.19	1.40	1.66	1.93	2.98

续表

带型	小带轮基准直径 D_1/mm	小带轮转速 n_1/(r/min)						
		400	730	800	980	1200	1460	2800
B 型	125	0.84	1.34	1.44	1.67	1.93	2.20	2.96
	140	1.05	1.69	1.82	2.13	2.47	2.83	3.85
	160	1.32	2.16	2.32	2.72	3.17	3.64	4.89
	180	1.59	2.61	2.81	3.30	3.85	4.41	5.76
	200	1.85	3.05	3.30	3.86	4.50	5.15	6.43
C 型	200	2.41	3.80	4.07	4.66	5.29	5.86	5.01
	224	2.99	4.78	5.12	5.89	6.71	7.47	6.08
	250	3.62	5.82	6.23	7.18	8.21	9.06	6.56
	280	4.32	6.99	7.52	8.65	9.81	10.74	6.13
	315	5.14	8.34	8.92	10.23	11.53	12.48	4.16
	400	7.06	11.52	12.10	13.67	15.04	15.51	—

表 10-4　　单根普通 V 带额定功率的增量 ΔP_0（kW）

带型	小带轮转速 n_1/(r/min)	传动比 i									
		1.00～1.01	1.02～1.04	1.05～1.08	1.09～1.12	1.13～1.18	1.19～1.24	1.25～1.34	1.35～1.51	1.52～1.99	≥2.0
Z 型	400	0.00	0.00	0.00	0.00	0.00	0.00	0.00	0.00	0.01	0.01
	730	0.00	0.00	0.00	0.00	0.00	0.00	0.01	0.01	0.01	0.02
	800	0.00	0.00	0.00	0.00	0.01	0.01	0.01	0.01	0.02	0.02
	980	0.00	0.00	0.00	0.01	0.01	0.01	0.01	0.02	0.02	0.02
	1200	0.00	0.00	0.01	0.01	0.01	0.01	0.02	0.02	0.02	0.03
	1460	0.00	0.00	0.01	0.01	0.01	0.02	0.02	0.02	0.02	0.03
	2800	0.00	0.01	0.02	0.02	0.03	0.03	0.03	0.04	0.04	0.04
A 型	400	0.00	0.01	0.01	0.02	0.02	0.03	0.03	0.04	0.04	0.05
	730	0.00	0.01	0.02	0.03	0.04	0.05	0.06	0.07	0.08	0.09
	800	0.00	0.01	0.02	0.03	0.04	0.05	0.06	0.08	0.09	0.10
	980	0.00	0.01	0.03	0.04	0.05	0.06	0.07	0.08	0.10	0.11
	1200	0.00	0.02	0.03	0.05	0.07	0.08	0.10	0.11	0.13	0.15
	1460	0.00	0.02	0.04	0.06	0.08	0.09	0.11	0.13	0.15	0.17
	2800	0.00	0.04	0.08	0.11	0.15	0.19	0.23	0.26	0.30	0.34
B 型	400	0.00	0.01	0.03	0.04	0.06	0.07	0.08	0.10	0.11	0.13
	730	0.00	0.02	0.05	0.07	0.10	0.12	0.15	0.17	0.20	0.22
	800	0.00	0.03	0.06	0.08	0.11	0.14	0.17	0.20	0.23	0.25
	980	0.00	0.03	0.07	0.10	0.13	0.17	0.20	0.23	0.26	0.30
	1200	0.00	0.04	0.08	0.13	0.17	0.21	0.25	0.30	0.34	0.38
	1460	0.00	0.05	0.10	0.15	0.20	0.25	0.31	0.36	0.40	0.46
	2800	0.00	0.10	0.20	0.29	0.39	0.49	0.59	0.69	0.79	0.89
C 型	400	0.00	0.04	0.08	0.12	0.16	0.20	0.23	0.27	0.31	0.35
	730	0.00	0.07	0.14	0.21	0.27	0.34	0.41	0.48	0.55	0.62
	800	0.00	0.08	0.16	0.23	0.31	0.39	0.47	0.55	0.63	0.71
	980	0.00	0.09	0.19	0.27	0.37	0.47	0.56	0.65	0.74	0.83
	1200	0.00	0.12	0.24	0.35	0.47	0.59	0.70	0.82	0.94	1.06
	1460	0.00	0.14	0.28	0.42	0.58	0.71	0.85	0.99	1.14	1.27
	2800	0.00	0.27	0.55	0.82	1.10	1.37	1.64	1.92	2.19	2.47

四、V 带传动的设计步骤和方法

设计 V 带传动给定的原始数据有传递的功率 P、转速 n_1 和 n_2(或传动比 i)、传动位置要求及工作条件等。

设计内容包括确定带的截型、长度、根数、传动中心距、带轮直径及结构尺寸等。其设计步骤如下。

1. 确定计算功率 P_{ca}

计算功率 P_{ca} 是根据传递的功率 P，并考虑到载荷性质和每天运转时间长短等因素的影响而确定的，即

$$P_{ca} = K_A P$$

式中，P——传递的额定功率，kW；

K_A——工作情况系数，见表 10-5。

2. 选择带型

根据计算功率 P_{ca} 和小带轮转速 n_1 选取，普通 V 带按图 10-9 选型。

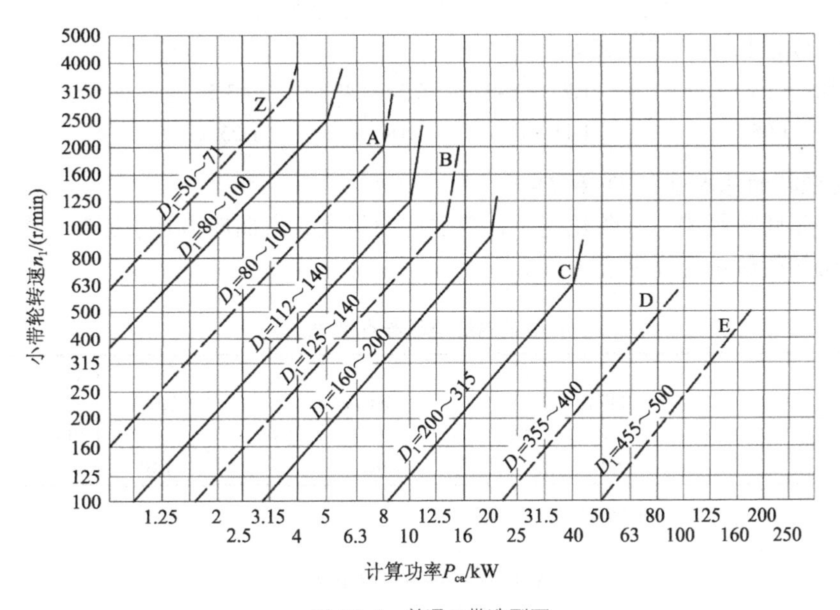

图 10-9　普通 V 带选型图

表 10-5　　　　**工作情况系数 K_A**

工况		K_A					
		软起动			负载起动		
		每天工作小时数/h					
		<10	10～16	>16	<10	10～16	>16
载荷变动微小	液体搅拌机，通风机和鼓风机(≤7.5kW)，离心式水泵和压缩机，轻型输送机	1.0	1.1	1.2	1.1	1.2	1.3

续表

工况		K_A					
		软起动			负载起动		
		每天工作小时数/h					
		<10	10～16	>16	<10	10～16	>16
载荷变动小	带式输送机（不均匀载荷），通风机（>7.5kW），旋转式水泵和压缩机，发电机，金属切削机床，印刷机，旋转筛，锯木机和木工机械	1.1	1.2	1.3	1.2	1.3	1.4
载荷变动较大	制砖机，斗式提升机，往复式水泵和压缩机，起重机，磨粉机，冲剪机床，橡胶机械，振动筛，纺织机械，重载输送机	1.2	1.3	1.4	1.4	1.5	1.6
载荷变动很大	破碎机（旋转式、颚式等），磨碎机（球磨、棒磨、管磨）	1.3	1.4	1.5	1.5	1.6	1.8

注：①软起动——电动机(变流起动、三角形起动、直流并励)，四缸以上的内燃机，装有离心式离合器、液力联轴器的动力机。负载起动——电动机(联机交流起动、直流复励或串励)，四缸以下的内燃机。

②反复起动、正反转频繁、工作条件恶劣等场合，K_A 应乘 1.2。

③增速传动时 K_A 应乘下列系数。

增速比：	1.25～1.74	1.75～2.49	2.5～3.49	≥3.5
系数：	1.05	1.11	1.18	1.25

3．*确定带轮的基准直径 D_1 和 D_2*

（1）最小带轮直径 D_{min}。带轮越小，弯曲应力越大。弯曲应力是引起带疲劳损坏的重要原因。V 带带轮的最小直径见表 10-6。

表 10-6　　V 带轮的最小基准直径 D_{min}

槽型	Z	SPZ	A	SPA	B	SPB	C	SPC
D_{min}/mm	50	63	75	90	125	140	200	224

（2）验算带的速度 v。计算式为

$$v = \frac{\pi D_1 n_1}{60 \times 1000} \quad (\text{m/s})$$

应使 $v \leqslant v_{max}$，如 $v > v_{max}$，则离心力过大，带的承载能力下降。对于普通 V 带，v_{max}=25～30m/s。但 v 也不可过小，一般要求 v>5m/s，如 v<5m/s，则所需的有效拉力 F_e 过大，所需带的根数 z 增加，轴径、轴承尺寸要随之增大。一般取 v≈20m/s 为宜。

（3）计算从动轮的基准直径 D_2。

$D_2=iD_1$，并按 V 带轮的基准直径系列表 10-7 加以圆整。

表 10-7　　V 带轮的基准直径系列（mm）

基准直径 D/mm	带型						
	Y	Z SPZ	A SPA	B SPB	C SPC	D	E
	外径 D_w/mm						
50	53.2	54①					
63	66.2	67					
71	74.2	75					
75	—	79	80.5①				
80	83.2	84	85.5①				
85	—	—	90.5①				
90	93.2	94	95.5				
95	—	—	100.5				
100	103.2	104	105.5				
106	—	—	111.5				
112	115.2	116	117.5				
118	—	—	123.5				
125	128.2	129	130.5	132①			
132		136①	137.5	139①			
140		144	145.5	147			
150		154	155.5	157			
160		164	165.5	167			
170		—	—	177			
180		184	185.5	187			
200		204	205.5	207	209.6①		
212		—	—	219	221.6①		
224		228	229.5①	231	233.6		
236		—	—	243	245.6		
250		254	255.5	257	259.6		
265		—	—	—	274.6		
280		284	285.5①	287	289.6		
315		319	320.5	322	324.6		
355		359	360.5①	362	364.6	371.2	
375		—	—	—	—	391.2	
400		404	405.5	407	409.6	416.2	
425		—	—	—	—	441.2	
450		—	455.5①	457①	459.6	466.2	
475		—	—	—	—	491.2	
500		504	505.5	507	509.6	516.2	519.2

注：①D_w 参见图 10-12。

②直径的极限偏差：基准直径按 c11，外径按 h12。

③没有外径值的基准直径不推荐采用。④ ①仅限于普通 V 带轮。

4. 确定中心距 a 和带的基准长度 L_d

对于 V 带传动，中心距 a 一般可初取 a_0 为

$$0.7(D_1+D_2)<a_0<2(D_1+D_2) \tag{10-15}$$

a_0 确定后，由带传动的几何关系，按下式计算所需带的基准长度 L_d'：

$$L_d' \approx 2a_0+\frac{\pi}{2}(D_2+D_1)+\frac{(D_2-D_1)^2}{4a_0} \tag{10-16}$$

根据 L_d'，由表 10-2 选定相近的基准长度 L_d。再根据 L_d 来计算实际中心距，近似计算公式为

$$a \approx a_0+\frac{L_d-L_d'}{2} \tag{10-17}$$

考虑安装调整和补偿张紧力(如胶带伸长而松弛后的张紧)的需要，中心距的变动范围为 $(a-0.015L_d)\sim(a+0.03L_d)$。

5. 验算主动轮上的包角 α_1

$$\alpha_1 \approx 180^\circ-\frac{D_2-D_1}{a}\times 60^\circ \geqslant 120^\circ \tag{10-18}$$

个别情况下至少 90°。如 α_1 不满足要求，采取的措施有：①增大中心距 a；②加张紧轮。

6. 确定带的根数 z

$$z=\frac{P_{ca}}{(P_0+\Delta P_0)K_\alpha K_L K} \tag{10-19}$$

式中，K_α——包角系数，查表 10-8；

K_L——长度系数，查表 10-9；

K——材质系数，对于棉帘布和棉线绳结构的三角胶带取 K=1，对于化学纤维绳结构的三角胶带取 K=1.33；

P_0——单根 V 带的基本额定功率，查表 10-3；

ΔP_0——考虑 $i\neq1$ 时传动功率的增量(因 P_0 是按 $\alpha_1=\alpha_2=180^\circ$ 的条件得到的，当 $i\neq1$ 时，从动轮直径比主动轮直径大，带绕过大带轮时的弯曲应力较绕过小带轮时小，故其传动能力有所提高)，其值见表 10-4。

表 10-8　包角系数 K_α

小带轮包角/(°)	K_α	小带轮包角/(°)	K_α
180	1	145	0.91
175	0.99	140	0.89
170	0.98	135	0.88
165	0.96	130	0.86
160	0.95	125	0.84
155	0.93	120	0.82
150	0.92		

在确定 V 带的根数 z 时，为了使各根 V 带受力均匀，根数不宜太多（通常 z<10），否则应改选带的截型，重新计算。

7. 确定带的预紧力 F_0

预紧力的大小是保证带传动正常工作的重要因素。预紧力过小，摩擦力小，容易发生打滑；预紧力过大，则带寿命低，轴和轴承受力大。

表 10-9　　长度系数 K_L

基准长度 L_d/mm	K_L										
	普通 V 带							窄 V 带			
	Y	Z	A	B	C	D	E	SPZ	SPA	SPB	SPC
400	0.96	0.87									
450	1.00	0.89									
500	1.02	0.91									
560		0.94									
630		0.96	0.81					0.82			
710		0.99	0.82					0.84			
800		1.00	0.85					0.86	0.81		
900		1.03	0.87	0.81				0.88	0.83		
1000		1.06	0.89	0.84				0.90	0.85		
1120		1.08	0.91	0.86				0.93	0.87		
1250		1.11	0.93	0.88				0.94	0.89	0.82	
1400		1.14	0.96	0.90				0.96	0.91	0.84	
1600		1.16	0.99	0.93	0.84			1.00	0.93	0.86	
1800		1.18	1.01	0.95	0.85			1.01	0.95	0.88	
2000			1.03	0.98	0.88			1.02	0.96	0.90	0.81
2240			1.06	1.00	0.91			1.05	0.98	0.92	0.83
2500			1.09	1.03	0.93			1.07	1.00	0.94	0.86
2800			1.11	1.05	0.95	0.83		1.09	1.02	0.96	0.88
3150			1.13	1.07	0.97	0.86		1.11	1.04	0.98	0.90
3550			1.17	1.10	0.98	0.89		1.13	1.06	1.00	0.92
4000			1.19	1.13	1.02	0.91			1.08	1.02	0.94
4500				1.15	1.04	0.93	0.90		1.09	1.04	0.96
5000				1.18	1.07	0.96	0.92			1.06	0.98

对于 V 带传动，既能保证传动功率又不出现打滑的单根传动带最合适的预紧力 F_0 可由下式计算

$$F_0 = 500\frac{P_{ca}}{vz}\left(\frac{2.5-K_\alpha}{K_\alpha}\right)+qv^2 \tag{10-20}$$

式中，q 为传动带单位长度的质量，kg/m（见表 10-10），其余各符号的意义同前。

表 10-10　　V 带单位长度的质量 q

带型	Z	SPZ	A	SPA	B	SPB	C	SPC
q/(kg/m)	0.06	0.07	0.10	0.12	0.17	0.20	0.30	0.37

由于新带容易松弛，所以对自动张紧的带传动，安装新带时的预紧力应取 $1.5F_0$。

预紧力是通过在带与两带轮的切点跨距的中点 M，加上一个垂直于两轮外公切线的适当载荷 G(图 10-10)，使带沿跨距每长 100mm 所产生的挠度 y 为 1.6mm(即挠角为 1.8°)来控制的。G 值见表 10-11。

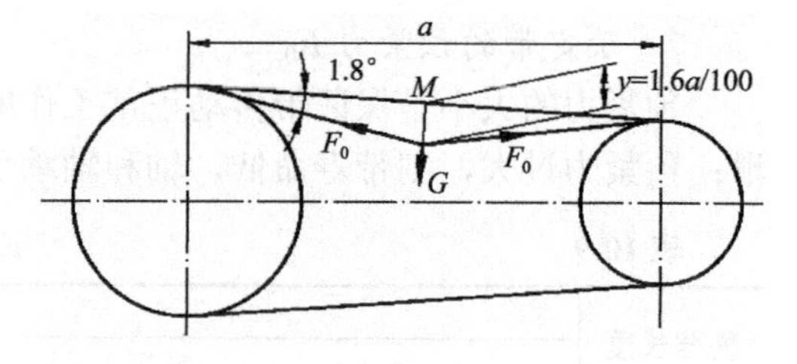

图 10-10　预紧力的控制

表 10-11　　**载荷 G 值(N/根)**

截型		小带轮直径 D_1/mm	带速 v/(m/s) 0～10	10～20	20~30	截型		小带轮直径 D_1/mm	带速 v/(m/s) 0～10	10～20	20～30
普通V带	Z	50～100	5～7	4.2～6	3.5～5.5	窄V带	SPZ	67～95	9.5～14	8～13	6.5～11
		>100	7～10	6～8.5	5.5～7			>95	14～21	13～19	11～18
	A	75～140	9.5～14	8～12	6.5～10		SPA	100～140	18～26	15～21	12～18
		>140	14～21	12～18	10～15			>140	26～38	21～32	18～27
	B	125～200	18.5～28	15～22	12.5～18		SPB	160～265	30～45	26～40	22～34
		>200	28～42	22～33	18～27			>265	45～58	40～52	34～47
	C	200～400	36～54	30～45	25～38		SPC	224～355	58～82	48～72	40～64
		>400	54～85	45～70	38～56			>355	82～106	72～96	64～90

注：表中高值用于新安装的 V 带或必须保持高张紧的传动。

8. 计算作用在轴上的载荷 Q

为了设计带轮的轴和轴承，需已知作用在轴上的载荷 Q，可近似地由下式确定（参见图 10-11）。

$$Q = 2zF_0 \sin\frac{\alpha_1}{2} \tag{10-21}$$

式中符号意义同前。

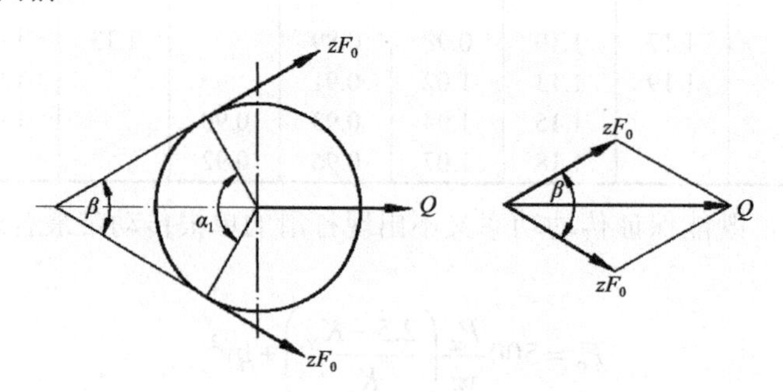

图 10-11　带作用在轴上的力

10-4　V 带轮的设计

一、V 带轮设计的要求

设计 V 带轮应满足的要求有：质量轻；结构工艺性好；无过大的铸造内应力；质量分布

均匀，转速高时要进行动平衡；轮槽工作面要经过精加工（表面粗糙度一般为 $Ra3.2\mu m$），以减少带的磨损；各槽的尺寸和角度应保持一定的精度，以使载荷分布较为均匀等。

二、V 带轮的材料

V 带轮的材料主要采用铸铁，当转速较高时也采用铸钢（或用钢板冲压后焊接而成）；小功率传动时可用铸铝或塑料。

三、结构尺寸

铸铁制 V 带轮的典型结构有以下几种形式。

（1）实心式（图 10-12（a））：带轮基准直径 $D \leqslant (2.5 \sim 3)d$（$d$ 为轴的直径，mm）时采用。

（2）腹板式（图 10-12（b））：$D \leqslant 300$mm 时采用。

（3）孔板式（图 10-12（c））：$D_1 - d_1 \geqslant 100$mm 时采用。

（4）轮辐式（图 10-12（d））：$D > 300$mm 时采用。

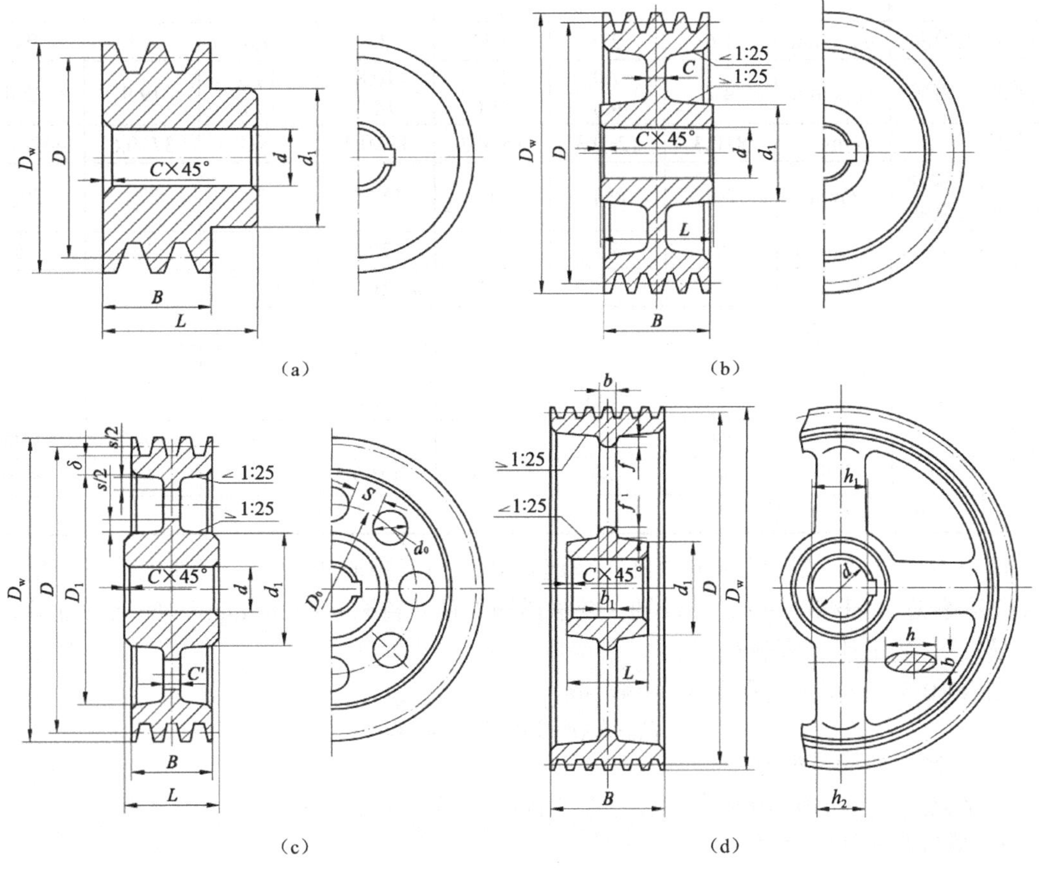

图 10-12 V 带轮的结构

V 带轮的结构设计，主要是根据带轮的基准直径选择结构型式；根据带的截型确定轮槽尺寸（表 10-12）；带轮的其他结构尺寸可查阅相关机械设计手册计算。确定了带轮的各部分尺寸后，即可绘制出零件图，并按工艺要求注出相应的技术条件等。

表 10-12　　V 带轮的轮槽尺寸

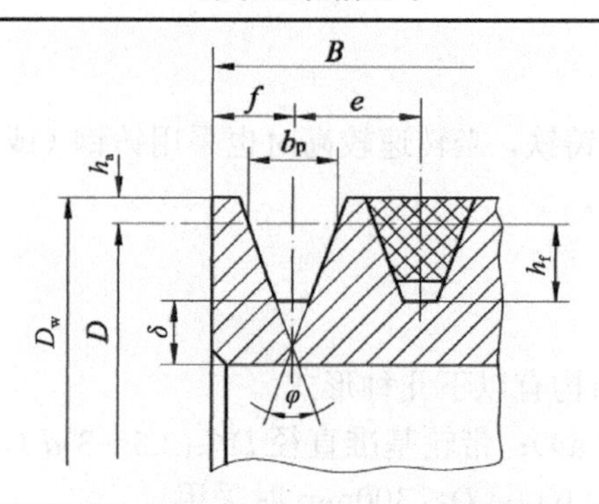

<table>
<tr><td rowspan="2" colspan="2">项　目</td><td rowspan="2">符　号</td><td colspan="7">槽型</td></tr>
<tr><td>Y</td><td>Z
SPZ</td><td>A
SPA</td><td>B
SPB</td><td>C
SPC</td><td>D</td><td>E</td></tr>
<tr><td colspan="2">基准宽度(节宽)</td><td>b_p/mm</td><td>5.3</td><td>8.5</td><td>11.0</td><td>14.0</td><td>19.0</td><td>27.0</td><td>32.0</td></tr>
<tr><td colspan="2">基准线上槽深</td><td>h_{amin}/mm</td><td>1.6</td><td>2.0</td><td>2.75</td><td>3.5</td><td>4.8</td><td>8.1</td><td>9.6</td></tr>
<tr><td colspan="2">基准线下槽深</td><td>h_{fmin}/mm</td><td>4.7</td><td>7.0
9.0</td><td>8.7
11.0</td><td>10.8
14.0</td><td>14.3
19.0</td><td>19.9</td><td>23.4</td></tr>
<tr><td colspan="2">槽间距</td><td>e/mm</td><td>8±0.3</td><td>12±0.3</td><td>15±0.3</td><td>19±0.4</td><td>25.5±0.5</td><td>37±0.6</td><td>44.5±0.7</td></tr>
<tr><td colspan="2">第一槽对称面至端面的距离</td><td>f/mm</td><td>7±1</td><td>8±1</td><td>10^{+2}_{-1}</td><td>12.5^{+2}_{-1}</td><td>17^{+2}_{-1}</td><td>23^{+3}_{-1}</td><td>29^{+4}_{-1}</td></tr>
<tr><td colspan="2">最小轮缘厚</td><td>δ_{min}/mm</td><td>5</td><td>5.5</td><td>6</td><td>7.5</td><td>10</td><td>12</td><td>15</td></tr>
<tr><td colspan="2">带轮宽</td><td>B/mm</td><td colspan="7">$B=(z-1)e+2f$　z—轮槽数</td></tr>
<tr><td colspan="2">外径</td><td>D_w/mm</td><td colspan="7">$D_w=D+2h_a$</td></tr>
<tr><td rowspan="5">轮槽角 φ</td><td>32°</td><td rowspan="4">相应的基准直径 D /mm</td><td>≤60</td><td>—</td><td>—</td><td>—</td><td>—</td><td>—</td><td>—</td></tr>
<tr><td>34°</td><td>—</td><td>≤80</td><td>≤118</td><td>≤190</td><td>≤315</td><td>—</td><td>—</td></tr>
<tr><td>36°</td><td>>60</td><td>—</td><td>—</td><td>—</td><td>—</td><td>≤475</td><td>≤600</td></tr>
<tr><td>38°</td><td>—</td><td>>80</td><td>>118</td><td>>190</td><td>>315</td><td>>475</td><td>>600</td></tr>
<tr><td colspan="2">极限偏差</td><td colspan="4">±1°</td><td colspan="3">±30′</td></tr>
</table>

例 10-1　设计破碎机用电动机与减速器之间的三角胶带传动。已知电动机额定功率 P=4kW，转速 n_1=1440r/min，从动轴（减速器输入轴）转速 n_2=720r/min，16h 连续工作。

解：1．确定计算功率 P_{ca}

由表 10-5，查得工况系数 K_A=1.4，故

$$P_{ca}=K_AP=1.4\times4=5.6(\text{kW})$$

2．选择三角胶带型号

根据 P_{ca}、n_1，由图 10-9 确定选用 A 型普通 V 带。

3．确定带轮计算直径

由表 10-6 取主动轮直径 D_1=100mm。

则从动轮直径为

$$D_2=iD_1=\frac{n_1}{n_2}D_1=\frac{1440}{720}\times100=200(\text{mm})$$

验算带的速度：

$$v=\frac{\pi D_1 n_1}{60\times1000}=\frac{\pi\times100\times1440}{60\times1000}=7.54(\text{m/s})<25\text{m/s}$$

带的速度合适。

4．确定胶带的长度和传动中心距

根据 $0.7(D_1+D_2)<a_0<2(D_1+D_2)$初步确定中心距 a_0=400mm。

根据式（10-16）确定带的计算长度

$$L_d'=2a_0+\frac{\pi}{2}(D_2+D_1)+\frac{(D_2-D_1)^2}{4a_0}$$

$$=2\times400+\frac{\pi}{2}\times(200+100)+\frac{(200-100)^2}{4\times400}$$

$$=1278(\text{mm})$$

由表 10-2 选取基准长度 L_d=1250mm。

按式（10-17）计算实际中心距

$$a=a_0+\frac{L_d-L_d'}{2}$$

$$=400+\frac{1250-1278}{2}=386(\text{mm})$$

5．验算主动轮的包角 α_1

由式（10-18）得

$$\alpha_1=180^\circ-\frac{D_2-D_1}{a}\times60^\circ=180^\circ-\frac{200-100}{386}\times60^\circ$$

$$=164.46^\circ>120^\circ$$

主动轮上的包角合适。

6．计算三角胶带的根数 z

由式（10-19）可知

$$z=\frac{P_{ca}}{(P_0+\Delta P_0)K_\alpha K_L K}$$

由 n_1=1440r/min，D_1=100mm，i=2，查表 10-3 和表 10-4 得

$$P_0=1.32\text{kW},\quad \Delta P_0=0.17\text{kW}$$

查表 10-8 得 K_α=0.96

查表 10-9 得 K_L=0.93

采用棉线绳结构的三角胶带 K=1，则

$$z=\frac{5.6}{(1.32+0.17)\times0.96\times0.93\times1}$$

$$=4.21$$

取 z=5 根。

7．计算预紧力 F_0

由式（10-20）知

$$F_0 = 500\frac{P_{ca}}{vz}\left(\frac{2.5-K_\alpha}{K_\alpha}\right)+qv^2$$

查表 10-10 得 q=0.1kg/m，故

$$F_0 = 500\times\frac{5.6}{7.54\times5}\times\left(\frac{2.5-0.96}{0.96}\right)+0.1\times7.54^2$$
$$=124.83(\text{N})$$

8．计算轴上的载荷 Q

由式（10-21）得

$$Q = 2zF_0\sin\frac{\alpha_1}{2}$$
$$=2\times5\times124.83\times\sin\frac{164.46^\circ}{2}$$
$$=1236.8(\text{N})$$

9．带轮结构的设计（略）

10-5 带传动的张紧与维护

一、带的张紧

带在运转一定时间后，会因带的伸长而产生松弛现象。这将使初拉力下降，故应经常检查及时地予以调整，使带重新张紧，以保证要求的初拉力。带常用的张紧方法是改变中心距，把装有带轮的电动机安装在滑道上（图 10-13（a））或摆架式安装（图 10-13（b）），转动调整螺钉或调整螺母便达到张紧目的。若传动中心距是不可调整的，可采用如图 10-14（a）所示的张紧装置，张紧轮一般放在松边。图 10-14（b）所示的张紧轮兼有增加包角的作用。

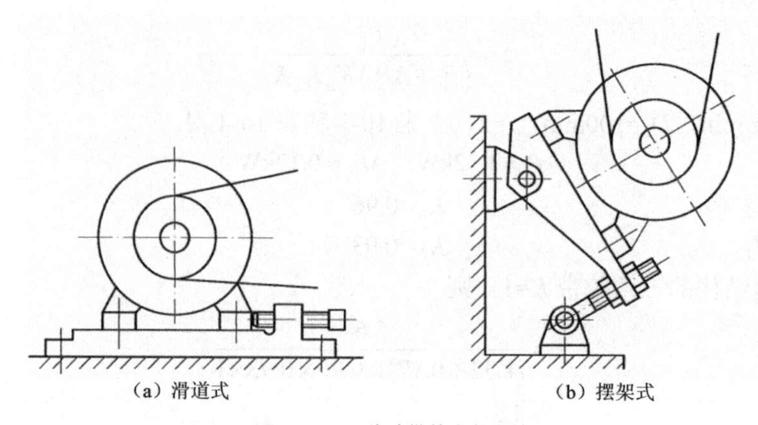

图 10-13 传动带的张紧方法

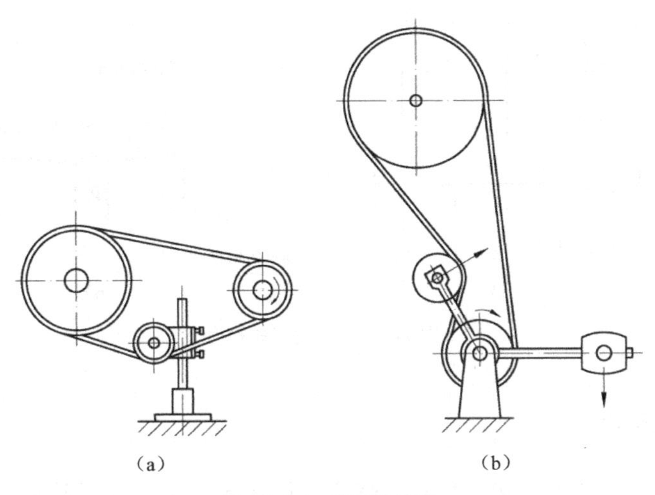

图 10-14　张紧轮装置

二、带的维护

为保证传动的正常运转，延长带的寿命，必须重视正确地使用和维护保养。

(1) 安装带时，最好先缩小中心距，后套上V带，再预调整使带张紧，不能硬撬，以免损坏胶带，降低其使用寿命。

(2) 禁止带与矿物油、酸、碱等介质接触，以免变质，也不宜在日光下暴晒。

(3) 带根数较多的传动，若坏了少数几根时不要立即补全，否则由于旧带已永久变形，新旧带一起使用，载荷分配不均，反而加速新带的损坏，此时应使旧带继续工作或全部换新。

(4) 为保证安全生产，带传动须安装防护罩。

(5) 带工作一段时间后应当重新张紧。

10-6　其他新型带传动简介

一、高速带传动

带速 v>30m/s，高速轴转速 n_1=10000～50000r/min 的带传动属于高速带传动。这种传动要求运转平稳，传动可靠，并有一定的寿命。所以高速带都采用质量轻、薄而均匀的环形平型带。过去多用丝织带和麻织带，近年来常用绵纶编织带、薄型强力绵纶带和高速环形胶带等。

高速带轮要求质量轻、质量均匀对称、运转时空气阻力小。带轮各面均应进行精加工，并进行动平衡。高速带轮通常采用钢或铝合金制造。

为防止掉带，大、小轮缘都应加工出凸度，可制成鼓形面或双锥面。在轮缘表面开环形槽，以防止在带与轮缘表面间形成空气层而降低摩擦因数，影响正常传动（图 10-15）。

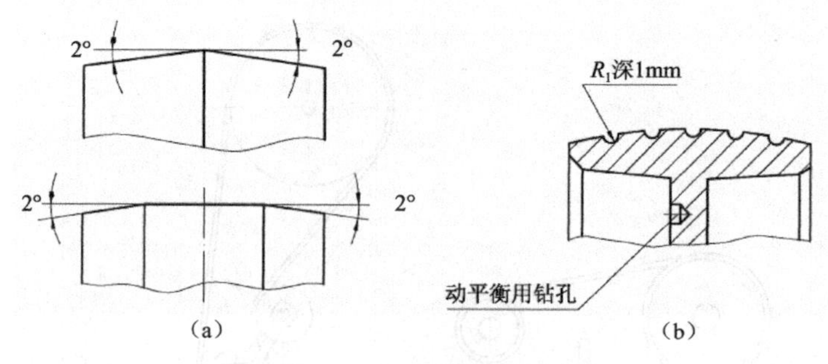

图 10-15　高速带轮轮缘

二、同步带传动

同步带传动综合了带传动和链传动的优点。同步带通常是以钢丝绳或玻璃纤维绳等为抗拉层、氯丁橡胶或聚氨酯橡胶为基体、工作面上带齿的环状带（图 10-16）。工作时，带的凸齿与带轮外缘上的齿槽进行啮合运动（图 10-2（d））。由于抗拉层受载后变形小，能保持同步带的周节不变，故带与带轮间没有相对滑动，从而保证了同步传动。

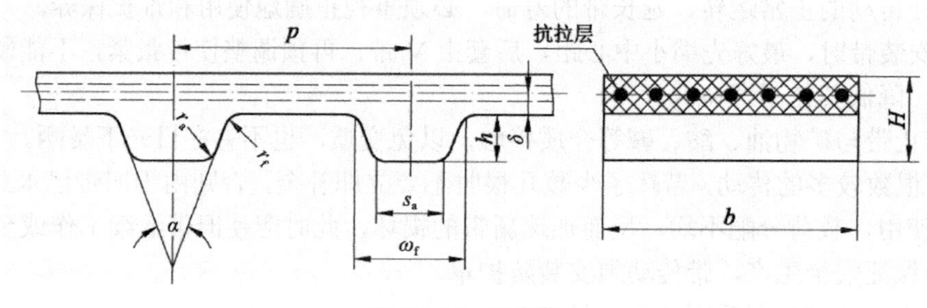

图 10-16　同步带

同步带传动时的线速度可达 50m/s(有时允许达 80m/s)，传动功率可达 300kW，传动比可达 10(有时允许 20)，传动效率可达 0.98。

同步带传动的优点是：①无滑动，能保证固定的传动比；②预紧力较小，轴和轴承上所受的载荷小；③带的厚度小，单位长度的质量小，故允许的线速度较高；④带的柔性好，故所用带轮的直径可以较小。其主要缺点是安装时中心距的要求严格，且价格较高。

同步带传动主要用于要求传动比准确的中、小功率传动中。

同步带的最基本参数是节距 p(带上相邻两齿中心轴线间沿节线度量的距离)。由于抗拉层在工作时长度不变，所以就以其中心线位置定为带的节线，并以节线周长作为其公称长度。国产同步带的带型有：MXL——最轻型；XXL——超轻型；XL——特轻型；L——轻型；H——重型；XH——特重型；XXH——超重型。同步带的齿形有梯形齿和圆弧形齿，其中圆弧形齿承载能力和疲劳寿命较高，而梯形较为常用。同步带的标记为：带长代号、带型、带宽代号。

三、多楔带传动

多楔带如图 10-17 所示。它是平带与 V 带组合结构，其楔形部分嵌入带轮上的楔形槽内，靠楔面摩擦工作。带是环形、无端的。摩擦力和横向刚度较大，兼有平带和V带的优点，故适用于传递功率较大而要求结构紧凑的场合，也可用于载荷变动较大或有冲击载荷的传动。因其长度完全一致，故运转稳定性好，振动也较小，也不会从皮带轮上脱落。

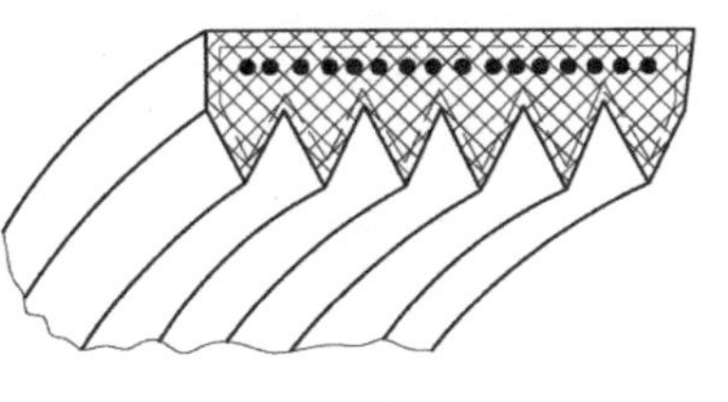

图10-17 多楔带

阅读参考文献

有关各种类型带传动的详细设计、特点和技术要求等可参考：机械设计手册编委会编，《机械设计手册》单行本《带传动和链传动》，机械工业出版社，2007。该书还介绍了联组窄V带（有效宽度制）传动及其设计特点。

关于联组窄V带的设计计算可参考：中国机械设计大典编委员会编，《中国机械设计大典》（第四卷），江西科学技术出版社，2002。

思考题

10-1 带传动的类型有哪些？

10-2 带传动工作时，带中的应力有哪几种？

10-3 什么是带的弹性滑动和打滑？产生的原因及影响分别是什么？

10-4 带传动的工作能力取决于哪些方面？请分析预紧力 F_0、小轮包角 α_1、小轮直径 d_1、传动比 i 和中心距 a 的大小对带传动的影响。

10-5 传送带的张紧方法有哪些？

习题

10-1 V带传动的 n_1=955r/min，D_1=D_2=0.2m，B型带，带长1.4m，单班、平稳工作。问传递功率为7kW时，需几根胶带？

10-2 V带传动传递的功率 P=7.5kW，平均带速 v=10m/s，紧边拉力是松边拉力的两倍（$F_1=2F_2$）。试求紧边拉力 F_1、有效圆周力 F_e 和预紧力 F_0。

10-3 V带传动传递的功率 P=5kW，小带轮直径 D_1=140mm，转速 n_1=1440r/min，大带轮直径 D_2=400mm，V带传动的滑动率 ε=2%。①求从动轮转速 n_2；②求有效圆周力 F_e。

10-4 C618车床的电动机和床头箱之间采用垂直布置的V带传动。已知电动机功率 P=4.5kW，转速 n=1440r/min，传动比 i=2.1，二班制工作，根据机床结构，带轮中心距 a 应为900mm左右。试设计此V带传动。

10-5 已知一V带传动主动轮直径 D_1=100mm，从动轮直径 D_2=400mm，中心距 a 约为500mm，主动轮装在转速 n_1=1440r/min的电动机上，三班制工作，载荷较平稳，采用两根基准长度 L_d=1800mm的A型普通V带，试求该传动所能传递的功率。

10-6 设计由电动机至凸轮造型机凸轮轴的V带传动。电动机功率 P=1.5kW，转速为1440 r/min，凸轮轴转速要求为285r/min左右，根据传动布置要求中心距约为500mm左右，每天工作16h。试设计该V带传动，并以1∶1的比例尺绘制小带轮轮缘部分视图，并标注尺寸。

第 11 章 链传动

内容提要

本章主要介绍了链传动的基本概念、传动链的结构特点、滚子链结构、链轮材料、链传动运动特性、受力分析、失效形式、承载能力和链传动设计计算。

本章重点：滚子链结构、运动特性和失效形式。

本章难点：滚子链运动特性与动载荷。

11-1 链传动的特点与类型

一、链传动的特点

链传动由链条和主、从动链轮组成，如图 11-1 所示。链轮上制有特殊齿形的齿，依靠链轮轮齿与链节的啮合来传递运动和动力。

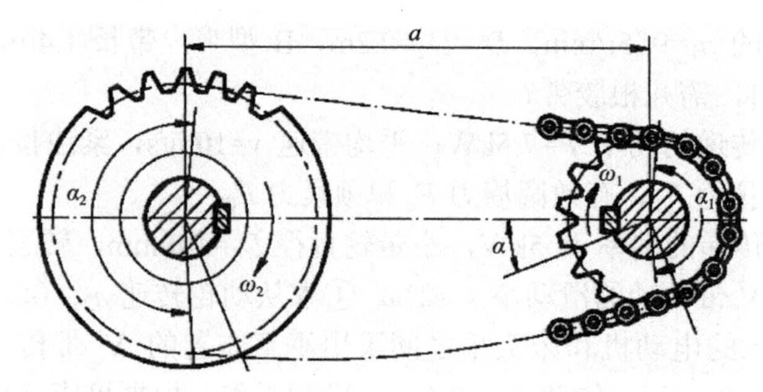

图 11-1　链传动

链传动是属于带有中间挠性件的啮合传动。与属于摩擦传动的带传动相比，链传动无弹性滑动和打滑现象，因而能保持准确的平均传动比，传动效率较高；又因链条不需要像带那样张得很紧，所以作用于轴上的径向压力较小，在同样使用条件下，链传动结构较为紧凑。同时链传动能在高温及速度较低的情况下工作。与齿轮传动相比，链传动的制造与安装精度要求较低，成本低廉；在远距离传动（中心距最大可达十多米）时，其结构比齿轮传动轻便得多。链传动的主要缺点是：在两根平行轴间只能用于同向回转的传动，运转时不能保持恒定的瞬时传动比，磨损后易发生跳齿，工作时有噪声，不宜在载荷变化很大和急速反向的传动中应用。

链传动主要用在要求工作可靠，且两轴相距较远，以及其他不宜采用齿轮传动的场合。例如在摩托车上应用了链传动，结构上大为简化，而且使用方便可靠。链传动还可应用于低速重载及恶劣的工作条件，例如挖掘机的运行机构，虽然受到土块、泥浆及瞬时过载等影响，但仍能很好地工作。

总之，在机械设备中，如农业、矿山、起重运输、冶金、建筑、石油、化工等机械都广泛地应用着链传动。

二、链传动的类型

按用途不同，链可分为传动链、输送链和起重链。输送链和起重链主要用在运输和起重机械中，在一般机械传动中，常用的是传动链。

传动链传递的功率一般在100kW以下，链速一般不超过15m/s，推荐使用的最大传动比i_{max}=8。传动链有短节距精密滚子链（简称滚子链）、齿形链等类型。其中滚子链应用最广，齿形链使用较少。

11-2 传动链条与链轮

一、链的种类和结构

传动链可分为滚子链和齿形链两种。

1. 滚子链

滚子链的结构如图11-2所示。它是由滚子、套筒、销轴、内链板和外链板所组成。内链板与套筒之间、外链板与销轴之间分别用过盈配合固联。滚子与套筒之间，套筒与销轴之间均为间隙配合。当内、外链板相对转动时，套筒要绕销轴自由转动。滚子是活套在套筒上的，工作时，滚子沿链轮齿廓滚动，这样就可减轻齿廓的磨损。链的磨损主要发生在销轴与套筒的接触面上。因此，内、外链板间应留少许间隙，以便润滑油渗入销轴和套筒的摩擦面间。

链板一般制成8字形，以使它的各个横截面具有接近相等的抗拉强度，同时也减少了链的质量和运动时的惯性力。

当传递大功率时，可采用双排链（图11-3）或多排链。多排链的承载能力与排数成正比。但由于精度的影响，各排的载荷不易均匀，故排数不宜过多。

滚子链的接头型式如图11-4所示。当链节数为偶数时，接头处可用开口销（图11-4（a））或弹簧卡片（图11-4（b））来固定，一般前者用于大节距，后者用于小节距；当链节数为奇数时，需采用图11-4（c）所示的过渡链节。由于过渡链节的链板要受附加弯矩的作用，所以在一般情况下最好不用奇数链节。

如图11-2所示，滚子链和链轮啮合的基本参数是节距p、滚子外径d_1和内链节内宽b_1（对于多排链还有排距p_t，见图11-3）。其中节距p是滚子链的主要参数，节距增大时，链条中各零件的尺寸也要相应地增大，可传递的功率也随着增大。链的使用寿命在很大程度上取决于链的材料及热处理方法。因此，组成链的所有元件均需经过热处理，以提高其强度、耐磨性和耐冲击性。

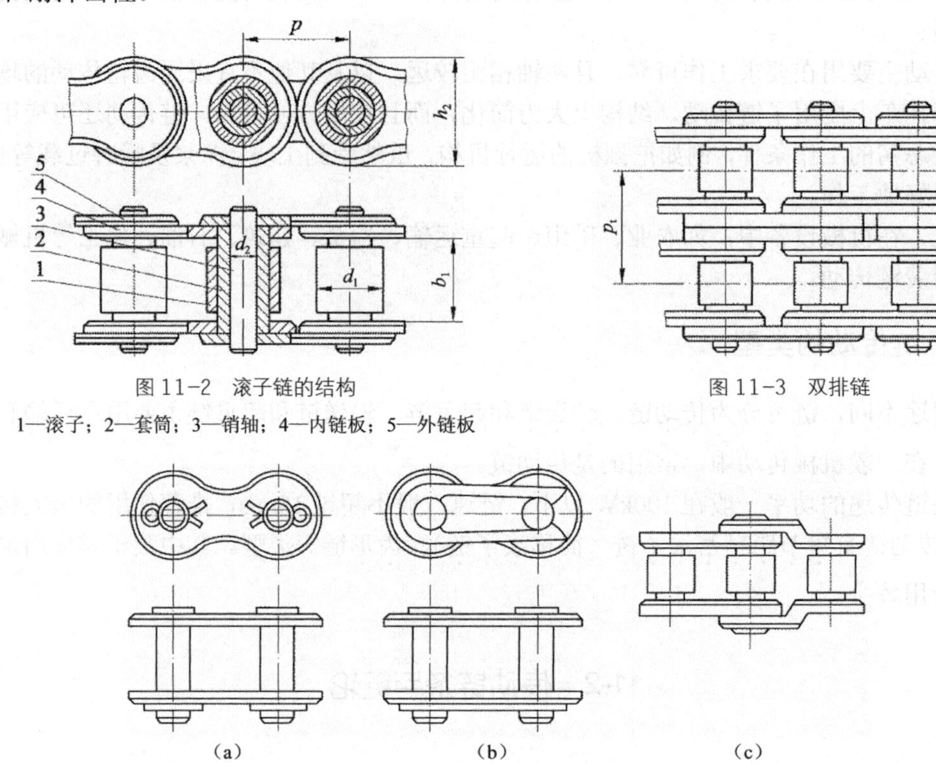

图 11-2 滚子链的结构

1—滚子；2—套筒；3—销轴；4—内链板；5—外链板

图 11-3 双排链

图 11-4 滚子链的接头型式

滚子链已标准化，我国链条标准 GB/T 1243—2006 中规定节距用英制折算成米制的单位。表 11-1 列出了 GB/T 1243—2006 规定的几种规格滚子链的主要尺寸和极限拉伸载荷。表中链号和相应的国际标准链号一致，链号数乘以(25.4/16)mm，即为节距值。后缀 A 或 B 分别表示 A 或 B 系列。本章仅介绍最常用的 A 系列滚子链传动的设计。

表 11-1　　滚子链规格和主要参数

链号	节距 p	排距 p_t	滚子外径 d_1	内链节内宽 b_1	销轴直径 d_2	内链板高度 h_2	极限拉伸载荷(单排)Q①	每米质量(单排)q
	mm						kN	kg/m
05B	8.00	5.64	5.00	3.00	2.31	7.11	4.4	0.18
06B	9.525	10.24	6.35	5.72	3.28	8.26	8.9	0.40
08B	12.70	13.92	8.51	7.75	4.45	11.81	17.8	0.70
08A	12.70	14.38	7.95	7.85	3.96	12.07	13.8	0.60
10A	15.875	18.11	10.16	9.40	5.08	15.09	21.8	1.00
12A	19.05	22.78	11.91	12.57	5.94	18.08	31.1	1.50
16A	25.40	29.29	15.88	15.75	7.92	24.13	55.6	2.60
20A	31.75	35.76	19.05	18.90	9.53	30.18	86.7	3.80
24A	38.10	45.44	22.23	25.22	11.10	36.20	124.6	5.60
28A	44.45	48.87	25.40	25.22	12.70	42.24	169.0	7.50
32A	50.80	58.55	28.58	31.55	14.27	48.26	222.4	10.10
40A	63.50	71.55	39.68	37.85	19.84	60.33	347.0	16.10
48A	76.20	87.83	47.63	47.35	23.80	72.39	500.4	22.60

注：①过渡链节取 Q 值的 80%。

滚子链的标记为：

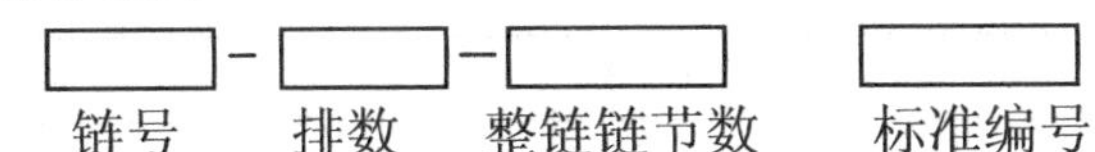

例如，08A-1-87 GB/T 1243—2006 表示：A 系列、节距 12.7mm、单排、87 节的滚子链。

2. 齿形链

齿形链又称无声链，它是由一组带有两个齿的链板左右交错并列铰接而成（图 11-5）。链齿外侧是直边，工作时链齿外侧边与链轮轮齿相啮合来实现传动，其啮合的齿楔角有 60° 和 70° 两种，前者用于节距 $p \geqslant 9.525$mm，后者用于 $p<9.525$mm。齿楔角为 60° 的齿形链传动因较易制造，应用较广。其标准为 GB/T 10085—2003。

（a）带内导板的

（b）带外导板的

图 11-5 齿形链

与滚子链相比，齿形链传动平稳、无噪声，承受冲击性能好，工作可靠。

齿形链既适宜于高速传动，又适宜于传动比大和中心距较小的场合，其传动效率一般为 0.95～0.98，润滑良好的传动可达 0.98～0.99。齿形链比滚子链结构复杂，价格较高，且制造较难，故多用于高速或运动精度要求较高的传动装置中。

二、链轮

链轮是链传动的主要零件，链轮齿形已经标准化。链轮设计主要是确定其结构及尺寸，选择材料和热处理方法。

1. 链轮的基本参数及主要尺寸

链轮的基本参数是配用链条的节距 p，套筒的最大外径 d_1，排距 p_t 以及齿数 z。链轮的主要尺寸及计算公式见表 11-2。

表 11-2 **滚子链链轮主要尺寸**

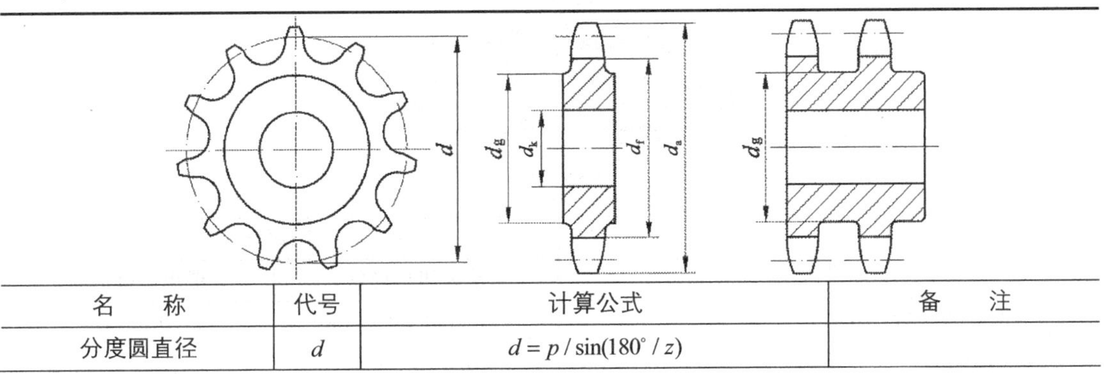

名　　称	代号	计算公式	备　　注
分度圆直径	d	$d = p / \sin(180^\circ / z)$	

续表

名　称	代号	计 算 公 式	备　注
齿顶圆直径	d_a	$d_{amax}=d+1.25-d_1$ $d_{a\min}=d+\left(1-\dfrac{1.6}{z}\right)p-d_1$ 若为三圆弧一直线齿形，则 $d_a=p\left(0.54+\mathrm{ctg}\dfrac{180^\circ}{z}\right)$	可在 d_{amax}、d_{amin} 范围内任意选取，但选用 d_{amax} 时，应考虑采用展成法加工有发生顶切的可能性
分度圆弦齿高	h_a	$h_{a\max}=\left(0.625+\dfrac{0.8}{z}\right)p-0.5d_1$ $h_{amin}=0.5(p-d_1)$ 若为三圆弧一直线齿形，则 $h_a=0.27p$	h_a 是为简化放大齿形图的绘制而引入的辅助尺寸（见表 11-3）。h_{amax} 相应于 d_{amax} h_{amin} 相应于 d_{amin}
齿根圆直径	d_f	$d_f=d-d_1$	
齿侧凸缘(或排间槽)直径	d_g	$d_g\leqslant p\mathrm{ctg}\dfrac{180^\circ}{z}-1.04h_2-0.76$ h_2—内链板高度（表 11-1）	

注：d_a、d_g 值取整数，其他尺寸精确到 0.01mm。

2. 链轮齿形

滚子链与链轮的啮合属于非共轭啮合，其链轮齿形的设计可以有较大的灵活性，GB/T 1243—2006 中没有规定具体的链轮齿形，仅仅规定了最大和最小齿槽形状及其极限参数，见表 11-3。凡在两个极限齿槽形状之间的各种标准齿形均可采用。目前较流行的一种齿形是**三圆弧一直线齿形**（或称凹齿形）（图 11-6）。当选用这种齿形并用相应的标准刀具加工时，链轮齿形在工作图上不画出，只需注明链轮的基本参数和主要尺寸，并注明“齿形按 3R GB/T 1243—2006 规定制造”即可。

链轮轴和齿廓及尺寸（图 11-7），应符合 GB/T 1243—2006 的规定。

表 11-3　　滚子链链轮的最大和最小齿槽形状

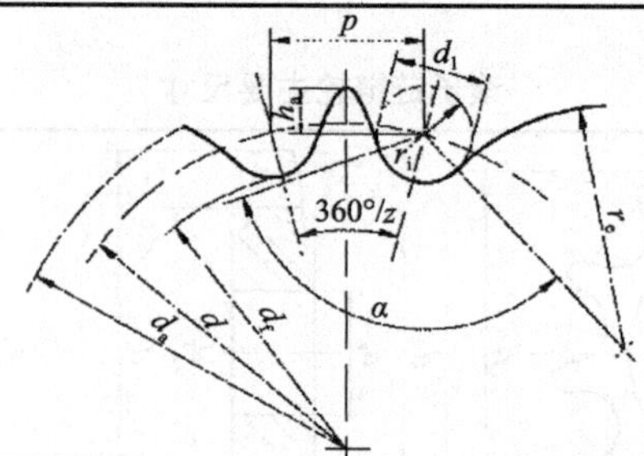

名称	代号	计算公式	
		最大齿槽形状	最小齿槽形状
齿面圆弧半径	r_e	$r_{emin}=0.008d_1(z^2+180)$	$r_{eax}=0.12d_1(z+2)$
齿沟圆弧半径	r_i	$r_{i\max}=0.505d_1+0.069\sqrt[3]{d_1}$	$r_{imin}=0.505d_1$
齿沟角	α	$\alpha_{\min}=120^\circ-\dfrac{90^\circ}{z}$	$\alpha_{\max}=140^\circ-\dfrac{90^\circ}{z}$

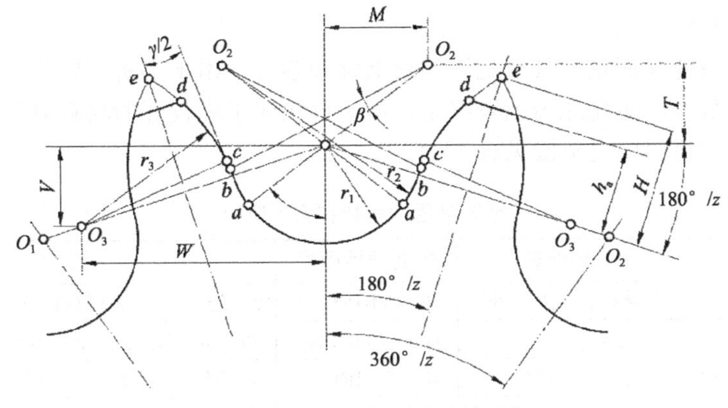

图11-6 三圆弧一直线齿槽形状

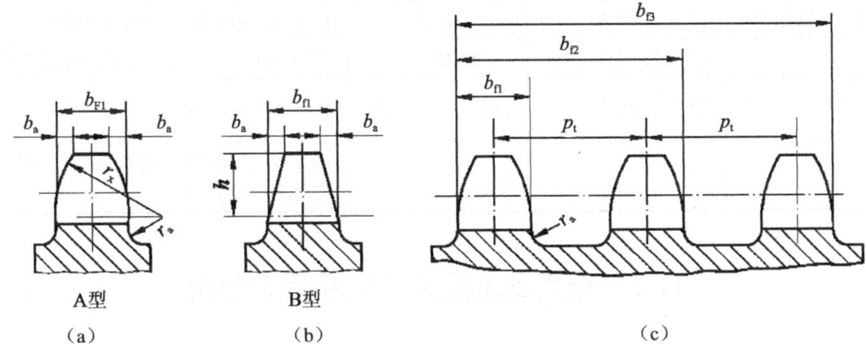

图11-7 轴向齿廓

3. 链轮的结构

小直径的链轮可制成整体式(图11-8(a));中等尺寸的链轮可制成孔板式(图11-8(b));大直径的链轮，常采用可更换的齿圈用螺栓连接在轮芯上（图11-8（c))。

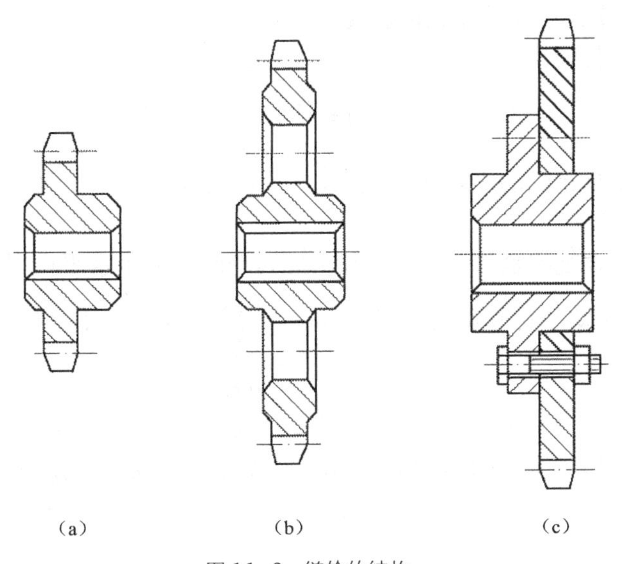

图11-8 链轮的结构

4．链轮的材料

链轮的材料应能保证轮齿具有足够的耐磨性和强度。由于小链轮轮齿的啮合次数比大链轮轮齿的啮合次数多，所受冲击也较严重，故小链轮应采用较好的材料制造。

链轮常用的材料和应用范围见表 11-4。

表 11-4　链轮常用的材料和应用范围

材　料	热处理	热处理后硬度	应用范围
15、20	渗碳、淬火、回火	50～60HRC	z≤25，有冲击载荷的主、从动链轮
35	正火	160～200HBS	在正常工作条件下，齿数较多(z>25)的链轮
40、50、ZG310-570	淬火、回火	40～50HRC	无剧烈振动及冲击的链轮
15Cr、20Cr	渗碳、淬火、回火	50～60HRC	有动载荷及传递较大载荷的重要链轮(z<25)
35SiMn、40Cr、35CrMo	淬火、回火	40～50HRC	使用优质链条，重要的链轮
Q235、Q275	焊接后退火	140HBS	中等速度、传递中等功率的较大链轮
普通灰铸铁(不低于HT150)	淬火、回火	260～280HBS	z_2>50 的从动链轮
夹布胶木	—	—	功率小于 6kW、速度较高、要求传动平稳和噪声小的链轮

11-3　链传动的运动特性和受力分析

一、链传动的运动不均匀性

因为链是由刚性链节通过销轴铰接而成，当与链轮啮合时，链呈一正多边形分布在链轮上，链轮回转一周，链就移动一正多边形周长 zp 的距离，所以链的速度为

$$v=n_1z_1p=n_2z_2p \tag{11-1}$$

式中，n_1、n_2——分别为主、从动轮的转速。

由上式可知平均传动比

$$i=\frac{n_1}{n_2}=\frac{z_2}{z_1} \tag{11-2}$$

平均传动比 i 是指链轮的平均转速之比，是恒定的。链在每一瞬时的链速和传动比是变化的。

为了方便研究，设链的紧边（即主动边）在传动时总处于水平位置，如图 11-9 所示。设主动轮以等角速 ω_1 转动，其节圆圆周速度为 $v_1=\frac{d_1\omega_1}{2}$，又设链水平运动的瞬时速度为 v，则

$$v=v_1\cos\beta=\frac{d_1\omega_1}{2}\cos\beta \tag{11-3}$$

式中，β——A 点的圆周速度与水平线的夹角，如图 11-9 所示，β 角范围为

$$-\frac{\varphi_1}{2}\leqslant\beta\leqslant\frac{\varphi_1}{2} \tag{11-4}$$

φ_1——主动轮上一个节距所对的圆心角，$\varphi_1=360°/z_1$。

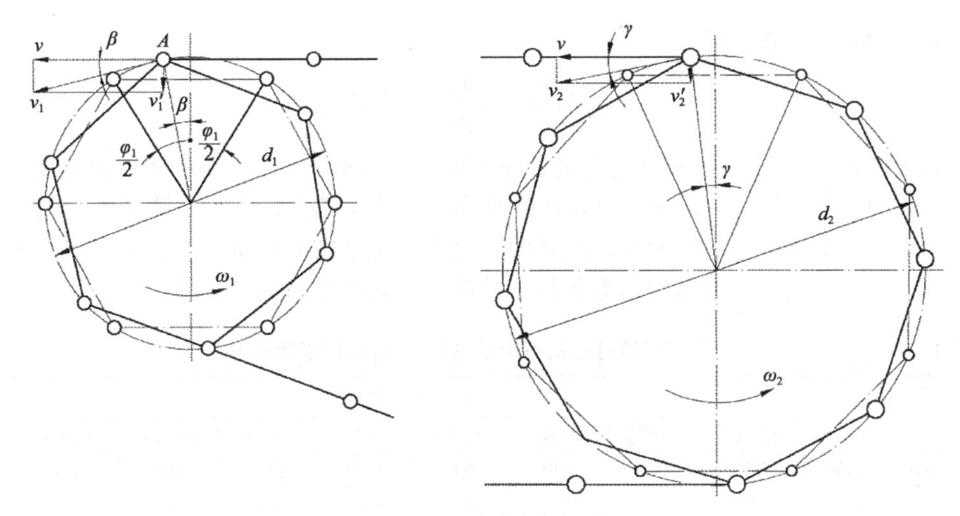

图 11-9 链传动的速度分析

由此可知，链速 v 将随链轮转动的位置变化，每转过一齿反复一次，其变化情况如图 11-10 所示。

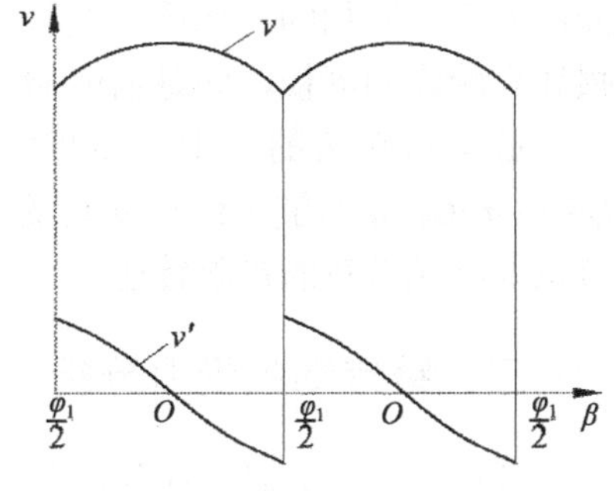

图 11-10 瞬时链速的变化

设从动轮的角速度为 ω_2，圆周速度为 v_2，由图 11-9 知

$$v_2=\frac{v}{\cos\gamma}=\frac{v_1\cos\beta}{\cos\gamma}=\frac{d_2\omega_2}{2} \tag{11-5}$$

又因为
$$v_1=\frac{d_1\omega_1}{2}$$

则瞬时传动比

$$i_t=\frac{\omega_1}{\omega_2}=\frac{\dfrac{2v_1}{d_1}}{\dfrac{2v_1\cos\beta}{d_2\cos\gamma}}=\frac{d_2\cos\gamma}{d_1\cos\beta} \tag{11-6}$$

由于 γ 和 β 随时间而变化，所以虽然主动轮角速度 ω_1 是常数，从动轮角速度 ω_2 却随 γ 和 β 的变化而变化，故瞬时传动比 i_t 也随时间而变，且与齿数有关。这就是链传动的多边形效应，也是链传动工作不平稳的原因。

只有当 $z_1=z_2$，并且紧边链长为链节距的整数倍的特殊情况下，才能保证瞬时传动比 i_t 为常数。通常可以通过合理选择参数来减少链速和瞬时传动比变化范围。

二、链传动的动载荷

链传动在工作时引起动载荷的主要原因如下。

（1）因为从动轮的角速度是变化的，所以从动轮及与其相连接的链也将具有不均匀的回转速度。由于回转过程的加速和减速，从而产生了附加的动载荷。

链的加速度为

$$a=\frac{\mathrm{d}v}{\mathrm{d}t} \tag{11-7}$$

把式（11-7）微分，得

$$a=-\frac{d_1\omega_1}{2}\sin\beta\frac{\mathrm{d}\beta}{\mathrm{d}t}=-\frac{d_1\omega_1^2}{2}\sin\beta \tag{11-8}$$

由式（11-8）知，当$\beta=\pm\varphi_1/2$时得最大加速度$a_{\max}=\pm\omega_1^2 p/2$；当$\beta=0$时，加速度$a_{\min}=0$。

由式（11-8）可得如下结论：链轮转速越高、链节距越大，链轮齿数越少，则动载荷越大。因此对于一定链节距的链所允许的链轮转速不得超过极限值n_L，见表11-5。在转速、链轮大小一定时，采用较多的链轮齿数和较小的链节距对降低动载荷有利。

表11-5　套筒滚子链链轮的荐用最高转速n_R及极限转速n_L

链轮转速	链节距 p /mm									
	9.525	12.70	15.875	19.05	25.40	31.75	38.10	44.45	50.80	63.50
n_R/ (r/min)	2500	1250	1000	900	800	630	500	400	300	200
n_L/ (r/min)	5000	3100	2300	1800	1200	1000	900	600	450	300

（2）链节进入链轮的瞬间，链节和轮齿以一定的相对速度相啮合，从而使链和轮齿受到冲击并产生附加的动载荷。链节对轮齿的连续冲击将使传动产生振动和噪声，并将加速链的损坏和轮齿的磨损，同时也增加了能量的消耗。

链节对轮齿的冲击动能越大，对传动的破坏作用也越大。根据理论分析，冲击动能$U=qp^3n^2/C$，q为链单位长度质量，C为常数。因此，从减少冲击能量来看，应采用较小的链节距并限制链轮的极限转速。

三、链传动的受力分析

链传动在安装时，应使链条受到一定的张紧力，其张紧力是通过使链保持适当的垂度所产生的悬垂拉力来获得的。链传动张紧的目的主要是使松边不致过松，以免影响链条正常退出啮合和产生振动、跳齿或脱链等现象，因而所需的张紧力比带传动要小得多。

链在工作过程中，紧边和松边的拉力是不等的。若不计传动中的动载荷，则链的紧边受到的拉力F_1是由链传递的有效圆周力F_e、链的离心力所引起的拉力F_c以及由链条松边垂度引起的悬垂拉力F_f三部分组成的：

$$F_1=F_e+F_c+F_f \tag{11-9}$$

链的松边所受拉力F_2则由F_c及F_f两部分组成：

$$F_2=F_c+F_f \tag{11-10}$$

有效圆周力为

$$F_e=1000\frac{P}{v}\quad(\mathrm{N})$$

式中，P——传递的功率，kW；

v——链速，m/s。

离心力引起的拉力为

$$F_c=qv^2\quad(\mathrm{N})$$

式中，q——单位长度链条的质量，kg/m(见表 11-1)；

v——链速，m/s。

悬垂拉力 F_f 的大小与链条的松边垂度及传动的布置方式有关（图 11-11），选用大者

$$\left.\begin{aligned} F_f' &= K_f q a \times 10^{-2} \quad (\mathrm{N}) \\ F_f'' &= (K_f + \sin\alpha) q a \times 10^{-2} \quad (\mathrm{N}) \end{aligned}\right\} \tag{11-11}$$

式中，a——链传动的中心距，mm；

q——单位长度链条的质量，kg/m；

K_f——垂度系数，见图 11-11。

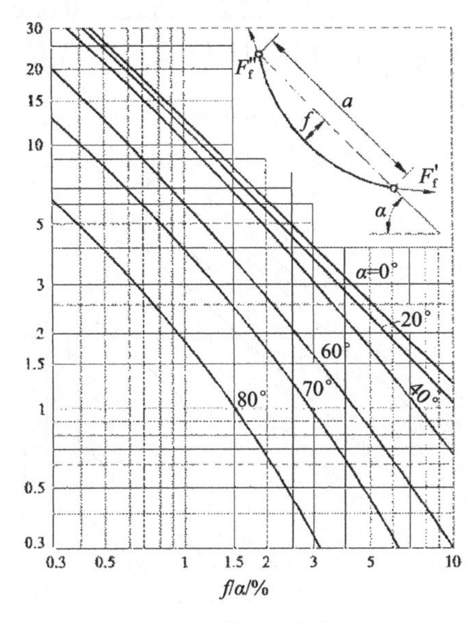

图 11-11 悬垂拉力的确定

图 11-11 中 f 为下垂度，α 为两轮中心连线与水平面的倾斜角。作用在轴上的拉力 Q 可近似取为主动边和从动边拉力之和，离心拉力对它无影响不计在内，由此得

$$Q \approx F_e + 2F_f \tag{11-12}$$

又由于悬垂拉力不大，故近似取

$$Q \approx 1.2F_e \tag{11-13}$$

11-4 链传动的失效形式和设计计算

一、链传动的失效形式

（1）链的疲劳破坏。链的元件在交变应力作用下，经过一定的循环次数，链板发生疲劳断裂或者滚子表面出现疲劳点蚀和疲劳裂纹。在润滑良好和正确设计、安装的情况下，疲劳强度是链传动能力设计的主要依据。

（2）链条的磨损。这是开式链传动的主要失效形式。链条铰链在啮入和脱离轮齿时，铰链的销轴与套筒间有相对滑动，引起磨损，使链的实际节距变长，产生跳齿和脱链现象。

（3）冲击破坏。链频繁起动、反转、制动或受重复冲击载荷时，承受较大动载荷，经过多次冲击，滚子、套筒和销轴最终产生冲击断裂。它的总循环次数一般在 10^4 次以内。

（4）胶合。速度很高时，在铰链的销轴和套筒的工作表面产生胶合。

（5）过载拉断。在低速重载时，或有突然巨大过载时，就会产生拉伸断裂。

图 11-12 所示为 A 系列套筒滚子链的实用功率曲线图，它是在 z_1=19、L_p=100、单排链、载荷平稳、按照推荐的润滑方式润滑（见图 11-13）、工作寿命为 15000h、链因磨损而引起的相对伸长量不超过 3%的情况下，在实验得到的极限功率曲线基础上作了修正得到的。根据小链轮的转速 n_1，在图 11-12 上可查出各种链条（链速 v>0.6m/s）允许传递的额定功率 P_0。当实际情况不符合实验规定的条件时，由图 11-12 查得的 P_0 值应乘以一系列修正系数。

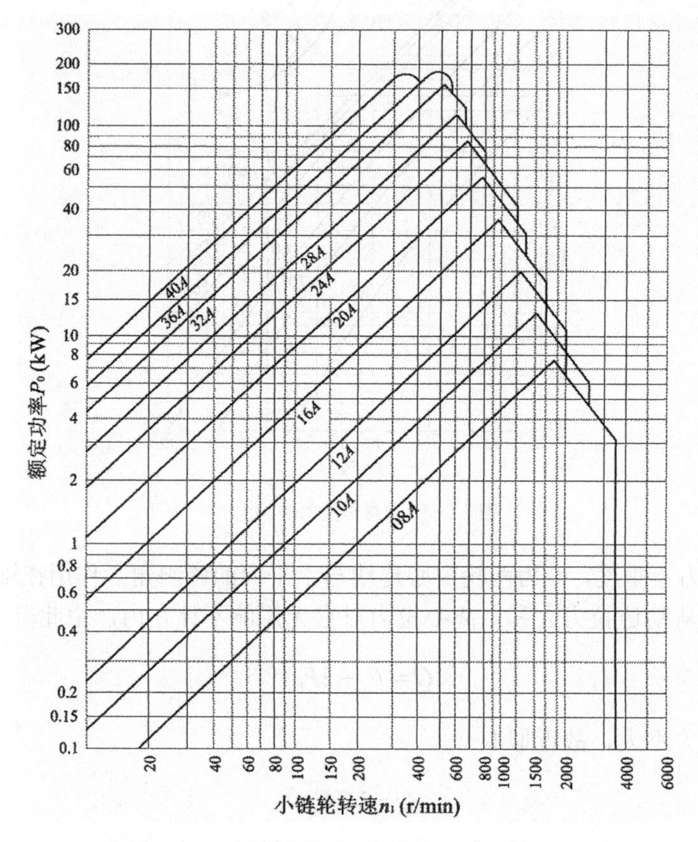

图 11-12　A 系列套筒滚子链的额定功率曲线(v>0.6m/s)

当不能按图 11-13 推荐的方式润滑而润滑不良时，则磨损加剧。此时链主要是磨损破坏，额定功率 P_0 值应降低到下列值。

（1）v≤1.5m/s，润滑不良时为图值的 30%～60%，无润滑时为 15%（寿命不能保证 15000h）。

（2）1.5m/s＜v≤7m/s，润滑不良时为图值的 15%～30%。

（3）v>7m/s，润滑不良时该传动不可靠，不宜采用。

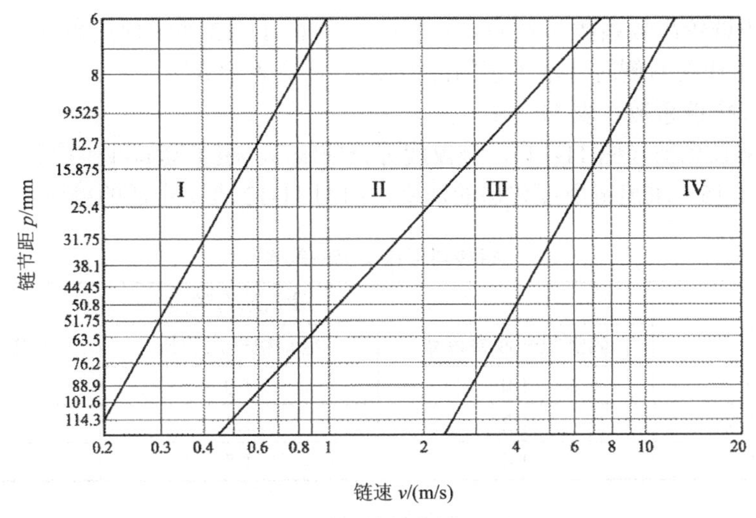

图 11-13 推荐的润滑方式

Ⅰ—人工定期润滑；Ⅱ—滴油润滑；Ⅲ—油浴或飞溅润滑；Ⅳ—压力喷油润滑

$v<0.6$m/s，属低速传动，这时链的主要破坏是过载拉断，应进行静强度校核。静强度安全系数 S 应满足下列要求

$$S=\frac{Q_n}{K_A F_1}\geqslant 7 \tag{11-14}$$

式中，Q_n——链的极限拉伸载荷，kN，$Q_n=nQ$，n 为排数，单排链极限拉伸载荷 Q 见表 11-1；

K_A——工作情况系数，见表 11-6；

F_1——链的紧边工作拉力，kN，按式（11-9）计算。

当实际工作寿命低于 15000h 时，则按有限寿命进行设计，其允许传递的功率可高些，设计时可参考有关资料。

二、链传动主要设计参数选择

链传动设计需要确定的主要参数有链节距、排数、链轮齿数、传动比、中心距、链节数等。

1. 链节距和排数

链的节距大小决定了链节和链轮各部分尺寸的大小。在一定条件下，链的节距越大，承载能力越高，但传动不平稳性、动载荷和噪声也越严重，传动尺寸也越大。一般载荷大、中心距小、传动比大时，选小节距多排链，以保证小轮有一定的啮合齿数；中心距大、传动比小，而速度不太高时，选大节距单排链。

链传动所能传递的功率

$$P_0\geqslant\frac{P_{ca}}{K_z K_L K_p} \tag{11-15}$$

$$P_{ca}=K_A P \tag{11-16}$$

式中，P_0——在特定条件下，单排链所能传递的功率，如图 11-12 所示；

P_{ca}——链传动的计算功率；

K_A——工作情况系数（表 11-6），工作情况特别恶劣时，K_A 值较表中所列值要大得多；

K_z——小链轮齿数系数（表 11-7），当工作在图 11-12 曲线顶点的左侧时（链板疲劳）查表中 K_z，当工作在右侧时（滚子套筒冲击疲劳），查表中 K_z'；

K_p——多排链系数（表 11-8）；

K_L——链长系数（图 11-14），链板疲劳查曲线 1，滚子套筒冲击疲劳查曲线 2。

根据式（11-15）求出链所能传递的功率，由图 11-12 查出合适的链节距和排数。

表 11-6 链传动工作情况系数 K_A

载荷种类	输入动力种类		
	内燃机—液力传动	电动机—汽轮机	内燃机—机械传动
平稳载荷	1.0	1.0	1.2
中等冲击载荷	1.2	1.3	1.4
较大冲击载荷	1.4	1.5	1.7

表 11-7 小链轮齿数系数 K_z 及 K_z'

z_1	9	10	11	12	13	14	15	16	17
K_z	0.446	0.500	0.554	0.609	0.664	0.719	0.775	0.831	0.887
K_z'	0.326	0.382	0.441	0.502	0.566	0.633	0.701	0.773	0.846
z_1	19	21	23	25	27	29	31	33	35
K_z	1.00	1.11	1.23	1.34	1.46	1.58	1.70	1.82	1.93
K_z'	1.00	1.16	1.33	1.51	1.69	1.89	2.08	2.29	2.50

表 11-8 多排链系数 K_p

排数	1	2	3	4	5	6
K_p	1	1.7	2.5	3.3	4.0	4.6

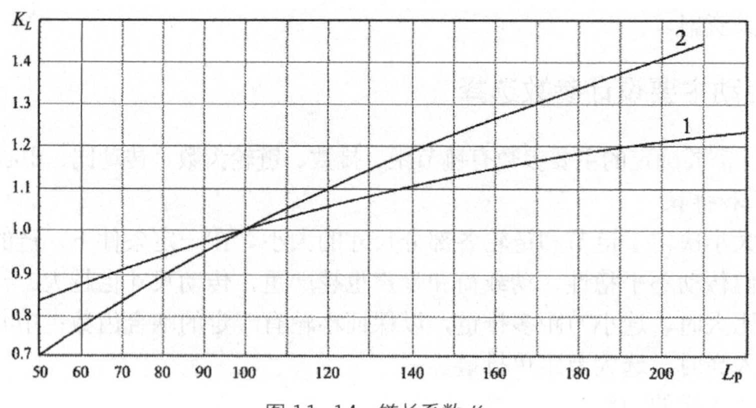

图 11-14 链长系数 K_L

1—链板疲劳；2—滚子套筒冲击疲劳

2. 链轮齿数 z_1、z_2 及传动比 i

小链轮齿数不宜过少，大链轮齿数也不宜太多，一般链轮最少齿数 z_{min}=17。当链轮速度很低时，最小可到 9，z_1 过少，则传动的不均匀性和动载荷过大，寿命下降；链轮最多齿数 z_{max}=120，z_2 过大，除了传动尺寸和质量过大外，易引起跳齿和脱链。一般可根据链速来选小链轮齿数，见表 11-9。

表 11-9 小链轮齿数 z_1

链速 v/m/s	0.6～3	3～8	>8
z_1	⩾17	⩾21	⩾25

另外，由于链节数通常是偶数，为考虑磨损均匀，链轮齿数一般应取与链节数互为质数的奇数。

为使传动尺寸不过大，链在小轮上包角不能过小，同时啮合的齿数不可太少，传动比 i 一般应小于 6，推荐 i=2～3.5。当速度较低、载荷平稳和传动尺寸不受限制时，i 可达 10。

3. 链节数 L_p 和链轮中心距

当传动比 $i\neq1$ 时，链轮中心距过小，则链在小链轮上的包角小，与小链轮啮合的链节数少。同时，因总的链节数减少，链速一定，链节的应力变化次数增加，使链的寿命降低。但中心距太大时，除结构不紧凑外，还会使链的松边颤动。

一般情况下，可初选中心距为

$$a_0=(30\sim50)p$$

最大可取 $a_{max}=80p$。

当有张紧装置或托板时，a_0 可大于 $80p$。

最小中心距 a_{min} 可先按 i 初步确定

$$i\leqslant3,\quad a_{min}=\frac{d_{a1}+d_{a2}}{2}+(30\sim50)\text{mm}$$

$$i>3,\quad a_{min}=\frac{d_{a1}+d_{a2}}{2}\cdot\frac{9+i}{10}$$

式中，d_{a1}、d_{a2}——两链轮齿顶圆直径。

链长度及中心距分别按式（11-18）或式（11-17）及式（11-19）计算，计算得到的链节数 L_p 应圆整为相近的整数，最好为偶数，以免使用过渡链节。

链节线长度计算式为

$$L'_p=\frac{(z_1+z_2)p}{2}+2a+\left(\frac{z_2-z_1}{2\pi}\right)^2\frac{p^2}{a} \tag{11-17}$$

式中，z_1、z_2——分别为主、从动轮齿数；

a——中心距；

p——链节距。

链的长度常用链节数 L_p 表示，将式（11-17）除以节距 p 得

$$L_p=\frac{z_1+z_2}{2}+\frac{2a}{p}+\left(\frac{z_2-z_1}{2\pi}\right)^2\frac{p}{a} \tag{11-18}$$

求解式（11-18）可得两链轮的中心距计算式为

$$a=\frac{p}{4}\left[\left(L_p-\frac{z_1+z_2}{2}\right)+\sqrt{\left(L_p-\frac{z_1+z_2}{2}\right)^2-8\left(\frac{z_2-z_1}{2\pi}\right)^2}\right] \tag{11-19}$$

为了便于链的安装和保证合理的松边下垂量，安装中心距应较计算中心距略小。中心距

通常是可调节的，以便在链节增长后能调节张紧程度。一般中心距调整量 $\Delta a \geqslant 2p$，调整后松边下垂量一般控制为（0.01～0.02）a。链通过调节中心距或用张紧轮进行张紧，另外还可用压板和托板张紧。当两轮轴心线倾斜角大于 60° 时，必须有张紧装置。在无张紧装置而中心距又不可调的情况下，中心距应准确计算。

例 11-1 试设计一带式运输机用套筒滚子链传动。已知电动机的功率 P=5.5kW，n_1=720r/min，链传动比 i=3，按图 11-13 规定进行润滑，工作平稳。

解： 1.选择链轮齿数 z_1、z_2

由题意估计链速 v 在 3～8m/s，希望结构较紧凑，由表 11-9 确定小链轮齿数 z_1=21。大链轮齿数 $z_2=iz_1=3\times21=63<120$ 合适。

2．确定计算功率 P_{ca}

由表 11-6 考虑工作平稳、电动机拖动选 K_A=1.0，则计算功率为

$$P_{ca}=K_AP=1.0\times5.5=5.5\,(\text{kW})$$

3．确定链节距 p

初定中心距 a_0=40p，则链节数为

$$\begin{aligned}L_p&=\frac{2a_0}{p}+\frac{z_1+z_2}{2}+\frac{p}{a_0}\left(\frac{z_2-z_1}{2\pi}\right)^2\\&=\frac{2\times40p}{p}+\frac{21+63}{2}+\frac{p}{40p}\left(\frac{63-21}{2\pi}\right)^2\\&=123.12\,(\text{节})\end{aligned}$$

取 L_p=124 节。

由图 11-12 按小轮转速估计，可能产生链板疲劳破坏。由表 11-7 查得 K_z=1.11，由表 11-8 查得多排链系数 K_p=1，由图 11-14 查得 K_L=1.06。

要求传动所需传递的功率为

$$P_0=\frac{P_{ca}}{K_zK_LK_p}=\frac{5.5}{1.11\times1.06\times1}=4.67(\text{kW})$$

查图 11-12 选合适的小节距链 10A 链，p=15.875mm，并由图证明确系链板疲劳，估计正确。

4．确定链长 L、中心距 a

链长 $$L=\frac{L_pp}{1000}=\frac{124\times15.875}{1000}=1.97(\text{m})$$

中心距

$$\begin{aligned}a&=\frac{p}{4}\left[\left(L_p-\frac{z_1+z_2}{2}\right)+\sqrt{\left(L_p-\frac{z_1+z_2}{2}\right)^2-8\left(\frac{z_2-z_1}{2\pi}\right)^2}\right]\\&=\frac{15.875}{4}\times\left[\left(124-\frac{21+63}{2}\right)+\sqrt{\left(124-\frac{21+63}{2}\right)^2-8\times\left(\frac{63-21}{2\pi}\right)^2}\right]\\&=642(\text{mm})\end{aligned}$$

中心距调整量 $\Delta a \geqslant 2p = 2\times 15.875 = 31.75(\text{mm})$

实际中心距 $a' = a - \Delta a = 642 - 31.75 = 610(\text{mm})$

5．求作用在轴上的力 Q

链速 $$v = \frac{n_1 z_1 p}{60\times 1000} = \frac{720\times 21\times 15.875}{60\times 1000} = 4(\text{m/s})$$

因此在选 z_1 时，链速估计正确。

工作拉力 $$F_e = 1000\frac{P}{v} = 1000\times\frac{5.5}{4} = 1375(\text{N})$$

轴上的压力 $Q = 1.2F_e = 1.2\times 1375 = 1650(\text{N})$

6．链轮设计（略）

设计结果：链条 10A-1-124 GB/T 1243—2006；大小链轮齿数 z_2=63，z_1=21；中心距 a'=610mm，轴上压力 Q=1650N。

11-5 链传动的布置、张紧与润滑

一、链传动的布置

（1）链传动必须布置在垂直平面内，不能布置在水平或倾斜平面内。

（2）两链轮中心连线最好是水平的，或与水平面成 45° 以下的倾斜角，尽量避免垂直传动。

（3）属于下列情况时，主动边最好布置在传动的上面：①中心距 $a \leqslant 30p$ 和 $i \geqslant 2$ 的水平传动（图 11-15（a））；②倾斜角相当大的传动（图 11-15（b））；③中心距 $a \geqslant 60p$、传动比 $i \leqslant 1.5$ 和链轮齿数 $z_1 \leqslant 25$ 的水平传动（图 11-15（c））。在前两种情况中，从动边在上时，可能有少数链节垂落在小链轮上或下方的链轮上，因而有咬链的危险；在后一种情况中，从动边在上时，有发生主动边和从动边相互碰撞的可能。

二、链传动的张紧

链传动张紧的方法和带传动不同，张紧并不决定链的工作能力，而只决定垂度的大小。

张紧方法很多，最常见的是移动链轮以增大两轮的中心距。但若中心距不可调时，也可采用张紧轮传动，如图 11-16 所示。张紧轮应装在靠近主动轮的从动边上。不论是带齿的还是不带齿的张紧轮，其节圆直径最好与小链轮的节圆直径相近。不带齿的张紧轮可以用夹布胶木制成，宽度应比链宽约 5mm。

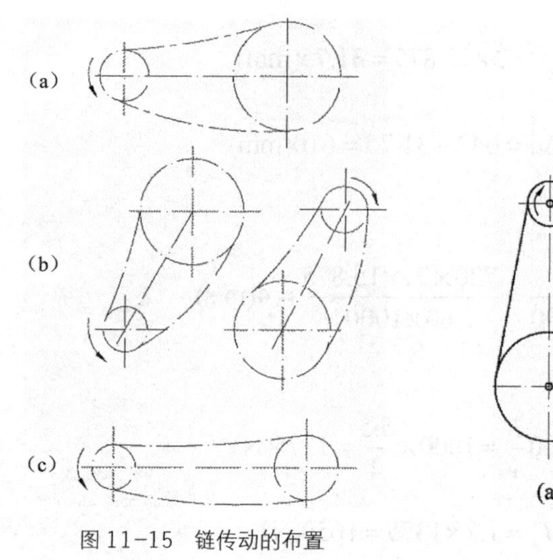

图 11-15　链传动的布置

图 11-16　链的张紧装置

三、链传动的润滑与防护

铰链中有润滑油时，有利于缓冲、减小摩擦和降低磨损，润滑条件良好与否对传动工作能力和使用寿命有很大的影响。

链传动的润滑方法可按图 11-13 选取。

链传动使用的润滑油黏度在运转温度下为 20～40°E_t。只有转速很慢又无法供油的地方，才可以用油脂代替。

采用喷镀塑料的套筒或粉末冶金的含油套筒，因有自润滑作用，允许不另加润滑油。

为了工作安全、保持环境清洁、防止灰尘侵入、减少噪声以及由于润滑需要等原因，链传动常用铸造或焊接护罩封闭。并且作油池的护罩应设置油面指示器、注油孔、排油孔等。

传动功率较大和转速较高的链传动，则采用落地式链条箱来防护。

阅读参考文献

有关链传动的类型及其相关标准可参阅：全国链传动标准化技术委员会、中国标准出版社第三编辑室主编，《零部件及相关标准汇编》链传动卷，中国标准出版社，2011。

对于链传动工作情况分析、各种类型链传动设计计算和链传动的应用等内容，可以参考：（1）常德功、樊智敏、孟兆明主编，《带传动和链传动设计手册》中的链传动部分，化学工业出版社，2011.（2）机械设计手册编委员编，《机械设计手册》带传动和链传动篇，机械工业出版社，2007.

思 考 题

11-1　试从工作原理、结构、特点和应用等方面对带传动和链传动进行比较。

11-2　试述链节距大小对传动的影响。

11-3　影响链传动不平稳的因素有哪些？

11-4　为什么链传动平均传动比是恒定的，而瞬时传动比是变化的？这种变化有无规律性？

11-5 链传动中的小链轮齿数为何不宜过少？也不宜过多？

11-6 滚子链传动的主要参数有哪些？应如何合理选择？

11-7 滚子链传动的主要失效形式有哪些？承载能力基本公式的计算依据是什么？

11-8 如何对滚子链的结构进行创新设计以便更有利于润滑、减少摩擦和磨损？

11-9 试创新设计链和带综合的新型传动。

习 题

11-1 一链式运输机驱动装置采用套筒滚子链传动，链节距 p=25.4mm，主动链轮齿数 z_1=17，从动链轮齿数 z_2=69，主动链轮转速 n_1=960r/min，试求：

（1）链条的平均速度 v；

（2）链条的最大速度 v_{max} 和最小速度 v_{min}；

（3）平均传动比 i。

11-2 某链传动传递的功率 P=1kW，主动链轮转速 n_1=480r/min，从动链轮转速 n_2=140r/min，载荷平稳，定期人工润滑，试设计此链传动。

11-3 设计一电动机至螺旋输送机用的滚子链传动。已知电动机转速 n_1=960r/min，功率 P=7kW，螺旋输送机的转速 n_2=240r/min，载荷平稳，单班制工作。并计算两个链轮的分度圆直径、齿顶圆直径、齿根圆直径和轮齿宽度。

第12章 螺旋传动

内容提要

本章介绍了螺旋传动的类型及应用，阐述了滑动螺旋传动和滚珠螺旋传动的设计计算，介绍了静压螺旋的工作原理。

本章重点：滑动螺旋传动和滚珠螺旋传动的设计计算。

本章难点：滚珠螺旋传动的寿命计算。

12-1 螺旋传动的类型及应用

螺旋传动是利用螺杆和螺母组成的螺旋副来实现传动要求的。它主要用于将回转运动变为直线运动或将直线运动变为回转运动，同时传递运动或动力。

螺旋传动按其用途可分为以下三类。

（1）传导螺旋：主要用于传递运动，也能承受较大的轴向载荷，如图 12-1(a)所示的机床进给螺旋。传导螺旋常在较长的时间内连续工作，工作速度较高。

（2）传力螺旋：主要用于传递动力，如各种起重或加压装置的螺旋，如图 12-1(b)所示的螺旋千斤顶。其特点是间歇工作且工作时间较短，工作时需承受很大的轴向力，而且通常需要具有自锁能力。

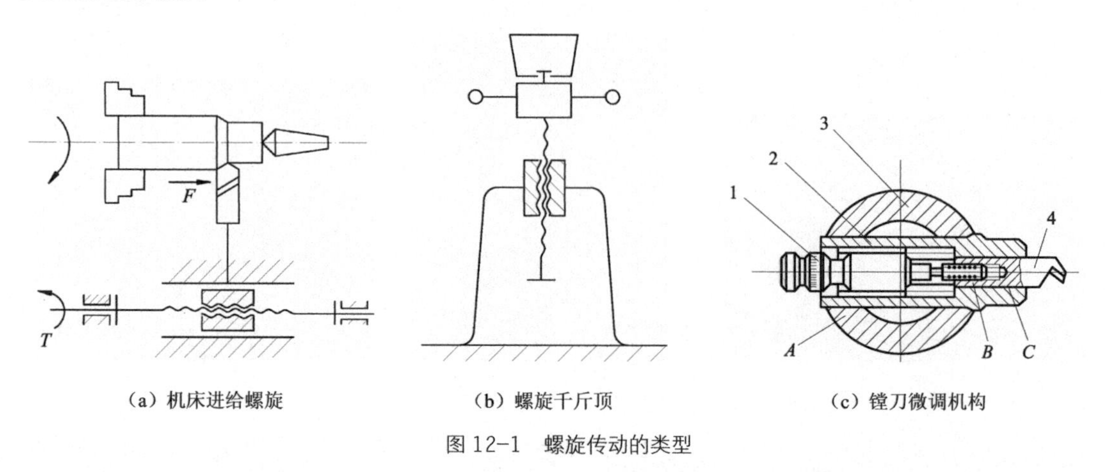

(a) 机床进给螺旋　(b) 螺旋千斤顶　(c) 镗刀微调机构

图 12-1　螺旋传动的类型

（3）调整螺旋：主要用于调整、固定零件的相对位置。图 12-1(c)所示为镗床镗刀的微调机构，当转动螺杆 1 时，镗刀 2 相对于镗杆作微量的移动，以调整镗孔的进刀量。调整螺旋在机床、仪器及测试装置中有较多应用。其特点是受力较小且不经常转动。

螺旋传动根据螺纹副的摩擦情况，又可分为滑动螺旋、滚珠螺旋和静压螺旋三类。静压螺旋实际上是采用静压流体润滑的滑动螺旋。滑动螺旋构造简单、加工方便、易于自锁，但摩擦阻力大、效率低（一般为 30%～40%）、磨损快、低速时可能爬行、定位精度和轴向刚度较差。滚珠螺旋和静压螺旋摩擦阻力小、传动效率高（一般为 90%以上），后者效率可达 99%，但构造较复杂，加工不便，特别是静压螺旋还需要供油系统。因此，只有在高精度、高效率的重要传动中才宜采用，如数控、精密机床、测试装置或自动控制系统中的螺旋传动等。

12-2　滑动螺旋传动

一、滑动螺旋的结构

螺旋传动的结构主要是指螺杆、螺母的固定和支承的结构形式。螺旋传动的工作刚度与精度等和支承结构有直接关系，当螺杆短而粗且垂直布置时，如千斤顶及加压装置的传力螺旋，可以利用螺母本身作为支承（图 12-2）。当螺杆细长且水平布置时，如机床的传导螺旋（丝杠）等，应在螺杆两端或中间附加支承，以提高螺杆的工作刚度。螺杆的支承结构和轴的支承结构基本相同。此外，对于轴向尺寸较大的螺杆，应采用对接的组合结构代替整体结构，以减少制造工艺上的困难。

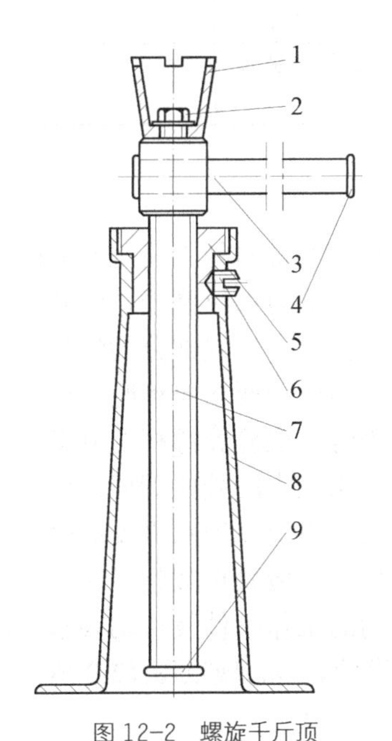

图 12-2　螺旋千斤顶

1—托杯；2—螺钉；3—手柄；4、9—挡环；5—螺母；6—紧定螺钉；7—螺杆；8—底座

滑动螺旋采用的螺纹类型有矩形、梯形和锯齿形。其中以梯形和锯齿形螺纹应用广泛。

螺杆常用右旋螺纹，但在某些特殊场合，如车床横向进给丝杠，为了符合操作习惯，才采用左旋螺纹。传力螺旋和调整螺旋要求自锁时，应采用单线螺纹。对于传导螺旋，为了提高其传动效率及直线运动速度，习惯采用多线螺纹，线数为 3～4，甚至多达 6。

二、螺旋传动常用材料

根据螺旋传动的受载情况及失效形式，螺杆材料要有足够的强度和耐磨性。螺母材料除要有足够的强度外，还要求在与螺杆配合时摩擦因数小和耐磨。选择螺旋传动的材料时可参考表 12-1。

表 12-1　　螺旋传动常用材料

螺旋副	材料牌号	热处理	应用
螺杆	45、50、Q235、Q275		轻载、低速、精度要求不高的传动
	45 Y40、Y40Mn 40Cr、40CrMn 65Mn	正火或调质 时效 调质或淬火、回火 淬火、回火	重载、转速较高、中等精度、重要传动
	T10、T12 20CrMnTi	调质、球化 渗碳、高频淬火	高精度重要传动
	9Mn2V、CrWMn 38CrMoAl	淬火、回火 渗氮	精密传动
螺母	35、球墨铸铁、耐磨铸铁		轻载、低速、精度要求不高的传动
	锡青铜 ZCuSn10Pb1、ZCuSn5Pb5Zn5		耐磨性好、中等精度的重要传动
	铝青铜 ZCuAl10Fe3、ZCuAl10Fe3Mn2		高精度重要传动
	铝黄铜 ZCuZn25Al6Fe3Mn3、钢或铸铁内螺纹表面覆青铜或轴承合金		精度传动

三、滑动螺旋的设计计算

滑动螺旋工作时，主要承受转矩及轴向拉力（压力）的作用，同时螺杆和螺母的旋合螺纹间有较大的相对滑动，其失效形式多为螺纹磨损，因此，螺杆的直径和螺母的高度也常由耐磨性要求决定。传力较大时，应验算有螺纹部分的螺杆或其他危险部位以及螺母或螺杆螺纹牙强度；要求自锁时，应验算螺纹副的自锁条件；要求运动精确时，应验算螺杆的刚度，其直径常由刚度要求决定；对于长径比很大的受压螺杆，应验算其稳定性，其直径也常由稳定性要求决定；当水平安装时，还应注意其弯曲度；对于高速长螺杆，则应验算其临界转速。

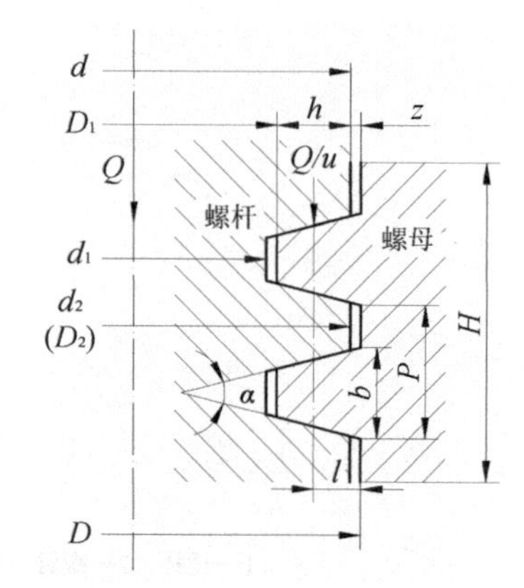

图 12-3　螺旋副受力

在设计时，可根据对螺旋传动的工作条件及传动要求，选择不同的设计准则，进行必要的设计计算。现以图 12-2 所示的螺旋千斤顶为例来说明滑动螺旋的设计计算。

1. 耐磨性计算

如图 12-3 所示，设作用于螺杆的轴向力为 Q(N)，螺纹的承压面积（指螺纹工作表面投影到垂直于轴向力的平面上的面积）为 $A(\mathrm{mm}^2)$，螺纹中径为 $d_2(\mathrm{mm})$，螺纹工作高度为 $h(\mathrm{mm})$，螺纹螺距为 $P(\mathrm{mm})$，螺母高度为 $H(\mathrm{mm})$，螺纹工作圈数为 $u=\dfrac{H}{P}$，则螺纹工作面上的耐磨性条件为

$$p=\frac{Q}{A}=\frac{Q}{\pi d_2 hu}=\frac{QP}{\pi d_2 hH}\leqslant[p] \tag{12-1}$$

上式可作为校核计算用。为了导出设计计算式，令 $\phi=H/d_2$，则 $H=\phi d_2$，代入式（12-1）整理后可得

$$d_2\geqslant\sqrt{\frac{QP}{\pi h\phi[p]}} \tag{12-2}$$

对于矩形和梯形螺纹，$h=0.5P$，则

$$d_2\geqslant 0.8\sqrt{\frac{Q}{\phi[p]}} \tag{12-3}$$

对于 30° 锯齿形螺纹，$h=0.75P$，则

$$d_2\geqslant 0.65\sqrt{\frac{Q}{\phi[p]}} \tag{12-4}$$

螺母高度为

$$H=\phi d_2 \tag{12-5}$$

式中，$[p]$——材料的许用压力，MPa，见表 12-2。

ϕ——螺母厚度因数，对整体螺母，$\phi=1.2\sim1.5$；对剖分式螺母，$\phi=2.5\sim3.5$。

设计时，由式（12-2）算出螺纹中径 d_2 后，然后查梯形螺纹或锯齿形螺纹国家标准，选取相应的公称直径 d 及螺距 P。应注意，螺纹工作圈数不宜超过 10 圈。

表 12-2　滑动螺旋副材料的许用压力 $[p]$ 及摩擦因数 f

螺杆—螺母的材料	滑动速度/(m/min)	许用压力/MPa	摩擦因数 f
钢—青铜	低速	18～25	0.08～0.10
	≤3.0	11～18	
	6～12	7～10	
淬火钢—青铜	>15	10～23	0.06～0.08
钢—铸铁	<2.4	13～18	0.12～0.15
	6～12	4～7	
钢—钢	低速	7.5～13	0.11～0.17

注：①表中数值适用于 $\phi=2.5\sim4$ 的情况。当 $\phi<2.5$ 时，$[p]$值可提高 20%；若为剖分螺母时，则$[p]$值应降低 15%～20%。

②表中摩擦因数起动时取大值，运转中取小值。

2. 自锁性计算

对有自锁性要求的螺旋副（如起重螺旋），应进行自锁性验算，即

$$\psi=\arctan\frac{L}{\pi d_2}\leqslant\varphi_v \tag{12-6}$$

式中，ψ——螺纹升角；

L——螺纹导程；

φ_v——螺旋副的当量摩擦角，$\varphi_v=\arctan(f/\cos\beta)$；

β——螺纹牙型斜角；

f——摩擦因数，见表 12-2。

12-3 滚珠螺旋传动

滚珠螺旋传动又称滚动丝杆传动，是在螺杆和螺母之间放入适量的滚珠，使螺杆和螺母之间的摩擦由滑动摩擦变为滚动摩擦。当螺杆转动螺母移动时，滚珠则沿螺杆螺旋滚道面滚动，在螺杆上滚动数圈后，滚珠从滚道的一端滚出并沿返回装置返回另一端，重新进入滚道，从而构成一闭合回路，如图 12-4 所示。由于螺杆和螺母之间为滚动摩擦，从而提高了螺旋副的效率和传动精度。

一、结构类型及特点

按用途和制造工艺不同，滚珠螺旋传动的结构类型有多种，它们的主要区别在于滚珠循环方式、螺纹滚道法向截面形状等方面。

1. 滚珠循环方式

按滚珠在整个循环过程中与螺杆表面的接触情况，分为内循环和外循环两类，如图 12-4 所示。

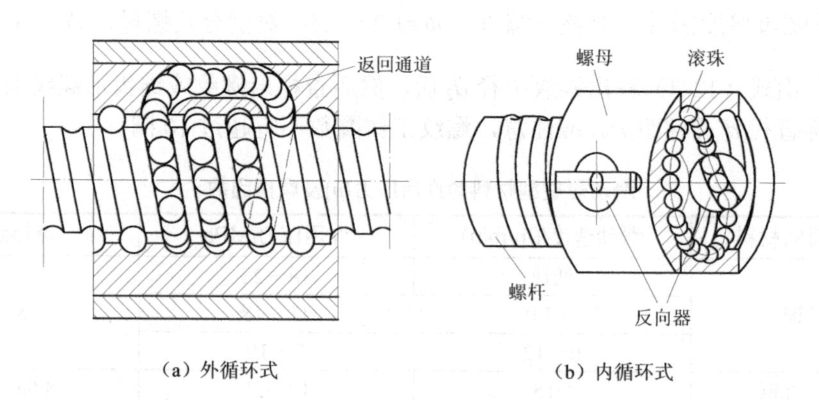

图 12-4 滚珠螺旋传动

（1）外循环。滚珠在返回时与螺杆脱离接触的循环称为外循环。可分为螺旋槽式、插管式和端盖式 3 种。螺旋槽式（图 12-4（a））是直接在螺母外圆柱面上铣出螺旋线形的凹槽作为滚珠循环通道，凹槽的两端钻出两个通孔分别与螺纹滚道相切，形成滚珠循环通道。插管式和螺旋槽式原理相同，是采用外接套管作为滚珠的循环通道。端盖式是在螺母上钻有一个

纵向通孔作为滚珠返回通道，螺母两端装有铣出短槽的端盖，短槽端部与螺纹滚道相切，并引导滚珠返回通道，构成滚珠循环回路。

螺旋槽式和插管式结构简单、易于制造，但螺母的结构尺寸较大，特别是插管式，同时挡珠器易磨损。端盖式结构紧凑、工艺性好，但滚珠通过短槽时易卡住。

（2）内循环。滚珠在循环过程中始终与螺杆保持接触的循环叫内循环（图 12-4（b））。在螺母的侧孔内，装有接通相邻滚道的反向器，借助于反向器上的回珠槽，迫使滚珠沿滚道滚动 1 圈后越过螺杆螺纹滚道顶部，重新返回起始的螺纹滚道，构成单圈内循环回路。在同一个螺母上，具有循环回路的数目称为列数，内循环的列数通常有 2～4 列(即一个螺母上装有 2～4 个反向器)。为了结构紧凑，这些反向器是沿螺母周围均匀分布的。

滚珠在每一循环中绕经螺纹滚道的圈数称为工作圈数。内循环的工作圈数只有 1 圈，因而回路短，滚珠少，滚珠的流畅性好，效率高。此外，它的径向尺寸小，零件少，装配简单。内循环的缺点是反向器的回珠槽具有空间曲面，加工较复杂。

2. 螺纹滚道法向截面形状

螺纹滚道法向截面形状是指通过滚珠中心且垂直于滚道螺旋面的平面和滚道表面交线的形状。常用的截面形状有单圆弧形（图 12-5（a））和双圆弧形（图 12-5（b））两种。

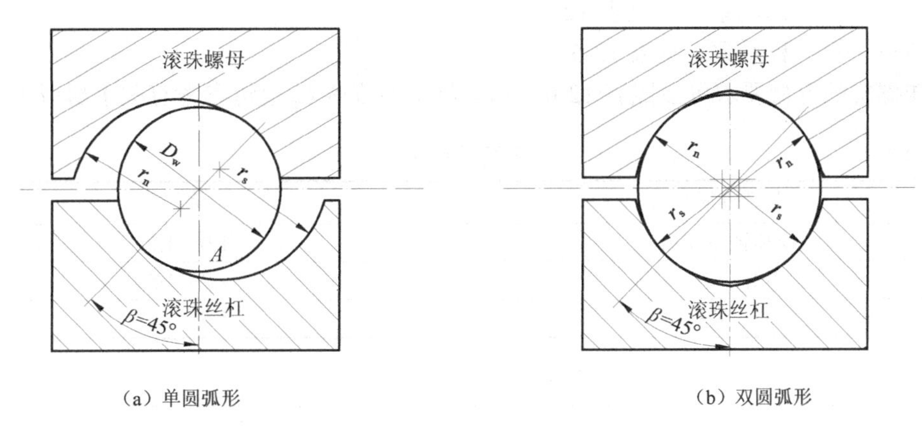

图 12-5 滚道法向截面形状示意图

滚珠于滚道表面在接触点处的公法线与通过滚珠中心的螺杆直径线间的夹角 β 叫接触角，理想接触角 β=45°。

单圆弧形的特点是砂轮成型比较简单，易于得到较高的精度。但接触角随着初始间隙和轴向力大小而变化，因此，效率、承载能力和轴向刚度均不够稳定。而双圆弧形的接触角在工作过程中基本保持不变，效率、承载能力和轴向刚度稳定，并且滚道底部不与滚珠接触，可储存一定的润滑油和脏物，使磨损减小。但双圆弧形砂轮修整、加工、检验都比较困难。

二、滚珠螺旋的设计计算

滚珠螺旋副由专门生产厂家制造，在选用时，设计者根据工作条件、受载情况选择合适的类型，确定尺寸后进行组合结构设计。

当滚珠螺旋副在较高转速下工作时，应按寿命条件选择其尺寸，并校核其载荷是否超过额定静载荷；低速工作时，应按寿命和额定静载荷两种方式确定其尺寸，选择其中尺寸较大的；静止状态或转速低于 10r/min 时，可按额定静载荷选择其尺寸。

滚珠螺旋副的选用计算包括寿命计算、静载荷计算、临界速度计算、螺杆强度计算、螺杆稳定性计算、驱动转矩计算等。

1．滚珠螺旋寿命计算

滚珠螺旋的受载情况与推力滚珠轴承很相似，若轴向载荷为 F（N），基本额定动载荷为 C_a（N），则滚珠螺旋的额定寿命 L（10^6r）为

$$L=\left(\frac{C_a}{F}\right)^3 \tag{12-7}$$

实际应用中，用小时表示额定寿命更为方便。以 n（r/min）表示螺杆转速，同时再考虑载荷情况以及螺旋副材料硬度，滚珠螺旋的寿命 L_h（h）为

$$L_h=\frac{10^6}{60n}\left(\frac{C_a}{K_F K_H K_L F}\right)^3 \tag{12-8}$$

式中，K_F——载荷系数，见表 12-3；

K_H——硬度影响系数，见表 12-4；

K_L——短行程系数，见表 12-5。

滚珠螺旋的寿命要求可参照表 12-6，基本额定动载荷 C_a 值可参考有关手册或工厂样本。

表 12-3　载荷系数 K_F

载荷性质	K_F
平稳和轻微冲击	1.0～1.2
中等冲击	1.2～1.5
较大冲击和振动	1.5～2.5

表 12-4　硬度影响系数 K_H、K'_H

硬度 HRC	≥58	55	52.5	50	47.5	45	40
K_H	1.0	1.11	1.35	1.56	1.92	2.40	3.85
K'_H	1.0	1.11	1.40	1.67	2.10	2.65	4.50

表 12-5　短行程系数 K_L

行程/螺母高	1	1.2	1.4	1.6	1.8	2.0	≥2.2
K_L	1.3	1.22	1.16	1.1	1.06	1.03	1.00

表 12-6　滚珠螺旋寿命要求

机械类别	L_h/h
普通机械	5000～10000
普通金属切削机床	10000
测试仪器	15000
数控机床、精密机械	15000
航空机械	1000

2. 滚珠螺旋静载荷计算

滚珠螺旋副在静态或转速 $n \leqslant 10\text{r/min}$ 条件下，如其滚动接触面上的接触应力过大，将产生永久性过大凹坑，因此要进行静载荷计算。静载荷计算公式为

$$C_{oa} \geqslant K_F K'_H F \tag{12-9}$$

式中，C_{oa}——基本额定静载荷，N，参考机械设计手册或工厂样本；

K_F——载荷系数，见表 12-3；

K'_H——硬度影响系数，见表 12-4；

F——轴向载荷，N。

3. 临界速度计算

滚珠螺旋传动比滑动螺旋传动更适合于在高速下工作。滚珠螺旋传动在高速下工作，与滚珠轴承类似，也应当有高速界限，以防止发生共振现象。丝杠发生共振时的转速称为临界转速。根据理论分析，丝杠在自重下的第一级临界转速 n_{cr} 与一般回转轴的临界转速完全一样，即

$$n_{cr} = \frac{\pi d_2}{8 l_2^2} \sqrt{\frac{E K_s}{\rho}} \quad (1/\text{s}) \tag{12-10}$$

式中，K_s——支承结构系数，见表 12-7；

E——材料纵向弹性模量，钢制丝杠的弹性模量 $E=2.1\times10^5\text{N/mm}^2$；

ρ——密度，钢的密度 $\rho=7.8\times10^3\text{kg/m}^3$；

取 $d_2=d_0-D_w$ 更为合理；

D_w——滚珠直径，mm；

d_0——公称直径，mm。

将 E、g、ρ 的数据代入式（12-10），整理得丝杠每分钟的临界转速为

$$n_{cr} = 121\times10^6 (d_0 - D_w) \frac{\sqrt{K_s}}{l_2^2} \quad (\text{r/min}) \tag{12-11}$$

表 12-7　　支承结构系数 K_s

形式	K_s	适用场合
一端固定，另一端铰支	2.5	中速 高精度
两端铰支	1	中速 一般场合
一端固定，另一端自由	1/8	中小载荷低速 更宜垂直安装
两端固定	5	高速 高精度 高刚度

注：关于“不完全固定”支承，可归并在表中 4 种支承结构形式之内考虑。

为了保证滚珠丝杠副在高速下正常运转，通常把丝杠的实际转速 n 限制在临界转速 n_{cr} 的 80%范围内，即

$$n \leqslant 0.8n_{cr} \tag{12-12}$$

应当指出，临界转速只能作为一般指导性资料，因为螺母沿丝杠轴移动时，有效的非支承长度是连续变化的，这对临界转速的大小是有影响的。当计算不满足要求时，可缩短支承长度 l_2、增大有效直径 d_2，或采用空心丝杠、改善支承结构形式等行之有效的方法。但必须注意，当增大丝杠直径后，同由于不能满足稳定性要求而增大直径所带来的转动惯量增大一样，会降低传动的定位精度。

转速较高、支承距离较大的螺杆应校核其临界转速。其余计算项目则根据工作机类别和工作需要进行选择性计算，如传力螺旋副应进行螺杆强度计算；长径比大的受压螺杆应进行稳定性计算。

三、滚珠螺旋的主要参数

1. 主要参数

滚珠螺旋的主要参数包括公称直径 d_0（即钢球中心所在圆柱直径）、导程 P_h、螺纹旋向、钢球直径 D_w、接触角 α（滚动体合力作用线和螺旋轴线垂直平面间的夹角）、负载钢球的圈数和精度等级等。

GB/T 17587.2—1998《滚珠丝杠副 第 2 部分：公称直径和公称导程 公制系列》规定了公称直径 6～200mm、适用于机床的滚动螺旋副和性能要求等，精度分为 7 个等级，即 1、2、3、4、5、7 和 10 级，其中 1 级精度最高，10 级精度最低，基他机械可参照选用。

2. 标注方法

滚珠螺旋副的型号，根据其结构、规格、精度等级、螺纹旋向等特征，用代号和数字组成，形式如下。

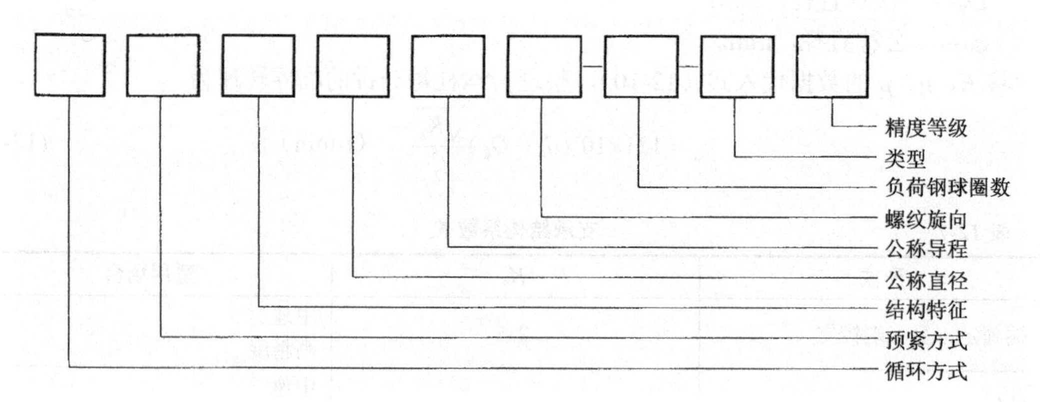

其特征代号的表示方法见表 12-8。

表 12-8　　滚珠螺旋副标注的特征代号

特　征			代号	特　征		代号
钢球循环方式	内循环	浮动式	F	结构特征	埋入式外插管	M
		固定式	G		凸出式外插管	T
	外循环	插管式	C	螺纹旋向	右旋	不标

续表

特征			代号	特征		代号
预紧方式	单螺母	无预紧	W	螺纹旋向	左旋	LH
		变导程自预紧	B	负荷钢球圈数		圈数
		增大钢球直径预紧	Z			
	双螺母	垫片预紧	D	类型①	定位滚珠螺旋副	P
		齿差预紧	C		传力滚珠螺旋副	T
		圆螺母预紧	L	精度等级		级别

注：①定位滚珠螺旋副是指通过转角或导程用以控制轴向位移量的滚珠螺旋副；传力滚珠螺旋副主要是用于传递动力，与转角无关。

例如，滚珠螺旋副代号 CDM5010-3-P3 的含义如下。

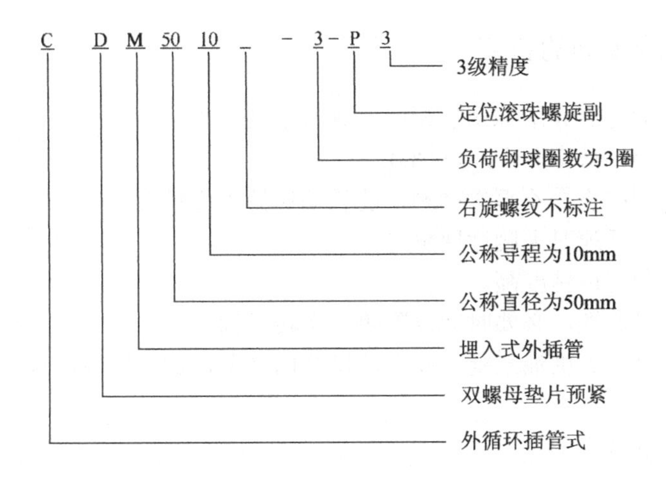

12-4 静压螺旋传动简介

一、工作原理

为了降低螺旋传动的摩擦，提高传动效率，并增加螺旋传动的刚性及抗振性能，可以将静压原理应用于螺旋传动中，制成静压螺旋传动。

如图 12-6（a）所示，压力油经节流器进入内螺纹牙两侧的油腔，然后经回油通路流回油箱。当螺杆不受力时，处于中间位置，而牙两侧的间隙和油腔压力都相等。当螺杆受轴向力 F_a 而左移时，间隙 h_1 减小，h_2 增大，使牙左侧压力大于右侧，从而产生一平衡 F_a 的液压力。在图 12-6（b）中，如果每一螺纹牙侧开三个油腔，则当螺杆受径向力 F_r 而下移时，油腔 A 侧间隙减小，压力增高，B 侧和 C 侧间隙增大，压力降低，从而产生一平衡 F_r 的液压力。

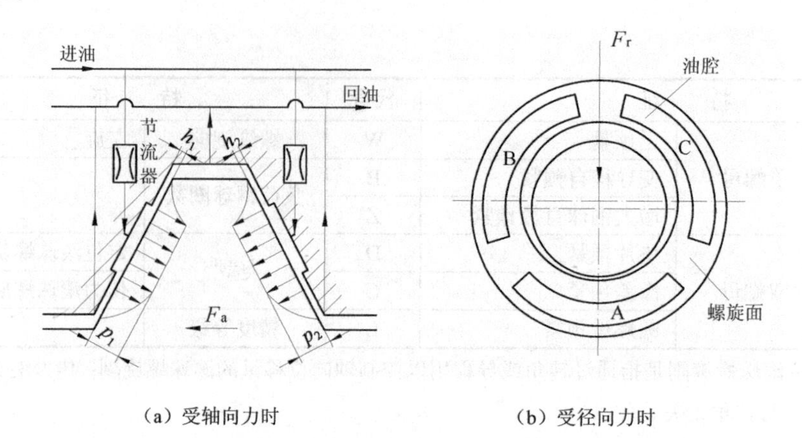

（a）受轴向力时　　（b）受径向力时

图 12-6　静压螺旋传动的工作原理

二、静压螺旋传动的特点

静压螺旋与滑动螺旋和滚珠螺旋相比，具有下列特点。

（1）摩擦阻力小，效率高(可达 99%)。

（2）寿命长，螺纹表面不直接接触，能长期保持工作精度。

（3）传动平稳，低速时无爬行现象。

（4）传动精度和定位精度高。

（5）具有传动可逆性，必要时应设置防止逆转机构。

（6）需要一套可靠的供油系统，并且螺母结构复杂，加工比较困难。

阅读参考文献

静压螺旋传动，因其应用较少，加之设计时考虑因素较多，涉及面较广，而且静压螺旋无标准系列产品，因此本章只做简单介绍，如需要该方面的知识，可参阅朱孝录主编的《中国机械设计大典》第 4 卷第 37 篇的螺旋传动一章，该章对其设计进行了论述。

滚珠螺旋是一定型产品，由专门生产厂家制造，应用中关键是根据实际工作情况，正确选择其类型和尺寸，其设计计算为校核计算，计算中所取有关滚珠螺旋数据一定要参照生产厂家的产品样本，因生产厂家不同而有所差别。滚珠螺旋组合结构设计可参见滚动轴承章节。滚珠螺旋精度的有关内容可参阅朱孝录主编的《中国机械设计大典》第 4 卷第 37 篇的螺旋传动一章。

思 考 题

12-1　按螺旋副摩擦性质，螺旋传动可分为哪几类？

12-2　按螺旋传动用途，螺旋传动可分为哪几类？

12-3　滑动螺旋的螺纹类型有哪些？

12-4　滑动螺旋的主要失效形式是什么？

12-5　设计滑动螺旋千斤顶时，是否要考虑螺纹自锁问题？

12-6　滚珠螺旋比滑动螺旋有何优点，举出应用场合。

12-7　滚珠螺旋传动按滚珠循环方式分为哪几类？

12-8 滚珠螺旋螺纹滚道法向截面形状有哪些？各有什么特点？

12-9 如何确定滚珠螺旋副的寿命？

12-10 静压螺纹传动的工作原理是什么？

12-11 静压螺旋传动的特点是什么？

习 题

12-1 图 12-7 所示为一小型压床，最大压力为 25kN，最大行程为 160mm。螺旋副选用梯形螺纹。螺旋副当量摩擦因数 μ=0.15，压头支承面平均直径为螺纹中径 d_2，压头支承面摩擦因数 μ'=10，操作人员每只手用力最大为 200N。试设计该螺旋传动并确定手轮直径（要求螺纹自锁）。

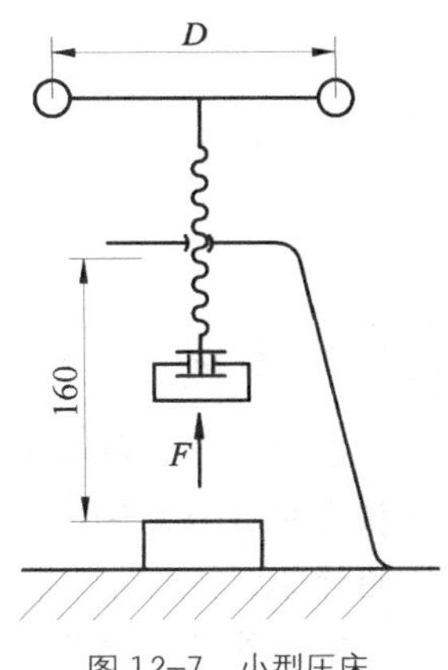

图 12-7 小型压床

12-2 图 12-8 所示为一弓形夹钳，用 M28 的螺杆夹紧工作，压紧力 F=30kN，螺杆材料为 45 钢，环形螺杆端部平均直径为 d_0=20mm，设螺纹副和螺杆末端与工件摩擦因数均为 μ=0.15，试验算螺杆的强度。

12-3 图 12-9 所示为一螺旋传动机构，已知工作台重 P=100N，两支承间的距离为 100mm，丝杠的材料为 CrWMn，淬火硬度>45HRC，试校核该传动机械是否能正常工作。

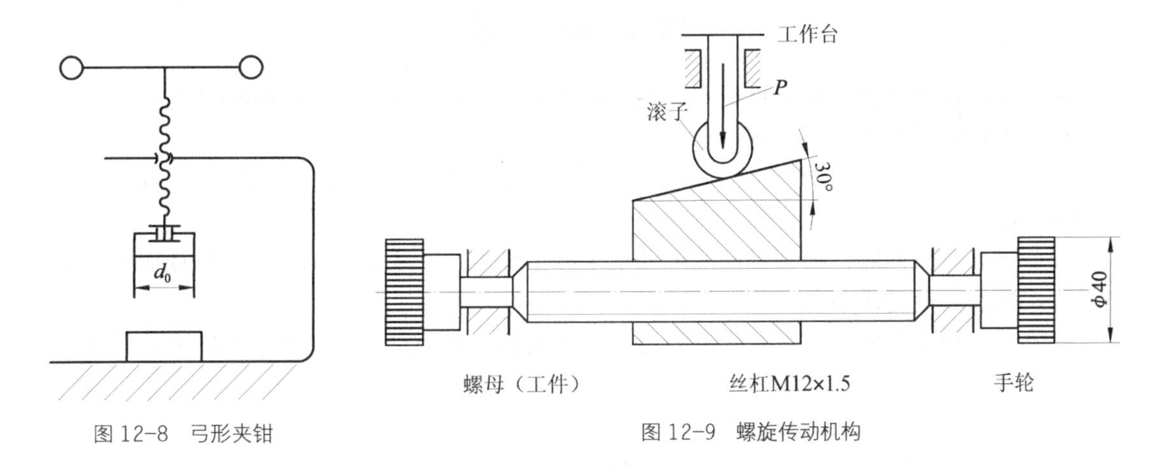

图 12-8 弓形夹钳

图 12-9 螺旋传动机构

12-4 滚珠丝杠副的公称直径 d_0=30mm，滚珠直径 D_w=3.969mm，支承点间距离 l_2=1000mm，支承结构形式为一端固定，另一端铰支。试求滚珠丝杠副不产生共振的最高实际转速 n 值。

12-5 某数控车床纵向进给滚珠丝杠传动，已知数据如下：最大轴向工作载荷 F_{max}=10kN，平均载荷 F_m=5.6kN，平均转速 n_m=50r/min，丝杠支承点间距离 l_2=1720mm。支承结构形式为一端固定，一端铰支。材料为 GCr15，硬度 60～62 HRC。试计算滚珠螺旋的寿命。

第13章 机械系统动力学

本章介绍了机械系统动力学分析的目的和基础、机械运转过程中速度波动产生的原因及相应的调节方法、平衡的目的和方法。重点介绍了飞轮转动惯量的计算、刚性转子动平衡的计算。

本章重点：飞轮转动惯量的计算、刚性转子平衡的原理和方法。

本章难点：飞轮转动惯量的计算、刚性转子动平衡的计算。

13-1 概　　述

机械系统动力学就是研究机械系统在力作用下的运动规律。机械系统动力学的分析过程，按其任务不同，可分为两类问题。

（1）动力学正问题：给定机器的输入转矩和工作阻力，求解机器的真实运动规律，即已知力求运动。

（2）动力学反问题：根据机械的运动要求和工作阻力，求解驱动力的变化规律以及运动副反力，即已知运动求力。

在求解机械的真实动力时，必须知道作用在机械上的驱动力和工作阻力的变化规律。这些力的变化情况不同，会影响到动力学方程求解方法的不同。

驱动力和发动机的机械特性有关，有如下几种情况。

（1）驱动力是常数。例如以重锤作为驱动装置的情况（图 13-1（a））。

（2）驱动力是位移的函数。例如用弹簧作驱动件时，驱动力与变形成正比（图 13-1（b））。

（3）驱动力是速度的函数。例如一般的电动机，机械特性均表示为输出力矩随角速度变化的曲线（图 13-1（c））。

常见的工作阻力有如下几种情况。

（1）工作阻力为常数。如起重机的起吊重量（图 13-1（a））。

（2）工作阻力随位移而变化。如往复式压缩机中活塞上作用的阻力（图 13-1（b））。

（3）工作阻力随速度而变化。如鼓风机、离心泵的工作阻力。

（4）工作阻力随时间而变化。如揉面机的工作阻力。

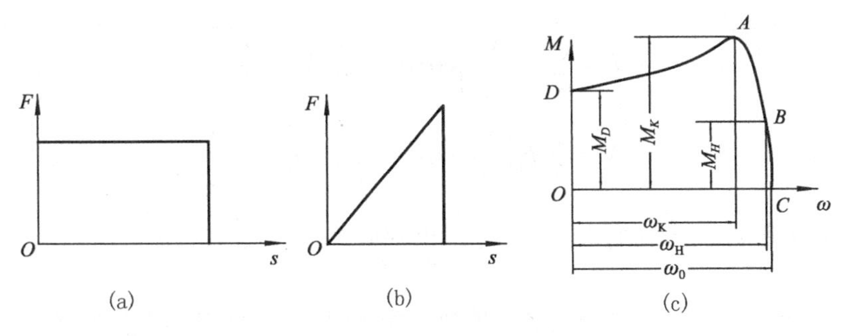

图 13-1　驱动力或工作阻力的变化规律

13-2　机械系统动力学分析基础

研究机械系统真实运动和速度波动调节等问题，需要写出机械系统的运动方程，因此必须计算作用在每个构件上的外力所做的功以及每个构件的动能，但是这样极不方便。对于单自由度机械系统，各构件的运动规律决定于原动件的运动规律，所以机械系统的运动可以用原动件的运动描述，其运动问题可以转化为它的某一构件的运动问题来研究。为了保证这种转化能反映原机械系统的运动情况，我们引出等效力、等效力矩及等效质量、等效转动惯量的概念，进而建立单自由度机械系统的等效力学模型。

单自由度机械系统动力学分析大体包括以下几个步骤。

（1）将实际的机械系统简化为等效动力学模型。

（2）根据等效动力学模型列出系统的运动微分方程。

（3）应用解析方法或数值方法求解系统运动微分方程，求出等效构件的运动规律。

一、等效力和等效力矩

在研究机械在已知力作用下的运动时，我们可以用作用在机器某一构件上的一个假想力 F 或力矩 M 来代替作用在该机器上的所有已知外力和力矩，其代替的条件是必须使机械运动不因这种代替而改变。假想力 F 或力矩 M 所做的功或所产生的功率应等于所有被代替的力和力矩所做的功或产生的功率之和。假想力 F 或力矩 M 称为等效力或等效力矩。受等效力或等效力矩作用的构件称为等效构件。通常选择原动件作为等效构件。

如图 13-2（a）所示，设 M 是加在绕固定轴转动的等效构件 AB 上的等效力矩，F 为作用于等效构件 AB 上的等效力，ω 是等效构件的角速度，v_B 是力作用点 B 的速度。又设 F_i 和 M_i 是加在机器第 i 个构件上的已知力和力矩，v_i 是力 F_i 作用点的速度，ω_i 是构件 i 的角速度，θ_i 是力 F_i 和速度 v_i 之间的夹角。按等效力和等效力矩的定义有

$$Fv_B = \sum_{i=1}^{n} F_i v_i \cos\theta_i + \sum_{i=1}^{n} \pm M_i \omega_i$$

$$M\omega = \sum_{i=1}^{n} F_i v_i \cos\theta_i + \sum_{i=1}^{n} \pm M_i \omega_i$$

则

$$\left.\begin{aligned} F &= \sum_{i=1}^{n} F_i \left(\frac{v_i}{v_B}\right) \cos\theta_i + \sum_{i=1}^{n} \pm M_i \left(\frac{\omega_i}{v_B}\right) \\ M &= \sum_{i=1}^{n} F_i \left(\frac{v_i}{\omega}\right) \cos\theta_i + \sum_{i=1}^{n} \pm M_i \left(\frac{\omega_i}{\omega}\right) \end{aligned}\right\} \tag{13-1}$$

式中，当 M_i 和 ω_i 同方向时取“+”号，否则取“-”号。

必须指出：

（1）从式（13-1）可知，等效力 F、等效力矩 M 与 F_i、M_i 及各速比有关。其中单自由度机械系统其速比只是机构位置的函数；F_i、M_i 则可能是机构的位置、速度及时间的函数。

（2）在单自由度系统中，构件的运动关系决定于机构的结构，故式（13-1）中的各个速比可用任意比例尺所画的速度多边形中的相应线段之比来表示，而不必知道机器的各个速度的真实数值。因此，等效力和等效力矩也可以用速度多边形杠杆法求出。为此，只须将等效力（或力矩）和被代替的力及力矩平移到其作用点在转向速度多边形的速度影像上，然后使两者对极点所取的力矩大小相等、方向相同，那么便可求出等效力（或等效力矩）的大小和方向。

（3）如果选择绕固定轴转动的构件作为等效构件，如图 13-2 所示，则有

$$M = Fl_{AB} \tag{13-2}$$

（4）等效力或等效力矩是一个假想的力或力矩，它并不是被代替的已知给定力和力矩的合力或合力矩，因此，求机构各力的合力时便不能应用等效力和等效力矩的原理。

（5）在研究已知力作用的机械运动时，通常总是按已知的驱动力和阻力分别求出其等效驱动力 F_d（或等效驱动力矩 M_d）和等效阻力 F_r（或等效阻力矩 M_r），如图 13-2（b）所示。重力可归入驱动力，也可归入阻力。

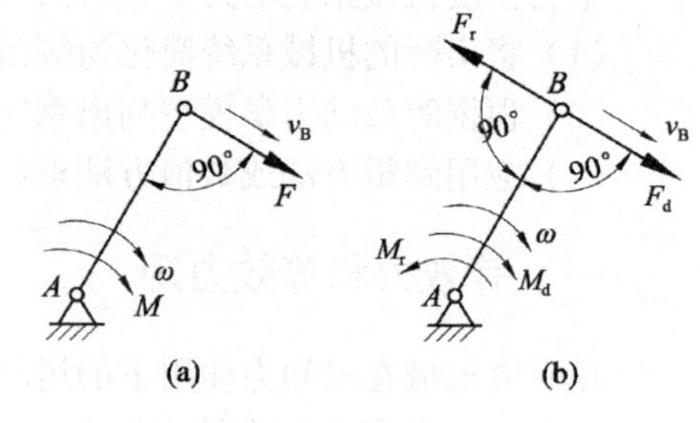

图 13-2　等效力与等效力矩

二、等效质量和等效转动惯量

取机器上某一构件为等效构件，并使其受等效力（或等效力矩）作用的同时，用集中在该构件上某选定点的一个假想质量来代替整个机器所有运动构件的质量，或用该构件假想的转动惯量来代替整个机器所有运动构件的转动惯量，代替的条件是必须使机器运动不因这种代替而改变。为此，需令该等效构件假想质量的动能等于整个机械系统的动能，此假想质量称为等效质量。同理，如等效构件为定轴转动的构件，令该等效构件假想转动惯量的动能等于整个机械系统的动能，此假想转动惯量称为等效转动惯量。

如图 13-3 所示，设 ω 是等效构件的角速度，v_B 是集中质量点 B 的速度，m 是集中的等效质量或 J 是等效构件的等效转动惯量，那么等效构件所具有的动能为

$$E = \frac{1}{2} m v_B^2$$

或
$$E = \frac{1}{2}J\omega^2$$

若 ω_i 是机构中第 i 个构件的角速度，v_{si} 是它的质心 S_i 的速度，m_i 是它的质量，J_{si} 是其对质心轴的转动惯量，根据等效质量和等效转动惯量的定义有

$$\frac{1}{2}mv_B^2 = \sum_{i=1}^{n}\frac{1}{2}m_i v_{si}^2 + \sum_{i=1}^{n}\frac{1}{2}J_{si}\omega_i^2$$

或
$$\frac{1}{2}J\omega^2 = \sum_{i=1}^{n}\frac{1}{2}m_i v_{si}^2 + \sum_{i=1}^{n}\frac{1}{2}J_{si}\omega_i^2$$

于是

$$\left.\begin{aligned} m &= \sum_{i=1}^{n} m_i\left(\frac{v_{si}}{v_B}\right)^2 + \sum_{i=1}^{n} J_{si}\left(\frac{\omega_i}{v_B}\right)^2 \\ J &= \sum_{i=1}^{n} m_i\left(\frac{v_{si}}{\omega}\right)^2 + \sum_{i=1}^{n} J_{si}\left(\frac{\omega_i}{\omega}\right)^2 \end{aligned}\right\} \tag{13-3}$$

需要指出：

（1）等效质量和等效转动惯量与速比的平方有关，故 m 和 J 只是机构位置的函数。

（2）如果选择绕固定轴线转动的构件作为等效构件，如图 13-3 所示，则

$$E = \frac{1}{2}J\omega^2 = \frac{1}{2}mv_B^2 = \frac{1}{2}ml_{AB}^2\omega^2$$

故
$$J = ml_{AB}^2 \tag{13-4}$$

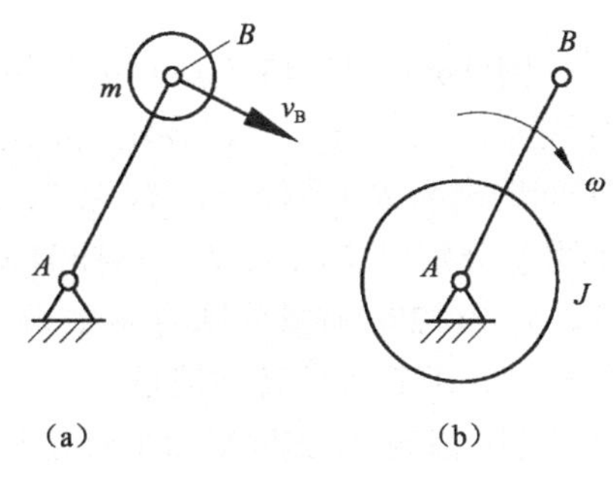

图 13-3　等效质量与等效转动惯量

三、运动方程式

在机械系统动力学研究中，引入了等效力与等效力矩、等效质量与等效转动惯量，然后可将原机械系统在各种力作用下的运动用如图 13-4 所示的具有等效质量（或等效转动惯量）的等效构件，在等效驱动力 F_d（或等效驱动力矩 M_d）和等效阻力 F_r（或等效阻力矩 M_r）作用下的运动来代替。这样，原系统的动力学问题可简化为等效构件的动力学问题。机械系统等效动力学模型运动方程式通常有两种表达形式。

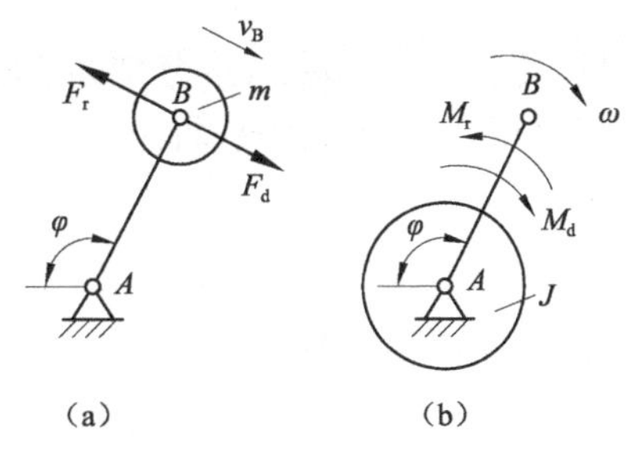

图 13-4　机构的等效动力学模型

1. 动能形式的机械运动方程式

如不考虑摩擦，对图 13-4 所示的等效构件写出动能方程。机械运动方程式可写成

$$W_{Fd} - W_{Fr} = \int_{s_0}^{s} F\mathrm{d}s = \frac{mv^2}{2} - \frac{m_0 v_0^2}{2} \tag{13-5}$$

或
$$W_{Md} - W_{Mr} = \int_{\omega_0}^{\omega} M\mathrm{d}\varphi = \frac{J\omega^2}{2} - \frac{J_0\omega_0^2}{2} \tag{13-6}$$

式中，$F=F_d-F_r$；$M=M_d-M_r$。

此即动能形式的机械运动方程式。

2. 力或力矩形式的机械运动方程式

将式（13-5）微分，得

$$\frac{d}{ds}\int_{s_0}^{s} F ds = \frac{d}{ds}\left(\frac{mv^2}{2}\right)$$

即
$$F = m\frac{dv}{dt} + \frac{v^2}{2}\left(\frac{dm}{ds}\right) = ma_\tau + \frac{v^2}{2}\left(\frac{dm}{ds}\right) \tag{13-7}$$

式中，a_τ为集中质量质心的切向加速度。

将式（13-6）微分，同理可得

$$M = J\frac{d\omega}{dt} + \frac{\omega^2}{2}\left(\frac{dJ}{d\varphi}\right) = J\varepsilon + \frac{\omega^2}{2}\left(\frac{dJ}{d\varphi}\right) \tag{13-8}$$

例 13-1 图 13-5 所示的行星轮系中，各轮的齿数分别为 z_1、z_2、$z_{2'}$、z_3，各轮质心与轮心重合，轮心 O_1、O_2 间距离为 R_H(系杆长)，齿轮 1、2、2′相对其质心的转动惯量分别为 J_1、J_2、$J_{2'}$，系杆 H 对轴 O_1 的转动惯量为 J_H，轮 2、2′的质量分别为 m_2、$m_{2'}$，若以中心轮 1 为等效构件，求其等效转动惯量。

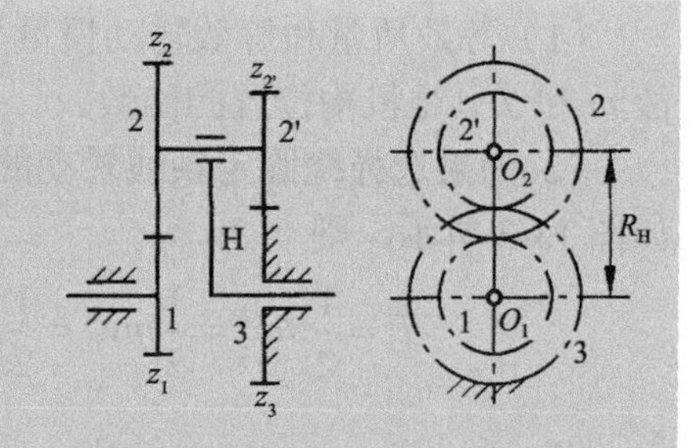

图 13-5 行星轮系

解：齿轮 2、2′做平面平行运动，系杆 H 和中心轮 1 做定轴转动，由式（13-3）得

$$J = J_1\left(\frac{\omega_1}{\omega_1}\right)^2 + (J_2 + J_{2'})\left(\frac{\omega_2}{\omega_1}\right)^2 + (m_2 + m_{2'})\left(\frac{v_{O_2}}{\omega_1}\right)^2 + J_H\left(\frac{\omega_H}{\omega_1}\right)^2$$

式中，ω_1、ω_2、ω_H 分别为齿轮 1、2（及 2′）和系杆 H 的角速度值；v_{O_2} 为系标 H 与齿轮 2（或 2′）形成的转动副中心 O_2 的速度值。由行星轮系的速比分析得

$$\frac{\omega_2}{\omega_1} = \frac{z_1(z_{2'} + z_3)}{z_{2'}z_1 - z_3 z_2}$$

$$\frac{\omega_H}{\omega_1} = \frac{z_{2'}z_1}{z_{2'}z_1 - z_3 z_2}$$

$$\frac{v_{O_2}}{\omega_1} = \frac{R_H z_{2'}z_1}{z_{2'}z_1 - z_3 z_2}$$

将以上 3 式代入前式得

$$J=J_1+(J_2+J_{2'})\left[\frac{z_1(z_{2'}+z_3)}{z_{2'}z_1-z_3z_2}\right]^2+(m_2+m_{2'})\left(\frac{R_H z_{2'}z_1}{z_{2'}z_1-z_3z_2}\right)^2+J_H\left(\frac{z_{2'}z_1}{z_{2'}z_1-z_3z_2}\right)^2$$

上式等号右侧各量均为常数，所以等效转动惯量 J 为常数。

13-3　机械系统速度波动及其调节

一、机器的周期性速度波动及其调节

1. 机器的周期性速度波动

由于作用在机械系统上的驱动力和工作阻力，常常是随机构的位置、速度或时间而在一定范围内变动，这些变化将引起系统运转的不均匀，从面引起系统速度的波动。在大多数情况下，速度波动是周期性变化的。机器的这种运转称为变速稳定运转。机器在变速稳定运转时期的这类速度波动称为周期性速度波动。过大的速度波动将引起振动和运动副中的附加动压力，影响机器的正常工作和寿命。为了减小速度波动，需要对机械系统进行动力学分析，研究机器的真实运动，了解影响速度波动的因素，从而将速度波动限制在允许范围之内。

2. 机器速度不均匀系数

图 13-6 所示为机器在变速稳定运动时期一个运动周期（运动循环）内原动件角速度的变化曲线，其平均速度 ω_m 可用下式计算

$$\omega_m=\frac{1}{\varphi_p}\int_0^{\varphi_p}\omega(\varphi)\mathrm{d}\varphi \tag{13-9}$$

式中，φ_p 为一个运动循环中原动件的转角。但是，由于实际的平均角速度往往不易求得，所以在工程实际中，ω_m 又常近似地用其算术平均值来计算，即

$$\omega_m=\frac{\omega_{max}+\omega_{min}}{2} \tag{13-10}$$

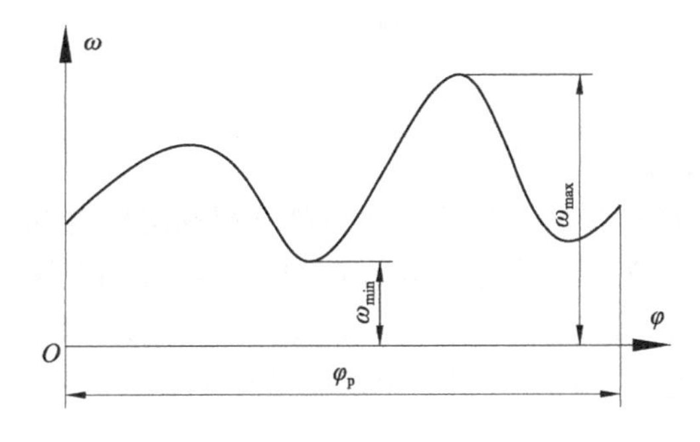

图 13-6　机器的运动循环

在各种原动机或工作机铭牌上所表示的为平均角速度值，即所谓“名义速度”。

ω_{max}-ω_{min} 为机械运转的速度变化幅度，但不适合用来表示速度波动的程度。这是因为当 ω_{max}-ω_{min} 一定时，低速机械的速度波动程度比高速机械严重。因此，用机械速度变化幅度与

其平均速度之比来衡量机器运转时的速度波动，该比值称为机器速度不均匀系数，以δ示，即

$$\delta=\frac{\omega_{max}-\omega_{min}}{\omega_m} \tag{13-11}$$

机器速度不均匀系数的许用值[δ]因机器工作性质不同而有不同要求，如果超过了许用值，必将影响机器正常工作；但过分要求减小不均匀系数值也是不必要的。如驱动发电机的[δ]值要定得小些，以免造成电压和电流的变化过大，但对碎石机器的[δ]值可定得大些。表13-1为几种普通机器的许用速度不均匀系数。

表 13-1　器运转的许用速度不均匀系数

机 器 名 称	许用速度不均匀系数[δ]
碎石机	1/5～1/20
农业机械	1/10～1/50
冲床、剪床	1/7～1/10
金属切削机床、船用发动机带螺旋桨	1/20～1/40
汽车、拖拉机	1/20～1/60
内燃机、往复式压缩机	1/80～1/160
织布机	1/40～1/50
纺纱机	1/60～1/100
发动机带直流发电机	1/100～1/200
发动机带交流发电机	1/200～1/300
航空发动机	<1/200

当已知机器名义角速度ω_m和它所要求的δ值后，由式（13-10）、式（13-11）即可求出一个运动循环中机器的许用最高和最低角速度ω_{max}和ω_{min}。

$$\left.\begin{aligned}\omega_{max}&=\omega_m\left(1+\frac{\delta}{2}\right)\\ \omega_{min}&=\omega_m\left(1-\frac{\delta}{2}\right)\\ \omega_{max}^2-\omega_{min}^2&=2\delta\omega_m^2\end{aligned}\right\} \tag{13-12}$$

3. 周期性速度波动的调节

在机械中设置一个转动惯量较大的飞轮可以降低机械运转时的速度波动。下面以等效力矩为机构位置函数时的情况为例，介绍飞轮设计的基本原理和方法。

已知等效驱动力矩M_d、等效阻力矩M_r、等效转动惯量J、等效构件的名义角度ω_m，其速度不均匀系数为δ。由式（13-12）可得一个运动循环中等效构件许可的最高和最低角速度。当$\omega_m+\Delta\omega=\omega_{max}$时

$$W_{max}=\frac{1}{2}J\omega^2{}_{max}-\frac{1}{2}J_0\omega_m^2=\Delta E_{max} \tag{13-13}$$

当$\omega_m-\Delta\omega=\omega_{min}$时

$$W_{min}=\frac{1}{2}J\omega_{min}^2-\frac{1}{2}J_0\omega_m^2=\Delta E_{min} \tag{13-14}$$

以上两式中 $W_{max}>0$ 为盈余功的最大值；$W_{min}<0$ 为亏空功的最大值。$\Delta E_{max}>0$ 为一个运动循环内动能增幅的最大值；$\Delta E_{min}<0$ 为一个运动循环内动能减幅的最大值。

式（13-13）与式（13-14）相减得

$$W_{max}-W_{min}=\frac{1}{2}J\omega_{max}^2-\frac{1}{2}J\omega_{min}^2=\Delta E_{max}-\Delta E_{min}=[W] \tag{13-15}$$

$[W]$为一个运动循环内的最大盈亏功，它等于一个运动循环内等效构件动能的最大变化量。

于是式（13-15）可写成

$$\begin{aligned}&\frac{1}{2}J\omega_{max}^2-\frac{1}{2}J\omega_{min}^2=[W]\\&J=\frac{2[W]}{\omega_{max}^2-\omega_{min}^2}=\frac{2[W]}{2\delta\omega_m^2}=\frac{[W]}{\delta\omega_m^2}\end{aligned} \tag{13-16}$$

若飞轮就装在等效构件上，则忽略其他构件的转动惯量，等效转动惯量 J 与飞轮转动惯量 J_F 相等，即 $J=J_F$，即

$$J=J_F=\frac{[W]}{\delta\omega_m^2}=\frac{900[W]}{\delta\pi^2n_m^2} \tag{13-17}$$

式中，n_m——等效转动构件的转速，r/min，$n_m=60\omega_m/(2\pi)$。

因此，飞轮转动惯量的计算可归结为求最大盈亏功$[W]$。最大盈亏功$[W]$可根据 M_d、M_r 曲线积分求得。

另外，当$[W]$与 δ 一定时，J_F 与 ω_m 的平方成反比，所以为减小飞轮的转动惯量，最好将飞轮安装在机械的高速轴上。

例 13-2 某机械系统稳定运转时期的一个周期对应其等效构件一圈，其平均转速 $n_m=100$r/min 等效阻力矩 $M_r=M_r(\varphi)$，如图 13-7 所示，等效驱动力矩 M_d 为常数，速度不均匀系数许用值$[\delta]=3\%$。求：

（1）等效驱动力矩 M_d；

（2）等效构件转速最大值 n_{max} 和最小值 n_{min} 的位置及其大小；

（3）最大盈亏功$[W]$；

（4）飞轮转动惯量 J_F。

解：（1）机械系统在稳定运转的一个周期内，驱动力矩所做的功等于克服阻力之功，因此有

$$M_d=\frac{0.5\times(500\pi+500\times0.5\pi+500\times0.5\pi)}{2\pi}=250(\text{N}\cdot\text{m})$$

$M_d(\varphi)$为常数，如图 13-7（a）中直线 aa'所示。

（2）$M_r(\varphi)$与 $M_d(\varphi)$的交点有 b、c、d、e、f 和 g，形成面积（1+1′）、2、3、4、5 和 6，其中（1+1′）、3 和 5 代表盈余功，2、4 和 6 代表亏空功。这样，等效构件在位置 b、d 和 f，其转速有局部极大值；而在位置 c、e 和 g，其转速有局部极小值。在三个局部极大值和三个局部极小值位置中，必有一个最大值位置和一个最小值位置。现用盈亏功指示图（图 13-7（b））确定：任取一水平线，向上和向下的铅垂线分别代表盈余功和亏空功，选定比例尺，自位置 a 开始，直至 a'一周期结束；最高点 b 和最低点 c 分别为 n_{max} 和 n_{min} 位置，其值按给定的 n_m 和 δ 确定。如设计时配上飞轮使 δ 与许用值$[\delta]$相等，则可用$[\delta]$代替 δ 来确定。以 n 代替 ω，

经演化后得

$$n_{\max}=n_{\mathrm{m}}\left(1+\frac{[\delta]}{2}\right)=100\times\left(1+\frac{0.03}{2}\right)=101.5(\mathrm{r/min})$$

$$n_{\min}=n_{\mathrm{m}}\left(1-\frac{[\delta]}{2}\right)=100\times\left(1-\frac{0.03}{2}\right)=98.5(\mathrm{r/min})$$

（3）在位置 $b(n_{\max})$与 $c(n_{\min})$之间盈亏功为最大盈亏功，其值为

$$[W]=0.5\times0.5\pi\times250=196.35(\mathrm{N\cdot m})$$

（4）确定 J_{F}

$$J_{\mathrm{F}}\geqslant\frac{900[W]}{[\delta]\pi^2n_{\mathrm{m}}^2}=\frac{900\times196.35}{0.03\times\pi^2\times100^2}=59.68(\mathrm{kg\cdot m^2})$$

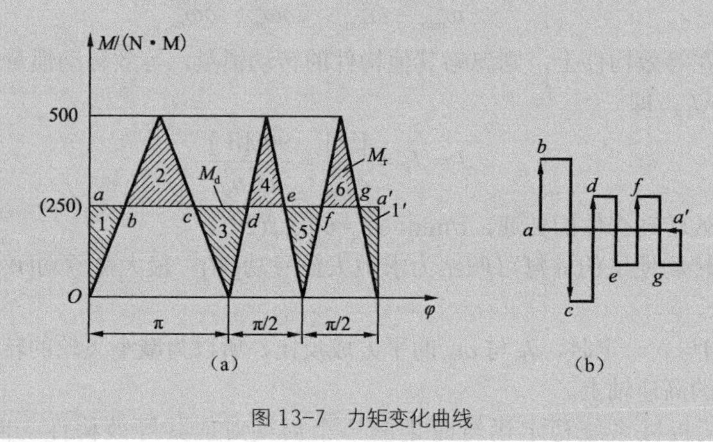

图 13-7　力矩变化曲线

二、机器的非周期性速度波动及其调节

在机器稳定运动阶段中，如作用在其上的驱动力或工作阻力突然发生很大变化，则其主轴的角速度也随之突然发生较大变化，并连续向一个方向发展，最终将使机器的速度过高而损坏或被迫停车。例如，用汽轮机驱动的发电机机组，当外界用电负载量突然减少，若汽轮机发出的驱动功不变，系统将有较大的盈余功增加其动能，从而使机组转速急剧上升，如图 13-8 中 bc 段所示。机器的这种没有一定周期，其作用不连续的波动称为非周期性速度波动。为了避免机组转速急剧上升，保护设备正常工作，必须调节汽轮机的供汽量，使其产生的功率与发电机的所需相适应，从而达到新的稳定运动。利用反馈控制原理可以实现机器的非周期速度波动的调节，其调速装置称作调速器，它的种类很多，有机械式的，也有电子式的。下面简单地介绍机械式调速器的工作原理。

图 13-9 所示为机械式离心调速器。两个重球 K 分别装在构件 AC 和 BD 的末端。构件 AC 和 BD 铰接于构件 CE 和 DF 上，同时又铰接于中心轴 P 上。构件 CE 和 DF 的另一铰接联于套筒 N 上，后者可沿中心轴 P 上下移动。构件 AC 和 BD 由弹簧 L 互相连接，致使两球互相靠近。中心轴 P 经一对圆锥齿轮 3、4 联于原动机 2 的主轴上，而原动机又和工作机 1 相联。当机器主轴的转速改变时，调速器的转速也跟着改变，从而由于重球的离心力的作用带动套筒 N 上下移动。在主轴的不同转速下，套筒将占有不同的位置。套筒 N 经过杠杆 GOR 和 RT

与节流阀 Q 相联。当工作机 1 的载荷减小时，原动机 2 的转速增加，因而调速器的转速加大，致使重球 K 在离心力的作用下远离中心轴 P。这时套筒上升，使 GOR 杆推动节流阀 Q 下降，使进入原动机的工作介质（燃气、蒸汽等）减少；结果使驱动力和阻力相适应，从而使机器在略高的转速下重新达到稳定运动。反之，如果载荷增大，转速降低，重球 K 便接近中心轴 P，节流阀 Q 上升，使进入原动机的工作介质增加；结果驱动力又和阻力相适应，从而使机器在略低的转速下重新达到稳定运动。但是，当调速器工作时，由于实际上工作机的载荷变化是剧烈而突然的，所以调速器作加速度运动，并因惯性的作用越过了新的平衡位置而产生了过多的调节作用，结果形成了一个为时很短的振荡过程，然后才达到新的平衡速度。

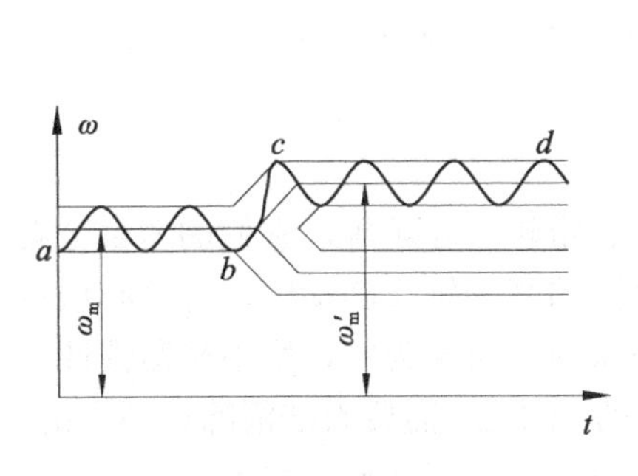

图 13-8 非周期性速度波动

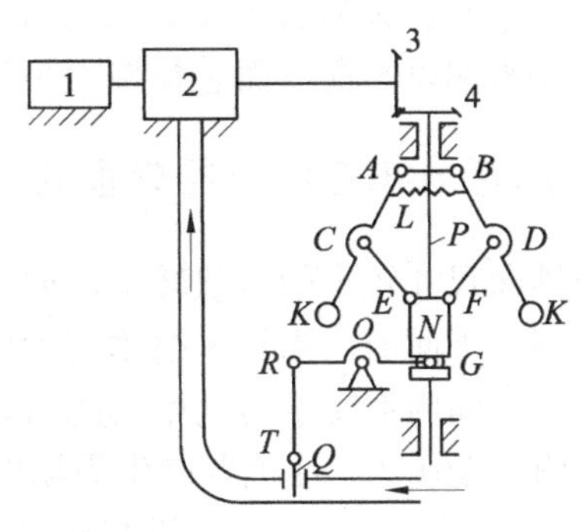

图 13-9 离心调速器

13-4 机械的平衡

一、机械平衡的目的

在机械的运转过程中，构件所产生的惯性力和惯性力矩将在运动副中引起附加的动压力，这种动压力是运动副中的附加摩擦力和构件所受的附加应力的来源，会降低机械效率和使用寿命。特别是由于这些惯性力的大小及方向一般都是周期性变化的，所以将引起振动和噪声，影响机械的工作质量，并使其他机械甚至厂房建筑也受到影响或破坏。

随着机械向高速、重载和精密方向发展，上述问题就显得更加突出。因此，尽量消除惯性力所引起的附加动压力，减轻有害的机械振动现象，以改善机器工作性能和延长使用寿命，就是研究机械平衡的目的。

二、机械平衡的分类

在机械中，构件的运动形式不同，则产生的惯性力不同，其平衡方法也不同。平衡问题可以分为下列两大类。

1. 绕固定轴回转的构件的惯性力的平衡

这类平衡简称转子的平衡，而转子的平衡又分两种不同的情况。

（1）刚性转子的平衡。在一般机械中，当回转构件变形不大，转速较低，一般低于（0.6～0.75）n_{e1}（n_{e1} 为转子的一阶自振频率）时，回转件完全可以看作刚体，称为刚性转子，如电动机的转子、飞轮、皮带轮等。对刚性转子进行平衡时，其惯性力的平衡可用刚体力学的力系平衡原理来处理。本章主要介绍这类转子的平衡原理和方法。

（2）挠性转子的平衡。在有些机械中，回转构件的跨度很大，径向尺寸较小，长径比较大，而其工作转速 n 又往往很高，当 $n \geqslant (0.6 \sim 0.75) n_{e1}$ 后，转子将会产生较大的弯曲变形，从而使离心惯性力大大增加，这类转子称为挠性转子，如汽轮机、发电机、航空发动机的高速转子。挠性转子的平衡问题比较复杂，其内容将由有关的专门学科论述。

2. 平面机构的平衡

当机构中含有往复运动的构件或作平面复杂运动的构件时，其惯性力不可能像回转构件那样在构件内部得到平衡，但就整个机构而言，其所有运动构件的惯性力和惯性力矩可能合成为一个通过运动构件总质心的总惯性力和一个总惯性力矩，它们全部作用于机架。因此，平面机构的平衡也称为机构在机架上的平衡。其中惯性力一般可以通过重新调整各运动构件的质量分布来加以平衡；而总惯性力矩的平衡则还须考虑机构的驱动力矩和生产阻力矩。

三、质量分布在同一回转面转子的平衡

对于轴向尺寸较小的盘状转子，如齿轮、飞轮、带轮、叶轮等，它们的质量分布可近似地认为在同一平面内。当转子绕垂直于质量分布平面的某一轴线转动时，各分布质量的惯性力构成同一平面内汇交于转动中心的力系。如该力系的合力不为零，则不平衡惯性力在轴承内会引起附加动压力，使机器产生周期性的机械振动。因此，需要设法消除该不平衡惯性力。图 13-10（a）所示为一转子，设其质量分布在 m_1、m_2、m_3 三个质量块上，三个质量块的矢径分别为 $\boldsymbol{r}_1$、$\boldsymbol{r}_2$、$\boldsymbol{r}_3$，当转子等速转动时，分布质量块产生的惯性力 $\boldsymbol{F}_{i1}$、$\boldsymbol{F}_{i2}$、$\boldsymbol{F}_{i3}$ 组成一平面汇交力系。为了平衡该惯性力系，可在转子上某矢径方向增加一平衡质量块 m_b，使得该质量块产生的惯性力 $\boldsymbol{F}_b$ 与 $\boldsymbol{F}_{i1}$、$\boldsymbol{F}_{i2}$、$\boldsymbol{F}_{i3}$ 的合力为零，这样转子得到平衡。按此有

$$\sum \boldsymbol{F} = \boldsymbol{F}_b + \boldsymbol{F}_{i1} + \boldsymbol{F}_{i2} + \boldsymbol{F}_{i3} = \boldsymbol{0} \tag{13-18}$$

式中，$\Sigma \boldsymbol{F}$——总惯性力。

式（13-18）又可写为

$$m\boldsymbol{e}\omega^2 = m_b\boldsymbol{r}_b\omega^2 + m_1\boldsymbol{r}_1\omega^2 + m_2\boldsymbol{r}_2\omega^2 + m_3\boldsymbol{r}_3\omega^2 = \boldsymbol{0} \tag{13-19}$$

即

$$m\boldsymbol{e} = m_b\boldsymbol{r}_b + m_1\boldsymbol{r}_1 + m_2\boldsymbol{r}_2 + m_3\boldsymbol{r}_3 = \boldsymbol{0}$$

式中，m——转子的总质量；

$\boldsymbol{e}$——转子的总质心向径。

根据式（13-19）可用图解法求 $m_b\boldsymbol{r}_b$，如图 13-10（b）所示。

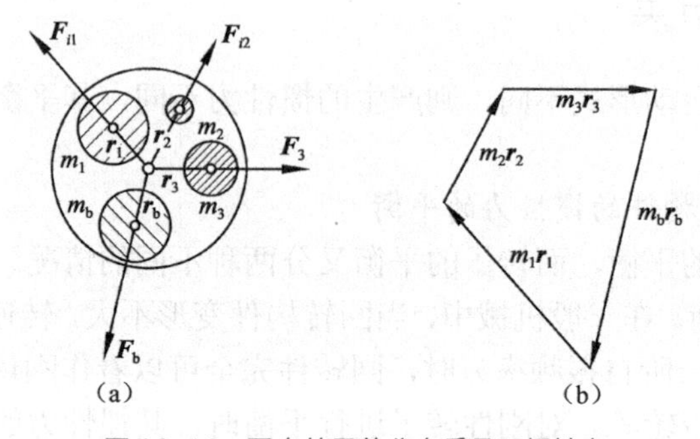

图 13-10　圆盘转子的分布质量及惯性力

式（13-19）表明该转子经平衡后，其总质心便与回转轴线相重合，即 $\boldsymbol{e}=\boldsymbol{0}$。

将式（13-18）、式（13-19）写成通式：

$$\sum \boldsymbol{F} = \boldsymbol{F}_b + \sum \boldsymbol{F}_{ij} = \boldsymbol{0} \quad j=1,2,3,\cdots \tag{13-20}$$

$$m\boldsymbol{e} = m_b\boldsymbol{r}_b + \sum m_j\boldsymbol{r}_j = \boldsymbol{0} \quad j=1,2,3,\cdots \tag{13-21}$$

式中质量与矢径的乘积称为质径积，它相对地表达了各质量在同一转速下离心力的大小和方向。式（13-20）、式（13-21）表明通过增加一平衡质量 m_b，以改变转子的质量分布，使总惯性力或总质径积为零，从而使转子达到平衡。式（13-21）表明转子达到平衡后，其总质心通过回转轴线，即 $\boldsymbol{e}=\boldsymbol{0}$。这种平衡称为静平衡。所以，转子静平衡的条件是：分布于该回转件上各个质量的惯性力（离心力）的合力等于零或质径积的矢量和等于零。

有时在所需平衡的回转面上，由于实际结构不容许安装平衡质量，图 13-11（a）所示单缸曲轴的平衡便属于这类情况。此时平衡质量可以安放在另外两个回转平面内，如图 13-11（b）所示，若在平衡面两侧选定两个回转平面 T'和 T''，它们与原来要安装平衡质量 m_b 的平衡平面的距离分别为 l'和 l''。设在平面 T'和 T''内分别有平衡质量 m_b' 和 m_b''，其向径分别为 $\boldsymbol{r}'$ 和 $\boldsymbol{r}''$。为了使转子在回转时 m_b' 和 m_b'' 能完全代替 m_b，必须满足如下关系：

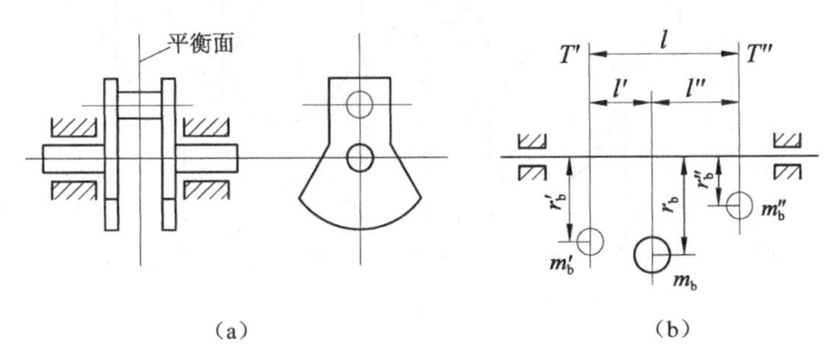

图 13-11 曲轴的平衡原理

$$\left.\begin{aligned} F_b' + F_b'' &= F_b \\ F_b' l' &= F_b'' l'' \end{aligned}\right\}$$

式中，F_b' 、F_b''、F_b 分别表示转子回转时 m_b'、m_b''、m_b 所产生的惯性力。以相应的质径积代入上式得

$$\left.\begin{aligned} m_b' r_b' &= \frac{l''}{l} m_b r_b \\ m_b'' r_b'' &= \frac{l'}{l} m_b r_b \end{aligned}\right\} \tag{13-22}$$

选定 r_b' 和 r_b'' ，可求得平衡质量 m_b' 和 m_b''。

对图 13-11（a）所示的曲轴，可选 $r_b' = r_b'' = r_b$，又因 $l' = l'' = \frac{l}{2}$，故 $m_b' = m_b'' = \frac{1}{2} m_b$ 。

四、质量分布不在同一回转面内转子的平衡

对于轴向尺寸较大的转子，其质量就不能再视为分布在同一平面内，如电动机转子、多缸发动机的曲轴以及一些机床主轴等。这类转子用上述的静平衡法是不能完全平衡的。如图

13-12 所示，两个相同的偏心轮以相反的位置安装在轴 OO' 上，此时转子的总质心 S 位于其转动轴线上，已达到静平衡。但是，当转子回转时，由于两偏心轮产生的惯性力 F_{i1} 和 F_{i2} 不在同一回转面内，从而产生的惯性力矩 $M=F_{i1}l$ 在轴承中引起附加动压力。

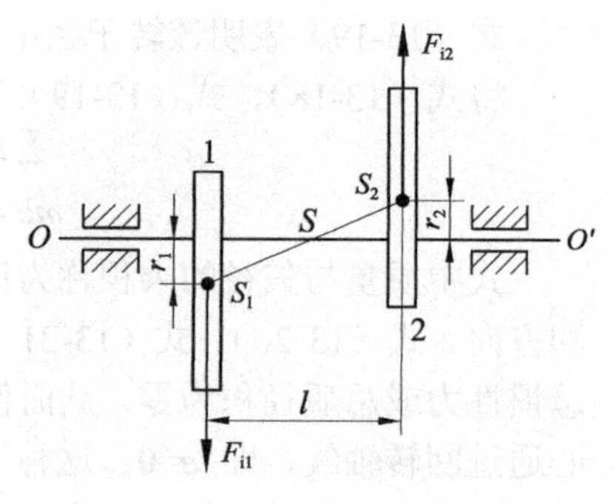

图 13-12　动不平衡

下面介绍如何平衡这类转子转动时所引起的附加动压力。如图 13-13（a）所示，设有一长转子，质量分布在 1，2，3 三个平面内，依次以 m_1，m_2，m_3 表示，它们的矢径分别为 $\boldsymbol{r}_1$，$\boldsymbol{r}_2$，$\boldsymbol{r}_3$。当转子以角速度 ω 转动时，三个分布质量产生的惯性力 $\boldsymbol{F}_1$，$\boldsymbol{F}_2$，$\boldsymbol{F}_3$ 构成一空间力系。该惯性力组成的空间力系最终可以简化为一主矢 $\Sigma\boldsymbol{F}_i$ 和一主矩 $\Sigma\boldsymbol{M}_i$，只有同时平衡掉主矢和主矩（即使得 $\Sigma\boldsymbol{F}_i=\boldsymbol{0}$，$\Sigma\boldsymbol{M}_i=\boldsymbol{0}$），才能完全消除转子两端轴承中的附加动压力。

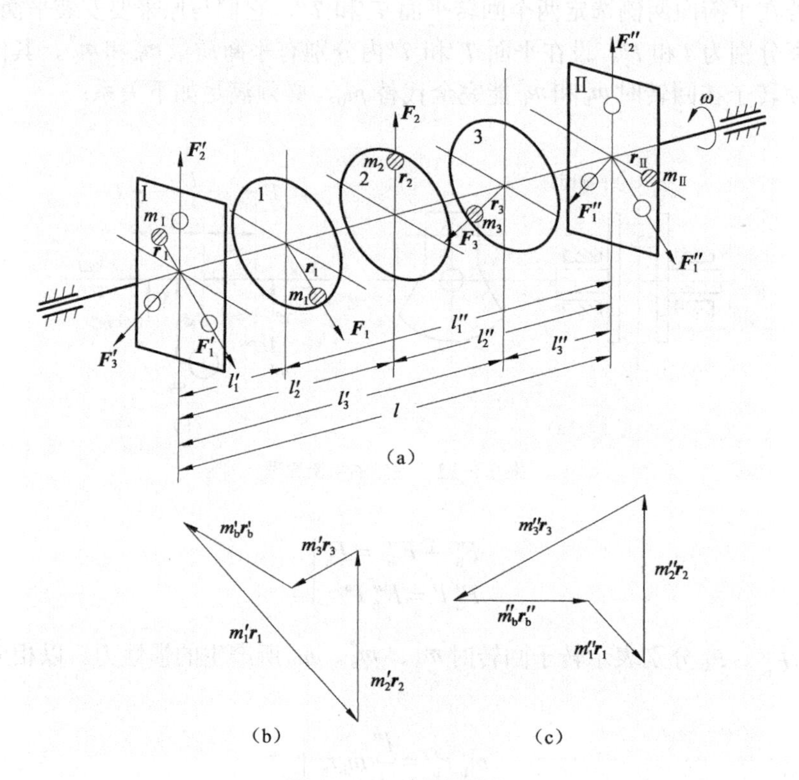

图 13-13　动平衡原理

由图 13-11 知，一个平面内的平衡质量 m_b 可以分别由任意选定的两个平行平面 T' 和 T'' 内的另两个质量 m_b'、m_b'' 所代替。设 m_b' 和 m_b'' 在通过 m_b 质心和回转轴线的平面内，且回转半径和 m_b 的回转半径相等。它们的关系式即式（13-22）。同理，平面 1，2，3 内的分布质量 m_1、m_2、m_3 均可分别以任选的两个回转面Ⅰ和Ⅱ内的质量 m_1'、m_2'、m_3' 和 m_1''、m_2''、m_3'' 来代替。参照式（13-22），它们的大小分别为

$$m_1' = \frac{l_1''}{l}m_1 \qquad m_1'' = \frac{l_1'}{l}m_1$$

$$m_2' = \frac{l_2''}{l}m_2 \qquad m_2'' = \frac{l_2'}{l}m_2$$

$$m_3' = \frac{l_3''}{l}m_3 \qquad m_3'' = \frac{l_3'}{l}m_3$$

这样就相当于将不在同一平面内的惯性力 $\boldsymbol{F}_1$，$\boldsymbol{F}_2$，$\boldsymbol{F}_3$ 分别分解到Ⅰ和Ⅱ两个回转面内，即得到

$$\boldsymbol{F}_1' = m_1'\omega^2\boldsymbol{r}_1 = \frac{l_1''}{l}m_1\omega^2\boldsymbol{r}_1 = \frac{l_1''}{l}F_1 \qquad \boldsymbol{F}_1'' = m_1''\omega^2\boldsymbol{r}_1 = \frac{l_1'}{l}m_1\omega^2\boldsymbol{r}_1 = \frac{l_1'}{l}\boldsymbol{F}_1$$

$$\boldsymbol{F}_2' = m_2'\omega^2\boldsymbol{r}_2 = \frac{l_2''}{l}m_2\omega^2\boldsymbol{r}_2 = \frac{l_2''}{l}F_2 \qquad \boldsymbol{F}_2'' = m_2''\omega^2\boldsymbol{r}_2 = \frac{l_2'}{l}m_2\omega^2\boldsymbol{r}_2 = \frac{l_2'}{l}\boldsymbol{F}_2$$

$$\boldsymbol{F}_3' = m_3'\omega^2\boldsymbol{r}_3 = \frac{l_3''}{l}m_3\omega^2\boldsymbol{r}_3 = \frac{l_3''}{l}F_3 \qquad \boldsymbol{F}_3'' = m_3''\omega^2\boldsymbol{r}_3 = \frac{l_3'}{l}m_3\omega^2\boldsymbol{r}_3 = \frac{l_3'}{l}\boldsymbol{F}_3$$

这样，就把原来的空间力系的平衡问题，转化为两个平面汇交力系的平衡问题。Ⅰ和Ⅱ两平面称为平衡平面，其平衡计算方法可按照静平衡的计算方法来求得所需的平衡质量。对平衡平面Ⅰ按式（13-18）可得

$$\boldsymbol{F}_b' + \boldsymbol{F}_1' + \boldsymbol{F}_2' + \boldsymbol{F}_3' = \boldsymbol{0}$$

或按式（13-19）可得

$$m_b'\boldsymbol{r}_b' + m_1'\boldsymbol{r}_1 + m_2'\boldsymbol{r}_2 + m_3'\boldsymbol{r}_3 = \boldsymbol{0}$$

作矢量图如图 13-13（b）所示，求出质径积 $m_b'\boldsymbol{r}_b'$。同理，对平衡平面Ⅱ可得

$$\left.\begin{aligned} &\boldsymbol{F}_b'' + \boldsymbol{F}_1'' + \boldsymbol{F}_2'' + \boldsymbol{F}_3'' = \boldsymbol{0} \\ &m_b''\boldsymbol{r}_b'' + m_1''\boldsymbol{r}_1 + m_2''\boldsymbol{r}_2 + m_3''\boldsymbol{r}_3 = \boldsymbol{0} \end{aligned}\right\}$$

作矢量图如图 13-13（c）所示，求出质径积 $m_b''\boldsymbol{r}_b''$。

从以上分析计算可以看到，无论转子有多少个在不同回转面内的偏心质量，都只要选择两个平衡平面，加平衡质量便可使转子达到完全平衡。此时，转子离心力系的合力和合力矩都等于零，这类平衡称为动平衡。所以动平衡的条件是：分布于该回转件上各个质量惯性力（离心力）的合力等于零；同时，离心力所引起的力的合力偶矩也等于零。

归纳以上分析，静平衡应满足条件 $\sum \boldsymbol{F} = \boldsymbol{0}$；动平衡应满足的条件为 $\sum \boldsymbol{F} = \boldsymbol{0}$，$\sum \boldsymbol{M} = \boldsymbol{0}$。所以动平衡的转子也就一定是静平衡的，但静平衡的转子则不一定是动平衡的。

五、转子的静平衡试验

静平衡试验一般只适用于轴向尺寸较小（即转子的直径与长度之比 $D/l \geqslant 5$）的盘状转子。静平衡试验主要解决离心惯性的平衡，即设法将转子的质心移至回转轴线上。静平衡试验的方法和设备都比较简单，一般在静平衡架上进行。图 13-14 是静平衡架的结构示意图，其主要部分为水平安装的两个互相平行的钢制刀口形导轨（或圆柱形导轨）。试验时将需要平衡的转子放在平衡架的导轨上，若转子不平衡，其质心必偏离回转轴线，在重力矩 $M=mge$ 的作用下转子就在导轨上滚动，直到质心 S 转到铅垂线下方时才会停止滚动（图 13-14）。待转子

停止滚动后，在过转子轴心的铅垂线上方（即转子质心 S 的相反方位）加平衡质量，并逐步调整所加平衡质量的大小或所加质量的径向位置，直至转子在任意位置都能保持静止不动。

但是，转子在导轨上滚动，因有滚动摩擦阻力的影响，转子停止滚动时的质心并不处在最低位置而是略有偏差。为了消除滚动摩擦阻力的影响，可先将转子向一个方向滚动，待其静止后，通过中心画一铅垂线 mm，如图 13-15 所示，同样再将转子向另一方向滚动，待其静止后，通过中心画一铅垂线 nn。那么，该转子的质心 S 必位于 nn 和 mm 两线夹角的平分线上。

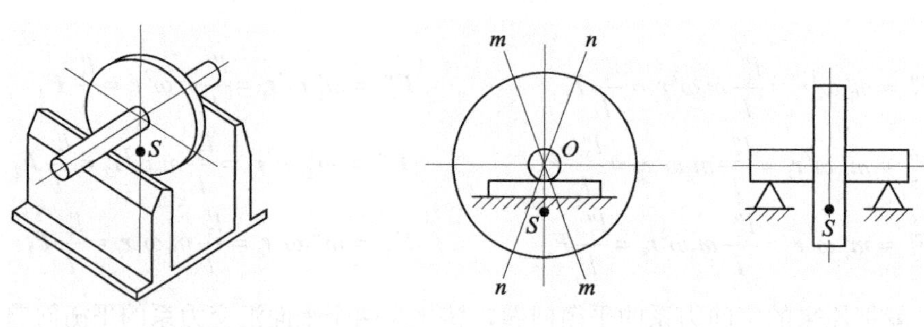

图 13-14　静平衡架　　　　图 13-15　静平衡实验

这种利用重力作用，在导轨式平衡架上找平衡的方法设备简单、操作方便、精度较高，故目前被广泛应用。

阅读参考文献

本章介绍了单自由度机械系统的动力学建模及求解，对于两个或两个以上自由度的机械系统，如差动轮系、五杆机构、多自由度机械手等，要应用拉格朗日方程来建立运动微分方程，有兴趣的读者可参阅：（1）张策著《机械动力学》(2 版)，高等教育出版社，2008；（2）杨义勇、金德闻编著《机械系统动力学》，清华大学出版社，2009。

对于飞轮设计，本章仅介绍了等效驱动力矩和等效阻力矩均为等效构件角位移的函数时飞轮转动惯量的计算方法，对于其他情况下飞轮转动惯量的计算方法，可参阅：孙序梁著，《飞轮设计》，高等教育出版社，1992。

思考题

13-1　等效构件一般选取机械系统中的哪个构件？

13-2　等效力（力矩）和等效质量（转动惯量）的等效条件是什么？

13-3　什么是机械的周期性速度波动？是什么原因引起的？

13-4　什么是机械的非周期性速度波动？是什么原因引起的？

13-5　飞轮为什么可以调速？能否利用飞轮来调节非周期性速度波动，为什么？

13-6　飞轮一般装在高速轴还是低速轴，为什么？

13-7　机械中的回转构件为什么要平衡？

13-8　什么是静平衡？什么是动平衡？各至少需要几个平衡面？

13-9　静平衡、动平衡的力学条件各是什么？

13-10　转子静平衡实验的原理是什么？

习　题

13-1　行星轮系如图 13-16 所示，各轮齿数分别为 z_1、z_2、z_3，其质心与轮心重合，又齿轮 1、2 对其质心 O_1、O_2 的转动惯量分别为 J_1、J_2，系杆 H 对 O_1 的转动惯量为 J_H，齿轮 2 的质量为 $m_2, \overline{O_1O_2} = R_H$。现以齿轮 1 为等效构件，求该轮系的等效转动惯量 J。

13-2　对心曲柄滑块机构如图 13-17 所示，已知各构件尺寸：l_1=120mm、l_2=300mm、l_{BS2}=150mm，各构件质量：m_2=8kg、m_3=20kg，构件 1 对其转动中心 A 的转动惯量 J_{1A}=0.2kg • m^2，构件 2 对质心 S_2 的转动惯量 J_{S2}=0.6kg • m^2。设作用在构件 1 上的驱动力矩和阻力矩都是常数 M_d=30N • m、M_r=10N • m，又当 φ_1=0 时构件 1 的角速度 ω_1=10rad/s，求 φ_1=90° 时构件 1 的角速度。

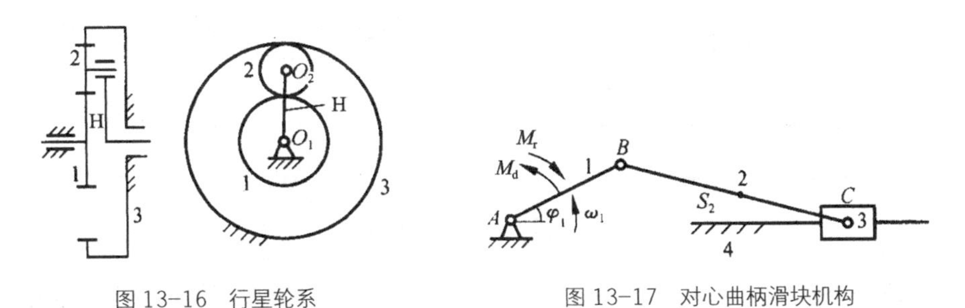

图 13-16　行星轮系　　　　图 13-17　对心曲柄滑块机构

13-3　某机械换算到主轴上的等效阻力矩 $M_r(\varphi)$在一个工作循环中的变化规律如图 13-18 所示。设等效驱动力矩 M_d 为常数，主轴平均转速 n_m=300r/min。速度不均匀系数 $\delta \leqslant 0.05$，设机械中其他构件的转动惯量均略去不计，求要装在主轴上的飞轮转动惯量 J_F。

13-4　有一盘形回转体，存在着 4 个偏心质量。设所有不平衡质量近似分布在垂直于轴线的同一平面内，且已知 m_1=10kg，m_2=14kg，m_3=16kg，m_4=10kg，r_1=50mm，r_2=10mm，r_3=75mm，r_4=50mm，各偏心质量的方位如图 13-19 所示。试问应在什么位置上加上多大的平衡质量？

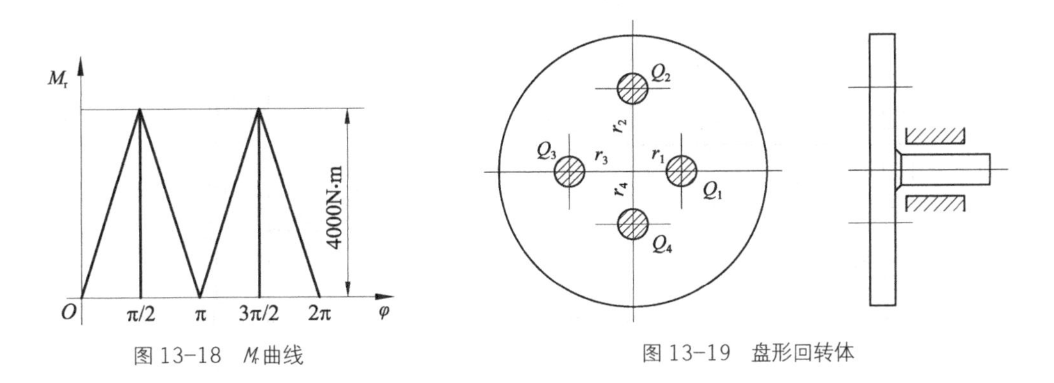

图 13-18　M_r曲线　　　　图 13-19　盘形回转体

13-5　盘形转轴如图 13-20（a）所示，已知圆盘的直径 D=400mm，圆盘宽度 b=40mm，圆盘质量 M=100kg。设圆盘上存在不平衡质量 m_1=2kg，m_2=4kg，方位如图 13-20（b）所示。两支承的距离 l=120mm，圆盘至支承 R 的距离 l_1=80mm。转轴的工作转速 n=3000r/min。

试问：

（1）能否判别出转轴上存在着静不平衡还是动不平衡？

（2）转盘若需平衡校正，所加的平衡质量为多大？

（3）转轴的质心偏移了多少？

（4）作用在左、右两支承上的动反力有多大？并扼要说明回转质量平衡的重要性。

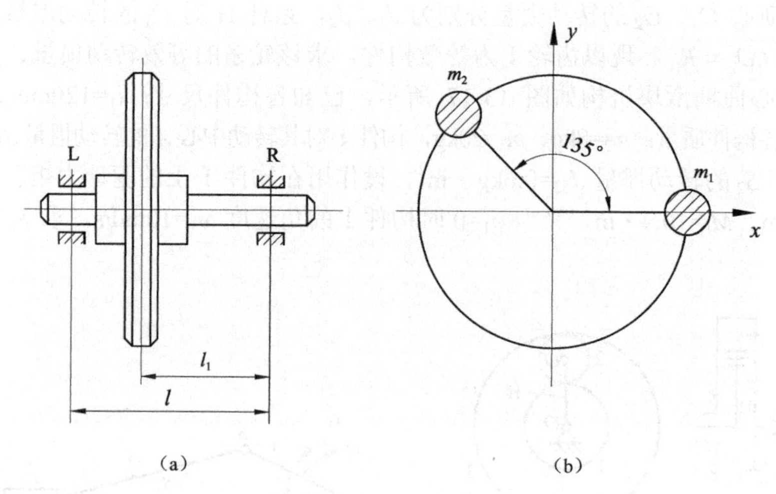

图 13-20　盘形转轴

13-6　转轴系统如图 13-21 所示，各不平衡质量皆分布在回转轴线的同一轴向平面内，m_1=2.0kg，m_2=1.0kg，m_3=0.5kg，r_1=50mm，r_2=50mm，r_3=100mm，各载荷间的距离为 l_{L1}=100mm，l_{12}=200mm，l_{23}=100mm，轴承的跨距 l=500mm，转轴的转速为 n=1000r/min，试求作用在轴承 L 和 R 中的动压力。

13-7　图 13-22 所示为一行星轮系，各轮为标准齿轮，其齿数 z_1=58，z_2=42，$z_{2'}$=44，z_3=56，模数均为 m=5mm，行星轮 2-2′轴系本身已平衡，质心位于轴线上，其总质量 m=2kg。问：

（1）行星轮 2-2′轴系的不平衡质径积为多少？

（2）采取什么措施加以平衡？

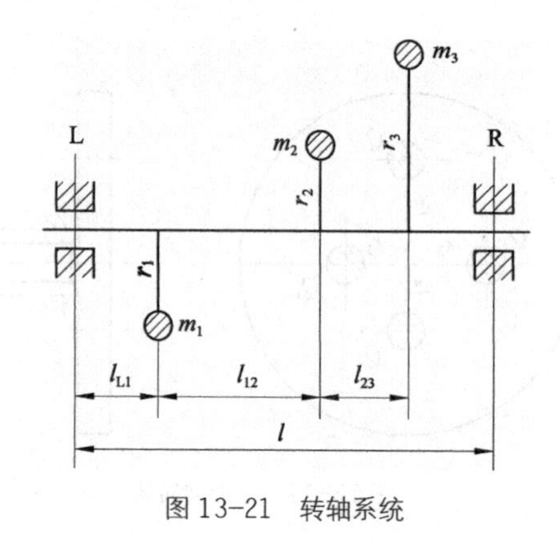

图 13-21　转轴系统

图 13-22　行星轮系

第三篇

机械连接件、轴系零部件和其他零部件

第14章 螺纹连接

内容提要

本章主要介绍螺纹连接的类型及螺纹连接件，螺纹连接的预紧和防松，根据螺栓的几种主要失效形式，介绍了螺栓连接的强度计算方法，本章最后介绍了螺栓组连接的设计与受力分析以及提高螺纹连接强度的措施等。

本章重点：螺纹连接的类型及螺纹连接件，螺纹连接的预紧和防松方法，螺栓连接的强度计算等。

本章难点：螺栓组连接的设计，提高螺纹连接强度的措施。

14-1 概　述

一、螺纹的形成

如图 14-1 所示，把一锐角为 λ 的直角三角形绕到一直径为 d 的圆柱体上，并使底边与圆柱体底边相重合，则斜边就在圆柱体上形成一条空间螺旋线。

现取任一平面图形 K（见图 14-1 中的三角形）沿着螺旋线移动，并保持该平面图形通过圆柱体的轴线 yy，则图形 K 在空间构成的形体称为螺纹。上述在圆柱体上形成的螺纹称为外螺纹。用同样方法在一圆柱形孔壁上形成的螺纹称为内螺纹。

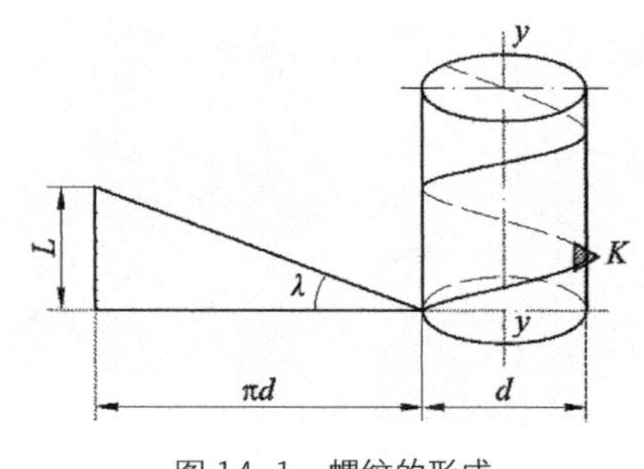

图 14-1　螺纹的形成

二、螺旋副的受力分析、效率和自锁

1. 矩形螺纹

如图 14-2（a）所示，为了清楚起见，图中仅画出螺杆的一个螺纹 B 和螺母螺纹上的一小块 A。如前所述，当将该螺纹展开后，即得图 14-2（b）所示的滑块 A 和斜面 B。设 r_0 为螺旋的平均半径，Q 为加于螺母上的轴向载荷（对于起重螺旋而言，它就是被举起的重量；对于车床的导螺杆而言，它就是轴向走刀的阻力；对于连接螺旋而言，它就是被连接零件所

受到的相应夹紧力），M 为驱使螺母旋转的力矩，它等于假想的作用在螺旋平均半径处的圆周力 F 和平均半径 r_0 的乘积，即 $M=Fr_0$。又 $\lambda=\arctan\dfrac{L}{2\pi r_0}$ 为螺旋升角，其中 L 为螺旋的导程。螺纹间的摩擦角 $\varphi=\arctan f$，其中 f 为螺纹副的摩擦因数。当螺母沿轴向移动的方向与力 Q 的方向相反时（它相当于通常的拧紧螺母），它的作用与滑块在水平驱动力 F 的作用下沿斜面上升一样，因此

$$F=Q\tan(\lambda+\varphi)$$

及

$$\eta=\frac{\tan\lambda}{\tan(\lambda+\varphi)}$$

故

$$M=Fr_0=Qr_0\tan(\lambda+\varphi) \tag{14-1}$$

反之，当螺母沿轴向移动的方向与力 Q 的方向相同时（它相当于通常的拧松螺母），它的作用与滑块在载荷 Q 的作用下沿斜面下降相同，因此

$$F'=Q\tan(\lambda-\varphi)$$

及

$$\eta'=\frac{\tan(\lambda-\varphi)}{\tan\lambda}$$

故

$$M'=F'r_0=Qr_0\tan(\lambda-\varphi) \tag{14-2}$$

式中，力 F'（或力矩 M'）为维持螺母 A 在载荷 Q 作用下等速松开的支持力，它的方向仍与 F（或力矩 M）相同。如果要求螺母在力 Q 作用下不会自动松开，则必须使 $\eta'\leqslant 0$，即要满足反行程自锁条件：

$$\lambda\leqslant\varphi \tag{14-3}$$

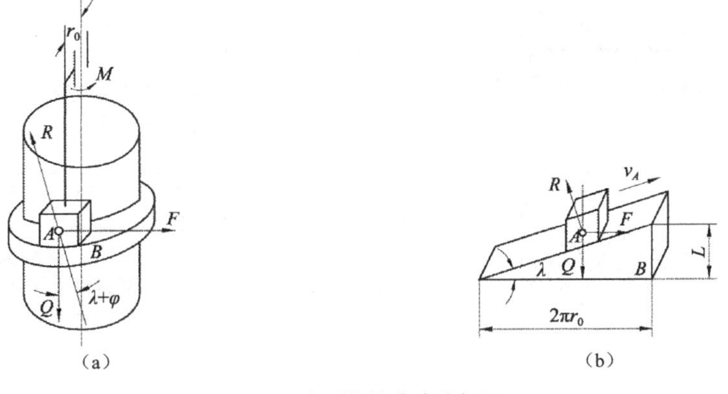

图 14-2 矩形螺纹传动受力图

2. 三角螺纹

如图 14-3 所示，三角螺纹与矩形螺纹相比，其不同点仅是后者相当于平滑块与斜平面的作用，而前者相当于楔形滑块与楔形槽面的作用。因此，根据楔形滑块摩擦的特点，只需用当量摩擦角 φ_Δ 代替式（14-1）、式（14-2）和式（14-3）中的摩擦角 φ，便可得到三角螺纹的各个对应的公式。由图 14-3 得楔形槽的半角 θ 近似地等于 90°-γ，其中 γ 为三角螺纹的半顶角。因此

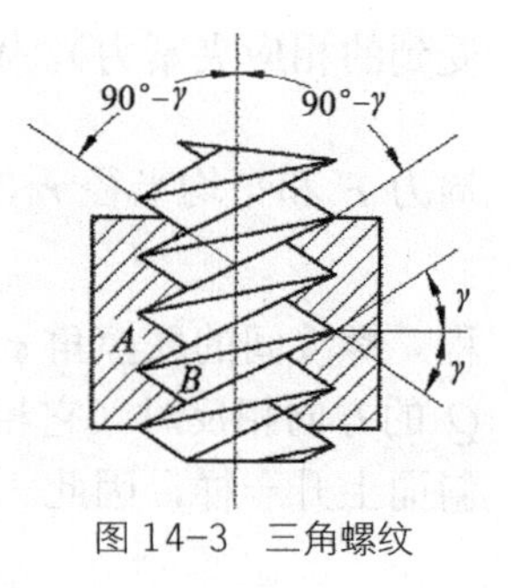

图 14-3　三角螺纹

$$f_\Delta=\frac{f}{\sin\theta}=\frac{f}{\sin\left(90^\circ-\gamma\right)}=\frac{f}{\cos\gamma}$$

而

$$\varphi_\Delta=\arctan f_\Delta=\arctan\left(\frac{f}{\cos\gamma}\right)$$

因 φ_Δ 总大于 φ，故三角螺纹的摩擦大，效率低，易发生自锁。因此三角螺纹应用于连接；而矩形螺纹应用于传递运动和动力，如起重螺旋、螺旋压床及各种机床的导螺杆等。

三、螺纹的类型和应用

通常内、外螺纹成组配合以形成螺旋副使用。起连接作用的螺纹称为连接螺纹；起传动作用的螺纹称为传动螺纹。螺纹又分为米制和英制（螺距以每英寸牙数表示）两类。我国除管螺纹保留英制外，其余都采用米制螺纹。

常用螺纹的类型主要有普通螺纹（三角形螺纹）、管螺纹、梯形螺纹、矩形螺纹和锯齿形螺纹。前两种主要用于连接，后三种主要用于传动。其中除矩形螺纹外，都已标准化。标准螺纹的基本尺寸可查阅有关标准。常用螺纹的类型、特点和应用，见表 14-1。

表 14-1　　常用螺纹的类型、特点和应用

螺纹类型		牙型图	特点和应用
连接螺纹	普通螺纹	内螺纹 60° 外螺纹 d d_2 d_1 P	牙型为等边三角形，牙型角 α=60°，内外螺纹旋合后留有径向间隙。外螺纹牙根允许有较大的圆角，以减小应力集中。同一公称直径按螺距大小，分为粗牙和细牙。细牙螺纹的牙型与粗牙相似，但螺距小，升角小，自锁性较好，强度高，因牙细不耐磨，容易滑扣。 一般连接多用粗牙螺纹，细牙螺纹常用于细小零件、薄壁管件或受冲击、振动和变载荷的连接中，也可作为微调机构的调整螺纹用
	非螺纹密封的管螺纹	接头 55° 管子 d d_2 d_1 P	牙型为等腰三角形，牙型角 α=55°，牙顶有较大的圆角，内外螺纹旋合后无径向间隙，管螺纹为英制细牙螺纹，尺寸代号为管子的内螺纹大径。适用于管接头、旋塞、阀门及其他附件。若要求连接后具有密封性，可压紧被连接件螺纹副外的密封面，也可在密封面间添加密封物

续表

螺纹类型		牙型图	特点和应用
连接螺纹	用螺纹密封的管螺纹		牙型为等腰三角形，牙型角 α=55°，牙顶有较大的圆角，螺纹分布在锥度为1∶16(φ=1°47′24″)的圆锥管壁上。它包括圆锥内螺纹与圆锥外螺纹和圆柱内螺纹与圆柱外螺纹两种连接形式。螺纹旋合后，利用本身的变形就可以保证连接的紧密性，不需要任何填料，密封简单，适用于管子、管接头、旋塞、阀门和其他螺纹连接的附件
传动螺纹	矩形螺纹		牙型为正方形，牙型角 α=0°。其传动效率较其他螺纹高，但牙根强度弱，螺旋副磨损后，间隙难以修复和补偿，传动精度降低。为了便于铣、磨削加工，可制成10°的牙型角。矩形螺纹尚未标准化，推荐尺寸：$d=\frac{5}{4}d_1, P=\frac{1}{4}d_1$。目前已逐渐被梯形螺纹所代替
	梯形螺纹		牙型为等腰梯形，牙型角 α=30°。内、外螺纹以锥面贴紧不易松动。与矩形螺纹相比，传动效率略低，但工艺性好，牙根强度高，对中性好。如用剖分螺母，还可以调整间隙。梯形螺纹是最常用的传动螺纹
	锯齿形螺纹		牙型为不等腰梯形，工作面的牙侧角为3°，非工作面的牙侧角为30°。外螺纹牙根有较大的圆角，以减小应力集中。内、外螺纹旋合后，大径处无间隙，便于对中。这种螺纹兼有矩形螺纹传动效率高、梯形螺纹牙根强度高的特点，但只能用于单向受力的螺纹连接或螺旋传动中，如螺旋压力机

螺纹根据其螺旋线的绕行方向可分为左旋和右旋两种（图14-4），常用的是右旋螺纹。根据螺旋线的数目，螺纹还可分为单线、双线、三线螺纹等。连接多用单线螺纹，传动多用多线螺纹。

机械制造中除上述的常用螺纹外，还有特殊用途的螺纹，以适应各行业的特殊工作需求，需用时可查阅有关专业标准。

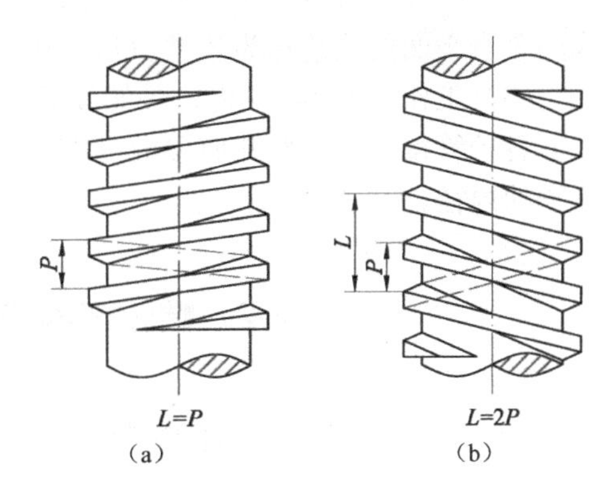

图14-4 右旋、左旋螺纹和单线、双线螺纹

四、螺纹的主要参数

现以圆柱普通螺纹为例说明螺纹的主要几何参数（图14-5）。

（1）外径（大径）d——螺纹的最大直径，即与外螺纹牙顶相重合的假想圆柱面的直径，在标准中定为公称直径。

（2）内径（小径）d_1——螺纹的最小直径，即与外螺纹牙底相重合的假想圆柱面的直径，在强度计算中常作为螺杆危险截面的计算直径。

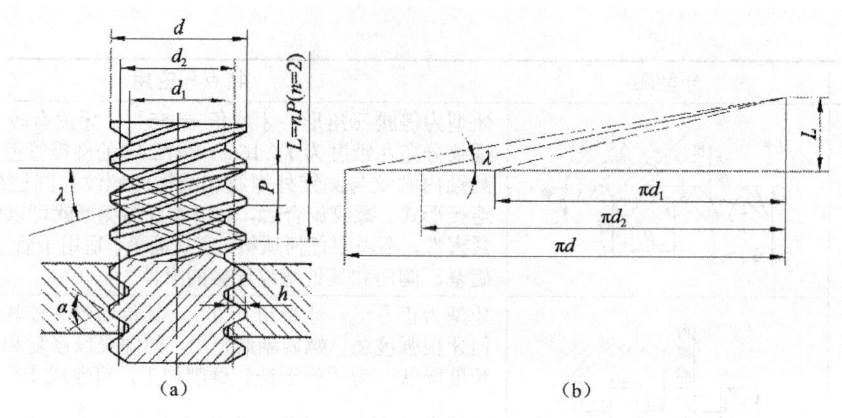

图 14-5　螺纹的主要几何参数

（3）中径 d_2——在轴向剖面内牙厚与牙间宽相等处的假想圆柱面的直径，近似等于螺纹的平均直径，$d_2 \approx 0.5(d+d_1)$。中径是确定螺纹几何参数和配合性质的直径。

（4）螺距 P——螺纹相邻两个牙型上对应点间的轴向距离。

（5）导程 L——螺纹上任一点沿同一条螺旋线旋转一周所移动的轴向距离。单线螺纹 $L=P$；多线螺纹 $L=nP$。

（6）线数 n——螺纹的螺旋线数目。为了便于制造，一般 $n \leqslant 4$。

（7）螺旋升角 λ——在中径圆柱面上螺旋线的切线与垂直于螺旋线轴线的平面的夹角：

$$\lambda = \arctan \frac{L}{\pi d_2} = \arctan \frac{nP}{\pi d_2} \tag{14-4}$$

（8）牙型角 α——螺纹轴向剖面内，螺纹牙型两侧边的夹角。螺纹牙型的侧边与螺纹轴线的垂直平面的夹角称为牙型斜角，对称牙型的牙型斜角 $\beta=\alpha/2$。

（9）工作高度 h——内、外螺纹旋合后的接触面的径向高度。

各种管螺纹的主要几何参数可查阅有关标准，其公称直径都不是螺纹大径，而近似等于管子的内径。

14-2　螺纹连接的基本类型和标准螺纹连接件

一、螺纹连接的基本类型

1. 螺栓连接

常见的普通螺栓连接如图 14-6（a）所示，这种连接的结构特点是用普通螺栓贯穿两个（或多个）被连接件的通孔，被连接件孔壁上无须制作螺纹且与螺栓杆间留有间隙，结构简单，装拆方便，使用时不受被连接件材料的限制，常用于被连接件不太厚时。图 14-6（b）所示是铰制孔螺栓连接，孔和螺栓杆多采用基孔制过渡配合(H7/m6、H7/n6)，这种连接能精确固定被连接件的相对位置，并能承受横向载荷，但孔的加工精度要求较高。

2. 双头螺柱连接

如图 14-7（a）所示，这种连接结构拆装时只需拆下螺母，不必将双头螺柱从被连接件中拧出。设计时应注意，双头螺柱必须紧固，以保证拧松螺母时，双头螺柱在螺孔中不转动。

这种连接适用于被连接件之一较厚不宜制成通孔，材料又比较软（如用铝镁合金制造的壳体），且需要经常拆装的场合。

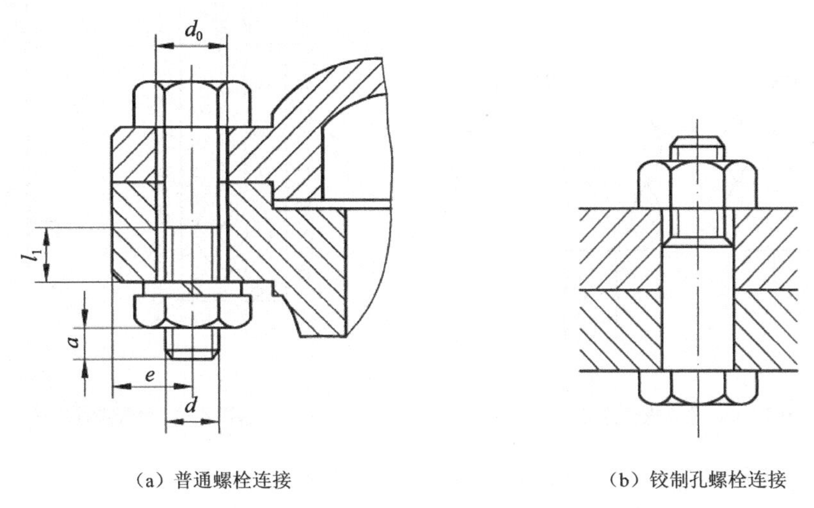

（a）普通螺栓连接　　（b）铰制孔螺栓连接

图 14-6　螺栓连接

3. 螺钉连接

如图 14-7（b）所示，这种连接的特点是螺钉直接拧入被连接件的螺纹孔中，不用螺母，在结构上比双头螺柱简单、紧凑。其用途和双头螺柱连接相似，但如经常拆装，易使螺纹孔磨损，可能导致被连接件报废，故多用于受力不大又不经常拆装的连接。

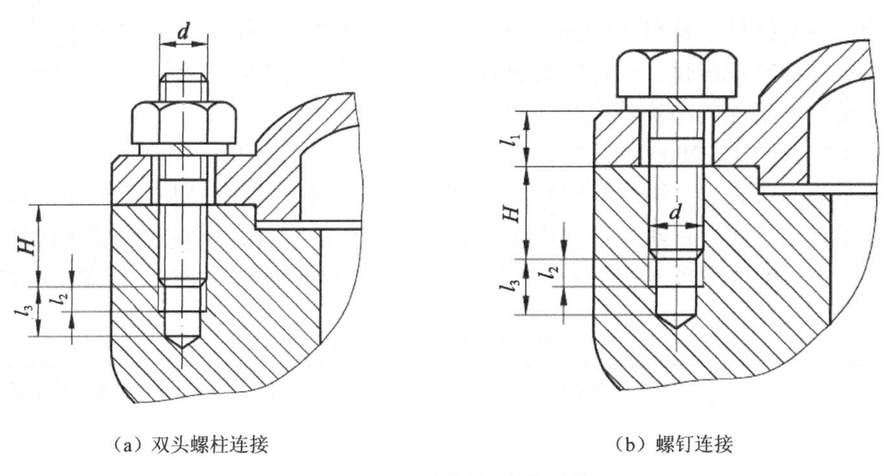

（a）双头螺柱连接　　（b）螺钉连接

图 14-7　双头螺柱、螺钉连接

4. 紧定螺钉连接

该连接是利用拧入零件螺纹孔中的螺钉末端顶住另一零件的表面（图 14-8（a））或顶入相应的凹坑中（图 14-8（b）），以固定两个零件的相对位置，并可传递不大的轴向力或扭矩。

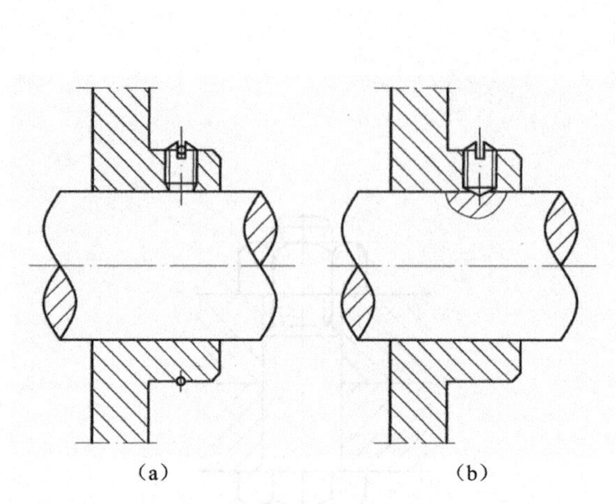

图 14-8　紧定螺钉连接

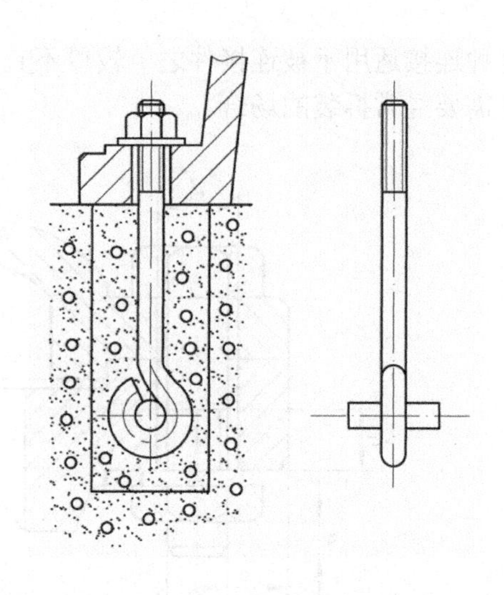

图 14-9　地脚螺栓连接

除上述四种基本螺纹连接型式外，还有一些特殊结构的连接。例如，专门用于将机座或机架固定在地基上的地脚螺栓连接（图 14-9），装在机器或大型零、部件的顶盖或外壳上便于起吊用的吊环螺钉连接（图 14-10）。

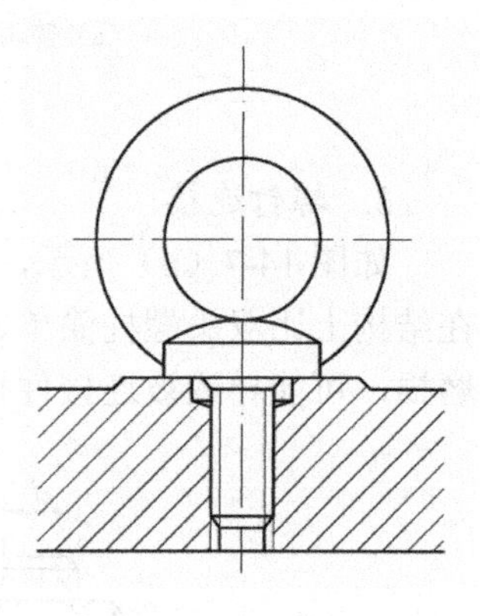

图 14-10　吊环螺钉连接

二、标准螺纹连接件

螺纹连接件的品种、类型很多，在机械制造中常见的螺纹连接件有螺栓、双头螺柱、螺母、垫圈和防松零件等。这类零件的结构型式和尺寸都已标准化，设计时根据有关标准选用。表 14-2 列出了部分常用连接件的结构特点和应用。

根据 GB/T 3103.1—2002 的规定，螺纹连接件分为三个精度等级，其代号为 A、B、C 级。A 级精度的公差最小，精度最高，用于要求配合精确、防止振动等重要零件的连接；B 级精度多用于受载较大且经常装拆、调整或承受变载荷的连接；C 级精度多用于一般的螺纹连接。常用的标准螺纹连接件（螺栓、螺钉）通常选用 C 级精度。

表 14-2　　**常用标准螺纹连接件**

类型	图例	结构特点和应用
六角头螺栓	15°~30°　r　辗制末端　d_s　d_s　d　e　k'　l_s　l_g　(b)　s　k　l	种类很多、应用最广，精度分为 A、B、C 三级，通用机械制造中多用 C 级（左图）。螺栓杆部可制出一段螺纹或全螺纹，螺纹可用粗牙或细牙（A、B 级）

续表

类型	图例	结构特点和应用
双头螺柱	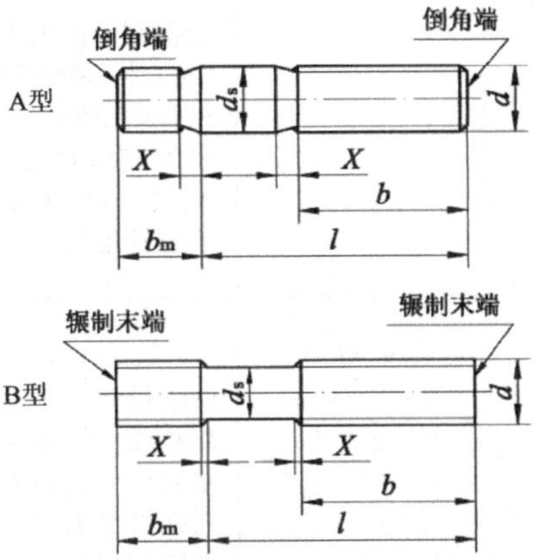 A型 倒角端 倒角端 d_s d X X b b_m l B型 辗制末端 辗制末端 d_s d X X b b_m l	螺柱两端都制有螺纹，两端螺纹可相同或不同，螺柱可带退刀槽或制成腰杆，也可制成全螺纹的螺柱。螺柱的一端旋入螺纹孔中，旋入后即不拆卸，另一端则用于安装螺母以固定其他零件
螺钉	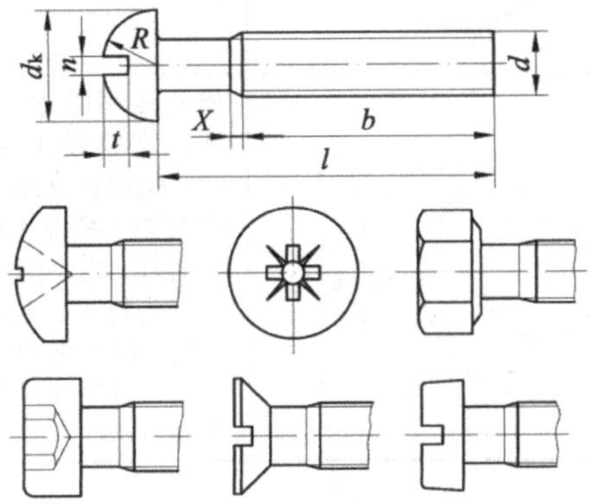 d_k n R d X b t l	螺钉头部形状有圆头、扁圆头、六角头、圆柱头和沉头等。头部起子槽有一字槽、十字槽和内六角孔等形式。十字槽螺钉头部强度高、对中性好，便于自动装配。内六角孔螺钉能承受较大的扳手力矩，连接强度高，可代替六角头螺栓，用于要求结构紧凑的场合
紧定螺钉	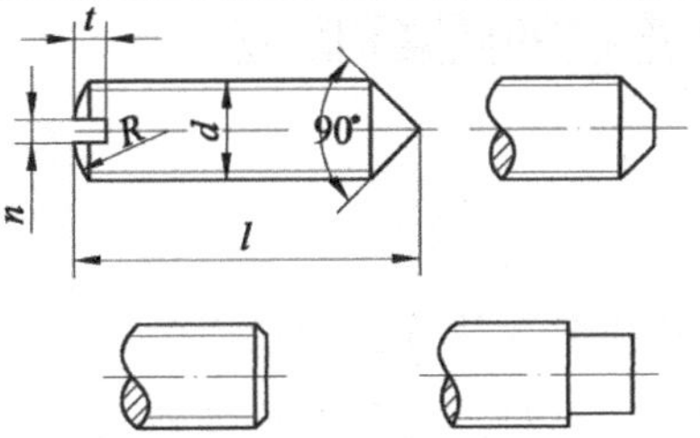 t n R d 90° l	紧定螺钉的末端形状，常用的有锥端、平端和圆柱端。锥端适用于被紧定零件的表面硬度较低或不经常拆卸的场合；平端接触面积大，不伤零件表面，常用于顶紧硬度较大的平面或经常拆卸的场合；圆柱端压入轴上的凹坑中，适用于紧定空心轴上的零件位置
自攻螺钉	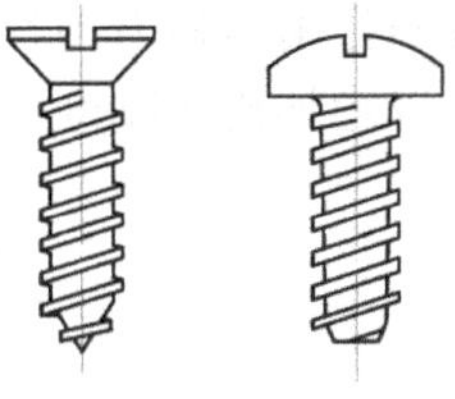	螺钉头部形状有圆头、六角头、圆柱头、沉头等。头部起子槽有一字槽、十字槽等形式。末端形状有锥端和平端两种。多用于连接金属薄板、铝合金或塑料零件。在被连接件上可不预先制出螺纹，在连接时利用螺钉直接攻出螺纹。螺钉材料一般用渗碳钢，热处理后表面硬度不低于 45HRC。自攻螺钉的螺纹与普通螺纹相比，在相同的大径时，自攻螺纹的螺距大而小径则稍小，已标准化

续表

类型	图例	结构特点和应用
六角螺母	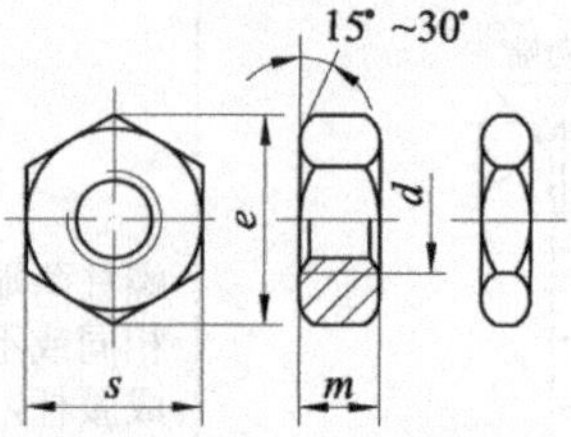	根据螺母厚度不同，分为标准和薄的两种。薄螺母常用于受剪力的螺栓上或空间尺寸受限制的场合。螺母的制造精度和螺栓相同，分为A、B、C 三级，分别与相同级别的螺栓配用
圆螺母	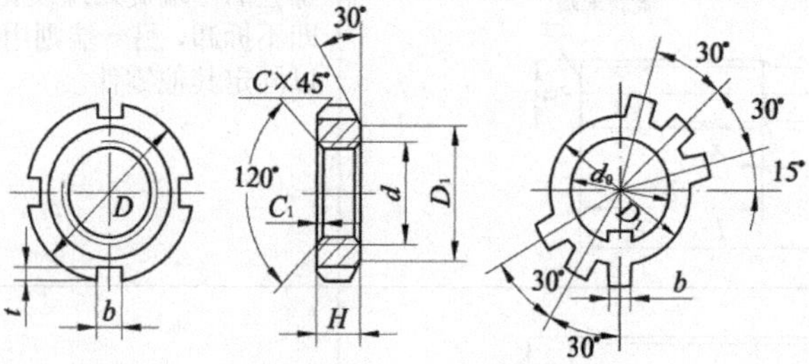	圆螺母常与止退垫圈配用，装配时将垫圈内舌插入轴上的槽内，而将垫圈的外舌嵌入圆螺母的槽内，螺母即被锁紧。常作为滚动轴承的轴向固定用
垫圈	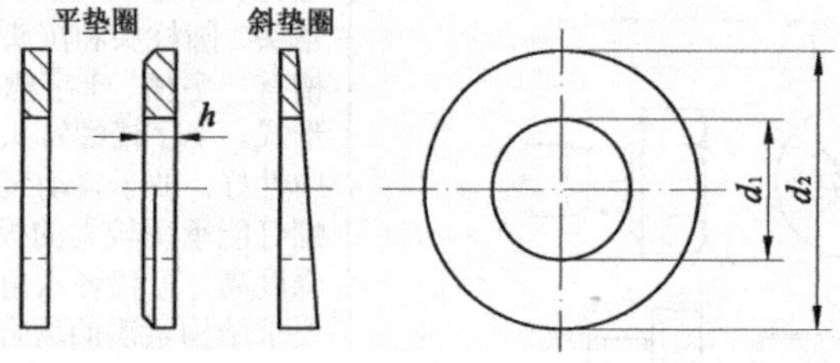	垫圈是螺纹连接中不可缺少的附件，常放置在螺母和被连接件之间，起保护支承表面等作用。平垫圈按加工精度不同，分为 A 级和 C 级两种。用于同一螺纹直径的垫圈又分为特大、大、普通和小的四种规格，特大垫圈主要在铁木结构上使用。斜垫圈只用于倾斜的支承面上

14-3 螺纹连接的预紧和防松

一、螺纹连接的预紧

按螺纹连接装配时是否拧紧，螺纹连接可分为**松连接**和**紧连接**。

松螺栓连接在装配时不拧紧（图 14-11），这种连接只在承受外载荷时才受到力的作用。松螺栓连接应用较少。

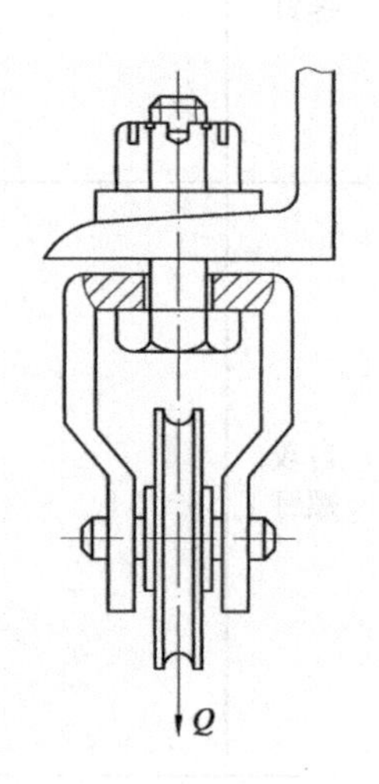

图 14-11　松螺栓连接

在实际应用中，绝大多数连接在装配时都需要拧紧，使连接在承受工作载荷之前，预先受到力的作用，此预加轴向作用力称为预紧力 Q_P（图 14-12）。这种连接叫紧螺栓连接。预紧可以增加连接刚度、紧密性和提高防松能力。

在拧紧螺母时，其拧紧力矩为

$$T = F_H L$$

式中：F_H——作用在手柄上的力；

L——力臂长度。

力矩 T 要克服螺纹副的摩擦阻力矩 T_1 和螺母环形端面与被连接件

（或垫圈）支承面间的摩擦阻力矩 T_2，即

$$T = T_1 + T_2 = \frac{d_2}{2} Q_p \tan\left(\lambda + \varphi_\Delta\right) + f_c Q_p r_f = K_t Q_p d \quad (\text{N} \cdot \text{mm}) \tag{14-5}$$

式中，Q_p——预紧力，N；

d_2——螺纹中径，mm；

f_c——螺母与被连接件支承面间的摩擦因数；

r_f——支承面摩擦半径，$r_f \approx \dfrac{D_1 + d_0}{4}$；

D_1、d_0——螺母支承面的外径和内径（见图 14-12），mm；

λ——螺纹升角；

φ_Δ——螺纹当量摩擦角；

d——螺纹公称直径，mm；

K_t——拧紧力矩系数。

拧紧力矩系数 K_t 的值与螺栓尺寸、螺纹参数和配合、螺旋副和支承面间的摩擦有关，对于 M10～M68 的粗牙标准螺纹和常见的摩擦状况，在 0.1～0.3 之间，无润滑时，一般可取 0.2，即

$$T = F_H L \approx 0.2 Q_p d \tag{14-6}$$

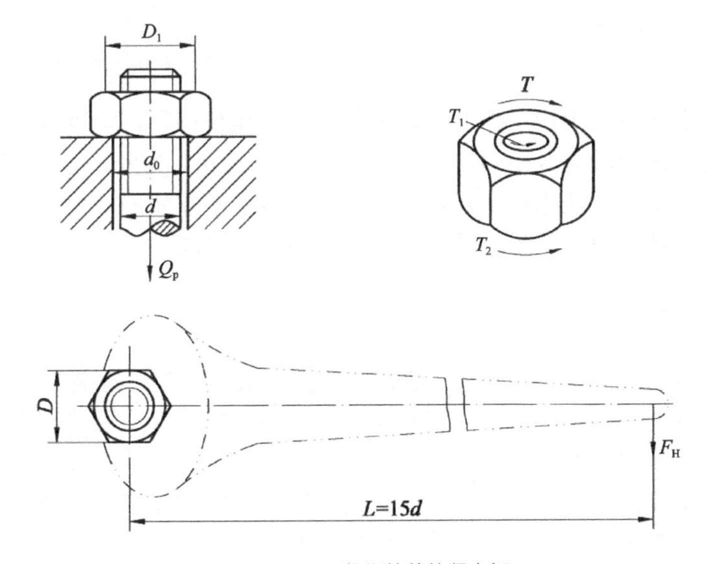

图 14-12　紧螺栓的拧紧力矩

一般情况下，$L \approx 15d$，则 $Q_p \approx 75F_H$。对于直径小的螺栓，容易在拧紧时过载拉断，因此对于重要螺栓连接不宜选用小于 M10～M14 的螺栓（与螺栓强度级别有关），或应控制螺栓中的预紧力。

通常规定，拧紧后螺纹连接件的预紧应力不得超过其材料的屈服极限 σ_s 的 80%。对于一般连接用的钢制螺栓连接的预紧力 Q_p，推荐按下列关系确定。

碳素钢螺栓

$$Q_p \leqslant (0.6 \sim 0.7)\sigma_s A_1 \tag{14-7a}$$

合金钢螺栓

$$Q_p \leqslant (0.5 \sim 0.6)\sigma_s A_1 \tag{14-7b}$$

式中：σ_s——螺栓材料的屈服极限；

A_1——螺栓危险剖面的面积。

对于重要螺栓连接应根据连接的紧密性、载荷性质、被连接件刚度等工作条件决定所需拧紧力矩大小，以便装配时控制。

控制预紧力的方法很多，通常是借助测力矩扳手（图 14-13）或定力矩扳手（图 14-14），利用控制拧紧力矩的方法来控制预紧力的大小。测力矩扳手可从刻度盘上直接读出力矩值。定力矩扳手的工作原理是当拧紧力矩超过规定值时，弹簧被压缩，扳手卡盘与圆柱销之间打滑，如果继续转动手柄，卡盘即不再转动。拧紧力矩的大小可利用螺钉调整弹簧压紧力来加以控制。

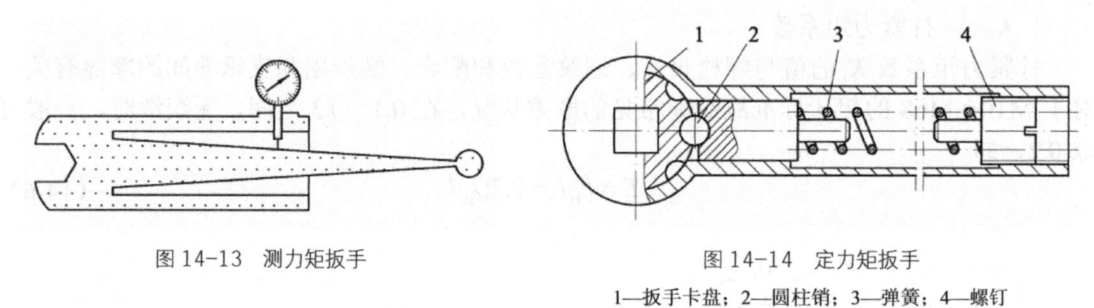

图 14-13　测力矩扳手

图 14-14　定力矩扳手

1—扳手卡盘；2—圆柱销；3—弹簧；4—螺钉

采用测力矩扳手或定力矩扳手控制预紧力的方法，操作简便，但准确性较差（因拧紧力矩受摩擦因数波动的影响较大），也不适用于大型的螺栓连接。为此，可采用测量预紧前后螺栓的伸长量或测量应变等方法来控制预紧力。另外，对于不重要的螺栓连接，也可根据拧紧螺母的转角估计螺栓预紧力值，虽然精确性较差，但简便直观。

二、螺纹连接的防松

螺纹连接件一般采用单线普通螺纹。螺旋升角(λ=1°42′～3°2′)小于螺旋副中的当量摩擦角(φ_v=6°～9°)，因此，连接螺纹都满足自锁条件。此外，拧紧以后螺母和螺栓头部等支承面上的摩擦力也有防松作用，所以在静载荷和工作温度变化不大时，螺纹连接不会自动松脱。但在冲击、振动或变载荷的作用下，螺旋副间的正压力可能减小或瞬时消失，这种现象多次重复后，就会使连接松脱。在高温或温度变化较大的情况下，由于螺纹连接件和被连接件的材料发生蠕动和应力松弛，也会使连接中的预紧力和摩擦力逐渐减小，最终将导致连接失效。螺纹连接一旦出现松脱，轻者会影响机器的正常运转，重者会造成严重事故。因此，设计螺栓时，必须考虑连接的防松问题。

螺纹连接防松的实质就是防止工作时螺栓和螺母相对转动。防松装置的种类很多，表 14-3 列出了常用的几种防松方法。

表 14-3　　螺纹连接常用的防松方法

防松方法		结构型式	特点和应用
摩擦防松	对顶螺母	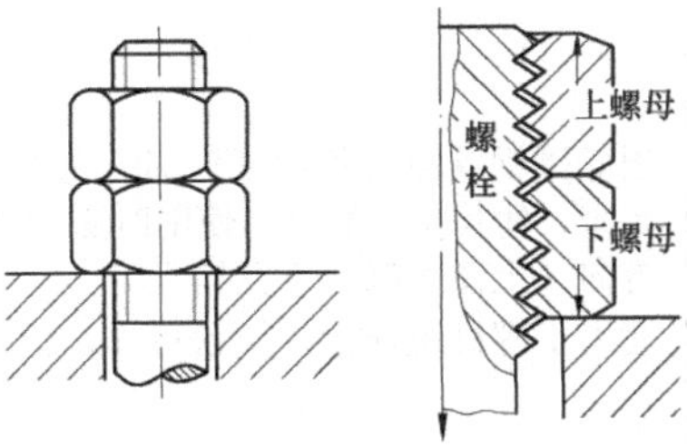	两螺母对顶拧紧后，使旋合螺纹间始终受到附加的压力和摩擦力的作用。工作载荷有变动时，该摩擦力仍然存在。旋合螺纹间的接触情况如图所示，下螺母螺纹牙受力较小，其高度可小些，但为了防止装错，两螺母的高度取成相等为宜。 结构简单，适用于平稳、低速和重载的固定装置上的连接
	弹簧垫圈	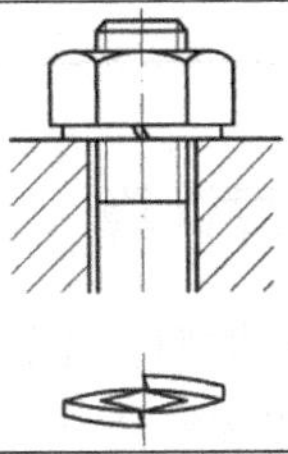	螺母拧紧后，靠垫圈压平产生的弹性反力使旋合螺纹间压紧。同时垫圈斜口的尖端抵住螺母与被连接件的支承面也有防松作用。 结构简单、使用方便。但由于垫圈的弹力不均，在冲击、振动的工作条件下，其防松效果较差，一般用于不太重要的连接
	自锁螺母	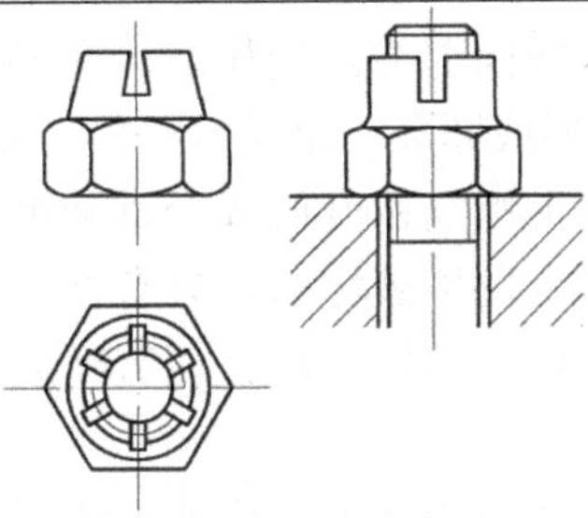	螺母一端制成非圆形收口或开缝后径向收口。当螺母拧紧后，收口胀开，利用收口的弹力使旋合螺纹间压紧。 结构简单，防松可靠，可多次装拆而不降低防松性能
机械防松	开口销与六角开槽螺母	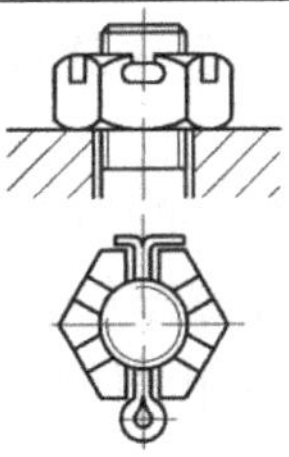	六角开槽螺母拧紧后将开口销穿入螺栓尾部小孔和螺母的槽内，并将开口销尾部掰开与螺母侧面贴紧。也可用普通螺母代替六角开槽螺母，但需拧紧螺母后再配钻销孔。 适用于较大冲击、振动的高速机械中运动部件的连接
	止动垫圈	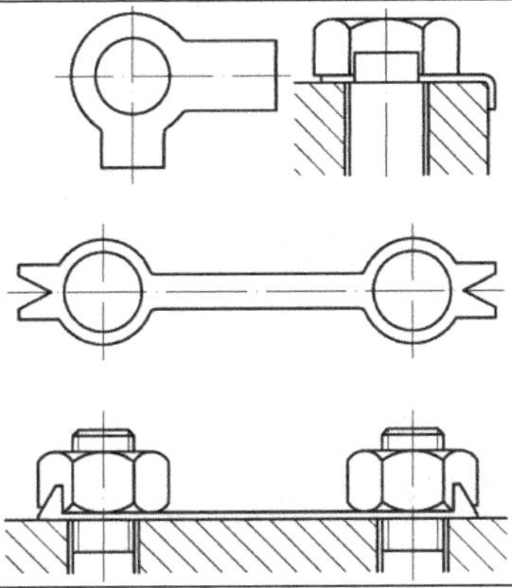	螺母拧紧后，将单耳或双耳止动垫圈分别向螺母和被连接件的侧面折弯贴紧，即可将螺母锁住。可采用双联止动垫圈，使两个螺母相互制动。 结构简单，使用方便，防松可靠

续表

防松方法		结构型式	特点和应用
机械防松	串联钢丝	(a) 正确 (b) 不正确	用低碳钢丝穿入各螺钉头部的孔内，将各螺钉串联起来，使其相互制动。使用时必须注意钢丝的穿入方向（上图正确，下图错误）。 适用于螺钉组连接，防松可靠，但装拆不便

14-4 单个螺栓连接的强度计算

螺纹连接包括螺栓连接、双头螺柱连接和螺钉连接等类型。下面以螺栓连接为例讨论螺纹连接的强度计算方法。所讨论的方法对双头螺柱连接和螺钉连接也同样适用。

连接中的螺栓，其受力形式主要有轴向拉力或横向剪力。受拉螺栓在轴向载荷（包括预紧力）作用下，螺栓杆和螺纹部分可能发生塑性变形或断裂；而受剪螺栓在横向剪力作用下，螺栓杆和孔壁间可能发生压溃或螺栓被剪断等。如果螺纹精度低或经常装拆，往往会发生滑扣现象。根据统计分析，在静载荷下螺栓连接是很少发生破坏的，只有在严重过载的情况下才会发生。就破坏性质而言，约有90%的螺栓属于疲劳破坏。而且疲劳断裂常发生在螺纹根部，即剖面面积较小并有缺口应力集中的部位。

由上可知，对于受拉螺栓，其设计准则是保证螺栓的静力或疲劳拉伸强度；对于受剪螺栓，其设计准则是保证连接的挤压强度和螺栓的剪切强度，其中连接的挤压强度对连接的可靠性起决定性作用。

螺栓连接的强度计算，首先是根据连接的类型、连接的装配情况（预紧或不预紧）、载荷状态等条件，确定螺栓的受力，然后按相应的强度条件计算螺栓危险截面的直径（螺纹小径）或校核其强度。螺栓的其他部分（螺纹牙、螺栓头、光杆）和螺母、垫圈的结构尺寸，是根据等强度条件及使用经验规定的，通常都不需要进行强度计算，可按螺栓螺纹的公称直径由标准中选定。

一、松螺栓连接强度计算

松螺栓连接装配时，螺母不需要拧紧。在承受工作载荷之前，螺栓不受力。这种连接应用较少。

如图 14-15 所示，起重吊钩末端的螺纹连接就是松螺栓连接的典型实例。

当连接承受工作载荷 F 时，螺栓所受工作拉力为 F，则螺栓的强度条件为

$$\sigma=\frac{F}{\frac{\pi d_1^2}{4}}\leqslant[\sigma] \qquad (14\text{-}8)$$

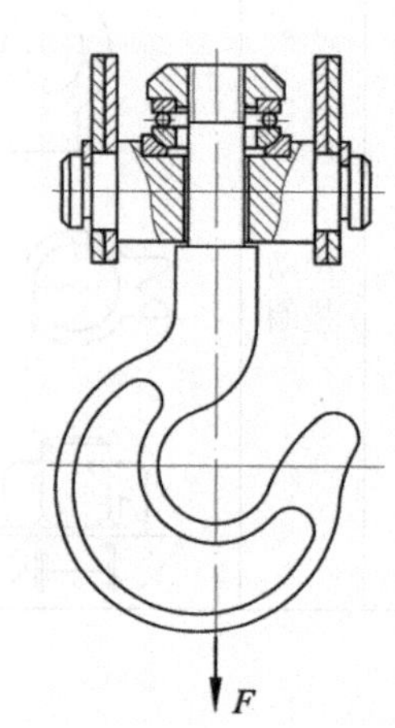

图 14-15 起重吊钩的松螺栓连接

或

$$d_1 \geqslant \sqrt{\frac{4F}{\pi[\sigma]}} \tag{14-9}$$

式中，d_1——螺栓危险剖面的直径，mm；

$[\sigma]$——螺栓材料的许用拉应力，MPa。

对于钢制螺栓，$[\sigma]=\sigma_s/n$，σ_s为螺栓材料的屈服极限，见表14-8；n为安全系数，见表14-9。根据式（14-9）求得d_1后，按国家标准选用螺纹直径。

二、紧螺栓连接强度计算

装配时螺母需拧紧，在拧紧力矩作用下，螺栓除受预紧力Q_p产生的拉伸应力外，还受螺纹摩擦力矩T_1产生的扭转剪应力作用，使螺栓处于拉伸与扭转的复合应力状态。因此，强度计算时应综合考虑拉伸应力和扭转切应力的作用，即

$$\sigma = \frac{Q_p}{\frac{\pi}{4}d_1^2}$$

$$\tau = \frac{T_1}{W_T} = \frac{Q_p \frac{d_2}{2}\tan(\lambda+\varphi_\Delta)}{\frac{\pi d_1^3}{16}} = \tan(\lambda+\varphi_\Delta)\frac{2d_2}{d_1}\frac{Q_p}{\frac{\pi}{4}d_1^2}$$

对于常用的M10～M68的钢制普通螺栓，$d_2\approx(1.04\sim1.08)d_1$，若取$d_2\approx1.06d_1$，$\lambda=2°30'$，$\tan\varphi_\Delta\approx0.17$，则可得$\tau\approx0.48\sigma$。

钢制螺栓为塑性材料，可按第四强度理论建立强度条件

$$\sigma_{ca} = \sqrt{\sigma^2+3\tau^2} \approx \sqrt{\sigma^2+3(0.48\sigma)^2} \approx 1.3\sigma$$

即

$$\sigma_{ca} = \frac{1.3Q_p}{\frac{\pi}{4}d_1^2} \leqslant [\sigma] \tag{14-10}$$

由此可见，紧螺栓连接虽是同时承受拉伸和扭转的联合载荷，但在计算时，可以只按拉伸强度计算，并将所受的拉力增大30%来考虑扭转的影响。此法亦称为简化计算法。

（一）受横向载荷的紧螺栓连接强度计算

受横向载荷的紧螺栓连接有普通螺栓连接和铰制孔螺栓连接两种结构，如图14-16所示。

1. 普通螺栓连接强度计算

如图14-16（a）所示，拧紧螺母后，螺栓仅受预紧力的作用，且预紧力在连接工作前后保持不变。该预紧力使被连接件接合面间产生压力，而压力又产生足够大的静摩擦力以平衡外载荷R。

在外载荷R作用下，保证连接可靠（不产生相对滑移）的条件为

$$fQ_p i \geqslant K_s R$$

或

$$Q_p \geqslant \frac{K_s R}{fi} \tag{14-11}$$

式中，f——接合面间的摩擦因数，见表 14-4；

i——接合面数，图 14-16(a)中 i=1；

K_s——防滑因数，K_s=1.1～1.3。

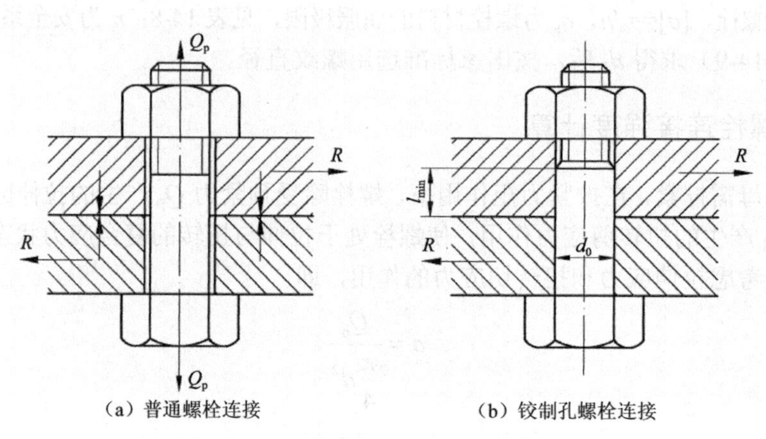

（a）普通螺栓连接　　（b）铰制孔螺栓连接

图 14-16　受横向载荷的紧螺栓连接

表 14-4　　连接接合面间的摩擦因数

被连接件	接合面的表面状态	摩擦因数
钢或铸铁零件	干燥的加工表面	0.10～0.16
	有油的加工表面	0.06～0.10
钢结构件	轧制表面，钢丝刷清理浮锈	0.30～0.35
	涂富锌漆	0.35～0.40
	喷砂处理	0.45～0.55
铸铁对砖料、混凝土或木材	干燥表面	0.40～0.45

此时，螺栓危险剖面的拉伸强度条件为式（14-10）。设计公式为

$$d_1 \geqslant \sqrt{\frac{4\times 1.3Q_p}{\pi[\sigma]}} \tag{14-12}$$

由式（14-11）可知，若 f=0.2，i=1，K_s=1，则 $Q_p \geqslant 5R$，即用普通螺栓连接时，螺栓的预紧力必须为横向载荷的数倍，才能使连接可靠。这将使螺栓结构尺寸增加，而且这类连接是靠摩擦力工作的，在承受冲击、振动或变载荷时工作不很可靠，通常可采用减载销、减载套或减载键等来承受横向载荷，如图 14-17 所示，以减小螺栓的预紧力及其结构尺寸，且工作也较可靠。

2. 铰制孔螺栓连接强度计算

如图 14-16（b）所示，螺杆与孔紧密配合。当横向载荷 R 作用时，接合面处的螺杆受剪切，螺杆与孔壁的接触表面受挤压。这种连接的螺栓中预紧力不大，螺母只需稍拧紧即可，所以在计算时可忽略接合间面的摩擦力。

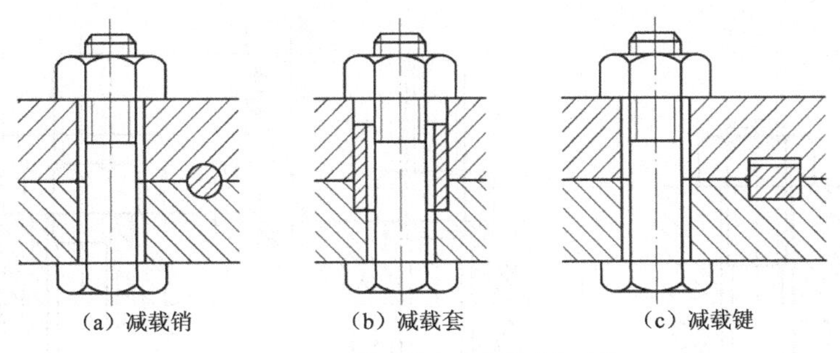

图 14-17 承受横向载荷的减载零件

螺栓的剪切强度条件为

$$\tau = \frac{R}{\frac{\pi}{4}d_0^2} \leqslant [\tau] \tag{14-13}$$

螺杆与孔壁接触表面的挤压强度条件为

$$\sigma_p = \frac{R}{d_0 l_{min}} \leqslant [\sigma]_p \tag{14-14}$$

式中，R——横向载荷，N；

d_0——螺杆或孔的直径，mm；

l_{min}——被连接件中受挤压孔壁的最小长度，mm，设计时应使 $l_{min} \geqslant 1.25d_0$；

$[\tau]$——螺栓的许用剪应力，MPa，对于钢$[\tau]=\sigma_s/n_\tau$（式中 n_τ 为安全系数，见表 14-9）；

$[\sigma]_p$——螺栓、被连接件中最弱材料的许用挤压应力，MPa，对于钢$[\sigma]_p=\sigma_s/n_p$，对于铸铁$[\sigma]_p=\sigma_b/n_p$（σ_b 见表 14-8；n_p 为安全系数，见表 14-9）。

铰制孔螺栓能承受较大的横向载荷，但被连接件孔壁加工精度较高，成本亦较高。

（二）受轴向载荷的紧螺栓连接强度计算

此类受载方式的紧螺栓连接在工程实际中比较常见。如图 14-18 所示，这种连接拧紧后螺栓受预紧力 Q_p，工作时还受到工作载荷 F，但螺栓受到的总拉力 Q 并不等于 Q_p+F，而与螺栓刚度 C_b 及被连接件刚度 C_m 等因素有关。因此，应从分析螺栓连接的受力和变形的关系入手，找出螺栓总拉力的大小。

图 14-18（a）是螺母刚好拧到与被连接件相接触，但尚未拧紧，螺栓与被连接件均不受力和变形。图 14-18（b）是螺母已拧紧，但尚未承受工作载荷。此时，螺栓受拉力 Q_p(预紧力)作用，其伸长量为 λ_b；同时，被连接件则在 Q_p 的压缩作用下压缩量为 λ_m。图 14-18(c)是承受工作拉力 F 后的情况。此时，螺栓受到的拉力增至 Q，伸长量增加 $\Delta\lambda$，总伸长量为 $\lambda_b+\Delta\lambda$。同时，原来被压缩的被连接件，因螺栓伸长而被放松，其压缩量也随着减小。由变形协调条件，被连接件压缩变形的减小量应等于螺栓拉伸变形的增加量 $\Delta\lambda$。即被连接件的总压缩量为 $\lambda'_m = \lambda_m - \Delta\lambda$。这时，被连接件的压缩力由 Q_p 减至 Q'_p。Q'_p 称为**残余预紧力**。

可见，紧螺栓联接受载后，由于预紧力的变化，螺栓的总拉力不等于预紧力 Q_p 与工作拉力 F 之和，而等于残余预紧力 Q'_p 与工作拉力之和，即 $Q = Q'_p + F$。

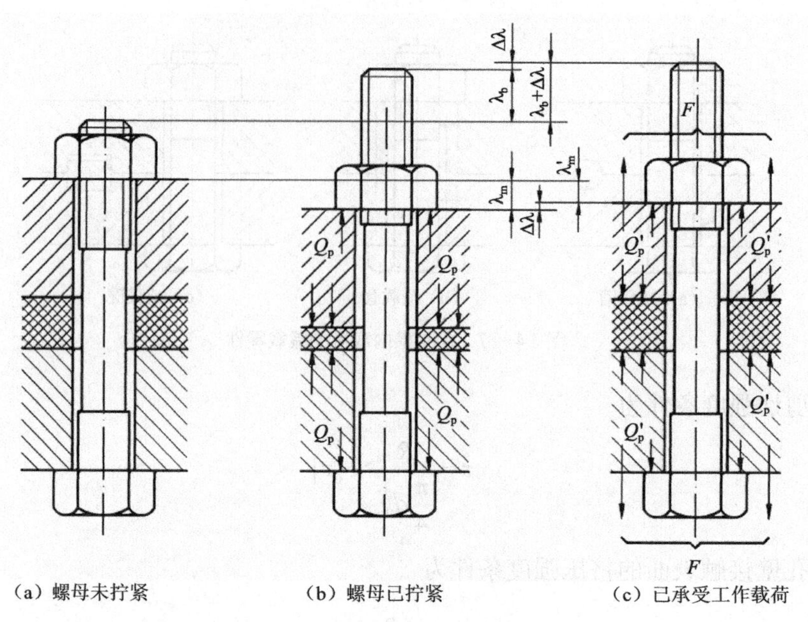

图 14-18 单个紧螺栓连接受力变形图

因螺栓和被连接件的材料在弹性变形范围内，故变形与载荷成正比，可用图 14-19（a）及图 14-19（b）所示的直线表示螺栓和被连接件的载荷和变形关系。为分析方便，将图 14-19（a）及图 14-19（b）合并成图 14-19（c）。

由图 14-19（c）可知，当连接受工作拉力 F 时，螺栓的总拉力为 Q，被连接件的压缩力为 Q_p'，且

$$Q = Q_p' + F \tag{14-15}$$

为了保证连接的紧密性，以防止连接受载后接合面间产生缝隙，应使 $Q_p' > 0$。推荐采用的 Q_p' 为：对于有密封性要求的连接，Q_p'=(1.5～1.8)F；对于一般连接，工作载荷稳定时，Q_p'=(0.2～0.6)F，工作载荷不稳定时，Q_p'=(0.6～1.0)F；对于地脚螺栓连接，$Q_p' \geqslant F$。

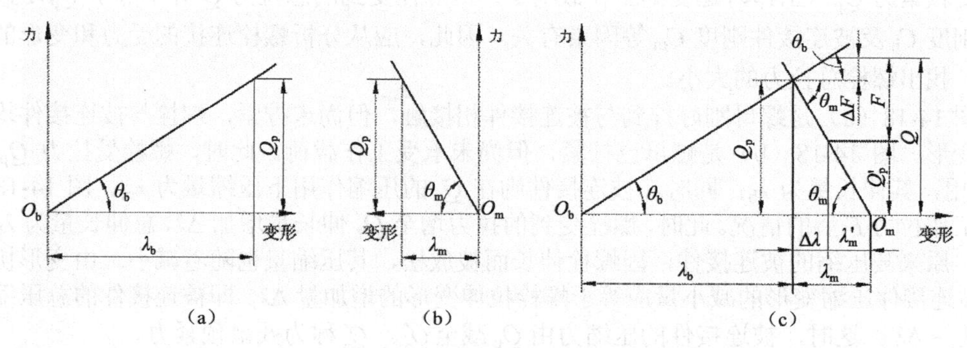

图 14-19 单个紧螺栓连接受力变形图

螺栓的预紧力 Q_p 与残余预紧力 Q_p'、总拉力 Q 的关系，可由图 14-19 中的几何关系推导出。由图 14-19 可得

螺栓刚度
$$C_b = \tan\theta_b = \frac{Q_p}{\lambda_b} \tag{14-16}$$

被连接件刚度
$$C_m = \tan\theta_m = \frac{Q_p}{\lambda_m} \tag{14-16a}$$

而
$$Q_p = Q_p' + (F - \Delta F) \tag{a}$$

由图中的几何关系得
$$\frac{\Delta F}{F - \Delta F} = \frac{\Delta\lambda\tan\theta_b}{\Delta\lambda\tan\theta_m} = \frac{C_b}{C_m}$$

或
$$\Delta F = \frac{C_b}{C_b + C_m} F \tag{b}$$

将式（b）代入式（a）得螺栓的预紧力为
$$Q_p = Q_p' + \left(1 - \frac{C_b}{C_b + C_m}\right) F = Q_p' + (1 - K_c) F \tag{14-17}$$

螺栓的总拉力为
$$Q = Q_p + \frac{C_b}{C_b + C_m} F = Q_p + K_c F \tag{14-18}$$

式中，$K_c=C_b/(C_b+C_m)$称为螺栓的相对刚度。K_c的大小与螺栓和被连接件的结构尺寸、材料以及垫片、工作载荷的作用位置等因素有关。由式（14-18）知，要降低螺栓的受力，提高螺栓连接的承载能力，应使 K_c 值尽量小些。K_c 值可通过计算或实验确定。一般计算时，K_c 值可按表 14-5 选用。

表 14-5　　螺栓的相对刚度 K_c

被连接钢板间所用垫片类别	$K_c = \frac{C_b}{C_b + C_m}$
金属垫片（或无垫片）	0.2～0.3
皮革垫片	0.7
铜皮石棉垫片	0.8
橡胶垫片	0.9

设计时，可先根据连接的受载情况，求出螺栓的工作拉力 F，然后计算螺栓的总拉力 Q。螺栓在总拉力 Q 的作用下，螺纹副间会产生摩擦阻力，需将总拉力增加 30%以考虑扭转切应力的影响，于是螺栓危险截面的拉伸强度条件为

$$\sigma_{ca}=\frac{1.3Q}{\frac{\pi}{4}d_1^2}\leqslant[\sigma] \tag{14-19}$$

或

$$d_1\geqslant\sqrt{\frac{4\times1.3Q}{\pi[\sigma]}} \tag{14-20}$$

三、螺纹连接件的材料及许用应力

1. 螺纹连接件的材料

适合制造螺纹连接件的材料品种很多，常用材料有低碳钢和中碳钢等。在承受冲击、振动或变载荷的重要连接中，螺栓可用合金钢制造，如 20Cr、40Cr、30CrMnSi 等。

国家标准规定螺纹连接件按其机械性能分级（见表 14-6、表 14-7）。

表 14-6　　螺栓的强度级别（摘自 GB/T 3098.1—2010）

强度级别（标记）	3.6	4.6	4.8	5.6	5.8	6.8	8.8	9.8	10.9	12.9
抗拉强度极限 σ_{bmin}/MPa	330	400	420	500	520	600	800	900	1040	1220
屈服极限 σ_{smin}/MPa	190	240	340	300	420	480	640	720	940	1100
硬度 HBS_{min}	90	109	113	134	140	181	232	267	312	365
推荐材料	低碳钢	低碳钢或中碳钢					中碳钢、淬火并回火		中碳钢，低、中碳合金钢，淬火并回火，合金钢	合金钢

注：①强度级别中小数点前的数字为 $\sigma_{bmin}/100$，点后数字为 $10\sigma_{smin}/\sigma_{bmin}$。

②双头螺柱、螺钉、紧定螺钉的性能等级及材料和螺栓相同。

表 14-7　　螺母的强度级别（摘自 GB/T 3098.2—2000）

性能等级（标记）	4	5	6	8	9	10	12
抗拉强度极限 σ_{bmin}/MPa	510 ($d\geqslant16\sim39$)	520 ($d\geqslant3\sim4$)	600 ($d\geqslant3\sim4$)	800 ($d\geqslant3\sim4$)	900 ($d\geqslant3\sim4$)	1040 ($d\geqslant3\sim4$)	1150 ($d\geqslant3\sim4$)
推荐材料	易切削钢		低碳钢或中碳钢	中碳钢，低、中碳合金钢，淬火并回火			
相配螺栓的性能等级	3.6,4.6,4.8 ($d>16$)	3.6,4.6,4.8 ($d\leqslant16$); 5.6,5.8	6.8	8.8	8.8($d>16\sim39$) 9.8($d\leqslant16$)	10.9	12.9

注：硬度 $HRC_{max}=30$。

2. 螺纹连接件的许用应力

螺纹连接件的许用应力与载荷性质（静、变载荷）、装配情况（松连接或紧连接）以及螺纹连接件的材料、结构尺寸等因素有关。螺纹连接件的许用应力按下式确定

$$[\sigma]=\frac{\sigma_s}{n}$$

式中，σ_s——螺纹连接件的屈服极限，见表 14-8；

n——安全系数，见表 14-9。

在拧紧小直径螺栓时，应控制预紧力，以免产生过载应力而引起螺栓破坏。对于不控制预紧力的紧螺栓连接的设计，应先估计其直径范围，以选取一个安全系数进行计算，将计算结果与估计直径相比较，如在原先估计直径所属范围内即可，否则需重新进行估算。

螺栓连接的许用剪切应力$[\tau]$和许用挤压应力$[\sigma]_p$分别按下式确定：

$$[\tau]=\frac{\sigma_s}{n_\tau} \tag{14-21}$$

对于钢

$$[\sigma]_p=\frac{\sigma_s}{n_p} \tag{14-22}$$

对于铸铁

$$[\sigma]_p=\frac{\sigma_b}{n_p} \tag{14-23}$$

式中，σ_s、σ_b——分别为材料的屈服极限和强度极限，MPa，见表 14-8；

n_τ、n_p——安全系数，见表 14-9。

表 14-8　　螺纹连接件常用材料的机械性能

材料	抗拉强度极限 σ_b/MPa	屈服极限 σ_s/MPa	疲劳极限/MPa	
			σ_{-1}	σ_{-1tc}
10	340~420	210	160~220	120~150
Q215	340~420	220	—	—
Q235	410~470	240	170~220	120~160
35	540	320	220~300	170~220
45	610	360	250~340	190~250
40Cr	750~1000	650~900	320~440	240~340

表 14-9　　螺纹连接的安全系数 n、n_τ、n_p

<table>
<tr><td colspan="3">受载类型</td><td colspan="4">静载荷</td><td colspan="4">变载荷</td></tr>
<tr><td colspan="3">松螺栓连接</td><td colspan="4">1.2~1.7</td><td colspan="4">—</td></tr>
<tr><td rowspan="5">紧螺栓连接</td><td rowspan="4">普通螺栓连接</td><td rowspan="3">不控制预紧力</td><td></td><td>M6~M16</td><td>M16~M30</td><td>M30~M60</td><td></td><td>M6~M16</td><td>M16~M30</td><td>M30~M60</td></tr>
<tr><td>碳钢</td><td>5~4</td><td>4~2.5</td><td>2.5~2</td><td>碳钢</td><td>12.5~8.5</td><td>8.5</td><td>8.5~12.5</td></tr>
<tr><td>合金钢</td><td>5.7~5</td><td>5~3.4</td><td>3.4~3</td><td>合金钢</td><td>10~6.8</td><td>6.8</td><td>6.8~10</td></tr>
<tr><td>控制预紧力</td><td colspan="4">1.2~1.5</td><td colspan="4">1.2~1.5</td></tr>
<tr><td colspan="2">铰制孔用螺栓连接</td><td colspan="4">钢：n_τ=2.5,n_p=1.25
铸铁：n_p=2.0~2.5</td><td colspan="4">钢：n_τ=3.5~5,n_p=1.5
铸铁：n_p=2.5~3.0</td></tr>
</table>

14-5 螺栓组连接的设计与受力分析

螺栓组连接设计的一般过程是：首先进行结构设计，即确定接合面的形状、螺栓的布置方式、连接的结构型式及螺栓的数目；然后按其所受的外载荷（力、力矩）分析螺栓组的各螺栓受力，由此找出受力最大的螺栓，求出其受力的大小和方向；再按单个螺栓进行强度计算；由强度计算确定出直径后，选用连接附件和防松装置。有时，也可采用类比法，参照现有的类似设备来确定螺栓组的布置形式和尺寸。

一、螺栓组连接的结构设计

螺栓组连接结构设计的目的，在于合理地确定连接接合面的几何形状和螺栓的布置形式，应使连接结构受力合理，各螺栓受力均匀，便于加工和装配。设计时应综合考虑以下几点。

（1）为便于加工和装配，连接接合面的几何形状应尽量简单，且使螺栓组的形心与连接接合面的形心重合，以保证接合面受力较均匀。

（2）受弯矩和扭矩作用的螺栓组，螺栓应尽量远离对称轴布置。分布在同一螺栓组中螺栓的材料、直径和长度均应相同。

（3）螺栓的排列应有合理的间距、边距。布置螺栓时，各螺栓轴线间以及螺栓轴线与机体壁间的最小距离，应根据扳手活动空间的尺寸（图 14-20）确定。

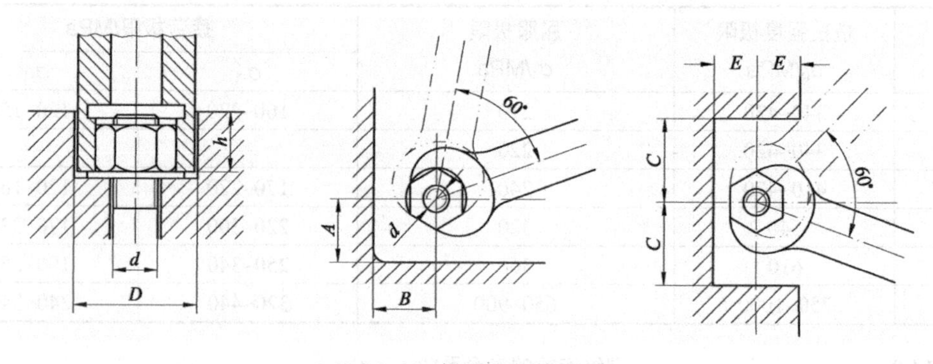

图 14-20 扳手活动空间尺寸

（4）避免螺栓承受偏心载荷，保证被连接件、螺母和螺栓头部的支承面平整，并与螺栓轴线相垂直。在铸、锻件等的粗糙表面上安装螺栓时，应制成凸台或沉头座；当支承面为倾斜表面时，应采用斜面垫圈等，如图 14-21 所示。

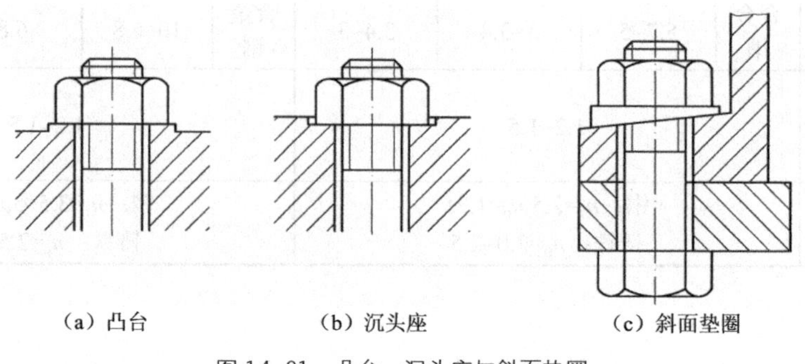

图 14-21 凸台、沉头座与斜面垫圈

二、螺栓组连接的受力分析

螺栓组受力分析时，假设：①同一螺栓组的各个螺栓直径、长度、材料和预紧力 Q_p 均相同；②被连接件为刚体，受载后连接接合面仍保持为平面；③螺栓的变形是弹性的。

下面分析几种典型螺栓组的受载情况。

1. 受轴向载荷的螺栓组连接

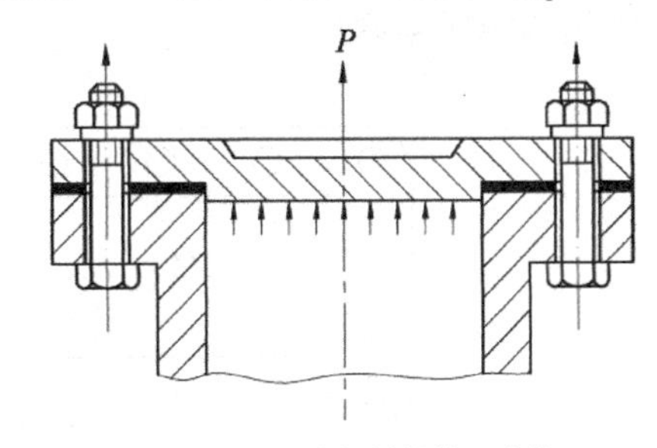

图 14-22 汽缸盖螺栓组连接

图 14-22 为一受轴向总载荷 P 的汽缸盖螺栓组连接。P 的作用线通过螺栓组的对称中心且与螺栓轴线平行。计算时，认为各螺栓平均承载，则每个螺栓承受的轴向工作拉力为

$$F = \frac{P}{z} \tag{14-24}$$

式中，z——螺栓数目。

应当注意，这类螺栓组连接，各螺栓除承受工作拉力 F 外，还受到预紧力 Q_p 的作用。强度计算见 14-4 节。

2. 受横向载荷的螺栓组连接

图 14-23 为一受横向载荷的螺栓组连接。

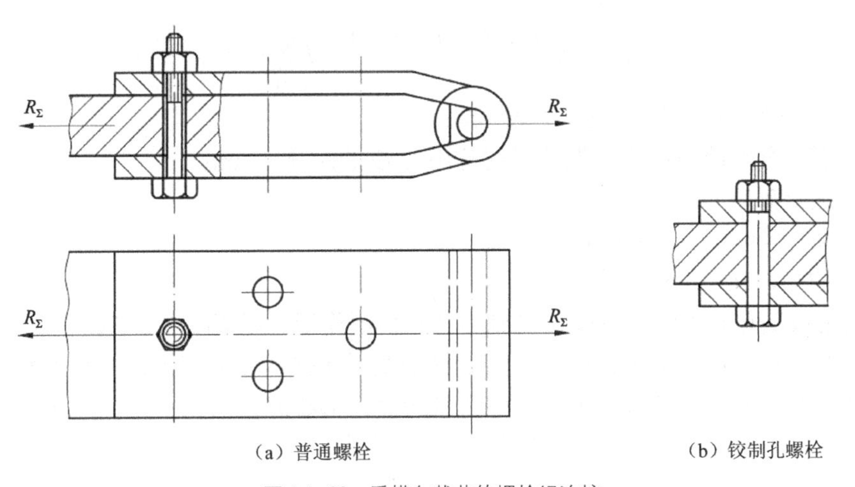

（a）普通螺栓　（b）铰制孔螺栓

图 14-23 受横向载荷的螺栓组连接

横向载荷 R_Σ 的作用线过螺栓组的对称中心，且与螺栓轴线垂直。在这种连接中不管用普通螺栓或是铰制孔螺栓，每个螺栓所承受的横向载荷相等，为

$$R = \frac{R_\Sigma}{z} \tag{14-25}$$

式中，z——螺栓数目。

对于铰制孔螺栓连接，其强度计算见式（14-13）和式（14-14）。

对于普通螺栓连接，其强度计算见式（14-11）和式（14-12）。

3. 受扭矩作用的螺栓组连接

图 14-24 为一受扭矩作用的螺栓组连接，其扭矩 T 作用在连接的接合面内。连接的传力方式和受横向载荷的螺栓组连接相同。为防止底板转动，可以采用普通螺栓连接，也可采用铰制孔螺栓连接。

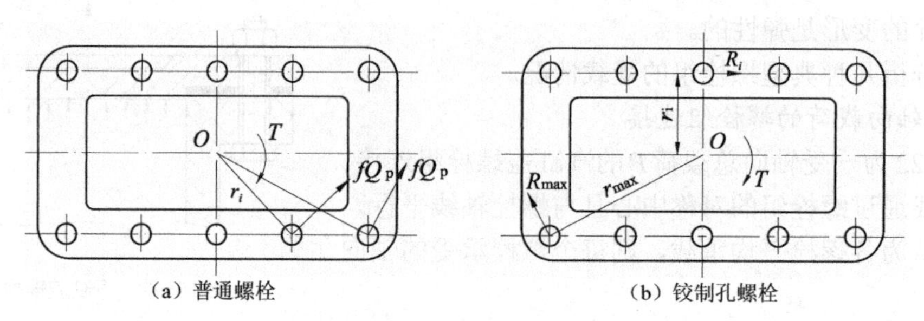

图 14-24　受扭矩作用的螺栓组连接

（1）采用普通螺栓连接时，设各螺栓的预紧力为 Q_p，接合面间所产生的摩擦力则相同，但各自的摩擦力矩不同。被连接件不产生相对滑动的条件为

$$fQ_p r_1 + fQ_p r_2 + \cdots + fQ_p r_z \geqslant K_s T$$

即各螺栓所需的预紧力为

$$Q_p \geqslant \frac{K_s T}{f(r_1 + r_2 + \cdots + r_z)} = \frac{K_s T}{f\sum_{i=1}^{z} r_i} \tag{14-26}$$

式中，f——接合面间的摩擦因数，见表 14-4；

r_i——第 i 个螺栓的轴线到螺栓组对称中心 O 的距离，mm；

z——螺栓数目；

K_s——防滑因数，K_s=1.1~1.3；

T——扭矩，N·mm。

（2）采用铰制孔螺栓时，各螺栓受到剪切和挤压作用。以 R_1，R_2，R_3，…，R_z 分别表示螺栓 1，2，3，…，z 所受的横向载荷，若螺栓的变形在弹性变形范围内，则由变形协调条件可知，各螺栓的变形量和受力大小与其中心到接合面形心的距离成正比。用 r_i、r_{max} 及 R_i、R_{max} 分别表示第 i 个螺栓和受力最大螺栓的轴线到螺栓组几何形心的距离及横向载荷，则有

$$\frac{R_{max}}{r_{max}} = \frac{R_i}{r_i}$$

或

$$R_i = R_{max}\frac{r_i}{r_{max}} \tag{14-27}$$

由被连接件力矩平衡条件得

$$R_1 r_1 + R_2 r_2 + \cdots + R_z r_z = T$$

即

$$\sum_{i=1}^{z} R_i r_i = T \tag{14-28}$$

联立式（14-27）、式（14-28）并解之，则求得受力最大的螺栓其横向工作载荷为

$$R_{\max} = \frac{Tr_{\max}}{\sum_{i=1}^{z} r_i^2} \tag{14-29}$$

式中符号意义和单位与式（14-26）相同。

在实际使用中，螺栓组连接所受工作载荷常常是以上 3 种简单受力状态的不同组合。只要分别计算出螺栓组在这些简单受力状态下每个螺栓的工作载荷，然后将它们按向量叠加起来，便得到每个螺栓的总工作载荷。一般来说，对普通螺栓可按轴向载荷确定螺栓的工作拉力；按横向载荷或（和）转矩确定连接所需要的预紧力，然后求出螺栓的总拉力。对铰制孔螺栓则按横向载荷或（和）转矩确定螺栓的工作剪力。求得受力最大的螺栓及其所受的载荷后，再进行单个螺栓连接的强度计算。

14-6 提高螺纹连接强度的措施

影响螺栓连接强度的因素很多，如材料、结构、尺寸、制造工艺、装配质量等。而螺栓连接的强度又主要取决于螺栓的强度，螺栓能否正常工作直接关系到连接能否正常工作。下面就螺栓连接做一简单说明。

一、改善螺纹牙间载荷分配不均现象

如图 14-25 所示，在连接受载时，螺栓受拉伸，外螺纹的螺距增大；而螺母受压缩，内螺纹的螺距减小。螺纹螺距的变化差以紧靠支承面处的第一圈为最大，其余各圈依次递减。旋合螺纹间的载荷分布如图 14-26 所示。因此，采用圈数过多的加厚螺母，并不能提高连接的强度。

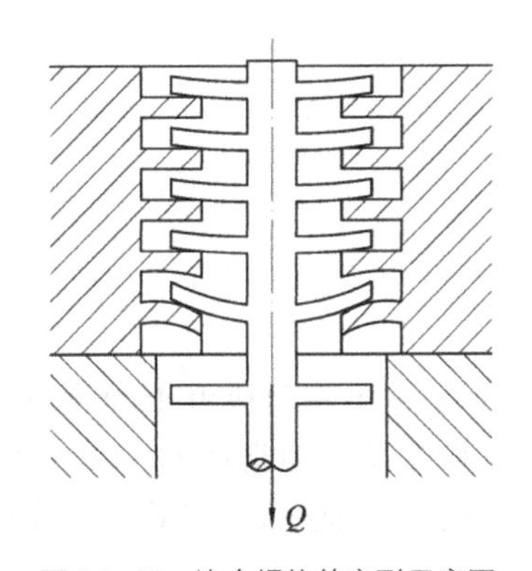

图 14-25　旋合螺纹的变形示意图

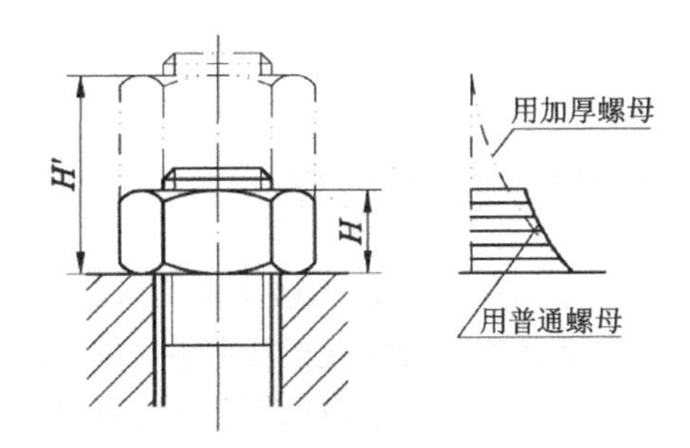

图 14-26　旋合螺纹间的载荷分布

为了改善螺纹牙上的载荷分布不均，可以采用下述方法（见图 14-27）。

（1）悬置螺母，使母体和栓杆的变形一致以减少螺距变化差，可提高螺栓疲劳强度 40%。

（2）环槽螺母，利用螺母下部受拉且富于弹性，可提高螺栓疲劳强度 30%，这些结构特殊的螺母制造费工，只在重要的或大型的连接中使用。

（3）内斜螺母，可减小原受力大的螺纹牙的刚度而把力分移到原受力小的牙上，可提高

螺栓疲劳强度 20%。

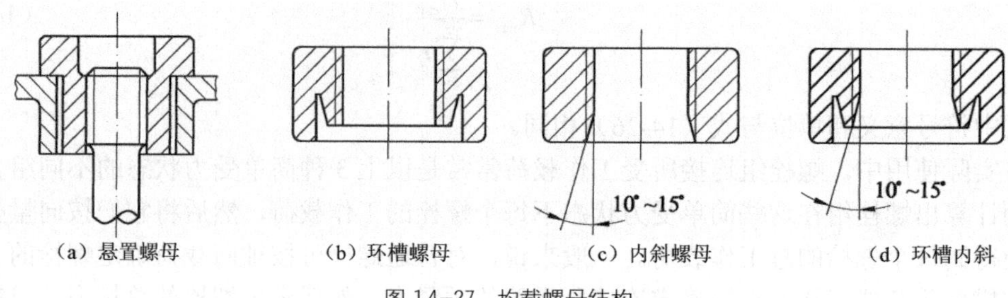

图 14-27　均载螺母结构

二、减小应力集中的影响

螺纹的牙根、螺纹的收尾、螺栓头部与螺栓杆的过渡处等，都是产生应力集中的部位。为了减小应力集中的程度，可以采用较大的圆角和卸载结构（图 14-28），或将螺纹收尾改为退刀槽等。

此外，在设计、制造和装配上应尽量避免螺纹连接产生附加弯曲应力，以免严重影响螺栓的强度和寿命。

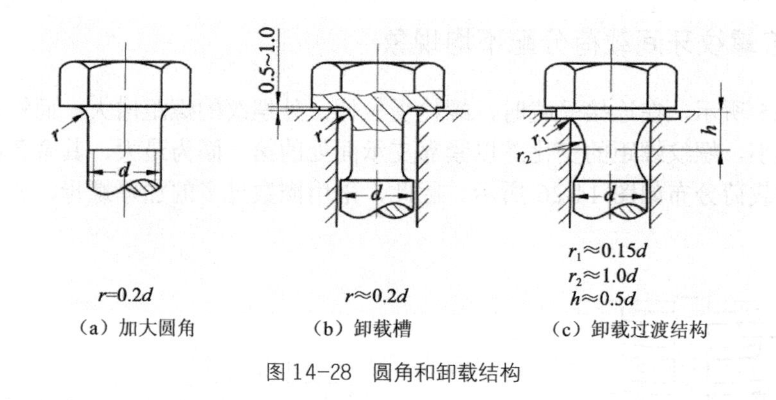

图 14-28　圆角和卸载结构

三、降低螺栓的应力幅

对于受变载荷的螺栓，当最小应力 σ_{min} 不变时，应力幅 σ_a 越小就越接近于静载荷，螺栓越不易发生疲劳破坏。若螺栓的工作拉力在 0~F 变化，则螺栓的总拉力将在 Q_p~Q 之间变动。由式（14-18）可知，降低螺栓连接的相对刚度 K_c，即降低螺栓的刚度 C_b 或增大被连接件刚度 C_m，均可以降低应力幅 σ_a。另由式（14-17）可知，在 Q_p 一定的条件下，采取上述措施将引起残余预紧力 Q_p' 减小，以致降低了连接的紧密性。因此，若在减小 C_b 和增大 C_m 的同时，适当增大预紧力 Q_p 就能使 Q_p' 减小不多或保持不变，这对改善连接的可靠性和紧密性是有利的。

为了减小螺栓的刚度，可适当增大螺栓长度或采用柔性螺栓或部分减小栓杆的直径。

为了增大被连接件的刚度，除了从被连接件的结构和尺寸方面考虑外，还可采用刚度大的垫片。对于有密封性要求的连接，从提高螺栓的疲劳强度考虑，采用图 14-29（b）所示密封比图 14-29（a）为好。

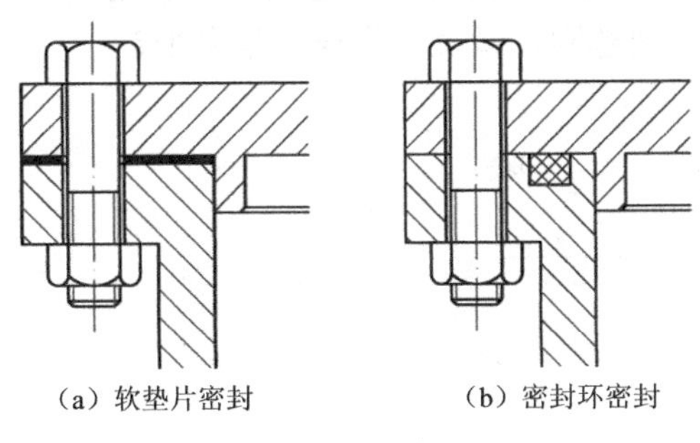

（a）软垫片密封　　（b）密封环密封

图 14-29　汽缸密封元件

四、采用合理的制造工艺方法

螺栓的制造工艺对其疲劳强度有很大的影响。冷镦头部和滚压螺纹的螺栓，其疲劳强度比车制螺栓高 30%~40%。此外，螺栓经过氰化、氮化、喷丸等处理，均可提高疲劳强度。

阅读参考文献

有关管螺纹、石油专用管连接螺纹和传动连接螺纹（梯形螺纹）的详细解释和说明，可以参考：李新勇等编著，《螺纹使用手册》，机械工业出版社，2009。该书还介绍了常见连接紧固螺纹在攻螺纹前钻头的选用情况，英制、米制和美制尺寸的转换关系等。

有关新型的高强度螺栓连接，可参考：日本钢构造协会接合小委员会编，王玉春等译，《高强度螺栓接合》，中国铁道出版社，1984。

思 考 题

14-1　螺纹连接的类型有哪些？

14-2　螺旋线和螺纹牙是如何形成的？螺纹的主要参数有哪些？螺距与导程、牙型角与工作面牙边倾斜角有何不同？螺纹的线数和螺旋方向如何判定？

14-3　为什么需要对螺纹连接进行预紧？

14-4　螺纹连接防松的方法有哪些？

14-5　试述受轴向载荷紧螺栓连接总拉力计算的两个表达式。

14-6　提高螺纹连接强度的措施有哪些？

习　题

14-1　图 14-30 所示是由两块边板和一块承重板焊成的龙门起重机导轨托架。两块边板各用 4 个螺栓与立柱相连接，托架所承受的最大载荷为 20kN，载荷有较大的变动。试问此螺栓连接采用普通螺栓连接还是铰制孔螺栓连接为宜？为什么？如用铰制孔螺栓连接，螺栓的直径应为多大？

14-2　图 14-31 所示为某受轴向工作载荷的紧螺栓连接的载荷变形图。

（1）当工作载荷为 2000N 时，求螺栓所受总拉力及被连接件间的残余预紧力。

（2）若被连接件间不出现缝隙，最大工作载荷是多少？

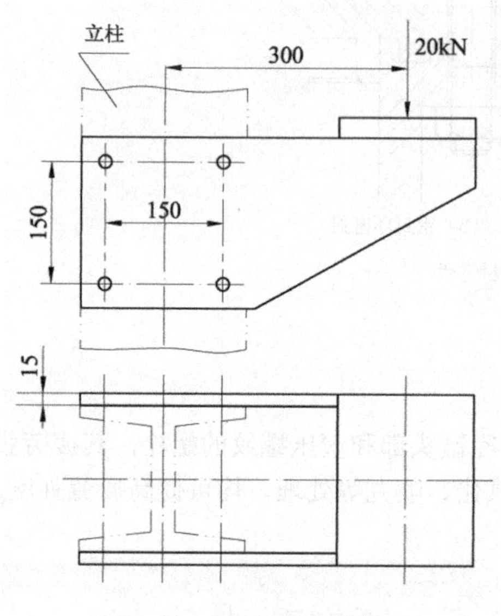

图 14-30　龙门起重机导轨托架

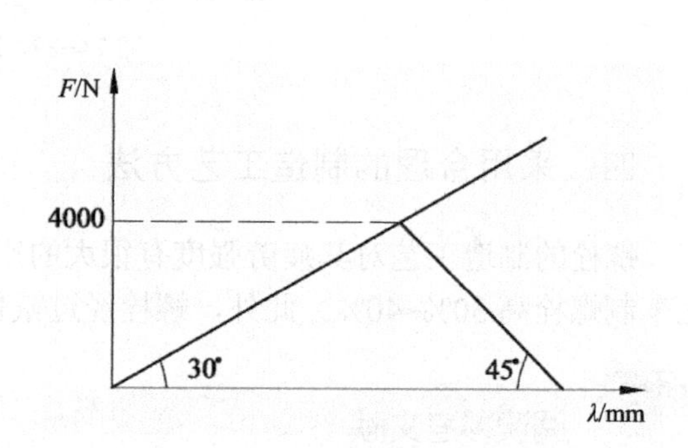

图 14-31　紧螺栓连接的载荷变形图

14-3　已知一普通粗牙螺纹，大径 d=24mm，中径 d_2=22.051mm(普通粗牙螺纹的线数为 1，牙型角为 60°)，螺纹副间的摩擦因数 f=0.15。

（1）求螺旋升角 λ。

（2）该螺纹副能否自锁？

（3）用作起重时的效率为多少？

14-4　螺纹连接的基本类型有哪些？各适用于什么场合？螺纹连接防松的意义及基本原理是什么？请指出图 14-32 中螺纹连接的结构错误。

14-5　如图 14-33 所示，拉杆端部采用普通粗牙螺纹连接。已知拉杆所受最大载荷 F=15kN，载荷很少变动，拉杆材料为 Q235 钢，试确定拉杆螺纹的直径。

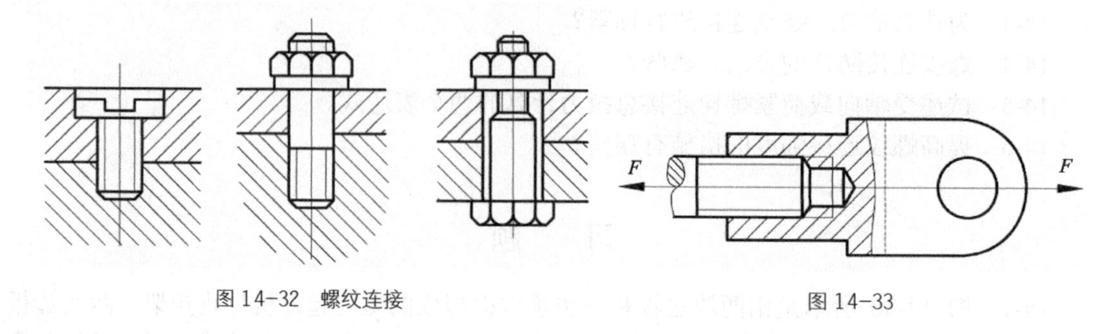

图 14-32　螺纹连接　　图 14-33

14-6　如图 14-34 所示，支承杆用 3 个 M12 铰制孔螺栓连接在机架上，铰孔直径 d_0=13mm。若螺杆与孔壁的挤压强度足够，试求作用于该悬臂梁的最大作用力 P。(不考虑构件本身的强度，螺栓材料的屈服极限 σ_s=600MPa，取剪切安全系数 n_τ=2.5。)

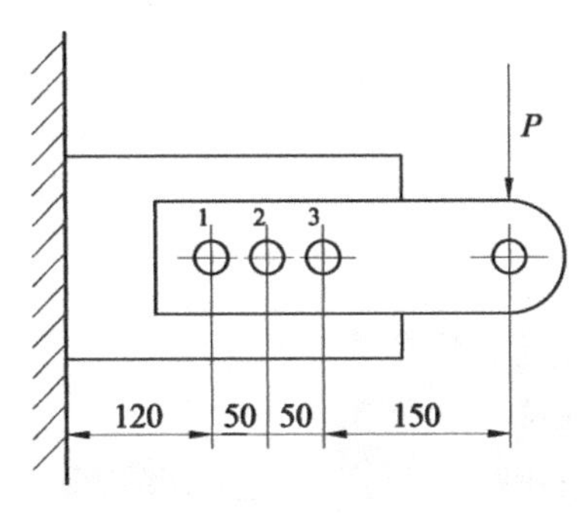

图 14-34 悬臂梁

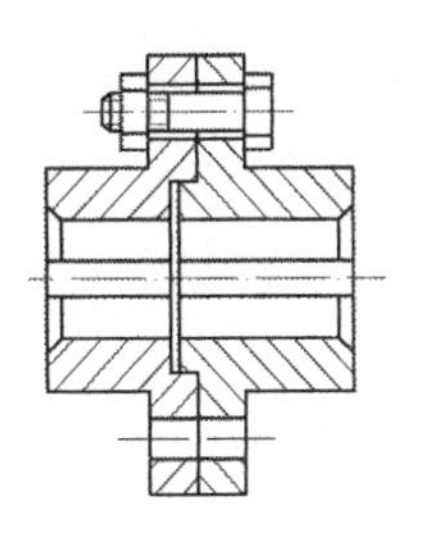

图 14-35 凸缘联轴器

14-7 图 14-35 所示为凸缘联轴器，用 6 个普通螺栓连接，螺栓分布在 D=100mm 的圆周上，接合面摩擦因数 f=0.16，防滑因数 K_s=1.2，若联轴器传递扭矩为 150N • m，试求螺栓螺纹小径。(螺栓[σ]=120MPa)

14-8 起重机卷筒如图 14-36 所示，在沿 D_1=500mm 圆周上安装 6 个双头螺柱和齿轮连接，靠拧紧螺柱产生的摩擦力矩将扭矩由齿轮传到卷筒上，卷筒直径 D_t=400mm，钢丝绳拉力 F_t=10000N，钢齿轮和钢卷筒连接面摩擦因数 f=0.15，希望摩擦力比计算值大 20%以获安全。螺栓材料为碳钢，其机械性能为 4.8 级。试计算螺栓直径。

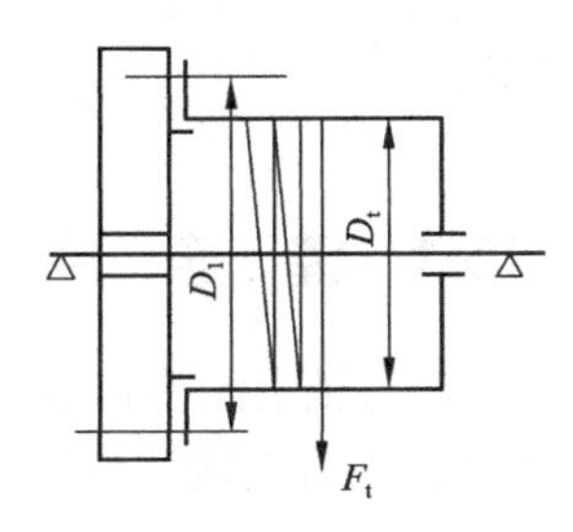

图 14-36 起重机卷筒

14-9 某油缸的缸体与缸盖用 8 个双头螺柱均布连接，作用于缸盖上总的轴向外载荷 $F_\Sigma = 50\text{kN}$，缸盖厚度为 16mm，载荷平稳，螺栓材料为碳钢，其机械性能为 4.8 级，缸体、缸盖材料均为钢。试计算螺栓直径并写出紧固件规格。

第 15 章 轴毂连接

内容提要

本章介绍机器中一些常用的典型轴毂连接方法，包括键、花键、销和无键连接。着重介绍了键、花键以及销连接的类型、结构特点、应用场合、选型及强度计算。对于无键连接的类型、结构特点和应用场合也作了概述性介绍。

本章重点：键连接的类型、结构特点、应用场合、选型及强度计算。

本章难点：花键连接的强度计算。

15-1 键 连 接

键是一种标准零件，通常用于连接轴与轴上的旋转零件或摆动零件，起周向固定的作用，以传递旋转运动或扭矩。某些类型的键，如导向键、滑键和花键，还可用作轴上移动零件的导向装置。

键连接设计的主要问题是：①选类型，可根据各类键的结构特点、使用要求或工作条件进行选择；②确定尺寸，根据轴径 d 由标准中选取键的剖面尺寸，键长依据轮毂长度选取标准长度值；③进行键的强度校核；④确定键槽公差和表面粗糙度。

一、键连接的类型及应用

键连接的主要类型有平键连接、半圆键连接、楔键连接和切向键连接。其中，平键连接和半圆键连接构成松连接，楔键连接和切向键连接构成紧连接。

1. 平键连接

图 15-1 为普通平键连接的结构型式。键的两侧面是工作面，工作时，靠键同键槽侧面的挤压来传递转矩。键的上表面与轮毂的键槽底面间留有间隙。按用途平键分为普通平键、薄型平键、导向平键和滑键四种。其中普通平键和薄型平键用于静连接，导向平键和滑键用于动连接。

（1）普通平键按结构分有圆头（A 型）、方头（B 型）及单圆头（C 型）三种。圆头平键牢固地放在指状铣刀铣出的键槽中，方头平键放于用盘状铣刀铣出的键槽中，常用螺钉紧固。

单圆头平键常用于轴端与毂类零件的连接。

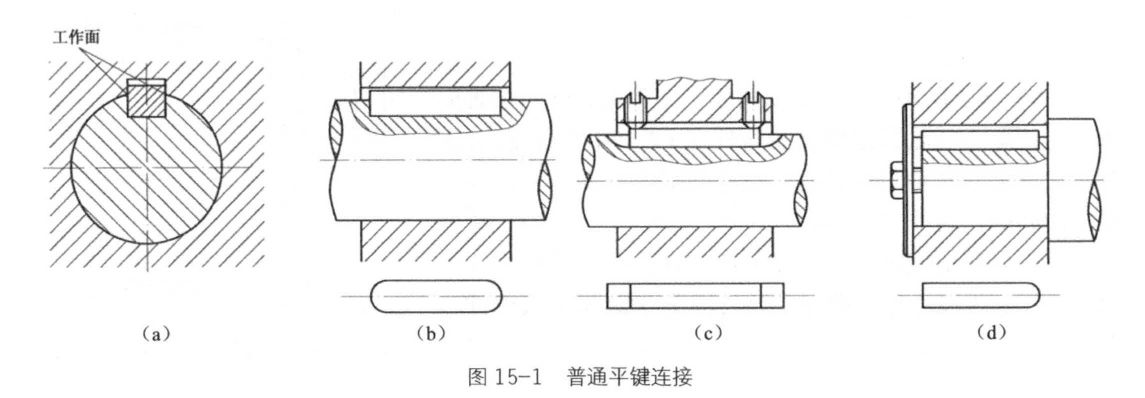

图 15-1 普通平键连接

（2）薄型平键键高约为普通平键的 60%～70%，也分圆头、方头和单圆头三种型式，常用于薄壁结构、空心轴及一些径向尺寸受限制的场合。

（3）导向平键连接如图 15-2 所示，导向平键固定在轴上而毂可以沿着键移动。图 15-3 所示滑键固定在毂上而随毂一同沿着轴上键槽移动。导向平键适用于轴上零件沿轴向移动距离不大的场合。当要求滑移的距离较大时，若采用导向平键则长度过大，制造、安装困难，宜采用滑键，此时轴上需铣出较长的键槽。

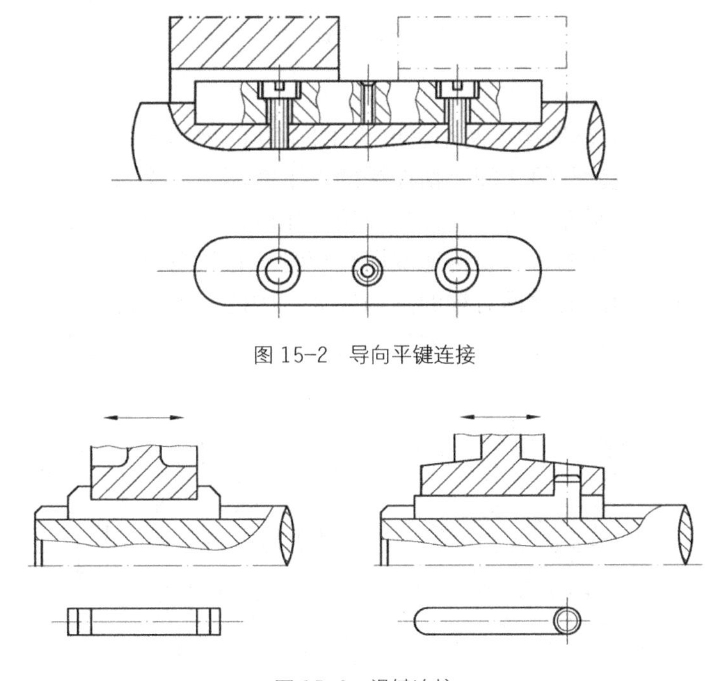

图 15-2 导向平键连接

图 15-3 滑键连接

2. 半圆键连接

如图 15-4 所示，半圆键用圆钢切制或冲压后磨制。轴上键槽用半径与半圆键相同的盘状铣刀铣出，因而键在槽中能绕其几何中心摆动，以适应键与轮毂上键槽的倾角。半圆键工作时，靠其侧面来传递转矩。这种键连接的优点是工艺性较好，装配方便，尤其适用于锥形轴端与轮毂的连接。缺点是轴上键槽较深，对轴的强度削弱较大，故一般只用于轻载静连接中。

3. 楔键连接

如图 15-5 所示，键的上下两面是工作面，键的上表面和与它相配合的轮毂键槽底面均具有 1∶100 的斜度。装配时，楔键装紧在轴与毂之间，楔键的侧面与键槽侧面间有很小的间隙，为非工作面。

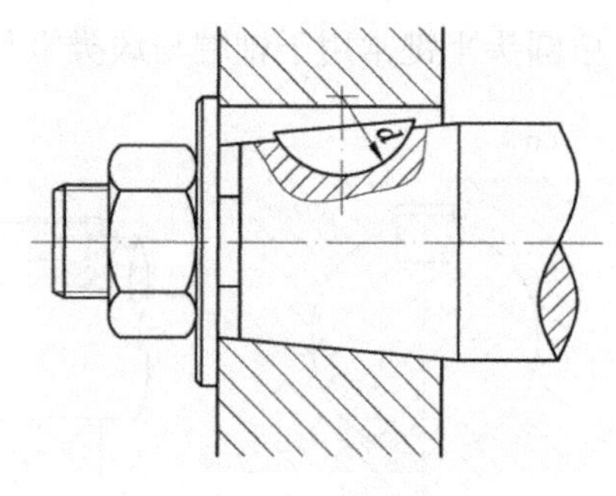

图 15-4 半圆键连接

楔键分普通楔键（图 15-5（a）、（b））和钩头楔键（图 15-5（c））两种。普通楔键又分为圆头楔键和平头楔键。在键楔紧后，轴和毂产生偏心，因此主要用于毂类零件定心精度要求不高和低转速的场合。

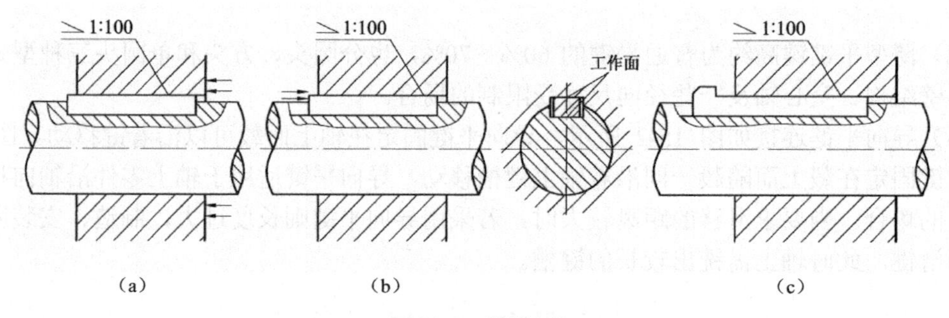

图 15-5 楔键连接

4. 切向键连接

如图 15-6 所示，切向键连接由两个斜度为 1∶100 的楔键组成。装配后，两楔键以其斜面相互贴合，共同楔紧在轴与毂之间。切向键的上下两面是工作面，键在连接中必须有一个工作面处于包含轴心线的平面之内。这样当连接工作时，工作面上的挤压力沿着轴的切线方向作用，而靠挤压力传递转矩。当要传递双向转矩时，必须用两个切向键，两者间的夹角为 120°～130°。由于切向键的键槽对轴的削弱较大，因此常用于直径大于 100mm 的轴上，如用于大型带轮、大型飞轮、矿山用大型绞车的卷筒及齿轮等与轴的连接。

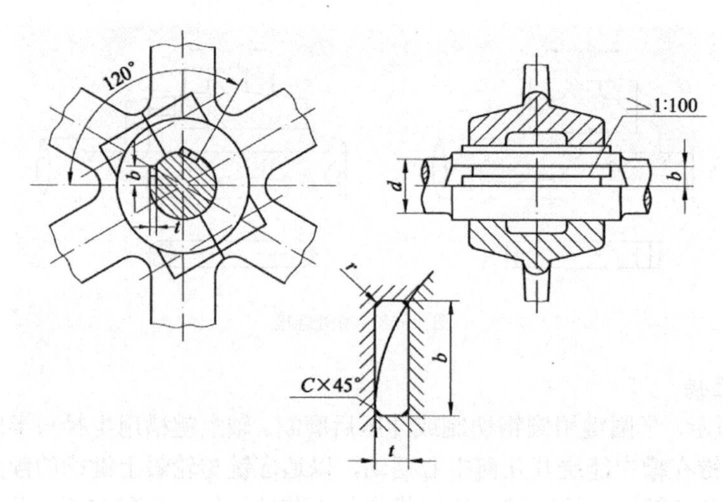

图 15-6 切向键连接

二、键的选择和键连接的强度计算

1. 键的选择

键的选择包括选择键的类型和确定键的尺寸。键的类型应根据键连接的使用要求、结构特点和工作条件来选择。键的尺寸为其截面尺寸（一般以键宽 b×键高 h 表示）与长度 L，应按符合标准规格和强度要求来确定。通常按轴的直径 d 由标准选定键的截面尺寸 $b\times h$，而键的长度 L 一般可按轮毂的长度而定。一般取键长等于或略短于轮毂的长度。而导向平键则按轮毂的长度及其滑动距离而定。轮毂的长度一般可取为 $L'\approx(1.5\sim2)d$，这里的 d 为轴的直径。所选定的键长应符合标准中键的长度系列。表 15-1 为普通平键的主要尺寸。

表 15-1　　普通平键的主要尺寸（mm）

轴的直径 d	6～8	>8～10	>10～12	>12～17	>17～22	>22～30	>30～38	>38～44
键宽 b×键高 h	2×2	3×3	4×4	5×5	6×6	8×7	10×8	12×8
轴的直径 d	>44～50	>50～58	>58～65	>65～75	>75～85	>85～95	>95～110	>110～130
键宽 b×键高 h	14×9	16×10	18×11	20×12	22×14	25×14	28×16	32×18
键的长度系列 L	6，8，10，12，14，16，18，20，22，25，28，32，36，40，45，50，56，63，70，80，90，100，110，125，140，180，200，220，250，……							

2. 平键连接的强度计算

用于静连接的普通平键，若采用常见的材料组合和按标准选取键的尺寸，则主要失效形式是工作面被压溃。除非有严重过载，一般不会出现键的剪断，因此，一般只须按工作面上的挤压应力进行强度校核计算（图 15-7）。

对于导向平键和滑键连接，其主要失效形式是工作面的过度磨损，因此，通常按工作面上的比压进行条件性的强度校核。

计算时，忽略摩擦，且假定载荷在键的工作面上均匀分布，普通平键连接的强度条件为

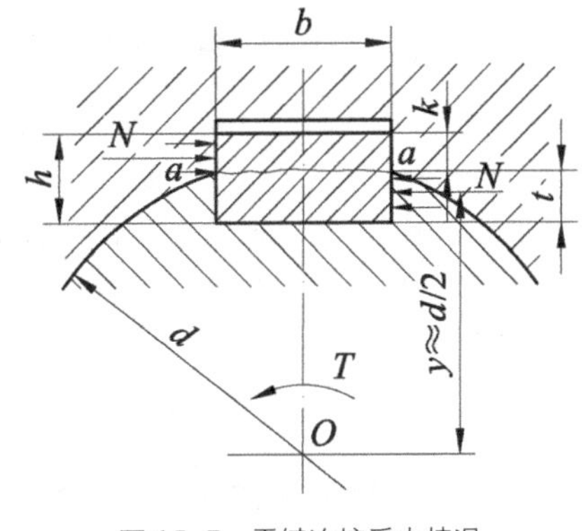

图 15-7　平键连接受力情况

$$\sigma_{\mathrm{p}}=\frac{2T\times10^{3}}{kld}\leqslant[\sigma]_{\mathrm{p}}\quad(\mathrm{MPa})\tag{15-1}$$

式中，T——键连接传递的扭矩，N·m；

k——键与轮毂的接触高度，mm，k=0.5h，h 为键的高度；

l——键的工作长度，mm，A 型键 $l=L-b$，B 型键 $l=L$，C 型键 $l=L-b/2$，其中 L 为键的公称长度；

d——轴的直径，mm；

$[\sigma]_{\mathrm{p}}$——键、轴、毂中最弱材料的许用挤压应力，MPa，见表 15-2。

导向平键和滑键连接的强度条件为

$$p=\frac{2T\times10^{3}}{kld}\leqslant[p]\quad(\mathrm{MPa})\tag{15-2}$$

式中，$[p]$——轴、键、毂中最弱材料的许用比压，见表 15-2。

表 15-2　　键连接的许用应力（MPa）

许用挤压应力、许用比压、许用剪应力	连接工作方式	键或毂、轴的材料	载荷性质		
			静载荷	轻微冲击	冲击
$[\sigma]_p$	静连接	钢	120～150	100～120	60～90
		铸铁	70～80	50～60	30～45
$[p]$	动连接	钢	50	40	30
$[\tau]$			125	100	60

注：如与键有相对滑动的被连接件表面经过淬火，则动连接的许用比压$[p]$可提高 2～3 倍。

3. 半圆键连接的强度校核

半圆键连接的可能失效形式为键被剪断或工作面被压溃（图 15-8）。按剪切强度作条件件性计算时有

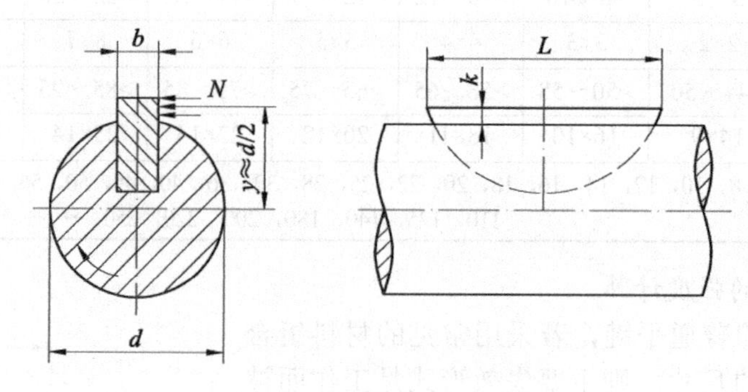

图 15-8　半圆键连接的受力情况

$$T = Ny \times 10^{-3} \approx bl\tau \times \frac{d}{2} \times 10^{-3}\ （\text{N} \cdot \text{m}）$$

即

$$\tau = \frac{2000T}{bld} \leqslant [\tau] \tag{15-3}$$

式中，τ——键的剪切应力，MPa；

b——键宽，mm；

l——键的工作长度，取 $l=L$,L 为键的公称长度；

$[\tau]$——键的许用剪切应力，MPa，见表 15-2。

挤压强度校核时，参照式（15-1）。

键的材料采用抗拉强度不小于 600MPa 的钢，通常为 45 钢。

在进行强度校核后，如果强度不够时，可采用双键。两个平键最好布置在沿周向相隔 180°；两个半圆键应布置在轴的同一条母线上；两个楔键则应布置在沿周向相隔 90°～120°。考虑到两键上载荷分配的不均匀性，在强度校核中只按 1.5 个键计算。如果轮毂允许适当加长，也可相应地增加键的长度，以提高单键连接的承载能力。但由于传递转矩时，键上载荷沿其长度分布不均，故键的长度不宜过大，通常不宜超过(1.6～1.8)d。

例 15-1　已知减速器中某直齿圆柱齿轮安装在轴的两个支承点间，齿轮和轴的材料都是铸钢，用键构成静连接。齿轮的精度为 7 级，装齿轮处的轴径 d=70mm，齿轮轮毂宽度为

100mm，需传递的转矩 T=2200N·m，载荷有轻微冲击。试设计此键连接。

解： 1．选择键连接的类型和尺寸

一般8级以上精度的齿轮有定心精度要求，应选用平键连接。由于齿轮不在轴端，故选用圆头普通平键（A型）。

根据 d=70mm，从表15-1中查得键的截面尺寸为：宽度 b=20mm，高度 h=12mm。由轮毂宽度并参考键的长度系列，取键长 L=90mm(比轮毂宽度小些)。

2．校核键连接的强度

键、轴和轮毂的材料都是钢，由表15-2查得许用挤压应力 $[\sigma]_p=100\sim120$MPa，取 $[\sigma]_p$=110MPa。键的工作长度 $l=L-b=90-20=70$(mm)，键与轮毂键槽的接触高度 $k=0.5h=0.5\times12=6$(mm)。由式（15-1）得

$$\sigma_p=\frac{2T\times10^3}{kld}=\frac{2\times2200\times10^3}{6\times70\times70}=149.7(\text{MPa})>[\sigma]_p=110\text{MPa}$$

可见连接的挤压强度不够。考虑相差较大，因此改用双键，相隔180°布置。按1.5个键计算，由式（15-1）得

$$\sigma_p=\frac{2T\times10^3}{1.5kld}=\frac{2\times2200\times10^3}{1.5\times6\times70\times70}=99.8(\text{MPa})\leqslant[\sigma]_p=110\text{MPa}$$

合适。

键的标记为：键 20×90 GB/T 1096—2003（一般A型键可不标出“A”，对于B型或C型键，须将“键”标为“键B”或“键C”）。

15-2 花键连接

一、花键连接的类型、特点和应用

花键连接是由外花键和内花键（图15-9）组成。与平键连接比较，花键连接有以下优点：①对称布置，使轴毂受力均匀；②齿轴一体而且齿槽较浅，齿根应力集中较小，被连接件的强度削弱较少；③齿数多，总接触面积大，压力分布较均匀；④轴上零件与轴的对中性好；⑤导向性较好；⑥可用磨削的方法提高加工精度及连接质量。其缺点是齿根仍有应力集中，有时需用专门设备加工，成本较高。因此，花键连接适用于定心精度要求高、载荷大或经常滑移的连接。花键连接的齿数、尺寸、配合等均应按标准选取。

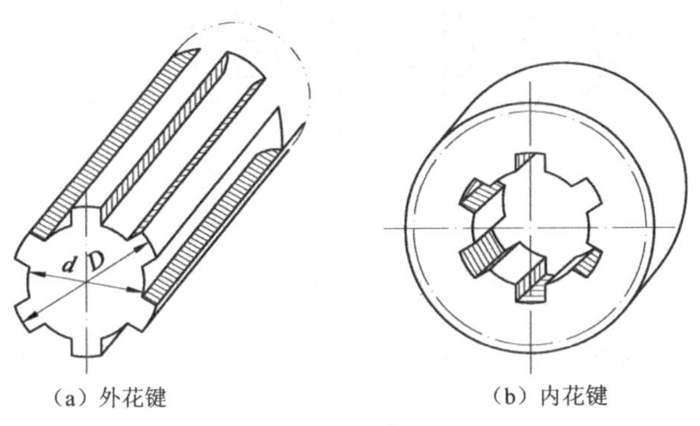

（a）外花键　　（b）内花键

图15-9 花键

花键连接可用于静连接或动连接。按其齿形不同，可分为矩形花键连接和渐开线花键连接两种，分别如图 15-10 和图 15-11 所示。图 15-12 为细齿渐开线花键连接。

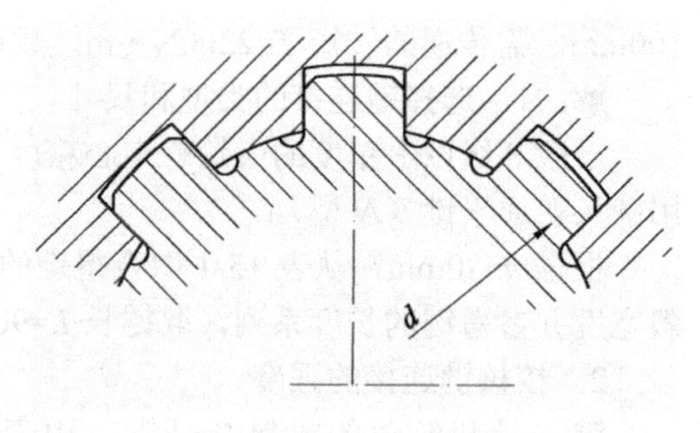

图 15-10　矩形花键连接

矩形花键连接按新标准为内径定心，有轻、中两个系列，分别适用于载荷较轻或中等的场合。其定心精度高，定心部稳定性好，能用磨削的方法消除热处理引起的变形，应用广泛。但目前仍有按老标准生产的按外径定心和齿侧定心方式，外径定心时，内花键孔可由拉刀加工，花键轴可在普通磨床上磨削，定心精度较高，生产率高，适合于毂孔表面硬度低于 40HRC；齿侧定心载荷沿键齿分布均匀，但定心精度较差。

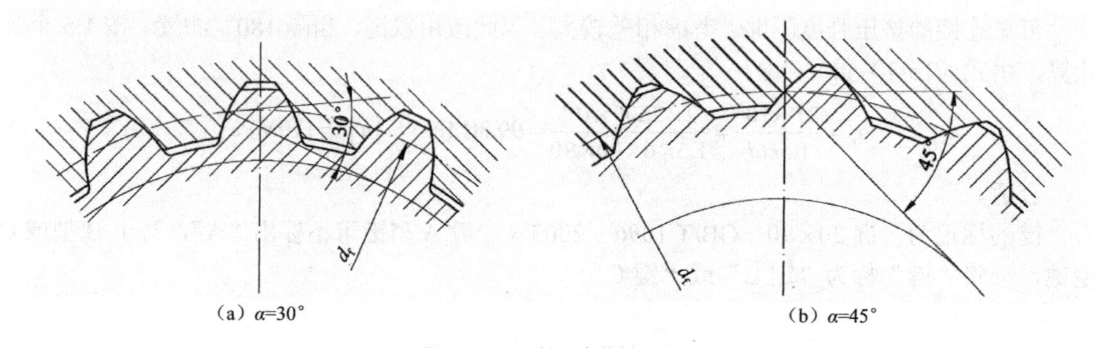

（a）α=30°　（b）α=45°

图 15-11　渐开线花键连接

渐开线花键的齿廓为渐开线，分度圆压力角有 30° 和 45° 两种（图 15-11），齿顶高分别为 0.5m 和 0.4m，此处 m 为模数。

渐开线花键的定心方式为齿形定心。当齿受载时，齿上的径向力能起到自动定心作用，有利于各齿均匀承载。

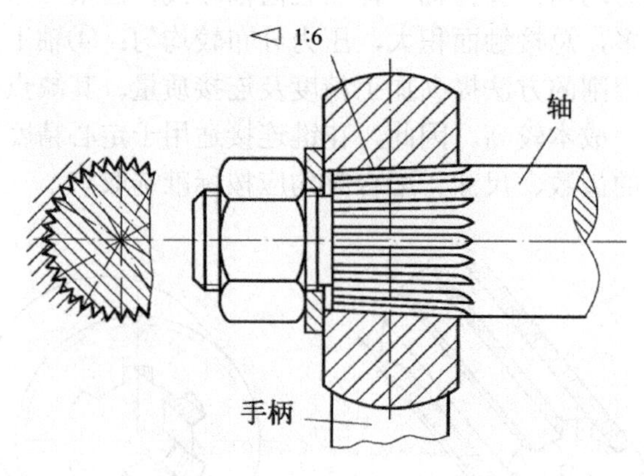

图 15-12　细齿渐开线花键连接

细齿渐开线花键的齿较细，有时也可做成三角形。这种连接适用于载荷很轻或薄壁零件的轴毂连接，也可用作锥形轴上的辅助连接。

二、花键连接的强度计算

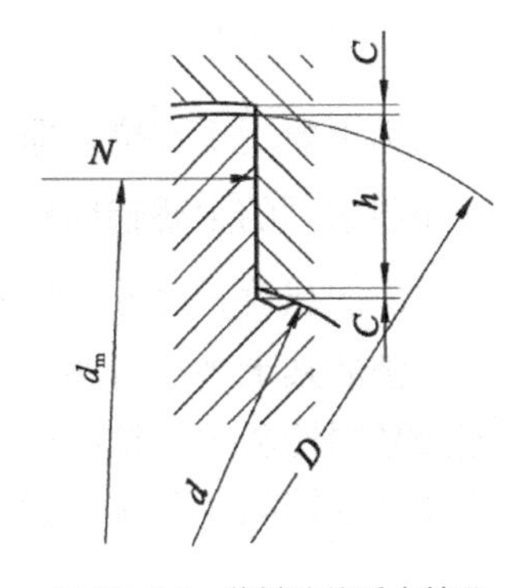

图 15-13　花键连接受力情况

花键连接强度计算与键连接相似，通常先选连接类型和方式，查出标准尺寸，然后再作强度验算。连接的可能失效形式有齿面的压溃或磨损，齿根的剪断或弯断等。对于实际采用的材料组合和标准尺寸来说，齿面的压溃或磨损是主要的失效形式，因此，一般只作连接的挤压强度或耐磨性计算。

花链连接受力情况如图 15-13 所示。假定载荷在键的工作面上均匀分布，各齿面上压力的合力 N 作用在平均直径 d_m 处，即传递的转矩 $T=Nd_m/2$。引入系数 ψ 来考虑实际载荷在各花键齿上分配不均的影响，则花键连接的强度条件为

静连接
$$\sigma_p=\frac{2T\times10^3}{\psi zhld_m}\leqslant[\sigma]_p \quad \text{(MPa)} \tag{15-4}$$

动连接
$$p=\frac{2T\times10^3}{\psi zhld_m}\leqslant[p] \quad \text{(MPa)} \tag{15-5}$$

式中，ψ——载荷分配不均系数，ψ=0.7～0.8；

z——花键的键齿数；

l——齿的工作长度，mm；

h——花键齿侧面的工作高度，mm，矩形花键 $h=\frac{D-d}{2}-2C$，D 为花键大径，d 为花键小径，C 为倒角尺寸，而渐开线花键 α=30°，h=m；α=45°，h=0.8m，m 为模数；

d_m——花键的平均直径，mm，矩形花键 $d_m=\frac{D+d}{2}$，渐开线花键 $d_m=d_f$，d_f 为分度圆直径；

$[\sigma]_p$——许用挤压应力，MPa，见表 15-3；

$[p]$——许用比压，MPa，见表 15-3。

表 15-3　　花键连接的许用挤压应力、许用比压（MPa）

许用挤压应力、许用比压	连接工作方式	使用和制造情况	齿面未经热处理	齿面经热处理
$[\sigma]_p$	静连接	不良	35～50	40～70
		中等	60～100	100～140
		良好	80～120	120～200
$[p]$	空载下移动的动连接	不良	15～20	20～35
		中等	20～30	30～60
		良好	25～40	40～70
	在载荷作用下移动的动连接	不良	—	3～10
		中等	—	5～15
		良好	—	10～20

注：①使用和制造情况不良系指受变载荷、有双向冲击、振动频率高和振幅大、润滑不良（对动连接）、材料硬度不高或精度不高等。

②同一情况下，$[\sigma]_p$ 或 $[p]$ 的较小值用于工作时间长和较重要的场合。

③花键材料的拉伸强度极限不低于 600MPa。

15-3 销 连 接

销主要用于定位，即固定零件之间的相对位置，称为定位销（图 15-14），常用作组合加工和装配时的主要辅助零件；也可用于零件间的连接或锁定（图 15-15），称为连接销，可传递不大的载荷。此外，销还可以作为安全装置中的过载剪断元件（图 15-16），称为安全销。

销的基本类型有普通圆柱销和普通圆锥销，可查有关国家标准。圆柱销经多次装拆后，连接紧固性和定位精度会降低。圆锥销有 1∶50 的锥度，可自锁，安装比圆柱销方便，且定位精度也较高，多次装拆对定位精度的影响也很小。

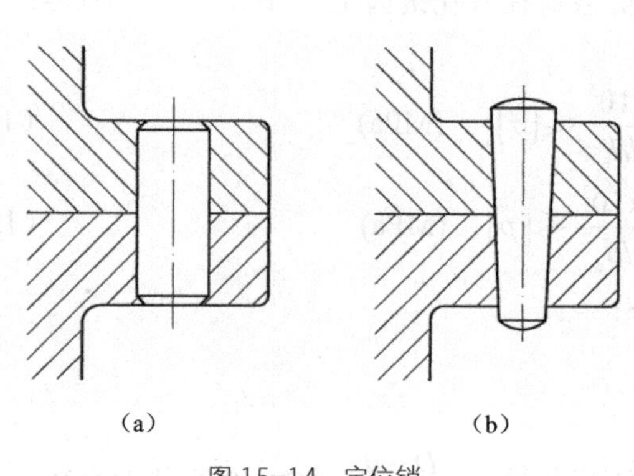

图 15-14 定位销

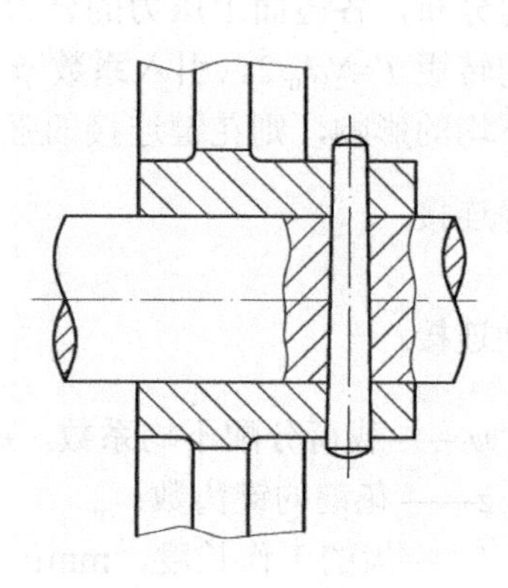

图 15-15 连接销

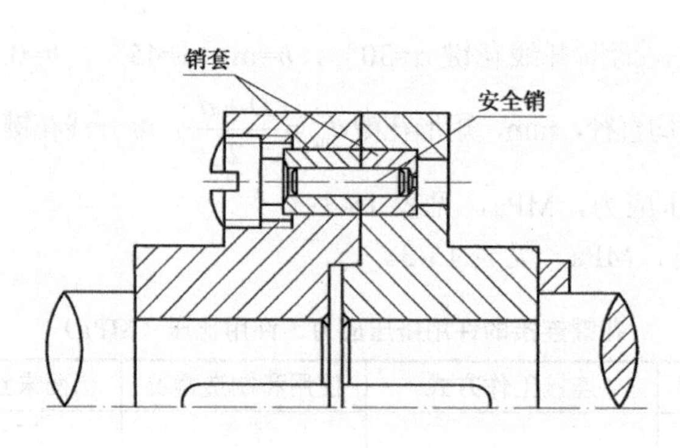

图 15-16 安全销

销还有一些特殊形式，如端部带有外螺纹或内螺纹的圆锥销（图 15-17），可用于盲孔或拆卸困难的场合。开尾圆锥销（图 15-18）适用于有冲击、振动的场合。此外，还有带内、外螺纹的圆柱销、弹性圆柱销、槽销等形式。

销的常用材料为 35、45 钢，许用切应力$[\tau]$=80MPa，许用挤压应力$[\sigma]_p$可查表 15-2。

定位销通常不受载荷或只受很小的载荷，故不作强度校核。其直径按结构由经验确定，数目不得少于两个。销装入每一被连接件内的长度，为销直径 1～2 倍。

连接销的类型可根据工作要求选定，其尺寸可根据连接的结构特点按经验或规范确定，必要时再按剪切和挤压强度条件进行校核计算。

安全销在机器过载时应被剪断，因此，销的直径应按过载时被剪断的条件确定。

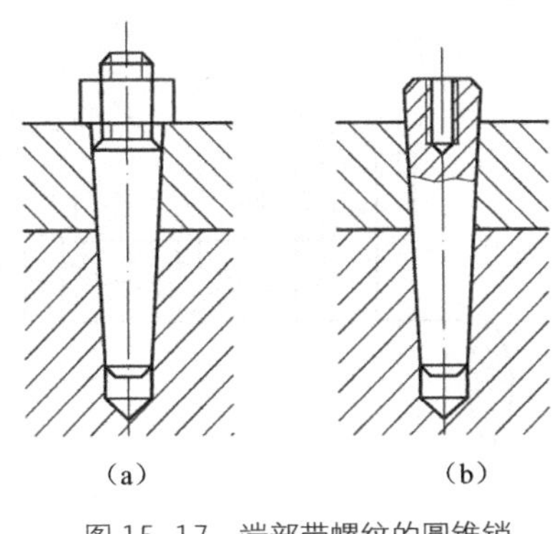

图 15-17 端部带螺纹的圆锥销

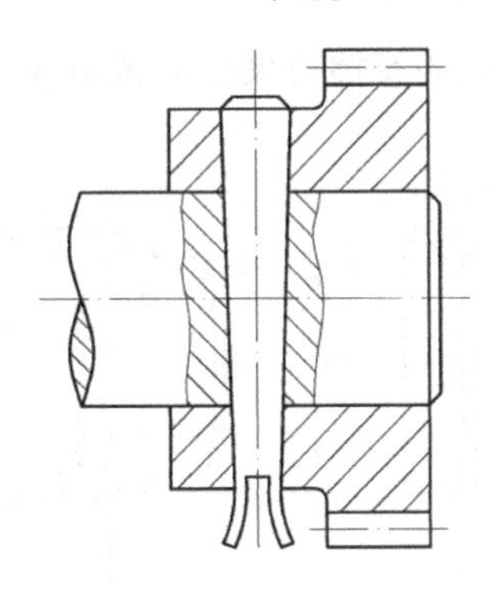

图 15-18 开尾圆锥销

15-4 无键连接

凡是轴与毂的连接不用键（或花键）时，统称为无键连接。常见的有型面连接和胀紧连接。

一、型面连接

如图 15-19 所示，利用非圆截面的轴与相应的毂孔构成的连接，称为型面连接也叫成型连接。轴和毂孔可做成柱形或锥形。

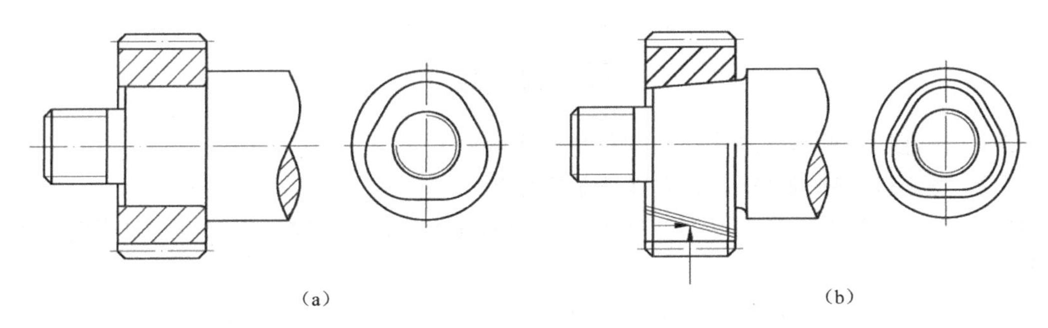

图 15-19 型面连接

这种连接没有应力集中源，定心性好，承载能力强，装拆也方便；但由于工艺上的困难，应用并不广泛。非圆截面轴先经车削，然后磨制，毂孔先经钻镗或拉削，然后磨削。截面形状要能适应磨削。

二、胀紧连接

如图 15-20 所示，利用以锥面贴合并挤紧在轴毂之间的内、外钢环构成的连接，称为胀紧连接，也叫弹性环连接。根据胀紧连接套（简称胀套）结构形式的不同，JB/T 7934—1996 规定了五种型号（Z1～Z5 型）。

图 15-20 中所示为采用 Z1 型胀套的胀紧连接。当拧紧螺母或螺钉时，在轴向力的作用下，内套筒缩小而箍紧轴，外套筒胀大而撑紧毂，使接触面间产生压紧力。工作时，利用此压紧

力所引起的摩擦力来传递转矩或（和）轴向力。

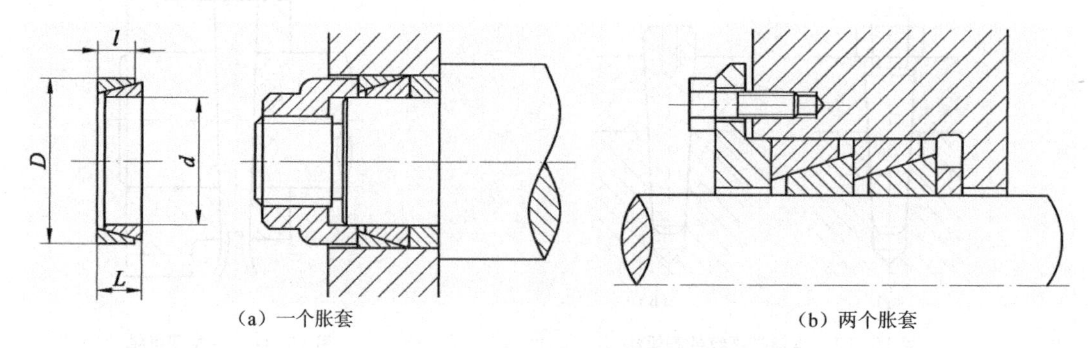

（a）一个胀套　　（b）两个胀套

图 15-20　采用 Z1 型胀套的胀紧连接

胀紧连接的定心性好，装拆方便，引起的应力集中较小，承载能力高，并且有安全保护作用。但由于要在轴和毂孔间安装胀套，应用有时会受到结构尺寸的限制。

阅读参考文献

有关键与花键的尺寸系列、公差配合以及键槽的尺寸公差，可参考：全国机器轴与附件标准化技术委员会编《零部件及相关标准汇编（键与花键连接卷）》，中国标准出版社，2010。

有关键的分类、选用、原则、尺寸确定、强度计算可以参阅：（1）于惠力、冯新敏、李广慧编著，《连接零部件设计实例精解》，机械工业出版社，2009。（2）徐灏主编，《机械设计手册》，机械工业出版社，2000。

思考题

15-1　键连接中哪些是静连接？哪些是动连接？

15-2　键连接中哪些是松连接？哪些是紧连接？

15-3　A 型、B 型、C 型三种平键分别用于哪种场合？各有哪些优缺点？对应的键槽如何加工？

15-4　与平键连接相比，花键连接有何特点？

15-5　花键的齿形有几种？

15-6　花键有几种定心方式？各有何特点？

15-7　根据销连接的用途，通常把销分为哪几类？

15-8　圆柱销和圆锥销有哪些特点？

15-9　无键连接有几种形式？有何特点？各用于什么场合？

15-10　把一个零件在平面机座上作精确定位，应装几只定位销？为什么？各销钉的相对位置应如何考虑？

15-11　你对快速装拆螺纹连接有何创意构思？对螺纹连接防松原理和装置能否提出新的思路？

习　题

15-1　凸缘半联轴器及圆柱齿轮分别用键与减速器的低速轴相连接，如图 15-21 所示。试选择两处键的类型及尺寸，并校核其连接强度。已知轴的材料为 45 钢，传递的转矩 T=1000N・m，齿轮用锻钢制成，半联轴器用灰铸铁制成，工作时有轻微冲击。

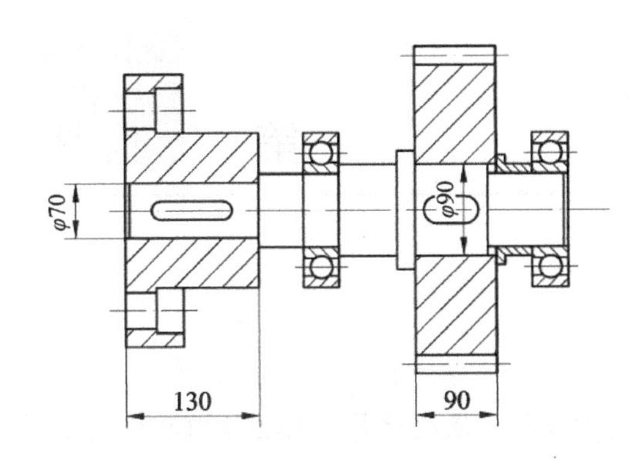

图 15-21　链连接

15-2　在直径为 60mm 的轴端安装一圆柱齿轮，轮毂长为 90mm，工作时载荷平稳。试设计平键连接的结构、尺寸，并计算其能传递的最大扭矩。

15-3　试从传递扭矩能力、制造成本、削弱轴的强度几方面比较平键、半圆键和花键连接。并阐述楔键连接与平键连接相比，其结构和应用的特点。

15-4　试选择带轮与轴连接采用的 A 型普通平键。已知轴和带轮的材料分别为钢与铸铁，带轮与轴配合直径 d=40mm，轮毂长度 l=70mm，传递的功率 P=10kW，转速 n=970r/min，载荷有轻微冲击。请以 1∶1 比例尺绘制连接横断面视图，并在其上标注键的规格和键槽尺寸。

第16章 轴

内容提要

本章主要介绍轴的结构设计、强度计算、刚度与振动稳定性问题。首先介绍轴的用途、分类、材料及选择原则等基本知识，在此基础上分析轴的结构设计方法，从拟定轴上零件的装配方案到零件的轴向和周向定位方式，到轴段直径和长度的确定方法都进行了详细的阐述。最后着重介绍轴扭转强度和弯扭合成强度计算方法，并简要介绍轴的弯曲和扭转刚度计算方法、振动稳定性问题及临界转速的计算。

本章重点：轴的分类，轴的结构设计，轴的弯扭合成强度计算。

本章难点：轴的结构设计。

16-1 概　述

因为所有作回转运动的传动零件都必须安装在轴上才能传递运动和动力，因此轴是组成机器的一个重要零件。它的主要作用有两个：支承回转零件以及传递运动和动力。

轴按承载的情况可分为转轴、心轴和传动轴三种。同时受弯矩和扭矩的轴称为转轴，如图 16-1 支承齿轮的轴为转轴。只受弯矩而不受扭矩的轴为心轴，如图 16-2（a）为转动心轴，图 16-2（b）为固定心轴。主要受扭矩而不受弯矩或弯矩很小的轴称为传动轴，如图 16-3 为一传动轴。

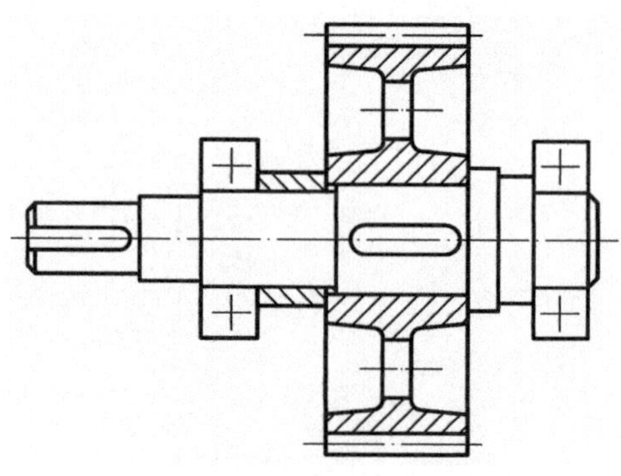

图 16-1　支承齿轮的转轴

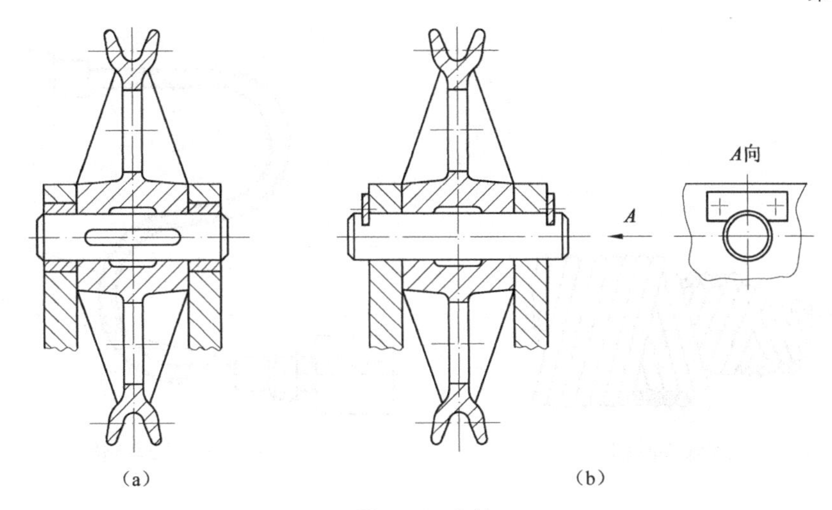

（a） （b）

图 16-2 心轴

按照轴线形状的不同，轴还可以分为曲轴（图 16-4）和直轴（图 16-5）两大类。曲轴和连杆一起可将旋转运动改变为往复直线运动。直轴根据外形不同，可分为光轴（图 16-5（a））和阶梯轴（图 16-5（b））两种。光轴加工方便，应力集中少，但轴上零件不易装配及定位，常用于传递纯扭矩；阶梯轴则刚好相反，常用作转轴。

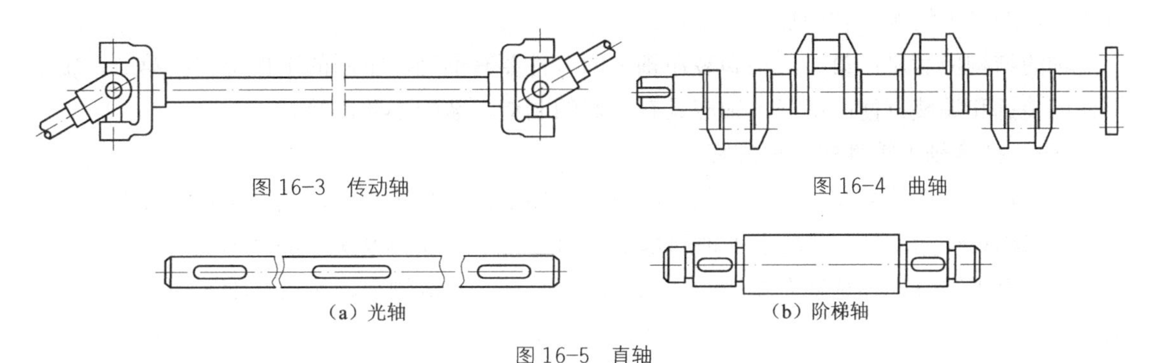

图 16-3 传动轴

图 16-4 曲轴

（a）光轴

（b）阶梯轴

图 16-5 直轴

当需要在轴中装设其他零件或减轻轴的重量时，常将轴制成空心的（图 16-6）。

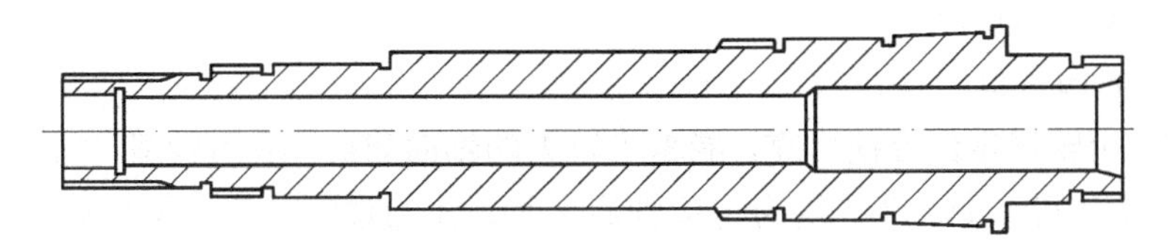

图 16-6 空心轴

除此之外，还有钢丝软轴，钢丝软轴是由多层钢丝绕制而成的（图 16-7）。它具有良好的挠性，可以把回转运动灵活地传到狭窄的空间位置（图 16-8），例如牙钻的传动轴。

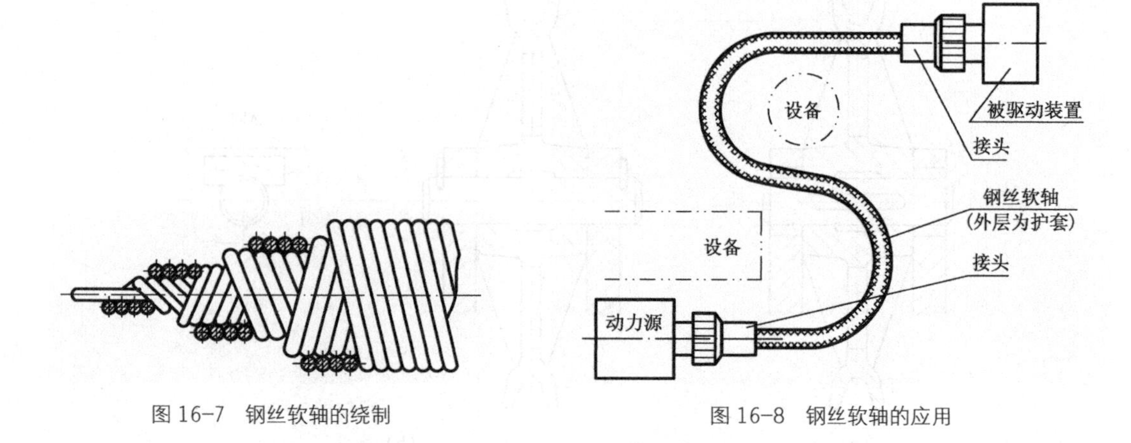

图 16-7　钢丝软轴的绕制

图 16-8　钢丝软轴的应用

16-2　轴的材料和结构设计

一、轴的结构设计

轴的结构主要取决于以下因素：轴在机器中的安装位置及形式、轴上零件的布置和固定方式、轴的受力情况、轴的加工工艺等。

轴的结构应满足：第一，轴和装在轴上的零件要有准确、牢固的工作位置；第二，轴上零件应装拆和调整方便；第三，轴应具有良好的制造、装配工艺性等。

（一）拟定轴上零件的装配方案

拟定轴上零件的装配方案就是预定出轴上主要零件的装配方向、顺序和相互关系。它是进行轴结构设计的前提，它决定了轴的基本结构形式。如图 16-9 所示的减速器阶梯轴，应先在轴上装上平键 1，再从轴右端逐一装入齿轮、套筒、右端轴承，然后从轴左端装入左端轴承。轴上零件安装完毕后，将轴置于减速器的轴承孔中，装上轴承左、右端盖。最后装上平键 2，并从轴右端装入联轴器。拟定装配方案时，一般应多考虑几个方案，进行分析比较再选择出最佳方案。

（二）轴上零件的定位

1．零件的轴向定位

（1）轴肩。用轴肩定位方便可靠，能承受较大的轴向载荷，应用较多，如图 16-9 中的①、②、③、④、⑤，其中①、②、⑤为定位轴肩，③、④为过渡轴肩。但轴肩处因轴截面的变化将产生应力集中，轴肩过多也不利于加工。用于定位的轴肩其高度 h 一般为（0.07～0.1）d，d 为与零件相配合处的轴径尺寸。用于定位滚动轴承的轴肩（如图 16-9 中的 I 处），其高度必须低于轴承内圈的高度，以便拆卸轴承，轴肩的高度可参阅手册中轴承的安装尺寸。为了可靠地定位，轴上圆角半径 r 必须小于零件的圆角半径 R 或倒角 C，如图 16-9 中的 I 、II 两处。轴和零件的圆角、倒角尺寸见表 16-1。

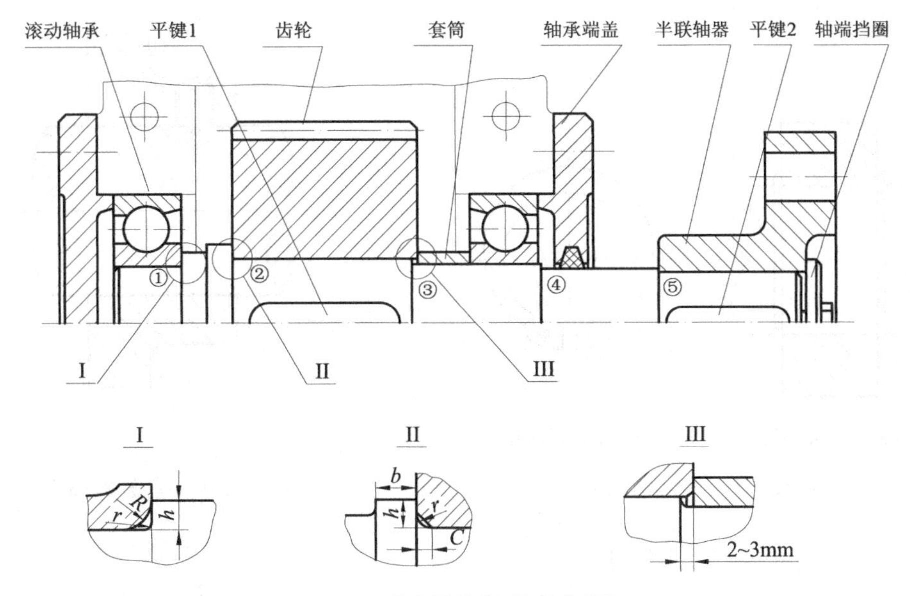

图 16-9 轴上零件装配与轴的结构

表 16-1 零件倒角 C 与圆角半径 R 的推荐值（mm）

直径 d	>6～10		>10～18	>18～30	>30～50		>50～80	>80～120	>120～180
C 或 R	0.5	0.6	0.8	1.0	1.2	1.6	2.0	2.5	3.0

（2）套筒。套筒定位（图 16-9 中的Ⅲ处）结构简单、定位可靠，一般用于轴的中部，两个零件间距较小时的情况。因套筒与轴的配合较轻松，所以高速轴上不宜用套筒定位。

（3）轴用圆螺母。轴上螺纹处有较大的应力集中，会削弱轴的强度，故一般用细牙螺纹，并用于固定轴端的零件。当轴上两个零件距离较远时也常采用圆螺母定位。图 16-10（a）为双螺母定位，图 16-10（b）为圆螺母加止动垫片定位。

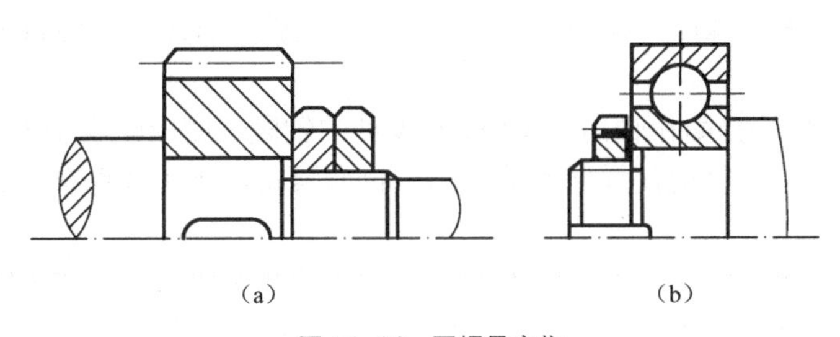

图 16-10 圆螺母定位

（4）轴端挡圈。轴端挡圈仅适用于轴端零件的固定，可承受较大的轴向力，应用很广，如图 16-9 所示。

（5）轴承端盖。轴承端盖用螺钉或槽与箱体连接而使滚动轴承的外圈得到轴向定位。

（6）弹性挡圈、紧定螺钉或锁紧挡圈。弹性挡圈（图 16-11）、紧定螺钉（图 16-12）和锁紧挡圈（图 16-13）结构简单，但只能承受不大的轴向力，紧定螺钉和锁紧挡圈还可兼作周向定位之用。

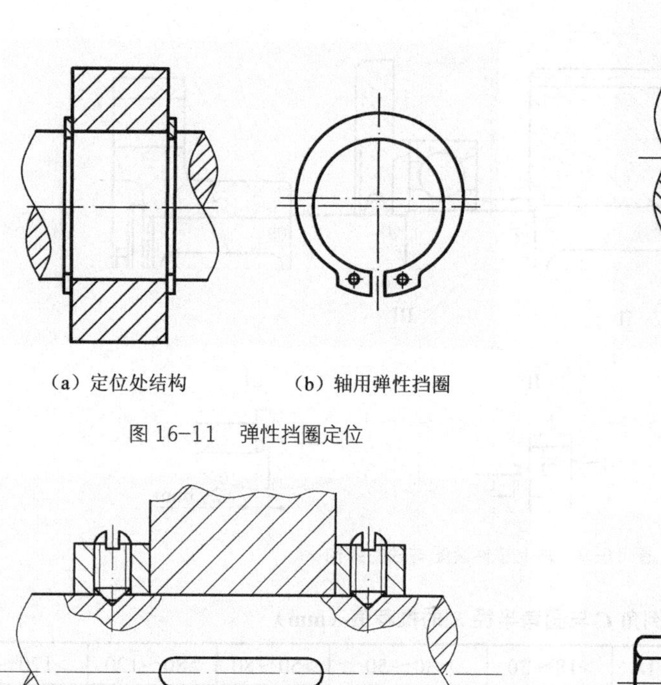

（a）定位处结构　　（b）轴用弹性挡圈

图 16-11　弹性挡圈定位

图 16-12　紧定螺钉定位

图 16-13　锁紧挡圈定位

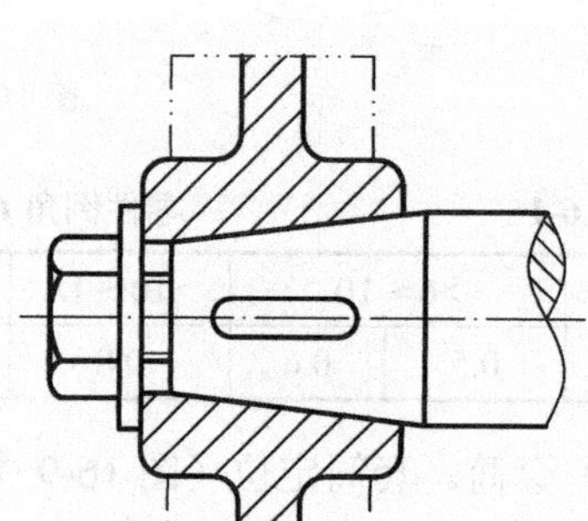

图 16-14　圆锥面定位

（7）圆锥面。对于承受冲击载荷和同心度要求较高的轴端零件，可采用圆锥面定位（图 16-14），并与挡圈、螺母一起使用。利用圆锥面定位，轴上零件装拆方便，且可兼作周向固定之用。

用套筒、螺母和轴端挡圈作轴向定位时，装零件的轴段长度应略小于零件轮毂的宽度 2～3mm(如图 16-9 的Ⅲ处)，以便使零件的端面与定位面紧贴，防止零件窜动。

2. 零件的周向定位

周向定位是为了保证轴上零件与轴不发生相对转动并能传递一定的力矩。键、花键、紧定螺钉、销、过盈配合等常用于轴上零件周向定位。其中，键与花键最为常用，而紧定螺钉只用于传力不大处。

（三）各轴段的直径和长度的确定

零件的定位及装配方案确定好以后，轴的大体形状已基本确定。各轴段的直径与载荷有关，但初定轴径时，轴所受的具体弯矩还不能确定，由于轴所受扭矩通常在轴的结构设计前已能求得，所以可根据轴所受扭矩估算轴所需的最小直径 d_{min}。然后再按轴上零件的装配方案和定位要求，从 d_{min} 开始逐一确定各段轴的直径。

确定轴径时，对于有配合要求的轴段，应尽量采用标准直径。

为了使零件顺利地装到轴上，避免配合表面的擦伤，安装时零件经过各段轴的直径应小于零件的孔径（如图 16-9 中轴肩③、④右侧的直径）。为了使与轴作过盈配合的零件易于装配，相配轴段的压入端应制出锥度（图 16-15）。

还必须注意为了装配与拆卸方便可靠，不能用同一轴径安装 3 个以上的零件，这一原则对轴的结构设计必须遵守，否则将造成装配困难或结构无法实现。

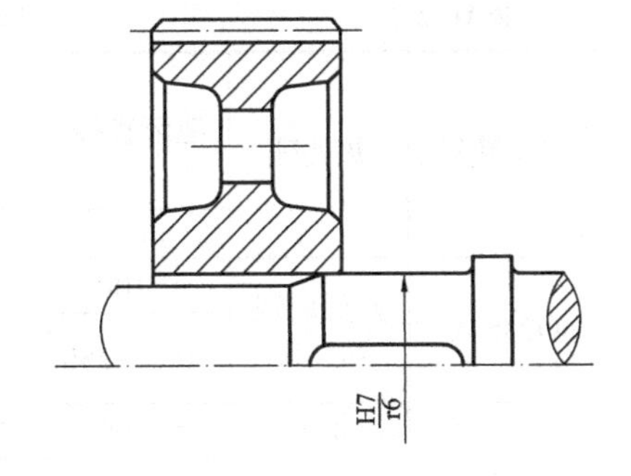

图 16-15　轴的装配锥度

（四）轴的结构工艺性

轴的结构工艺性是指轴的结构形式应便于加工和轴上零件的装配，成本低且生产率高。在满足使用要求的前提下，轴的结构形式应尽量简化，以利于加工。

轴端应制出 45° 的倒角，以利于装配零件和去掉毛刺；轴上磨削表面在过渡处应有砂轮越程槽（图 16-16（a）），以利于磨削加工；需要切制螺纹的轴段，应留有螺纹退刀槽（图 16-16（b））。

为减少装拆工作的时间，同一轴上不同轴段的键槽应尽可能布置在轴的同一母线上，且取相同尺寸。为了制造方便，节省工时，轴上直径相近处的多个圆角应尽可能采用相同的尺寸，倒角、键槽宽度、砂轮越程槽宽度、螺纹退刀槽宽度亦是如此。

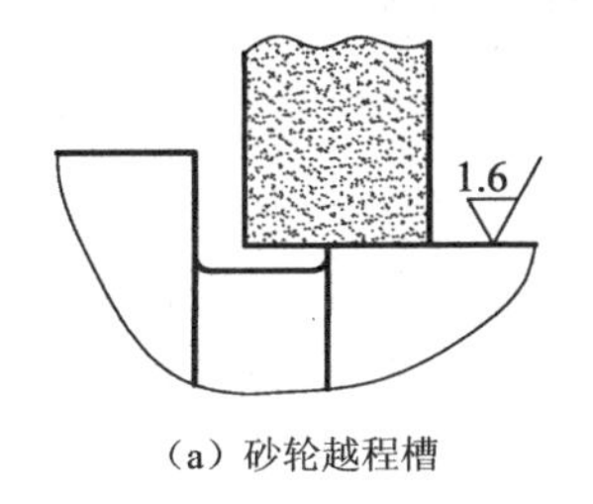

（a）砂轮越程槽

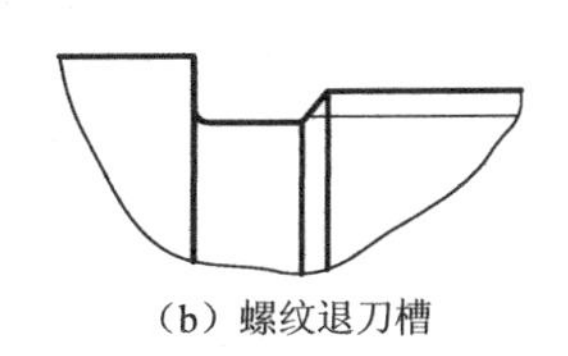

（b）螺纹退刀槽

图 16-16　砂轮越程槽和螺纹退刀槽

二、轴的材料

轴的常用材料为碳素钢和合金钢。

碳素钢对应力集中的敏感性较低，还可通过热处理改善其综合性能，价格也比合金钢低廉，因此应用较为广泛，常用 45 钢。

合金钢则具有更高的机械性能和更好的淬火性能。因此，在传递大动率，并要求减小尺寸与质量，提高轴径的耐磨性，以及处于高温或低温条件下工作的轴时，常采用合金钢，牌号有 20Cr、20CrMnTi、40Cr、35SiMn、35CrMo 等。在一般工作温度下，碳素钢与合金钢的弹性模量基本相同，因此，用合金钢代替碳素钢并不能提高轴的刚度。此外，合金钢对应力集中的敏感性高，故采用合金钢时，轴的结构要避免或减小应力集中，并减小其表面粗糙度。

轴的常用材料及其主要机械性能见表 16-2。

表 16-2　　轴的常用材料及其主要机械性能

材料牌号	热处理	毛坯直径	硬度	抗拉强度极限 σ_b	屈服强度极限 σ_s	弯曲强度极限 σ_{-1}	剪切疲劳极限 τ_{-1}	许用弯曲应力 $[\sigma_{-1}]_b$	备注
		mm	HBS	MPa					
Q235-A	热轧或锻后空冷	≤100		400-420	225	170	105	40	用于不重要及受载荷不大的轴
		>100～250		375-390	215				
45	正火回火	≤100	170～217	590	295	255	140	55	应用最广泛
		>100～300	162～217	570	285	245	135		
	调质	≤200	217～255	640	355	275	155	60	
40Cr	调质	≤100	241～286	785	510	355	205	70	用于载荷较大，而无很大冲击的重要轴
		>100～300		685	490	335	185		
40CrNi	调质	≤100	270～300	900	735	430	260	75	用于很重要的轴
		>100～300	240～270	785	570	370	210		
38SiMnMo	调质	≤100	229～286	735	590	365	210	70	用于重要的轴，性能接近于40CrNi
		>100～300	217～269	685	540	345	195		
38CrMoAlA	调质	>60～100	277～302	835	685	410	270	75	用于要求高耐磨性、高强度且热处理（氮化）变形很小的轴
		>100～160	241～277	785	590	375	220		
20Cr	渗碳淬火回火	≤60	渗碳 56～65 HRC	640	390	305	160	60	用于要求强度及韧性均较高的轴
3Cr13	调质	≤100	≥241	835	635	395	230	75	用于腐蚀条件下的轴
1Cr18Ni9Ti	淬火	≤100	≤192	530	195	190	115	45	用于高、低温及腐蚀条件下的轴
		>100～200		490		180	110		
QT600-3			190～270	600	370	215	185		用于制造复杂外形的轴
QT800-2			245～335	800	480	290	250		

注：①表中所列疲劳极限 σ_{-1} 是按下列关系式计算的，供设计参考。碳钢：$\sigma_{-1}\approx 0.43\sigma_b$；合金钢：$\sigma_{-1}\approx 0.2(\sigma_b+\sigma_s)+100$；不锈钢：$\sigma_{-1}\approx 0.27(\sigma_b+\sigma_s)$；球墨铸铁：$\sigma_{-1}\approx 0.36\sigma_b$，$\tau_{-1}\approx 0.31\sigma_b$。

②1Cr18Ni9Ti 可选用，但不推荐。

轴的毛坯一般用圆钢或锻件。对形状复杂的轴可采用铸钢或球墨铸铁。例如，用球墨铸铁制造曲轴、凸轮轴。

16-3　轴的强度计算

轴的工作能力主要取决于它的强度与刚度，因此设计或校核轴时，应计算其强度或刚度。高速轴还应校核轴的振动性。

对轴进行强度计算时，应先绘制轴的计算简图，根据机器的结构确定轴的长度和轴上零件的位置。绘制简图时，可把轴视为铰链支承的梁，然后使用材料力学的公式进行计算。

很多情况下，在轴的结构设计完成之前，只能求得轴需要传递的扭矩，而支承点间的距离及轴上载荷作用点离支承点的距离均未知，因此不能确定支承反力及弯矩。所以，轴的强度计算过程是当弯矩值未知时，先按扭矩进行初步计算，根据所得直径进行结构设计，定出轴的尺寸，然后再按当量弯矩进行校核或设计。

一、按扭转强度计算

对于只受扭矩作用或主要承受扭矩作用的传动轴，应按扭转强度条件计算轴的直径。对于既受弯矩又受扭矩的轴，在轴的结构设计完成之前，这时只能近似地按扭转强度条件估算最小轴径 $d_{\min}$，而用降低许用扭转剪应力$[\tau_T]$的办法来补偿弯矩对轴的强度的影响。

轴受扭矩时的强度条件为

$$\tau_T = \frac{T}{W_T} \approx \frac{9.55 \times 10^6 \frac{P}{n}}{0.2d^3} \leqslant [\tau_T] \quad \text{(MPa)} \tag{16-1}$$

式中，τ_T——轴的扭转剪应力，MPa；

T——轴所受的扭矩，N·mm；

W_T——轴的抗扭载面模量，mm^3，见表16-4，对于实心圆轴，$W_T=\pi d^3/16 \approx 0.2d^3$；

P——轴所传递的功率，kW；

n——轴的转速，r/min；

d——轴的截面直径，mm；

$[\tau_T]$——许用扭转剪应力，MPa，见表16-3。

表16-3　几种常用轴材料的许用扭转剪应力$[\tau_T]$及A_0值

轴的材料	Q235-A 20	45	40Cr、35SiMn、38SiMnMo	1Cr18Ni9Ti
$[\tau_T]$/MPa	12～20	20～40	40～52	15～25
A_0	158～135	135～106	106～97	147～124

注：1. 表中$[\tau_T]$已考虑了弯矩对轴的影响。

2. 关于A_0值的取法：估计弯矩较小，材料强度较高，或轴刚度要求不严时，A_0取偏小值，反之取偏大值；轴上无轴向载荷，A_0取偏小值，反之取偏大值；对输出轴端，A_0取偏小值，对输入轴端及中间轴，A_0取偏大值；用35SiMn钢时，A_0取偏大值。

由式（16-1）可推出轴的直径

$$d \geqslant \sqrt[3]{\frac{5 \times 9.55 \times 10^6 P}{[\tau_T] n}} = A_0 \sqrt[3]{\frac{P}{n}} \tag{16-2}$$

式中，$A_0 = \sqrt[3]{\frac{5 \times 9.55 \times 10^6}{[\tau_T]}}$，与轴的材料和载荷情况有关，其值可查表16-3。

应当指出，当设计的轴段上开有键槽时，应增大轴径以考虑键槽对轴的强度削弱的影响。一般有一个键槽时轴径增大3%，有两个键槽时增大7%，然后将轴径圆整为标准直径。

二、按弯扭合成强度条件计算

对于转轴，在弯矩、扭矩皆已知的条件下，可按弯扭合成强度条件进行计算，步骤如下。

1. 作轴的受力简图

计算时，将轴上的分布载荷简化成集中力，作用点取为载荷分布段的中点。同时，将轴上作用力分解为水平分力和垂直分力，并求水平支反力 R_H 和垂直支反力 R_V（图 16-17（a））。

2. 作弯矩图

根据轴的受力简图，分别作水平面（图 16-17（b））和垂直面（图 16-17（c））内的弯矩图，然后根据下式计算总弯矩并作出合成弯矩图（图 16-17（d））。

$$M=\sqrt{M_H^2+M_V^2} \qquad (16\text{-}3)$$

3. 作扭矩图

作用在轴上的扭矩，一般从传动件轮毂宽度的中点算起。扭矩图如图 16-17（e）所示。

4. 作计算弯矩（当量弯矩）图

根据第三强度理论求出计算弯矩（当量弯矩）M_{ca}，并作 M_{ca} 图(16-17(f))，M_{ca} 计算公式为

$$M_{ca}=\sqrt{M^2+(\alpha T)^2} \qquad (16\text{-}4)$$

式中，α 是将扭矩折算为当量弯矩的折合系数。通常弯矩所产生的弯曲应力是对称循环的变应力，而扭矩所产生的扭转剪应力常常是不对称循环的变应力，故求当量弯矩时应计入这种循环特性差别的影响，其值与扭矩变化情况有关。对于对称循环变化的扭矩，取 $\alpha=[\sigma_{-1}]_b/[\sigma_{-1}]_b=1$；对于脉动循环变化的扭矩，取 $\alpha=[\sigma_{-1}]_b/[\sigma_0]_b=0.6$；对于不变的扭矩，取 $\alpha=[\sigma_{-1}]_b/[\sigma_{+1}]_b=0.3$。$[\sigma_{-1}]_b$、$[\sigma_0]_b$、$[\sigma_{+1}]_b$ 分别为对称循环、脉动循环及静应力状态下的许用弯曲应力。

5. 校核轴的强度

在同一轴上各截面所受的载荷是不同的，设计计算时应针对某些危险截面（计算弯矩大而直径偏小的截面）进行强度计算：

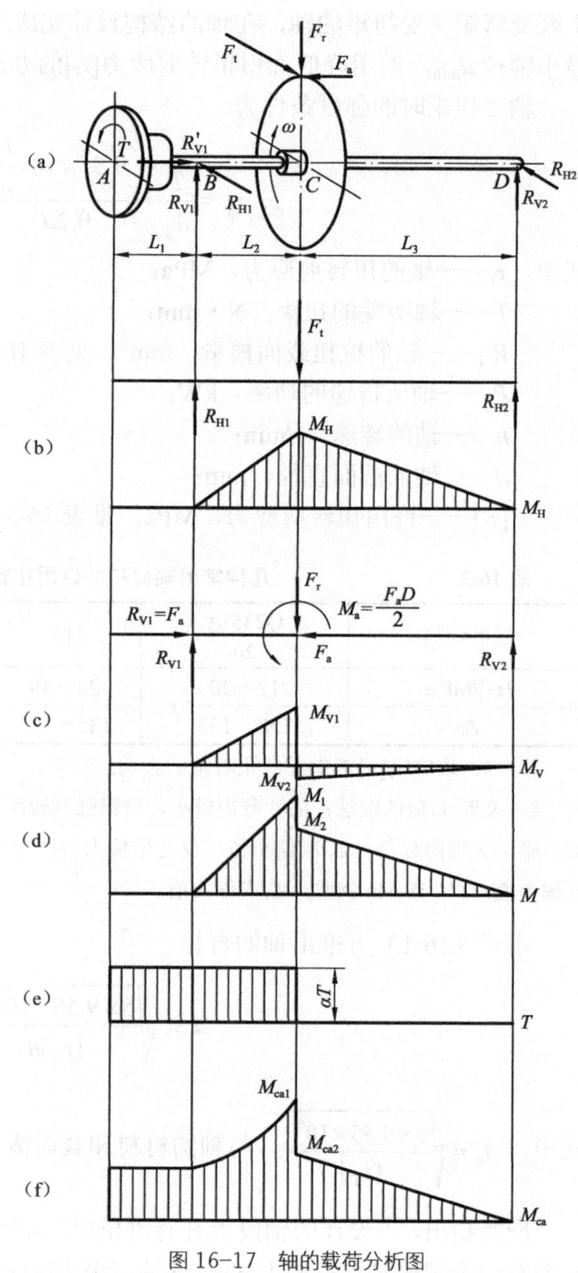

图 16-17　轴的载荷分析图

$$\sigma_{ca} = \frac{M_{ca}}{W} \leqslant [\sigma_{-1}]_b \quad (\text{MPa}) \tag{16-5}$$

式中，W——轴的抗弯截面模量，mm^3，见表 16-4。

表 16-4　　抗弯、抗扭截面模量计算公式

截面	W	W_T	截面	W	W_T
实心圆（直径 d）	$\frac{\pi d^3}{32} \approx 0.1d^3$	$\frac{\pi d^3}{16} \approx 0.2d^3$	双键槽（b，t，d）	$\frac{\pi d^3}{32} - \frac{bt(d-t)^2}{d}$	$\frac{\pi d^3}{16} - \frac{bt(d-t)^2}{d}$
空心圆（d，d_1）	$\frac{\pi d^3}{32}(1-\beta^4)$ $\approx 0.1d^3(1-\beta^4)$ $\beta = \frac{d_1}{d}$	$\frac{\pi d^3}{16}(1-\beta^4)$ $\approx 0.2d^3(1-\beta^4)$ $\beta = \frac{d_1}{d}$	横孔（d_1，d）	$\frac{\pi d^3}{32}\left(1-1.54\frac{d_1}{d}\right)$	$\frac{\pi d^3}{16}\left(1-\frac{d_1}{d}\right)$
单键槽（b，t，d）	$\frac{\pi d^3}{32} - \frac{bt(d-t)^2}{2d}$	$\frac{\pi d^3}{16} - \frac{bt(d-t)^2}{2d}$	花键（b，D，d）	$[\pi d^4 + (D-d)(D+d)^2 zb)]/(32D)$ z——花键齿数	$[\pi d^4 + (D-d)(D+d)^2 zb)]/(16D)$ z——花键齿数

注：近似计算时，单、双键槽可以忽略，花键轴截面可视为直径为平均直径的圆截面。

对于实心圆轴，可用设计公式

$$d \geqslant \sqrt[3]{\frac{M_{ca}}{0.1[\sigma_{-1}]_b}} \quad (\text{mm}) \tag{16-6}$$

对于心轴，T=0，所以 $M_{ca}=M$，转动心轴的许用应力如公式（16-5）为$[\sigma_{-1}]_b$，固定心轴的许用应力为$[\sigma_0]_b$，$[\sigma_0]_b \approx 1.7[\sigma_{-1}]_b$。

16-4　轴的刚度与振动稳定性

轴受弯矩作用会产生弯曲变形，轴心线会出现挠度，而轴在支承处会出现偏转角。如果轴的弯曲变形太大、弯曲刚度不够，就会影响旋转零件的正常工作。例如，电机转子的挠度过大，会改变定子和转子之间的间隙而影响电机的性能；而轴在支承点处的偏转角过大，会使轴承的受载不均匀，造成过度磨损及发热。

轴受扭矩作用会产生扭转变形，如果轴上装齿轮处的扭转角过大，则会使轮啮合处偏载。对于有刚度要求的轴，必须进行刚度的校核计算。

轴的刚度分为弯曲刚度和扭转刚度，校核时计算出轴受载后的变形量，并控制其不大于允许变形量。

一、轴的刚度计算

1. 轴的弯曲刚度校核

轴的弯曲刚度以挠度和偏转角来度量。一般按材料力学中的公式和方法算出轴的挠度 y 和偏转角 θ，使其满足轴的弯曲刚度条件。

挠度 $$y < [y] \tag{16-7}$$

偏转角 $$\theta \leqslant [\theta] \tag{16-8}$$

式中，$[y]$——轴的允许挠度，mm，见表 16-5；

$[\theta]$——轴的允许偏转角，rad，见表 16-5。

表 16-5 轴的允许挠度及允许偏转角

名　　称	允许挠度$[y]$/mm	名　　称	允许偏转角$[\theta]$/rad
一般用途的轴	（0.0003～0.0005）l	滑动轴承	0.001
刚度要求较严的轴	$0.0002l$	向心球轴承	0.005
感应电动机轴	0.1Δ	调心球轴承	0.05
安装齿轮的轴	（0.01～0.03）m_n	圆柱滚子轴承	0.0025
安装蜗轮的轴	（0.02～0.05）m_{t2}	圆锥滚子轴承	0.0016
		安装齿轮处轴的截面	0.001～0.002

注：l——轴的跨距，mm；Δ——电动机定子与转子间的气隙，mm；m_n——齿轮的法面模数；m_{t2}——蜗轮的端面模数。

2. 轴的扭转刚度校核

轴的扭转刚度是以每米长的扭转角来度量的。一般按材料力学中的公式算出每米长的扭转角 φ，使其满足轴的扭转刚度条件

$$\varphi \leqslant [\varphi] \tag{16-9}$$

对于等直径轴的扭转角为

$$\varphi = \frac{Tl}{GI_p}(\text{rad}) = \frac{584Tl}{Gd^4}(^\circ)$$

$$\frac{\varphi}{l} = \frac{584T}{Gd^4}(^\circ/\text{m}) \tag{16-10}$$

式中，I_p——轴截面的极惯性矩，mm^4；

d——轴的直径，mm；

G——材料的剪切弹性模量，MPa；

T——轴长 l 段内所传递的转矩，N·mm。

一般传动许用扭转角$[\varphi]$=(0.5～1)(°/m)；精密传动$[\varphi]$=(0.25～0.35)(°/m)；重要传动$[\varphi]$<0.25(°/m)。

二、轴的振动稳定性及临界转速

轴旋转时，由于轴及轴上零件的材料组织不均匀，制造误差，对中不良，将产生离心

力。这种周期性的干扰力会引起轴的弯曲振动（横向振动）。这种强迫振动的频率与轴本身的弯曲自振频率一致时，就会出现弯曲共振现象。轴传递的功率有周期性变化时，轴也会产生周期性的扭转变形，这将会引起扭转振动。同样，也有可能产生轴的扭转共振。若轴受到周期性的轴向干扰力时，轴也会产生纵向振动及纵向共振。一般通用机械中，轴的弯曲振动较为常见。由于轴的纵向自振频率很高，所以纵向振动不予考虑。下面只对弯曲振动加以说明。

轴在引起共振时的转速称为临界转速。若轴的转速在临界转速附近，轴将发生显著变形，最终使轴和机器遭到破坏。同型振动的临界转速中最低的称为一阶临界转速，其余的为二阶、三阶等。计算临界转速的目的在于使轴的工作转速避开轴的临界转速。下面介绍求解弯曲振动临界转速的方法。

图 16-18 所示是一个装有单圆盘的双铰支轴。设圆盘质量 m 很大，轴的质量略去不计，假设圆盘质心 c 与轴线间有偏心距 e。轴的临界角速度为

$$\omega_c = \sqrt{\frac{k}{m}} \tag{16-11}$$

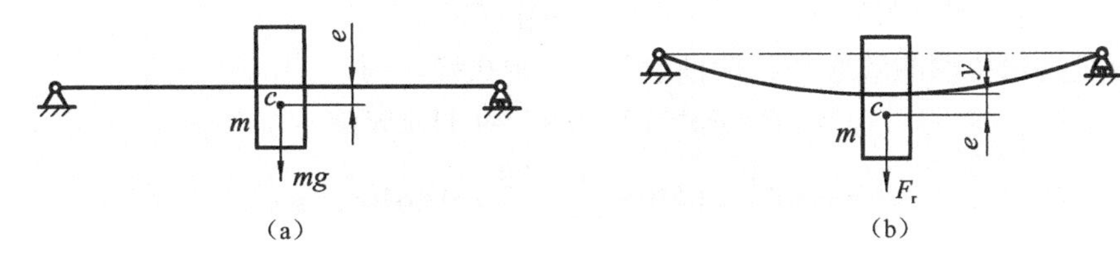

图 16-18　单圆盘双铰支轴

由于轴的刚度 $k=mg/y_0$，m 为圆盘质量，g 为重力加速度，y_0 为轴在圆盘处的静挠度，所以

$$\omega_c = \sqrt{\frac{k}{m}} = \sqrt{\frac{g}{y_0}} \tag{16-12}$$

代入 g=9810mm/s^2，y_0 单位为 mm，可得单圆盘双铰支轴不计轴重时的一阶临界转速 n_{c1} 为

$$n_{c1} = \frac{60}{2\pi}\omega_c = \frac{30}{\pi}\sqrt{\frac{g}{y_0}} \approx 946\sqrt{\frac{1}{y_0}}(\text{r/min}) \tag{16-13}$$

工作转速低于一阶临界转速的轴称为刚性轴，超过一阶临界转速的轴称为挠性轴。一般情况下，刚性轴：工作转速 $n<0.85n_{c1}$；挠性轴：$1.15n_{c1}<n<0.85n_{c2}1.15(n_{c1}$、$n_{c2}$ 分别为轴的一阶、二阶临界转速）。高速轴则应使其工作转速避开相应的高阶临界转速，这样就使轴具有了弯曲振动的稳定性。

例 16-1　试设计图 16-19 所示的圆锥—圆柱齿轮减速器的输出轴。输入轴与电动机相联，输出轴通过弹性柱销联轴器与工作机相联，输入轴为单向旋转（从左端看为顺时针方向）。已知电动机功率 P＝10kW，转速 n_1=1450r/min，齿轮机构参数列于表 16-6。

表 16-6 齿轮机构参数

级别	z_1	z_2	m_n/mm	m_t/mm	β	α_n	h_a^*	齿宽/mm
高速级	20	75		3.5		20°	1	大圆锥齿轮毂长 L=50
低速级	23	95	4	4.0404	8°06′34″			B_1=85，B_2=80

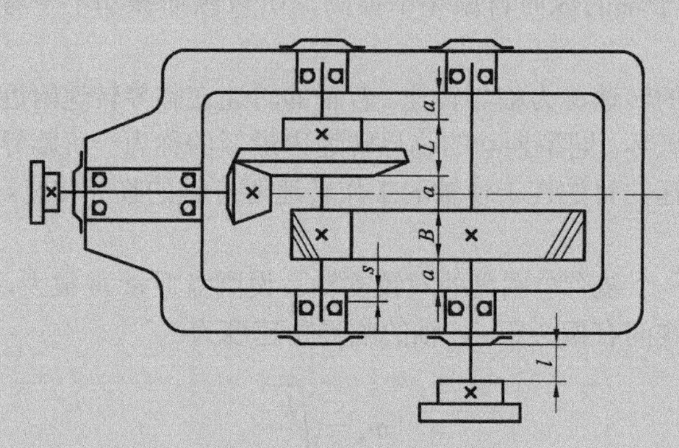

图 16-19 圆锥—圆柱齿轮减速器

解： 1．求输出轴上的功率 P_3、转速 n_3、扭矩 T_3

若取每级齿轮传动的效率（包括轴承效率）η=0.97，则

$$P_3=P\eta^2=10\times0.97^2=9.41(\text{kW})$$

$$n_3=n_1\frac{1}{i}=1450\times\frac{20}{75}\times\frac{23}{95}=93.61(\text{r/min})$$

$$T_3=9.55\times10^6\frac{P_3}{n_3}=9550000\times\frac{9.41}{93.61}=959998.93(\text{N}\cdot\text{mm})$$

2．求作用在齿轮上的力

低速级大齿轮分度圆直径为

$$d_2=m_tz_2=4.0404\times95=383.84(\text{mm})$$

$$F_t=\frac{2T_3}{d_2}=\frac{2\times959998.93}{383.84}=5002.08(\text{N})$$

$$F_r=F_t\frac{\tan\alpha_n}{\cos\beta}=5002.08\times\frac{\tan20^\circ}{\cos8^\circ06'34''}=1839(\text{N})$$

$$F_a=F_t\tan\beta=5002.08\times\tan8^\circ06'34''=712.74(\text{N})$$

圆周力 F_t、径向力 F_r、轴向力 F_a 的方向如图 16-17 所示。

3．初估轴直径

选取轴的材料为 45 钢，调质处理，查表 16-3，取 A_0=112，得

$$d_{\min}=A_0\sqrt[3]{\frac{P_3}{n_3}}=112\times\sqrt[3]{\frac{9.41}{93.61}}=52.08(\text{mm})$$

输出轴的最小直径用于安装联轴器。为使所选直径 $d_{\text{I-II}}$（图 16-20）与联轴器的孔径相适应，故需同时选取联轴器型号。

联轴器的计算转矩 $T_{ca}=K_A T_3$，考虑扭矩变化很小，取 $K_A=1.3$，则

$$T_{ca}=K_A T_3=1.3\times 959998.93=1247998.6(\mathrm{N\cdot mm})$$

查标准 GB/T 5014—2003，选用 LX4 型弹性柱销联轴器，其公称扭矩为 1250000N·mm。半联轴器Ⅰ的孔径 d_1=55mm，所以取轴径 $d_{Ⅰ\text{-}Ⅱ}$=55mm；半联轴器长度 L=112mm，半联轴器与轴配合的毂孔长度 L_1=84mm。

4．轴的结构设计

（1）拟定轴上零件的装配方案。如图 16-20 所示，圆柱齿轮、套筒、左端轴承、轴承端盖和联轴器依次由轴的左端装入，仅有右端轴承从轴的右端装入。

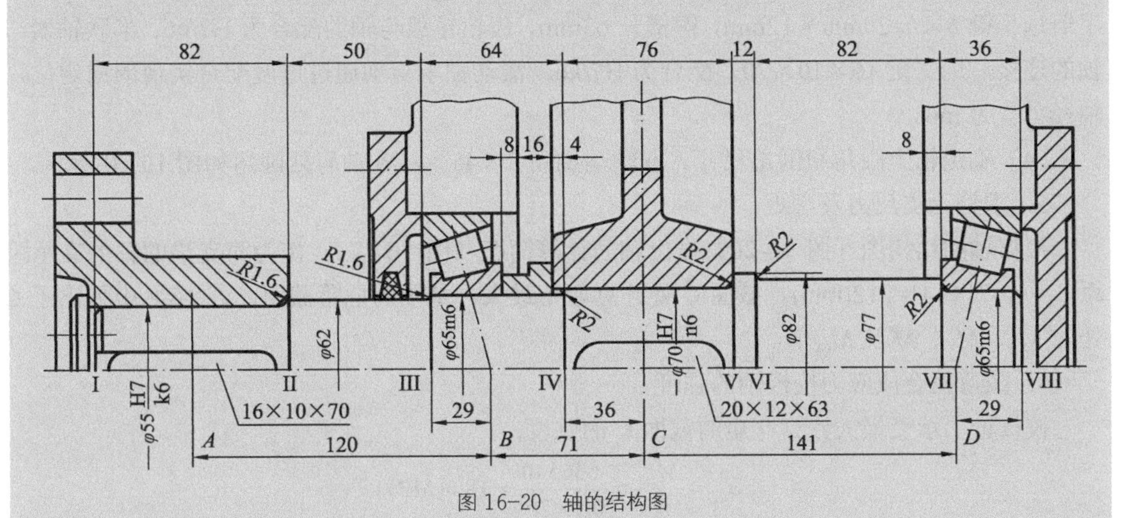

图 16-20 轴的结构图

（2）根据轴向定位的要求确定轴的各段直径和长度，见表 16-7。

表 16-7 轴的各段直径和长度

位 置	直径和长度/mm	原 因
联轴器处Ⅰ-Ⅱ段	$d_{Ⅰ\text{-}Ⅱ}$=55	与半联轴器的孔径相配合
	$L_{Ⅰ\text{-}Ⅱ}$=82	保证轴端挡圈只压在半联轴器上而不压在轴的端面上，$L_{Ⅰ\text{-}Ⅱ}$应略短于 L_1（84mm）
Ⅱ-Ⅲ段	$d_{Ⅱ\text{-}Ⅲ}$=62	为满足半联轴器的轴向定位要求，Ⅱ-Ⅲ右端需制出一轴肩
	$L_{Ⅱ\text{-}Ⅲ}$=50	轴承端盖的总宽度为 20mm，根据其装拆要求及轴承润滑要求，端盖外端面与半联轴器右端面间距离取为 30mm
Ⅲ-Ⅳ段	$d_{Ⅲ\text{-}Ⅳ}$=65	与滚动轴承 30313 的内径相配合
	$L_{Ⅲ\text{-}Ⅳ}$=64	$L_{Ⅲ\text{-}Ⅳ}$=36（滚动轴承 30313 的宽度）+8（滚动轴承距箱体内壁距离）+16（齿轮距箱体内壁距离）+（80−76）=64(mm)
Ⅳ-Ⅴ段	$d_{Ⅳ\text{-}Ⅴ}$=70	安装齿轮，有键槽，轴径增大 5%，再取标准直径
	$L_{Ⅳ\text{-}Ⅴ}$=76	为了使套筒端面可靠地压紧齿轮，此轴段长度 $L_{Ⅳ\text{-}Ⅴ}$应略短于轮毂宽度（80mm）
Ⅴ-Ⅵ段	$d_{Ⅴ\text{-}Ⅵ}$=82	齿轮右端采用轴肩定位，轴肩高度 $h>0.07d$，取 h=6mm
	$L_{Ⅴ\text{-}Ⅵ}$=12	轴环宽度 $b\geqslant 1.4h$

续表

位置	直径和长度/mm	原因
Ⅵ-Ⅶ段	$d_{Ⅵ-Ⅶ}$=77	右端滚动轴承采用轴肩定位，由手册查得定位轴肩高度 h=6mm
	$L_{Ⅵ-Ⅶ}$=82	$L_{Ⅵ-Ⅶ}$=50（大圆锥齿轮轮毂长）+20（圆锥齿轮与圆柱齿轮间距离）+16（齿轮距箱体内壁间距离）+8（滚动轴承距箱体内壁距离）−12（$L_{Ⅵ-Ⅶ}$）=82(mm)
Ⅶ-Ⅷ段	$d_{Ⅶ-Ⅷ}$=65	与滚动轴承 30313 的内径相配合
	$L_{Ⅶ-Ⅷ}$=36	与滚动轴承 30313 的宽度相一致

（3）轴上零件的周向定位。齿轮、半联轴器与轴的周向定位均采用平键连接。按 $d_{Ⅵ-Ⅴ}$查手册选平键 $b\times h$=20mm×12mm，键槽长 63mm，齿轮轮毂与轴的配合为 H7/n6；半联轴器与轴的连接，用平键 16×10×70，配合为 H7/k6。滚动轴承与轴通过过渡配合实现周向定位，轴径公差为 m6。

（4）确定轴上圆角和倒角尺寸。取轴端倒角 2×45°，各轴肩处圆角如图 16-20 所示。

5．求轴上支反力及弯矩

根据轴的结构图（图 16-20）作出轴的计算简图（图 16-17）。作为简支梁的轴的支承跨距 L_2+L_3=71+141=212(mm)。截面 C 处计算弯矩最大，是轴的危险截面。表 16-8 中列出了 C 处的 M_H、M_V、M 及 M_{ca} 值。

6．按弯扭合成应力校核轴的强度

校核轴上承受最大计算弯矩的截面 C 的强度：

$$\sigma_{ca}=\frac{M_{cal}}{W}=\frac{636540}{0.1\times 70^3}=18.6(\text{MPa})$$

轴的材料为 45 钢，σ_b=600MPa，查表 16-2，$[\sigma_{-1}]_b$=60MPa，因此，$\sigma_{ca}<[\sigma_{-1}]_b$，故安全。

表 16-8　　截面 C 处的 M_H、M_V、M 及 M_{ca}

载荷	水平面 H	垂直面 V
支反力 R	$R_{H1}=3327\text{N}, R_{H2}=1675\text{N}$	$R_{V1}=1869\text{N}, R_{V2}=-30\text{N}$
弯矩 M	$M_H=236217\text{N}\cdot\text{mm}$	$M_{V1}=132699\text{N}\cdot\text{mm}, M_{V2}=-4140\text{N}\cdot\text{mm}$
总弯矩	$M_1=\sqrt{236217^2+132699^2}=270938\text{N}\cdot\text{mm}$ $M_2=\sqrt{236217^2+4140^2}=236253\text{N}\cdot\text{mm}$	
扭矩 T	$T_3=959998.93\text{N}\cdot\text{mm}$	
计算弯矩 M_{ca}	$M_{ca1}=\sqrt{270938^2+(0.6\times 959998.93)^2}=636540\text{N}\cdot\text{mm}$（其中的 0.6 为所取的 α 值） $M_{ca2}=M_2=236253\text{N}\cdot\text{mm}$	

7．绘制轴的零件工作图

轴的零件工作图如图 16-21 所示。

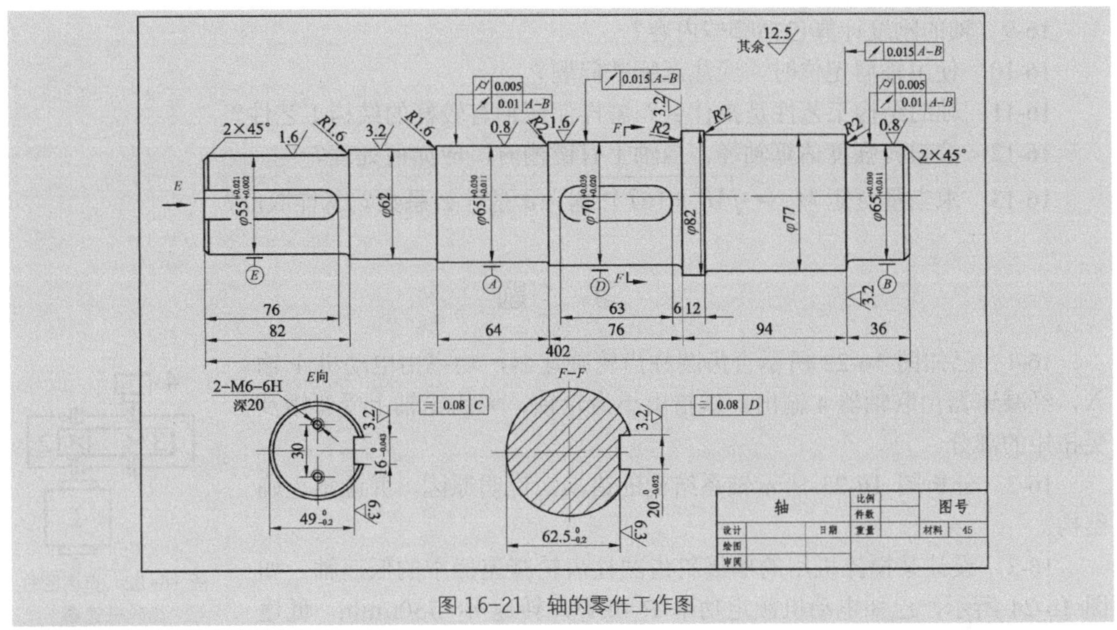

图 16-21 轴的零件工作图

阅读参考文献

有关轴的材料、结构设计和强度刚度校核可以参考：成大先主编，《机械设计手册》（第 5 版）单行本《轴及其连接》，化学工业出版社，2010。该书中还介绍了软轴的组成、规格和结构设计等。

对于转速较高的轴，有必要精确地计算轴的临界转速，并进行振动稳定性设计。有关精确求解轴的临界转速的内容可以参考：张策主编，《机械原理与机械设计》，机械工业出版社，2011。

有关常用轴的结构设计和轴系零部件的最新国家标准及各种现行的设计标准可以参考：（1）于惠力、冯新敏编，《轴系零件设计与实用数据速查》，机械工业出版社，2010。（2）于惠力编，《轴系零部件设计实例精解》，机械工业出版社，2009。后者对轴系零件设计实践中常遇到的各种典型设计计算和结构设计问题进行了详解，列举了较多设计实例。

思 考 题

16-1 轴根据受载情况可分为哪三类？试分析自行车的前轴、中轴、后轴的受载情况，说明它们各属于哪个类型的轴。

16-2 轴上零件的轴向和周向固定方法主要有哪几种？各有什么特点？

16-3 经校核发现轴的强度不符合要求时，在不增大轴径的条件下，可采取哪些措施来提高轴的强度？

16-4 为提高轴的刚度，把轴的材料由 45 钢改为合金钢是否有效？为什么？

16-5 轴的结构设计应注意哪些问题？

16-6 公式 $d \geqslant A_0\sqrt[3]{\dfrac{P}{n}}$ 有何用处？其中 A_0 取决于什么？计算出的 d 应作为轴的哪一部分的直径？

16-7 按许用应力验算轴时，危险剖面取在哪些剖面上？为什么？

16-8 轴系结构中套筒与轴的配合，应选松一点还是紧一点？

16-9　轴的刚度计算包括哪些内容？

16-10　使用轴肩定位时，应注意哪些问题？

16-11　轴的结构工艺性是指什么？怎样保证轴有较好的结构工艺性？

16-12　按扭转强度估算轴径，当轴上有键槽时，应如何处理？

16-13　求当量弯矩 $M_{ca}=\sqrt{M^2+(\alpha T)^2}$ 时，α 是什么系数？怎样取值？

习　题

16-1　已知图 16-22 所示直齿圆柱齿轮减速器，功率由电动机 1 输入，经减速器由联轴器 4 输出。试指出小齿轮轴、大齿轮轴上受弯矩及受扭矩的部分。

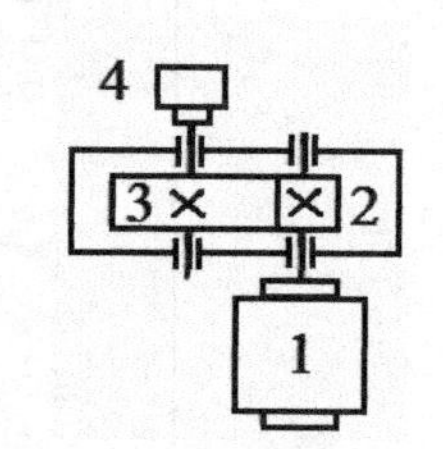

图 16-22　直齿圆柱齿轮减速器

16-2　分析图 16-23 所示轴系结构的错误，说明原因，并画出正确结构。

16-3　设计某搅拌机用的单级斜齿圆柱齿轮减速器中的低速轴。如图 16-24 所示，已知电动机额定功率 P=4kW，转速 n_1=750r/min，低速轴转速 n_2=130r/min，大齿轮节圆直径 d_2=300mm，宽度 B_2=90mm，轮齿螺旋角 β=12°，法面压力角 α_n=20°。要求完成轴的全部结构设计，并根据弯扭合成理论验算轴的强度。

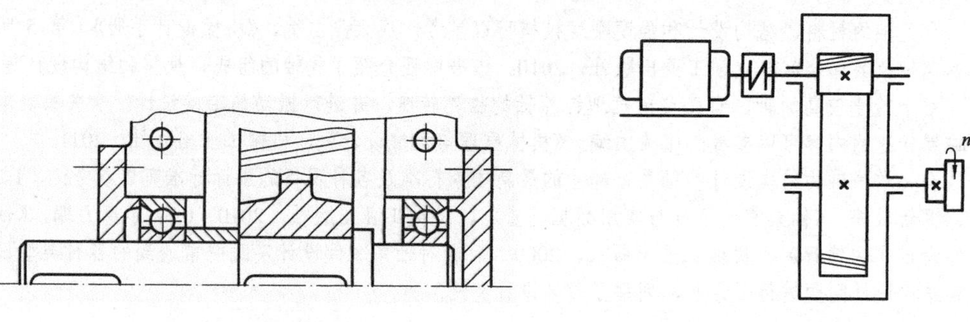

图 16-23　轴系结构　　图 16-24　齿轮减速器

16-4　试核算图 16-25 所示轴与直齿圆柱齿轮配合处的强度。已知传递的功率 P=4kW，转速 n=720r/min，齿轮的圆周力 F_t=530N，径向力 F_r=193N，齿轮分度圆直径 d=200mm，装齿轮处轴径 d_0=30mm，支承间距 l=100mm，轴的材料为 45 钢调质。

16-5　试设计图 16-25 所示直齿圆柱齿轮减速器的大齿轮轴的轴系结构，已知轴承使用深沟球轴承，油润滑。

16-6　已知一传动轴直径 d=30mm，转速 n=1700r/min，如果轴上的扭转切应力不允许超过 45MPa，求该轴所能传递的功率。

16-7　有一台离心式水泵，由电动机带动，传递的功率 P=3kW，轴的转速 n=960r/min，轴的材料为 45 钢，试按强度要求计算轴所需的最小直径。

16-8　已知一传动轴传递的功率为 24kW，转速为 n=850r/min，如果轴上的扭转切应力不允许超过 40MPa，求该轴的直径。

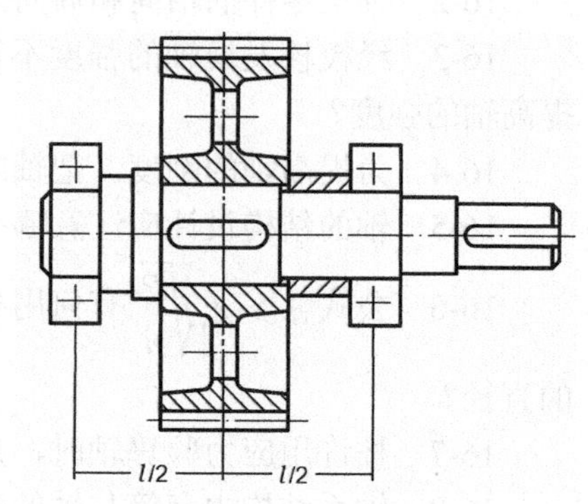

图 16-25　齿轮减速器

第17章 轴承

内容提要

本章内容包括滑动轴承和滚动轴承的主要类型、特点和应用，滑动轴承的结构型式、材料及润滑方式，非全液体润滑和全液体润滑滑动轴承的设计计算，其他类型滑动轴承简介，滚动轴承的结构、代号和选用原则，滚动轴承的载荷特点和失效形式，滚动轴承的当量动载荷及额定寿命的计算，滚动轴承的支承形式、配合、定位、预紧和润滑密封等。

本章重点：非全液体润滑滑动轴承的设计，滑动轴承的类型与特点，常用滚动轴承的类型、特点和代号表示方法，滚动轴承的基本额定寿命计算，滚动轴承组合结构设计的原则等。

本章难点：液体动压润滑滑动轴承的承载能力分析，向心角接触滚动轴承实际轴向力的计算，合理的轴系组合结构设计。

17-1 概述

轴承是机器中用来支承轴的一种重要部件，它用于支承轴及轴上零件，确保轴的空间位置和旋转精度，并可减小轴与支承之间相对运动时的摩擦、磨损。机器中使用的轴承，按其工作时摩擦性质的不同，可分为滑动摩擦轴承（简称滑动轴承）和滚动摩擦轴承（简称滚动轴承）两大类。

滚动轴承摩擦阻力小、启动快、效率高、旋转精度高，而且已在国际范围内标准化，选用、润滑、维护等都很方便，因此在一般机器中得到广泛应用。但滚动轴承抗冲击能力差，高速、重载条件下轴承寿命较低，且易出现振动和噪声，与滑动轴承相比径向尺寸也较大。

相对于滚动轴承，滑动轴承具有承载能力高、工作平稳可靠、噪声低、径向尺寸小、精度高等优点，如能保证流体摩擦润滑，滑动表面被润滑油分开而不发生直接接触，则可以大大减小摩擦损失和表面磨损，且油膜具有一定的吸振能力。滑动轴承也有不足之处，非流体摩擦滑动轴承摩擦较大，磨损较严重。流体摩擦滑动轴承，虽然摩擦磨损较小，但当起动、停车、刹车、转速和载荷急剧变化的条件下，难以实现流体摩擦，且设计、制造和润滑维护要求较高。所以，滑动轴承虽然没有滚动轴承应用广泛，但在机床、汽轮机、轧钢机、大型电机、内燃机、铁路机车车辆、仪表、天文望远镜等方面仍有较广泛的应用。

17-2　滑动轴承的类型与结构

一、滑动轴承的分类

滑动轴承的类型很多，按其承受载荷方向的不同，滑动轴承可分为径向滑动轴承，止推滑动轴承和径向止推滑动轴承。径向滑动轴承（图 17-1（a））用于承受径向载荷；止推滑动轴承（图 17-1（b））用于承受轴向载荷。当需要同时承受径向及轴向载荷时，可将两种轴承结构组合在一起，构成径向止推滑动轴承，如图 17-1（c）所示。其中，最常用的是径向滑动轴承。

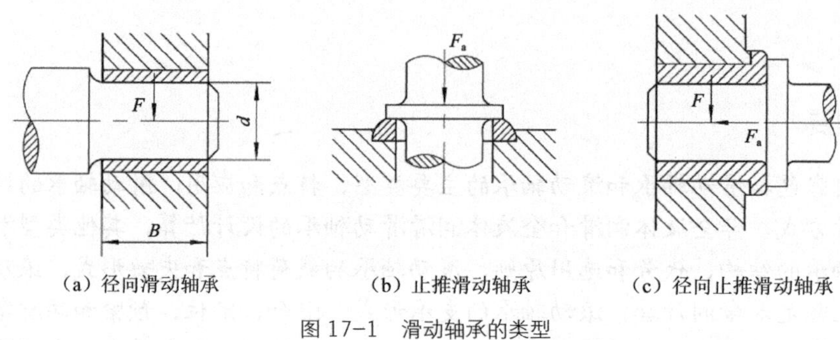

图 17−1　滑动轴承的类型

按滑动轴承工作时的润滑状况，可将其分为流体润滑滑动轴承、非流体润滑滑动轴承和无润滑轴承（无润滑剂）。轴承工作时，如果满足一定的条件，轴颈和轴瓦表面间可以形成一层足够厚的液体或气体润滑膜，将两表面金属完全隔开，这种润滑状态下工作的滑动轴承称为流体润滑滑动轴承，简称流体滑动轴承。流体滑动轴承又分为液体滑动轴承和气体滑动轴承。对于流体润滑滑动轴承，根据其工作时轴承与轴颈之间润滑膜形成方式的不同，又可分为流体动压润滑滑动轴承和流体静压润滑滑动轴承。当不具备形成流体润滑的条件时，轴颈和轴瓦间的润滑膜不能完全阻止两金属表面的直接接触。这种具有局部微观尖峰直接接触的状态称为非液体润滑状态，在非液体润滑状态下工作的滑动轴承称为非液体润滑滑动轴承，简称非液体滑动轴承。另外，在某些轻载、低速情况下采用具有一定自润滑性能的材料作轴瓦，而无须加润滑剂，称为无润滑轴承。

二、径向滑动轴承的主要结构形式

常用的径向滑动轴承有整体式、剖分式、自动调心式和调隙式等几类。

1. 整体式径向滑动轴承

图 17-2 是一种常见的整体式径向滑动轴承。它由轴承座、减磨材料制成的整体轴套等组成。轴承座上面开有安装油杯的螺纹孔，在轴套上开有油孔，并在轴套内侧不承载的表面上开设油槽以输送润滑油。整体式轴承的优点是结构简单、成本低廉。它的缺点是轴套磨损后轴承间隙无法调整，且轴颈只能从端部装入。所以，这种轴承多用在低速、轻载或间隙工作的机器上。

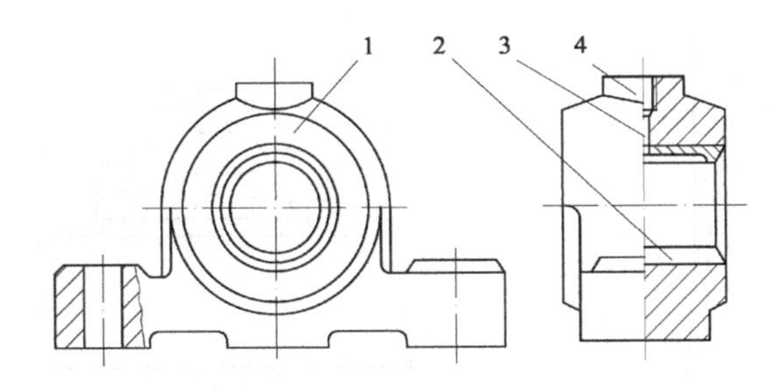

图 17-2 整体式径向滑动轴承

1—轴承座；2—整体轴套；3—油孔；4—螺纹孔

2. 剖分式径向滑动轴承

图 17-3 为剖分式径向滑动轴承，它由轴承座、轴承盖、剖分式轴瓦、双头螺柱等组成。轴承盖和轴承座的剖分面常做成阶梯形，以便对中和防止横向错动。剖分式轴瓦由上、下两半组成，通常下轴瓦承载，而上轴瓦不承载。为了节省贵金属或其他需要，常在轴瓦内表面贴附一层轴承衬。在轴瓦内壁不承受载荷的表面上开设油槽，润滑油通过油孔与油槽来润滑轴承。剖分面最好与载荷方向保持垂直，多数轴承的剖分面是水平的（图 17-3），也有做成倾斜的。这种轴承装拆方便，且轴瓦磨损后可通过调整剖分面处的垫片厚度来调整轴承间隙。

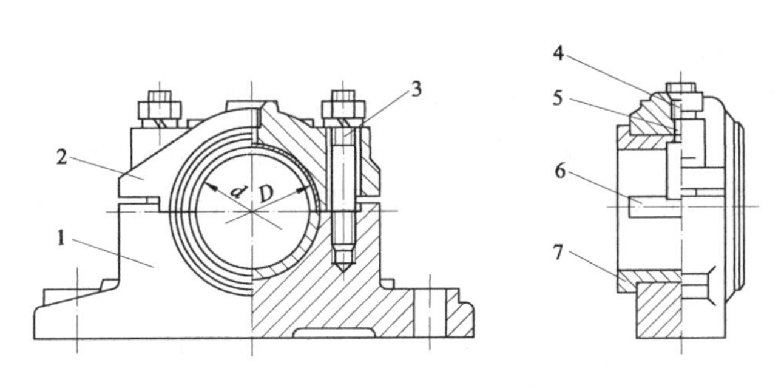

图 17-3 剖分式径向滑动轴承

1—轴承座；2—轴承盖；3—双头螺柱；4—螺纹孔；5—油孔；6—油槽；7—剖分式轴瓦

3. 自动调心式径向滑动轴承

轴承宽度 B 与轴颈 d 之比 B/d 称为宽径比。当轴承宽径比较大时，由于轴的弯曲变形或轴承孔倾斜时，都会造成轴颈与轴瓦两端的局部接触，从而引起剧烈的磨损和发热。因此，当 $B/d>1.5$ 时，宜采用自动调心式轴承（见图 17-4）。其特点是轴瓦外表面做成球面形状，与轴承盖及轴承座的球状内表面相配合。因此，轴瓦可随轴的弯曲或倾斜自动调心，从而保证轴颈与轴瓦的均匀接触。

4. 调隙式径向滑动轴承

为了调整轴承间隙，可采用调隙式轴承，如图 17-5 所示。这种轴承是在外表面为圆锥面的轴套上开一个缝口，另在圆周上开三个槽，开槽的目的是为了减小轴套的刚性，使之易于变形，轴瓦两端各装一个调节螺母。松螺母 3，拧紧螺母 2 时，轴瓦 1 由锥形大端移向小端，轴承间隙变小；反之，则间隙加大。该轴承的缺点是轴承内表面受力后会变形。该轴承常用在一般用途的机床主轴上。

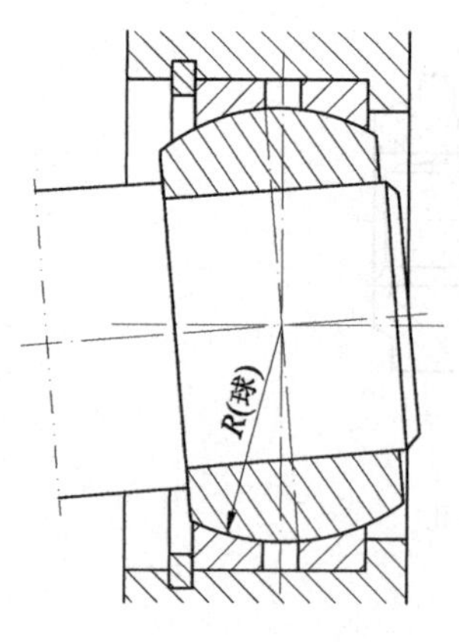

图 17–4　自动调心式轴承

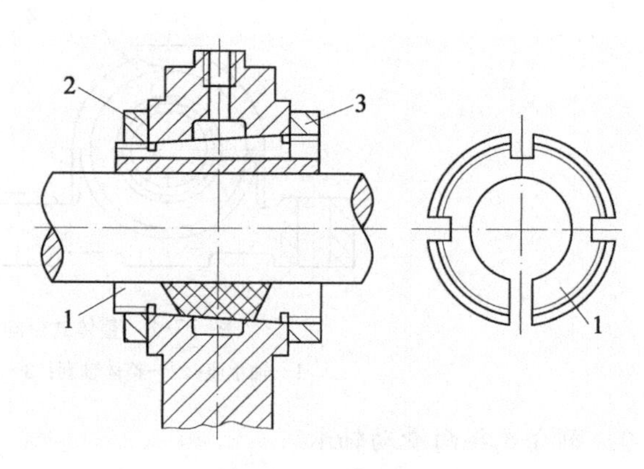

图 17–5　调隙式轴承
1—轴瓦；2、3—螺母

17-3　滑动轴承的材料和轴瓦结构

一、滑动轴承的材料

1. 对轴承材料的要求

滑动轴承材料通常指轴瓦和轴承衬的材料。对滑动轴承材料的要求主要是由轴承的失效形式决定的。滑动轴承的主要失效形式是磨损及由于强度不足而出现的疲劳损坏，由于轴承温升过高和载荷过大使油膜破裂而引起的胶合，及由于工艺原因而出现的轴承衬脱落等现象也时有发生。

因此，对轴承材料主要考虑以下几个方面性能要求。

（1）良好的减摩性、耐磨性和抗胶合性。减摩性是指材料副具有低的摩擦因数；抗胶合性是指材料的耐热性和抗黏附性；耐磨性是指材料抵抗磨损的性能。

（2）良好的顺应性、嵌入性和磨合性。摩擦顺应性是轴承材料通过弹塑性变形来补偿轴承滑动表面初始配合不良的能力；嵌入性是轴承材料容纳硬质颗粒嵌入防止表面刮伤和磨损的能力;磨合性是指材料消除表面初始不平度而使轴瓦表面和轴颈表面尽快相互吻合的性质。

（3）足够的强度和必要的塑性。

（4）良好的耐腐蚀性、热学性能（传热性和热膨胀性）和润滑性能（对润滑油有较强的吸附能力）。

（5）良好的工艺性和经济性等。

目前使用的轴承材料尚不能满足上述全部要求。设计时要根据轴承的具体工作条件，选择能满足主要要求的材料。

2. 常用的轴承材料

轴承材料分三大类：①金属材料。如轴承合金、青铜、铝基合金和铸铁等。②多孔质金属材料（粉末冶金材料）。③非金属材料。如工程塑料、橡胶、硬木等。现择要分述如下。

（1）铸铁：分灰铸铁和耐磨铸铁。灰铸铁中的游离石墨能起润滑作用，但性脆，跑合性差。耐磨铸铁中的石墨细小而均匀，耐磨性较好。这类材料只适于轻载、低速和不受冲击的场合。

（2）轴承合金：又称巴氏合金或白合金。它以锡或铅作为软基体，其内含有锑锡（Sb-Sn）或铜锡（Cu-Sn）的硬晶粒。硬晶粒起耐磨作用，软基体则增加材料的塑性。硬晶粒受重载时可以嵌陷到软基体里，使载荷由更大的面积承担。在所有的轴承材料中，轴承合金的嵌入性和顺应性最好，很容易和轴颈磨合，它与轴颈的抗胶合能力也较好。巴氏合金的机械强度较低，通常作为轴承衬材料将它贴附在软钢、铸铁或青铜的轴瓦上使用。锡基合金的热膨胀性质比铅基合金好，所以前者更适合于高速轴承，但价格较贵。

（3）铜合金：有锡青铜、铝青铜和铅青铜等。青铜具有较高的强度和较好的减摩性和耐磨性。其中锡青铜的减摩性和耐磨性最好，应用较广，但锡青铜比轴承合金硬度高，磨合性和嵌入性差，适用于重载及中速场合；铅青铜抗胶合能力强，适用于高速、重载轴承；铝青铜的强度及硬度较高，抗胶合能力较差，适用于低速、重载轴承。

（4）铝基合金：有低锡和高锡两类。铝合金强度高，耐磨性、耐腐蚀性和导热性好。低锡合金多用于高速、中小功率柴油机轴承；高锡合金多用于高速大功率柴油机轴承。铝基合金可以制成单金属零件（如轴套、轴承），也可制成双金属零件，双金属轴瓦以铝基合金为轴承衬，以钢作衬背。

表 17-1　　金属轴承常用材料性能与用途

材料	牌　号	最大许用值			最高工作温度/℃	轴颈硬度/HBS	性能比较①				应　用
		[p]/MPa	[v]/(m/s)	[pv]/(MPa·m/s)			抗胶合性	顺应性 嵌入性	耐蚀性	疲劳强度	
锡基轴承合金	ZChSnSb13-6 ZChSnSb8-4	平稳载荷			150	150	1	1	1	5	用于高速、重载下工作的重要轴承，变载荷下易于疲劳，价贵
		25	80	20							
		冲击载荷									
		20	60	15							
铅基轴承合金	ZChPbSb16-16-2	15	12	10	150	150	1	1	3	5	用于中速、中等载荷的轴承，不宜受显著冲击
	ZChPbSb15-5-3	5	8	5							
锡青铜	ZCuSn10P1	15	10	15	280	300～400	3	5	1	1	用于中速、重载及受变载荷的轴承
	ZCuSn5Pb5Zn5	8	3	15							用于中速、中载的轴承
铅青铜	ZCuPb30	25	12	30	280	300	3	4	4	2	用于高速、重载的轴承，能承受变载和冲击
铝青铜	ZCuAl10Fe3	15	4	12	280	300	5	5	5	2	最宜用于润滑充分的低速重载轴承
黄铜	ZCuZn16Si4	12	2	10	200	200	5	5	1	1	用于低速、中载的轴承
	ZCuZn40Mn2	10	1	10	200	200	5	5	1	1	
铝基轴承合金	AlSn20Cu	28～35	14	—	140	300	4	3	1	2	用于高速、中载的变载荷轴承

续表

材料	牌 号	最大许用值			最高工作温度/℃	轴颈硬度/HBS	性能比较[①]					应 用
		[p]/MPa	[v]/(m/s)	[pv]/(MPa·m/s)			抗胶合性	顺应性	嵌入性	耐蚀性	疲劳强度	
三元电镀合金	铝-硅-镉镀层	14～36	—	—	170	200～300	1	2	2	2	疲劳强度高，嵌入性、顺应性好
灰铸铁	HT150～ HT250	1～4	2～0.5	—	—	—	4	5	1	1	宜用于低速、轻载的不重要轴承，价廉
耐磨铸铁	HT300	0.1～0.6	3～0.75	—	—	—	4	5	1	1	

注：①性能比较：1～5 由佳至差。

（5）多孔质金属材料。多孔质金属材料是一种粉末冶金材料。它是利用铁或铜和石墨粉末混合，经压型、烧结、整形、浸油而制成的。其特点是组织疏松多孔（其孔隙约占总容积的 15%～35%），孔隙中能吸收大量的润滑油，所以又称其为含油轴承或自润滑轴承，具有自润滑的性能。运转时，储存在孔隙中的油由于轴颈转动的抽吸作用和热膨胀作用，自动进入摩擦表面起润滑作用；不工作时，因毛细管作用油被吸回轴承内部。因此，该轴承长期不加油仍能很好地工作。这种材料价廉、易于制造、耐磨性好，但韧性差，适宜于载荷平稳、低速及加油不便的场合。

（6）非金属材料。非金属材料主要用于特殊场合的轴承，常用的有塑料、橡胶和木材。其中应用最多的是各种塑料，如酚醛树脂、聚酰胺（尼龙）和聚四氟乙烯等。这些材料的特点是摩擦因数小，耐腐蚀，具有自润滑性能，但导热性差，易变形，承载能力较差。

金属轴承常用材料的性能见表 17-1。常用的非金属和多孔质金属轴承材料见相关机械设计手册。

二、轴瓦结构

1. 轴瓦的形式与结构

常用的轴瓦有整体式和剖分式两种结构。为了改善轴瓦表面的摩擦性质，常在其内表面上浇注一层或两层减摩材料（见图 17-7～图 17-9），通常称为轴承衬，所以轴瓦又有双金属轴瓦和三金属轴瓦。轴承衬的厚度应随轴承直径的增大而增大，一般由十分之几毫米至 6mm。

整体式轴瓦按材料及制法不同，分为整体轴套（见图 17-6）和单层、双层或多层材料的卷制轴套（见图 17-7）。非金属整体式轴瓦既可以是整体非金属轴套，也可以是在钢套上镶衬非金属材料。

剖分式轴瓦有厚壁轴瓦和薄壁轴瓦之分。厚壁轴瓦用铸造方式制造（见图 17-8），内表面可附有轴承衬。为使轴承合金与轴瓦贴附得好，常在轴瓦内表面上制出各种形式的榫头、凹沟和螺纹。

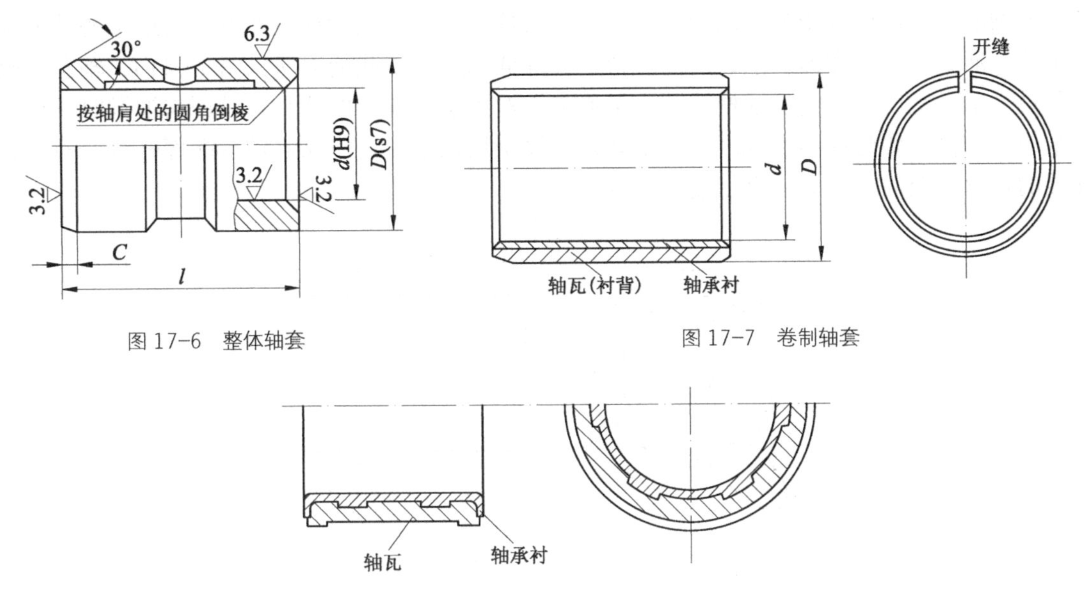

图 17-6　整体轴套

图 17-7　卷制轴套

图 17-8　剖分式厚壁轴瓦

薄壁轴瓦（见图 17-9）由于能用双金属板连续轧制等新工艺进行生产，质量稳定、成本低，但轴瓦刚性小，轴瓦受力后的形状完全取决于轴承座的形状，因此，轴瓦与轴承座均需精密加工。薄壁轴瓦在汽车发动机、柴油机上应用广泛。

薄壁轴瓦的衬厚度 s 很薄时（s<0.5mm），可不做沟槽。实践证明，衬层厚度愈薄（s<0.36mm），轴承合金的疲劳强度愈高，因此，受变载荷时轴承衬应尽可能做薄一些。

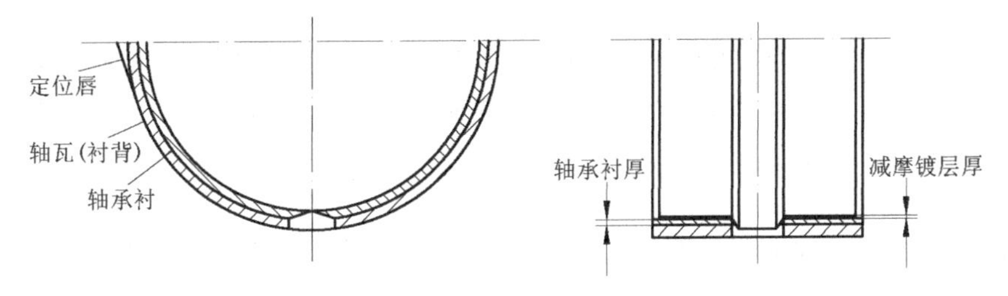

图 17-9　剖分式薄壁轴瓦

2. 油孔和油槽

油孔用来供应润滑油，而油槽则用来输送和分布润滑油。油槽分轴向油槽与周向油槽，图 17-10 所示为几种常见的油槽。

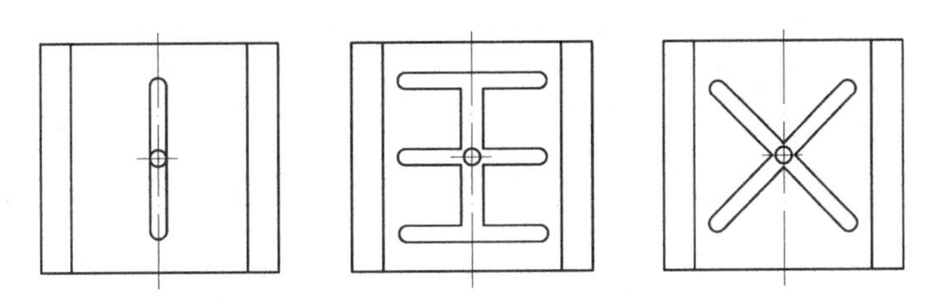

图 17-10　油槽（非承载区轴瓦）

油槽的形状和位置影响轴承中油膜压力分布情况。润滑油应该自油槽压力最小的地方输入轴承。油槽不能开在油膜承载区内，否则会降低油膜的承载能力（见图 17-11）。轴向油槽应稍短于轴承宽度，以免从油槽端部大量流失。对于水平安装的轴承开设周向油槽时，最好开半周，油槽不要延伸到承载区，如果必须开设全周油槽时，应靠近轴承端部开设。对垂直安装的轴承，全周油槽必须靠上端部开设。

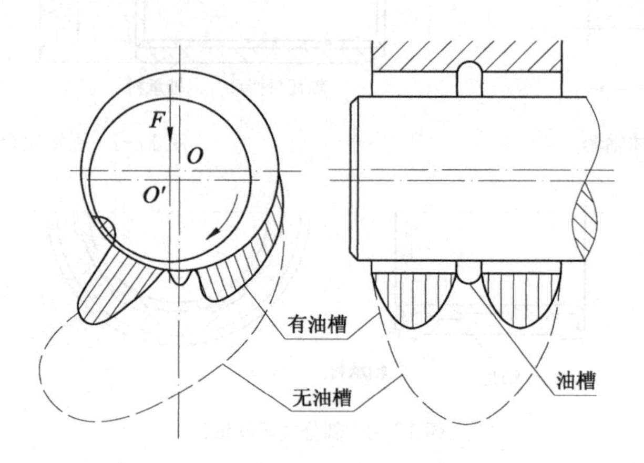

图 17-11 油槽对油膜压力分布的影响

17-4 滑动轴承的润滑

一、润滑剂的选择

滑动轴承常用的润滑剂是润滑油和润滑脂，此外，还有使用固体（如石墨和二硫化钼）或气体作润滑剂的。选择润滑剂，应考虑工作载荷（包括有无振动和冲击）、相对滑动速度、工作温度和特殊工作环境等因素。

1. 润滑油

对于流体动力润滑轴承，黏度是选择润滑油的最重要的参考指标。选择轴承用润滑油黏度时，应考虑如下基本原则。

（1）在压力大、温度高或冲击、变载等工作条件下，应选用黏度较高的润滑油。

（2）滑动速度高时，容易形成油膜，为了减小摩擦功耗，应采用黏度较低的润滑油。

（3）加工粗糙或未经跑合的表面，应选用黏度较高的润滑油。

流体动力润滑时，润滑油的选择可参考表 17-2。

表 17-2　　我国常用工业润滑油和齿轮油的牌号、黏度和应用

名称	牌号	ISO 黏度等级	运动黏度（40℃）/cSt		主要用途
			最小	最大	
机械油[①] （GB 443—1989）	N7	7	6.12	7.48	用于 800～1200r/min 高速轻负荷机械设备
	N10	10	9.0	11.0	用于 5000～8000r/min 轻负荷机械设备
	N15	15	13.5	16.5	用于 1500～5000r/min 轻负荷机械设备
	N22	22	19.8	24.2	用于 1500～5000r/min 轻负荷机械设备

续表

名称	牌号	ISO 黏度等级	运动黏度（40℃）/cSt		主要用途
			最小	最大	
机械油①（GB 443—1989）	N32	32	28.8	35.2	用于小型机床齿轮、导轨、中型电机
	N46	46	41.4	50.6	用于各种机床齿轮、鼓风机和泵类
	N68	68	61.2	74.8	用于重型机床、蒸汽机和矿山、纺织机械
	N100	100	90	110	用于重载低速的重型机械
	N150	150	135	165	用于重型、起重型机床设备，起重、轧钢设备
中负荷工业闭式齿轮油（GB 5903—2011）	N68	68	61.2	74.8	有冲击的低负荷齿轮及中负荷齿轮，齿面应力为 500～1000MPa，如化工、矿山、冶金等机械的齿轮润滑
	N100	100	90	110	
	N150	150	135	165	
	N220	220	198	242	
	N320	320	288	352	
	N460	460	414	506	

① 机械油不循环使用，故称全损耗系统用油。

对于非全流体动力润滑的轴承，选择润滑油最重要的指标是油性，由于目前没有衡量油性的指标，一般可根据表 17-3 选择润滑油。

表 17-3　非全流体动力润滑轴承润滑油的选择（工作温度＜60℃）

平均压强 p/MPa	轴颈速度 v/（m/s）	润滑油牌号	平均压强 p/MPa	轴颈速度 v/（m/s）	润滑油牌号
＜3	＜0.1	机械油 N100、N150	3～7.5	＜0.1	机械油 N150
	0.1～0.3	机械油 N68、N100		0.1～0.3	机械油 N100、N150
	0.3～2.5	机械油 N46、N68 汽轮机油 TSA46		0.3～0.6	机械油 N100
	2.5～5	机械油 N15、N36 汽轮机油 TSA46		0.6～1.2	机械油 N68、N100
	5～9	机械油 N15、N32、N46 汽轮机油 TSA32		1.2～2	机械油 N68、N100
	＞9	机械油 N7、N10、N15			

2. 润滑脂

润滑脂属于半固体润滑剂，它的稠度大，不易流失，承载能力也较大。但润滑脂物理化学性质没润滑油稳定，摩擦功耗大，且流动性差，无冷却效果。常在难以经常供油、低速重载且温度变化不大的情况下使用。

选择润滑脂的一般原则如下。

（1）轻载、高速时应当选择锥入度大的润滑脂，反之应选锥入度小的润滑脂。

（2）所用润滑脂的滴点应比轴承的工作温度高 20～30℃，在温度较高时应选用滴点较高的钠基或复合钙基润滑脂。

（3）在有水淋或潮湿的环境下应选择防水性强的钙基或铝基润滑脂。

3. 固体润滑剂

当轴承在高温或在低速、重载情况下工作，不宜使用润滑油时可采用固体润滑剂，它可以在摩擦表面形成固体膜以减轻摩擦阻力。常用的固体润滑剂有石墨、聚四氟乙烯、二硫化钼、二硫化钨等。

固体润滑剂可以调配到润滑油或润滑脂中使用，也可涂敷或烧结在摩擦表面上，还可将其渗入轴瓦材料中或成型镶嵌在轴承中使用。

二、润滑方法

为使滑动轴承获得良好的润滑效果，除正确选择润滑剂外，选择适当的润滑方法和装置也很重要。

1. 油润滑

油润滑常用的供油方法分间歇供油和连续供油两类。间歇供油用于小型、低速或间歇运动机器部件，一般由人工用油壶或油枪定期向轴承油孔或注油杯内注油，图 17-12（a）为压注式油杯，图 17-12（b）为旋套式油杯。

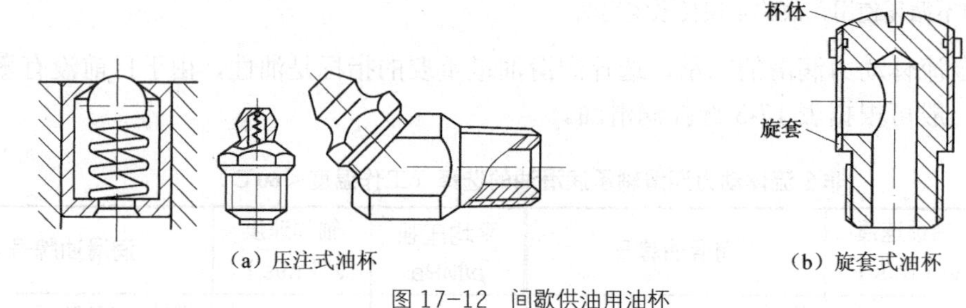

图 17-12　间歇供油用油杯

重要的轴承应采用连续供油的方法。常用的连续供油方法有以下几种。

（1）滴油润滑。图 17-13（a）为针阀式注油杯。不供油时，手柄放倒，针阀在弹簧作用下降落堵住底部油孔。供油时，手柄直立，针阀随之提起，端部油孔敞开，润滑油流进轴承，通过调节螺母可调节针阀上下位置，从而控制油孔开口大小来调节油量。针阀式注油杯也可用来间歇供油。

（2）绳芯润滑。绳芯润滑（见图 17-13（b））是利用绳芯的毛细管作用吸取润滑油滴到轴颈上，该方法不易调节油量。

（3）油环润滑。在轴颈上套一个油环（见图 17-13（c）），油环下端浸到油池里。当轴颈旋转时，靠摩擦力带动油环旋转，并随之将润滑油带到轴颈上。油环润滑适用于转速范围为 50～2000r/min，速度过高环上的油会被甩掉，过低溅油量不足。

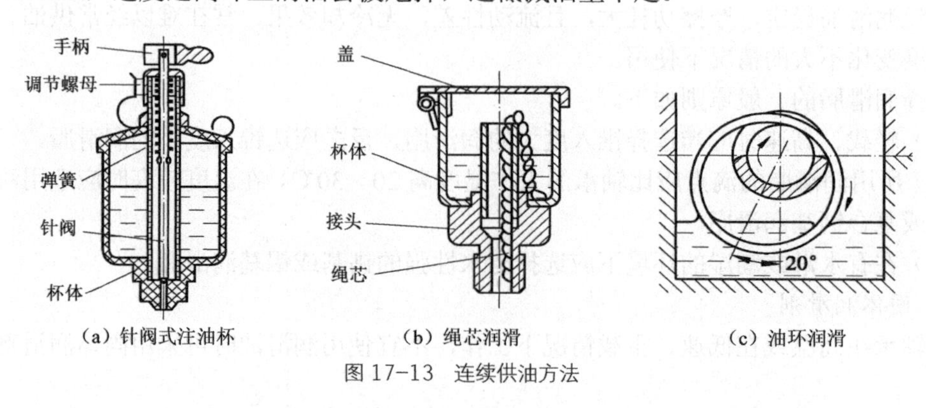

图 17-13　连续供油方法

（4）浸油润滑。将轴颈直接浸在油池中，不需另用润滑装置。

（5）飞溅润滑。利用下端浸在油池中的转动件（如齿轮）将润滑油溅成油沫以润滑轴承。

（6）压力循环润滑。用油泵进行压力供油可以提供充足的油量来润滑和冷却轴承，适合于重载、高速或交变载荷作用下的轴承。

2. 脂润滑

脂润滑只能间歇供应。旋盖式油脂杯（见图 17-14）是应用最广的脂润滑装置。杯中装满润滑脂后，旋动上盖即可将润滑脂挤入轴承中。也常见用黄油枪向轴承补充润滑脂。

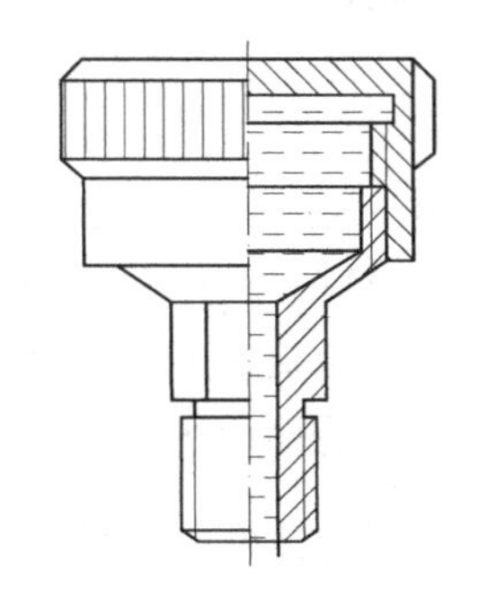

图 17-14 旋盖式油脂杯

17-5 非全液体润滑滑动轴承的设计计算

液体润滑是滑动轴承最理想的一种润滑状态。但是大多数轴承只能在混合摩擦润滑状态（即边界润滑和液体润滑同时存在的状态）下运转。这类轴承可靠的工作条件是维持边界油膜不受破坏，以减少发热与磨损，并以此计算准则，根据边界膜的机械强度和破裂温度来决定轴承的工作能力。但影响边界膜的因素很复杂，所以目前仍采用简化的条件性计算。

一、径向滑动轴承

非全液体润滑滑动轴承的条件性计算有如下三个准则。

1. 限制轴承的平均比压 p

限制平均比压的目的是为避免在载荷作用下出现润滑油被完全挤出而导致轴承过度磨损。

$$p=\frac{F}{dB}\leqslant[p]\quad(\text{MPa})\tag{17-1}$$

式中，F——轴承的径向载荷，N；

d——轴颈直径，mm；

B——轴颈有效宽度，mm；

$[p]$——许用比压，MPa，其值见表 17-1。

对于低速轴或间歇回转轴的轴承，只需进行比压验算即可。

2. 限制轴承的 pv 值

pv 值反映单位面积上的摩擦功耗与发热。pv 值越高，轴承温升越高，容易引起边界膜的破裂。所以，限制 pv 值就是控制轴承温升。其计算式为

$$pv=\frac{F}{dB}\times\frac{\pi dn}{60\times1000}\approx\frac{Fn}{19100B}\leqslant[pv]\quad(\text{MPa}\cdot\text{m/s})\tag{17-2}$$

式中，n——轴颈转速，r/min；

v——轴颈圆周线速度，m/s；

$[pv]$——轴承材料的 pv 许用值，其值见表 17-1。

3. 限制滑动速度 v

当平均比压 p 较小时，即使 p 和 pv 都在许可范围内，也可能由于滑动速度过高而加速轴

瓦磨损，因而要求

$$v=\frac{\pi dn}{60\times1000}\leqslant[v]\quad(\mathrm{m/s})\tag{17-3}$$

式中，$[v]$——轴承材料的许用 v 值，见表 17-1。

验算 p、pv 和 v 的结果如有不满足者，则适当改用较好的轴瓦或轴承衬材料，或加大轴直径和轴承宽度。

滑动轴承所选用的材料及尺寸经验算合格后，应选择合适的配合，以获得适当的间隙，保证旋转精度。常用的配合有 $\frac{H9}{d9}$ 或 $\frac{H8}{f7}$、$\frac{H7}{f6}$，旋转精度要求高的轴承，应选择较高的精度，较紧的配合；反之，则选择较低的精度和较松的配合。

二、推力滑动轴承

推力滑动轴承由轴承座和止推轴颈组成。常见的推力轴承止推轴颈如图 17-15 所示。实心端面轴颈由于跑合时中心与边缘的磨损不均匀，越近边缘部分磨损越快，以致中心部分比压极高。空心端面轴颈和环状轴颈可以克服这一缺点。载荷很大时可以采用多环轴颈，它能承受双向轴向载荷。

非全液体润滑的推力轴承，应验算比压 p 和 pv_m 值。

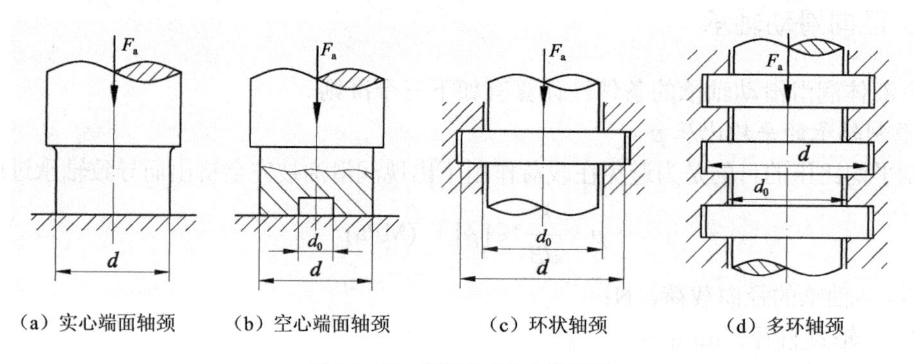

图 17-15　各种型式的止推轴颈

1. 限制轴承平均比压 p

$$p=\frac{F_a}{z\frac{\pi}{4}(d^2-d_0^2)\xi}\leqslant[p]\quad(\mathrm{MPa})\tag{17-4}$$

式中，F_a——轴向载荷，N；

d_0、d——分别为止推面的内、外直径，mm；

z——轴环数；

ξ——考虑油槽使支承面积减小的系数，通常取 ξ=0.85～0.95；

$[p]$——许用比压，MPa。

2. 限制轴承的 pv_m 值

$$pv_m=\frac{F_a}{z\frac{\pi}{4}(d^2-d_0^2)\xi}\times\frac{\pi d_m n}{60\times1000}\leqslant[pv]\quad(\mathrm{MPa\cdot m/s})\tag{17-5}$$

式中，n——轴颈转速，r/min；

d_m——止推环平均直径，mm，$d_m = \frac{d + d_0}{2}$；

v_m——止推环平均直径处的圆周速度，m/s；

$[pv]$——pv_m 的许用值。

许用值的$[p]$和$[pv]$值见表 17-1。由于计算的是平均直径处的圆周速度，并考虑多环轴承受力不均匀，$[p]$和$[pv]$值应降低 50%。

需要指出的是液体动力润滑的滑动轴承，在起动和停车过程中往往处于混合润滑状态，因此，在设计液体动力润滑轴承时，常用以上条件性计算作为初步计算。

17-6 液体动力润滑径向滑动轴承的设计计算

一、流体动力润滑基本方程

流体动力润滑的基本方程是研究流体动力润滑的基础。它是从黏性流体动力学的基本方程出发，作了一些假设条件而简化后得出的。这些假设条件是：①忽略压力对润滑油黏度的影响；②流体为牛顿流体；③流体不可压缩，并作层流运动；④流体膜中压力沿膜厚方向是不变的；⑤略去惯性与重力的影响等。

如图 17-16 所示，两刚体表面被润滑油隔开，移动件以速度 v 沿 x 方向滑动，另一刚体静止不动，再假设流体在两平板间沿 z 轴方向无流动（即假定平板沿 z 方向尺寸为无穷大）。从油层中取出长、宽、高分别为 dx、dy 和 dz 的单元体进行受力平衡分析。

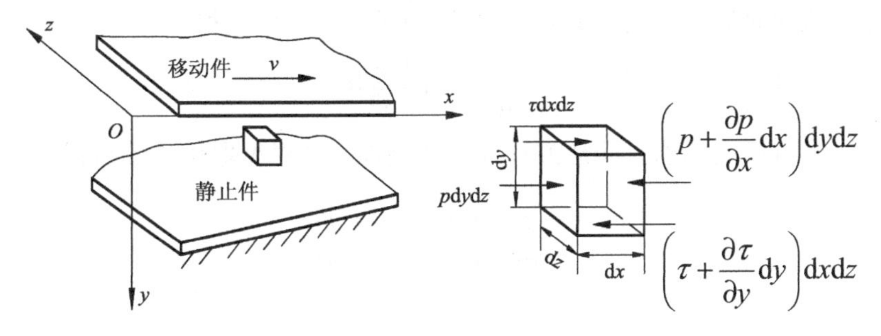

图 17-16　流体动力分析示意图

单元体沿 x 方向受四个力，两侧面的压力分别为 p 和 $p+\frac{\partial p}{\partial x}dx$；上、下两面的剪切应力分别为 τ 及 $\tau+\frac{\partial \tau}{\partial y}dy$。根据 x 方向的平衡条件，得

$$p\,dydz + \tau\,dxdz - \left(p+\frac{\partial p}{\partial x}dx\right)dydz - \left(\tau+\frac{\partial \tau}{\partial y}dy\right)dxdz = 0$$

整理后得

$$\frac{\partial p}{\partial x}=-\frac{\partial \tau}{\partial y} \tag{17-6}$$

根据第 2 章中的牛顿流体黏性定律，将式（2-25）求导后代入上式得

$$\frac{\partial p}{\partial x}=\eta\frac{\partial^2 u}{\partial y^2} \tag{17-7}$$

积分上式，并代入边界条件：$y=0$ 时，$u=v$（油层随移动件移动）；$y=h$（h 为所取单元体处油膜厚度）时，$u=0$（油层随静止件不动），求出两积分常数，经整理后得

$$u=\frac{v(h-y)}{h}-\frac{y(h-y)}{2\eta}\frac{\partial p}{\partial x} \tag{17-8}$$

由式（17-8）可见，u 由两部分组成，式中前一项表示速度呈线性分布（见图 17-17（a）中虚线所示），这是直接由剪切流引起的；后一项表示速度呈抛物线分布（见图 17-17（a）中实线所示），这是由油压沿 x 方向的变化所产生的压力流引起的。

不考虑侧漏，则润滑油沿 x 方向通过任一截面单位宽度的流量为

$$q_x=\int_0^h u\mathrm{d}y=\int_0^h\left[\frac{v(h-y)}{h}-\frac{y(h-y)}{2\eta}\cdot\frac{\partial p}{\partial x}\right]\mathrm{d}y=\frac{v}{2}h-\frac{1}{12\eta}\frac{\partial p}{\partial x}h^3 \tag{a}$$

如图 17-17（a）所示，设在 $p=p_{\max}$ 处的油膜厚度为 h_0（即 $\frac{\partial p}{\partial x}=0$ 时，$h=h_0$），在该截面处的流量为

$$q_x=\frac{v}{2}h_0 \tag{b}$$

由于连续流动时流量不变，故式（a）等于式（b）。由此得

$$\frac{\partial p}{\partial x}=6\eta v\frac{h-h_0}{h^3} \tag{17-9}$$

上式为一维雷诺流体动力润滑方程式。经整理，并对 x 取偏导数可得

$$\frac{\partial}{\partial x}\left(\frac{h^3}{\eta}\frac{\partial p}{\partial x}\right)=6v\frac{\partial h}{\partial x} \tag{17-10}$$

若再考虑润滑油沿 z 方向的流动，则

$$\frac{\partial}{\partial x}\left(\frac{h^3}{\eta}\frac{\partial p}{\partial x}\right)+\frac{\partial}{\partial z}\left(\frac{h^3}{\eta}\frac{\partial p}{\partial z}\right)=6v\frac{\partial h}{\partial x} \tag{17-11}$$

上式为二维雷诺流体动力润滑方程式，是计算流体动力润滑轴承的基本公式。

二、油楔承载机理

由式（17-9）可以看出，油压的变化与润滑油的黏度、表面滑动速度和油膜厚度的变化有关，利用该式可求出油膜中各点的压力 p。全部油膜压力之和即为油膜承载能力。

由图 17-17（a）可以看出，在油膜厚度 h_0 的左边 $h>h_0$，根据式（17-9）可知 $\frac{\partial p}{\partial x}>0$，即油压随 x 的增大而增大；在 h_0 截面的右边 $h<h_0$，根据式（17-9）可知 $\frac{\partial p}{\partial x}<0$，即油压随 x 的增加而减小。这说明，油膜必须呈收敛油楔，才能使油楔内各处的油压都大于入口和出口处的压力，产生正压力以支承外载。若两滑动表面平行（图 17-17（b）），则任何截面的油膜厚度 $h=h_0$，亦即 $\frac{\partial p}{\partial x}=0$。这表示平行油膜各处油压总是与入口和出口处的压力相等，因此不能产生高于外面压力的油压支承外载。若两表面呈扩散楔形，即移动件带着润滑油从小口走向大口，则油膜压力将低于出口和入口处的压力，不仅不能产生油压支承外载，而且会使两表面相吸。

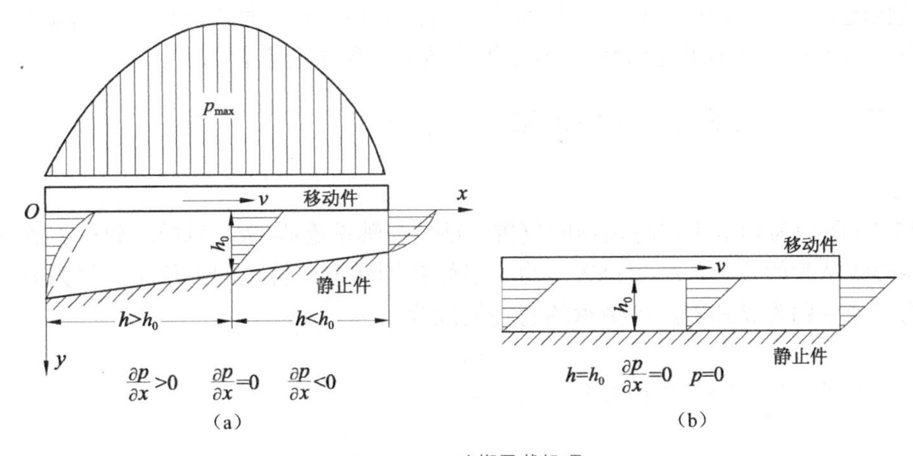

图 17-17 油楔承载机理

由上述分析可知，形成流体动力润滑（即形成动压油膜）的必要条件如下。

（1）相对运动的两表面间必须形成收敛的楔形间隙。

（2）被油膜分开的两表面必须有一定的相对滑动速度，其运动方向必须使润滑油从大口流进，从小口流出。

（3）润滑油必须有一定的黏度，供油要充分。

两表面相对滑动速度越大，润滑油的黏度越大，油膜的承载能力越高。

三、液体动力润滑状态的建立过程

径向滑动轴承形成流体动力润滑的工作过程可分为轴的起动、不稳定运转和稳定运转三个阶段。

当轴颈静止（n=10）时处于最稳定状态，轴颈与轴承孔在最下方位置接触（见图 17-18（a））。

（1）起动阶段。当轴颈开始以箭头方向转动时（$n>0$），由于速度很低，轴颈与孔壁金属直接接触，在较大摩擦力作用下，轴颈沿孔内壁向右上方爬升（见图 17-18（b））。

（2）不稳定运转阶段。随着转速逐渐增高，带入油楔腔内的油量也逐渐增多，形成压力油膜，把轴颈浮起推回左下方（见图 17-18（b）～（c））。

（3）稳定运转阶段：当转速稳定以后，达到油压与外载 F 平衡时，轴颈部稳定在某一位置上运转（见图 17-18（c））。

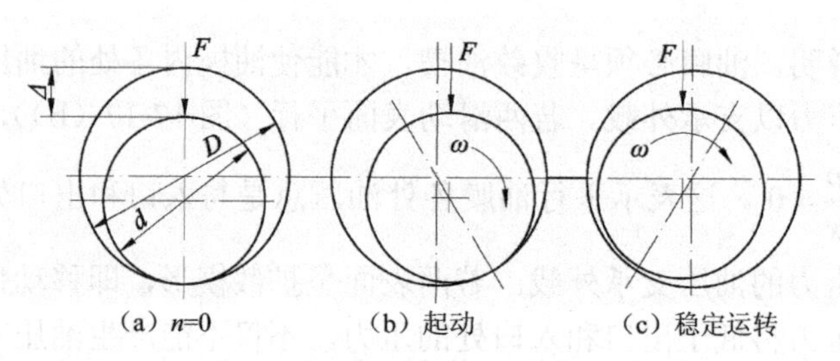

图 17-18　建立液体动力润滑的过程

轴颈转速越高，轴颈中心稳定位置愈靠近轴孔中心。但当两心重合时，油楔消失，失去承载能力，由于实际上不可能出现 $n=\infty$，因此两心永远不会重合。

四、径向滑动轴承的几何关系和承载能力

1. 几何关系

图 17-19 所示为轴承工作时轴颈的位置。轴颈与轴承连心 OO_1 与径向载荷 F 作用线的夹角即为连心线从起始位置（F 与 OO_1 重合）沿轴颈回转方向转过的偏位角，记为 φ_a。设轴颈和轴承孔直径分别为 d 和 D，则轴承的直径间隙为

$$\Delta = D - d$$

轴承的半径间隙为轴孔半径 R 与轴颈半径 r 之差

$$\delta = R - r = \frac{\Delta}{2} = \frac{D-d}{2}$$

直径间隙与轴颈直径之比称为相对间隙，记为 ψ，有

$$\psi = \frac{\Delta}{d} = \frac{\delta}{r}$$

轴颈中心 O 与轴承中心 O_1 在稳定运转时的距离称为偏心距 e，即 $e=OO_1$。偏心距与半径间隙的比值，称为偏心率 χ，即

$$\chi = \frac{e}{\delta}$$

图 17-19 中，h 为任意截面处的油膜厚度；h_0 为最大油膜压力 p_{max} 处的油膜厚度。取轴颈中心 O 为极点，连心线 OO_1 为极轴，则 φ_1、φ_2 分别为压力油膜起始点和终止点相对于极轴的起始角和终止角，其大小与轴承的包角 α 有关；极角 φ_0 和 φ 处所对应油膜厚度为 h_0 和 h。在△AOO_1中，根据余弦定律可得

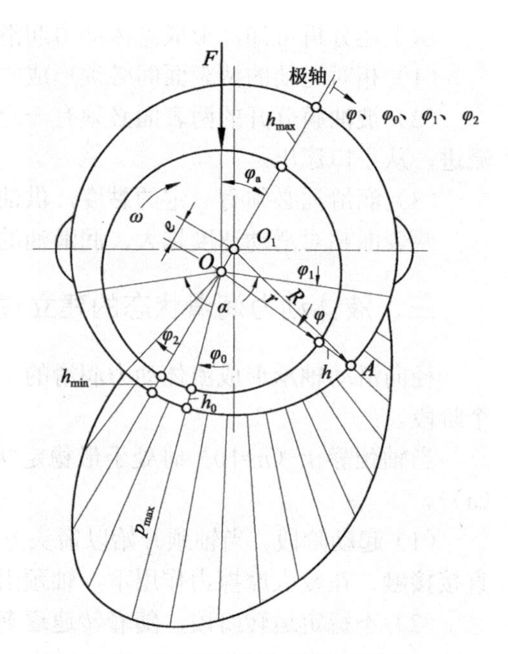

图 17-19　径向滑动轴承参数和油膜压力分布

$$R^2 = e^2 + (r+h)^2 - 2e(r+h)\cos\varphi = \left[(r+h) - e\cos\varphi\right]^2 + e^2\sin^2\varphi$$

上式中，略去高阶微量 $e^2\sin^2\varphi$ 后，再引入半径间隙 $\delta=R-r$ 的关系，并两端开方，整理得任意位置时油膜厚度为

$$h = \delta + e\cos\varphi = \delta(1+\chi\cos\varphi) = r\psi(1+\chi\cos\varphi) \tag{17-12}$$

压力最大处油膜厚度为

$$h_0 = \delta(1+\chi\cos\varphi_0) = r\psi(1+\chi\cos\varphi_0) \tag{17-13}$$

当 $\varphi=\pi$ 时，最小油膜厚度 $h_{\min}$ 为

$$h_{\min} = \delta(1-\chi) = r\psi(1-\chi) = \delta - e \tag{17-14}$$

2. 油膜的承载能力计算

根据式（17-9）（一维雷诺流体动力润滑方程），将 $dx=rd\varphi$，$v=\omega r$ 及 h 和 h_0 的表达式代入得到极坐标形式的雷诺方程为

$$\frac{dp}{d\varphi} = \frac{6\eta\omega\chi}{\psi^2}\frac{(\cos\varphi - \cos\varphi_0)}{(1+\chi\cos\varphi)^3} \tag{17-15}$$

将上式从压力区起始角 φ_1 至任意角 φ 进行积分，得任意极角 φ 处的压力，即

$$p_\varphi = \frac{6\eta\omega\chi}{\psi^2}\int_{\varphi_1}^{\varphi}\frac{\cos\varphi - \cos\varphi_0}{(1+\chi\cos\varphi)^3}d\varphi \tag{17-16}$$

而压力 p_φ 在外载荷方向上的分量为

$$p_{\varphi y} = p_\varphi\cos[\pi - (\varphi+\varphi_a)] = -p_\varphi\cos(\varphi+\varphi_a) \tag{17-17}$$

把上式在 φ_1 到 φ_2 的区间内积分，即可得轴承单位宽度上的油膜承载力，即

$$\begin{aligned} p_y &= \int_{\varphi_1}^{\varphi_2} p_{\varphi y} r d\varphi = -r\int_{\varphi_1}^{\varphi_2} p_\varphi\cos(\varphi+\varphi_a)d\varphi \\ &= \frac{6\eta\omega r}{\psi^2}\int_{\varphi_1}^{\varphi_2}\left[\int_{\varphi_1}^{\varphi}\frac{\chi(\cos\varphi-\cos\varphi_0)}{(1+\chi\cos\varphi)^3}d\varphi\right][-\cos(\varphi+\varphi_a)]d\varphi \end{aligned} \tag{17-18}$$

考虑润滑油端泄的影响，这时油压沿轴承宽度呈抛物线分布，且轴承宽度中间剖面上的油膜压力也要比理论值低，如图 17-20 所示。为此引入一个修正系数 A 考虑端泄的影响，A 与偏心率 χ 和宽径比 B/d 有关。这样，在 φ 角和距轴承中线 z 处的油膜压力为

$$p_{yz} = p_y A\left[1 - \left(\frac{2z}{B}\right)^2\right] \tag{17-19}$$

将式（17-19）沿轴承宽度积分得有限宽轴承，油膜与外载平衡的承载能力为

$$F = \frac{\eta\omega dB}{\psi^2}C_F$$

其中，

$$C_F = 3\int_{-B/2}^{B/2}\int_{\varphi_1}^{\varphi_2}\int_{\varphi_1}^{\varphi}\left[\frac{\chi(\cos\varphi-\cos\varphi_0)}{B(1+\chi\cos\varphi)^3}d\varphi\right][-\cos(\varphi_a+\varphi)d\varphi]A\left[1-\left(\frac{2z}{B}\right)^2\right]dz \tag{17-20}$$

或

$$C_F = \frac{F\psi^2}{\eta\omega dB} = \frac{F\psi^2}{2\eta vB} \tag{17-21}$$

式中，C_F——承载量系数，它是反映轴承承载能力的量纲为一的系数；

η——润滑油在平均工作温度下的动力黏度，Pa·s；

B——轴承宽度，mm；

F——外载荷，N；

v——轴颈圆周速度，m/s。

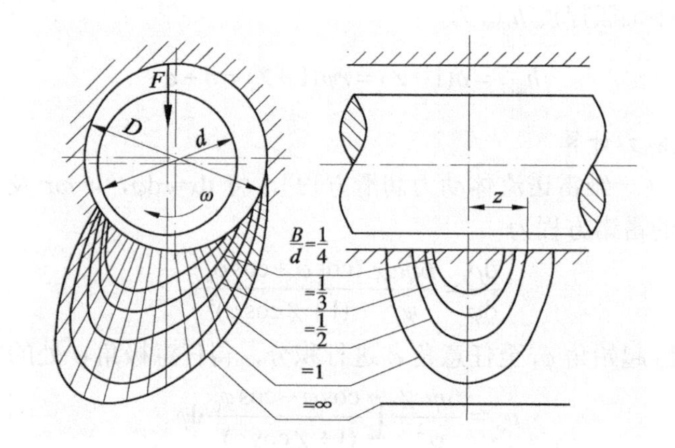

图 17-20 不同宽径比时油膜压力分布

由式（17-20）可知，当压力油膜包角 α 一定时，$C_F \propto (\chi, B/d)$，即其他条件不变时，最小油膜厚度 h_{min} 越薄（即 χ 越大），宽径比 B/d 越大，C_F 值越大，轴承的承载能力 F 也越大。C_F 的积分困难，一般采用数值积分的方法进行计算。由于轴承在非承载区内进行无压力供油，且液体动压力是在轴颈与轴瓦的 180°的弧内产生，因此，α=180° 时不同的 χ 和 B/d 所对应的承载量系数 C_F 值见表 17-4。

表 17-4 有限宽轴承的承载量系数 C_F

B/d	χ													
	0.3	0.4	0.5	0.6	0.65	0.7	0.75	0.80	0.85	0.90	0.925	0.95	0.975	0.99
	承载量系数 C_F													
0.5	0.133	0.209	0.317	0.493	0.622	0.819	1.098	1.572	2.428	4.261	6.615	10.706	25.62	75.86
0.6	0.182	0.283	0.427	0.655	0.819	1.070	1.418	2.001	3.036	5.214	7.956	12.64	29.17	83.21
0.7	0.234	0.361	0.538	0.816	1.014	1.312	1.720	2.399	3.580	6.029	9.072	14.14	31.88	88.90
0.8	0.287	0.439	0.647	0.972	1.199	1.538	1.965	2.754	4.053	6.721	9.992	15.37	33.99	92.89
0.9	0.339	0.515	0.754	1.118	1.371	1.745	2.248	3.067	4.459	7.294	10.753	16.37	35.66	96.35
1.0	0.391	0.589	0.853	1.253	1.528	1.929	2.469	3.372	4.808	7.772	11.38	17.18	37.00	98.95
1.1	0.440	0.658	0.947	1.377	1.669	2.097	2.664	3.580	5.106	8.186	11.91	17.86	38.12	101.15
1.2	0.487	0.723	1.033	1.489	1.796	2.247	2.838	3.787	5.364	8.533	12.35	18.43	39.04	102.90
1.3	0.529	0.784	1.111	1.590	1.912	2.379	2.990	3.968	5.568	8.831	12.73	18.91	39.81	104.42
1.5	0.610	0.891	1.248	1.763	2.099	2.600	3.242	4.266	5.947	9.304	13.34	19.68	41.07	106.84

流体动力润滑轴承的工作状况是一种动态稳定状态，随着外载 F 的变化，最小油膜厚度 h_{min} 会随之变化，从而使油膜压力发生变化，并最终与外载荷达到新的平衡。

3. 最小油膜厚度 $h_{\min}$（保证液体动力润滑的必要条件）

由式（17-20）和表 17-4 可知，在其他条件不变的情况下，$h_{\min}$ 越小则偏心率 χ 越大，轴承的承载能力就越大。但最小油膜厚度是不能无限缩小的，因为它要受油膜不被破坏条件的限制。轴承在稳定运转情况下工作时，油膜不被破坏的条件是最小油膜不能小于轴颈和轴承内孔表面微观不平度之和，即

$$h_{\min} \geqslant S(R_{z1}+R_{z2}) \tag{17-22}$$

式中，R_{z1}、R_{z2}——分别为轴颈表面和轴承内孔表面微观不平度十点平均高度；

S——考虑几何形状误差和零件变形及安装误差等因素而取的安全系数，通常取 $S \geqslant 2$。

R_{z1} 和 R_{z2} 应根据加工方法参考有关手册确定。一般常取 $R_{z1} \leqslant 2.5\mu m$，$R_{z2} \leqslant 5.0\mu m$。轴颈经磨削可达到 R_{z1}=3.2～0.4μm，抛光 R_{z2}=0.8～0.05μm；轴承工作表面经拉削或铰削可达到 R_{z2}=10～1.6μm，括孔 R_{z2}=10～3.2μm，精镗 R_{z2}=6.3～0.8μm。

流体动力润滑的三个必要条件加上最小油膜厚度条件就构成了形成流体动力润滑的充分必要条件。

五、轴承的热平衡计算

1. 轴承中的摩擦与功耗

流体摩擦条件下工作的滑动轴承，摩擦力（即黏滞阻力）与摩擦因数完全取决于流体的黏性摩擦性质，根据牛顿流体黏性定律式（2-25）和径向滑动轴承的几何关系得油层中摩擦力为

$$F_f = S\eta\frac{du}{dy} = \pi dB\eta\frac{v}{\delta} = \pi dB\eta\frac{\omega r}{\psi r} = \pi dB\eta\frac{\omega}{\psi} \tag{17-23}$$

式中，S 为与轴颈接触的油层表面面积，$S=\pi dB$。则摩擦因数为

$$f = \frac{F_f}{F} = \frac{\pi dB\eta\omega}{pdB\psi} = \frac{\pi}{\psi}\frac{\eta\omega}{p} = \frac{\pi^2}{30\psi}\frac{\eta n}{p} \tag{17-24}$$

由式（17-24）可见，摩擦因数 f 是 $\eta n/p$ 的函数，令 $\eta n/p=\lambda$，λ 称为轴承的特性系数，第 2 章中图 2-9 即为 f 与 λ 的关系曲线。在轴承的实际工作中，摩擦力和摩擦因数要稍大一些，因此，要对式（17-24）进行修正。

摩擦引起的功耗将转化为轴承单位时间内的发热量 H

$$H=fFv\text{(W)} \tag{17-25}$$

2. 轴承的温升

轴承工作时，摩擦功耗将转化为热量，使润滑油温度升高，从而使润滑油黏度下降，间隙改变，轴承的承载能力下降。温升过高，还会造成金属软化，甚至发生抱轴事故。因此要进行热平衡计算，控制轴承的温升。

轴承在运转过程中达到热平衡的条件是：单位时间内轴承摩擦产生的热量 H 等于同一时间内端泄润滑油所带走的热量 H_1 和轴承散发热量 H_2 之和，即

$$H=H_1+H_2 \tag{17-26}$$

其中，单位时间内摩擦产生的热量由式（17-25）确定。由端泄润滑油带走的热量 H_1 为

$$H_1=Q\rho c\Delta t \quad \text{(W)} \tag{17-27}$$

式中，Q——端泄总流量，由耗油量系数$\frac{Q}{\psi vBd}$求出，m^3/s，耗油量系数与轴承宽径比B/d和偏心率χ有关，可查图 17-21；

ρ——润滑油的密度，对矿物油为 850～900kg/m^3；

c——润滑油的比热容，对矿物油为 1680～2100J/(kg・℃)；

Δt——润滑油温升，是油的出口温度t_2与入口温度t_1之差值。

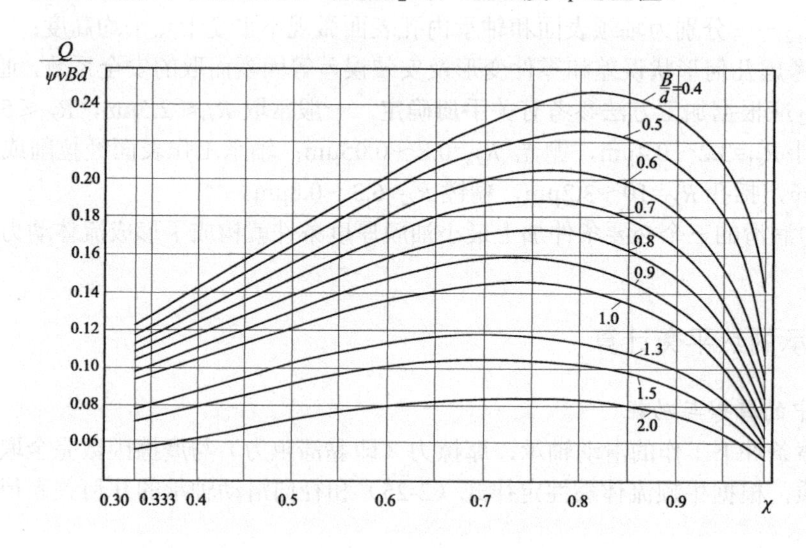

图 17-21　耗油量系数线图

通过热传导，由轴颈和轴承壳体把热量向四周大气散发。这部分热量与散热面积、空气流动速度等有关，难于精确计算。通常用近似方法计算单位时间内轴承散发的热量H_2为

$$H_2=\pi\alpha_s dB\Delta t \quad (\mathrm{W}) \tag{17-28}$$

式中，α_s——轴承表面传热系数，其值依轴承结构和散热条件而定。对于轻型结构传热困难的轴承，取α_s=50W/（m^2・℃）；对中型结构或一般通风条件，取α_s=80W/（m^2・℃）；对重型结构加强冷却的轴承，取α_s=140W/（m^2・℃）。

热平衡时，由$H=H_1+H_2$得

$$fF_v=Q\rho c\Delta t+\pi\alpha_s dB\Delta t$$

将$F=pdB$代入上式，即可得达到热平衡时润滑油温升为

$$\Delta t=t_2-t_1=\frac{\frac{f}{\psi}\rho}{cp\frac{Q}{\psi vBd}+\frac{\pi\alpha_s}{\psi v}} \quad (℃) \tag{17-29}$$

式（17-29）只是求出了平均温度差，实际上轴承各点的温度是不相同的，从入口（t_1）到出口（t_2）温度是逐渐升高的，因而轴承中各不同处润滑油黏度也不相同。因此，在计算轴承的承载能力时，一般采用润滑油平均温度时的黏度。润滑油平均温度t_m按下式计算：

$$t_m=t_1+\frac{\Delta t}{2} \tag{17-30}$$

为保持轴承的承载能力，建议平均温度不超过 75℃，初定时可取为 50～75℃。设计时，

通常先给定平均温度 t_m，按式（17-29）求出温升 Δt 后，再来校核油的入口温度 t_1，即

$$t_1 = t_m - \frac{\Delta t}{2} \tag{17-31}$$

润滑油的入口温度 t_1 常大于工作环境温度，依供油方法而定，通常要求计算得的 t_1=35～45℃。而为使油的黏度不致降低过多，以保证油膜有较高的承载能力，要求润滑油出口温度 t_1≤80℃（一般油）或 100℃（重油）。

六、轴承参数选择

1. 轴承平均比压 p

在许可的范围内 p 取大一些有利于提高轴承的平稳性，减小轴承尺寸。但过高的比压 p 使油层变薄，对轴承制造和安装精度要求提高，且易于破坏轴承的工作表面。平均比压 p 可按表 17-1 选取。

2. 宽径比 B/d

宽径比小，轴承的轴向尺寸小，有利于增大轴承比压，提高运转平稳性，增大端泄流量，减少摩擦功耗和降低温升，减轻轴颈端部与轴承的边缘接触，但宽径比小，轴承的承载能力也相应降低。常用的宽径比范围 B/d=0.5～1.5。

高速重载轴承温升高，B/d 应取小值；低速重载轴承，为提高轴承支承刚性，B/d 宜取大值；高速轻载轴承，如对轴承刚度要求不高，B/d 可取小值。一般常用机器的 B/d 值为：汽轮机、鼓风机 B/d=0.3～0.8；电动机、发电机、离心泵、齿轮箱 B/d=0.6～1.2；机床、拖拉机 B/d=0.8～1.5；轧钢机 B/d=0.6～0.9。

3. 相对间隙 ψ

一般 ψ 值大，则润滑油流量大，温升小，但承载能力和运转精度低。但 ψ 值过大，易产生紊流，功耗增大。ψ 值小，易于形成液体润滑，承载能力和运转精度提高，但油流量过小，温升大，且加工变难。

一般情况下，ψ 值主要根据载荷和速度选取。速度越高，载荷越小，加工精度越差，选 ψ 值应越大；反之，ψ 应取较小值。另外，轴颈直径大，宽径比小，自位性能好时，ψ 应取小值。ψ 值可根据轴颈的圆周速度 v 参照下面的经验公式估算

$$\psi = (0.6 \sim 1.0) \times 10^{-3} \sqrt[4]{v} \tag{17-32}$$

式中，v——轴颈圆周速度，m/s。

一般机器中常用 ψ 值为：汽车、电动机、齿轮箱 ψ=0.001～0.002；轧钢机、铁路车辆 ψ=0.002～0.0015；机床、内燃机 ψ=0.002～0.00125；鼓风机、离心泵 ψ=0.001～0.003。

4. 润滑油黏度

润滑油黏度是液体动压润滑轴承的一个重要参数，轴承的承载能力与黏度成正比，但是轴承的摩擦功耗与温升也与黏度成正比，温度升高，润滑油的黏度将下降。因此，润滑油的黏度选择并非越高越好。设计时，可先假定轴承平均温度 t_m（50～75℃），初选黏度，进行初步设计计算，再通过热平衡计算来验算轴承入口处油温 t_1 是否在合理区间（35～45℃），如不满足需要重新选择黏度再计算。

17-7 其他型式滑动轴承简介

一、多油楔滑动轴承

上述液体动力润滑径向滑动轴承只能形成一个油楔来产生液体动压油膜，故称为单油楔轴承。这类轴承的轴颈如受到一个外部微小的干扰而偏离平衡位置，有可能不能自动回到其原来的平衡位置，轴颈作有规则或无规则的运动，即产生失稳现象。载荷越轻、转速越高，轴承越容易失稳。为了提高轴承工作的稳定性和旋转精度，常把轴承做成多油楔形状，轴承的承载能力等于各油楔承载力矢量和。

多油楔轴承的结构型式较多，按瓦面能否自动调节分固定瓦和可倾瓦，按油楔的数目又可分为双油楔和多油楔等多种。

图 17-22 所示为常见的几种固定瓦多油楔轴承。它们在工作时能形成二个或三个动压油膜，分别称为双油楔和多油楔轴承。和单油楔轴承相比，多油楔轴承的稳定性好，旋转精度高，但承载能力较低，功耗较大。在多油楔轴承中，三油楔轴承的稳定性好于双油楔，但承载能力低于双油楔，而椭圆轴承的稳定性又好于错位轴承。图 17-22（a）、（c）中的轴承能用于双向回转，图 17-22（b）、（d）中的轴承只能用于单向回转。

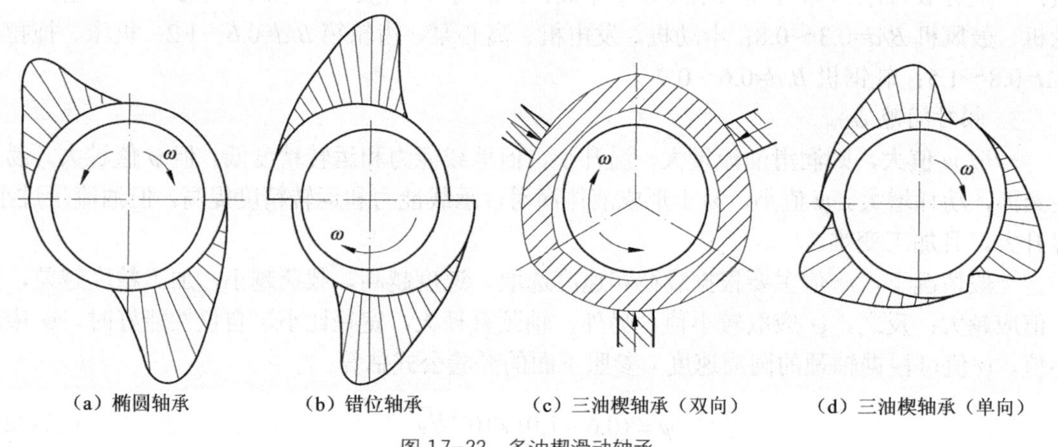

图 17-22　多油楔滑动轴承

图 17-23 为可倾瓦多油楔径向滑动轴承，轴瓦由三块或三块以上（通常为奇数）扇形块组成，扇形块以其背面的球窝支承在调整螺钉尾端的球面上。球窝的中心不在扇形块中部，而是沿圆周偏向轴颈旋转方向的一边。由于扇形块支承在球面上，所以它的倾斜度可以随轴颈位置的不同而自动地调整，以适应不同的载荷、转速、轴的弹性变形和偏斜，并保持轴颈与轴瓦间的适当间隙，建立液体摩擦。

可倾瓦多油楔轴承比固定瓦多油楔轴承的稳定性更好，但承载能力更低，特别适用于高速轻载的条件下工作。

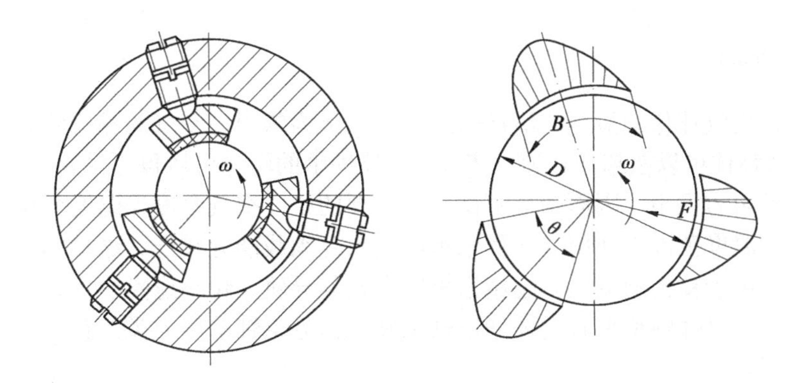

图 17-23 可倾瓦多油楔径向滑动轴承

二、液体静压轴承

液体静压轴承是用油泵把高压油送到轴承间隙里，强制形成油膜，靠液体的静压平衡外载荷。图 17-24 所示为液体静压径向轴承。高压油经节流器进入油腔，节流器是用来保持油膜稳定性的。当轴承载荷为零时，轴颈与轴孔同心，各油腔的油压彼此相等，即 $p_1=p_2=p_3=p_4$。当轴受外载荷 F 时，轴颈偏移，各油腔附近的间隙不同，受力大的油膜减薄，流量减小，因此经过这部分的流量也减小，节流器前后压差减小，但是油泵的压力 p_0 保持不变，所以下油腔中的压力 p_3 将加大。同理，上油腔中压力 p_1 下降。轴承依靠压力差（p_3-p_1）平衡外载荷 F。

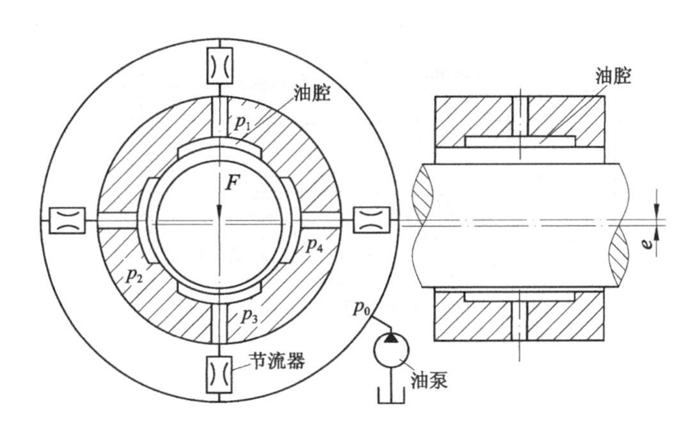

图 17-24 液体静压径向轴承

液体静压轴承的主要特点是：①轴颈和轴承相对转动时处于完全液体摩擦，摩擦因数很小，一般 f=0.0001～0.0004，起动力矩小，效率高；②由于工作时轴颈与轴承不直接接触（包括起动、停车等），轴承不会磨损，能长期保持精度，故使用寿命长；③油膜不受速度的限制，因此能在极低或极高的转速下正常工作；④对轴承材料要求较低，同时对间隙和表面粗糙度要求也不像动压轴承那样严；⑤油膜刚度大，具有良好的吸振性，运转平稳，精度高。其缺点是必须有一套复杂的供油装置，且维护和管理要求较高。

三、气体轴承

气体轴承是用气体作润滑剂的滑动轴承。空气最为常用。空气的黏度约为油的四五千分之一，所以气体轴体可以在超高转速下工作。气体轴承的转速可达每分钟几十万甚至百万转。气体轴承的摩擦阻力很小，因而功耗甚微，更重要的是，空气黏度受温度变化的影响很小，所以能在很大的温度范围内使用。气体轴承的缺点是承载能力较低。这种轴承适合于高速轻载场合，它广泛用于精密测量仪、超精密机床主轴与导轨、超高速离心机、核反应堆内的支承等。一般所说的气体轴承也有气体动压轴承和气体静压轴承两大类。其工作原理和液体润滑轴承基本相同。

四、磁力轴承

磁力轴承是利用磁场力使轴悬浮，故又称磁悬浮轴承。它无须任何润滑剂，可在真空中工作。因此，可达到极高的速度，目前已有转速高达每秒钟 38.4 万转、圆周速度为两倍音速的应用实例。

磁力轴承的类型很多，其中应用最广泛的就是主动磁轴承。图 17-25 所示即为一个转子通过磁悬浮轴承支承的工作原理图。传感器检测出转子偏离参考点的位移，作为控制器的微处理器将检测到的位移变换成控制信号，然后功率放大器将这一控制信号转换成控制电流，控制电流在执行磁铁中产生磁力从而使转子维持其悬浮位置不变。悬浮系统的刚度、阻尼以及稳定性由控制规律决定。

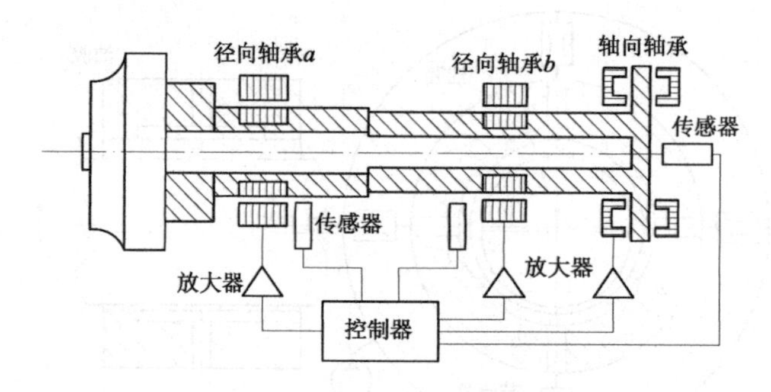

图 17-25 主动磁轴承工作原理图

磁力轴承主要应用于超高速离心机、真空泵、精密陀螺仪及加速度计、超高速列车、空间飞行器姿态飞轮、超高速精密机床等场合。

17-8 滚动轴承的结构、主要类型与代号

一、滚动轴承的结构与材料

典型的滚动轴承构造如图 17-26 所示，它由内圈、外圈、滚动体和保持架组成。内圈、外圈分别与轴颈及轴承座孔装配在一起。通常是内圈随轴回转，外圈不动；但也有外圈回转、内圈不动，或内、外圈分别按不同转速回转的情况。滚动体是实现滚动摩擦的主要零件，当

内、外圈相对转动时，滚动体在内、外圈的滚道间滚动。内、外圈的滚道多为凹槽形，凹槽起导轨作用，限制滚动体的轴向移动，同时也能降低滚动体与套圈间的接触应力。常用的滚动体形状有：①球形；②圆柱形；③长圆柱形；④螺旋滚子；⑤圆锥滚子；⑥鼓形滚子；⑦滚针等（见图 17-27）。保持架能使滚动体均匀分布以避免滚动体接触，如没有保持架，相邻滚动体直接接触，其相对摩擦速度是表面速度的两倍，发热和磨损均很大（见图 17-28）。

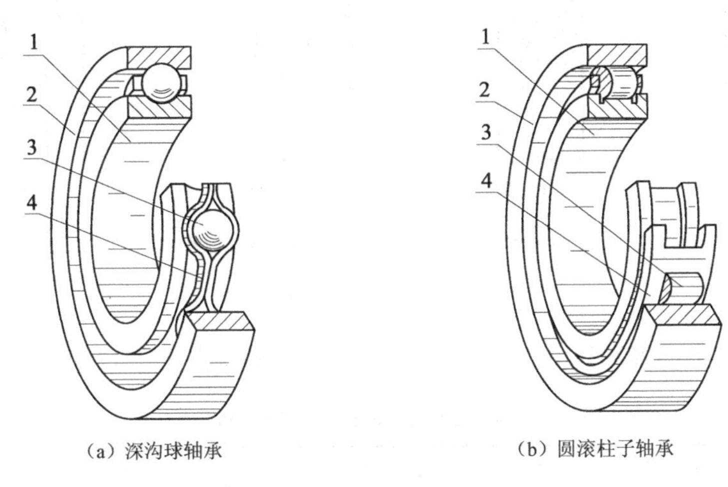

（a）深沟球轴承　　（b）圆滚柱子轴承

图 17-26　滚动轴承的构造

1—内圈；2—外圈；3—滚动体；4—保持架

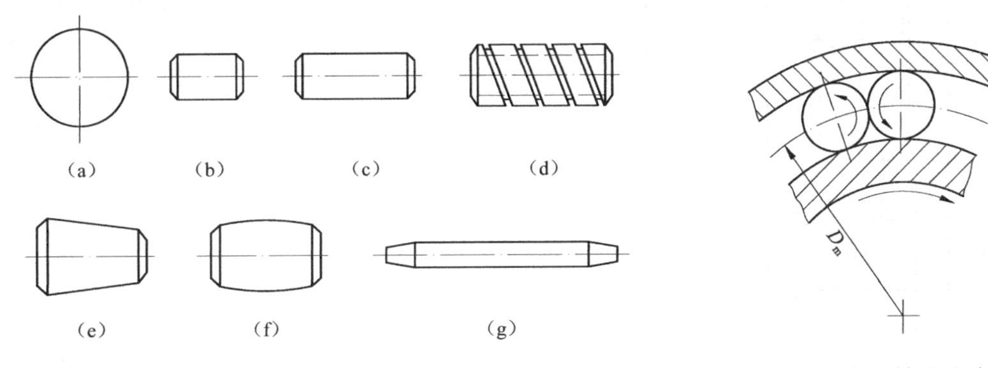

图 17-27　滚动体的形状

图 17-28　无保持架时相邻滚动体的摩擦

滚动轴承的内、外圈和滚动体用强度高、耐磨性好的含铬高碳钢制造，如 GCr15、GCr15SiMn 等（G 表示专用滚动轴承钢），热处理后硬度一般不低于 HRC60～65，工作表面再经磨削抛光，保持架用低碳钢冲压而成，但也有用铜合金或塑料的。

二、滚动轴承的主要类型与特点

滚动轴承中套圈与滚动体接触处的法线和垂直轴心线的平面的夹角 α 称为接触角。滚动轴承按所能承受载荷方向和接触角的不同可分为三类。主要承受径向载荷，接触角 α=0°的轴承叫向心轴承，如深沟球轴承（图 17-29（a））和圆柱滚子轴承，其中有几种轴承还可承受不大的轴向载荷，如深沟球轴承。只能承受轴向载荷，α=90°的轴承叫推力轴承，如推力球轴承（图 17-29（d））。能同时承受径向和轴向载荷，接触角 0°<α<90°的轴承叫向心推力轴承，

其中，主要承受径向载荷，0°<α≤45°的轴承叫向心角接触轴承，如角接触球轴承（图 17-29（b））；主要承受轴向载荷，45°<α<90°的轴承叫推力角接触轴承，如推力调心滚子轴承（图 17-29（c））。

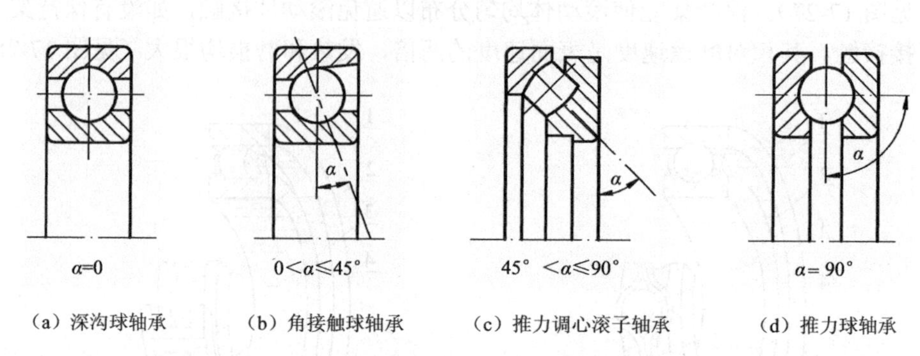

图 17-29　各类滚动轴承的接触角

滚动轴承的类型很多，常用滚动轴承的类型，性能和特点见表 17-5。

表 17-5　　常用滚动轴承的类型、性能和特点

轴承名称及类型代号	结构简图及承载方向	尺寸系列代号	结构代号	基本额定动载荷比	极限转速比	轴向承载能力	性能和特点
调心球轴承 1		（0）2 22 （0）3 23	10000	0.6～0.9	中	少量	因为外圈滚道表面是以轴承为中心的球面，故能自动调心，允许内圈（轴）对外圈（外壳）轴线偏斜量≤2°～3°。一般不宜承受纯轴向载荷
调心滚子轴承 2		13　31 22　32 23　40 30　41	20000	1.8～4	低	少量	性能、特点与调心球轴承相同，但具有较大的径向承载能力，允许内圈对外圈轴线偏斜量≤1.5°～2.5°
圆锥滚子轴承 3		02　23 03　29 13　30 20　31 22　37	30000 （α=10°～18°）	1.5～2.5	中	较大	可以同时承受径向载荷及轴向载荷（30000 型以径向载荷为主，30000B 型以轴向载荷为主）。外圈可分离，安装时可调整轴承的游隙。一般成对使用
			30000B （α=27°～30°）	1.1～2.1	中	很大	
推力球轴承 5		11 12 13 14	51000	1	低	只能承受单向的轴向载荷	为了防止钢球与滚道之间的滑动，工作时必须加有一定的轴向载荷。高速时离心力大，钢球与保持架磨损，发热严重，寿命降低，故极限转速很低。轴线必

续表

轴承名称及类型代号	结构简图及承载方向	尺寸系列代号	结构代号	基本额定动载荷比	极限转速比	轴向承载能力	性能和特点
推力球轴承 5		22 23 24	52000	1	低	能承受双向的轴向载荷	须与轴承座底面垂直，载荷必须与轴线重合，以保证钢球载荷的均匀分配
深沟球轴承 6		17 0（0） 37 （1）0 18 （0）2 19 （0）3 （0）4	60000	1	高	少量	主要承受径向载荷，也可同时承受小的轴向载荷。当量摩擦因数最小。在高转速时，可用来承受纯轴向载荷。工作中允许内、外圈轴线偏斜量≤18′～16′，大量生产，价格最低
角接触球轴承 7		19 （1）0 （0）2 （0）3 （0）4	70000C （α=15°）	1.0～1.4	高	一般	可以同时承受径向载荷及轴向载荷，也可以单独承受轴向载荷。能在较高转速下正常工作。由于一个轴承只能承受单向的轴向力，因此，一般成对使用。承受轴向载荷的能力由接触角α决定。接触角大的，承受轴向载荷的能力也高
			70000AC （α=25°）	1.0～1.3		一般	
			70000B （α=40°）	1.0～1.2		一般	
圆柱滚子轴承 N		10 （0）2 22 （0）3 23 （0）4	N0000	1.5～3	高	无	外圈（或内圈）可以分离，故不能承受轴向载荷，滚子由内圈（或外圈）的挡边轴向定位，工作时允许内、外圈有少量的轴向错动。有较大的径向承载能力，但内、外圈轴线的允许偏斜量很小（2′～4′）。这一类轴承还可以不带外圈或内圈
			NU0000				
滚针轴承 NA		48 49 69	NA0000	—	低	无	在同样内径条件下，与其他类型轴承相比，其外径最小，内圈或外圈可以分离，工作时允许内、外圈有少量的轴向错动。有较大的径向承载能力。一般不带保持架。摩擦因数大

注：①滚动轴承的类型名称、代号按 GB/T 272—1993。

②在写基本代号时，尺寸系列代号中括号内数字可省略。

③基本额定动载荷比、极限转速比都是指同一尺寸系列轴承与深沟球轴承之比（平均值）。极限转速比（脂润滑、0 级公差等级）的比值>90%为高，60%～90%为中，<60%为低。

三、滚动轴承的代号

滚动轴承的类型和尺寸规格繁多，为便于生产、设计和选用，国家标准规定了用代号表示轴承的类型、尺寸、结构特点及公差等级等。

国家标准 GB/T 272—1993 规定滚动轴承代号由基本代号、前置代号和后置代号组成，分别用字母和数字等表示。轴承代号的构成见表 17-6。

表 17-6　　滚动轴承代号的构成

<table>
<tr><th rowspan="2">前置代号</th><th colspan="5">基本代号</th><th colspan="8" rowspan="2">后　置　代　号</th></tr>
<tr><th>五</th><th>四</th><th>三</th><th>二</th><th>一</th></tr>
<tr><td rowspan="2">轴承分部件代号</td><td rowspan="2">类型代号</td><td colspan="2">尺寸系列代号</td><td colspan="2" rowspan="2">内径代号</td><td rowspan="2">内部结构代号</td><td rowspan="2">密封与防尘结构代号</td><td rowspan="2">保持架及其材料代号</td><td rowspan="2">特殊轴承材料代号</td><td rowspan="2">公差等级代号</td><td rowspan="2">游隙代号</td><td rowspan="2">多轴承配置代号</td><td rowspan="2">其他代号</td></tr>
<tr><td>宽度系列代号</td><td>直径系列代号</td></tr>
</table>

注：基本代号下面的一至五表示代号自右向左的位置序数。

1. 基本代号

滚动轴承的基本代号用来表明轴承的内径、尺寸系列和类型，一般最多为五位。

（1）轴承的类型。轴承的类型代号用基本代号右起第五位数字或字母表示（如尺寸系列代号有省略则为第四位），其表示方法见表 17-5。

（2）尺寸系列。轴承的尺寸系列表示在结构相同、内径相同的情况下具有不同的外径和宽度。其代号由基本代号右起第三、四两位数字表示，第四位表示宽度系列，第三位表示直径系列。滚动轴承的具体尺寸系列代号见表 17-7。相同内径，不同直径系列轴承的尺寸对比如图 17-30 所示。某些宽度系列（主要为 0 系列和正常系列）代号可省略，详见表 17-5。

表 17-7　　滚动轴承尺寸系列表示法

直径系列代号	向心轴承 宽度系列代号								推力轴承 高度系列代号			
	特窄 8	窄 0	正常 1	宽 2	特宽 3	特宽 4	特宽 5	特宽 6	特低 7	低 9	正常 1	正常 2
超特轻 7	—	—	17	—	37	—	—	—	—	—	—	—
超轻 8	—	08	18	28	38	48	58	68	—	—	—	—
超轻 9	—	09	19	29	39	49	59	69	—	—	—	—
特轻 0	—	00	10	20	30	40	50	60	70	90	10	—

续表

直径系列代号	向心轴承 宽度系列代号								推力轴承 高度系列代号			
	特窄 8	窄 0	正常 1	宽 2	特宽 3	特宽 4	特宽 5	特宽 6	特低 7	低 9	正常 1	正常 2
特轻 1	—	01	11	21	31	41	51	61	71	91	11	—
轻 2	82	02	12	22	32	42	52	62	72	92	12	22
中 3	83	03	13	23	33	—	—	63	73	93	13	23
重 4	—	04	—	24	—	—	—	—	74	94	14	24

（3）轴承的内径。用基本代号右起第一、二位数字表示。①当轴承内径分别为 10mm、12mm、15mm 和 17mm 时，内径代号分别为 00、01、02 和 03；②当内径 d=20～480mm，且为 5 的倍数时，内径代号为内径除以 5 的商；③当内径 d<10mm 或 d>500mm 及 d=22mm、28mm、32mm 时，则直接用内径尺寸毫米数表示轴承内径，并且与尺寸系列间用“/”分开。

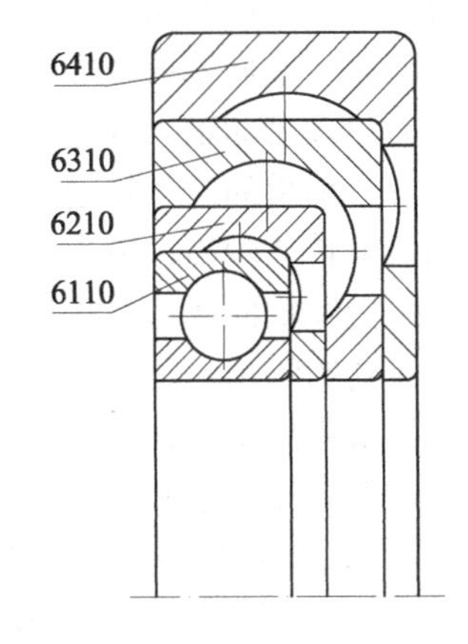

图 17-30 不同直径系列轴承尺寸对比

2. 前置代号

前置代号表示轴承的分部件，用字母来表示。常见的一些代号及含义如下。

L 为可分离轴承的可分离内圈或外圈，如 LN207；K 为轴承的滚动体和保持架组件，如 K81107；R 为不带可分离内圈或外圈的轴承，如 RNU207。

3. 后置代号

轴承的后置代号用字母和数字表示轴承的结构、公差、游隙及材料的特殊要求等。后置代号共有 8 组（见表 17-6），下面介绍几组常用的代号。

（1）内部结构代号。表示同一类型轴承的不同内部结构，用字母紧跟基本代号表示。例如，C、AC、B 分别代表接触角 α=15°、25°和 40°；E 代表增大承载能力进行结构改进的加强型等。代号示例：7210B、7210AC、NU207F。

（2）轴承的公差等级代号。轴承的公差等级由高到低分为 2、4、5、6、6x 和 0 级共 6 个级别，分别用代号/P2、/P4、/P5、/P6、/P6x 和/P0 表示。公差等级中，6x 级仅适用于圆锥滚子轴承；0 级为普通级，可以省略不写。

（3）轴承的径向游隙代号。轴承的径向游隙由小至大分为 1、2、0、3、4、5 共 6 个组别。其中，0 组游隙是常用的游隙组别，在轴承代号中不标出，其余的游隙组别在轴承代号中分别用/C1、/C2、/C3、/C4、/C5 表示。

例 17-1 试说明轴承代号 6308、33315E、7211C/P5、618/2.5 的含义。

解：6308——表示内径为 40mm，中系列深沟球轴承，正常宽度系列、正常结构，0 级公差，0 组游隙。33315E——内径为 75mm，中系列加强型圆锥滚子轴承，特宽系列，0 级公差，0 组游隙。

7211C/P5——内径为 55mm，轻系列角接触球轴承，正常宽度，接触角 α=15°，5 级公差，0 组游隙。618/2.5——内径 2.5mm，超轻系列微型深沟球轴承，正常宽度、正常结构，0 级公差，0 组游隙。

四、滚动轴承类型的选择

滚动轴承类型选择是否适当，直接影响到轴承寿命乃至机器的工作性能。选择时应根据轴承的工作载荷（大小、方向和性质）、转速高低、支承刚性以及安装精度等方面的要求，结合各类轴承的特性和应用经验进行综合分析，确定合适的轴承。选择轴承时以下原则可供参考。

（1）转速较高、载荷较小、要求旋转精度较高时宜用球面轴承；转速较低、载荷较大或有冲击载荷时则选用滚子轴承，但应注意滚子轴承对角偏斜较敏感。

（2）主要承受径向载荷时可选用向心轴承。主要承受轴向轴荷，转速又不高时，可选用推力轴承。当同时承受径向和轴向载荷时，一般选用角接触球轴承和圆锥滚子轴承。当径向载荷较大、轴向载荷较小时，可选用深沟球轴承；当轴向载荷较大、径向载荷较小时，可采用推力角接触球轴承或选用推力球轴承与深沟球轴承的组合结构，分别承担轴向和径向载荷。

（3）轴承的工作转速一般应低于其极限转速。深沟球轴承、角接触球轴承、短圆柱滚子轴承极限转速较高，适用于较高转速的场合；推力轴承极限转速较低，只适用于较低速的场合。当受纯轴向载荷且转速很高时，则宁愿用深沟球轴承或角接触球轴承而不用推力轴承；内径相同的轴承，外径越小，极限转速越高，所以高速时宜采用超轻、特轻和轻系列的轴承，重及特重系列轴承只用于低速重载荷的场合。

（4）圆柱滚子和滚针轴承对轴承内外圈的偏斜最为敏感，因此对轴的刚度和轴承座孔的支承刚度和加工精度要求较高。当两轴承座孔加工不对中或由于加工、安装误差和轴挠曲变形等原因使轴承内外圈倾斜角较大，宜采用调心球轴承或调心滚子轴承，如图 17-31 所示。

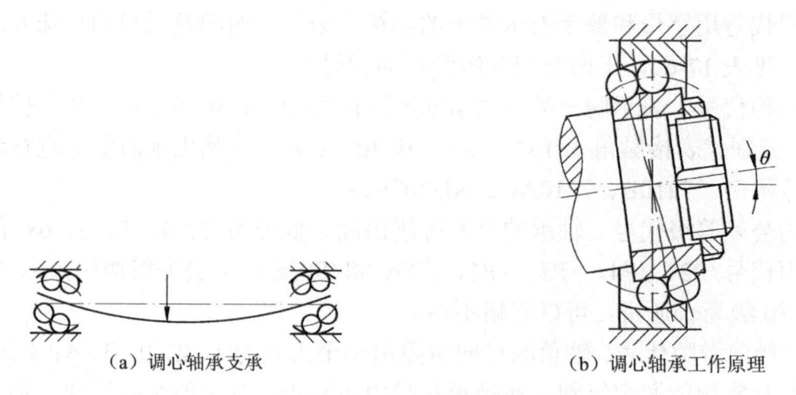

（a）调心轴承支承　　（b）调心轴承工作原理

图 17-31　调心轴承的调心作用

（5）为便于安装拆卸和调整间隙，常选用内、外圈可分离的轴承（如圆柱滚子轴承、圆锥滚子轴承）、具有内锥孔的轴承或带紧定套的轴承等。

（6）角接触轴承和圆锥滚子轴承一般应成对使用、对称安装，以使轴承能够承受双向轴向载荷。

（7）轴承的公差等级和游隙的选择应考虑工作性能和经济性的要求。当旋转精度要求较高时，宜选用较高的公差等级和较小的游隙；当要求转速较高时宜选用较高的公差等级和适当加大轴承游隙。但轴承的公差等级越高，轴承价格越贵，一般滚子轴承比球轴承价格高，而深沟球轴承价格最低。因此，在满足工作要求的前提下，宜优先考虑选用普通公差等级的深沟球轴承。

17-9 滚动轴承的载荷、失效形式及计算准则

一、滚动轴承的载荷分布

1. 滚动轴承受轴向载荷

向心轴承、向心推力轴承或推力轴承，在中心轴向力的作用，如不考虑轴承制造安装误差的影响，可以认为载荷由各滚动体平均分担。

2. 向心轴承受径向载荷

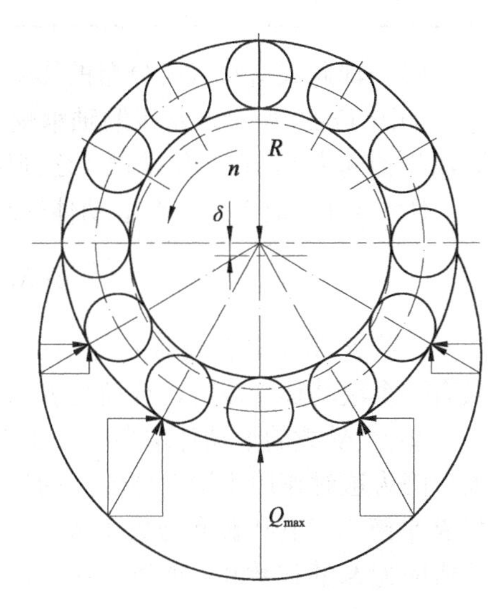

图 17-32 向心轴承的径向载荷分布

设滚动体数为 Z，径向载荷 R 通过轴颈传给内圈，位于上半圈的滚动体不受力，而由下半圈的滚动体将此载荷传到外圈。由于滚动体与内、外圈接触点的局部接触变形，内圈将下沉 δ，亦即在载荷 R 作用线上的接触变形量为 δ，而下半圈其他滚动体接触处的变形量则根据变形协调条件从中间往两边逐渐减小，如图 17-32 所示。根据变形与力的关系可知，接触载荷也是从中间往两边逐渐减小。根据受力平衡条件，位于 R 作用线下方接触处的最大接触载荷为

$$\left.\begin{aligned} Q_{max} &\approx \frac{5}{Z}R(\text{深沟球轴承}) \\ Q_{max} &\approx \frac{4.6}{Z}R(\text{圆柱滚子轴承}) \end{aligned}\right\} \tag{17-33}$$

滚动体从开始受力到终止受力所经过的区域叫承载区。实际上由于轴承内部存在游隙，故由径向载荷产生的承载区范围将小于 180°，也即不是下半圈滚动体全部受载，这时如果同时作用一定的轴向轴荷，则可使承载区扩大。

3. 角接触轴承同时承受径向和轴向载荷

（1）角接触轴承的派生轴向力 S。

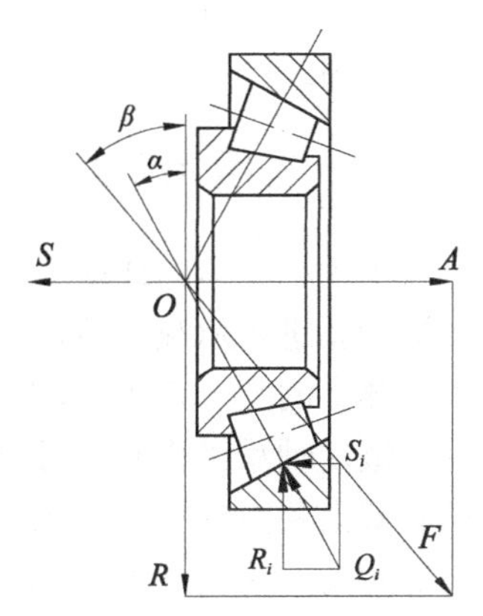

图 17-33 角接触轴承的受力分析

当角接触轴承或圆锥滚子轴承受径向载荷 R 时，如图 17-33 所示，由于滚动体与滚道接触点的法线与轴承中心平面间有接触角 α，所以下半圈第 i 个滚动体的法向反力 Q_i 将产生径向分力 R_i 和轴向分力 S_i。承载区内各滚动体的径向分力之和必与径向载荷 R 平衡（即 $\sum R_i = R$），而各滚动体所受的轴向分力之和即为轴承所受的派生轴向力 S。

计算各种角接触轴承派生轴向力也可按表 17-8 中公式进行。表中，R 为轴承的径向载荷；Y 为圆锥滚子轴承的轴向动载荷系数；e 为判别系数，查表 17-9。

角接触轴承的派生轴向力的方向是由轴承外圈的宽边指向窄边，通过内圈作用于轴上，使内、外圈有分离的趋势。由于角接触轴承受径向载荷后会产生派生轴向力，故应成对使用，对称安装。

表 17-8　角接触轴承的派生轴向力 *S*（约半数滚动体接触）

轴承类型	角接触球轴承			圆锥滚子轴承
	7000C(α=15°)	7000AC(α=25°)	7000B(α=40°)	
S	eR	$0.68R$	$1.14R$	$R/(2Y)$

（2）轴向载荷对载荷分布的影响。

如图 17-33 所示，角接触轴承受径向载荷 R 时，在各滚动体上产生的各轴向分力 S_i 之和即派生轴向力 S，它迫使轴颈（连同轴承内圈和滚动体）向左移动，并最后与轴向力 A 平衡。

① 当只有最下面一个滚动体受载时，有

$$S=R\tan\alpha \quad 或 \quad \tan\alpha=\frac{S}{R}=\frac{A}{R}=\tan\beta \tag{17-34}$$

外载 R 和 A 的合载荷 F 与轴承径向平面间的夹角称为载荷角 β。由式（17-34）可知，当只有一个滚动体受载时，载荷角 β 与接触角 α 是相等的。

② 当受载的滚动体增多时，虽然在同样的径向载荷 R 的作用下，但派生轴向力 S 将增大。因为这时作用于滚动体的法向反力 Q_i 的方向各不相同，它们的径向分力 R_i 向量之和虽与 R 平衡，但其代数和必大于 R，而派生轴向力 S 是由各个 Q_i 分别派生的轴向力 S_i 合成的，其值应为 S_i 的代数和。所以，在同样的径向载荷 R 作用下，由多个滚动体接触分别派生的轴向力的合力 S 将大于只有一个滚动体受载时派生的轴向力。

设 n 为受载滚动体数，则

$$S=\sum_{i=1}^{n}S_i=\sum_{i=1}^{n}R_i\tan\alpha>R\tan\alpha \quad 或 \quad \tan\alpha<\frac{S}{R}=\frac{A}{R}=\tan\beta \tag{17-35}$$

式（17-35）即为要使多个滚动件受载须满足的条件，即需要增加轴向载荷 A（径向载荷 R 一定时）。

上述分析说明，角接触球轴承及圆锥滚子轴承必须在径向载荷 R 和轴向载荷 A 的联合作用下工作，或者应成对使用、对称安装。为了使更多的滚动体同时受载，应使 A 比 $R\tan\alpha$ 大一些。因此，在安装这类轴承时，不能有较大的轴向窜动量。

二、轴承元件上载荷与应力的变化

由滚动轴承的载荷分布（见图 17-32）可知，由于滚动体所处位置不同，因而受载不同。当滚动体进入承载区后，所受的载荷逐渐由零增加到 Q_{max}，然后再逐渐减小到零。因此，就滚动体上的某一点来说，它受的载荷与应力是周期性地不稳定脉动变化的（见图 17-34（a））。

滚动轴承工作时，可以是外圈固定，内圈转动；也可以是内圈固定，外圈转动。对于转动套圈上各点的受载情况，类似于滚动体的受载情况，同一点的载荷和应力也是周期性地不稳定脉动变化的（见图 17-34（a））。

对于固定的套圈，处于承载区内的各接触点，根据其所处位置，承受不同的载荷。处于 R 作用线上的点将受到最大的接触载荷。对于某一个具体点，每当一个滚动体滚过时，便承受一次载荷，其大小是不变的，即其受的载荷和应力的变化是稳定的脉动循环（见图 17-34（b））。

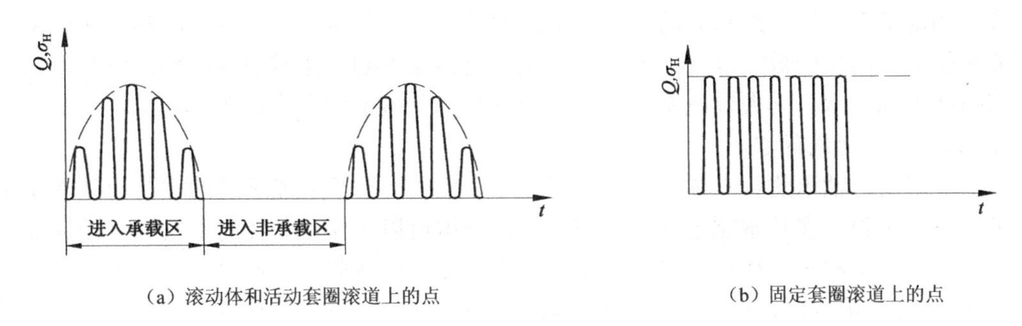

（a）滚动体和活动套圈滚道上的点　　（b）固定套圈滚道上的点

图 17-34　轴承各元件上载荷与应力变化

三、滚动轴承的失效形式和计算准则

1. 滚动轴承的失效形式

（1）疲劳点蚀。这是滚动轴承在安装、润滑和维护良好情况下的正常失效形式。滚动轴承在载荷下工作时，滚动体与内、外圈滚道上产生脉动循环的接触应力，工作一定时间后，滚动体或滚道的局部表层金属由于疲劳而产生剥落，形成点蚀。疲劳点蚀是滚动轴承的主要失效形式，也是滚动轴承寿命计算的依据。

（2）塑性变形。当轴承转速很低或作往复间歇摆动时，一般不会发生疲劳点蚀。这时轴承的失效形式为在较大的静载荷或冲击载荷的作用下，使滚动体或内外圈滚道上出现塑性变形，形成凹坑。这时，轴承的摩擦力矩、振动、噪声都将增加，运转精度降低。

（3）磨损。在润滑不良和密封不严的情况下，在多尘条件下工作的轴承内将侵入外界的尘土、杂质，引起滚动体与滚道表面之间的磨粒磨损。如润滑不良，滚动轴承内有滚动的摩擦表面，还会产生黏着磨损。转速越高，磨损越严重。磨损后，轴承游隙加大，运动精度降低，振动和噪声增加。

2. 滚动轴承的设计计算准则

决定轴承尺寸时，应根据工作条件对轴承的主要失效形式进行必要的计算。一般工作条件下的轴承，点蚀为主要失效形式，应进行疲劳寿命计算并作静强度校核。对于摆动或转速较低的轴承，只需作静强度计算。高速轴承由于发热而造成的黏着磨损、烧伤是突出矛盾，除进行寿命计算外，还需校验极限转速。

17-10　滚动轴承的动载荷和额定寿命计算

一、基本额定寿命和基本额定动载荷

1. 基本额定寿命 L_{10}

单个滚动轴承中任一元件出现疲劳点蚀前运转的总转数或在一定转速下的工作小时数称为轴承寿命。同样一批轴承，由于材料、加工精度、热处理与装配质量不可能完全相同，所以，即使在相同工作条件下运转，各个轴承的实际寿命大不相同，最高和最低可能相差几十

倍。因此，人们很难预测单个轴承的具体寿命，但可以用数理统计的方法，分析和计算在一定可靠度下轴承的寿命。

基本额定寿命是指一组相同的轴承在相同的条件下工作时，其中90%的轴承在产生疲劳点蚀前所能运转的总转数（以 10^6 为单位）或一定转速下的工作时数。显然，以基本额定寿命为依据选出的轴承，其失效概率为10%，故轴承的基本额定寿命以 L_{10} 表示。

2. *基本额定动载荷* C

标准中规定，轴承的基本额定寿命恰好为 10^6 转时，轴承所能承受的载荷为基本额定动载荷 C。也就是说，在基本额定动载荷作用下，轴承可以工作 10^6 转而不发生点蚀失效的可靠度为90%。基本额定动载荷，对向心轴承指的是纯径向载荷；对推力轴承指的是纯轴向载荷;对角接触球轴承或圆锥滚子轴承指的是轴承套圈间产生相对径向位移时的载荷径向分量。不同类型尺寸轴承的基本额定运载荷 C 可查阅轴承手册或相关设计手册。

二、滚动轴承的当量动载荷 P

滚动轴承的基本额定动载荷 C 是在一定的受载条件下确定的，如果作用于轴承上的实际载荷（径向载荷 R 与轴向载荷 A 联合作用）与确定 C 值的受载条件不同时，则必须将实际载荷转换成作用效果相当并与确定基本额定动载荷条件相一致的假想载荷，称该假想载荷为当量动载荷，用字母 P 表示。在当量动载荷作用下，轴承寿命与实际联合载荷下的轴承寿命相同。

对于只能承受径向载荷 R 的轴承（如N、NA类轴承），有

$$P=R \tag{17-36}$$

对于只能承受轴向载荷 A 的轴承（如推力球轴承和推力滚子轴承），有

$$P=A \tag{17-37}$$

对于同时承受径向载荷 R 和轴向载荷 A 的轴承，当量动载荷 P 的一般计算式为

$$P=XR+YA \tag{17-38}$$

式中，X、Y——分别为径向、轴向动载荷系数，其值见表17-9。

上述当量载荷计算式，只是求出了理论值。实际上，考虑到机械在工作中有冲击、振动等影响，使轴承寿命降低，因此引入了一个动载荷系数 f_P，其值见表17-10。所以，实际计算时，轴承的当量动载荷计算式为

$$P=f_P R \tag{17-36a}$$

$$P=f_P A \tag{17-37a}$$

$$P=f_P(XR+YA) \tag{17-38a}$$

表17-9　　径向动载荷系数 X 和轴向动载荷系数 Y

轴承型式	iA/C_0[①]	e	单列轴承				双列轴承或成对安装的单列轴承（在同一支点上）			
			$A/R \leq e$		$A/R > e$		$A/R \leq e$		$A/R > e$	
			X	Y	X	Y	X	Y	X	Y
深沟球轴承	0.014 0.028 0.056 0.084	0.19 0.22 0.26 0.28	1	0	0.56	2.30 1.99 1.71 1.55	1	0	0.56	2.30 1.99 1.71 1.55

续表

轴承型式		$iA/C_0$①	e	单列轴承				双列轴承或成对安装的单列轴承（在同一支点上）			
				$A/R\leqslant e$		$A/R>e$		$A/R\leqslant e$		$A/R>e$	
				X	Y	X	Y	X	Y	X	Y
深沟球轴承		0.11	0.30	1	0	0.56	1.45	1	0	0.56	1.45
		0.17	0.34				1.31				1.31
		0.28	0.38				1.15				1.15
		0.42	0.42				1.04				1.04
		0.56	0.44				1.00				1.00
调心球轴承		—	1.5tanα②	1	0	0.40	0.4cotα②	1	0.42tanα②	0.65	0.65tanα②
调心滚子轴承		—	1.5tanα②	1	0	0.40	0.4cotα②	1	0.45tanα②	0.67	0.67tanα②
角接触球轴承	$\alpha=15^\circ$	0.015	0.38	1	0	0.44	1.47	1	1.65	0.72	2.39
		0.029	0.40				1.14		1.57		2.28
		0.058	0.43				1.30		1.46		2.11
		0.087	0.46				1.23		1.38		2.00
		0.12	0.47				1.19		1.34		1.93
		0.17	0.50				1.12		1.26		1.82
		0.29	0.55				1.02		1.14		1.66
		0.44	0.56				1.00		1.12		1.63
		0.58	0.56				1.00		1.12		1.63
	$\alpha=25^\circ$	—	0.68	1	0	0.41	0.87	1	0.92	0.67	1.41
圆锥滚子轴承		—	1.5tanα②	1	0	0.4	0.4cotα②	1	0.45tanα②	0.67	0.67tanα②

注：①式中 i 为滚动体列数，C_0 为基本额定静载荷。

②具体数值按不同型号的轴承查有关设计手册。

表 17-10　　动载荷系数 f_P

载荷性质	f_P	举例
无冲击或轻微冲击	1.0～1.2	电机、汽轮机、通风机、水泵等
中等冲击或中等惯性力	1.2～1.8	车辆、动力机械、起重机、造纸机、冶金机械、选矿机、卷扬机、机床等
强大冲击	1.8～3.0	破碎机、轧钢机、钻探机、振动筛等

三、滚动轴承的寿命计算公式

滚动轴承的寿命随着载荷的增大而降低，寿命与载荷的关系曲线如图 17-35 所示。其曲线方程为

$$P^{\varepsilon}L_{10}=\text{常数}$$

式中，L_{10}——基本额定寿命，10^6r；

P——当量动载荷，N；

ε——寿命指数，球轴承 ε=3，滚子轴承 ε=10/3。

根据基本额定动载荷的定义，L_{10}=1（10^6r）时，轴承所能承受的载荷为基本额定动载荷 C，则

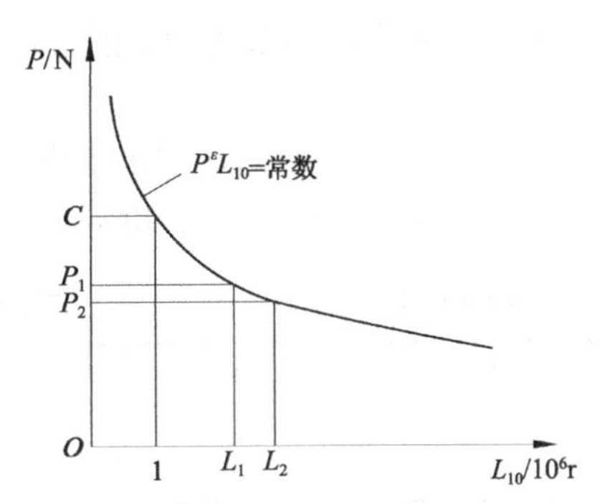

图 17-35　轴承的载荷—寿命曲线

$$P^{\varepsilon}L_{10}=C^{\varepsilon}\times 1$$

故得

$$L_{10}=\left(\frac{C}{P}\right)^{\varepsilon}\quad(10^{6}\text{r})\tag{17-39}$$

实际计算时，用小时数表示轴承寿命比较方便。设轴承转速为 n(r/min)，则以小时计的轴承寿命计算公式为

$$L_{\mathrm{h}}=\frac{10^{6}}{60n}\left(\frac{C}{P}\right)^{\varepsilon}\quad(\text{h})\tag{17-40}$$

当轴承工作温度超过 120℃时，因金属组织、硬度和润滑条件等的变化，轴承的基本额定动载荷 C 有所下降，故引进温度系数 f_t 对 C 值进行修正，f_t 可查表 17-11。因此，轴承寿命计算的基本公式变为

$$L_{\mathrm{h}}=\frac{10^{6}}{60n}\left(\frac{f_{\mathrm{t}}C}{P}\right)^{\varepsilon}\quad(\text{h})\tag{17-40a}$$

表 17-11　温度系数 f_t

轴承工作温度/℃	≤120	125	150	175	200	225	250	300	350
温度系数 f_{t}	1.00	0.95	0.90	0.85	0.80	0.75	0.70	0.6	0.5

如果当量动载荷 P 和转速 n 为已知，预期计算寿命 L_{h}' 也已取定，则轴承应具有的基本额定动载荷 C 可由式（17-41a）得到

$$C=\frac{P}{f_{\mathrm{t}}}\sqrt[\varepsilon]{\frac{60nL_{\mathrm{h}}'}{10^{6}}}\quad(\text{N})\tag{17-41}$$

根据式（17-41）所得的 C 值，可从轴承手册中选择轴承。

机械设备的使用过程中都要进行维修，有小修、中修和大修，在机械设计中常以设备的中修或大修年限为轴承的设计寿命。轴承预期寿命的荐用值，可参考相关设计手册。

四、不同可靠度时滚动轴承的寿命

按式（17-40a）算出的轴承寿命，其工作可靠度为 90%。在实际使用中，由于使用轴承的各类机械的要求不同，对轴承可靠度的要求也就不一样。为了把可靠度为 90%的 C 值用于其他不同可靠度要求的轴承的寿命计算，引入额定寿命修正系数 a_1，修正额定寿命为

$$L_n=a_1\mathrm{L}_{10}\tag{17-42}$$

式中，L_{10}——轴承的基本额定寿命，按式（17-40a）计算，可靠度为 90%；

a_1——可靠度不为 90%时额定寿命修正系数，其值见表 17-12。

表 17-12　不同可靠度时额定寿命修正系数 a_1

可靠度/%	90	95	96	97	98	99
L_n	L_{10}	L_5	L_4	L_3	L_2	L_1
a_1	1	0.62	0.53	0.44	0.33	0.21

五、角接触球轴承与圆锥滚子轴承的轴向载荷 A 的计算

角接触球轴承和圆锥滚子轴承承受径向载荷时，要产生派生轴向力，为了保证这类轴承正常工作，通常是成对使用、对称安装。图 17-36 所示为两种不同的安装方式。

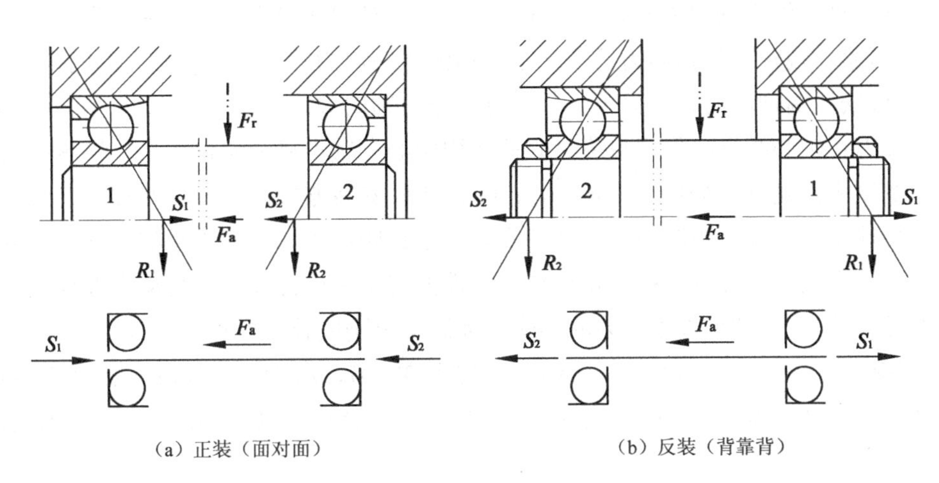

图 17-36 角接触球轴承的轴向载荷分析

根据力的平衡条件，很容易由轴上的径向力 F_r 计算出两个轴承上的径向载荷 R_1、R_2。由径向载荷 R_1、R_2 派生的轴向力 S_1 和 S_2 可参照表 17-8 中的公式计算。确定轴承上的实际轴向载荷要同时考虑由径向力引起的附加轴向力和作用于轴上的其他工作轴向力 F_a，根据具体情况由轴上力的平衡关系进行计算。

由图 17-36，分两种情况分析轴承 1、2 所受的轴向力。

1. 当 $F_a+S_2>S_1$ 时

轴有向左移的趋势，使轴承 1 被“压紧”，轴承 2 被“放松”，被“压紧”的轴承 1 将对轴产生一个阻止其左移的平衡力 S_1'，使之满足轴上轴向力的平衡，即

$$S_1+S_1'=F_a+S_2$$

所以，轴承 1 所受的实际轴向力为

$$A_1=S_1+S_1'=F_a+S_2 \tag{17-43a}$$

而被“放松”的轴承 2 只受其本身的派生轴向力，即

$$A_2=S_2 \tag{17-43b}$$

2. 当 $F_a+S_2<S_1$ 时

同理，轴有向右移动的趋势，轴承 2 被“压紧”，轴承 1 被“放松”，被“压紧”的轴承 2 将对轴产生一个阻止其右移的平衡力 S_2'，使之满足轴上轴向力的平衡，即

$$F_a+S_2+S_2'=S_1 \rightarrow S_2+S_2'=S_1-F_a$$

所以，轴承 2 所受的实际轴向力为

$$A_2=S_2+S_2'=S_1-F_a \tag{17-44a}$$

同理，被“放松”的轴承 1 只受其本身派生的轴向力，即

$$A_1=S_1 \tag{17-44b}$$

最终轴上实际所受的轴向力——轴承 1、2 的实际轴向载荷 A_1、A_2 和轴上的其他工作轴向力 F_a 将保持平衡。

综上分析，计算角接触球轴承轴向力的方法可归纳如下。

（1）分析轴上派生轴向力和外加轴向载荷，判定被“压紧”和被“放松”的轴承。

（2）“压紧”端轴承的轴向力等于除本身的派生轴向力外其他所有轴向力的代数和。

（3）“放松”端轴承的轴向力等于其本身的派生轴向力。

轴承反力在轴心线上的作用点称为载荷作用中心，轴承接触角 α 越大，轴承载荷作用中心距轴承宽度中点越远，如图 17-36（a）、（b）两种安装方式，将使轴的实际支承跨距产生变化，正装使实际支承跨距减小，反装使实际支承跨距增大。当被支承的传动零件处于两轴承之间时，采用正装的支承结构，将使传动零件的支承刚度提高；而传动零件处于轴的外伸端时（如锥齿轮），则轴承采用反装的形式对提高支承刚度较为有利。

例 17-2 在图 17-36（a）中，若两轴承均为 30207，所受径向载荷分别为 R_1=4000N，R_2=4250N，轴向外载荷 F_a=360N，方向如图中所示，动载荷系数 f_P=1.0，试计算轴承的当量动载荷。

解：由轴承性能表可查得 30207 轴承：C=54200N，e=0.37；由表 17-9 知，$\frac{A}{R}\leqslant e$ 时，X=1，Y=0；$\frac{A}{R}>e$ 时，X=0.4，Y=1.6。

1．求派生轴向力

$S_1=\frac{R_1}{2Y}=\frac{4000}{2\times1.6}=1250(\text{N})$，$S_2=\frac{R_2}{2Y}=\frac{4250}{2\times1.6}=1328(\text{N})$，方向如图 17-36（a）所示。

2．求轴承上实际轴向载荷

由于

$$S_2+F_a=1328+360=1688(\text{N})>S_1=1250\text{N}$$

所以

$$A_1=S_2+F_a=1688\text{N},\quad A_2=S_2=1328\text{N}$$

3．计算轴承的当量动载荷 P

因为

$$\frac{A_1}{R_1}=\frac{1688}{4000}=0.422>e=0.37,\quad \frac{A_2}{R_2}=\frac{1328}{4250}=0.31<e=0.37$$

所以

$$P_1=f_P(X_1R_1+Y_1A_1)=0.4\times4000+1.6\times1688=4301(\text{N})$$
$$P_2=f_P(X_2R_2+Y_2A_2)=1\times4250+0\times1328=4250(\text{N})$$

例 17-3 某小圆锥齿轮轴采用一对 30205 圆锥滚子轴承支承，如图 17-37（a）所示。已知齿轮平均分度圆直径 d_m=80mm，所受圆周力 F_t=1270N，径向力 F_r=400N，轴向力 F_a=230N，轴的转速 n=960r/min，在常温下工作，工作中有中等冲击，试求轴承的寿命。

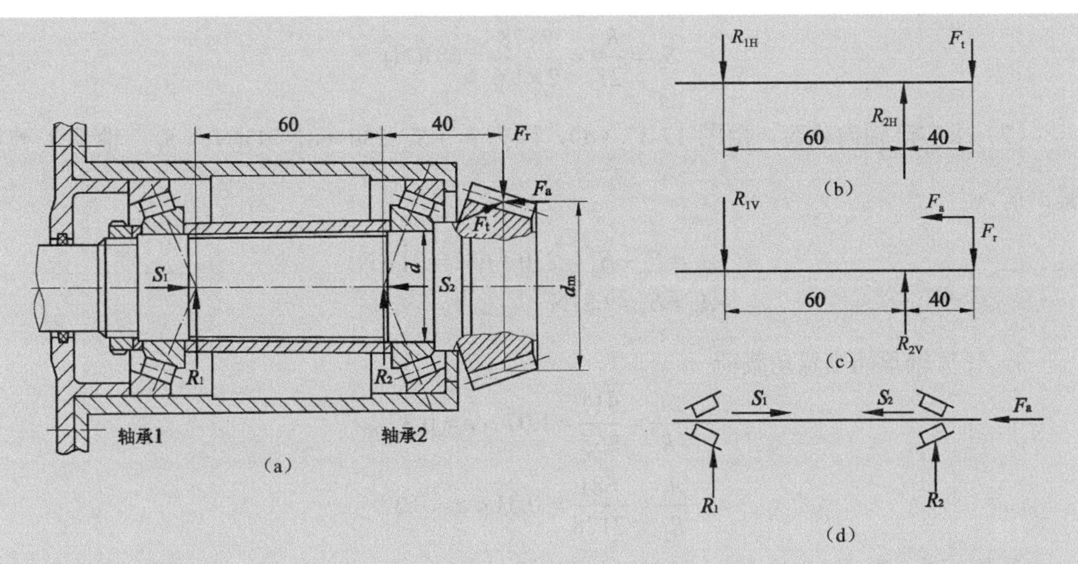

图 17-37 支承结构及受力分析

解： 1．求轴承支反力

（1）水平支反力。水平面内轴受力如图 17-37（b）所示，由力的平衡条件得

$$R_{1H}=\frac{F_t\times 40}{60}=\frac{1270\times 40}{60}=847(\text{N})$$

$$R_{2H}=\frac{F_t\times 100}{60}=\frac{1270\times 100}{60}=2117(\text{N})$$

（2）垂直支反力。垂直平面内轴受力如图 17-37（c）所示，由力的平衡条件得

$$R_{1V}=\frac{F_r\times 40-F_a\times\dfrac{d_m}{2}}{60}=\frac{400\times 40-230\times 40}{60}=113(\text{N})$$

$$R_{2V}=\frac{F_r\times 100-F_a\times\dfrac{d_m}{2}}{60}=\frac{400\times 100-230\times 40}{60}=513(\text{N})$$

（3）求合成反力

$$R_1=\sqrt{R_{1H}^2+R_{1V}^2}=\sqrt{847^2+113^2}=855(\text{N})$$

$$R_2=\sqrt{R_{2H}^2+R_{2V}^2}=\sqrt{2117^2+513^2}=2178(\text{N})$$

合力如图 17-37（d）所示。

2．计算轴承的轴向载荷

由轴承样本或设计手册查得 30205 轴承额定动载荷 C=33200N，e=0.37，Y=1.6。

（1）求轴承的派生轴向力

$$S_1=\frac{R_1}{2Y}=\frac{855}{2\times 1.6}=267(\text{N})$$

$$S_2=\frac{R_2}{2Y}=\frac{2178}{2\times1.6}=681(\text{N})$$

（2）求实际轴向载荷。由图 17-37（d），因为 F_a+S_2=230+681=911(N) $>S_1$，轴承 1 被压紧，所以

$$A_1=F_a+S_2=230+681=911(\text{N})$$
$$A_2=S_2=681\text{N}$$

3．计算轴承的当量动载荷

$$\frac{A_1}{R_1}=\frac{911}{855}=1.07>e=0.37$$
$$\frac{A_2}{R_2}=\frac{681}{2178}=0.31<e=0.37$$

查表 17-9，得 X_1=0.4，Y_1=1.6；X_2=1，Y_2=0。

由表 17-10 取动载荷系数 f_P=1.5，轴承当量动载荷为

$$P_1=f_P(X_1R_1+Y_1A_1)=1.5\times(0.4\times855+1.6\times911)=2699(\text{N})$$
$$P_2=f_P(X_2R_2+Y_2A_2)=1.5\times(1\times2178+0\times681)=3267(\text{N})$$

因 $P_2>P_1$，故应按 P_2 计算轴承寿命。

4．轴承额定寿命计算

常温下工作，温度系数 f_t=1，ε=10/3（滚子轴承），由式（17-39a）得

$$L_h=\frac{10^6}{60n}\left(\frac{f_tC}{P_2}\right)^{\varepsilon}=\frac{10^6}{60\times960}\times\left(\frac{1\times33200}{3267}\right)^{10/3}=39465(\text{h})$$

该轴承寿命为 39465h。

17-11　滚动轴承的静强度

如前所述，当轴承转速很低或作间隙摆动时，其主要失效形式是塑性变形，这时应按静载荷能力确定轴承尺寸。为此，必须对每个型号的轴承规定一个不能超过的外载荷界限，这个外载荷界限取决于正常运转时轴承允许的塑性变形量。

GB/T 4662—1993 规定，使受载最大的滚动体与滚道接触中心处引起的接触应力达到一定值（调心球轴承为 4600MPa，其他球轴承为 4200MPa，滚子轴承为 4000MPa）时的载荷，作为静强度界限，称为基本额定静载荷，用 C_0 表示。不同类型和尺寸的轴承的基本额定静载荷值可查阅轴承样本和设计手册。

按静载荷能力选择轴承的条件式为

$$C_0\geqslant S_0P_0 \quad (17\text{-}45)$$

式中，S_0——轴承的静载荷安全系数，见表 17-13；

P_0——轴承的当量静载荷。

表 17-13 **轴承静载荷安全系数 S_0**

使用要求与载荷性质	S_0
旋转精度和平稳性要求高或产生冲击载荷	1.2～2.5
一般情况	0.8～1.2
对旋转精度和平稳性要求低，无冲击振动	0.5～0.8

当量静载荷是一个假想的载荷，在当量静载荷作用下轴承的塑性变形量与实际载荷作用下轴承的塑性变形量相同。当量静载荷与实际载荷的关系为

$$P_0=X_0R+Y_0A \tag{17-46}$$

式中，R、A——分别为轴承的实际径向和轴向载荷；

X_0、Y_0——分别为径向和轴向载静荷系数，其值见表 17-14。

如果按式（17-46）的计算结果 $P_0<R$，则取

$$P_0=R \tag{17-46a}$$

表 17-14 **径向和轴向静载荷系数 X_0、Y_0**

轴承类型		单列轴承		双列轴承	
		X_0	Y_0	X_0	Y_0
深沟球轴承		0.6	0.5	0.6	0.5
角接触轴承	$\alpha=15°$	0.5	0.46	1	0.92
	$\alpha=25°$	0.5	0.38	1	0.76
	$\alpha=40°$	0.5	0.26	1	0.52
双列角接触球轴承（$\alpha=30°$）		—	—	1	0.66
调心球轴承		0.5	$0.22\cot\alpha$①	1	$0.44\cot\alpha$①
圆锥滚子轴承		0.5	$0.22\cot\alpha$①	1	$0.44\cot\alpha$①

注：①由接触角 α 确定，可在轴承手册中直接查出。

17-12 滚动轴承的组合结构设计

为了保证轴承的正常工作，除了正确选择轴承的类型和尺寸外，还要合理地设计轴承的组合结构，即要解决轴承的固定、调整、预紧、配合、装拆、润滑和密封等问题。

一、滚动支承的结构型式

为保证滚动轴承支承的轴系能正常传递载荷而不发生轴向窜动及轴受热膨胀将轴承卡死等情况，须合理地设计轴系支点和滚动轴承的轴向固定结构型式。典型的滚动支承结构型式有三种。

1. 两端固定支承

如图 17-38 所示，每个支承轴承的内、外圈轴向均单方向固定，两端各限制一个方向的轴向移动，两个支承合在一起限制轴向两个方向移动。为了补偿轴的受热伸长，深沟球轴承外圈端面与轴承盖之间留有 Δ=0.2～0.4mm 的间隙（图 17-38（a）)，温差大时取大值；对于角接触轴承，则应在安装时，在轴承内留有轴向游隙，但不宜过大，否则会影响轴承的正常工作（图 17-38（b）)。这种支承型式结构简单，安装调整方便，适于普通工作温度下较短轴

（跨距 $L \leqslant 400$mm）的支承。

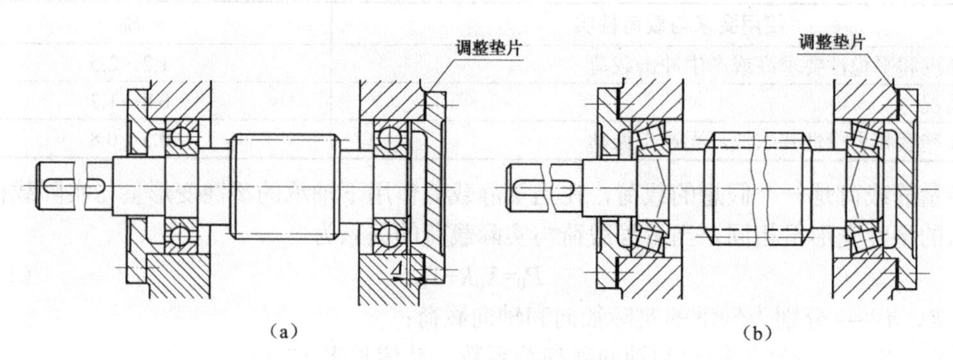

图 17-38　两端固定支承

当采用角接触轴承支承时，滚动轴承有“正装”和“反装”两种配置型式。图 17-39 所示为悬臂支承的小圆锥齿轮轴的两种支承结构，在支承距离 b 相同的条件下，轴承载荷作用中心的距离，图 17-39（a）的正装结构为 L_1，图 17-39（b）的反装结构为 L_2，显然 $L_1 < L_2$。对锥齿轮而言，图 17-39（a）悬臂较长，支承刚性较差。另外，正装的结构，当轴受热伸长时，将减小轴承预调的轴向游隙，可能导致轴承卡死，而反装的结构（图 17-39（b））则可避免这种情况发生。正装的结构型式装配调整比较方便，且当传动零件位于两支承中间时，由于实际支承跨距缩小，则轴系刚性增加。

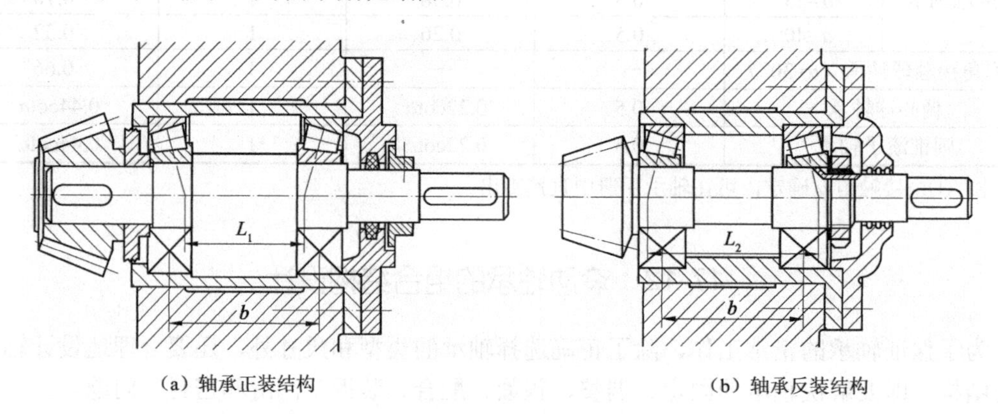

图 17-39　小圆锥齿轮轴支承结构方案

2. *一端双向固定，一端游动*

当轴的转速较高，温差较大和跨距较大（跨距 $L < 350$mm）时，由于轴的热膨胀伸缩量较大，宜采用一支点轴承内外圈均双向固定，另一支点游动的结构，如图 17-40 和图 17-41 所示。固定端轴承内、外圈两侧均固定，从而限制轴的双向移动。而游动端如为深沟球轴承（图 17-40、图 17-41 上半部分），则应在轴承外圈与端盖之间留有适当的间隙；游动端如选用圆柱滚子轴承（图 17-41 下半部分），轴承内、外圈均应作双向固定，以免外圈同时移动，轴受热膨胀引起的伸缩，靠滚子与外圈间的游动来补偿。

轴向载荷较大时，固定端支承可采用多个轴承的组合结构。如图 17-41 所示，固定端采用一对正装的角接触球轴承，便宜于轴承的预紧和游隙的调整。

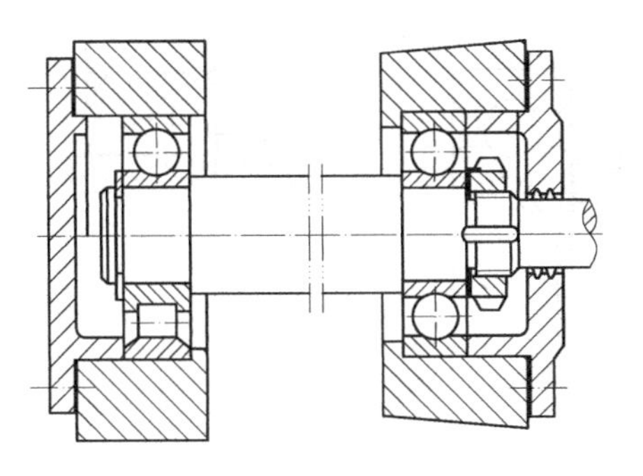
图 17-40 一端固定、一端游动支承示例 1

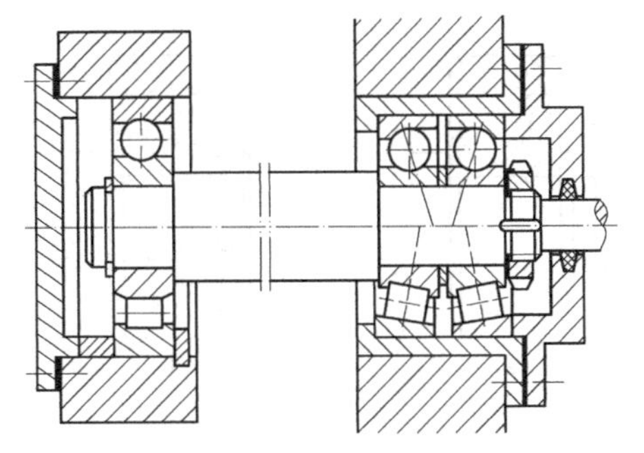
图 17-41 一端固定、一端游动支承示例 2

3. *两端游动*

要求能左右双向游动的轴，可采用两端游动的支承结构。图 17-42 所示为人字齿轮传动的高速主动轴，为了自动补偿轮齿左右两侧螺旋角的制造误差，使轮齿受力均匀，轴的两端都选用圆柱滚子轴承，允许轴左右两个方向均可以有少量游动。但与其啮合的低速齿轮轴则必须两端固定，以保证两轴均能轴向定位。

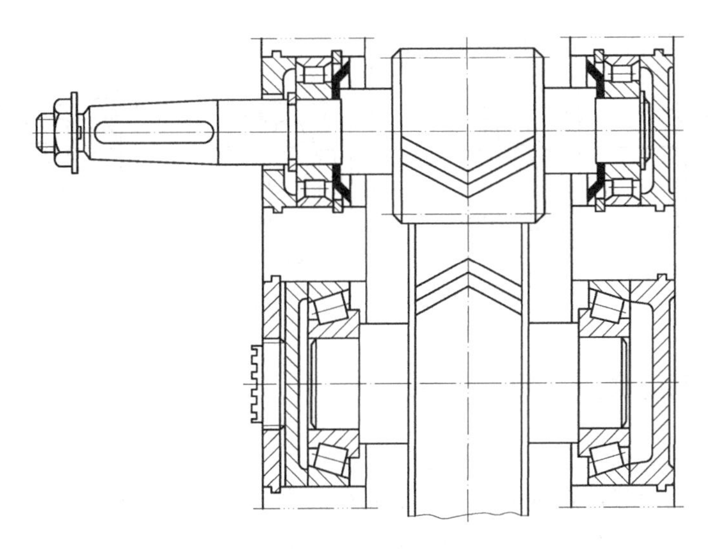
图 17-42 两端游动支承

二、滚动轴承的轴向固定

无论采用何种支承结构型式，轴承的轴向固定都是通过轴承内圈与轴间的紧固、外圈与机座孔间的固定来实现的。

滚动轴承内圈轴向固定一般一端为轴肩，另一端常用的方法有：①轴用弹性挡圈，主要用于深沟球轴承，当轴向力不大及转速不高时使用（图 17-43（a））；②轴端挡圈配紧固螺钉（图 17-43（b）），适用于轴向力中等及转速较高时；③圆螺母配止动垫圈（图 17-43（c）），适用于轴承转速较高、承受较大轴向力的情况；④开口圆锥紧定套配圆螺母和止动垫圈（图 17-43（d）），用于光轴上轴向力不大的球面轴承。

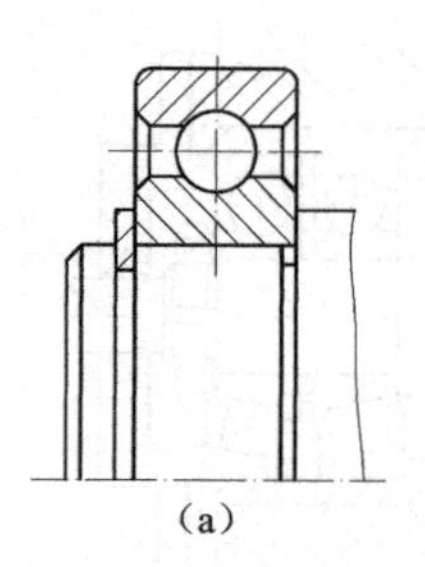
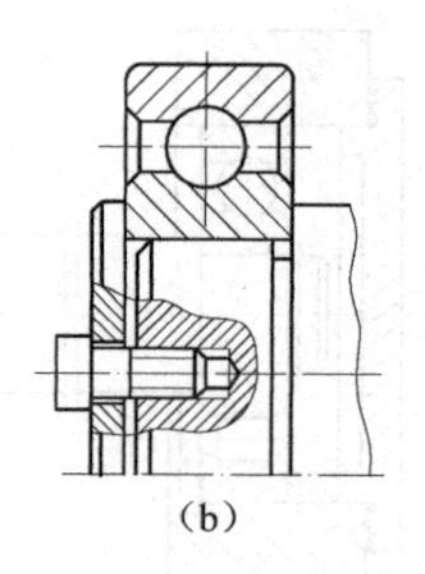
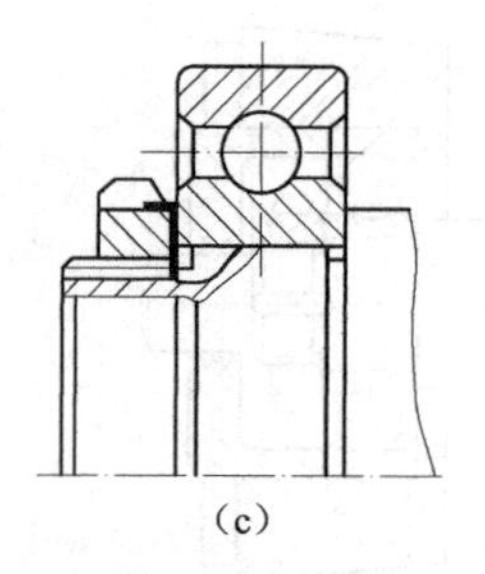
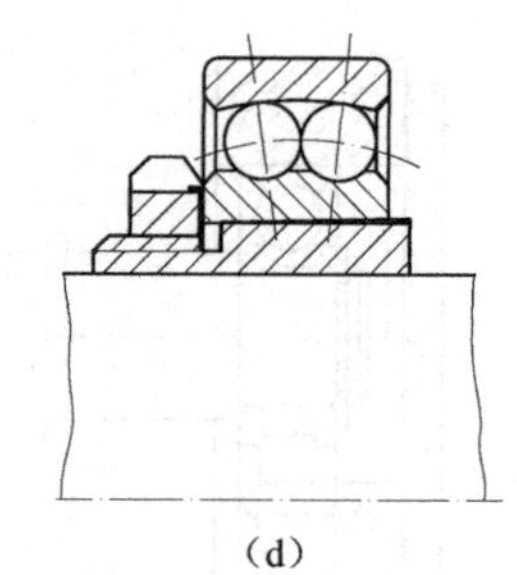

(a) (b) (c) (d)

图 17-43 内圈轴向固定的常用方法

轴承外圈轴向紧固的常用方法有：①孔用弹性档圈（图 17-44（a）），适合于轴向力不大且需支承结构紧凑时；②止动环嵌入轴承外圈止动槽内固定（图 17-44（b）），当轴承座不便做凸肩且轴承座为剖分式结构时适用；③轴承盖紧固（图 17-44（c）），适合高速及轴向力较大的各类轴承；④轴承座孔凸肩（图 17-44（a）、（c）），适用于轴承外圈需双向固定时；⑤螺纹环固定（图 17-44（d）），适合于转速高、载荷大而不能用轴承盖紧固时；⑥轴承套杯（图 17-41），适用于同一根轴上两端轴承的外径不一致的情况。

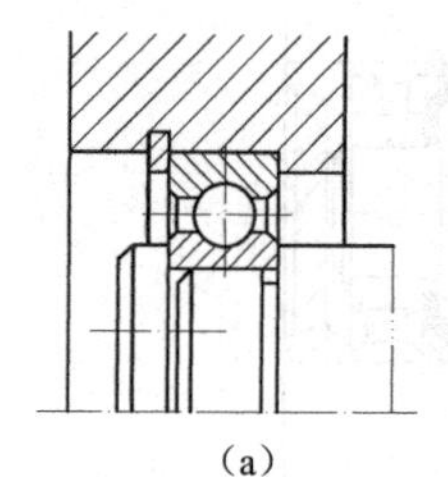
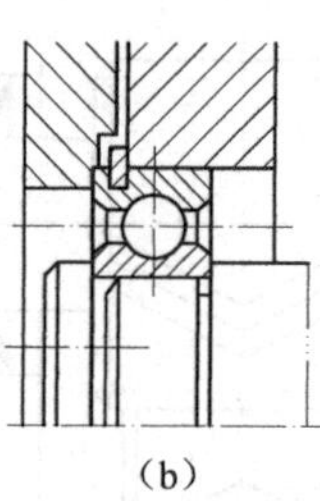
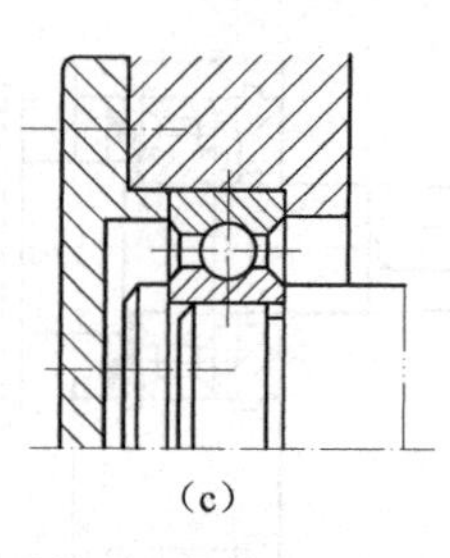
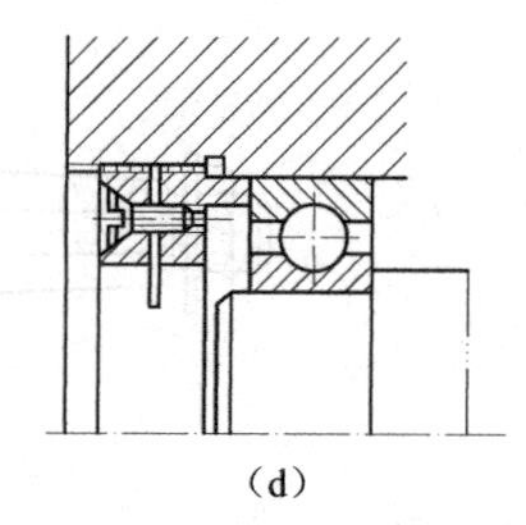

(a) (b) (c) (d)

图 17-44 外圈轴向固定的常用方法

三、支承的刚度和座孔的同心度

滚动轴承的支承必须具有足够的刚度，以保持受力状态下座孔的正确形状，否则刚度不够引起孔的变形会影响滚动体载荷的分布，使轴承寿命下降。增加轴承座孔的壁厚、使轴承支点相对于箱体孔壁的悬臂尽量减小、用加强筋来增强支承部位刚性（图 17-45（b））或采用整体式轴承座孔均可提高支承的刚度。

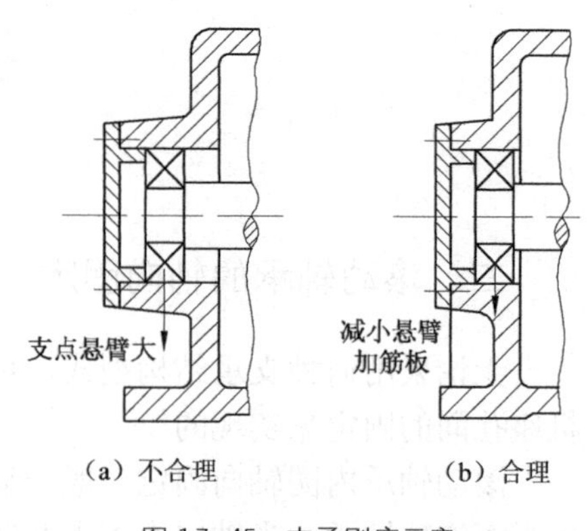

（a）不合理 （b）合理

图 17-45 支承刚度示意

对于同一根轴上两个支承的座孔，必须尽可能地保持同心，以避免轴承内外圈间产生过大的偏斜。最好的办法是采用整体结构的机座，并把两轴承座孔一次镗出。如果轴两端用不同尺寸的轴承，其座孔也一次镗出，采用轴套杯结构安装轴承（图 17-41）。

四、滚动轴承游隙和轴向位置的调整

轴承的调整包括轴承游隙调整和轴系轴向位置的调整。通常采用带螺纹的零件和通过选垫片组的厚薄来调整。

图 17-38、图 17-39、图 17-40 等轴承的游隙调整和预紧都是靠调节端盖下垫片的厚度来实现的，这种结构比较方便、简单。图 17-39（b）右支点、图 17-41 右支点的角接触轴承则是用圆螺母来调整游隙的，调整不甚方便。

圆锥齿轮和蜗杆在装配时，通常需要调整轴系的轴向位置，以保证锥齿轮副和蜗杆蜗轮副的正确啮合。为方便调整，可将确定轴系轴向位置的轴承装在一个套杯中（图 17-39、图 17-41），套杯装在轴承座孔中，通过调整套杯端面与轴承座端面间垫片厚度，即可调整锥齿轮或蜗杆的轴向位置。

五、滚动轴承的配合

滚动轴承的周向固定和径向游隙的大小是通过轴承与轴及轴承座的配合实现的。径向游隙不仅关系到轴承的运转精度，同时影响它的寿命。如配合过紧，会使轴承内部游隙减小甚至消失，从而妨害轴承正常运转。如配合过松，轴承游隙增大，不仅影响旋转精度，而且受载滚动体数量减少，轴承的承载能力大大降低。

滚动轴承是标准件，为使轴承便于互换和大量生产，轴承内孔与轴的配合采用基孔制，轴承外径与轴承座孔的配合采用基轴制，常用配合如图 17-46 所示。滚动轴承内孔与外径都具有公差带较小的负偏差，与圆柱体基准孔及基准轴偏差方向、大小都不尽相同。由于轴承内径公差带在零线之下，而圆柱公差标准中基准孔的公差带在零线之上，所以轴承内圈与轴的配合比圆柱公差标准中规定的基孔制同类配合要紧得多。而轴承外圈的公差带与圆柱体基准轴的公差带方向一致，但轴承外圈公差较小，故外圈与座孔的配合与圆柱公差规定的基轴制同类型配合也较紧。

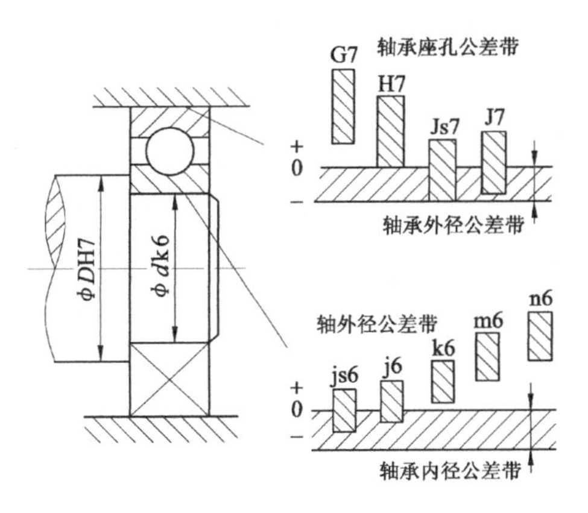

图 17-46　滚动轴承的配合

轴承配合的选择应考虑到载荷的大小、方向和性质，工作温度，旋转精度，内、外圈配合面是否要求游动以及装拆方便等因素。一般原则如下。

（1）载荷方向变动时，不动套圈配合应比转动套圈松一些。

（2）高速、重载，或有冲击和振动时，配合应紧一些。而载荷平稳时，配合应当偏松些。

（3）旋转精度要求较高时，应取较紧的配合，以减小游隙。

（4）常拆卸的轴承或游动套圈应取较松的配合。

（5）与空心轴配合的轴承应取较紧的配合。

各种机器所适用的滚动轴承的配合可查阅滚动轴承手册或机械设计手册。

六、滚动轴承的预紧

滚动轴承预紧的目的是为了提高运转精度，增加轴承组合结构的刚性，减小振动和噪声，延长轴承寿命。

预紧就是在安装时用某种方法在轴承中产生并保持一轴向力，以消除轴承中的轴向游隙，并使滚动体和内、外圈接触处产生初始变形。预紧后的轴承受到工作载荷时，其内、外圈的径向及轴向相对位移量要比未预紧的轴承大大减少。

常用的预紧方法主要有以下几种。

（1）螺纹端盖推压轴承外圈（图 17-47（a））进行预紧。这种方法主要用于圆锥滚子轴承。螺纹端盖安装后，需要有防松措施。

（2）在一对轴承的内、外圈中间，装入长度不等的套筒来预紧（图 17-47（b））。预紧力的大小可通过两套筒的长度差来控制，轴承预紧后刚度较大。

（3）将一对轴承的外圈一侧端面磨去一些，或在内圈端面间加装金属垫片来实现预紧（图 17-47（c））。

（4）用弹簧推压轴承外圈（图 17-47（d））进行预紧。这种方法可获得较稳定的预紧力。

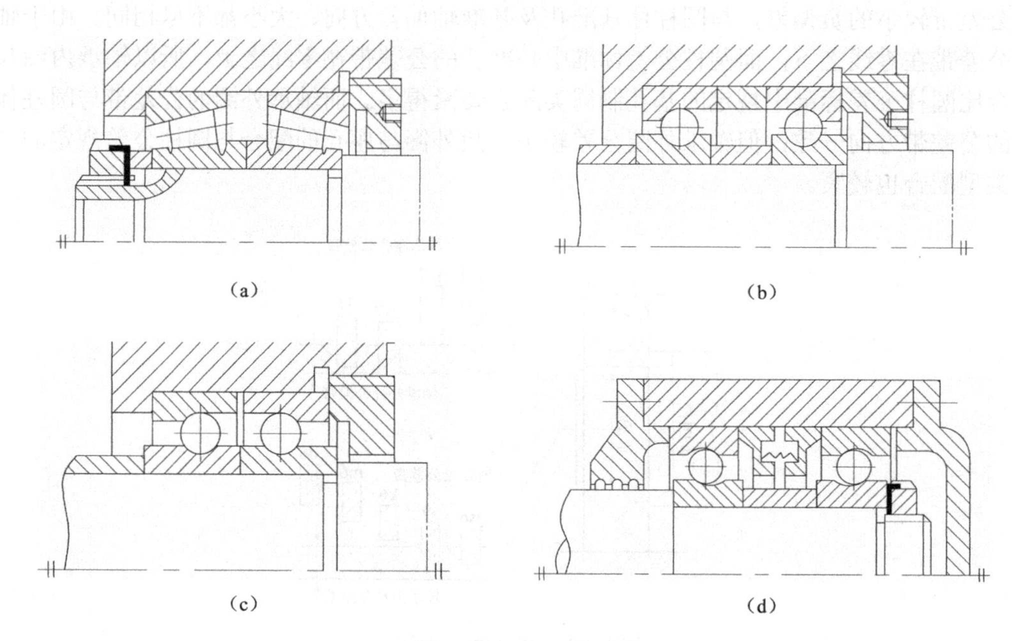

图 17-47　滚动轴承的常用预紧方法

实践表明，仅仅几微米的预紧量，就可显著地提高轴承的刚度和稳定性。但若预紧过度，则工作温度会大为升高。预紧所需套圈移动量应通过轴承的预紧力试验来确定。

七、滚动轴承的装拆

滚动轴承的组合结构设计应考虑轴承的安装与拆卸。装拆时压力应直接加于配合较紧的套圈端面上，为避免损坏轴承，不允许通过滚动体来传递装拆压力。

对内、外圈不可分离的轴承，装配时先安装配合较紧的套圈。小轴承可用软锤均匀敲击套圈装入（图 17-48），尺寸大的轴承或批量大的轴承应用压力机，禁止用重锤直接打击轴承。对于尺寸较大配合较紧的轴承，安装阻力较大，为便于装配，可先将轴承放入矿物油中加热（不超过 120℃）或将轴颈部分用干冰冷却。

拆卸轴承时的施力原则与安装时相同。可用压力机压出轴颈（图 17-49（a）），也可用轴承拆卸器（图 17-49（b））拉轴承的内圈而将其拆下，但设计轴肩时其高度不应大于轴承内圈高度的 3/4，以保证拆卸时能对轴承内圈施力。

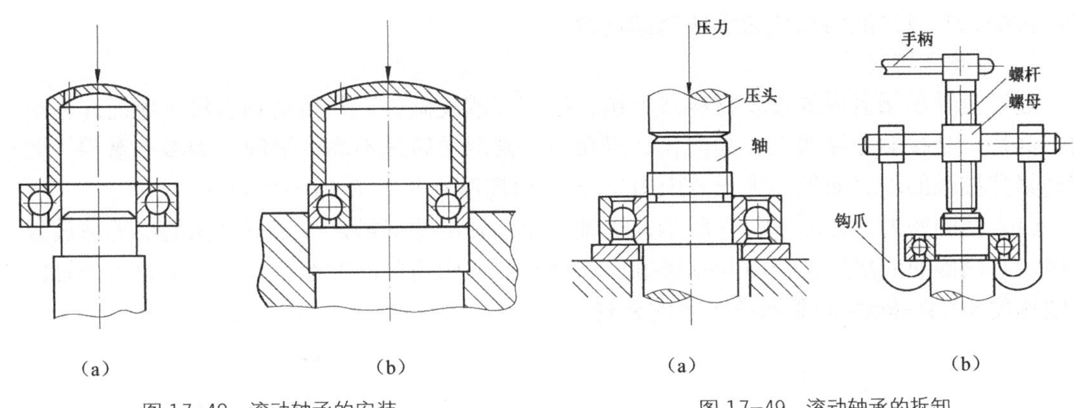

图 17-48 滚动轴承的安装

图 17-49 滚动轴承的拆卸

八、滚动轴承的润滑

滚动轴承的润滑主要是为了降低摩擦阻力和减轻磨损，同时也有散热、缓冲、吸振、减少噪声以及防锈和密封等作用。

滚动轴承一般高速时采用油润滑，低速时采用脂润滑，在某些特殊环境如高温和真空条件采用固体润滑（如二硫化铝等）。滚动轴承的润滑方式可根据速度因数 dn 值，通常 $dn<(20\sim 30)\times 10^4 \mathrm{mm\cdot r/min}$ 可采用脂润滑或黏度较高的油润滑。其中，d 为轴承内径，mm；n 为工作转速，r/min。

1. 脂润滑

脂润滑能承受较大的载荷，不易流失，且结构简单，密封和维护方便。润滑脂的装填量一般不超过轴承空间的 1/3～1/2，装填过多，易于引起摩擦发热，影响轴承的正常工作。适合于不便经常添加润滑剂且转速不太高的场合。

脂润滑轴承在低速、工作温度低于 65℃时可选钙基脂；较高温度时选钠基脂或钙钠基脂；转速较高或载荷工况复杂时可选锂基脂；潮湿环境下采用铝基脂或钡基脂。润滑脂中如加入 3%～5%的二硫化钼润滑效果将更好。

2. 油润滑

速度较高的轴承都用油润滑，润滑和冷却效果均较好，采用各种不同的润滑方法可满足各种工况的要求，但其供油系统和密封装置均较复杂。减速器轴承常用浸油或飞溅润滑。浸油润滑时油面不应高于最下方滚动体的中心，否则搅油损失较大易使轴承过热。喷油或油雾润滑兼有冷却作用，常用于高速情况。

润滑油的选择主要取决于速度、载荷和温度等工作条件，主要参考指标是油的黏度。一般情况下，所采用的润滑油黏度应不低于 12～20cSt（球轴承略低而滚子轴承略高）。载荷大、工作温度高时应选用黏度高的润滑油，容易形成油膜；而 *dn* 值大或喷雾润滑时选用低黏度油，搅油损失小，冷却效果好。

九、滚动轴承的密封

滚动轴承密封的作用主要是为了防止内部润滑剂流失，以及防止外部灰尘、水分及其他杂质侵入轴承。一般密封的形式分为接触式和非接触式两大类，非接触式密封不受速度的限制，接触式密封只能用在线速度较低的场合。

1. 接触式密封

通过在轴承端盖内放置软材料（毛毡、橡胶圈或皮碗等）与转动轴直接接触而起密封作用。其特点是接触处摩擦大、易磨损、寿命短。常用于转速不高的情况。为减少磨损，要求与密封件接触的轴表面硬度大于 40HRC，表面粗糙度宜小于 R_a1.6～0.8μm。

（1）毡圈密封。如图 17-50 所示，在轴承盖上开出梯形槽，将矩形剖面的细毛毡放置在槽内，靠槽侧面的挤压使毡圈与轴接触。这种密封结构简单，但摩擦较大，主要用于轴的圆周线速度 v＜4～5m/s 的脂润滑轴承的密封。

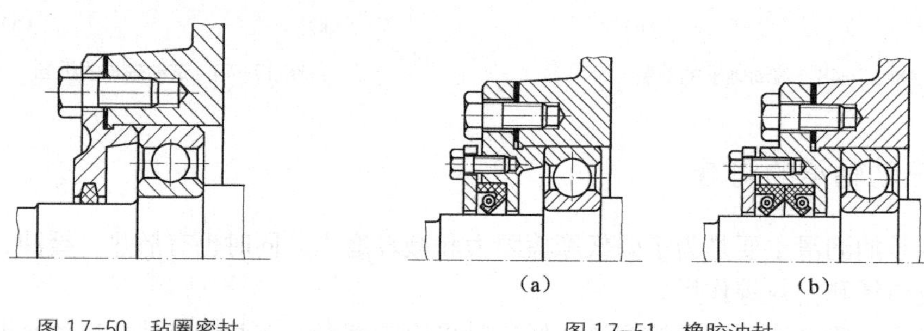

图 17-50　毡圈密封　　图 17-51　橡胶油封

（2）橡胶油封。在轴承盖内放置一个用耐油橡胶制成的唇形密封圈，密封圈的唇部靠环形螺旋弹簧压紧在轴上，从而起密封作用。密封圈的密封唇的方向要朝向密封部位，唇朝里主要是为了防漏油；唇朝外主要是了为防灰尘（图 17-51（a））；如采用两个油封相背放置时，则两个目的均可达到（图 17-51（b））。橡胶油封有 J 形、U 形和 O 形（用于静密封）等几种形式。这种密封安装方便，使用可靠，一般适用于 v＜12m/s 的场合。

2. 非接触式密封

这类密封没有与轴直接接触摩擦，适用于轴圆周速度较高的场合。常用的非接触式密封有以下几种。

（1）油沟密封（间隙密封）。如图 17-52 所示，在轴与轴承盖的通孔壁间留 0.1～0.3mm 的隙缝，并在轴承盖上车出沟槽，在槽内充满润滑脂。这种密封结构简单，适用于 v＜5～6m/s 的情况。

（2）甩油密封。如图 17-53（a）所示，在轴上开出沟槽，把欲向外流失的油沿径向甩开，再经过轴承盖的集油腔及与集油腔相通的油孔流回轴承（适于轴承油润滑）。图 17-53（b）所示是采用挡油环式甩油盘，挡油环与轴承孔壁间有小的径向间隙，且挡油环突出轴承座孔端面 1～2mm。工作时挡油环随轴一起转动，利用离心力甩去落在挡油环上的油，使油流回箱体内，以防油冲入轴承内，适用于轴承脂润滑。

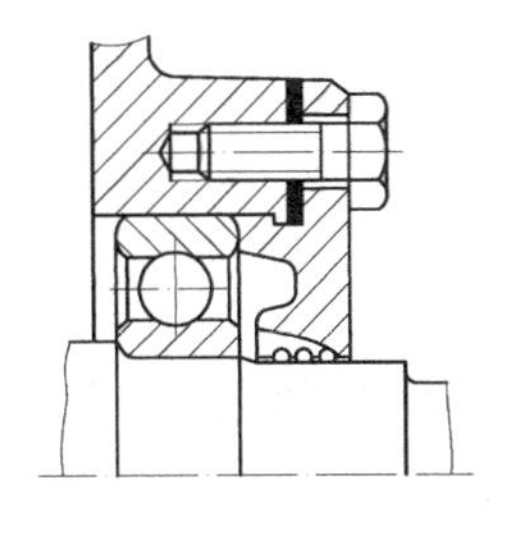

图 17-52 油沟密封

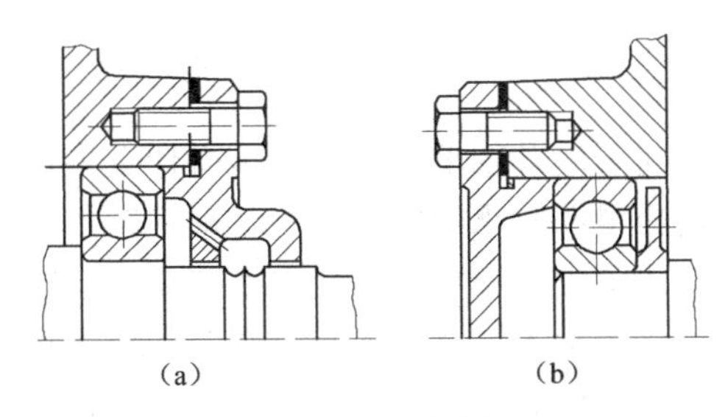

(a) (b)

图 17-53 甩油密封

（3）曲路密封（迷宫密封）。如图 17-54 所示，将旋转和固定的密封零件间的间隙制成曲路形式，缝隙间填入润滑脂可以加强密封效果。这种方式对脂润滑和油润滑都很有效。当环境比较脏时，采用这种密封效果相当可靠。适用于 $v<30\text{m/s}$ 的场合。

3. 组合式密封

为防止漏油，提高密封效果，有时采用两种或两种以上密封形式组合在一起的密封方式。图 17-55 所示为油沟密封加曲路密封，在高速时密封效果较好。除此以外，还有油沟加甩油环组合式和毡圈加曲路组合式等。

对于某些标准的密封轴承（如 60000-RZ 型、60000-2RS 型），单面或双面带防尘盖或密封盖，装配时已填入了润滑脂，无须维护或再加密封装置，结构简单，使用方便，应用日趋广泛。

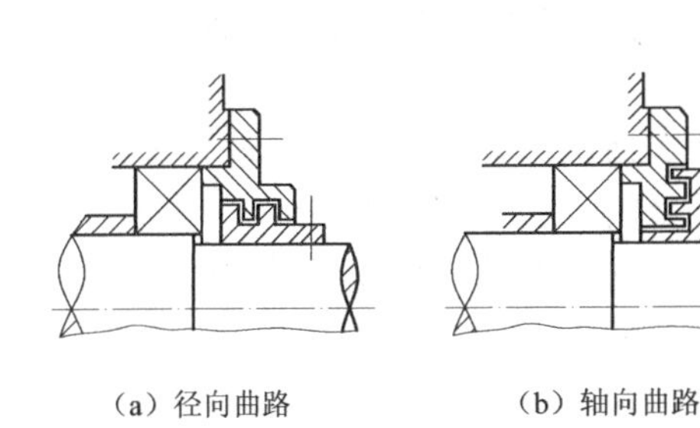

（a）径向曲路 （b）轴向曲路

图 17-54 曲路密封

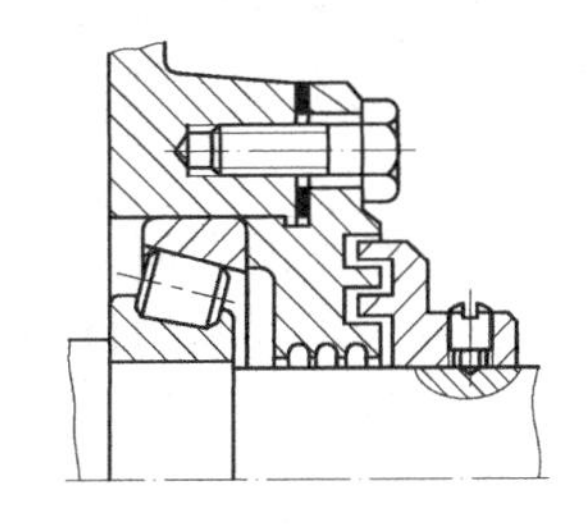

图 17-55 组合式密封

阅读参考文献

滑动轴承的摩擦状态有无润滑摩擦状态、非全流体混合摩擦状态和流体摩擦状态，其设计计算方法也各不相同。要全面了解各种滑动轴承的设计计算可参阅：机械设计手册编委会编《机械设计手册——滑动轴承》分册，机械工业出版社，2007。有关流体动、静压轴承设计的内容可参阅：（1）钟洪、张冠坤编著，《液体静压动静压轴承设计使用手册》，电子工业出版社，2007。（2）池长青著，《气体动静压轴承的动力学与热力学》，北京航空航天大学出版社，2008。要了解磁悬浮轴承的设计和研究发展状况，可参阅：（1）胡业发等著，《磁力轴承的基础理论与应用》，机械工业出版社，2006.（2）赵雷等编著，《磁悬浮轴承研究进展》，原子能出版社，2005。

要全面深入了解滚动轴承设计与分析中的技术问题，可参阅：（1）（美）哈里斯等著，罗继伟等译，《滚动轴承分析》第一卷和第二卷，机械工业出版社，2010。（2）万长森编著，《滚动轴承的分析方法》，机械工业出版社，1987。要了解滚动轴承当量的载荷和当量静载荷计算公式及系数的来源，可参阅：余俊等编著，《滚动轴承计算》，高等教育出版社，1993。要深入了解不同工作条件下滚动轴承的选用与设计，可参阅：刘泽久主编，《滚动轴承应用手册》，机械工业出版社，2006。

思 考 题

17-1　相对于滚动轴承，滑动轴承有什么特点？适用于什么场合？

17-2　向心滑动轴承结构有哪几种形式？各有何特点？

17-3　对滑动轴承轴瓦的材料有哪些要求？轴瓦上油孔和油槽开设要注意什么？

17-4　滑动轴承的润滑方式有哪些？选择润滑剂的依据是什么？

17-5　非全液体润滑滑动轴承验算 p、v、pv 三项指标的物理本质是什么？为什么液体动力润滑滑动轴承设计时首先也要验算此三项指标？

17-6　试以雷诺方程来分析流体动力润滑的几个基本条件。

17-7　试述滑动轴承流体动压油膜形成过程。

17-8　影响单油楔径向滑动轴承承载能力的参数有哪些？如何影响的？对轴承的其他性能有何影响？

17-9　滚动轴承与滑动轴承相比最主要的特点是什么？

17-10　什么是滚动轴承的接触角和载荷角？两者有何区别？

17-11　滚动轴承类型的选择应考虑哪些因素？

17-12　为什么角接触轴承需要成对使用、对称安装？

17-13　滚动轴承工作时，内、外圈滚道和滚动体上各点的应力是怎么变化的？

17-14　什么是滚动轴承的基本额定寿命、基本额定动载荷和当量动载荷？

17-15　常见的双支点轴上滚动轴承的支承结构有哪几种基本形式？各适合于什么工作条件？

17-16　滚动轴承游隙调整的方式有哪些？什么情况下要对轴系轴向位置进行调整？

17-17　滚动轴承预紧的目的是什么？常见预紧的方法有哪些？

17-18　滚动轴承内、外圈的配合有什么特点？选择滚动轴承配合类型的原则是什么？

17-19　滚动轴承润滑与密封的方式有哪些？各适用于什么场合？

17-20　滚动轴承安装与拆卸时应注意什么问题？

习　题

17-1　某非全液体润滑径向滑动轴承，已知轴颈直径 d=200mm，轴承宽度 B=200mm，轴颈转速 n=300r/min，轴瓦材料为 ZCuSn10P1，试问它可以承受的最大径向载荷是多少？

17-2　某非全液体摩擦径向滑动轴承，已知径向载荷 F=50000N，轴颈转速 n=500r/min，载荷平稳。试确定轴承材料、轴承尺寸 d、B 及选择润滑油和润滑方法（轴颈直径 $d \geqslant 80$mm），并画出轴瓦结构图。

17-3　一船舶螺旋桨驱动轴颈 d=260mm，受轴向推力 $F_a=1.2\times10^5$N，若采用推力轴承支承，推力环的外径 D=380mm，轴承材料许用比压[p]=0.5MPa。试问需要几个推力环？

17-4　已知某矿山机械减速器中间轴非液体摩擦径向滑动轴承的载荷 F=86000N，转速 n=192r/min，轴颈直径 d=160mm，轴承宽度 B=190mm，轴材料为碳钢，轴承材料为铅基轴承合金 ZChPbSb16-16-2。试验算该轴承是否适用。

17-5　试说明下列滚动轴承的类型、公差等级、游隙、尺寸系列和内径尺寸。

6201、N208、7207C/P4、230/500、51416。

17-6 下列各轴承的内径有多大？哪个轴承的公差等级最高？哪个允许的极限转速最高？哪个承受径向载荷能力最大？哪个不能承受径向载荷？

6208/P2、30208、5308/P6、N2208。

17-7 一对6313深沟球轴承的轴系，已知6313轴承额定动载荷C=93.8kN，轴承的额定静载荷C_0=60.5kN，轴承上所受的径向载荷R_1=5500N，R_2=6400N，轴向载荷分别为A_1=2700N，A_2=0，转速n=1430r/min，运转时有轻微冲击，常温下工作，要求轴承寿命不低于5000h。试校核该对轴承是否适用。

17-8 一农用水泵，决定选用角接触球轴承，轴颈直径d=35mm，转速n=2900r/min，已知径向载荷R=1810N，轴向载荷A=740N，预期计算寿命$L'_h = 6000h$，试选择轴承型号。（已知7207C轴承额定动载荷C=30.5kN；7207B轴承C=29.0kN；7207AC轴承C=27.0kN。）

17-9 一对7210C角接触球轴承分别承受径向载荷R_1=8000N，R_2=5000N，轴向外载荷F_a方向如图17-56所示。试求下列两种情况下各轴承的当量动载荷。

（1）F_a=2200N；

（2）F_a=900N。

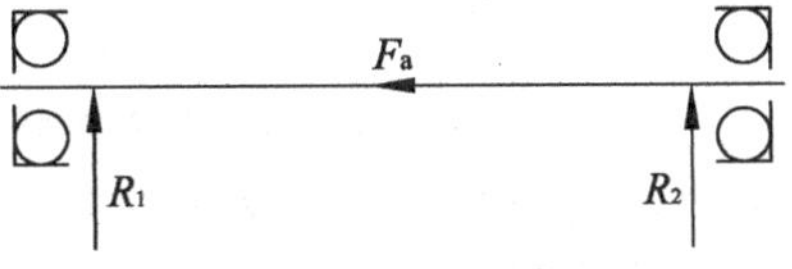

图17-56 轴承受力示意图

17-10 一蜗轮轴对称支承在一对圆锥滚子轴承上，采用两端单向固定、正装结构。已知蜗轮啮合作用力F_{t2}=7950N，F_{a2}=1220N，F_{r2}=2900N。蜗轮分度圆直径d_2=360mm，两支点距离L=320mm。蜗轮轴转速n_2=54r/min。传动中有轻微冲击。根据轴的结构尺寸，初选两只30207轴承(α=15°)，试计算所选轴承的使用寿命（h）。

17-11 设某斜齿轮轴根据工作条件在轴的两端反装两个圆锥滚子轴承，如图17-57所示。已知轴上齿轮受切向力F_t=2200N，径向力F_r=900N，轴向力F_a=400N，齿轮分度圆直径d=314mm，轴转速n=520r/min，运转中有中等冲击载荷，轴承预期计算寿命$L'_h = 15000h$。设初选两个轴承型号均为30205，其基本额定动载荷和静载荷分别为C=32200N，C_0=37000N，计算系数e=0.37，Y=1.6，Y_0=0.9。试验算该对轴承能否达到预期寿命要求。

17-12 某支承轴用滚动轴承型号为30207，其工作可靠度为90%，现需要在同样工作条件、寿命不降低的情况下将轴承工作可靠度提高至98%，试确定可以用来替换的轴承型号。

17-13 指出图17-58中齿轮轴系上的错误结构并改正。滚动轴承采用脂润滑。

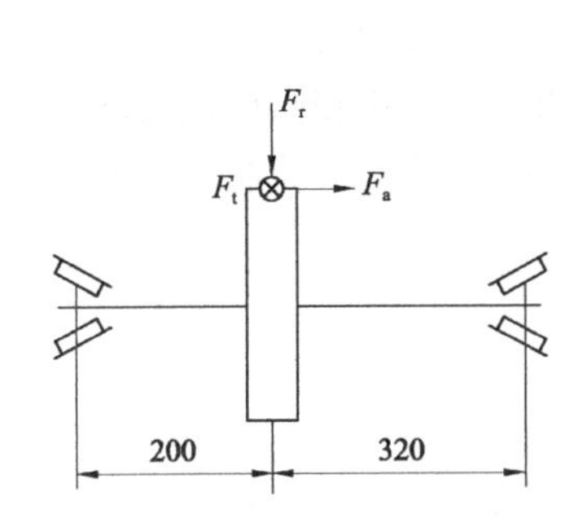

图17-57 斜齿轮轴的支承与受力

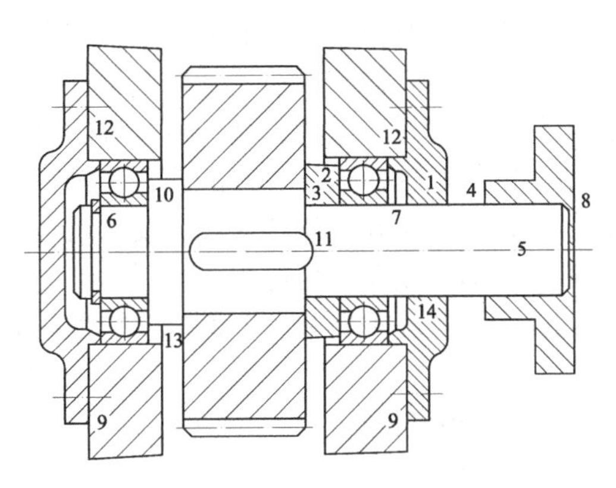

图17-58 齿轮轴系

第18章 联轴器、离合器和制动器

本章包括联轴器、离合器和制动器三部分内容，重点介绍常用联轴器的类型、结构、特性和选用方法，简要介绍离合器和制动器的常用类型和结构特点。

本章重点：联轴器与离合器的相同点与不同点，联轴器的类型。

本章难点：特殊功用离合器的结构与作用。

18-1 概　　述

联轴器和离合器是用于连接两轴、传递运动和转矩的部件，它们也可以用于轴和其他零件（如齿轮、带轮等）的连接以及两个零件（如齿轮和齿轮）的相互连接。用联轴器连接的两根轴，只有在机器停车后，经过拆卸才能把它们分离。用离合器连接的两根轴在机器工作中就能方便地分离或接合。此外，联轴器和离合器还可以用作安全装置，防止机器过载。

制动器是利用摩擦阻力来消耗机器运动部件的动能，以降低机械的运转速度或迫使机械停止运转的部件。

离合器和制动器要求工作灵敏，操作方便，工作时不产生严重的冲击载荷。离合器和制动器的操纵方式有很多，除机械操纵外，现已有液压、气压或电磁操纵。

联轴器、离合器和制动器都是通用性部件，而且大多数已经标准化。一般，首先按照机器的工作条件选择合适的类型，再按轴的直径、扭矩和转速从标准中选定具体的型号尺寸。要求所选定的联轴器、离合器的孔径和轴径相配，其允许的最大扭矩和允许最大转速分别大于或等于计算扭矩和工作转速，必要时还应对薄弱元件进行强度校核。而制动器的型号尺寸则应根据所需的制动力矩选取。

选择和校核联轴器和离合器时，应以计算扭矩 T_c 为依据

$$T_c=KT$$

式中，T——额定扭矩；

K——工况系数，主要考虑原动机和工作机的过载和动载情况，见表 18-1。

对于刚性联轴器、牙嵌式离合器应当选用较大的 K 值；对于安全联轴器或离合器应选取较小的 K 值；对于弹性离合器和摩擦离合器则可选用中间值。

表 18-1 工况系数 *K*

原动机	工作机		
	扭矩波动小	扭矩波动中等，冲击载荷中等	扭矩波动大，冲击载荷大
电动机、汽轮机	1.3～1.5	1.7～1.9	2.3～3.1
多缸内燃机	1.5～1.7	1.9～2.1	2.5～3.3
单缸、双缸内燃机	1.8～2.4	2.2～2.8	2.8～4.0

18-2 联 轴 器

一、联轴器的类型、结构和特性

联轴器的类型十分繁多，根据它传递扭矩及与轴连接的性质，大致可分为以下几类。

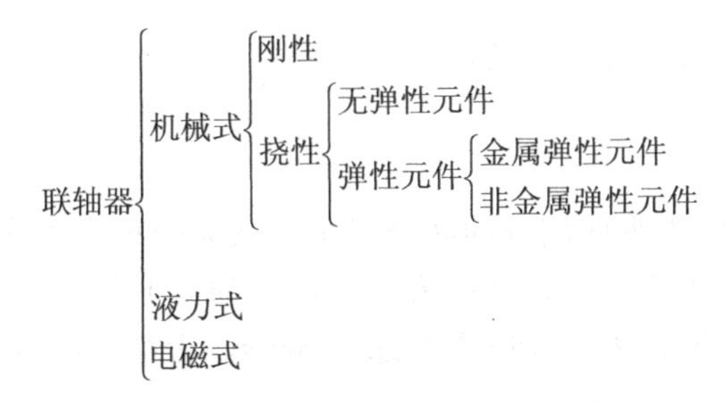

机械式联轴器是应用最广的联轴器。它借助于机械构件相互间的机械作用力来传递扭矩。液力式和电磁式联轴器是借助于液压力和电磁力来传递扭矩。

联轴器的结构型式很多，某些常用的已标准化，本节只介绍一些常用类型。

（一）刚性联轴器

刚性联轴器有套筒式、凸缘式和夹壳式等。其特点是结构简单，成本低，对两轴的相对位移偏差没有补偿能力，安装时调整困难。若两轴有安装误差或由于零件受载变形、热变形等原因，使连接的两轴轴线发生相对偏移时，就会在轴、联轴器和轴承上引起附加载荷。因而此类联轴器常用于无冲击、两轴的对中性好、且在工作时不发生相对位移的场合。

1. 套筒联轴器

如图 18-1 所示，套筒联轴器由一个套筒和键或销组成，两端与两轴用较紧的过渡配合相配，结构简单，径向尺寸小，但装配时轴须沿轴向移动，增加装配时的困难。一般用来连接径向尺寸较小且直径相同的两轴。套筒常用 35 钢或 45 钢制造。套筒联轴器的结构尺寸可参考机械设计手册。

2. 凸缘联轴器

如图 18-2 所示，凸缘联轴器由两个带凸缘的半联轴器分别与两轴连接在一起，再用螺栓把两半联轴器连接成一体而成，结构较简单，能传递较大的扭矩，是固定式联轴器中应用较多的一种。

凸缘联轴器的两半联轴器的连接方式有两种：一种是采用普通螺栓，利用两半联轴器的凸肩和凹槽的配合来对中，如图 18-2（a）所示。这种联轴器对中精度高，靠预紧普通螺栓在凸缘接合面产生的摩擦传递扭矩。另一种是采用铰制孔螺栓并靠其对中，如图 18-2（b）所示。此种联轴器装拆比前一种方便。这两种相比较，前一种制造简单，但装拆不方便，需作轴向移动，后一种能传递较大扭矩，但需精配螺栓，加工较麻烦。

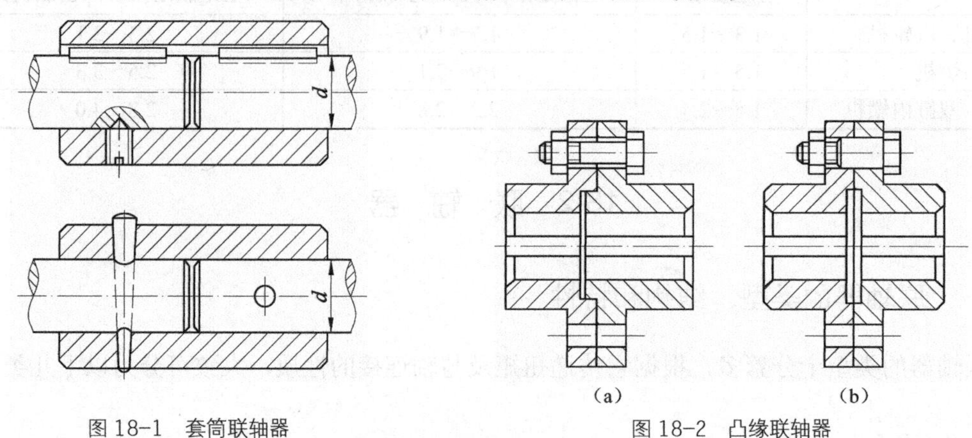

图 18-1　套筒联轴器　　　　图 18-2　凸缘联轴器

联轴器材料可用铸铁或铸钢。凸缘联轴器的结构尺寸可按国家标准选定，必要时应验算螺栓连接强度。

3. 夹壳联轴器

夹壳联轴器（图 18-3）由纵向剖分的两个半圆筒状夹壳与连接这两半夹壳的螺栓所组成。联轴器装配和拆卸时，轴不需移动，装拆方便，但联轴器平衡困难，需加防护罩，适用于低速、平稳载荷时的连接。通常外缘速度不得超过 5m/s，否则应经过平衡检验。

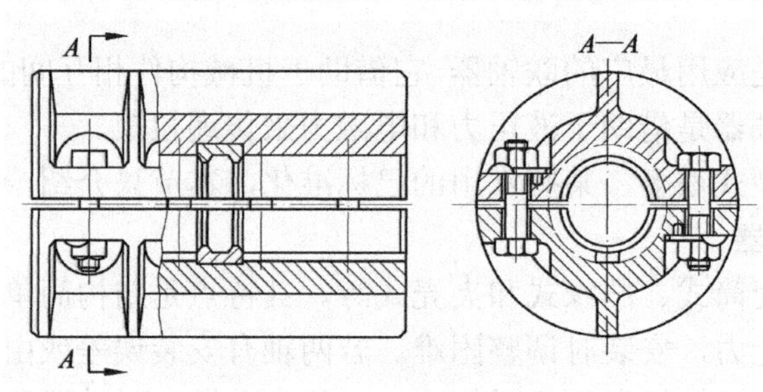

图 18-3　夹壳联轴器

（二）挠性联轴器

采用固定式联轴器的一个必要条件是两轴应保持严格对中。但由于制造、安装误差，两轴严格对中在实际中有时是困难的，即使安装能保证对中，但由于工作负荷的影响、温度的变化、基础的不均匀下沉等原因，两轴的相对位置也会产生一定的变化。

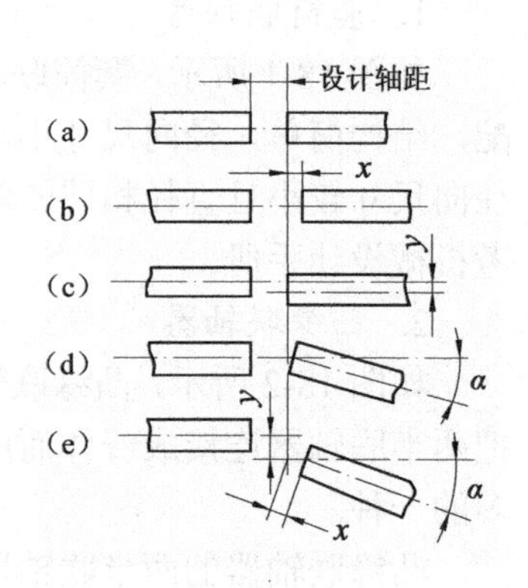

图 18-4　被连接的两轴可能出现的相对偏移

图 18-4 所示为被连接的两轴可能发生的相对偏移情况。在不能避免两轴相对偏移的场合中采用刚性联轴器，将会在轴与联轴器中引起附加载荷，使轴、轴承、联轴器等工作情况恶化，此时，应采用能补偿两轴偏移的挠性联轴器。

补偿两轴偏移的方法有两种：一种是利用联轴器中某些元件间的相对运动来补偿，按此原理制成的联轴器称为无弹性元件挠性联轴器；另一种是利用联轴器中弹性元件的弹性变形来补偿，按这一原理制成的联轴器称为弹性元件挠性联轴器。

1. 无弹性元件挠性联轴器

（1）十字滑块联轴器

十字滑块联轴器由两个在端面上开有凹槽的半联轴器，以及带有互相垂直的矩形凸牙的中间盘组成，如图 18-5 所示。装配后中间盘上的凸牙分别在与其接合的半联轴器的直槽中滑动，故有补偿两轴偏移的能力。

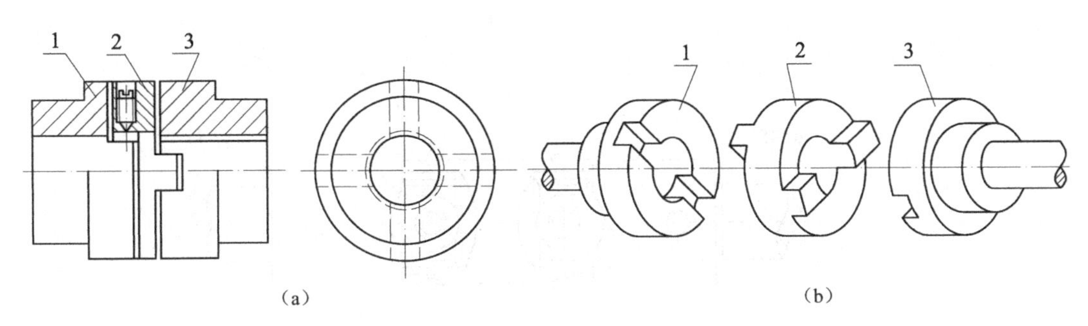

图 18-5 十字滑块联轴器
1、3—半联轴器；2—中间盘

这种联轴器在工作时，中间盘在空间中既转动又移动。为避免作偏心回转的中间盘产生过大的振动力、离心力，应限制联轴器工作时的转速和两轴的偏心距。允许的最大径向位移（即偏心距）$[y]=0.04d$（d 为轴的直径)，允许的最大角位移$[\alpha]=30'$，最大转速 $n_{max}=100$～250r/min。由于工作时凸牙与凹槽的侧面有相对滑动，容易磨损，故要求工作面具有较高的硬度并采取一定的润滑措施。

联轴器常用 45 钢制造。受力表面经表面硬化处理，要求不高时，也可用 Q235 钢制造。

该联轴器的特点是结构简单，径向尺寸小，但工作面易磨损，转速不宜过高。它一般适用于两轴同心度较差、工作时无大的冲击和转速不高的场合。

（2）万向联轴器

图 18-6（a）所示为单个十字轴式万向联轴器的结构，它由两个分别固定在主、从动轴上的叉状接头、十字连接件、轴销以及中间轴组成单万向联轴器。叉状接头和十字连接件是铰接的，因此，当一轴的位置固定后，另一轴可以在任意方向偏斜 α 角，角位移可达 40°～45°。

若轴上只装一个万向联轴器，当主动轴角速度 $\omega_{主}$为常数时，从动轴的角速度 $\omega_{从}$并不是常数，而是在一定的范围内变化（$\omega_{主}\cos\alpha\leqslant\omega_{从}\leqslant\omega_{主}/\cos\alpha$）。两轴向的夹角越大，则从动轴的角速度变化也就越大，传动时要产生附加的动载荷。为了避免这种情况，保证从动轴和主动轴均以同一角速度等速回转，必须将该联轴器成对使用（图 18-6（b））。安装时要保证输入、输出轴轴线与中间轴轴线夹角相等，且中间轴的两端叉形接头应在同一平面内。只有这样，才能保证输入、输出轴角速度相等。

联轴器各零件的材料，除轴销用 20 钢外，其余均用合金钢，以获得较高的耐磨性和强度。

这类联轴器结构紧凑，维护方便，广泛应用于汽车、多头钻床等机器的传动系统中，小型万向联轴器已标准化，设计时可按标准选用。

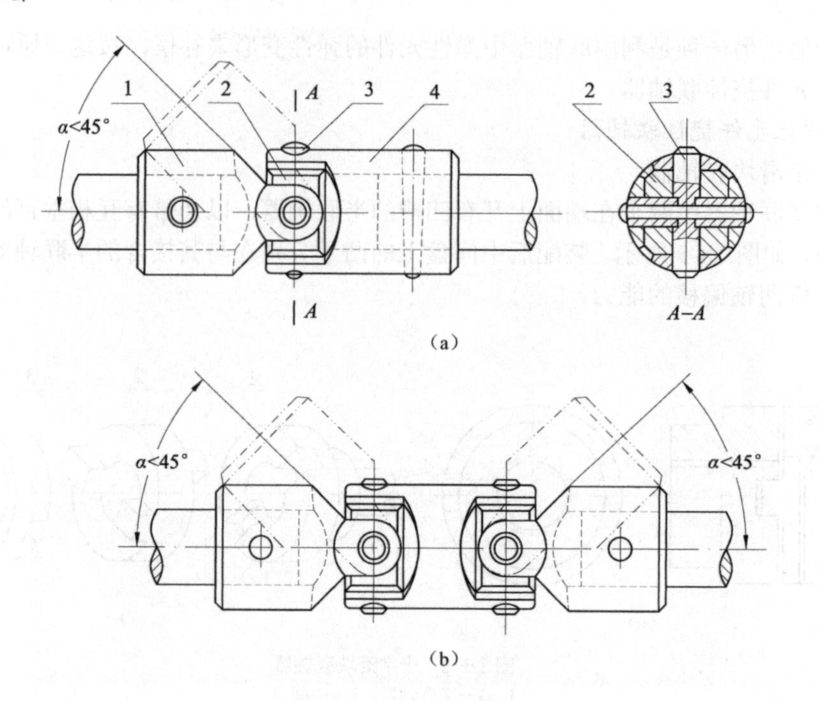

图 18-6　万向联轴器

1—叉状接头；2—十字连接件；3—轴销；4—中间轴

（3）齿轮联轴器

如图 18-7（a）所示，齿轮联轴器由两个具有外齿的套筒 1 和两个具有内齿的外壳 3 组成；两外壳用螺栓连接起来，以传递扭矩。套筒分别与主、从动轴用键连接。在空间中储存有润滑脂或润滑油，以润滑轮齿，减小磨损。在套筒 1 和外壳 3 之间，套筒 1 和外壳之间装有密封圈 6。

齿轮联轴器中，所用齿轮的轮廓曲线为渐开线，啮合角为 20°，齿数一般为 30～80；但齿的径向间隙及侧隙都比一般传动齿轮的大，外齿套筒齿顶圆柱面已改制成球面，有时还把齿沿长度方向制成鼓形齿。采取这些措施，有利于联轴器适应两轴间出现的各种位移，如图 18-7（b）所示。其径向位移 $y \leqslant 0.4 \sim 2.4$mm（由尺寸大小而定），角度位移 $\alpha \leqslant 30'$。

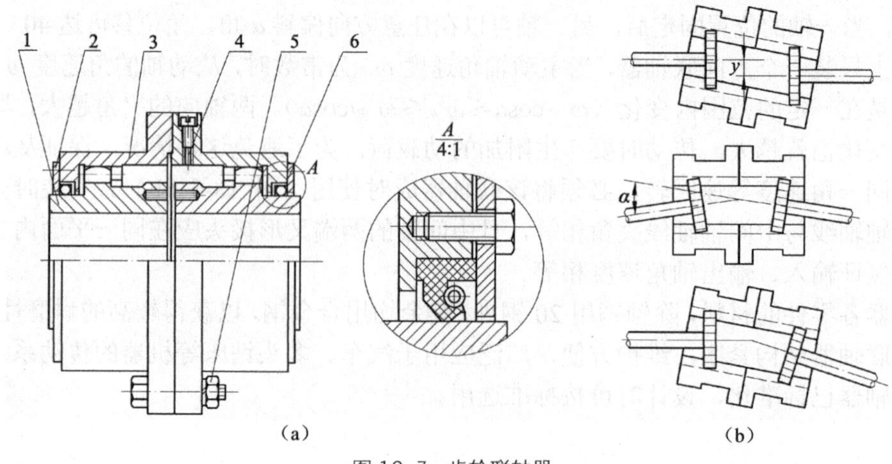

图 18-7　齿轮联轴器

这种联轴器有较多的齿同时工作，可以传递很大的扭矩，且安装精度要求不高，故在重型机械中应用较多。其缺点是结构复杂，质量较大，制造较难，成本较高。

齿轮联轴器已标准化，其结构尺寸可查国家标准。齿轮联轴器一般用45钢或ZG45制造。

2. 弹性元件挠性联轴器

此类联轴器靠弹性元件的弹性变形来补偿两轴轴线的相对位移，而且可以缓冲减振，其性能和传递扭矩的大小，在很大程度上取决于弹性元件的材料性质、结构和尺寸。弹性元件使用的材料有金属和非金属两类。金属弹性元件为各式各样的弹簧，其强度高，传递载荷能力大，尺寸小且寿命长，但成本高；非金属弹性元件常用橡胶、尼龙、夹布胶木和经处理过的木材等制成，其特点是具有良好的弹性滞后性能，减振能力强，缓冲性能好，质量轻，价格便宜，故常用于高速轻载机构中。

（1）弹性套柱销联轴器

弹性套柱销联轴器是由若干个套有橡胶圈的柱销把两个半联轴器连接成一体，如图18-8所示。半联轴器与轴的配合孔可做成圆柱形孔或圆锥形孔。联轴器补偿两轴的位移偏差是靠橡胶圈的变形实现的，且具有缓冲和吸振作用。又因柱销和橡胶圈能在右半联轴器光孔中滑移，故能在较大范围内适应两轴轴向偏移。其允许的径向位移[y]=0.14～0.2mm，允许的角位移[α]=40′。

这种联轴器可用于经常正反转、起动频繁和在变载荷下运转的轴。它不适用于速度过低的场合，否则其结构尺寸较大，同时应避免与油质或其他对橡胶有害的介质接触。

半联轴器常用铸铁、钢或铸钢制成，柱销用45钢制造。联轴器的结构尺寸可查有关国家标准，必要时可验算橡胶圈上的比压和柱销弯曲强度。

（2）弹性柱销联轴器

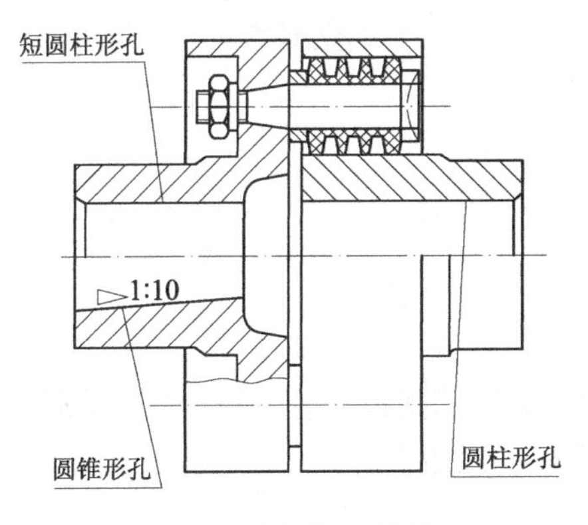

图18-8 弹性套柱销联轴器

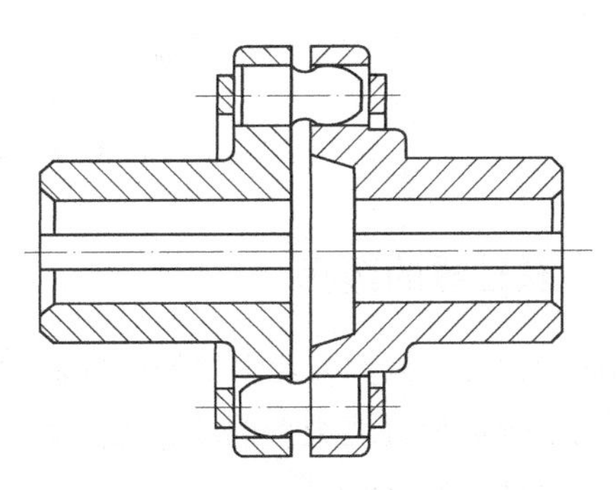
图18-9 弹性柱销联轴器

弹性柱销联轴器是由尼龙柱销将两个半联轴器连接成一体，如图18-9所示。为防止柱销从孔中滑出，两端有环状挡板并用螺钉固定在两半联轴器上。

柱销材料可用尼龙、加玻璃纤维的尼龙、夹布胶木等，半联轴器用35钢或ZG3制造，其工作环境温度为-20～+70℃，允许径向位移和角度偏移分别为[y]=0.1～0.15mm，[α]=30′。其特点是结构简单、制造容易、装配方便、使用寿命长、传递扭矩较大，故应用较广泛。

该联轴器的结构尺寸可查有关国家标准，必要时应验算尼龙柱销的挤压强度和剪切强度。

（3）轮胎联轴器

如图 18-10 所示，轮胎联轴器使用由橡胶制成的轮胎状壳体零件，两端用压板及螺钉分别压在两个半联轴器上。通过壳体传递扭矩。为了便于安装，在轮胎上开有切口。该联轴器对轴位置偏差的补偿能力很强，通常允许值为[x]=0.02D, [Y]=0.01D (D 为壳体外径), [α]=5°～12° (随尺寸不同而异)。

这种联轴器弹性很大，寿命长，不需润滑，可用于潮湿多尘、起动频繁处，圆周速度一般不超过 30m / s；但径向尺寸大，壳体为特制产品，不易自制，故一般用于重型机械上。

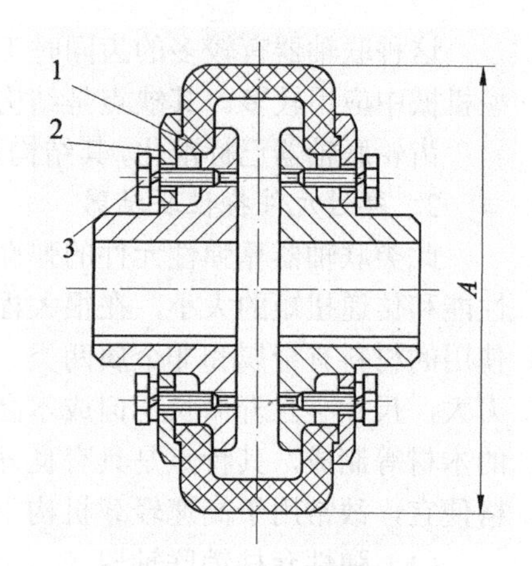

图 18-10　轮胎联轴器

1—轮胎状壳体零件；2—压板；3—螺钉

（4）星形弹性件联轴器

星形弹性件联轴器如图 18-11 所示，星形弹性件用橡胶制成，半联轴器上有凸牙。凸牙侧面压在星形弹性件上以传递扭矩。联轴器连接时允许两轴线的径向位移[y]=0.2mm，角位移[α]=1°30′。星形弹性件只承受压缩作用，寿命较长。

图 18-11　星形弹性件联轴器

1、3—关联轴器；2—星形弹性件

二、联轴器的选择

由前述可知，绝大多数常用的联轴器已标准化。而对机械设计者来说，在应用联轴器时，其任务是正确选择合适类型的联轴器及其尺寸。选择步骤如下。

1. 选择联轴器的类型

根据被连接两轴的对中性、负荷的大小和特性(平稳、变动或冲击等)、工作转速、安装尺寸及安装精度、工作环境温度等，参考各类联轴器的特性及适用条件，选择一种适用的联轴器的类型。

2. 求联轴器的计算扭矩

由材料力学知，传动轴上的名义扭矩为 T=9550P/n（N·m）。其中 P 为传动功率(kW)；n 为轴的转速(r/min)。由于原动机及工作机的不平稳性及工作阻力的变化，联轴器工作时的扭矩是一波动值。为了考虑这些因素的影响，引入工况系数 K(表 18-1)，对名义扭矩加以修正，则得计算扭矩为

$$T_{ca}=KT \tag{18-1}$$

3. 确定联轴器的型号

根据计算扭矩 T_{ca} 及所选的联轴器类型，在联轴器的标准中按下式确定该联轴器的一个型号。

$$T_{ca} \leqslant [T] \tag{18-2}$$

式中，$[T]$——该型号联轴器的许用扭矩，可查手册确定。

4. 校核最大转速

被连接轴的转速 n 不应超过所选联轴器允许的最高转速 n_{max}，即

$$n \leqslant n_{max} \tag{18-3}$$

5. 协调轴孔直径

多数情况下，每一型号联轴器适用轴的直径均有一个范围。标准中给出轴直径的最大和最小值，或者给出适用直径的尺寸系列，被连接两轴的直径应当在此范围之内。一般情况下，被连接的两轴的直径是不同的，两个轴端的形状也可能是不同的，即一个为圆柱形，另一个为圆锥形，当然两轴尺寸和形状完全相同时更好。

6. 规定部件的安装精度

根据所选联轴器允许的轴的相对位移偏差，规定部件相应的安装精度。

7. 进行必要的校核

如有必要，应对主要传动零件进行强度校核，或对联轴器的减振性能进行校核。

例 18-1 在电动机与卷扬机的减速器间用联轴器相联。已知电动机功率 P=7.5kW，轴转速 n=960r/min，电动机轴直径 d_1=38mm，减速器轴直径 d_2=42mm，试确定联轴器型号。

解：1．选择联轴器的类型

由于轴的转速较高，起动频繁，载荷有变化，宜选用缓冲性较好，同时具有可移性的弹性套柱销联轴器。

2．计算联轴器的名义扭矩

$$T = 9550\frac{P}{n} = 9550\times\frac{7.5}{960} = 74.6(\text{N}\cdot\text{m})$$

3．求联轴器的计算扭矩

由表 18-1 查得 K=1.7，则

$$T_{ca} = KT = 1.7\times 74.6 = 126.8(\text{N}\cdot\text{m})$$

4．查手册选用弹性套柱销联轴器

$$\text{TL6 联轴器}\ \frac{\text{JC}38\times 60}{\text{JA}42\times 84}\quad \text{GB 4323—2002}$$

其允许最大扭矩$[T]$=250N·m，允许最高转速为 3800r/min，轴径亦合适。

18-3 离合器

如前所述，使用离合器能使工作中的机器的两轴分离或接合。在使用时，要求离合器操纵方便且省力，接合和分离迅速平稳，动作准确，结构简单，维护方便，使用寿命长等。

离合器的种类很多，按操纵方式可分为以下几类。

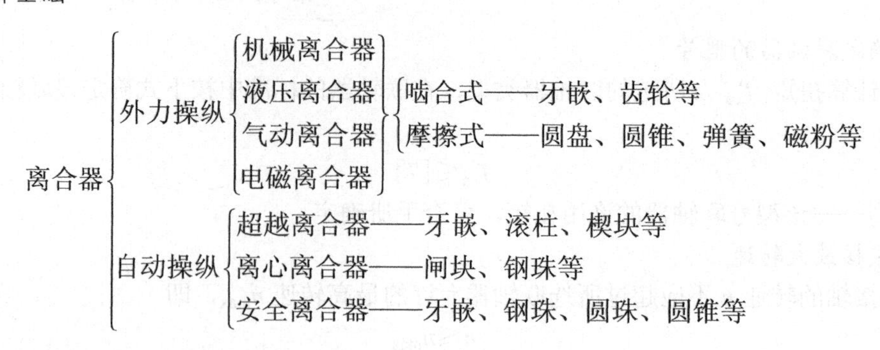

下面介绍一些常用的离合器。

一、机械离合器

1. 牙嵌离合器

如图 18-12 所示，牙嵌离合器由端面带有相同牙齿的两个半离合器组成。左半离合器用平键固连在主动轴上，并在其上用螺钉装有对中环，从动轴头伸入环孔中并能自由转动，右半离合器与从动轴用间隙配合和导向键连接。工作时，由操纵机构带动拨叉环使右半离合器向右或向左移动来实现分离或接合。

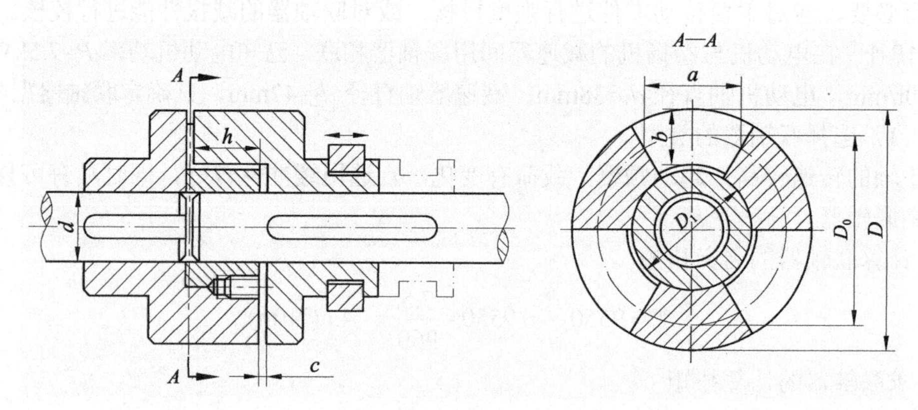

图 18-12 牙嵌离合器

图 18-13 所示为沿圆周方向展开的牙形。图 18-13（a)、(b）的三角形牙多用于轻载，接合容易，一般其牙数 z=15～60；图 18-13（c)、(d）所示的梯形牙常用于传递扭矩较大时，但接合不太容易，其牙数常取 z=5～11；图 18-13（e）所示的矩形牙只用于停车接合或两轴转速差不大于 10r/min 处，取 z=3～15；图 18-13（f）所示的牙形只用于安全离合器，常取 z=2～6。

牙嵌离合器可用 45、20Cr、40Cr、20CrMnTi 等制造。牙的工作面应具有较高硬度，以减轻其磨损。牙嵌离合器的结构尺寸见机械设计手册，必要时应对牙的工作面上的比压和牙根处的弯曲强度进行验算。

2. 摩擦离合器

摩擦离合器是靠主、从动半离合器接触表面间的摩擦力来传递扭矩的，应用很广泛，从结构上分为三种类型。

传递转矩。

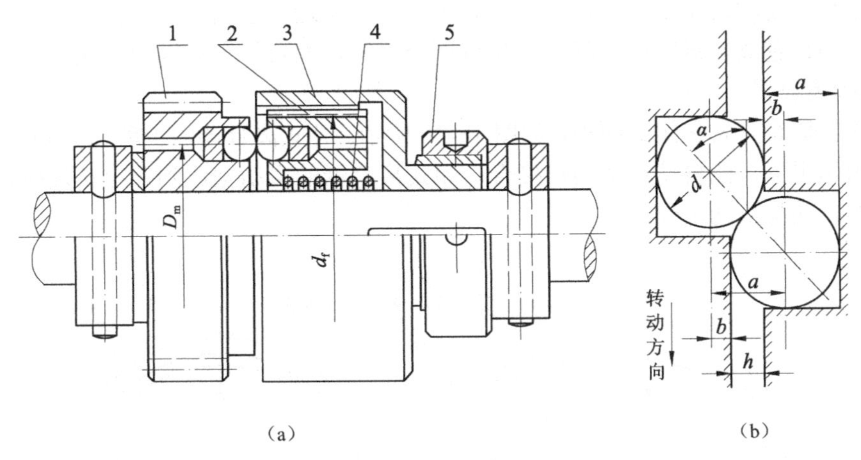

图 18-18　钢球安全离合器

1—主动齿轮；2—从动盘；3—外套筒；4—弹簧；5—调节螺母

这种离合器动作灵活，但钢球表面会受到较严重的冲击，故一般只用于传递较小扭矩的装置中。

2. 超越离合器

如图 18-19 所示，超越离合器利用滚柱、弹簧等压紧其他元件产生的摩擦力来传递扭矩，它分为内星轮式和外星轮式两种。图示为内星轮滚柱式超越离合器，它由星轮、外环、滚柱和弹簧顶杆组成。若星轮为主动件且顺时针方向转动，或外环为主动件且逆时针方向转动，或者主、从动件同向转动且相对转动方向与上述情况相似时，则滚柱所受到的摩擦将使滚柱向楔形槽的收缩段滚动而被楔紧，从而带动从动件转动，此时离合器进入接合状态。当相对转向和上述情况相反时，滚柱即滚向楔形槽的宽段而脱离楔紧状态，使离合器断开。

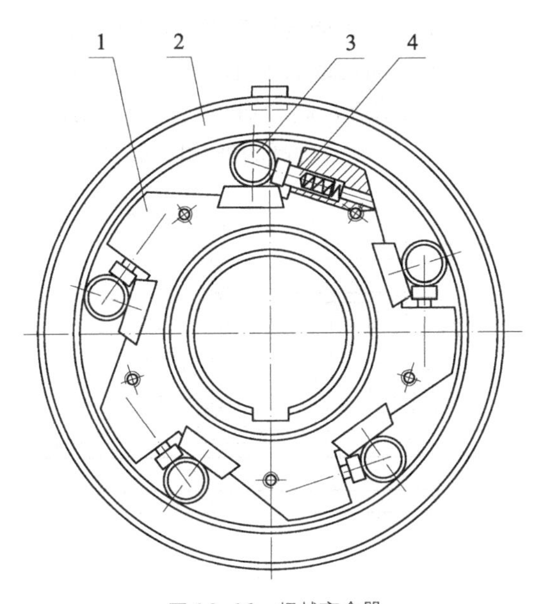

图 18-19　超越离合器

1—星轮；2—外环；3—滚柱；4—弹簧顶杆

该离合器因只能沿一个转向传递扭矩，故又称为单向离合器或定向离合器。滚柱式超越离合器转速高，起动时无空行程，工作时无噪声，但制造要求高。

另外，在超越离合器中还有棘轮式超越离合器等，如自行车后轴上的飞轮。

3. 离心离合器

离心离合器有开式和闭式两种，如图 18-20 所示。开式离合器的主动轴达到一定转速时，在离心力的作用下，能自动与从动轴接合。闭式离合器的主动轴达到一定转速时，在离心力作用下，能自动与从动轴分开。

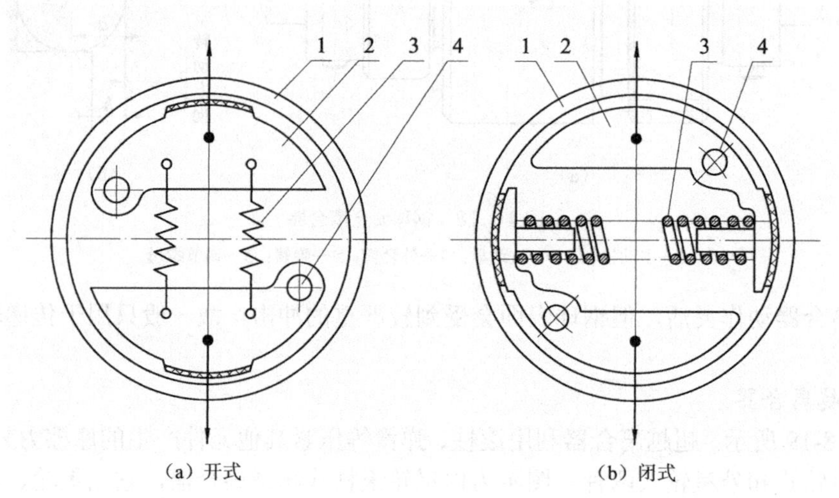

图 18-20 离心离合器

1—套筒；2—离心闸块；3—弹簧；4—闸块的旋转销轴

4. 磁粉离合器

如图 18-21 所示，轴与嵌有线圈的磁铁芯相连接，线圈的线端与电刷滑环相通，外壳与齿轮相连接。套筒由非磁性材料制成。在外壳与磁铁芯之间的气隙（一般为 0.5～2mm）中，填充有高导磁性的磁粉，并加入适量的油剂或其他能增加磁粉流动性的材料（如石墨、二硫化钼等）。线圈不通电时，磁粉处于自由状态，离合器主动件与从动件分离。当线圈通电时，将产生磁场，磁粉被磁化，形成磁粉链。由于磁粉链的剪切阻力，将带动从动件与主动件一起转动。

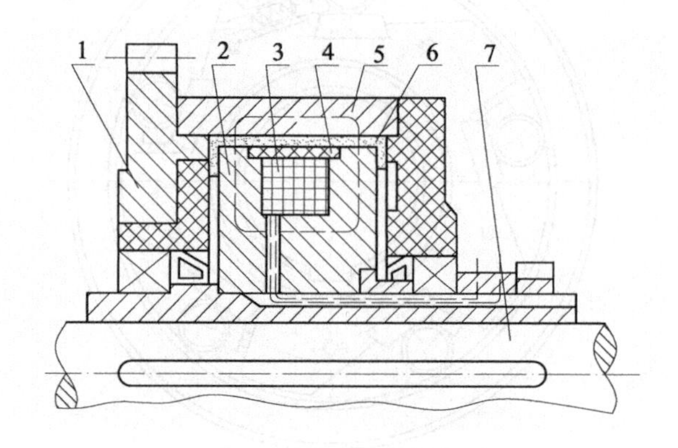

图 18-21 磁粉离合器

1—齿轮；2—磁铁芯；3—线圈；4—套筒；5—外壳；6—磁粉；7—轴

磁粉离合器的优点很多，如传递扭矩稳定，动作灵敏，接合平稳，运行可靠；过载时磁粉层打滑，能起安全保护作用，易于控制，能实现远距离操纵；结构简单，使用寿命长。但其外廓尺寸较大，且需特制的合金磁粉。因其能适应多方面工作，应用渐多。

18-4 制 动 器

一、外抱块式制动器

图 18-22 所示为外抱块式制动器，靠瓦块与制动轮间的摩擦力来制动。通电时，由电磁线圈的吸力吸住衔铁，再通过一套杠杆使瓦块松开，机器便能自由运转。当需要制动时，则切断电源，电磁线圈释放衔铁，依靠弹簧力并通过杠杆使瓦块抱紧制动轮。制动器也可以安排为在通电时起制动作用，但为安全起见，应安排在断电时起制动作用。

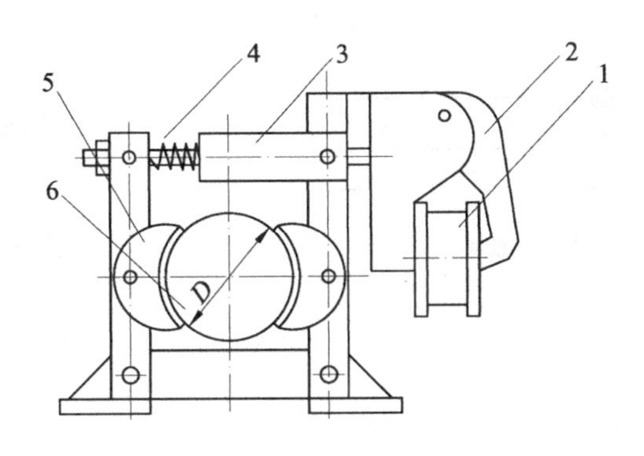

图 18-22 外抱块式制动器

1—电磁线圈；2—衔铁；3—杠杆；4—弹簧；5—瓦块；6—制动轮

二、内张蹄式制动器

内张蹄式制动器主要由制动鼓、制动蹄和驱动装置组成，蹄片装在制动鼓内，结构紧凑，密封容易，可用于安装空间受限制的场合。

图 18-23 为内张蹄制动器结构示意图。两个固定支承销将制动蹄 1 和 3 的下端铰接安装。制动分泵是双向作用的。制动时，在分泵压力下使制动蹄压紧制动鼓，从而产生制动转矩。制动鼓正反转效果相同，操纵系统比较简单。

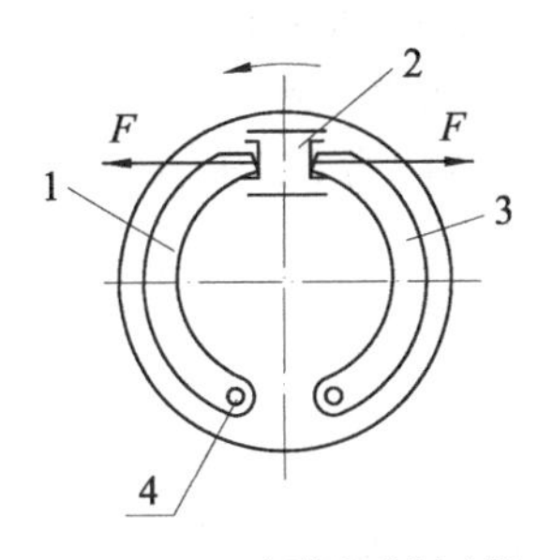

图 18-23 内张蹄式制动器

1、3—制动蹄；2—制动分泵；4—支承销

三、带式制动器

图 18-24 所示为带式制动器。当杠杆上作用外力 Q 后，收紧闸带而抱住制动轮，靠带与轮间的摩擦力达到制动目的。

四、盘式制动器

盘式制动器沿制动盘轴向施力，制动轴不受弯矩，径向尺寸小，制动性能稳定。

图 18-25 所示为盘式制动器。制动块压紧制动盘而制动。制动块与制动盘接触面小，在盘中所占的中心角一般仅 30° ～56° ，故这种盘式制动器又称为点盘式制动器。

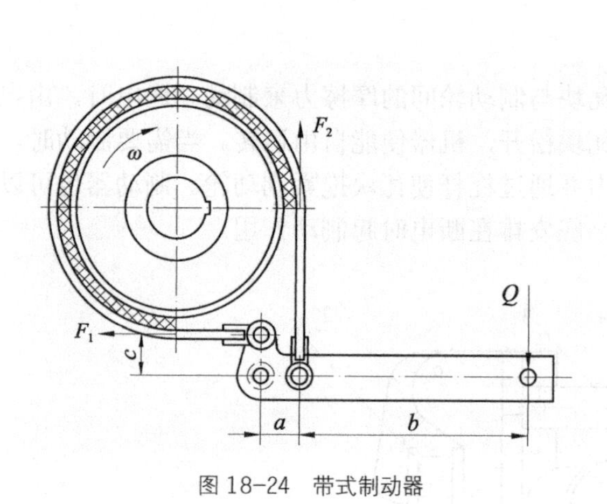

图 18-24 带式制动器

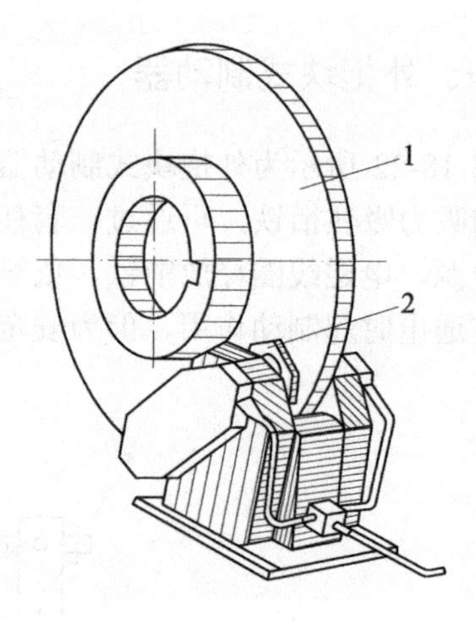

图 18-25 盘式制动器

1—制动盘；2—制动块

阅读参考文献

有关联轴器、离合器以及制动器的详细设计及选用可以参考：张展主编，《联轴器、离合器与制动器设计选用手册》，机械工业出版社，2000。有关联轴器、离合器以及制动器的国家标准可以参阅：全国机器轴与附件标准化技术委员会、中国标准出版社第三编辑室编，《零部件及相关标准汇编》（联轴器卷）（离合器卷）（制动器卷），机械工业出版社，2010。

思 考 题

18-1 联轴器和离合器的功用是什么?二者的区别是什么?

18-2 联轴器所连接的两轴的偏移形式有哪些?如联轴器不能补偿偏移会发生什么情况?

18-3 刚性联轴器和挠性联轴器的区别是什么?

18-4 选择联轴器的类型和型号的依据是什么?

18-5 在联轴器和离合器设计计算中，引入工况系数 K 是为了考虑哪些因素的影响?

18-6 牙嵌离合器和摩擦式离合器各有何优缺点?各适用于哪种场合?

18-7 摩擦离合器的摩擦表面使用金属材料时为何需要润滑?

18-8 制动器应满足哪些基本要求?

习 题

18-1 试说明联轴器与离合器的不同功用。

18-2 汽油发动机由电动机启动，当发动机正常运转后，电动机自动脱开，由发动机直接带动发电机，请选择电动机与发动机、发动机与发电机之间各采用什么类型的离合器。

18-3 某车间起重机的行走机构由电动机经减速器驱动。已知电动机的功率 P=5.7kW，转速 n=970r/min，电动机直径 d=42mm，试选择电动机与减速器之间所需的联轴器。

18-4 某机床主传动机构中使用多盘摩擦离合器。已知传递功率 P=4.2kW，转速 n=1200r/min，摩擦盘材料均为淬火钢，主动盘数为 4，从动盘数为 5，接合面内径 D_1=60mm，外径 D_2=100mm，试求所需的操纵轴向力 F_a。

18-5 某离心水泵与电动机之间选用弹性柱销联轴器连接，电机功率 P=3kW，转速 n=970r/min，两轴径均为 55mm，试选择联轴器的型号并绘制出其装配简图。

18-6 电动机经减速器驱动水泥搅拌机工作。已知电动机的功率为 1kW，转速为 970r/min，电动机轴的直径和减速器输入轴的直径均为 42mm。试选择电动机与减速器之间的联轴器。

18-7 试选择一电动机输出轴的联轴器。已知电机功率 P=1kW，转速 n=1460r/min，轴径 d=42mm，中等冲击载荷。确定联轴器的轴孔、键槽结构型式、代号及尺寸，写出联轴器的标记。

18-8 某多盘摩擦离合器用于车床传动机构。传递的功率 P=1.6kW，转速 n=480r/min，内摩擦片的外径 D_2=90mm，摩擦面数 n=8，摩擦面间压紧力 F=1200N，摩擦盘材料均为淬火钢，油润滑。求所能传递的最大转矩，并验算压强。

第19章 其他零部件

内容提要

本章主要介绍弹簧的材料和制造，圆柱螺旋压缩（拉伸）弹簧的设计计算。其中重点介绍了弹簧的承载特性、圆柱螺旋弹簧的受力分析、强度和刚度计算。

机架和导轨是机器的支承基础零件，它们的结构较为复杂，并且在很大程度上影响着机器的工作精度和抗振能力。本章简要介绍了机架和导轨的结构设计，包括机架和箱体的类型、截面形状、肋板布置、壁厚选择和隔振方法，最后介绍了常用导轨的类型及结构。

本章重点：弹簧特性线和弹簧刚度的概念，圆柱螺旋压缩（拉伸）弹簧的设计计算。

本章难点：圆柱螺旋压缩（拉伸）弹簧的设计计算。

19-1 弹 簧

一、概述

弹簧是一种用途很广的弹性元件。它在工作时能产生较大的弹性变形，在产生变形和复原的过程中，可以把机械功或动能转变为变形能，或把变形能转变成机械功或动能。弹簧利用这种特性满足各种工况的要求。

弹簧广泛地应用于各种机器中，并有如下多种功用。

（1）控制机构的位置和运动。如内燃机中的阀门弹簧，凸轮机构、摩擦轮机构、离合器中所用的弹簧等。

（2）缓冲及减振。如车辆的减振弹簧、火炮的缓冲簧、弹性联轴器中的弹簧等。

（3）储存和释放能量。如钟表、仪表和自动控制装置中的弹簧，枪械中的枪闩弹簧等。

（4）测量力和力矩。如测力器、弹簧秤中的弹簧，发动机示功器中的弹簧等。

弹簧的类型很多，根据外形来分，弹簧主要有板弹簧和螺旋弹簧两种。板弹簧是由几片宽度相同但长度不同的弹簧钢板叠合而成，如图 19-1 所示。螺旋弹簧是用金属丝按螺旋线卷绕而成，如图 19-2 所示。由于用圆截面金属丝绕成圆柱形的螺旋弹簧制造简便，因此它在机器中应用最广。

根据所承受的载荷类别不同，螺旋弹簧可分为拉伸弹簧（图 19-2（a））、压缩弹簧（图 19-2（b））和扭转弹簧（图 19-2（c））。

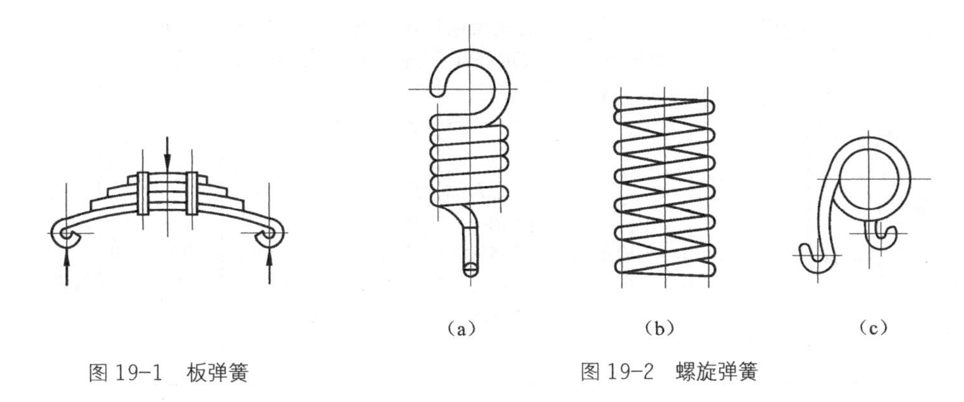

图 19-1　板弹簧

图 19-2　螺旋弹簧

二、弹簧特性线和刚度

表示弹簧载荷变形量之间关系的曲线称为弹簧特性线。对受压（拉）的弹簧，载荷是压（拉）力，变形是弹簧的压缩（伸长）量；对受弯曲（扭转）的弹簧，载荷是弯（扭）矩，变形是弹簧的弯曲（扭转）变形量。

弹簧的载荷变化量与变形变化量之比称为弹簧的刚度，以 k 表示，其公式为

$$\left.\begin{aligned} &\text{拉压弹簧} \qquad k=\frac{\mathrm{d}F}{\mathrm{d}\lambda} \\ &\text{扭转弹簧} \qquad k_{\varphi}=\frac{\mathrm{d}T}{\mathrm{d}\varphi} \end{aligned}\right\} \tag{19-1}$$

式中，F——压力或拉力；

T——扭矩；

λ——弹簧的压、拉变形量；

φ——弹簧的扭转角。

弹簧特性线上某点的斜率即弹簧刚度。斜率越小，刚度越小，弹簧越软；反之，弹簧越硬。

三、弹簧的材料和制造

1. 弹簧的材料

弹簧在机器中起着重要的作用，常受交变载荷和冲击载荷，所以对弹簧的材料提出了较高的要求。一般要求弹簧材料应具有高的弹性极限和疲劳极限，同时应具有足够的韧性和塑性，以及良好的热处理性能。

常用的弹簧材料有碳素弹簧钢（如 60、75 钢等）、硅锰弹簧钢（如 60Si2MnA）、铬钒弹簧钢（如 50CrVA）、不锈钢（如 1Cr18Ni9）及青铜（如 QBe2）等。常用的螺旋弹簧材料及其许用应力见表 19-1。

表 19-1　　螺旋弹簧常用材料及其许用应力

名称	组别	许用切应力 $[\tau]$/MPa			许用弯曲应力 $[\sigma]_b$/MPa		切变模量 G/MPa	弹性模量 E/MPa	推荐硬度/HRC	推荐使用温度/℃	特性及用途
		弹簧类别①			弹簧类别①						
		Ⅰ类	Ⅱ类	Ⅲ类	Ⅰ类	Ⅱ类					
碳素弹簧钢丝	Ⅰ组、Ⅱ组、Ⅱa组、Ⅲ组	$0.3\sigma_B$②	$0.4\sigma_B$	$0.5\sigma_B$	$0.5\sigma_B$	$0.625\sigma_B$	$0.5 \leqslant d \leqslant 4$ 81400～78500 $d>4$ 78500	$0.5 \leqslant d \leqslant 4$ 203000～201000 $d>4$ 196000	—	-40～+120	强度高、韧性好，适用于做小弹簧
特殊用途碳素弹簧钢丝	甲组、乙组、丙组										
硅锰合金弹簧钢丝		471	628	785	785	981	78500	196000	45～50	-40～+200	弹性好，回火稳定性好，易脱碳，用于制造大载荷弹簧

注：①弹簧载荷性质分三类：Ⅰ类—受变载荷作用次数在 10^6 以上的弹簧；Ⅱ类—受变载荷作用次数在 10^3～10^5 及冲击载荷的弹簧；Ⅲ类—受变载荷作用次数在 10^3 以下的弹簧。

②弹簧材料的拉伸强度极限查表 19-2。

碳素弹簧钢价廉又易获得，故应用最广。承受变载荷和冲击载荷的弹簧应采用合金弹簧钢，如硅锰钢或铬钒钢，但价格较贵。

弹簧材料的许用应力与弹簧的受载循环次数有关。一般根据受载循环次数、弹簧的重要程度及工作条件与要求，将弹簧材料分为三组，即Ⅰ组为高级；Ⅱ组及Ⅱa 组为中级（Ⅱa 组较Ⅱ组有更良好的塑性）；Ⅲ组为正常级（仅用于次要弹簧）。

设计时根据弹簧的分类及材料，即可根据表 19-1 确定其许用应力。弹簧钢丝拉伸强度极限 σ_B 见表 19-2。

表 19-2　　弹簧钢丝的拉伸强度极限 σ_B（MPa）

碳素弹簧钢丝				特殊用途碳素弹簧钢丝				重要用途弹簧钢丝	
钢丝直径 d/mm	Ⅰ组	Ⅱ组 Ⅱa 组	Ⅲ组	钢丝直径 d/mm	甲组	乙组	丙组	钢丝直径 d/mm	65Mn
0.32～0.6	2599	2157	1667	0.2～0.55	2844	2697	2550	1～1.2	1765
0.63～0.8	2550	2108	1667	0.6～0.8	2795	2648	2501	1.4～1.6	1716
0.85～0.9	2501	2059	1618	0.9～1	2746	2599	2452	1.8～1	1667
1	2452	2010	1618	1.1		2599	2452	2.2～2.5	1618
1.1～1.2	2354	1912	1520	1.2～1.3		2501	2354	2.8～3.4	1569
1.3～1.4	2256	1863	1471	1.4～1.5		2403	2256	3.5	1471
1.5～1.6	2157	1814	1422					3.8～4.2	1422
1.7～1.8	2059	1765	1373					4.5	1373
2	1961	1765	1373					4.8～5.3	1324
2.2	1863	1667	1373					5.5～6	1275
2.5	1765	1618	1275						
2.8	1716	1618	1275						

续表

碳素弹簧钢丝				特殊用途碳素弹簧钢丝				重要用途弹簧钢丝	
钢丝直径 d/mm	Ⅰ组	Ⅱ组 Ⅱa 组	Ⅲ组	钢丝直径 d/mm	甲组	乙组	丙组	钢丝直径 d/mm	65Mn
3	1667	1618	1275						
3.2	1667	1520	1177						
3.4～3.6	1618	1520	1177						
4	1569	1471	1128						
4.5～5	1471	1373	1079						
5.6～6	1422	1324	1030						
6.3～8		1226	981						

2. 弹簧的制造

螺旋弹簧的制造过程包括卷绕、两端面加工或制作挂钩、热处理和工艺性试验等。

弹簧的卷制方法有冷卷法和热卷法。冷卷法用于直径小于 10mm 的弹簧丝，卷成后一般不再淬火，只进行低温回火消除卷制时产生的内应力即可。直径较大的弹簧丝制作的强力弹簧则用热卷法。热卷时的温度根据弹簧丝的粗细在 800～1000℃内选择，热卷后的弹簧必须再进行热处理。

为了提高弹簧的承载能力，弹簧卷成后，还可进行特殊处理，如强压处理或喷丸处理。强压处理可提高弹簧的承载能力达 20%。如采用喷丸处理的方法，则可提高承载能力 30%～50%，使寿命延长 2～2.5 倍。

此外，弹簧还需进行工艺试验和精度、冲击、疲劳等试验，检验弹簧是否符合技术要求。弹簧的疲劳强度和抗冲击强度在很大程度上取决于弹簧的表面缺陷。

四、圆柱螺旋压缩（拉伸）弹簧的设计计算

1. 弹簧的结构尺寸

圆柱螺旋弹簧的主要参数有弹簧丝直径 d、弹簧圈外径 D、内径 D_1、中径 D_2、弹簧节距 p 和螺旋升角 α，其中弹簧丝直径 d 由强度条件确定。

弹簧中径 D_2 与弹簧丝直径 d 的比值称为弹簧指数 C，又称旋绕比，是弹簧设计中一个极重要的参数，它与弹簧的刚度有关，直接影响到其工作性能。

当钢丝直径 d 一定时，C 值越大，中径越大，弹簧越软，卷制愈容易，但工作中容易出现颤动现象；反之，弹簧越硬，工作时不易变形，卷制愈困难。

弹簧应在弹性极限内工作，对于节距相等的圆柱形螺旋弹簧，其载荷与变形成直线关系，如图 19-3 所示。安装压缩弹簧时通常加一预紧力 F_1，使弹簧稳定可靠地固定在预定位置上，预紧力 F_1 称为弹簧的最小载荷。弹簧受到 F_1 的作用，其高度压缩到 H_1，相应变形为 λ_1。F_{max} 为弹簧所承受的最大工作载荷，此时，弹簧高度压缩到 H_2，相应变形为 λ_{max}，该时刻弹簧各圈之间仍应保

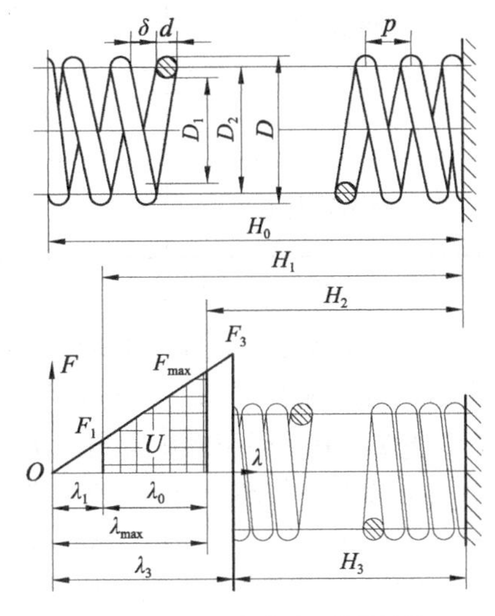

图 19-3　压缩弹簧及其特性线

留 δ_1 的间隙，俗称余隙。F_3 为弹簧的极限载荷，相应的弹簧高度为 H_3，变形量为 λ_3，此时弹簧丝内的应力达到了弹簧材料的屈服极限。

λ_{max} 与 λ_1 之差或 H_1 与 H_2 之差，称为弹簧的工作行程 λ_0，即

$$\lambda_0=\lambda_{max}-\lambda_1=H_1-H_2 \tag{19-2}$$

弹簧的最小载荷 F_1 的选择，取决于弹簧本身的功用，一般为

$$F_1=(0.1\sim0.5)F_{max} \tag{19-3}$$

弹簧的最大工作载荷 F_{max} 由工作条件确定，一般为

$$F_{max}\leqslant 0.8F_3 \tag{19-4}$$

普通圆柱螺旋压缩及拉伸弹簧的结构尺寸计算公式见表 19-3。

表 19-3　　普通圆柱螺旋压缩及拉伸弹簧的结构尺寸计算公式

参数名称及代号	计算公式		备注
	压缩弹簧	拉伸弹簧	
中径 D_2	$D_2=Cd$		取标准值
内径 D_1	$D_1=D_2-d$		
外径 D	$D=D_2+d$		
旋绕比 C	$C=D_2/d$		取标准值
自由高度 H_0	$H_0\approx pn+(1.5\sim2)d$ (两端并紧、磨平) $H_0\approx pn+(3\sim3.5)d$ (两端并紧、不磨平)	$H_0=nd+$钩环轴向长度	
工作高度或长度 H_1，H_2，…，H_n	$H_n=H_0-\lambda_n$	$H_n=H_0+\lambda_n$	λ_n——工作变形量
有效圈数 n	根据要求变形量按式（19-11）计算		$n\geqslant2$
总圈数 n_1	$n_1=n+(2\sim2.5)$（冷卷） $n_1=n+(1.5\sim2)$ (YⅡ型热卷)	$n_1=n$	拉伸弹簧 n_1 尾数为 1/4、1/2、3/4、整圈。推荐用 1/2 圈
节距 p	$p=(0.28\sim0.5)D_2$	$p=d$	
轴向间距 δ	$\delta=p-d$		$\delta\geqslant\dfrac{\pi d^2\tau_c}{8nKCk}$
展开长度 L	$L=\dfrac{\pi D_2 n_1}{\cos\alpha}$	$L\approx\pi D_2 n+$钩环展开长度	用于备料
螺旋升角 α	$\alpha=\arctan\dfrac{p}{\pi D_2}$		对压缩螺旋弹簧，推荐 $\alpha=5°\sim9°$，一般右旋

2. 弹簧的强度计算

（1）弹簧受力。圆柱螺旋弹簧拉、压时受力相同，现以圆柱螺旋压缩弹簧为例。如图 19-4 所示，当压缩弹簧承受轴向载荷 F 的作用时，钢丝剖面 A—A 上作用着横向力 F 和扭矩 $T=FD_2/2$。由于存在螺旋升角，A—A 剖面呈椭圆形。现取垂直于钢丝轴线的剖面 B—B，其剖面呈圆形并与剖面 A—A 夹角为螺旋升角 α，因而剖面 B—B 上作用有轴向力 $N=F\sin\alpha$、横向力 $Q=F\cos\alpha$、弯矩 $M=T\sin\alpha=FD_2\sin\alpha/2$、扭矩 $T'=T\cos\alpha=FD_2\cos\alpha/2$。

（2）弹簧应力。为简化计算，首先，由于 α 角很小（6°～9°）时，$\sin\alpha$ 可取为 0，$\cos\alpha$ 取为 1。此时可以认为 B—B 剖面与 A—A 剖面受力完全相同。其次，取 $1+2C\approx2C$，因为当 C=4～

16 时，$2C \gg 1$，实质上又相当于略去 τ_F 项，则此时 B—B 剖面应力可写成

$$\tau_{\Sigma} \approx \tau_F + \tau_T = \frac{F}{\frac{\pi}{4}d^2} + \frac{\frac{FD_2}{2}}{\frac{\pi}{16}d^3} = \frac{4F}{\pi d^2}(1+2C) \approx \frac{8CF}{\pi d^2} \tag{19-5}$$

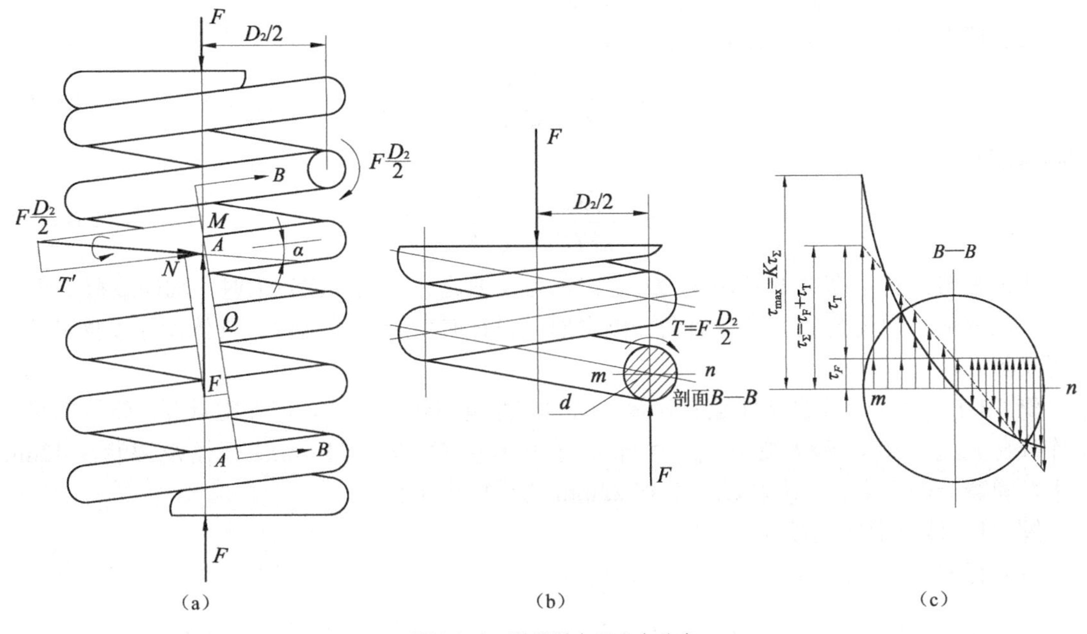

图 19-4　弹簧受力及应力分布

再考虑螺旋升角和曲率对弹簧丝中应力分布的影响，引入曲度系数 K 进行修正（修正前应力分布如图 19-4（c）中虚线所示，修正后如实线所示）。由图 19-4（c）知最大应力在弹簧丝剖面内侧 m 点处，实践证明，弹簧断裂也由此始发。所以，压缩弹簧最大切应力为

$$\tau_{max} = K\frac{8CF}{\pi d^2} \leqslant [\tau] \quad (\text{MPa}) \tag{19-6}$$

式中，K 为曲度系数，又称瓦尔系数，可理解为弹簧丝曲率和切向力对切应力的修正系数，可按表查取，也可按下式直接计算

$$K = \frac{4C-1}{4C-4} + \frac{0.615}{C} \tag{19-7}$$

由式（19-6）设计弹簧丝直径 d 时，应以最大工作载荷 F_{max} 代入计算，则

$$d \geqslant 1.6\sqrt{\frac{KF_{max}C}{[\tau]}} \quad (\text{mm}) \tag{19-8}$$

由于$[\tau]$和 C 值均与弹簧丝直径 d 有关，故计算 d 时需用试算法，首先选用 C 才能确定较合适的 d 值，初选 C=5～8。

3．弹簧的刚度计算

（1）弹簧的变形。参照材料力学中关于圆柱螺旋弹簧的变形公式求得

$$\lambda=\frac{8FD_2^3n}{Gd^4}=\frac{8FC^3n}{Gd}\quad(\text{mm})\qquad(19\text{-}9)$$

式中，n——弹簧的有效圈数；

G——弹簧材料的剪切弹性模量，MPa。

（2）弹簧刚度和圈数。弹簧的刚度为

$$k=\frac{F}{\lambda}=\frac{Gd}{8C^3n}\qquad(19\text{-}10)$$

则弹簧圈数为

$$n=\frac{G\lambda d}{8FD^3}=\frac{Gd}{8C^3k}\qquad(19\text{-}11)$$

压缩弹簧的自由高度 H_0 与中径 D_2 之比称为长细比。当长细比较大时，轴向载荷 F 若超过某一临界值，弹簧会失去稳定而向一侧弯曲，设计时应验算长细比，具体设计步骤可查阅参考文献。

例 19-1 设计一普通圆柱螺旋弹簧。已知该弹簧不经常工作，但非常重要。弹簧的最大工作载荷 F_{max}=750N，最大变形 λ_{max}=30mm，自由高度 H_0=90～110mm，外径 D 限制在 42mm 以下，弹簧一端固定、一端转动，套在 22mm 的导杆上工作。

解：1．计算钢丝直径 d

（1）有关参数选择

按照弹簧丝直径表，根据 $d<\frac{1}{2}(42-22)=10\,(\text{mm})$，假设弹簧丝直径 d=5mm。

初选弹簧指数 $C=D_2/d=6$

弹簧中径 $D_2=Cd=6\times5=30(\text{mm})$，由弹簧中径表知符合系列要求。

曲度系数 $$K=\frac{4C-1}{4C-4}+\frac{0.615}{C}=\frac{4\times6-1}{4\times6-4}+\frac{0.615}{6}\approx1.25$$

（2）材料与许用应力

选用第Ⅱ类Ⅱ组碳素弹簧钢丝。

强度极限由表 19-2 查得

$$\sigma_B=1373\text{MPa}$$

许用切应力由表 19-1 得

$$[\tau]=0.4\sigma_B=0.4\times1373=549.2(\text{MPa})$$

（3）钢丝直径，由公式（19-8）得

$$d=1.6\sqrt{\frac{KF_{max}C}{[\tau]}}=1.6\sqrt{\frac{1.25\times750\times6}{549.2}}=5.1(\text{mm})$$

可取 d=5mm。计算 d 值与假设值一致，故可用。

2. 计算刚度，确定弹簧圈数

（1）初算刚度，由公式（19-10）得

$$k=\frac{F_{\max}}{\lambda_{\max}}=\frac{750}{30}=25\,(\text{N/mm})$$

（2）工作圈数，查表 19-1 得

$$G=78500\ \text{MPa}$$

由公式（19-11）得

$$n=\frac{Gd}{8kC^3}=\frac{78500\times5}{8\times25\times6^3}=9.1(\text{圈})$$

取 n=10 圈。

（3）实际刚度，由式（19-10）得

$$k=\frac{Gd}{8nC^3}=\frac{78500\times5}{8\times10\times6^3}=22.7\,(\text{N/mm})$$

3．计算弹簧的其他尺寸

按表 19-3 中公式计算。

弹簧内径　$D_1=D_2-d=30-5=25(\text{mm})$

弹簧外径　$D=D_2+d=30+5=35(\text{mm})$

支承圈数　$n_2=1$　一圈死圈

总圈数　$n_1=n+n_2=10+1=11(\text{圈})$

扭转极限 τ_c 取 1.25 倍[τ]　$\tau_c=1.25\times549.2=686.5(\text{MPa})$

自由间隙　$$\delta\geqslant\frac{\pi d^2\tau_c}{8KCnk}=\frac{\pi\times5^2\times686.5}{8\times1.25\times6\times10\times22.7}=3.96\,(\text{mm})$$

取 δ=4mm。

弹簧节距　$p=d+\delta=5+4=9(\text{mm})$

自由高度　$H_0=np+2d=10\times9+2\times5=100(\text{mm})$

工作高度　$H_3=(n_1+1)d=(11+1)\times5=60(\text{mm})$

螺旋升角　$$\alpha=\arctan\frac{p}{\pi D_2}=\arctan\frac{9}{\pi\times30}=5^\circ27'17''$$

弹簧丝长度　$$L=\frac{\pi D_2n_1}{\cos\alpha}=\frac{\pi\times30\times11}{\cos5^\circ27'17''}=1041.5(\text{mm})$$

由以上计算可知，各参数均满足题目中的要求：外径 D 在 42mm 以下，内径 D_1 在 22mm 以上，自由高度在 90～110mm 之间，螺旋升角 α 在 5°～9°范围内。

4．弹簧变形量与载荷比

（1）弹簧并紧时的变形量

$$\lambda_3=H_0-H_3=100-60=40\ (\text{mm})$$

（2）极限载荷下的变形量

$$\lambda_3'=n\delta=10\times3.96=39.6\,(\text{mm})$$

（3）与最大工作载荷比其相应的变形比

$$\frac{\lambda_{max}}{\lambda_3'}=\frac{30}{39.6}=76\%$$

由此知 $\lambda_3'<\lambda_3$，$\lambda_{max}/\lambda_3'<80\%$，故合格。

5．稳定性验算和绘制弹簧工作图

（略）。

19-2 机 架

机器的底座、机架、箱体、基板等零件都属于机架零件。在机器质量中，机架零件占 70%～90%，同时在很大程度上影响着机器的工作精度及抗振性能；若兼作运动部件的滑道（导轨）时，还影响着机器的耐磨性等。

一、机架的类型及特点

机架零件的形式繁多，就其构造形式而言，可划分为四大类，第一，机座类，如图 19-5（a）、（b）、（c）、（d）所示；第二，机架类，如图 19-5（e）、（f）、（g）所示；第三，基板类，如图 19-5（h）所示；第四，箱壳类，如图 19-5（i）、（j）所示。若按结构分类，机架零件可分为整体式和装配式；按制造方法分类，机架零件又可分为铸造的、焊接的和拼焊的等。

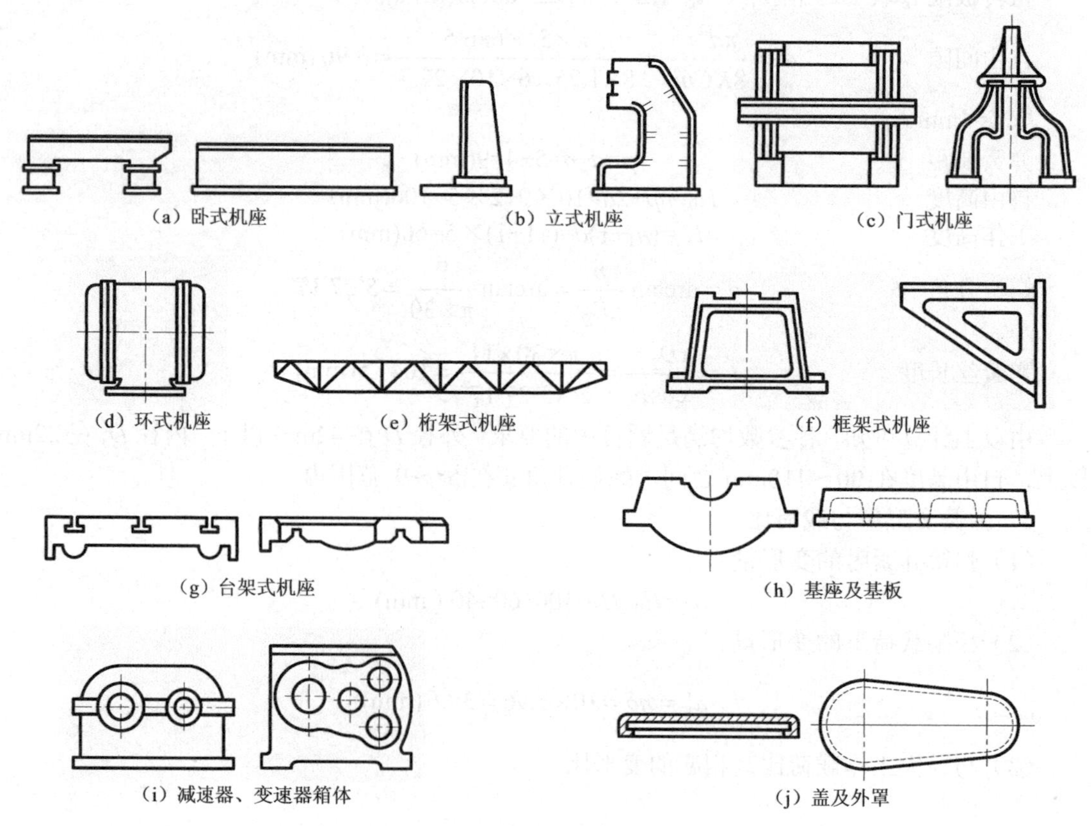

图 19-5 机架零件的形式

机架零件一般要求：有足够的强度和刚度；形状简单，便于制造；便于在机架上安装附件等。对于带有缸体、导轨等的机架零件，还应有良好的耐磨性，以保证机器有足够的使用寿命。高速机器的机架零件还应满足振动稳定性的要求。

机架零件形状复杂，受外界因素的影响又很多，例如，在机架上装置零件时的锁紧力，机架中的残余应力，基础下沉等，因而难于用数学分析方法准确计算机架中的应力和变形。设计时，通常都是先根据机器的工作要求和类型相近的机器拟定机架的结构形状和尺寸，然后进行粗略计算以校验其危险截面的强度。

多数机器零件由于形状较复杂，故多采用铸件。铸件的铸造性能好、价廉、吸振能力较强，所以在机架零件中应用最广。受载情况严重的机架常用铸钢，例如轧钢机机架。要求重量轻时可以采用轻合金，例如飞机发动机的汽缸体多用铝合金铸成。

在载荷比较强烈、形状不很复杂、生产批量又较小时，最好采用钢材焊接机架。

二、机架的结构设计

1. 截面形状的合理选择

截面形状的合理选择是机架设计的一个重要问题。由材料力学得知，当其他条件相同时，受拉或受压零件的强度和刚度只决定于截面面积的大小，而与截面形状无关。这时，材料用量主要由作用力、许用应力、许用变形量的大小决定。受弯曲和扭转的零件则不同，如果截面面积不变(即材料用量不变)，通过合理改变截面形状、增大它的惯性矩和截面系数的方法，可以提高零件的强度和刚度。

表 19-4 列出了几种面积接近相等的截面形状在弯曲强度、弯曲刚度、扭转强度、扭转刚度方面的相比较值。从表中可以看出，主要受弯曲的零件以选用工字形截面为最好，弯曲强度和刚度都以它的为最大。主要受扭转的零件，从强度方面考虑，以圆管形截面为最好，空心矩形的次之，其他两种的强度则比前两种小许多；从刚度方面考虑，则以选用空心矩形截面的为最合理。由于机架受载情况一般都较复杂（拉压、弯曲、扭转可能同时存在），对刚度要求又较高，因而综合各方面的情况考虑，以选用空心矩形截面比较有利，这种截面的机架也便于附装其他零件，所以多数机架的截面都以空心矩形为基础。

表 19-4　　各种截面形状梁的相对强度和相对刚度（截面积≈2900mm²）

相对比较内容		Ⅰ	Ⅱ	Ⅲ	Ⅳ
		I(基型) 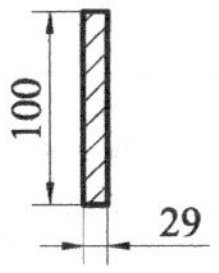 100, 29	II φ100, 10 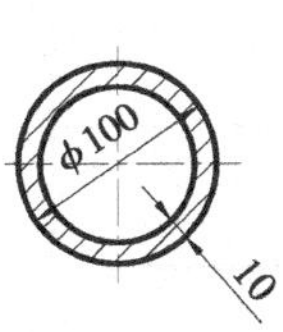	III 10, 100, 10, 75 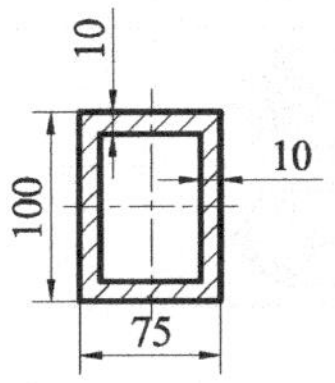	IV 10, 100, 10, 100 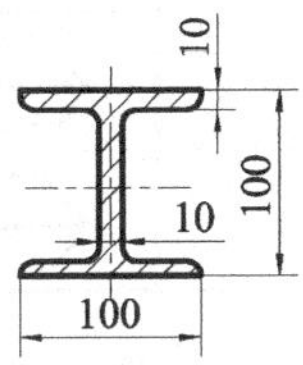
相对强度	弯曲	1	1.2	1.4	1.8
	扭转	1	43	38.5	4.5
相对刚度	弯曲	1	1.15	1.6	1.8
	扭转	1	8.8	31.4	1.9

2. 肋板布置

一般地说，增加壁厚固然可以增大机架零件的强度和刚度，但不如加设肋板来得有利。因为加设肋板时，既可增大强度和刚度，又可增大壁厚时减小质量。

肋板布置的正确与否对于加设肋板的效果有着很大的影响。如果布置不当，不仅不能增大机座和箱体的强度和刚度，而且会造成浪费工料及增加制造困难。从表 19-5 所列的几种肋板布置情况即可看出，除了第 5、6 号的斜肋板布置情况外，其他几种肋板布置形式对于弯曲刚度增加得很少；尤其是第 3、4 号的布置情况，相对弯曲刚度 C_b 的增加值还小于相对质量 R 的增加值（$C_b/R<1$）。由此可知肋板的布置以第 5、6 号所示的斜肋板形式较佳。但若采用斜肋板会造成工艺上的困难时，亦可妥善安排若干直肋板。例如为了便于焊制，桥式起重机箱形主梁的肋板即为直肋板。

3. 壁厚选择

当机架零件的外廓尺寸一定时，它们的质量将在很大程度上取决于壁厚，因而在满足强度、刚度、振动稳定性等条件下，应尽量选用最小的壁厚。但面大而壁薄的箱体，容易因齿轮、滚动轴承的噪声引起共鸣，故壁厚宜适当取厚一些，并适当布置肋板以提高箱壁刚度。

铸造零件的最小壁厚主要受铸造工艺的限制。从保证液态金属能通畅地流满铸型出发而推荐的最小允许壁厚见工程材料及材料制造基础教程。例如轻型机床床身，取壁厚为 12～15mm，中型的取 18～22mm，重型的取 23～25mm。

同一铸件的壁厚应力求趋于相近。当壁厚不同时，在壁厚和薄壁相连接处应设置平缓的过渡圆角或斜度。

表 19-5　几种肋板布置情况的对比

号码	形状	相对弯曲刚度 C_b	相对扭转刚度 C_T	相对质量 R	$\frac{C_b}{R}$	$\frac{C_T}{R}$
1（基型）		1.00	1.00	1.00	1.00	1.00
2a		1.10	1.63	1.10	1.00	1.48
2b		1.09	1.39	1.05	1.00	1.32
3		1.08	2.04	1.14	0.95	1.79
4		1.17	2.16	1.38	0.85	1.56
5		1.78	3.69	1.49	1.20	2.47
6		1.55	2.94	1.26	1.23	2.34

4. 隔振

任何机械都会发生不同程度的振动。动力、锻压一类机械尤其严重。即使是旋转机械，也常因轴系的质量不平衡等多种原因而引起振动。机械设备的振动频率一般在 10～100Hz 范围，若不采取隔振措施，振波将通过机器底座传给基础和建筑结构，从而影响周围环境，干扰相邻机械，使产品质量有所降低。

由于外界因素的干扰，一般生产车间地基的振动频率为2～60Hz，振幅为1～20μm。这对精密加工机床或精密测量设备来说，如不采取隔振措施，要得到很高的加工精度或测量精度是不可能的。

隔振的目的就是要尽量隔离和减轻振动波的传递。常用的方法是在机器或仪器的底座与基础之间设置弹性零件，通常称为隔振器（图19-6）或隔振垫（图19-7），使振波的传递很快衰减。使用隔振器无须对机器作任何变动，简便易行，效果极好，是目前普遍使用的隔振方法。

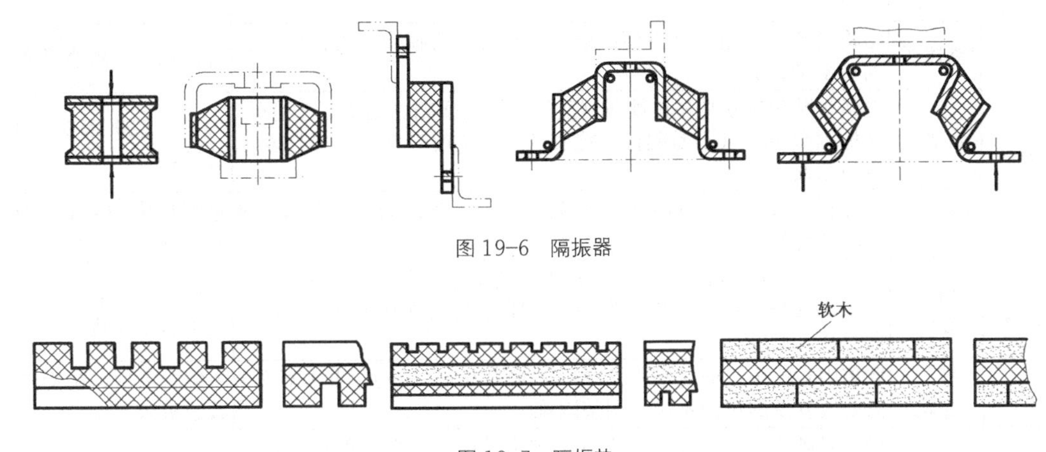

图19-6 隔振器

图19-7 隔振垫

隔振器中的弹性零件可以是金属弹簧，也可以是橡胶弹簧。橡胶材料可根据使用条件不同来选用。

几种机器安放隔振器的实例如图19-8所示。

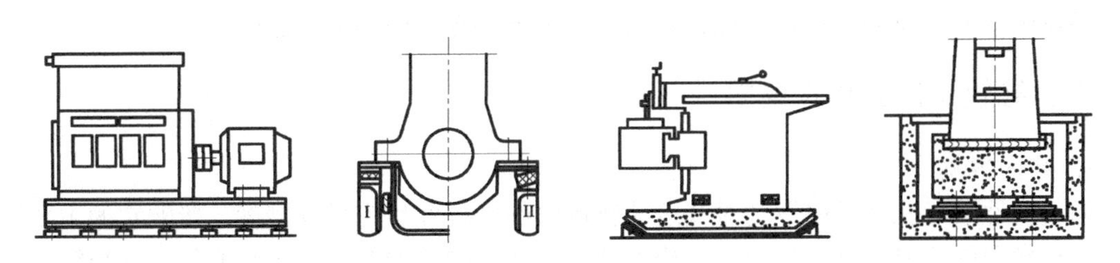

图19-8 机器隔振举例

19-3 导 轨

导轨的作用是通过两个运动构件表面的接触，支承和引导某个构件沿着某种轨迹（直线、圆或曲线）运动。按照机械运动学原理，导轨就是将运动构件约束到只有一个自由度的装置。曲线导轨在机械中极少应用，大多为直线和圆导轨，本章只讨论直线导轨。

导轨的基本组成部件包括运动件和承导件，两者接触表面称为导轨面。

导轨副中设在承导件上的为静导轨，其导轨面为承导面，它比较长；另一个设在运动件上的为动导轨，导轨面一般比较短。具有动导轨的运动构件常称为工作台、滑台、滑板、导靴、头架等。

一、导轨的分类、特点及应用

按照摩擦性质，导轨可分为滑动摩擦导轨、滚动摩擦导轨、流体摩擦导轨等三大类，其特点和应用见表 19-6。

表 19-6　　常用导轨的类型、特点及应用

导轨类型		主要特点	应用
滑动摩擦导轨	整体式	结构简单，使用维修方便；低速易爬行；磨损大，寿命低，运动精度不稳定	普通机床、冶金设备
	贴塑式	导轨面贴塑料软带与铸铁或钢质静导轨面配副，贴塑工艺简单，摩擦因数小，且不易爬行；抗磨性好；刚度较低，耐热性差，容易蠕变	大、中型机床受力不大的导轨
	镶装式	静导轨上镶钢带，耐磨性比铸铁高 5～10 倍；动导轨上镶青铜等减摩材料，平稳性好，精度高；镶金属工艺复杂，成本高	重型机床如立式车床、龙门铣床的导轨
流体摩擦导轨	动压导轨	适于高速(90～600m/min)；阻尼大，抗振性好；结构简单，不需复杂供油系统；使用维护方便；油膜厚度随载荷和速度变化，影响加工精度	速度高、精度一般的机床主运动导轨
	静压导轨	摩擦因数很小；低速平稳性好；承载能力大，刚性、抗振性好；需要较复杂的供油系统，调整困难	大型、重型、精密机床，数控机床工作台
滚动摩擦导轨		运动灵敏度高，低速平稳性好，定位精度高；精度保持性好，磨损小，寿命长；刚性、抗振性差；结构复杂，要求良好的防护，成本高	精密机床、数控机床、纺织机械等

按照结构特点，导轨又可分为开式和闭式两类。开式导轨必须借助于外力（如重力或弹簧力）才能保证运动件和承导件导轨面间的接触，从而保证运动件按给定方向作直线运动。闭式导轨则依靠本身的几何形状保证运动件和承导件导轨面间的接触。

二、导轨设计的基本要求

1. 导向准确

运动构件沿导轨承导面运动时其运动轨迹的准确程度称为导向精度。影响它的主要因素有导轨承导面的几何精度、导轨的结构类型、导轨副的接触精度、导轨面的表面粗糙度、导轨和支承件的刚度、导轨副的油膜厚度及油膜刚度，以及导轨和支承件的热变形等。

直线运动导轨的几何精度一般包括垂直平面和水平平面内的直线度，两条导轨面间的平行度。导轨几何精度可以用导轨全长上的误差或单位长度上的误差表示。

2. 保持精度

导轨工作过程中保持原有几何精度的能力称为精度保持性。它主要取决于导轨的耐磨性及其尺寸稳定性。耐磨性与导轨副的材料匹配、载荷、加工精度、润滑方式和防护装置的性能等因素有关。另外，导轨及其支承件内的剩余应力将会导致其变形，影响导轨的精度保持性。

3. 运动灵敏和定位准确

运动构件能实现的最小行程称为运动灵敏度。运动构件能按要求停止在指定位置的能力称为定位精度。它们与导轨类型、摩擦特性、运动速度、传动刚度、运动构件质量等因素有关。

4. 运动平稳

导轨在低速运动或微量移动时不出现爬行的性能称为运动平稳性。它与导轨的结构、导

轨副材料的匹配、润滑状况、润滑剂性质及运动构件传动系统的刚度等因素有关。

5. 抗振与稳定

导轨副承受受迫振动和冲击的能力称为抗振性。在给定的运转条件下不出现自激振动的性能称为振动稳定性。

6. 刚度

导轨抵抗受力变形的能力称为刚度。受力变形将影响构件之间的相对位置和导向精度，这对于精密机械与仪器尤为重要。导轨受力变形包括导轨本体变形和导轨副接触变形，两者均应考虑。

7. 便于制造

导轨副（包括导轨副所在构件）加工的难易程度称为结构工艺性。在满足设计要求的前提下，应尽量做到制造和维修方便，成本低廉。

三、滑动摩擦导轨

滑动摩擦导轨的运动件与承导件直接接触。其优点是结构简单、接触刚度大；缺点是摩擦阻力大，磨损快，低速运动时易产生爬行现象。

（一）滑动摩擦导轨的类型及结构特点

按照导轨承导面的截面形状，滑动摩擦导轨可分为圆柱面导轨和棱柱面导轨，见表 19-7。

表 19-7　　滑动摩擦导轨截面形状

	棱柱形				圆形
	对称三角形	不对称三角形	矩形	燕尾形	
凸形	 45°	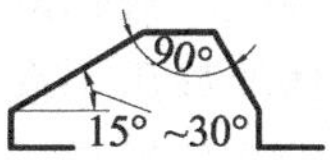 90° 15° ~30°	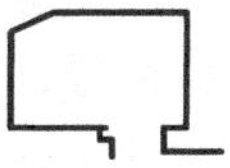	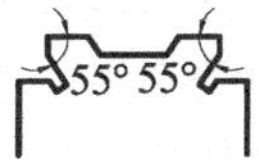 55° 55°	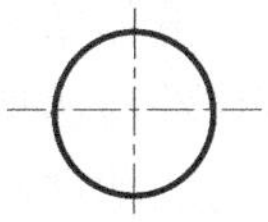
凹形	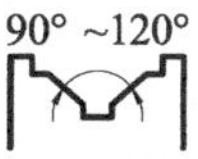 90° ~120°	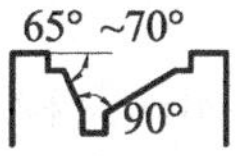 65° ~70° 90°		 55°	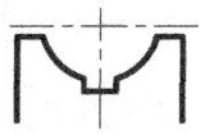

其凸形导轨不易积存切屑、脏物，但也不易保存润滑油，故宜作低速导轨，如车床的床身导轨。凹形导轨则相反，可作高速导轨，但需有良好的保护装置，以防切屑、脏物掉入。磨床的床身导轨即为凹形导轨。

（二）滑动摩擦导轨的材料

1. 对导轨材料的要求

（1）耐磨性。导轨的移动需要频繁起停和换向，润滑条件不良，通常又不封闭，在这样的工作条件下，导轨面的磨损较为严重且不均匀。为保证导轨有足够的使用寿命，需要导轨材料具有相当高的耐磨性。

（2）减摩性。导轨的摩擦是有害摩擦，故希望摩擦因数越小越好。为避免爬行现象，还希望动、静摩擦因数尽量接近。

（3）尺寸稳定性。导轨在加工与使用过程中，零件因剩余应力、温度和湿度的变化都会产生变形而影响尺寸的稳定性。特别是塑料导轨，除了材料线膨胀系数大、导热性差、易吸湿外，还存在冷流性和常温蠕变性大的问题。

（4）良好的工艺性。

2. 导轨的常用材料

（1）铸铁。铸铁是应用最广的滑动导轨材料之一，它具有良好的耐磨性和抗振性。铸铁导轨常与滑台、支承零件或支座制成一体，常用作导轨的铸铁有灰铸铁和耐磨铸铁。

采用耐磨铸铁可以提高导轨的磨损寿命。为增强导轨的耐磨性可对铸铁表面进行表面淬火、镀铬或涂钼等处理。

（2）工程塑料。导轨常用的工程塑料有酚醛树脂、聚酰胺、聚四氟乙烯等，以涂层、软带或复合导轨板的形式做在导轨面上。

3. 镶条的常用材料

镶条常用材料有钢、非铁金属、合金铸铁和工程塑料等。常用钢铁有冷轧弹簧钢带、经高频感应加热淬火的中碳结构钢、渗碳钢、渗氮钢、轴承钢或特殊的工具钢等。

（三）滑动摩擦导轨的润滑

导轨润滑的作用是降低摩擦、减少磨损、避免爬行和防止污染导轨表面。导轨的润滑系统应工作可靠，最好在导轨副起动前使润滑油进入润滑面，当润滑中断时能发出警告信号。

普通滑动导轨有油润滑和脂润滑两种方式。速度很低或垂直布置、不宜用油润滑的导轨，可以用脂润滑。采用润滑脂润滑的优点是不会泄漏，不需要经常补充润滑剂，其缺点是防污染能力差。润滑油的供油量和供油压力最好各导轨能够独立调节。

载荷重、速度低、尺寸大的导轨，宜选用黏度较高的润滑油；运动速度较高的导轨，宜选用黏度较低的润滑油。

四、液体摩擦导轨

液体摩擦导轨分为液体静压导轨和流体动压导轨。液体静压导轨是用油泵把高压油送到承导件与运动件的间隙里，强制形成油膜，靠液体的静压平衡支承运动件。液体动压导轨是利用运动件与承导体相对运动产生的动压油膜将运动件浮起。

（一）液体静压导轨

和普通滑动导轨一样，液体静压导轨有开式和闭式两种。

1. 开式导轨的基本结构形式

图 19-9 是典型的开式静压导轨形式，它类似于单向推力轴承，只在单向设置油垫。和普通滑动导轨一样，开式导轨只能用于动导轨上最小压力大于零的场合，而且，开式静压导轨油膜刚度较低，当载荷变化大时工作台的浮起量变化较大。故开式静压导轨仅适用于倾覆力矩很小、载荷变化不大或对导轨导向精度要求不高的设备上。

2. 闭式导轨的基本结构形式

图 19-10 是典型的闭式静压导轨形式，这种导轨类似于双向推力轴承，设置对向油垫。因此，它能承受倾覆力矩，因油膜刚度较高而有高的导向精度，稳定性较好。

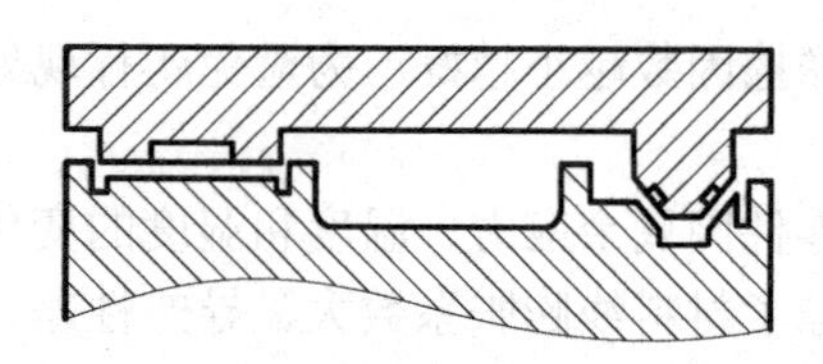

图 19-9 开式静压导轨的基本结构形式

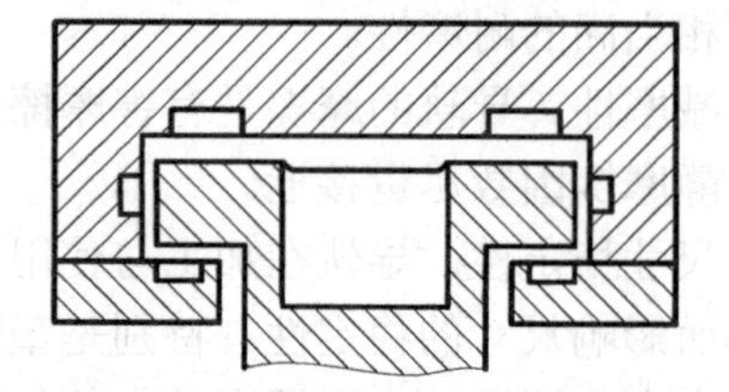

图 19-10 闭式静压导轨的基本结构形式

（二）液体动压导轨

液体动压导轨依靠动压油膜将滑台浮起，形成动压油膜必须具备的 3 个条件，即沿运动方向截面逐渐缩小的间隙、导轨面间有相对运动和有黏性润滑剂。

因此，当导轨副两个导轨平面之间形成动压油膜后，该两导轨是相互倾斜的。为了避免倾斜而可能形成沿运动方向载面逐渐缩小的间隙，必须在动导轨或静导轨上制出浅浅的斜油腔，如图 19-11 所示。导轨通常作往复运动，故油腔必然为双向的。油腔在横向不开通，以增加润滑油横向流动的阻力，提高承载能力。

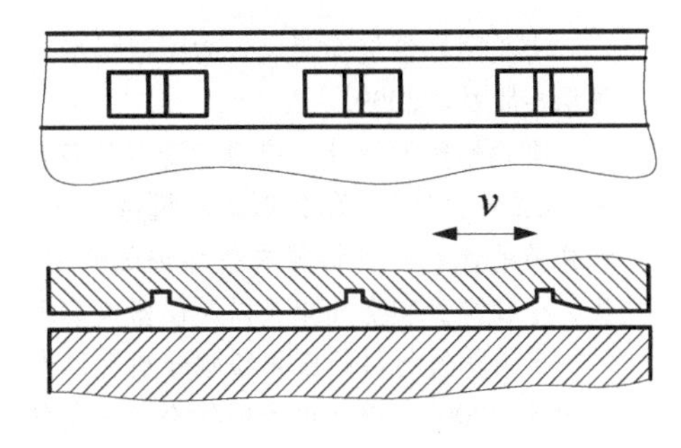

图 19-11 液体动压导轨的油腔

五、滚动摩擦导轨

在两个导轨面间设置滚动元件构成滚动摩擦的，统称为滚动摩擦导轨。滚动摩擦导轨的形式很多，按滚动元件是否循环，有循环式滚动导轨和非循环式滚动导轨。通常，滚动导轨仅指非循环式滚动导轨，而把循环式滚动导轨称为直线运动滚动支承。

由于受运动关系约束，滚动导轨只能应用于行程较短的导轨。根据结构特点，非循环式滚动导轨可以分为开式和闭式两种，如图 19-12 所示。开式导轨必须借助外力，例如自身重力，才能保证动轨与定轨的轨面正确接触，这种导轨承受轨面正压力的能力较大，承受偏载和倾覆力矩的能力较差。闭式导轨依靠本身的截面形状保证轨面的正确接触，承受偏载和倾覆力矩的能力较强，如燕尾形导轨。

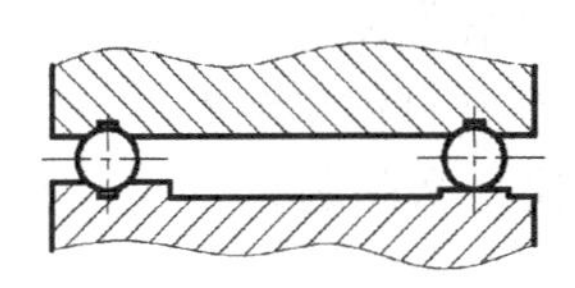
（a）开式导轨

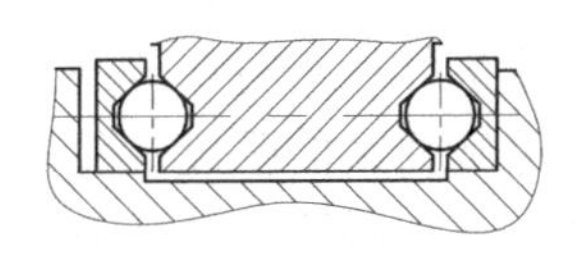
（b）闭式导轨

图 19-12 非循环式滚动导轨

循环式滚动导轨如图 19-13 所示，滑块与导轨之间放入循环滚动的钢球，滑块与导轨之间的滑动摩擦变为滚动摩擦。滚动直线导轨副的特点是动、静摩擦力之差很小，随动性好；驱动功率低，只相当于普通机械的十分之一；适应高速直线运动，能实现高定位精度和重复定位精度。

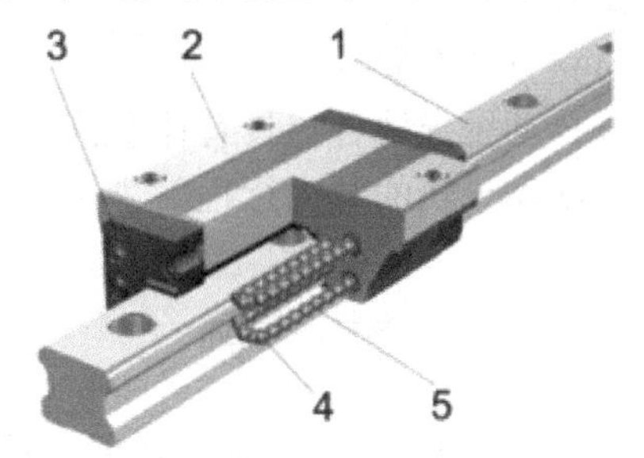

图 19-13 循环式滚动导轨

1—导轨，2—滑块，3—反向器，4—钢球，5—球保持器

阅读参考文献

有关圆柱螺旋弹簧设计的国家标准，可查阅：《圆柱螺旋弹簧设计计算》(GB/T 23935—2009)，凤凰出版社，2009。

有关弹簧的设计、应力和变形的精确计算等各方面内容，可以参考：张英会、刘辉航、王德成主编，《弹簧手册》(第 2 版)，机械工业出版社，2008。该书对大螺旋角圆柱螺旋压缩弹簧的设计计算和弹簧的优化设计计算有较详细的介绍。除此之外，该书还对不等节距螺旋弹簧、截锥涡卷螺旋弹簧、橡胶弹簧和空气弹簧以及仪器仪表用膜片膜盒和压力管等弹性元件也进行了介绍。

有关弹簧材料的应力松弛分析可以参考：苏德达编，《弹簧（材料）应力松弛及预防》，天津大学出版社，2002。该书以不同状态的常用弹簧材料及特殊弹性合金为主线条，论述了弹簧材料成分、热处理及表面强化处理后组织及性能的特点，说明了应力松弛性能的变化规律和预防技术。

机架、箱体及导轨的结构比较复杂，通常只有十分重要的场合才需要进行机架等的强度计算。有关机架和导轨的结构设计和强度计算可以参考：（1）闻邦椿主编，《机械设计手册》(第 5 版)，机械工业出版社，2010。(2) 成大先主编，《机械设计手册：单行本——机械振动·机架设计》(第 5 版)，机械工业出版社，2007。

有关导轨的作用力的计算方法可以参考：现代实用机床设计手册编委会编，《现代实用机床设计手册》，机械工业出版社，2006。

思考题

19-1　弹簧的功用主要有哪四个方面？

19-2　弹簧的特性线描述的是什么参数之间的关系？特性线有哪些类型？

19-3　圆柱螺旋弹簧的设计公式中为什么要引入曲度系数 K？

19-4　在其他条件一定时，旋绕比 C 的取值对弹簧刚度有何影响？

19-5　圆柱螺旋弹簧的强度计算和刚度计算分别解决什么问题？

19-6　环形弹簧和碟形弹簧各有什么特点？

19-7　机架有什么基本要求？

19-8　机架零件的截面形状如何确定？加强肋的作用是什么？

19-9　如何选择机架零件壁厚？

19-10　怎样根据使用条件选择不同的隔振橡胶材料？

19-11　导轨主要分为哪几类？导轨的主要功能是什么？

19-12　导轨的基本要求是什么？

19-13　滑动摩擦导轨对材料有什么要求？

19-14　液体静压导轨和液体动压导轨各自具有什么特点？

19-15　如何计算非循环式滚动导轨的最大行程？

习　题

19-1　圆柱螺旋压缩弹簧的外径 D=33mm，弹簧丝的直径 d=3mm，有效圈数 n=5，最大工作载荷 F_{max}=100N，弹簧的材料是 B 级碳素弹簧钢丝，载荷性质为Ⅲ类。请校核弹簧的强度并计算最大变形量。

19-2　计算用于高压开关中的圆柱螺旋拉伸弹簧，已知最大工作载荷 F_1=2000N，最小工作载荷 F_2=600N，弹簧丝直径 d=10mm，外径 D=90mm，有效圈数 n=6 圈，弹簧材料为 65Si2Mn，载荷性质为 II 类。试确定：

（1）在 F_2 作用时弹簧是否会断裂？该弹簧能承受的极限载荷 $F_{\lim}$；

（2）弹簧的工作行程。

19-3　试设计一在静载荷、常温下工作的阀门圆柱螺旋压缩弹簧。已知最大工作载荷 $F_{\max}$=220N，最小工作载荷 $F_{\min}$=150N，工作行程 h=5mm，弹簧外径不大于 16mm，工作介质为空气，两端固定支承。

19-4　设计一圆截面簧丝圆柱螺旋拉伸弹簧。已知该弹簧在一般条件下工作，并要求中径 D_2≈11mm，外径 D≤16mm。当弹簧拉伸变形量 λ_1=7.5mm 时，拉力 F_1=180N；当 λ_2=15mm 时，F_2=340N。

19-5　已知圆柱形螺旋压缩弹簧的簧丝直径 d=6mm，弹簧中径 D_2=48mm，工作圈数 n=6.5 圈，材料为碳素弹簧钢丝 C 级，III类弹簧，试计算此弹簧所能承受的最大工作载荷和相应的变形量。

19-6　试设计一发动机的气门弹簧（圆柱形螺旋压缩弹簧）。已知它的安装要求高度为 44～45mm，初压力为 150～220N，工作行程为 9mm，最大工作压力为 460～500N，由于结构限制，弹簧最小内径允许为 16mm，最大外径允许为 30mm，材料为 65Si2Mn，支承端部并紧磨平。

19-7　有两个圆柱螺旋压缩弹簧，可以按照串联或并联的组合方式承受轴向载荷 F=600N。两个弹簧的刚度分别为 k_1=2N/mm，k_2=30N/mm，求：

（1）两个弹簧串联时的总变形量 λ；

（2）两个弹簧并联时的总变形量 λ'。

参考文献

[1] 范元勋，张庆．机械原理与机械设计（上）[M]．北京：清华大学出版社，2014.
[2] 范元勋，梁医，张龙．机械原理与机械设计（下）[M]．北京：清华大学出版社，2014.
[3] 孙恒，陈作模．机械原理[M]．6 版．北京：高等教育出版社，2001.
[4] 张策．机械原理与机械设计[M]．北京：机械工业出版社，2004.
[5] 孙恒，陈作模，葛文杰．机械原理[M]．7 版．北京：高等教育出版社，2005.
[6] 申永胜．机械原理教程 [M]．2 版．北京：清华大学出版社，2005.
[7] 邹慧君，张春林，李杞仪．机械原理[M]．2 版．北京：高等教育出版社，2006.
[8] 张春林，曲继方．机械创新设计[M]．北京：机械工业出版社，2001.
[9] 邹慧君．机构系统设计与应用创新[M]．北京：机械工业出版社，2008.
[10] 朱孝录．齿轮传动设计手册[M]．2 版．北京：化学工业出版社，2010.
[11] 齿轮手册编委会．齿轮手册[M]．2 版．北京：机械工业出版社，2001.
[12] 徐灏．机械设计手册[M]．2 版．北京：机械工业出版社，2001.
[13] 曹惟庆．平面连杆机构分析与综合[M]．北京：科学出版社，1989.
[14] 李华敏，李瑰贤．齿轮机构设计与应用[M]．北京：机械工业出版社，2007.
[15] 叶仲和，蓝兆辉，等．机械原理[M]．北京：高等教育出版社，2001.
[16] 陈晓楠，杨培林．机械设计基础[M]．2 版．北京：科学出版社，2012.
[17] 陈云飞，卢玉明．机械设计基础[M]．7 版．北京：高等教育出版社，2012.
[18] 陈秀宁．机械设计基础[M]．3 版．杭州：浙江大学出版社，2007.
[19] 吴克坚，于晓红，钱瑞明．机械设计[M]．北京：高等教育出版社，2003.
[20] 杨可祯．机械设计基础[M]．5 版．北京：高等教育出版社，2006.
[21] 黄华梁，彭文生．机械设计基础[M]．4 版．北京：高等教育出版社，2007.
[22] 邱宣怀．机械设计[M]．4 版．北京：高等教育出版社，2007.
[23] 吴宗泽，高志．机械设计[M]．2 版．北京：高等教育出版社，2009.
[24] 闻邦椿．机械设计手册[M]．5 版．北京：化学工业出版社，2010.
[25] 常备功，樊智敏，孟兆明．带传动和链传动设计手册[M]．北京：化学工业出版社，2010.
[26] 于惠力．传动零部件设计实例精解[M]．北京：机械工业出版社，2009.
[27] 张永智．机械零部件与传动机构[M]．北京：机械工业出版社，2011.
[28] 孟宪源，姜琪．机构构型与应用[M]．北京：机械工业出版社，2004.
[29] 温诗铸，黄平．摩擦学原理[M]．3 版．北京：清华大学出版社，2008.
[30] G.施伟策，H.布鲁勒．主动磁轴承基础、性能及应用[M]．北京：新时代出版社，1996.
[31] 郑志峰．链传动设计与应用手册[M]．北京：机械工业出版社，1992.